清华计算机图书·译丛

Java Foundations: Introduction to
Program Design & Data Structures 4th Edition

Java程序设计与数据结构

（第4版）

约翰·刘易斯（John Lewis）

［美］ 彼得·德帕斯奎尔（Peter DePasquale） 著

乔·查斯（Joe Chase）

葛秀慧　田浩 等译

清华大学出版社
北京

北京市版权局著作权合同登记号　图字：01-2017-7169

图书在版编目（CIP）数据

Java 程序设计与数据结构：第 4 版/（美）约翰•刘易斯（John Lewis），（美）彼得•德帕斯奎尔（Peter DePasquale），（美）乔•查斯（Joe Chase）著；葛秀慧，田浩等译. —北京：清华大学出版社，2019
（清华计算机图书译丛）
书名原文：Java Foundations: Introduction to Program Design and Data Structures, 4e
ISBN 978-7-302-53628-4

Ⅰ. ①J⋯　Ⅱ. ①约⋯ ②彼⋯ ③乔⋯ ④葛⋯ ⑤田⋯　Ⅲ. ①JAVA 语言–程序设计–教材 ②数据结构–教材　Ⅳ. ①TP312.8 ②TP311.12

中国版本图书馆 CIP 数据核字（2019）第 180689 号

责任编辑：龙启铭
封面设计：傅瑞学
责任校对：焦丽丽
责任印制：丛怀宇

出版发行：清华大学出版社
　　　　　网　　　　　址：http://www.tup.com.cn, http://www.wqbook.com
　　　　　地　　　　　址：北京清华大学学研大厦 A 座　　　　邮　　编：100084
　　　　　社　总　机：010-62770175　　　　　　　　　　邮　购：010-62786544
　　　　　投稿与读者服务：010-62776969，c-service@tup.tsinghua.edu.cn
　　　　　质　量　反　馈：010-62772015，zhiliang@tup.tsinghua.edu.cn
　　　　　课　件　下　载：http://www.tup.com.cn,010-62795954
印 装 者：三河市龙大印装有限公司
经　　销：全国新华书店
开　　本：185mm×260mm　　　印　张：50.25　　　字　数：1222 千字
版　　次：2019 年 11 月第 1 版　　　　　　　　　印　次：2019 年 11 月第 1 次印刷
定　　价：159.00 元

产品编号：071680-01

译 者 序

程序设计和数据结构是计算机科学的重要理论基础,也是计算机科学专业的核心课程。本书是计算机核心课程系列的经典教材,分为两部分:Java编程基础和数据结构的Java设计与实现,专为两学期的课程设计。本书前后两部分内容的连贯性与一致性,实现了两门课程的完美衔接,语言简洁,分析透彻合理,讲解清晰,使学生能得心应手地运用所学的Java基础知识,设计实现复杂的数据结构。

在第一部分,借鉴了行业领先的Java软件解决方案,给出了学习Java的最佳资料。本书根据程序设计的要素来组织,共分10章,分别介绍了Java的开发环境、数据与表达式、类与对象、条件与循环、类、图形用户界面、数组、继承、多态和异常等。

在第二部分,涉及集合和数据结构的构建,共分16章,分别介绍了算法分析、栈、队列、列表、迭代器、递归、搜索与排序、树、二叉搜索树、堆与优先级队列、集与映射、多路搜索树、图、数据库和JavaFX。

本书内容严谨,组织合理,不仅学习内容脉络清晰,还是对编程概念的全面性、连贯性和无缝连接性的有益探索。另外,本书专业性强,提供了大量真实的代码,给出了许多实用的程序示例。本书的另一特色是课后的练习和程序设计项目,能进一步提升学生对课本内容的理解,印证所学习内容,将刻板的书本知识,转化成学生自身的编程能力。

在本书翻译的过程中,译者融会贯通,深刻体会,掌握作者的思想脉络,达到翻译透彻,忠实于原著。

感谢清华大学出版社的编辑龙启铭先生,在我翻译过程中给予的帮助、建议与支持。

感谢为本书出版做出贡献的每一位参与者,感谢他们付出的真心和努力。

鉴于译者的能力有限,译文难免会出现纰漏,请各位同行和专家批评指正。

译者
2019 年 8 月

前　　言

欢迎开启 Java 学习之旅。本书是程序设计课程和数据结构课程的组合，所以由两部分组成，第一部分是 Java 编程基础；第二部分是复杂数据结构的 Java 语言程序设计与实现。本书是计算机入门课程系列的经典教材，学习时限为两个学期。因为本书的两部分内容采用统一的方法进行编写，所以使 Java 的基础知识与实现完美衔接。学生在使用本教材时，能更加真实地感知两门课程间的无缝连接，前后内容的连贯性与一致性，也能使学生更加得心应手地运用所学的 Java 基础知识，设计实现复杂的数据结构。

本书借鉴行业领先的 Java 软件解决方案，找出学习 Java 的最佳资料，从而使重新修订的第 4 版图书内容更加丰富，设计与实现更接地气。例如，本书不是零散地在许多章节中介绍图形用户界面，而是用单独的一章全面地介绍图形用户界面。

在后面的章节中，本书也是在介绍 Java 软件结构之后，才涉及集合和数据结构的构建。这样做不仅使学习内容脉络更加清晰，还是对编程概念的全面性、连贯性和无缝连接性的有益探索。

第 4 版新特色

值得欣慰的是，我们收到了关于第 3 版图书的许多反馈意见。为了更好地为读者服务，使本书成为更经典的计算机课程的入门教材，我们对第 3 版图书的相关主题进行了修改和完善，具体内容如下：

- 新增加了一章：第 26 章 JavaFX。
- 在第 18 章中增加了动画演示应用程序：即用动画演示各类排序算法，从而使读者能直观地比较不同算法的效率。
- 在新的排序动画演示示例中，增加了线程处理的介绍。
- 增加了一节：Comparable 接口的使用。
- 修订了关于二叉搜索树的讨论，从而使讨论内容更加丰富。

根据读者的反馈意见，我们保留了原来 Swing 的相关内容，增加了一章 JavaFX。也就是说，我们并没有用 JavaFX 完全替换 Swing。我们知道，随着技术的进步，JavaFX 终将会取代 Swing。但就目前而言，由于基于 Swing 的代码数量之多，所以在特定时间段内，Swing 知识还是非常重要的。

在第 3 版中，我们所讨论集合的相关内容脉络如下：

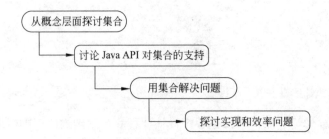

反馈意见表明，这种学习方法得到了读者的一致好评，因此，第 4 版除了继续保留这部分内容之外，还要将其发扬光大。第 4 版进一步阐明了 Java API 支持特定集合的方式与从零开始实现之间的区别。因此，教师能轻松地以比较和对比的方式指出 API 实现的限制。同时，这种学习方法还允许教师就事论事，根据所需，只简单地介绍集合而无须探讨实现细节。

第 4 版的修订是建立在前面版本所构建的强有力的教学法基础之上，为教师提供更多的选择机会。不同的教师，可以根据自己的授课内容，选择不同的主题。因此，第 4 版使教师能更灵活地把控自己的授课内容。

内容解析

第 1 章（绪论）介绍 Java 程序设计语言和程序开发基础，内容涵盖面向对象开发的相关概念和术语。该章是介绍性内容，旨在使学生熟悉 Java 开发环境。

第 2 章（数据与表达式）探讨 Java 编程所需的基本数据类型，执行运算所用的表达式，数据类型之间的转换以及借助 Scanner 类实现对用户交互输入数据的读取。

第 3 章（使用类和对象）探讨预定义类的使用和基于预定义类创建对象。类和对象主要用于处理字符串，生成随机数，执行复杂计算和格式化输出。此外，还讨论包、枚举类型和包装类。

第 4 章（条件与循环）介绍如何用布尔表达式进行判断。该章讨论所有与条件和循环相关的语句，包括 for 循环的增强版，介绍用 Scanner 类对迭代输入进行解析和读取文本文件。

第 5 章（编写类）探讨与编写类和方法相关的问题，主题包括实例数据、可见性、范围、方法参数和返回类型。该章介绍构造函数、方法设计、静态数据和方法重载，也介绍测试与调试。

第 6 章（图形用户界面）探讨 Java GUI 的处理，重点是组件、事件和监听器。该章借助大量的 GUI 示例，具体讨论各种类型的组件和事件。同时，还介绍布局管理器、容器的层次结构、边框、提示工具和助记符。

第 7 章（数组）介绍数组和数组的处理。该章所涉及的主题包括边界检查、初始化器列表、命令行参数、变长参数列表和多维数组。

第 8 章（继承）介绍类派生、类的层次结构、覆盖和可见性等相关概念。该章的重点是正确使用继承，并要求学生了解继承在软件设计中的作用。

第 9 章（多态）探讨绑定的概念，绑定与多态之间的关系；分析如何使用继承或接口实现多态引用。此外，该章还分析多态设计问题。

第 10 章（异常）介绍异常处理，未捕获异常产生的影响，分析 try-catch 语句，讨论异常的传播。该章还探讨在处理输入和输出时如何使用异常，重点分析写入文本文件的示例。

第 11 章（算法分析）给出分析算法效率的基石，给出开发人员比较算法的重要标准和方法。该章的重点不是数学公式和推导，而是理解算法相关的重要概念。

第 12 章（集合与栈）介绍集合的概念，强调将接口与实现分离的需求。本章还在概念层面介绍栈，探讨基于数组的栈的实现。

第 13 章（链式结构与栈）讨论使用引用来创建链式数据结构，探讨链表管理的基本问题，并使用底层链式数据结构（参见第 3 章）定义栈的替代实现。

第 14 章（队列）探讨队列的概念，实现先进先出队列，以基数排序为例使队列内容形象化。最后，讨论基于底层链表、定长数组和循环数组的队列实现。

第 15 章（列表）介绍 3 种类型的列表：有序列表、无序列表和索引列表。本章对这 3 种类型列表进行比较和对比，讨论它们的共享操作和每种列表的独有操作。在设计各种不同类型列表时，用户都可以使用继承。列表既可以用数组实现，也可以用链表实现。

第 16 章（迭代器）是新增加的一章。该章介绍迭代器的概念和实现。对集合而言，迭代器非常重要。本章的扩展讨论部分进一步探讨将迭代器功能与任何特定集合细节分开的需求。

第 17 章（递归）介绍递归的概念，优秀的递归解决方案，递归的实现细节。该章还分析了递归算法的基本思想。

第 18 章（搜索与排序）讨论线性搜索算法和二分搜索算法；分析一些排序算法，如选择排序、插入排序、冒泡排序、快速排序和合并排序。该章的重点是搜索和排序的编程问题，比如比较对象要用 Comparable 接口。该章用动画程序演示排序算法的效率。当然，对比较器接口的分析与演示也非常到位。

第 19 章（树）概括介绍树、树的重要术语和概念。该章讨论树的各种实现方法，使用二叉树来表示计算算术表达式。

第 20 章（二叉搜索树）据第 10 章所介绍的树的基本概念，定义经典的二叉搜索树。该章先分析二叉搜索树的链式实现，之后讨论树节点的平衡对树的性能所产生的影响，最后进一步探讨二叉树的 AVL 实现和红/黑二叉树的实现。

第 21 章（堆与优先队列）探讨堆的概念、使用和实现，特别介绍堆与优先队列的关系。该章给出堆排序的示例，用以证明堆的实用性。此外，还介绍堆的链式实现和数组实现。

第 22 章（集与映射）探讨集合的两种类型，即集和映射，强调集和映射对 JavaCollections API 的重要性。

第 23 章（多路搜索树）是前几章讨论的自然延伸，分析 2-3 树、2-4 树和通用 B 树。此外，还讨论各种树的实现。

第 24 章（图）介绍无向图和有向图的概念，与图相关的重要术语。该章还分析一些常见的图算法，讨论图的实现，详细分析图的邻接矩阵实现。

第 25 章（数据库）先探讨数据库的概念、管理以及 SQL 查询的基本原理，之后探讨了连接 Java 程序与数据库的技术，最后介绍与数据库交互所用到的 API。

第 26 章（JavaFX）先介绍多个 GUI 和图形的示例，这些示例都使用新的 JavaFX 框架，之后介绍一些 JavaFX 元素，对 Swing 和 JavaFX 的方法进行了比较，最后，分析 JavaFX 场景生成器应用。

补充资料

本书为学生提供的资源如下：
- 提供本书所有程序的源代码；
- 提供选择本书主题的视频提示。

通过访问网址：www.pearsonhighered.com/cs-resources，学生可获取上述资源。

在培生教育的教师资源中心，教师可以找到如下资源：
- 本书的练习题答案和编程项目源代码；
- 本书的 PPT 讲义；
- 题库。

教师可以通过访问网址：www.pearsonhighered.com/irc 获取上述资源；也可以发信至 longqm@163.com 获得上述资源。

目　　录

第 1 章 绪 论

学习目标

- 掌握 Java 程序设计语言。
- 描述程序编译和执行的步骤。
- 从通用层面探讨问题求解相关问题。
- 讨论软件开发过程所涉及的活动。
- 全面掌握面向对象软件原则。

本章主要介绍如何编写设计良好的软件。我们先分析一个非常简单的 Java 程序。之后，以此程序为例介绍 Java 编程的一些基本概念。为了能大规模地进行软件开发，我们讨论了问题求解的基础知识，分析了软件开发所涉及的活动，探讨了面向对象程序设计的原则。

1.1 Java 程序设计语言

计算机由硬件和软件组成。计算机系统硬件是指支持计算工作的实际有形的组件。硬件一般包括芯片、机箱、网线、键盘、扬声器、磁盘、电缆和打印机等。如果没有指挥硬件如何执行操作的指令，那么从本质上讲，硬件是毫无用处的。程序是硬件要逐一执行的指令序列。有时我们也把程序称为应用程序。软件由程序和程序所用的数据组成。软件是物理硬件组件的无形对应物。硬件和软件一起构成了用于解决人类问题的工具。

> **重要概念**
> 计算机系统由硬件和软件组成，两者协同工作来帮助我们解决问题。

程序是用特定的程序设计语言编写，程序设计语言用特定的字和符号表示问题的解决方案。程序设计语言定义规则集，精确地指导程序员将语言的字与符号组合成程序语句，程序语句是执行程序时计算机所执行的指令。

自计算机诞生以来，涌现了大量的程序设计语言。本书使用 Java 语言展示程序设计的概念与技术。虽然主要目标是学习底层软件开发的概念，但附带结果是我们精通了 Java 程序开发。

与许多其他程序设计语言相比，Java 是一种相对较新的程序设计语言。在 20 世纪 90 年代初，SUN 公司的 James Gosling 开发了 Java。在 1995 年，Java 进入公众视野，自此之后，Java 蜚声业界。

Java 自诞生以来，技术不断变化。目前将最新的 Java 技术称为 Java 2 平台，该平台有三大体系，分别为：

- Java 2 平台，标准版（J2SE）。
- Java 2 平台，企业版（J2EE）。
- Java 2 平台，微型版（J2ME）。

本书以标准版为蓝本。顾名思义，标准版就是语言和相关工具的主流版本。本书内容与 Java 的最新版保持一致，并与 Java 5、Java 6 或 Java 7 相兼容。

Java 的某些早期技术已被弃用。弃用意味着这些技术已过时，将不再使用。但当弃用技术非常重要时，我们会找到弃用技术关键，讨论优先方案。

Java 是一种面向对象的程序设计语言。对象是构成 Java 程序的主要元素。面向对象软件开发原则是本书的基石。在本书中，我们会不断探讨面向对象程序设计的概念。

重要概念
本书的重点是面向对象程序设计原则。

在开发 Java 程序时，会用到附加的 Java 软件库。Java 的附加软件库就是 Java API。Java API 是应用程序编程接口的缩写，简称为标准类库。Java API 不仅能创建图形，还能进行网络通信，也能与数据库进行交互。Java API 数量庞大且功能超强。由于篇幅限制，涵盖所有 Java API 已成为不可能之事，但我们会尽全力介绍重要的 Java API。

全世界的商用软件开发都在使用 Java。Java 已成为有史以来发展最快的程序设计技术之一。对学习程序设计概念而言，Java 是优秀的；同样，对于程序设计实践，Java 更加卓越。一旦掌握了 Java，就拥有了一技之长，会让你在未来的求职中脱颖而出。

1.1.1　Java 程序

让我们分析一个简单但完整的 Java 程序，如程序 1.1 所示。该程序在屏幕上显示两个句子："A quote by Abraham Lincoln: Whatever you are, be a good one."　程序的输出结果显示在程序下方。

Java 应用程序的基本结构都是相似的。虽然程序 1.1 代码短而简单，但却包含了 Java 程序的一些重要特征。下面我们仔细剖析程序 1.1，详细分析每行代码。

程序的前几行是注释，注释以//符号开始，到行尾结束。注释不会影响程序的功能，注释能帮助读者理解程序，读懂程序。程序员可以根据需要，在程序的各个部分加入注释，清楚地标识程序的用途，描述程序的特殊处理。程序员所编写的任何注释或文件（包括用户指南和技术参考资料）统称为文档，包含在程序中的注释称为内嵌文档。

重要概念
注释不影响程序的处理；注释帮助人们理解程序。

在程序 1.1 中，在注释之后，就是类定义。本程序所定义的类名是 Lincoln。当然，类名可以按照读者所需，自行命名。类定义从程序的第一行的大括号（{）开始，到程序最后一行的大括号 (}) 处结束。所有的 Java 程序都使用类定义。

在类定义中，先是几行注释，用于解释 main 方法的用途。在注释之后，是 main 方法的定义。方法是有特定名字的一组编程语句。在程序 1.1 中，方法名是 main。main 方法包含两条编程语句。与类定义一样，方法定义也由大括号进行界定。

　　程序 1.1

```
//*************************************************************************
//  Lincoln.java       Java Foundations
//
//  Demonstrates the basic structure of a Java application.
//*************************************************************************

public class Lincoln
{
   //-----------------------------------------------------------------
   //  Prints a presidential quote.
   //-----------------------------------------------------------------
   public static void main(String[] args)
   {
      System.out.println("A quote by Abraham Lincoln:");

      System.out.println("Whatever you are, be a good one.");
   }
}
```

输出

```
A quote by Abraham Lincoln:
Whatever you are, be a good one.
```

　　所有的 Java 应用程序都要用 main 方法。main 方法是程序处理的入口点。在执行程序代码时，会逐条执行 main 方法中的所有语句，直到遇到方法结束符，程序才结束或终止。Java 程序的 main 方法定义总要在 main 方法前加 public、static 和 void，即 public static void main(String[] args)，其中的 String 和 args 不起任何作用。

　　main 方法的两行代码调用了另一个名为 println 的方法。调用方法就是执行方法。println 方法会在屏幕上显示指定的字符。println 方法将要显示的字符表示为字符串，用双引号("")括起来。当执行程序 1.1 时，先调用 println 方法显示第一条语句，然后再次调用 println 方法显示第二条语句。因为第二条语句是 main 方法的最后一行，所以程序执行到此结束。

　　在程序 1.1 的代码中，并没有定义 main 方法所调用的 println 方法。println 方法是 System.out 对象的一部分，也是 Java 标准类库的一部分。System.out 对象虽然不是 Java 语言的技术部分，但任何 Java 程序都可以使用 System.out 对象。我们将在第 2 章详细介绍 println 方法。

常见错误

Java 语句以分号结尾。如果语句没有结束符，则编译器会发蒙并发送语法错误信息。下面给出一个示例：

```
System.out.println（"Bilbo"）
System.out.println（"Frodo"）;
```

第一行语句没有分号，则编译器不知道第二行语句是新语句。大多数编译器会给出明确的错误信息，提醒用户语法错误。初次编程时，会很容易忘记语句后的分号。但编程久了，会很自然地在每条语句后加分号，这会成为编程者的第二天性。

1.1.2　注释

本节将更详细地分析注释。注释是一种语言特性，独立于代码，用于阐述程序员的编程思想，注释可以帮助用户理解程序。通过注释，用户能洞察程序员的编程初衷。程序的生命周期很长，期间要历经多次修订。在需要对程序进行修订时，原来的程序员可能已忘记程序的实现细节。此外，修订程序的也可能不再是原来的程序员；因此，要让完全不熟悉程序的人能理解程序，所以良好的文档是至关重要的。

就 Java 程序语言而言，注释内容可以是任何文本。计算机会忽略注释；注释不影响程序的执行。

Java 注释有两种类型。Lincoln 程序的注释是一种格式的 Java 注释。这种注释的具体格式为：

```
// This is a comment.
```

这种类型的注释以双斜杠开始（//），到行尾结束。两个斜线之间不能有任何字符。计算机会忽略双斜杠到行尾之间的所有文本。注释可以紧跟在代码之后，与代码在同一行，标注该行代码的功能，具体示例如下：

```
System.out.println("Monthly Report"); // always use this title
```

Java 注释的第二种格式为：

```
/* This is another comment.  */
```

这种注释类型不以行尾来结束注释。开始的斜杠星号（/*）和终止的星号斜杠（*/）之间的所有内容都是注释。注释包括代表行结束的不可见换行符。这种注释可以占用多行。注意斜杠和星号之间不能有空格。

如果在注释开头的/*之后有第二个星号（*），即/**，则可以借助 javadoc 工具将注释内容自动生成程序的外部文档。

利用两种基本的注释类型，我们可以创建不同样式的文档，举例如下：

```
// This is a comment on a single line.
//----------------------------------------------------------------
// Some comments such as those above methods or classes
// deserve to be blocked off to focus special attention
// on a particular aspect of your code. Note that each of
// these lines is technically a separate comment.
//----------------------------------------------------------------
```

```
/* This is one comment
that spans several lines.
*/
```

一般而言，程序员只专注编写代码，而忽视撰写文档。程序员应养成编写注释的好习惯，并付诸实践。好的注释应该是完整的句子，简单明了，不应该模棱两可。注释应反映程序员的编程初衷，如下的注释就不是很好：

```
System.out.println("hello");    // pirnts hello
System.out.println("test");     // change this later
```

第一行注释虽然解释了程序行的功能，但没有任何价值，是可有可无的注释。第二行注释模棱两可。用户不明白到底以后要改变什么？以后又是指什么时候？为什么要修改代码？

> **重要概念**
> 内联文档应该是对代码的明确注释，不应该模棱两可或过分冗长。

1.1.3　标识符与保留字

我们将编程所用到的各种字符统称为标识符。Lincoln 程序中的标识符有 class、Lincoln、public、static、void、main、String、args、System、out 和 println。标识符可分为三类：

- 编程时，用户自命名的标识符（Lincoln 和 args）。
- 其他程序员命名的标识符（String、System、out、println 和 main）。
- 语言专门保留的标识符（class、public、static 和 void）。

编写的程序 1.1，类名为 Lincoln。当然，用户可以根据自身需要，给自己编写的类命名，如命名为 Quote、Abe 或 GoodOne。标识符 args 是参数（arguments）的简称。Lincoln 类中 args 的使用方式就是其常用的方式。当然，在 args 这个位置，可以使用任何其他的标识符。

在程序 1.1 中，其他程序员命名的标识符有 String、System、out 和 println。这些标识符不是 Java 语言的一部分。它们是预定义代码，是 Java 标准库的一部分，是某些程序员已编好的类集和方法集。编程者用自己喜欢的标识符为自己的类和方法命名，我们只是使用这些类和方法而已。

在程序设计语言中，保留字是具有特殊含义的标识符。我们只能以预定义的方式使用保留字，不能用于任何其他用途，如不能用保留字命名类或方法。在 Lincoln 程序中，用到的保留字有 class、public、static 和 void。图 1.1 按字母顺序列出了 Java 的所有保留字。用星号标记的标识符是目前 Java 版本没有使用的字，留着将来在 Java 语言后续版本使用。

程序所用的标识符是字母、数字、下画线字符（_）和美元符号（$）的任意组合，但标识符不能以数字开头。标识符的长度任意。因此，total、label7、nextStockItem、NUM _BOXES 和 $ amount 都是有效的标识符，而 4th_word 和 coin#value 就是无效的标识符。

abstract	default	goto*	package	this
assert	do	if	private	throw
boolean	double	implements	protected	throws
break	else	import	public	transient
byte	enum	instanceof	return	true
case	extends	int	short	try
catch	false	interface	static	void
char	final	long	strictfp	volatile
class	finally	native	super	while
const*	float	new	switch	
continue	for	null	synchronized	

图 1.1　Java 保留字

标识符中的字母既可以是大写，也可以是小写。因为 Java 区分大小写，所以大小写字母不同的两个标识符是不同的标识符。例如，total、Total、ToTaL 和 TOTAL 就是不同的标识符。如你所想，使用只有字母大小写不同的标识符并非上策，因为这类标识符太容易造成混淆。

Java 语言不需要这样的标识符。为了使标识符易记易用，Java 的每类标识符都使用统一的格式。虽然技术上没有这样的要求，但约定俗成，我们应该遵循 Java 对各种标识符的统一约定。例如，Java 类名的首字母都要大写。在本书中，首次出现的每类标识符格式都是 Java 的约定格式。

重要概念

Java 区分大小写。字母的大写和小写是不同的。

标识符

Java 标识符由字符和数字组成。这些字符包括 26 个大小写英文字母、$ 和 __（下画线）和其他语言的字母。数字包括 0~9 的所有数字。

标识符示例：

total

MAX_ HEIGHT

numl

computeWage

System

尽管标识符的长度可以任意，但命名标识符时仍要慎重。标识符名应具有描述性，不宜过短，还要注意避免无意义的命名，比如 a 和 x。但是，针对这项规则，也有例外。比如，用 x 和 y 表示二维网格中（x，y）的坐标，虽然标识符名 x 与 y 很短，但命名贴切。标识符也不宜太长。像 theCurrentItemBeingProcessed 这样的标识符名就太长了，完全没什么必要，使用标识符名 currentItem 就很好。虽然标识符名不具备描述性是个问题，但标识符名过长才是最普遍的问题。

程序员应尽自己所能使代码具有良好的可读性。因此，程序员要谨慎使用缩写词。你认为 curStVal 是代表当前股票市值的好名字，但其他用户阅读代码时，可能无法弄清 curStVal 的具体含义。甚至在你写完代码两个月之后，你再重读代码，连你自己都有可能弄不清 curStVal 的具体含义了！

> **重要概念**
> 标识符名应该具有描述性和可读性。

Java 中的名字是由点字符（.）分隔的一系列标识符。名字 System.out 是一种通过调用 Println 方法指定对象的方式。在 Java 程序中，名字的出现是有规律的。

1.1.4　空白符

所有的 Java 程序都使用空白符来分隔字符和符号。空白符由空格、制表符和换行符组成。之所以叫空白符，是因为在白纸上进行黑色印刷时，文字和符号之间的空白是白色的。程序员使用空白符的方式非常重要。空白符能强调部分代码，也能增强程序的可读性。

当使用空白符分隔字时，计算机会忽略空白符。空白符不影响程序执行。因此，程序的格式可以多种多样，程序员可以灵活掌握。但原则上，程序行应按逻辑划分，一些程序行应该缩进，一些程序行应该对齐，这样，才能使程序的基本结构更加清晰。

> **重要概念**
> 适当使用空白符可以增强程序的可读性和清晰度。

由于程序执行时会忽略空白符，所以编写程序的格式各有不同。例如，我们采用一种极端的格式使用空白符：就是使每行代码最大化。程序 1.2（Lincoln2）的代码格式与 Lincoln 的格式截然不同，但两个程序的执行结果相同，显示了相同的信息。

我们再采取另一种极端格式使用空白符：用不同数量的空格分隔每个字和符号。这种蹩脚做法如程序 1.3（Lincoln3）所示。

程序 1.2

```
//************************************************************
//  Lincoln2.java       Java Foundations
//
//  Demonstrates a poorly formatted, though valid, program.
//************************************************************
public class Lincoln2{public static void main(String[]args){
System.out.println("A quote by Abraham Lincoln:");
System.out.println("Whatever you are, be a good one.");}}
```

> **输出**
>
> ```
> A quote by Abraham Lincoln:
> Whatever you are, be a good one.
> ```

程序 1.3

```
//*************************************************************
//  Lincoln3.java        Java Foundations
//
// Demonstrates another valid program that is poorly formatted.
//*************************************************************
        public         class
     Lincoln3
   {
              public
   static
        void
   main
        (
String
          []
     args                  )
   {
   System.out.println        (
"A quote by Abraham Lincoln:"            )
   ;         System.out.println
          (
      "Whatever you are, be a good one."
        )
     ;
  }
            }
```

```
输出

A quote by Abraham Lincoln:
Whatever you are, be a good one.
```

　　从技术角度而言，Lincoln 的 3 个版本都是有效的，执行结果相同。但从读者的角度而言，3 个版本是截然不同的。Lincoln2 和 Lincoln3 的程序设计风格不好，程序晦涩难懂。所以，在你编程时，一定要遵守既定的设计原则。软件开发公司会制定程序员必须遵守的编程风格策略，无论何时，程序员都要始终如一地遵循标准格式，增强代码的可读性。

重要概念

你应该遵循既定的程序格式标准，格式化你的程序和文档。

1.2　程序开发

　　程序开发过程要涉及各种活动。首先要用程序设计语言（如 Java）编写程序。之后，要将程序转换成计算机能执行的代码。另外，在程序开发不同阶段会产生错误，因此要不断修改程序。同时，程序开发还要使用各种软件工具。本节将详细探讨这些问题。

1.2.1　程序设计语言分类

假设某人要给朋友讲解旅游指南。他可以用英语、俄语或意大利语进行讲解。但无论他使用哪种语言，旅游指南的内容都一样，只是表达方式不同而已。而朋友要听明白旅游指南，则必须要懂某种语言。

与此类似，我们可以选择 Java、Ada、C、C++、C# 、Pascal 和 Smalltalk 中的任何一种语言来编程。但无论使用哪种语言，最终要解决相同的问题，只是表达指令的语句和指令的整体组织因语言而异。为了执行程序，计算机必须要理解这些指令。

程序设计语言分为 4 类，如下所示。这 4 类语言也是计算机语言的发展史。

- 机器语言。
- 汇编语言。
- 高级语言。
- 第四代语言。

为了使程序能在计算机上运行，就要将程序表示为计算机的机器语言，而每种类型的 CPU 都有自己专用的机器语言。因此，在使用 Intel 处理器的 Dell 个人计算机上无法运行专为 SUN 工作站 SPARC 处理器编写的程序。

重要概念
所有程序都必须转换成特定 CPU 的机器语言才能执行。

每条机器语言指令只能完成一项简单任务。例如，一条机器语言指令可能是将值复制到寄存器，也可能是将值与零比较。对将两个数相加并保存结果这个任务而言，可能需要 4 条独立的机器语言指令。因为计算机能在一秒内完成数百万条这样的简单指令，所以计算机可以快速执行许多简单命令来完成复杂任务。

机器语言代码是二进制数序列。对人类而言，二进制数的读取和写入都非常困难。早期，人们使用开关或类似开关的繁琐方法将程序输入计算机，这类方法耗时且容易出错。

为了解决机器语言存在的问题，程序员开发了汇编语言。汇编语言使用助记符代替二进制数。助记符是用于表示命令或数据的短英文单词。对程序员而言，处理单词要比处理二进制数更容易。但汇编语言程序不能直接在计算机上执行，所以必须先将汇编语言翻译成机器语言。

通常，每条汇编语言指令都有等效的机器语言指令。因此，与机器语言一样，每条汇编语言指令只能完成一个简单操作。与机器语言相比，尽管汇编语言有所改进，但从使用角度来看，汇编语言冗长且乏味。汇编语言和机器语言都是低级语言

目前，大多数程序员都使用高级语言编写软件。因为高级语言使用类似英语的短语表示，所以程序的读取和写入变得非常轻松。一条高级语言编程语句可能对应着多条（可能上百条条）机器语言指令。术语"高级"是指编程语句与最终执行的机器语言表示相差甚远的这一事实。Java 是一种高级语言，Ada、C++、Smalltalk 等都是高级语言。

重要概念

高级语言允许程序员忽略机器语言的底层细节。

图 1.2 给出了与高级语言等效的汇编语言和机器语言表示。表达式是将两个数字相加。在这个例子中，所用的是 Sparc 处理器专用的汇编语言和机器语言。

高级语言	汇编语言	机器语言
<a + b>	ld [%fp 20, %O0 ld [%fp 24, %O1 add %O0, %O1, %O1	... 1101 0000 0000 0111 1011 1111 1110 1000 1101 0010 0000 0111 1011 1111 1110 1000 1001 0000 0000 0000 ...

图 1.2　与高级语言等效的汇编语言和机器语言表示

在图 1.2 中，对程序员而言，高级语言的表达式可读性强，非常直观，类似于代数表达式。等效的汇编语言代码有点可读性，但太冗长，不太直观。机器语言基本上没有可读性，还非常冗长。实际上，图 1.2 中只给出了两个数相加的部分二进制机器代码。这个表达式的所有机器语言代码长度超过了 400 位。

高级语言使程序员可以忽略处理器的底层机器语言，但高级语言代码必须翻译成机器语言才能执行。

一些程序设计语言运行在比高级语言更高的层次上，它们具有自动生成报告或与数据库交互的特殊功能，我们将这类语言统称为第 4 代语言（简称为 4GL）。第 4 代语言是前三代语言：机器语言、汇编语言和高级语言的升华。

1.2.2　编辑器、编译器和解释器

开发新程序需要使用一些专用程序，我们将这些专用程序称为软件工具。我们使用软件工具构建程序。常用的基本软件工具包括编辑器、编译器和解释器。

首先你要使用编辑器输入程序，保存程序文件。编辑器种类繁多，功能各异。你要熟悉自己常用的编辑器，因为对编辑器的熟悉程度会直接影响你输入和修改程序的速度。

图 1.3 给出了程序开发的基本流程。在编辑保存程序后，将高级代码转换成可执行代码。在翻译程序时，可能会出错。在程序出错的情况下，返回编辑器，修改程序代码。当程序翻译成功后，执行程序并评估结果。如果程序执行结果与预期值不同，或者需要改进现有的程序，则需要再次返回编辑器，对程序进行再次修改。

图 1.3　编辑和运行程序

将源代码翻译成特定类型 CPU 专用的机器语言时，翻译方式各异。编译器是一种程序，能将一种语言代码翻译成另一种语言的等效代码。我们将原始代码称为源代码，翻译成的语言称为目标语言，翻译成的代码称为目标代码。传统编译器会直接将源代码翻译成特定的机器语言。对于给定的程序，编译器只翻译一次。编译所得的可执行程序可以多次执行，运行次数完全取决于用户需求。

虽然解释器与编译器相似，但存在本质区别。解释器的翻译与执行交织在一起。解释器是每翻译一条语句（或部分源代码），就执行程序，然后再翻译一条语句，再执行程序，依此类推。解释器的优点在于不需要独立的编译阶段，但每次执行程序时，都要再翻译一遍程序。因此，程序运行速度较慢。

Java 程序的开发过程，即使用编译器，也使用解释器，如图 1.4 所示。Java 编译器将 Java 源代码转换为 Java 字节码。字节码是与机器语言代码类似的低级代码。Java 解释器读取 Java 字节码，并在特定机器上执行字节码。字节编译器将字节码翻译成高效执行的机器语言代码。

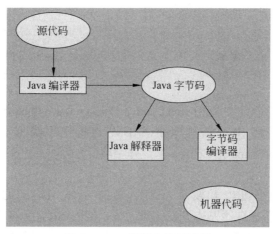

图 1.4　Java 翻译和执行过程

重要概念
Java 编译器将 Java 源代码转换为 Java 字节码。字节码是一种低级的、与平台无关，是独立于体系结构的程序表示。

Java 字节码和真正的机器语言代码的区别是：它不与任何处理器绑定，字节码与平台无关，Java 的可移植性突显。字节码也存在唯一限制：对于要执行字节码的每类处理器都需要 Java 解释器或字节码编译器。

Java 的编译过程是将高级 Java 源代码翻译成 Java 字节码，字节码再编译成机器代码。与将 Java 高级代码直接翻译成机器代码相比，速度变慢，但效率提高。但对于大多数程序而言，这样的执行速度已经够快了。注意，将程序源代码编译成 Java 字节码，再编译为机器代码，是为了提高效率。

1.2.3 开发环境

软件开发环境是用于创建、测试和修改程序的工具集。一些开发环境可以免费获取，而另一些具有高级功能的开发环境则需要购买。将各种工具集成到一个软件程序环境，就是集成开发环境（IDE）。

任何开发环境都包含 Java 编译器和解释器。一些开发环境还包含帮助用户找到程序错误的调试器。开发环境还可能包含文档生成器、归档工具和帮助用户可视化程序结构的工具。

Java 程序设计语言的创建者 SUN 公司提供了 Java 软件开发工具包（SDK），有时也称为 Java 开发工具包（JDK）。从 SUN 公司的 Java 网站（java.sun.com），用户可以免费下载适用于各种硬件平台的 SDK。

SDK 工具不是集成环境，要在命令行执行编译命令和解释命令。也就是说，SDK 没有具有窗口、菜单、按钮的图形用户界面（GUI）。SDK 也不包括编辑器。用户可以使用任何文本编辑器录入和保存程序。

重要概念

由于存在多种不同的开发环境，所以用户可以根据自己的喜好选择开发环境，创建和修改 Java 程序。

SUN 公司还推出一个名为 NetBeans 的 Java IDE（www.netbeans.org），它将 SDK 的开发工具整合到一个基于 GUI 的程序中。IBM 也推出了类似的 IDE，名为 Eclipse（www.eclipse.org）。NetBeans 和 Eclipse 都是开源项目，由许多程序员自主开发，用户可以免费下载使用。

奥本大学的研究小组也开发了一款免费的 Java IDE：jGRASP。用户可以从 www.jgrasp.org 网站下载。除了基本开发工具之外，jGRASP 还包含图形化工具。

当然，还有很多其他的 Java 开发环境。对开发者而言，选择要使用的开发环境非常重要。因为在项目开发过程中，对开发环境越熟悉，工作效率就越高。

1.2.4 语法与语义

每种程序设计语言都有自身专用的语法。语言的语法规则明确说明了如何将语言的词汇组合成语句。程序设计必须遵循这些语法规则。在 1.1 节，我们讨论过一些 Java 语法规则，如标识符不能以数字开头；类和方法都要以大括号（{）开始，以大括号（}）结束。附录 J 定义了 Java 程序设计语言的基本语法规则，本书的所有语句都遵循这些规则。

在编译期间，编译器要检查语法规则。如果程序出现语法错误，则编译器会发送错误消息，不生成字节码。Java 的语法与 C 和 C ++的语法相似。因此，对于熟悉 C 和 C ++代码外观和风格的程序员来说，Java 让其倍感亲切，因为两种语言的语法相似度极高。

在程序设计语言中，语句的语义定义了执行语句时会发生什么。程序设计语言是明确的。也就是说，程序的语义是明确的。每条语句有且只有唯一的解释。但人类用自然语言

（如英语或意大利语）进行交流，有时，自然语言会有一句多义现象。下面举例说明。

Time flies like an arrow.

人们一看上面这句话，就会觉得这句话的意思是：时间（time）飞逝（flies），像箭的速度一样，这是句子的第一种解释。但是，如果把 time 看作动词，像"run the 50-yard dash and Ill time （计时）you"句中的 time（计时）的词性一样，将 flies（飞行）当作名字，即理解成飞行的复数，那么这句话的含义会完全不同，这是句子的第二种解释。当然，我们知道箭不会计时，所以，一般情况下，我们不会按第二种方式理解这个句子，但第二种解释方式按字面意思也是有效的。计算机在理解这样的句子时，会产生歧义。此外，我们还可以用第三种方式解释这个句子，将"time fly"解释为一种不同寻常的昆虫，像"fruit flies（果蝇）like a banana"一样。

通过这个例子，我们知道一个英语句子可能有多种含义，但计算机语言不允许存在这种歧义。如果程序设计语言指令有两种不同含义，那么计算机将不知道该按哪种含义执行。

重要概念
语法规则决定了程序的形式。语义决定了程序语句的含义。

1.2.5　错误

在程序开发过程中，会出现各种各样的问题。计算机错误一词已被滥用，错误的具体含义要因情况而定。从用户角度来看，与机器交互所产生的任何错误都是计算机错误。举个例子，假设你用信用卡购买了 23 美元的物品，但收到信用卡账单时，该物品变成了 230 美元，你肯定会投诉。在问题解决之后，信用卡公司会向你表达歉意，说错误是由"计算机错误"造成的。计算机是否会随意在数字末尾加个零呢？计算机是否会将数值乘以 10 呢？答案是：当然不会。计算机只会遵循用户提供的命令，根据用户提供的数据进行操作。如果程序或数据不准确，则结果肯定不正确。习语"无用输入，无用输出"就形象描述了这一现象。

重要概念
程序员负责程序的准确性和可靠性。

在开发程序时，会经常遇到 3 类错误，它们分别是：
- 编译时错误。
- 运行时错误。
- 逻辑错误。

编译器检查程序，以确保程序所用语法的正确性。如果程序有不符合语法规则的语句，则编译器会产生语法错误的提示。编译器也会检查其他问题，如使用了不兼容的数据类型。从技术角度讲，语法正确，但可能存在语义错误。编译器能识别出来的所有错误统称编译时错误。当出现编译时错误时，就不会创建可执行程序。

> **重要概念**
> Java 程序必须语法正确，否则编译器不会生成字节码。

第二种问题出现在程序运行期间，称为运行时错误。运行时错误会导致程序异常终止。举个例子，如果程序试图将某数除以 0，则程序会"崩溃"，运行立即停止。系统之所以会放弃继续处理该程序，原因在于请求的操作未定义。优秀程序的鲁棒性都非常强，也就是说，好程序会尽其所能避免运行时错误。例如，程序员可以编写代码防止出现除以 0 这种情况。即使出现这种情况，相应代码也能恰当处理。在 Java 中，将运行时问题统称为异常，程序要能捕获和处理异常。

第三种软件问题是逻辑错误。在出现逻辑错误时，软件的编译和运行都没有问题，但程序会产生错误的结果。例如，计算出来的值不对，图形按钮没有出现在正确位置。程序员必须彻查程序，测试程序，将预期结果与实际结果进行比较。如发现缺陷，则必须追溯到源代码，找到问题并予以纠正。查找和纠正程序缺陷的过程称为调试。逻辑错误的出现方式多样，发现逻辑错误的实际根源非常困难。

1.3　问　题　求　解

开发软件不仅仅是编写代码，编辑和运行程序的机制都是必要步骤。软件开发的核心是问题求解。最终，是要编写程序来解决具体问题。

一般来说，问题求解包括以下步骤：

（1）理解问题。

（2）设计解决方案。

（3）考虑替代解决方案并改进解决方案。

（4）实现解决方案。

（5）测试解决方案，解决方案中存在的任何问题。

上述步骤适用于任何类型的问题求解。对于开发软件而言，也特别有效。这些步骤不是纯线性的，也就是说，步骤间存在交叉。但无论何时，对于任何步骤，我们都要慎重对待。

第一步是理解问题。许多人认为，理解问题是理所当然的。软件开发出现偏差的最根本原因就是对理解问题这一步缺乏重视。如果对要解决的问题，程序员没有完全理解，那么，要么会错误地解决问题，要么会没有完全解决问题。每个问题都有归属的问题域。对于问题求解来说，问题域是非常重要的。举个例子，如果我们要编写保龄球比赛的程序，那么问题域是保龄球比赛规则。为了制定优秀的解决方案，我们必须透彻理解问题域。

设计解决方案的关键是分而治之，将大问题分解成小问题。任何问题的解决方案都是将总任务分解成一系列相互协作的小任务，由所有小的任务一起协作共同完成大任务。开发软件时，程序员也不是编写一个大程序，而是将任务细化，细化为可管理的不同模块。之后，对每个模块单独行设计编程。最终，将所有模块集成在一起形成整体解决方案。

> **重要概念**
> 问题求解涉及将解决方案分解成多个可管理的模块。

在寻求解决方案时，我们所选的第一种方案可能不是最好的。我们还必须考虑替代方案，并根据需要改进解决方案。越早考虑替代方案，就越容易完成对解决方案的修改。

实现解决方案是将所设计的解决方案变成现实。当设计针对某个问题的软件解决方案时，解决方案的实现阶段就是实际编写程序的过程。我们经常认为，程序设计就是编写代码，但在大多数情况下，设计程序的行为应该比用特定编程语言实现设计的过程更有趣，更有创意。

在开发过程中，我们应该测试解决方案，找出其存在的任何错误，然后解决所存在的问题。测试并不能保证解决方案完全没有问题，但测试能提升设计人员对可行解决方案的信心。

本书致力于探索设计和实现程序的技术，所以大部分都是编程的细节内容，但我们永远牢记：程序设计的主要目标是解决问题。

1.4　软件开发活动

软件开发的目标是解决问题。软件开发过程恰恰印证了 1.3 节所讨论的解决问题的一般步骤。任何软件开发工作都会包含以下 4 个基本的开发活动：

- 确定软件需求。
- 软件设计。
- 软件实现。
- 软件测试。

如果能按照既定顺序逐步完成开发软件的所有活动，则软件开发效果一定很好。开发活动看似连续，实则是非线性的。这些开发活动相互交叉，相互作用。下面，我们简要介绍一下各种开发活动。

软件需求指定程序必须完成的内容，表明程序应该执行的任务，不涉及任务应该如何执行。将需求表示成文档就是功能规格说明书。

需求是对要解决问题的明确表达，只有真正理解了要解决的问题，才能真正解决问题。

在课堂环境中，学生通常以分配问题的方式得到软件需求。对于通过这种方式得到的软件需求，仍需进一步地讨论与明确。在开发专业软件时，客户通常会提供最初的需求。这些最初的需求往往是不完整的、含糊不清的甚至是相互矛盾的。软件开发人员必须与客户进行沟通，相互合作，完善需求，做出程序必须要做什么的重要决策。

软件需求经常要解决用户界面问题，如输出格式、屏幕布局和图形界面组件等。本质上，需求确立了最终呈现给用户的程序特征。需求也对程序加以约束，如任务完成的速度等。

软件设计表明程序如何完成软件需求。软件设计指定程序中所需的类和对象，定义类和对象之间如何交互，指定类之间的关系。软件的底层设计是方法设计，即设计方法完成具体的任务。

土木工程师从来不会在没有桥梁设计图的情况下，直接搭建桥梁。软件设计也是一样。软件之所以会存在大量问题，究其原因在于缺乏优秀的设计。实践表明，在程序设计阶段付出的努力最具价值。从长远来看，投入到软件设计的努力，回报率高。这样做既能节省开发时间，又能节省项目资金。

> **重要概念**
> 投入到软件设计的努力非常重要，回报率又高。

在软件设计过程中，需要考虑和探索替代方案。通常，解决方案的第一稿并不是最好的，要修改解决方案，最好是在软件设计阶段完成。

软件实现是为了解决问题编写源代码的过程。更确切地说，实现是将设计转换成某种编程语言的行为。程序员大多都过于专注实现，但在所有软件开发活动中，最不具备创造性的就是软件实现。因为在需求和软件设计阶段，已制定了所有的重要决策。

软件测试是在规定的条件下对程序进行操作，发现程序错误，衡量软件质量，并对其是否能满足设计要求进行评估的过程。测试包括使用各种输入多次运行程序，仔细审查结果。测试的意义远非如此。在每个阶段，都应有不同形式的测试。例如，应与客户一起审查需求，即测试需求的准确性。

1.5　面向对象程序设计

正如本章前面所述，Java 是一种面向对象的语言，顾名思义，对象是 Java 程序的基本实体。本小节将通过定义对象间的交互，强调软件开发的思想。

面向对象软件开发原则历经数载，基本上只要是高级程序设计语言，就要遵循这些原则。20 世纪 60 年代开发的程序设计语言 Simula，具有许多面向对象的特性，能定义现代软件的开发方法。在 20 世纪 80 年代和 90 年代，面向对象程序设计变为主流，这主要归功于程序设计语言 C ++和 Java 的崛起。现在，C ++和 Java 是开发商业软件的主流语言。

面向对象方法最具吸引力的特性就是：对象能有效地表示真实世界的实体。如我们可以用软件对象表示公司员工，每位员工对应一个对象；每位员工都有自己的行为和特征，每个对象也有自己的行为和特征。这样，程序世界和现实世界就建立了一一映射关系。也就是说，面向对象方法能更轻松地解决问题，而解决问题恰恰是编程的关键。

让我们探讨一下面向对象方法的具体特征，用面向对象方法帮助我们解决问题。

1.5.1　面向对象软件原则

归根结底，面向对象程序设计要深入理解以下术语：

- 对象。
- 属性。
- 方法。

- 类。
- 封装。
- 继承。
- 多态。

除了上述这些术语之外，面向对象程序设计还有许多概念。本节旨在帮助读者逐渐加深对这些概念的理解。从全局出发，重点解释一些术语，概括性介绍面向对象程序也没反映的思想。

对象是程序的基本元素。软件对象通常代表问题域中的真实对象。例如，对象代表银行账户。每个对象都有状态和行为集。状态是指对象存在的状态，即当前所定义对象的基本特征。例如，银行账户状态是账户的当前余额。对象的行为是与对象相关联的活动。例如，与银行账户相关的行为是存款和取款。

除了对象之外，Java 程序还管理基本数据。基本数据是基本值，如数字和字符。对象代表更有趣或更复杂的实体。

对象的属性是其内部的存储值，属性可以是基本数据，也可以是其他对象。例如，银行账户对象可以用浮点数表示账户余额。账户对象也能包含其他属性，如包含账户的开户人。总而言之，对象的属性值定义了对象的当前状态。

正如本章前面所讲，方法是具有特定名字的一组编程语句。调用方法，就是执行方法中的语句。方法集与对象相关联。对象的方法定义了对象的潜在行为。为了使银行账户具有存款功能，程序员可以定义一个方法，方法包含的语句能更新账户的余额。

重要概念
每个对象都有由其属性定义的状态和由其方法定义的行为集。

由类定义对象。类是创建对象的模型或设计图。想象一下建筑师在设计房屋时绘制的设计图。设计图定义了房屋的重要特征：如墙壁、窗户、门和电源插座等。一旦设计图设计完成，就要按设计图盖房屋，如图 1.5 所示。

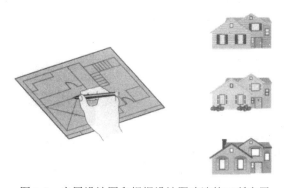

图 1.5　房屋设计图和根据设计图建造的三所房屋

从某种意义上说，根据设计图建造的房屋也是不一样的。因为房屋所在的位置不同，地址不同，屋内的家具不同，居住的人也不同。但在很多方面，房屋又是"同一个"房子，因为房屋的房间布局和其他重要特征是一样的。为了建造不同风格的房屋，就需要不同的设计图。

　　从某种意义上讲，类就是对象的设计图。类创建了对象的数据类型，定义了表示对象行为的方法。但从另一方面来讲，类与房屋设计图并不完全一样，类不包含存储数据的空间。每个对象都有自己的数据空间，这就是每个对象都有自己状态的原因。

　　一旦定义了类，就可以根据类创建多个对象。例如，我们定义了表示银行账户的类，之后就可以创建多个代表个人银行账户的对象。每个银行账户对象都可以知道自己的账户余额。

重要概念

类是对象的设计图，根据一个类定义可以创建多个对象。

　　对象是被封装的。封装意味着对象要保护和管理自己的信息。也就是说，对象应该是自治的。只有对象的方法才能改变对象的状态。我们所设计的对象，其他对象不能插手，不能改变该对象的状态。

　　通过继承，也可以从其他类创建类。也就是说，可以基于已存在的其他类定义一个类。继承是一种软件复用方式。继承利用了各种类之间的相似性。一个类还能用于派生一些新类，而派生的新类还可以派生更多的类。类是有层次结构的。子类会继承其父类所定义的属性和方法，其父类的间接子类又会继承子类的属性和方法，以此类推。例如，创建代表各类账户的类的层次结构。在高层类中定义类的共同特征，在派生类中定义类具体差异。

　　多态是指允许不同类的对象对同一消息做出响应。多态支持对多个对象的处理，因此，掌握多态性，就能针对多个对象问题，设计出优秀的解决方案。图 1.6 给出了一些面向对象的核心概念。讲到此时，我并不指望读者能完全理解面向对象设计的思想。本书的后续章节将更详实地介绍这种思想，在此，只是给出一个框架，让读者有个大致了解。

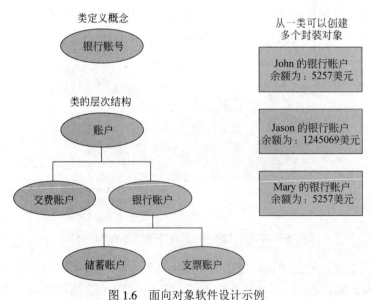

图 1.6　面向对象软件设计示例

重要概念总结

- 计算机系统由硬件和软件组成，两者协同工作来帮助我们解决问题。
- 本书的重点是面向对象程序设计原则。
- 注释不影响程序的处理；注释帮助人们理解程序。
- 内联文档应该是对代码的注释，不应该模棱两可或过分冗长。
- Java 区分大小写。字母的大写和小写是不同的。
- 标识符名应该具有描述性和可读性。
- 适当使用空白符可以增强程序的可读性和清晰度。
- 你应该遵循既定的程序格式标准，格式化你的程序和文档。
- 所有程序都必须转换成特定 CPU 的机器语言才能执行。
- 高级语言允许程序员忽略机器语言的底层细节。
- Java 编译器将 Java 源代码转换为 Java 字节码。字节码是一种低级的、与平台无关，是独立于体系结构的程序表示。
- 由于存在多种不同的开发环境，所以用户可以根据自己的喜好选择开发环境，创建和修改 Java 程序。
- 语法规则决定了程序的形式。语义决定了程序语句的含义。
- 程序员负责程序的准确性和可靠性。
- Java 程序必须语法正确，否则编译器不会生成字节码。
- 问题求解涉及将解决方案分解成多个可管理的部分。
- 投入到软件设计的努力既重要，又有成本效益。
- 每个对象都有由其属性定义的状态和由其方法定义的行为集。
- 类是对象的设计图，根据一个类定义可以创建多个对象。

术 语 总 结

汇编语言是一种使用助记符代替二进制数的低级语言。

字节码是 Java 程序的低级表示，不与任何具体类型的 CPU 绑定。

区分大小写就是区分大写字母和小写字母，Java 区分大小写。

类定义是 Java 程序的元素，所有 Java 程序都使用类定义。

类库是开发程序所用的软件类集合（请参阅 Java API）。

注释是包含在程序中的文本，帮助用户理解程序。

编译器将一种语言代码翻译为另一种语言等效代码的程序，

弃用意味着技术已过时，将不再使用。

编辑器是用户输入文本（如程序）的软件工具。

封装对象的特征，意味着对象要保护管理自身的信息。

图形化用户界面是由图形元素（如窗口和按钮）组成的程序界面。

高级语言是一种用短语表达的程序设计语言，与机器语言相比，更容易被程序员理解。

标识符是程序设计语言中的字符。

继承是基于其他已存在的类定义一个类。

集成开发环境是创建、修改和测试程序的软件工具集。

Java 2 平台是最新的 Java 技术。

Java API 是开发程序时所用的软件库。

逻辑错误 程序中的逻辑错误会产生错误结果。

机器语言是特定 CPU 所执行的语言。

方法是具有特定名字的一组程序设计语句。

方法调用是调用方法来执行方法的代码。

自然语言是人类用来沟通的语言，如英语。

对象是 Java 程序的基本实体，用于表示程序内容，提供相关服务。

面向对象程序设计语言是像 Java 这样的语言，将对象作为程序的基本元素。

程序是计算机执行的指令序列。

程序设计语句是编程语言中的单个指令。

保留字是程序语言中具有特殊含义的标识符，只能以预定义方式使用保留字。

运行时错误是程序执行期间发生的错误，会导致程序异常终止。

语义是定义语言中语句含义的规则。

语法是规定如何使用语言词汇的规则。

语法错误一种违反语言语法规则的程序设计错误。

空白符是程序用于分隔单词和符号的空格、制表符和换行符。

自 测 题

1.1 什么是硬件？什么是软件？

1.2 高级语言和机器语言之间是什么关系？

1.3 什么是 Java 字节码？

1.4 什么是空白符？空白符会影响程序执行吗？空白符是如何影响程序可读性的？

1.5 下面哪些不是有效的 Java 标识符？为什么？

    a. RESULT

    b. Result

    c. 12345

    d. X12345y

    e. black&white

    f. answer_7

1.6 程序设计语言的语法和语义各代表什么含义？

1.7 说明软件开发过程的 4 项基本活动。

1.8　面向对象程序设计的重要概念都是什么？

练　习　题

1.1　Java 有两种类型注释，请分别举例说明，并解释两者之间的差异。

1.2　下面哪些不是有效的 Java 标识符？为什么？

　　a．Factorial

　　b．anExtreme1yLongIdentifierifyouAskMe

　　c．2ndLeve1

　　d．level2

　　e．MAX_SIZE

　　f．highest$

　　g．hook&ladder

1.3　为什么下面有效的 Java 标识符不是好的标识符？

　　a．q

　　b．totVa1

　　c．theNextVa1ueInTheList

1.4　Java 区分大小写。区分大小写的含义是什么？

1.5　为什么说英语语言有时是模棱两可的？给出两个示例（本章中所用的例子除外），解释模糊性。为什么语言模糊是编程语言的一大问题？

1.6　将下面的错误分类，看其是属于编译时错误还是运行时错误或是逻辑错误：

　　a．当你需要两数相加，但确是将两数相乘

　　b．除以零

　　c．在程序设计语句结束时忘记输入分号

　　d．在输出中有拼写错误的单词

　　e．产生不准确的结果

　　f．应输入大括号"{"，但输入了小括号"("。

程序设计项目

1.1　输入、编译并运行以下应用程序。

```
Public class Test
{
    public static void main (String [ ] args)
    {
      System.out. println (An Emergency Broadcast  );
    }
}
```

1.2　将下列错误逐个引入到程序设计项目 1.1 中。记录编译器产生的任何错误消息。在引入新的错误之前，要先改正前面的错误。如果没有产生错误信息，则解释不出错的原因。你可以试着预测，引入每个错误会出现什么结果。

　　a．将 Test 更改为 test

　　b．将 Emergency 更改为 emergency

　　c．删除字符串中的第一个引号

　　d．删除字符串中的最后一个引号

　　e．将 main 更改为 man

　　f．将 println 更改为 bogus

　　g．删除 println 语句结尾处的分号

　　h．删除程序中的最后一个大括号

1.3　编写一个应用程序，分行打印姓名、生日、爱好、最喜欢的书以及最喜欢的电影，在输出中，显示每条信息。

1.4　编写一个应用程序，以下面的三种方式打印 "Knowledge is Power"。

　　a．在一行上

　　b．在三行上，每行只有一个单词，且单词居中

　　c．将这句话显示在由字符=和 | 形成的盒子里

1.5　编写一个应用程序，列出自己喜欢的四至五个网站。要求打印出网站名和 URL。

1.6　编写一个应用程序，打印歌曲的歌词，标出合唱。

1.7　编写一个应用程序，打印菱形图形，不要打印任何不需要的字符。

```
          *
         ***
        *****
       *******
        *****
         ***
          *
```

1.8　编写一个应用程序，以大号字母显示相应字母。每个大字母由自身的常规字母。下面是程序输出结果的示例。

```
        JJJJJJJJJJJJJJJ        AAAAAAAAA        LLLL
        JJJJJJJJJJJJJJJ        AAAAAAAAAAA      LLLL
                  JJJJ         AAA      AAA     LLLL
                  JJJJ         AAA      AAA     LLLL
                  JJJJ         AAAAAAAAAAA      LLLL
    JJJJ          JJJJ         AAAAAAAAAAA      LLLL
    JJ            JJJJ         AAA      AAA     LLLL
        JJJJJJJJJJJJ          AAA      AAA     LLLLLLLLLLLLLLLL
          JJJJJJJJJJ          AAA      AAA     LLLLLLLLLLLLLLLL
```

自测题答案

1.1 计算机系统硬件由电路板、显示器和键盘等物理组件组成。软件由程序和程序所用的数据组成。硬件用来执行程序，硬件是有形的，而软件是无形的。

1.2 高级语言使用类似英语的短语来表示程序指令，所以程序的读取和写入变得非常轻松。但为了执行程序，必须先将程序翻译成特定计算机的机器语言，机器语言代码是二进制数序列。对人类而言，二进制数的读取和写入都非常困难。高级语言程序在运行之前必须翻译成机器语言。

1.3 Java 字节码是 Java 源代码程序的低级表示。Java 编译器将源代码转换为字节码，之后使用 Java 解释器执行字节码。在 Java 解释器执行字节码之前，字节码可以通过 Web 传输。Java 解释器是 Web 浏览器的一部分。

1.4 空白符是指用于分隔程序的字符和符号的空格、制表符和换行符。编译器会忽略空白符；因此，空白符不影响执行。但是，适当使用空白符能增强程序的可读性。

1.5 除了 12345（标识符不能以数字开头）和 black&white（标识符不能包含&字符）标识符之外，其他所有标识符都是有效的。标识符 RESULT 和 result 也是有效的，因为它们只是大小写不同，但要注意，不要同时用于一个程序。标识符 answer_7 是有效，因为标识符名允许有下画线字符（_）。

1.6 语法规则定义了如何将程序设计语言的符号和字符组合在一起。程序设计语言指令的语义决定了指令执行时会发生什么。

1.7 软件开发中的 4 个基本活动是需求分析（决定程序应该做什么），设计（决定如何去做），实现（编写解决方案的源代码）以及测试（验证实现）。

1.8 面向对象程序设计的主要元素是对象、类、封装和继承。对象由类定义，类包含方法，方法定义了对象所执行的操作或服务。封装对象，以便对象能存储和管理自身的数据。继承是一种复用技术，从已有的类中派生新类。

第2章 数据与表达式

学习目标
- 掌握字符串、字符串连接和转义字符的用法。
- 理解变量声明，学会使用变量。
- 了解 Java 的基本数据类型。
- 理解表达式的语法和处理。
- 掌握数据转换类型，理解转换机制。
- 学会用 Scanner 类创建交互式程序。

本章主要介绍 Java 程序使用的基本数据类型和表达式，讨论数据类型之间的转换，学习设计交互式程序，从运行程序中读取用户的输入数据。

2.1 字 符 串

第 1 章以 Lincoln 程序为例，讨论了 Java 程序的基本结构，介绍了注释、标识符和空白符的使用。第 1 章还概括介绍了面向对象程序设计中所涉及的各种概念，如对象、类和方法等。如你觉得这些知识点需要复习，那就花点时间重温一下第 1 章所学的内容。

字符串是 Java 中的对象，由类 String 定义。对于计算机程序设计来说，字符串非常重要。Java 支持字符串字面值的使用。字符串字面值用双引号引起来，如第 1 章的示例程序所示。第 3 章将更详细地探讨 String 类和方法。现在开始学习如何使用字符串字面值。

下面是一些有效字符串字面值的例子：

```
"The quick brown fox jumped over the lazy dog."
"2201 Birch Leaf Lane, Blacksburg, VA  24060"
"x"
""
```

字符串字面值可以包含任何有效的字符。这些字符可以是数字、标点符号和其他的特殊字符。上面给出的最后一个例子中，字符串中根本没有任何字符。

2.1.1 print 和 println 方法

第 1 章的 Lincoln 程序调用了 println 方法，具体语句如下：

```
System.out.println ("Whatever you are, be a good one. ");
```

这条语句说明了对象的使用。System.out 对象表示输出设备或文件。在默认情况下，该对象表示监视器屏幕。更确切地说，System 是类名，out 是对象名，out 是 System 类的对象。后续章节将更详细地讨论类与对象的关系。

println 方法是 System.out 对象提供的一种服务。每当用户发送打印字符串的请求时，System.out 对象就会在屏幕上打印字符串。也就是说，用户向 System.out 对象发送 println 的消息，请求打印某些文本。

参数是传递给某方法的数据。在这条语句中，println 方法只接收一个参数，就是要打印的字符串。

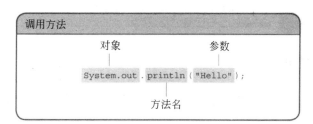

System.out 对象还为用户提供了另一种服务：print 方法。print 和 println 之间功能相似，但有区别。println 方法打印完发送给自己的信息后，换行。print 方法打印完发送给自己的消息后，不换行。

名为 Countdown 的程序 2.1 既调用了 print 方法，也调用了 println 方法。

程序代码之后，就是程序的输出结果。读者可以仔细比较程序 Countdown 的输出。注意，程序执行完"System.out.println ("Liftoff!");"这条语句后，单词 Liftoff 也会打印在第一个输出行，与前几个单词在同一行上。因为，你要记住，println 方法是在打印完传递给它的信息后才换行。

> **重要概念**
> print 和 println 方法是 System. out 对象提供的两种服务。

程序 2.1

```
//********************************************************************
//  Countdown.java        Java Foundations
//
//  Demonstrates the difference between print and println.
//********************************************************************
public class Countdown
{
   //-----------------------------------------------------------------
   //  Prints two lines of output representing a rocket countdown.
   //-----------------------------------------------------------------
   public static void main(String[] args)
   {
      System.out.print("Three... ");
      System.out.print("Two... ");
      System.out.print("One... ");
```

```
        System.out.print("Zero... ");
        System.out.println("Liftoff!"); // appears on first output line
        System.out.println("Houston, we have a problem.");
    }
}
```

输出

```
Three...Two...One ...Zero...Liftoff!
Houston, we have a problem.
```

2.1.2　字符串连接

程序中的字符串字面值不能跨行。下面给出的程序语句存在语法错误，编译时会报错：

```
// The following statement will not compile
System.out. println ("The only stupid question is
the one that's not asked. ") ;
```

当程序要打印的字符串过长，一行放不下时，就需要使用字符串连接符，将一个字符串追加到另一个字符串的尾部。字符串连接符是加号（+）。下面的表达式就是连接了两个字符串，得到了一个更长字符串：

```
"The only stupid question is " + " the one that's not asked."
```

名为 Facts 的程序 2.2 包含了多条 println 语句。第一条 println 语句打印的句子有点长，一行放不下，但程序中的字符常量又不能跨行，所以需要先将长字符串分为两个子串，再用字符串连接符将一个子串追加到另一个子串尾部。第一条 println 语句中的字符串连接符将两个子串连接在一起，形成一个更长的字符串传递给 println 方法进行打印。

程序 2.2

```
//********************************************************************
//  Facts.java       Java Foundations
//
// Demonstrates the use of the string concatenation operator and the
//  automatic conversion of an integer to a string.
//********************************************************************
public class Facts
{
  //----------------------------------------------------------------
  // Prints various facts.
  //----------------------------------------------------------------
  public static void main(String[] args)
  {
    // Strings can be concatenated into one long string
    System.out.println("We present the following facts for your "
```

```
                   + "extracurricular edification:");
        System.out.println();
        // A string can contain numeric digits
        System.out.println("Letters in the Hawaiian alphabet: 12");
        // A numeric value can be concatenated to a string
        System.out.println("Dialing code for Antarctica: " + 672);
        System.out.println("Year in which Leonardo da Vinci invented "
                           + "the parachute:" + 1515);
        System.out.println("Speed of ketchup: " + 40 + " km per year");
    }
}
```

输出

```
We present, the following facts for your extracurricular edification:

Letters in. the Hawaiian alphabet: 12
Dialing code for Antarctica 3 672
Year in which Leonardo da Vinci invented the parachute: 1515
Speed-of ketchup: 40 km per year
```

注意 Facts 程序的第二条 println 语句没有任何参数，不打印任何信息。也就是说，这条语句不打印任何可见的字符，只会让输出换行。因此，不带参数调用 println 方法只会打印空白行。

Facts 程序的后三条 println 语句，说明了字符串连接的另一个有趣的现象：字符串可以和数字连接在一起。注意，这三条语句中的数字都未用双引号引起来，所以它们都不是字符串，但 println 语句中的数字会自动转换成字符串，+连接符将字符串和数字连接在一起。

当需要打印某一数值时，我们只需把数值作为字符串字面值的一部分就行，如下所示：

```
"Speed-of ketchup: 40 km per year"
```

数字是字符，可以按需包含在字符串中。Facts 程序之所以将数字与字符分开，是为了说明字符串连接符的作用。后面的例子将进一步说明连接技术的重要性。

实际上，+运算符除了用于字符串连接之外，也能用加法运算。因此，+运算符到底起什么作用是由其操作数的类型决定的。在+运算符的两个操作数中，只要有一个操作数是字符串，那么它就会执行字符串连接操作。

重要概念

在 Java 中，+运算符既能用于加法运算，也能用于字符串连接。

名为 Addition 的程序 2.3 说明了字符串连接和加法运算之间的区别。Addition 程序一共使用了 4 次+运算符。在第一条调用 println 的语句中，两个+运算符执行的是字符串连接，因此，按从左到右的顺序执行。第一个运算符将字符串与第一个数字（24）连接起来，形成一个更长的字符串。然后，所得的这个字符串再与第二个数字（45）连接，形成最后要打印的字符串。

在第二条调用 println 的语句中，使用括号将+运算符和两个数字操作数括了起来。因此，按优先顺序，括号中的加运算优先执行。因为两个操作数都是数字，所以是将两数相加求和，和为 69。然后，将字符串与数字 69 连接在起来，形成要打印的字符串。

在学习本章后面的内容时，还会遇到这种情况，因为不同的运算符，其优先级不同。

程序 2.3

```
//***********************************************************************
//  Addition.java       Java Foundations
//
//  Demonstrates the difference between the addition and string
//  concatenation operators.
//***********************************************************************
public class Addition
{
   //--------------------------------------------------------------
   //  Concatenates and adds two numbers and prints the results.
   //--------------------------------------------------------------
   public static void main(String[] args)
   {
      System.out.println("24 and 45 concatenated: " + 24 + 45);
      System.out.println("24 and 45 added: " + (24 + 45));
   }
}
```

输出

```
24 and 45 concatenated: 2445
24 and 45 added:69
```

常见错误

程序员很容易忘记在打印字符串之前会构建字符串。例如，你可能很容易忘记字符串和数值之间的连接运算符，或者像使用单独参数那样使用逗号：

System.out.println("The total is ",total);

编译器会报错。要记住，只能往 println 语句发送一个参数。

2.1.3　转义字符

因为 Java 语言使用双引号字符（"）表示字符串的开始和结束，所以在程序中要使用双引号时，必须借助特殊技术来打印双引号，如果只是简单地写作"""，那么编译器会不知所措。因为编译器会认为第二个双引号字符是字符串的结束符。编译器不知道该如何处理第三个双引号字符，会报错。

重要概念

转义字符用于表示使编译器出问题，产生歧义的字符。

为了解决上述这类问题，Java 定义了一些转义字符来表示特殊字符。转义字符以反斜线字符（\）开头，代表着要以特殊方式解释\后面一个或多个字符。图 2.1 给出了 Java 的转义字符。

转义字符	含义
\b	退格
\t	制表符
\n	换行
\r	回车
\"	双引号
\'	单引号
\\	反斜线

图 2.1　Java 的转义字符

名为 Roses 的程序 2.4 打印了诗歌。尽管这首诗歌只有几行，但程序只使用了一条 println 语句就完成了诗的打印。注意，整个字符串使用的转义字符。\n 是换行符，\t 是制表符。注意，运行此程序时，会看到不同的缩进量。原因在于制表符的停止取决于不同的系统设置。\"转义字符确保了双引号是字符串的一部分，而不是终止符。因此，在打印时，双引号也成为了输出的一部分。

程序 2.4

```
//************************************************************
//  Roses.java      Java Foundations
//
//  Demonstrates the use of escape sequences.
//************************************************************
public class Roses
{
   //-----------------------------------------------------------
   //  Prints a poem (of sorts) on multiple lines.
   //-----------------------------------------------------------
   public static void main(String[] args)
   {
      System.out.println("Roses are red,\n\tViolets are blue,\n" +
         "Sugar is sweet,\n\tBut I have \"commitment issues\",\n\t" +
         "So I'd rather just be friends\n\tAt this point in our " +
         "relationship.");
   }
}
```

```
输出
Roses are red,
         Violets are blue,
Sugar is sweet,
```

```
But I have "commitment issues",
So I 'd rather just be friends
At this point tin our relationship.
```

2.2   变量与赋值

    我们所管理的大部分信息体现在程序中就是变量。下面介绍在程序中如何声明变量，如何使用变量。

2.2.1   变量

    变量是内存空间，用于保存数据值，内存空间的名字就是变量名。变量声明要告诉编译器，应该为变量分配多大内存空间，变量是属于哪种类型的数据，变量在什么位置。引用变量就是使用变量的存储值。

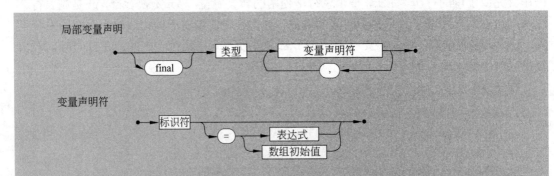

    变量声明由变量类型和变量表组成。在变量声明中，可以指定每个变量的初始值。如果 final 保留字在声明之前，则表示所声明的标识符是常量。在声明设置后，常量的值将无法改变。

    例如：

```
int total;
double numl, num2=4.356, num3;
char letter = 'A', digit ='7';
final int MAX = 45;
```

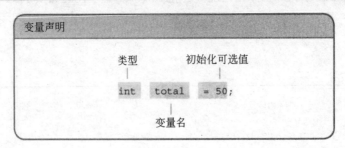

> **重要概念**
> 变量是内存空间，用于保存不同数据类型的值，内存空间的名字就是变量名。

　　分析名为 PianoKeys 的程序 2.5。其 main 方法的第一行声明了名为 keys 的变量，keys 变量是整型（int），初始值为 88。如果未指定变量的初始值，则其值是未定义的。如果未显式指定变量值，就试图使用变量，则 Java 编译器会报错或发出警告。

　　程序 2.5

```
//**********************************************************************
//  PianoKeys.java        Java Foundations
//
//  Demonstrates the declaration, initialization, and use of an
//  integer variable.
//**********************************************************************
public class PianoKeys
{
   //-------------------------------------------------------------
   //  Prints the number of keys on a piano.
   //-------------------------------------------------------------
   public static void main(String[] args)
   {
      int keys = 88;
      System.out.println("A piano has " + keys + " keys.");
   }
}
```

输出

```
A piano has 88 keys.
```

下图可以形象地表示 keys 变量和它的值。

keys 　88

　　在 PianoKeys 程序中，调用 println 方法时使用了两条信息。第一条信息字符串，第二条信息是变量 keys。当引用变量时，会使用当前存储在变量中的值。因此，当调用 println 时，keys 的值是 88，所以变量的返回值是 88。

　　因为 88 是个整数，所以它会自动转换为字符串，并与初始字符串连接在一起，最后将连接后的字符串传递给 println 进行打印。

　　在变量声明中，一行可以声明多个类型相同的变量。每行上的变量可以有初始值，也可以没有初始值。例如：

```
int count, minimum = 0, result;
```

2.2.2　赋值语句

我们来分析一个改变变量值的程序，即名为 Geometry 的程序 2.6。程序 2.6 先声明了一个名为 sides 的整型变量，指定该变量的初始值为 7，然后打印变量 sides 的当前值。

在 main 中，如下的语句更改了存储在变量 sides 中的值：

```
sides= 10;
```

上面的语句就是赋值语句，因为它将值 10 赋给了变量 sides。当执行赋值语句时，先计算赋值运算符（=）右侧的表达式，然后将计算结果存储在左侧变量所指定的内存位置。在这个例子中，表达式是数字 10。在 2.4 节，我们将详细讨论表达式。

重要概念
读取数据不会改变内存中所保存的数据值，但赋值语句会覆盖旧数据。

程序 2.6

```java
//***********************************************************************
//  Geometry.java      Java Foundations
//
//  Demonstrates the use of an assignment statement to change the
//  value stored in a variable.
//***********************************************************************
public class Geometry
{
   //------------------------------------------------------------------
   //  Prints the number of sides of several geometric shapes.
   //------------------------------------------------------------------
   public static void main(String[] args)
   {
      int sides = 7;  // declaration with initialization
      System.out.println("A heptagon has " + sides + " sides.");
      sides = 10;  // assignment statement
      System.out.println("A decagon has " + sides + " sides.");
      sides = 12;
      System.out.println("A dodecagon has " + sides + " sides.");
   }
}
```

输出

```
A heptagon has 7 sides.
A decagon has 10 Sides.
A dodecagon has 12 sides.
```

基本赋值

基本赋值语句使用赋值运算符（=）将表达式的计算结果存储到指定的标识符中，一般而言，此标识符就是变量。

例如：

```
total =57;
count =count+1;
value=(min / 2) * lastValue;
```

变量只能存储所声明类型的一个值，新值会覆盖旧值。在程序 2.6 中，当将 10 赋值给 sides 时，初始值 7 将被覆盖，并永久丢失，如下所示：

初始化后：   sides   7
第一次赋值后：   sides   10

当引用变量时（如打印变量时），变量值不会更改。这是计算机内存的本质：访问（读取）数据时，内存值保持不变，但写入数据时，新数据会覆盖旧数据。

Java 语言是强类型，因此，赋给变量的值一定要与变量所声明的数据类型一致。当赋值运算符两侧数据类型不匹配时，编译程序时就会出错。因此，赋值语句右侧表达式的值一定要与左侧变量的数据类型相匹配。

重要概念
我们赋予变量的值一定要与变量所声明的数据类型相匹配。

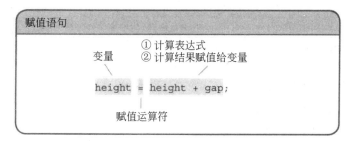

2.2.3 常量

有时我们所用的数据在整个程序中都保持不变，这种不变的数据就是常量。例如，我们要编写管理不超过 427 人的剧院程序，剧院容量就是一个常量。在程序代码中最好是给常量命名（如 MAX _ OCCUPANCY），而不是直接使用字面值（如 427）。因为读者看到 427 这样的字面值，会感到困惑，不知道代表什么，而常量名会解释其在程序中所起的作用。这是使用常量的第一个理由。

重要概念
常数在其生命周期内保持特定的值。

　　常量与变量类似，也是标识符，但常量在其生命周期内保持特定值，常量是不变的。常量名一般直接使用英文单词，词如其义。

　　在 Java 中，如果保留字 final 在声明之前，则要声明标识符是常量。按照惯例，常量名是使用大写字母，以示常量与变量的区别，常量使用下画线字符分隔各个单词。例如，描述剧院最大占用率的常量为：

```
final int MAX_OCCUPANCY= 427;
```

　　如果用户试着更改已给定初值的常量值，则编译器会报错。这是要使用常量的另一个理由。因为只能在赋初值时更改常量值，所以常量能预防无意的编码错误。

　　使用常量的第三个理由是，如果整个程序使用了常量，但要修改常量值。在这种情况下，我们只需改动一处，即常量的声明。举个例子，如果剧场翻新，容量从 427 扩大到 535，那么程序员只需改变一个声明，程序中的所有 MAX_OCCUPANCY 会自动更改。如果整个代码使用了字面值 427，我们就要找到程序中的所有 427，并进行更改。如果有漏网的字面值，则程序肯定出错。

2.3　基本数据类型

　　Java 有 8 种基本数据类型：4 个整数子集，2 个浮点数子集，1 个字符数据类型和 1 个布尔数据类型。其余的一切都用对象表示。下面详细介绍这 8 种基本数据类型。

2.3.1　整数与浮点数

　　Java 的数值有两种基本类型：整数（没有小数部分）和浮点数（有小数部分）。整数有 4 种数据类型：byte、short、int 和 long。浮点数有两种数据类型：float 和 double。每种数值类型所需的内存存储空间不同，所表示的数值范围不同。每种数据类型的大小不会因硬件平台而改变，所有的数值类型都有符号，也就是说，数值即可以为正，也可以为负。图 2.2 总结了 Java 数值的基本类型。

类型	大小	最小值	最大值
byte	8 位	-128	127
short	16 位	-32 768	32 767
int	32 位	-2 147 483 648	2 147 483 647
long	64 位	-9 223 372 036 854 775 808	9 223 372 036 854 775 807
float	32 位	约为-3.4E + 38 有 7 位有效数字	约为 3.4E + 38 有 7 位有效数字
double	64 位	约为-1.7E + 308 有 15 位有效数字	大约 1.7E + 308 有 15 位有效数字

图 2.2　Java 数值的基本类型

　　位（bit）可以是二进制数的 1 或 0。因为每一位可以表示两种不同的状态，所以 N 位字符可以表示 2N 个不同的值。附录 B 更详细地介绍了数值类型以及它们之间的关系。

重要概念

Java 有两种数值：整数和浮点数。整数有 4 种数据类型，浮点数有两种数据类型。

在设计程序时，有时需要精心设计变量的大小，以免浪费内存空间。如在个人数据助理（PDA）上运行程序，内存空间受限时，我们要谨慎地选择变量的数据类型。如果变量值的变化范围在 1 到 1000 之间，那么选择两个字节的整数（short）就足以容纳这类变量。另一方面，在不清楚变量值范围的情况下，我们要为变量提供合理的空间。总而言之，在大多数情况下，程序员可以大胆假设变量类型，不受内存空间限制。

注意，虽然 float 类型能支持很大的值（或很小的值），但它只有 7 位有效数字，能达到的精度有限。因此，如果需要精确保留 50341.2077 这样的值，仍需使用 double 类型。

正如前面所述，字面值是程序使用的显式数据值。在程序 Facts、Addition 和 PianoKeys 中，使用的各种数值都是整数字面值。Java 假设所有的整数字面值都是 int 类型。当然我们可以在数值末尾加上 L 或 l（如 45L），表明该数值是 long 类型。

同样，Java 假定所有浮点数字面值都是 double 类型。如果需要将浮点数字面值视为浮点数，则要在该数值末尾加上 F 或 f，如 2.718F 或 123.45F。当然，根据需要，double 类型的数值字面值也可以加上 D 或 d。

以下是 Java 数值变量声明的一些例子：

```
int answer =42;
byte small Number 1, small Number2;
long countedStars= 86827263927L;
float ratio = 0.2363F;
double delta = 453.523311903;
```

2.3.2 字符型

字符是计算机使用和管理的另一种基本数据类型。单个字符即可以作为单独的数据项，也可以像前面的示例程序一样，将单个字符组合成字符串。

在 Java 程序中，字符字面值用单引号引起来，如 'b' 或 'J' 或 ';'。回忆一下，字符串字面值是用双引号引起来。String 类型是类名，不是 Java 的基本数据类型。第 3 章我们将详细讨论 String 类。

注意数字作为字符（或字符串的一部分）和数字作为数值（或更大数值的一部分）之间的差异。602 作为数值可用于算术运算中，但在字符串 "602 Greenbriar Court" 中，6、0 和 2 与组成字符串的其余字符一样，是字符。

十进制整数字面值

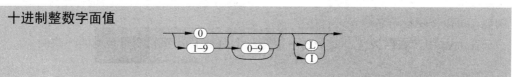

整数字面值由一系列数字组成，后跟可选的表明其是否为 long 类型的后缀。可将字面

值的负值视为单独操作。

下面是整数字面值的一些例子：

5

2594

4920328L

我们所管理的字符由字符集定义。字符集是按特定顺序排列的字符表。每种程序设计语言都支持特定的字符集，以定义该语言字符变量的有效值。字符集有多种，但历久弥新的字符集不多。ASCII 字符集是一种非常流行的选择。ASCII 是美国信息交换标准码的缩写，每个字符用 7 位表示，7 位二进制数组合表示 128 个不同字符，这些字符包括：

- 大写字母，如 'A'、'B' 和 'C'。
- 小写字母，如 'a'、'b' 和 'c'。
- 标点符号，如句号（'. '）、分号（';'）和逗号（','）。
- 数字"0"到"9"。
- 空格字符，' '。
- 特殊符号，如 '&'、' | '和 '\'。
- 控制字符，如回车符、空值和文本结束标记。

因为没有表示控制字符的特定符号，所以有时也将控制字符称为非打印字符或不可见字符，控制字符与其他字符的使用方式和存储方式一样。但对于某些软件应用程序而言，控制字符有特殊的意义。

随着全球对计算需求的增长，用户需要更灵活的字符集。字符集不仅要包含英文字母，还要包含其他语言的字母。因此，要扩展 ASCII，扩展后的 ASCII 码，每个字符用 8 位表示，8 位二进制数组合表示 256 个不同字符。扩展 ASCII 包含了大量非英语语言的重音和变音符号。

但即使用 256 个字符，扩展 ASCII 字符集也不可能表示世界上的所有字母，特别是各种亚洲字母及其数千个表意字符。因此，Java 程序设计语言的开发人员选择了 Unicode 字符集，每个字符用 16 位表示，支持 65 536 个独特字符。Unicode 定义包含了多种语言的字符和符号。ASCII 是 Unicode 字符集的子集。附录 C 详细讨论了 Unicode 字符集。

重要概念

Java 使用 16 位 Unicode 字符集来表示字符数据。

字符集的每个字符都对应着一个特定的数值。根据字符集定义可知，字符集中的字符按特定顺序排序，这种排序就是字典排序。在 ASCII 和 Unicode 排序中，如没有其他字符干预，数字字符'0'到'9'是连续的，按从小到大顺序排序，以此类推，小写字母字符'a'到'z'是连续的，大写字母字符'A'到'Z'也是连续的。因此，按字母顺序对数据进行排序非常容易。例如，可以按字母对名称表进行排序。

在 Java 中，数据类型 char 表示单字符。下面是 Java 字符变量声明的一些例子：

```
char topGrade= 'A';
char symbol 1,symbol 2, symbol 3;
```

```
char terminator =' ;' ,separator=' ';
```

2.3.3 布尔型

Java 使用保留字 boolean 来定义布尔值。布尔值有两个有效值：true 和 false。布尔变量常用于指明特定条件是否为真，但也可用于表示具有两种状态的任何情况。例如，灯泡处于明或灭的状态。术语 boolean 是为了纪念英国数学家乔治布尔，是他发明了布尔代数。在布尔代数中，变量值要么是 true，要么是 false。

布尔值不能转换成任何其他的数据类型，任何其他的数据类型也不能转换成布尔值。在 Java 中，True 和 False 是布尔字面值。

下面是一些 Java 布尔型变量声明的例子：

```
boolean flag = true;
boolean tooHigh, tooSmall, tooRough;
boolean done = false;
```

2.4 表 达 式

表达式是执行计算的一个或多个运算符和操作数的组合。计算结果不一定是数值，但数值最常见。操作数可以是字面值、常量、变量或其他任何数据源。对编程而言，表达式的计算和使用至关重要。下面先介绍算术表达式。算术表达式的操作数是数字，所得结果是数值。

> **重要概念**
> 表达式是用于执行计算的运算符和操作数的组合。

2.4.1 算术运算符

常用的算术运算是针对整数和浮点数定义的，包括加法（+）、减法（-）、乘法（*）和除法（/）。Java 还有另一种算术运算：求余运算符（%）。求余就是第一个操作数除以第二个操作数后返回余数。有时，也将求余运算符称为模数运算符。求余后所得结果的符号是分子的符号。下表是求余的例子：

操作	结果
17 % 4	1
-20 % 3	-2
10 % -5	0
3 % 8	3

你可能希望，如果有一个操作数是浮点值，那不管是哪种算术运算符，所得表达式结果应为浮点值。一般而言，正是如此。但除法运算符（/）的计算结果取决于操作数类型。

如果两个操作数都是整数，则/运算符会执行整数除法，结果是整数，没有小数部分。如果有一个操作数是浮点值，则/运算符会执行浮点除法，结果是浮点数，有小数部分。例如，10/4 的结果是 2，但 10.0/4，10 /4.0 和 10.0 / 4.0 的结果都是 2.5。

重要概念
算术除法的结果类型取决于操作数的类型。

常见错误
因为除法运算结果取决于操作数类型，所以除法运算很容易。例如，如果 total 和 count 都是整型变量，那么下面这条语句将执行整数除法：

```
average=total / count;
```

即使 average 是浮点变量，除法运算符也会在将结果赋值给 average 之前截去小数部分。

顾名思义，一元运算符就只有一个操作数；二元运算符就有两个操作数。 +和-算术运算符可以是一元的，也可是二元的。二元版是完成加法和减法运算；一元版表示正数和负数，如-1。一元+运算符很少使用。

Java 没有用于指数运算的内置运算符，但 Math 类提供了实现指数运算的方法，该类还提供许多其他数学函数。

2.4.2　运算符优先级

将运算符组合起来能生成更复杂的表达式。例如，下面赋值语句中的表达式。

```
result= 14 + 8 / 2;
```

这条语句是先计算赋值运算符(=)右侧表达式的值,然后将计算结果赋值给变量 result。计算结果是多少呢？如果先执行加法运算，则结果是 11；如果先执行除法运算，则结果为 18。执行操作的顺序不同，结果也不同。这条语句的执行过程是：先执行除法运算，再执行加法运算，所得结果是 18。

注意，在这个例子和后续的例子中，为了简化表达式，我们使用字面值而不是变量。如果操作数是变量或任何其他数据源，操作计算顺序也一样。

运算符的优先级规则是预定义的，要根据运算符优先级来计算表达式的值。算术运算符的运算规则与代数的运算规则相同。乘法、除法和余数运算符具有相同的优先级，它们比加法和减法的优先级高，要优先执行。加法和减法具有相同的优先级。

具有相同优先级的算术运算符应按从左到右的顺序执行。因此，广义上，算术运算符是按从左到右的顺序执行。

重要概念
Java 遵循一组定义好的优先级规则，表达式中的运算符都按优先级顺序执行。

但括号可以改变优先级。例如，如果想要上面的例子先执行加法运算，则可以用如下的表达式：

```
result= (14 + 8)/ 2;
```

括号中表达式的值是优先计算的。在复杂的表达式中，即使不是绝对需要，也可以使用括号来明确表达式计算的优先顺序。

括号可以嵌套，优先计算最内层的表达式，分析如下的表达式：

```
result = 3 * ((18-4) /2 );
```

在这个例子中，表达式的值是 21。由于括号嵌套，所以先执行最内层的减法，然后执行括号内的除法，最后执行乘法。减法、除法和乘法的优先级中，减法优先级最低，但最先执行，就在于括号改变了其优先级。除法和乘法的优先级相同，但也是由于括号的存在，先计算了除法，最后执行了乘法。

表达式中所有算术运算完成后，再将计算结果赋值给赋值运算符（=）左侧的变量。换句话说，赋值运算符的优先级低于任何算术运算符的优先级。

我们可以使用如图 2.3 所示的表达式树来说明表达式的计算。表达式树中，是按从下到上的顺序执行运算符，每一步运算所生成的值再与另一个操作数进行运算，以此类推。因此，运算符在表达式树中的位置越低，优先级越高。位置低的表达式可能是用括号括起来的表达式，也可能是优先级高的表达式。

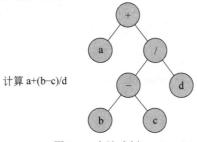

计算 a+(b-c)/d

图 2.3　表达式树

表达式所用的括号本身就是运算符，它几乎比任何符的优先级都高。图 2.4 给出了运算符的优先级，表明算术运算符、括号和赋值运算符之间的关系。附录 D 给出了所有 Java 运算符的完整优先级表。

优先级	运算符	操作	顺序
1	+ -	一元加 一元减	从右到左
2	* / %	乘法 除法 求余	从左到右
3	+ - +	加法 减法 字符串连接	从左到右
4	=	赋值	从右到左

图 2.4　Java 运算符的优先级

为了使表达式的语法正确，左括号的数量必须与右括号的数量相匹配，即嵌套必须正确。下面是无效表达式的例子：

```
result =((19+8) % 3) -4); //无效
result =(19 (+ 8 %) 3-4); //无效
```

记住，当表达式引用变量时，使用的是变量的当前值。下面的赋值语句是将变量 count 的当前值与变量 total 的当前值相加，并将和存储在变量 sum 中：

```
sum = count + total;
```

计算出来的和会覆盖 sum 的初值，count 和 total 的值不变。

同一个变量既可以出现在赋值语句的左侧，也可以出现在赋值语句的右侧。假设 count 变量的当前值是 15，执行下面的赋值语句：

```
count = count + 1;
```

这条语句是先计算右侧表达式的值，也就是说，先获得 count 的初值 15，之后加 1，得到结果 16。然后将 16 存储在变量 count 中，新值 16 会覆盖初值 15。因此，这条赋值语句是使变量 count 自增（即加 1）。

下面分析另一个例子来说明表达式的处理，程序 2.7 的名字为 TempConverter，程序完成的任务是：使用表达式将特定的摄氏温度值转换为对等的华氏温度值，具体的计算公式如下：

$$\text{Fahrenheit} = \frac{9}{5}\ \text{Celsius} + 32$$

程序 2.7

```
//********************************************************************
//  TempConverter.java       Java Foundations
//
//  Demonstrates the use of primitive data types and arithmetic
//  expressions.
//********************************************************************
public class TempConverter
{
   //----------------------------------------------------------------
   //  Computes the Fahrenheit equivalent of a specific Celsius
   //  value using the formula F = (9/5)C + 32.
   //----------------------------------------------------------------
   public static void main (String[] args)
   {
      final int BASE = 32;
      final double CONVERSION_FACTOR = 9.0 / 5.0;
      double fahrenheitTemp;
      int celsiusTemp = 24;  // value to convert
      fahrenheitTemp = celsiusTemp * CONVERSION_FACTOR + BASE;
```

```
        System.out.println ("Celsius Temperature: " + celsiusTemp);
        System.out.println ("Fahrenheit Equivalent: " + fahrenheitTemp);
    }
}
```

输出

```
Celsius Temperature: 24
Fahrenheit Equivalent; 75. 2
```

注意，在 TempConverter 程序中，为了保留数值的小数部分，除法运算的操作数是浮点数字面值。在最终的转换计算中，则按优先规则，乘法先于加法执行。

TempConverter 程序非常不实用，因为它只将一个常量（24℃）进行了转换。每次运行程序，得到的结果都相同。实用的程序应该是将用户输入的摄氏温度转换成华氏温度。在 2.6 节，将讨论实用的交互式程序来读取用户的输入。

2.4.3　自增运算符与自减运算符

Java 还有两种非常有用的算术运算符：自增运算符和自减运算符。自增运算符（++）使整数或浮点数值加 1。运算符的两个加号之间不能有空格。自减运算符（-）是使整数或浮点数值减 1。自增运算符和自减运算符都只在一个操作数，因此它们都是一元运算符。下面的语句使 count 值自增：

```
count ++;
```

自增后的结果仍存储在变量 count 中。因此，上面的语句所完成的功能等同于下面的赋值语句：

```
count = count + 1;
```

自增运算符和自减运算符可以在变量之前，如 count ++或 count--，这是运算符的后缀形式。当然，这两种运算符也可以在变量之前，如++ count 或--count，这是运算符的前缀形式。当自增运算符和自减运算符作为独立语句时，前缀形式和后缀形式在功能上是一样的。也就是说，怎么写都没关系。你可以写成：

```
count ++;
```

也可以写成：

```
++count;
```

但按照编程惯例，自增运算符和自减运算符作为单独语句时，经常采用后缀形式。

当在表达式中使用自增运算符或自减运算符时，形式不同，结果也有所不同。举个例子，如果 count 变量的当前值为 15，那么下面的语句将值 15 赋值给 total，将值 16 赋值给 count：

```
total = count++;
```

但是，如果 count 初值仍为 15，则下面的语句将值 16 分别赋值给 total 和 count：

```
total = ++count;
```

在上述两条语句中，count 的值都在自增，但何时自增取决于是自增运算符是前缀形式还是后缀形式。

由于自增运算符和自减运算符前缀和后缀形式之间存在细微差异，所以，在使用它们时，一定要谨慎。按照编程惯例，一如往常，采用可读性强的方式，也就是后缀形式。

2.4.4　赋值运算符

为了方便起见，Java 中定义了几种赋值运算符。这些赋值运算符将基本操作与赋值相结合。例如，我们可以按以下方式使用+ =运算符：

```
total + = 5;
```

上面这条语句与下面这条语句是等价的：

```
total = total +5;
```

赋值运算符右侧是完整的表达式。计算赋值运算符右侧表达式的值，将结果与赋值运算符左侧变量的当前值相加，所得和再存储在变量中。因此，语句：

```
total + = （sum-12) / count;
```

等价于

```
total = total +((sum-12) / count);
```

Java 中定义了许多类似的赋值运算符：减法运算（- =），乘法运算（* =），除法运算（/ =）和求余运算（%=）。

所有的赋值运算符先计算右侧表达式的值，然后将结果作为右侧运算符的一个操作数。因此，语句

```
result *=countl + count2;
```

等价于

```
result=result * (countl + count2);
```

同样，

```
result %=(highest-40) / 2;
```

等价于

```
result= result % ((highest-40) / 2);
```

　　一些赋值运算符根据操作数类型执行具体的运算，与对应的常规赋值运算符所执行的运算相同。例如，如果+=运算符的操作数是字符串，则赋值运算符执行字符串连接。

2.5　数　据　转　换

　　由于 Java 是强类型语言，因此每个数据值都与特定的类型相关联。有时我们需要将一种类型的数据值转换成另一种类型的数据值。但进行转换时，一定要小心谨慎，避免转换过程造成重要信息的丢失。例如，short 变量保存的数值是 1000，现在要转换成 byte 值。因为 byte 是 8 位，short 是 16 位，byte 没有足够的位来表示数值 1000，所以这种转换会造成一些位的丢失，byte 中数值不再是原值。

　　基本类型间的转换可分为两类：扩展转换和缩小转换。扩展转换是最安全的，因为扩展转换一般不会丢失信息，之所以称为扩展转换，是因为转换后，会使用相同或更大的空间来存储变量值。图 2.5 给出了 Java 的扩展转换。

从	扩展到
byte	short、int、long、float 或 double
short	int、long、float 或 double
char	int、long、float 或 double
int	long、float 或 double
long	float 或 double
float	double

图 2.5　Java 扩展转换

　　例如，从 byte 转换成 short 是安全的，因为 byte 用 8 位存储，而 short 用 16 位存储，这种转换不会丢失信息。从整数类型转换成另一种整数类型或从浮点数类型转换成另一种浮点数类型，这种转换都不会造成数值改变。

　　尽管扩展转换不会丢失数值大小的信息，但有可能损失浮点数值的精度。从 int 或 long 转换成 float，或从 long 转换为 double 时，可能会丢失某些最不重要位。根据 IEEE 754 浮点标准所定义的舍入技术，所得到的浮点数值是整数值的舍入版。

　　与扩展转换相比，缩小转换会造成信息的丢失。扩展转换是从小到大，而缩小转换是从大到小。缩小转换是从一种数据类型转换成另一种使用更少存储空间的数据类型，因此，可能会损失某些数据信息。缩小转换可能会改变数值大小，损失数值精度。因此，一般来说，应避免缩小转换。图 2.6 给出了 Java 的缩小转换。

重要概念
因为缩小转换可能会丢失信息，所以应该避免使用缩小转换。

　　将 byte（8 位）或 short（16 位）转换成 char（16 位）是缩小转换的例外。虽然这种转换的存储空间没有缩小，但新字符合并了符号位。

　　注意，扩展转换或缩小转换都未涉及布尔值。布尔值不能转换为其他任何基本类型，反之，其他基本类型也不能转换成布尔值。

从	缩小到
byte	char
short	byte 或 char
char	byte 或 short
int	byte、short 或 char
long	byte、short、char 或 int
float	byte、short、char、int 或 long
double	byte、short、char、int、long 或 float

图 2.6　Java 缩小转换

2.5.1　转换技术

Java 有 3 种转换方式：
- 赋值转换。
- 提升。
- 造型。

当将一种类型的值赋值给另一种类型变量时，就发生了赋值转换。因为赋值，该值从一种类型转换成另一种新类型，通过赋值能完成扩展转换。例如，如果 money 是 float 变量，dollars 是 int 型变量，那么下面的赋值语句会自动将 dollars 值转换为 float 值：

```
money = dollars;
```

如果 dollars 值为 25，那么赋值后，money 值是 25.0。但是，如果我们试图将 money 赋值给 dollars，编译器会报错。编译器提醒用户正在尝试缩小转换，会造成信息丢失。如果我们真的需要进行这种赋值，则必须使用造型进行强制转换。

为了执行某种运算，需要修改操作数时，就发生了提升转换。例如，当浮点数值 sum 除以整数值 count 时，系统在执行除法运算前，会自动将 count 值提升为浮点数，所得结果仍为浮点数：

```
result=sum / count;
```

当数字与字符串连接时，也会发生类似的提升转换。数字先被转换（提升）为字符串，然后再与字符串连接。

造型是 Java 中最普遍的转换形式。当 Java 程序不能完成转换时，则要使用造型。造型是一种 Java 运算符，由括号中的类型名指定。它位于要转换值的前面。例如，将 money 造型成整数值：

```
dollars=(int) money;
```

造型后的 money 值，会去除小数部分。如果 money 值为 84.69，那么赋值后，dollars 值为 84。注意，造型并不改变 money 值。赋值操作完成后，money 值仍为 84.69。

当暂时需要将某些值作为另一种类型时，就需要造型。例如，如果需要将整数值 total 除以整数值 count 的结果变成浮点数，那么要执行以下的造型：

```
result=(float)total / count;
```

首先，造型运算符返回 total 值的浮点版。注意造型操作不会改变 total 值。之后，通过算术提升，将 count 提升为浮点数。现在的除法是浮点数 total 除以浮点数 count，得到的结果是浮点数，正是我们想要的结果。如果不进行造型，则执行整数除法，会将去除小数部分的整数赋值给 result。注意，由于造型运算符的优先级高于除法运算符，所以造型操作是针对 total 值，而不是针对除法的结果。

2.6 读取输入数据

设计一个交互式程序，在执行程序时读取用户的输入数据。这样在每次运行程序时，能根据用户的输入数据，计算出不同的结果。

2.6.1 Scanner 类

Scanner 类是标准 Java 类库的一部分。Scanner 类为读取各类输入值提供了便利的方法。输入的来源各异，主要是用户交互式输入的数据或存储在文件中的数据。Scanner 类也可用于将字符串解析成单独字符。图 2.7 给出了 Scanner 类提供的一些方法。

> **重要概念**
> Scanner 类提供了从各种来源读取各种输入的方法。

为了调用 Scanner 方法，我们必须先创建 Scanner 对象。Java 使用 new 运算符创建新对象。下面的声明创建 Scanner 对象，以读取来自键盘的用户输入：

```
Scanner scan=new Scanner(System.in);
```

该声明创建了一个名为 scan 的变量，代表一个 Scanner 对象。该对象本身由 new 运算符创建，调用一个名为构造函数的特殊方法来建立对象。Scanner 构造函数接收参数，该参数用于指示输入源。System.in 对象表示标准输入流，默认是键盘输入。下一章将进一步讨论使用 new 运算符创建对象。

除非另有说明，否则 Scanner 对象会假定使用空白符（空格、制表符和回车符）将输入分隔，我们把分隔输入的字符称为分隔符，分隔符也可以不是空白符。

Scanner 类的 next 方法是从字符串的第一个有效字符开始读取，当遇到分隔符时，返回读取的字符串。nextLine()方法是按行读取输入，返回读取的字符串。

名为 Echo 的程序 2.8 读取用户输入的文本行，先保存在字符串变量中，之后将字符串回显到屏幕上。程序 2.8 输出结果的下方给出了用户的输入内容。

Echo 类定义上面的 import 声明告诉程序，这个程序使用 Scanner 类。Scanner 类是 java.util 类库的一部分。第 3 章将进一步讨论 import 声明。

```
Scanner (InputStream source)
Scanner (File source)
Scanner (String source)
     构造函数：构造一个新的 Scanner，扫描值从指定数据源产生
String next ( )
     返回下一个输入标记，返回值是字符串
String nextLine ()
     返回当前行所有的输入，返回值是字符串
boolean nextBoolean()
byte nextByte ()
double nextDouble()
float nextFloat ()
int nextInt()
long nextLong()
short nextshort()
     将下一个输入标记为指定类型。如果下一个输入标记与指定类型不匹配，则发出
InputMismatchException 的异常

boolean hasNext()
     如果 Scanner 的输入中有另一个标记，则返回 true
Scanner useDelimiter(String pattern)
Scanner useDelimiter(Pattern pattern)
     设置 Scanner 的分隔符模式
Pattern delimiter()
     返回与分隔符匹配的 Scanner 所用的当前模式
String findInLine (String pattern)
String findInLine ((Pattern pattern)
     尝试查找下一个出现的特定模式，忽略分隔符
```

图 2.7　Scanner 类的一些方法

　　Java 提供了各种 Scanner 方法（如 nextInt 和 nextDouble）来读取特定类型的数据。 名为 GasMileage 的程序 2.9 以整数为单位读取行驶里程数，以 double 类型读取消耗的燃油加仑数，然后计算每公里的油耗。

　　正如 GasMileage 程序的输出所示，计算结果能精确到多位小数。在第 3 章中，我们将讨论格式化输出方法，包括将浮点数四舍五入到指定的小数位数。

　　Scanner 对象一次只处理一个标记，处理的内容与读取数据的方法和分隔输入值的分隔符有关。因此，要根据具体情况，可以将多个值放在同一输入行，也可以将多个值分别放在不同输入行。

　　在第 5 章中，我们将使用 Scanner 类从数据文件读取输入，改变了所用的解析输入数据的分隔符。

程序 2.8

```
//********************************************************************
// Echo.java        Java Foundations
//
// Demonstrates the use of the nextLine method of the Scanner class
```

```
//  to read a string from the user.
//*****************************************************************
import java.util.Scanner;
public class Echo
{
  //----------------------------------------------------------------
  //  Reads a character string from the user and prints it.
  //----------------------------------------------------------------
  public static void main(String[] args)
  {
    String message;
    Scanner scan = new Scanner(System.in);
    System.out.println("Enter a line of text:");
    message = scan.nextLine();
    System.out.println("You entered: \"" + message + "\"");
  }
}
```

输出

```
Enter a line of text:
Set your laser printer on stun!
用户的输入是: "Set your laser printer on stun !"
```

程序 2.9

```
//*****************************************************************
//  GasMileage.java        Java Foundations
//
//  Demonstrates the use of the Scanner class to read numeric data.
//*****************************************************************
import java.util.Scanner;
public class GasMileage
{
  //----------------------------------------------------------------
  //  Calculates fuel efficiency based on values entered by the
  //  user.
  //----------------------------------------------------------------
  public static void main(String[] args)
  {
    int miles;
    double gallons, mpg;
    Scanner scan = new Scanner(System.in);
    System.out.print("Enter the number of miles: ");
    miles = scan.nextInt();
    System.out.print("Enter the gallons of fuel used: ");
    gallons = scan.nextDouble();
    mpg = miles / gallons;
```

```
        System.out.println("Miles Per Gallon: " + mpg);
    }
}
```

输出

```
Enter the number of miles: 369
Enter the gallons of fuel used: 12.4
Miles Per Gallon: 29.758064516129032
```

重要概念总结

- print 和 println 方法是 System. out 对象提供的两种服务。
- 在 Java 中，+运算符既能用于加法运算，也能用于字符串连接。
- 转义字符用于表示使编译器出问题，产生歧义的字符。
- 变量是内存空间，用于保存不同数据类型的值，内存空间的名字就是变量名。
- 读取数据不会改变内存中所保存的数据值，但赋值语句会覆盖旧数据。
- 我们赋予变量的值一定要与变量所声明的数据类型相匹配。
- 常数在其生命周期内保持特定的值。
- Java 有两种数值：整数和浮点数。整数有 4 种数据类型，浮点数有两种数据类型。
- Java 使用 16 位 Unicode 字符集来表示字符数据。
- 表达式是用于执行计算的运算符和操作数的组合。
- 算术除法的结果类型取决于操作数的类型。
- Java 遵循一组定义好的优先级规则，表达式中的运算符都按优先级顺序执行。
- 因为缩小转换可能会丢失信息，所以应该避免使用缩小转换。
- Scanner 类提供了从各种来源读取各种输入的方法。

术 语 总 结

ASCII 字符集是用于表示英文字符和符号的早期字符集。

赋值运算符是 Java 的一种运算符，它将基本运算（如加法）和赋值组合在一起。

赋值语句是一种将值赋给变量的程序设计语句。

造型是一种数据转换方式，要转换的类型由括号中的类型名指定。

字符集是按特定顺序排列的字符表。

分隔符是用于将一个输入标记与另一个输入标记分开的字符。

转义字符是以反斜杠（\）开头的一系列字符，用于表示特殊字符。

表达式是一个或多个运算符和操作数的组合。

当两个操作数都是整数时，**整数除法**会去除所得结果的小数部分。

字面值是程序中使用的显式数据值。

缩小转换是从一种数据类型转换成另一种使用更少存储空间的数据类型，可能会造成数据信息丢失。

运算符优先级确定了运算符的运算规则，运算符都按优先级顺序执行。

参数是调用时发送到方法的数据。

基本数据类型是指数据的基本类型，如数值型、字符型或布尔型。

标准输入流是一种输入源，通常是键盘输入。

字符串连接是将一个字符串附加到另一个字符的末尾。

字符串字面值是用双引号括起来的文本，用于表示字符串。

强类型是一种程序设计语言的特性，可防止变量被赋予与其类型不一致的值。

标记是输入流中的元素。

Unicode 字符集是一种字符集，用于表示世界绝大多数书面语言的字符和符号。

变量是内存空间，用于保存数据值。

扩展转换是一种数据类型与另一种数据类型之间的转换，不会造成数据信息丢失。

自　测　题

2.1　什么是基本数据？基本数据类型与对象有什么不同？

2.2　什么是字符串字面值？

2.3　print 方法和 println 方法有什么区别？

2.4　什么是参数？

2.5　什么是转义字符？举一些例子。

2.6　什么是变量声明？

2.7　在一个整数变量中一次可以存储多少个值？

2.8　Java 的 4 种整数数据类型是什么？它们有何不同？

2.9　什么是字符集？

2.10　什么是运算符优先级？

2.11　计算 Java 表达式 19%5，说明为何是此结果。

2.12　计算 Java 表达式 13/4，说明为何是此结果。

2.13　如果整数变量 diameter 当前值为 5，执行下面语句后，diameter 的值是多少？

```
diameter=diameter * 4;
```

2.14　如果整数变量 weight 当前值为 100，执行下面语句后，weight 的值是多少？

```
weight-=17;
```

2.15　为什么扩展转换比缩小转换更安全？

练 习 题

2.1　根据对象及其提供的服务解释下面的程序设计语句。

```
System.out.println("I gotta be me!")
```

2.2　下面代码段的输出是什么？

```
System.out.print ("Here we go!");
System.out.println (12345");
System.out. print ("Test this if you are not sure, I');
System.out .print ("Another; V);
System.out.println ( );
System.out.printin ("All done. ");
```

2.3　以下的程序语句有什么错误？如何改正错误？

```
System.out.println ("To be not to be,that is the
question.") ;
```

2.4　下列语句产生什么样的输出？

```
System.out. println ("50 plus 25 is" + 50 + 25);
```

2.5　下列语句产生什么样的输出？

```
System.out.println ("He thrusts his fists\n\tagainst" +
"the post\nand still insists\n\the sees the \ "ghost \ "");
```

2.6　在执行下列语句之后，整数变量size的值是多少？

```
size = 18;
size = size + 12;
size = size * 2;
size = size / 4;
```

2.7　在执行下列语句之后，浮点变量depth的值是多少？

```
depth = 2.4;
depth = 20-depth * 4;
depth = depth / 5;
```

2.8　在执行下列语句之后，整数变量length的值是多少？

```
length = 5;
length * =2;
length*= length;
length /=100;
```

2.9　编写 4 个不同的程序语句，用于自增整型变量 total 的值。

2.10　变量声明如下，执行下列的每条赋值语句后，对应的变量值应为多少？

```
int iResult, num1 = 25, num2 = 40, num3 = 17, num4 = 5;
double fResult, val1 =17.0, val2 =12.78;
a. iResult= num1 / num4;
b. fResult= num1 / num4;
c. iResult= num3 / num4;
d. fResult= num3 / num4;
e. fResult= val1 / num4;
f. fResult= val1 / val2;
g. iResult= num1 / num2;
h. fResult= (double) num1 / num2;
i. fResult=  num1 / (double)num2;
j. fResult= (double)( num1 / num2);
k. iResult= (int) (val1 / num4);
l. fResult= (int) (val1 / num4);
m. fResult= (int) ((double) num1 / num2);
n. iResult= num3 % num4;
o. iResult= num2 % num3;
p. iResult= num3 % num2;
q. iResult= num2 % num4;
```

2.11　在表达式每个运算符下面，用数字标出表达式的计算顺序。

```
a. a   b   c  d
b. a   b + c  d
c. a + b / c / d
d. a + b / c * d
e. a / b * c * d
f. a % b / c * d
g. a % b % c % d
h. a (b  c)  d
i.( a ( b  c))  d
j. a ( (b  c)  d)
k. a % ( b % c) * d * e
l. a + ( b - c) * d  e
m. ( a + b) * c + d * e
n. (a + b) * (c / d) % e
```

程序设计项目

2.1　编写第 1 章 Lincoln 应用程序的修订版，原程序的输出没有用双引号引起来，改版后的程序要用双引号将林肯名言引起来。

2.2　编写应用程序，读取 3 个整数并打印 3 个整数的平均值。

2.3 编写应用程序，读取两个浮点数并打印它们和、差和积。

2.4 编写改进版的 TempConverter 应用程序，读取用户输入的华氏温度，将用户输入的华氏温度转换为摄氏温度。

2.5 编写将英里转换为千米的应用程序，读取用户输入的浮点里程值。注意，1 英里 =1.60935 千米。

2.6 编写应用程序，读取表示小时、分和秒为单位的时间值，然后打印该时间值对应的总秒数。 例如，读取 1 小时 28 分 42 秒对应的是 5322 秒。

2.7 创建与上题相反的程序版本。也就是说，读取表示秒数为单位的时间值，然后打印秒数对应的以小时、分和秒组合表示的时间。例如，9999 秒对应的是 2 小时 46 分 39 秒。

2.8 编写应用程序，确定储钱罐中硬币的总金额，并以美元和美分打印总金额。读取的整数值为 25 美分硬币、10 美分硬币、5 美分硬币和 1 美分硬币。

2.9 编写应用程序，给出输入提示，读取用户输入的代表总金额的 double 值，打印表示该金额所需的最少纸钞张数和硬币个数，打印从最大金额开始。假设 10 美元纸钞是最大金额。例如，如果输入值是 47.63，那么钱的总金额就是四十五美元六十三美分，那么该程序应该打印出如下结果：

```
4 ten dollar bills

1 five dollar bills

2 one dollar bills

2 quarters

1 dimes

0 nickles

3 pennies
```

2.10 编写应用程序，给出输入提示，并读取表示正方形边长的整数，然后打印正方形的周长和面积。

2.11 编写应用程序，给出输入提示，并读取代表分数分子和分母的整数，然后打印分数对应的十进制值。

自测题答案

2.1 基本数据是指基本数值，如数字或字符。对象是更复杂的实体，一般包含定义对象的基本数据。

2.2 字符串字面值是由双引号引起来的一系列字符。

2.3 System.out 对象的 pint 方法和 println 方法都是将字符串打印在显示器屏幕上。两种方法的不同之处在于，println 方法在打印完字符后，会执行回车换行，后面的内容会在下一行显示。print 方法的后续输出会打印在同一行，也就是说不换行。

2.4 参数是调用方法时传递给它的数据。方法通常使用该数据来完成要提供的服务。例如，

println 方法的参数指示应打印哪些字符。

2.5　转义字符是一系列以反斜杠（\）开头的字符，反斜杠暗示应该以某种特殊方式处理后面的字符。例如，\n 表示换行符，\t 表示制表符，\"代表双引号字符。

2.6　变量声明创建变量名和所存储的数据类型。声明也可以进行初始化，给变量赋一个初值。

2.7　整数变量一次只能存储一个值。当赋予变量新值时，新值会覆盖旧值。

2.8　Java 中的 4 种整数数据类型分别是 byte、short、int 和 long。各种类型的整数所分配的内存空间不同，因此，所存储的整数大小也就不同。

2.9　字符集是按特定顺序排列的字符表。字符集定义了具体类型计算机或程序设计语言所支持的有效字符。Java 使用 Unicode 字符集。

2.10　运算符优先级是规则集，规定运算符在表达式中的计算顺序。

2.11　在 Java 表达式中，19%5 的结果是 4。求余运算符 %是将第一个操作数除以第二个操作数后，返回余数，商为 3，余数为 4。

2.12　在 Java 表达式中，13 / 4 的结果是 3，不是 3.25。 结果之所以是整数，是因为两个操作数都是整数。因此，/运算符执行整数除法，会去除结果的小数部分，只留整数部分。

2.13　执行语句后，diameter 的值为 20。先将 diameter 的当前值 5 乘以 4，然后再将乘积存回 diameter 中。

2.14　执行语句后，weight 的值是 83。赋值运算符-=先将 weight 的当前值 100 中减去 17，然后，再将计算结果存回 weight 中。

2.15　扩展转换往往是从小的存储空间到一个更大的存储空间。缩小转换恰恰相反。扩展转换不会丢失数据信息，缩小转换可能造成信息的丢失，这就是扩展转换安全，缩小转换不安全的原因。

第 3 章　使用类和对象

学习目标
- 学习创建对象和使用对象引用变量。
- 探讨 String 类提供的服务。
- 学习如何将 Java 标准类库组织成包。
- 探讨 Random 类和 Math 类提供的服务。
- 学习如何使用 NumberFormat 类和 DecimalFormat 类进行格式化输出。
- 学习枚举类型。
- 探讨包装类和自动装箱。

本章将进一步介绍预定义类的使用以及如何根据预定义类创建对象。使用类和对象提供的服务是面向对象软件的基石，也是创建自己专用类的基础。本章不仅使用类和对象来处理字符串、生成随机数、执行复杂计算和格式化输出，还介绍了 Java 的特殊类：枚举类型。最后我们探讨了包装类。

3.1　创 建 对 象

第 1 章最后概括介绍了面向对象的概念，说明了类与对象之间的基本关系。第 2 章除了讨论基本数据之外，还给出了一些示例程序，以说明如何使用对象提供的服务。本章将进一步探讨类和对象的使用，深入剖析面向对象的思想。

前两章的程序示例多次用到了 println 方法。正如第 2 章所述，println 方法是由 System.out 对象提供的一种服务，代表标准输出流。更确切地说，标识符 out 是存储在 System 类中的对象，是预定义的，是 Java 标准类库的一部分，我们可以直接使用 out 对象。

第 2 章的程序示例使用了 Scanner 类，该类的对象从键盘或文件读取输入数据。在用 new 运算符创建 Scanner 对象后，就可以使用所创建对象提供的各种服务。也就是说，我们可以调用该对象的任何方法了。

下面详细分析创建对象的思想。Java 的变量名要么代表基本数据值，要么代表对象。与基本变量的使用一样，我们必须对引用对象的变量进行声明。对象的数据类型与其所属类的数据类型一样。在结构上，对象引用变量的声明与基本变量的声明类似。

在下面的两个声明中，第一个是基本变量声明，第二个是对象引用变量声明：

```
int num;
String name;
```

第一个声明创建了整型（int）变量 num，用于存储整数值。第二个声明创建 String 对象引用变量，用于存储对 String 对象的引用。对象引用变量不是保存对象自身，而是保存对象的地址，也就是说保存指向对象的指针。

最初，上面声明的两个变量都不包含任何数据。也就是说，变量尚未初始化，我们可以图形化地将两个变量表示为：

正如第 2 章中所述，在使用基本变量前，重要的是要确保对其进行了初始化。对于对象引用变量也是如此，在使用对象引用变量前，一定要确保其引用了有效的对象。如果程序在变量初始化前尝试使用变量，编译器会报错。

我们也可以将对象引用变量设置为 null。null 是 Java 的保留字。null 引用表明变量不引用任何对象。

注意，上面我们只是声明了 String 对象引用变量，却不存在任何真正的 String 对象。要创建真正的对象，需要使用 new 运算符。创建对象的操作被称为实例化。对象是类的实例。为了实现对象的实例化，需要使用 new 运算符，new 将返回新创建对象的地址。下面的两条赋值语句将值赋予前面已声明的两个变量 num 和 name：

```
num = 42;
name = new String ("James Gosling");
```

重要概念
new 运算符返回对新创建对象的引用。

在 new 运算符创建对象后，会调用构造函数对对象进行初始化。构造函数是一个与该类具有相同名字的特殊方法。在这个例子中，构造函数的参数是字符串字面值，访参数指定了字符串对象要保存的字符。执行上述两条赋值语句后，我们可将变量描述为：

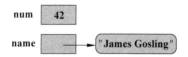

因为对象引用变量保存的是对象的地址，可以将其视为指向对象所在内存位置的指针。对象的数字地址存储的不是实际对象，只是对对象的引用。

在对象实例化后，要使用点运算符来访问对象的方法。我们已经多次使用了点运算符，例如，System.out.println 中点运算符的运用。点运算符加在对象引用变量之后，点运算符后是要调用的方法。例如，我们需要调用 String 类中定义的 length 方法。因为前面已声明了 String 对象引用变量 name，所以，调用 length 方法的格式为：

```
count = name.length( )
```

length 方法不包含任何参数，但括号必须有。因为括号表明要调用方法。有些方法在完成后，会生成返回值。String 类的 length 方法是计算字符串中字符的个数，返回字符串长度。在上面的例子中，返回值会赋值给变量 count。对于字符串"James Gosling"来说，

length 方法的返回值是 13。这 13 个字符是名字和姓氏及其之间的空格的字符计数。另外，还有一些方法没有返回值。下一节将讨论其他的 String 方法。

与基本类型的声明一样，可以在一个步骤中完成对象引用变量和声明和对象的创建。也就是说，在声明中对变量进行初始化，具体的声明如下：

```
String title=new String ("Java Foundations");
```

尽管 title 不是基本类型，但鉴于字符串的常用性，Java 将字符串字面值定义为由双引号引起来的字符串，这是一种简化表示。无论何时，只要出现字符串字面值，都会自动创建一个 String 对象。 因此，下面的声明是有效的：

```
String city ="London";
```

也就是说，对于 String 对象，我们也可以不用 new 运算符和调用构造函数，而是直接使用上述的简化语句。

3.1.1　别名

因为对象引用变量存储的是地址，所以在管理对象时，程序员必须加倍小心。下面先复习一下赋值对基本数据值的影响。假设有两个整型变量 num1 和 num2，它们的初始值分别为 5 和 12，如下所示：

num1　| 5 |

num2　| 12 |

下面的赋值语句，会将存储在 num1 中值的副本存储到 num2 中。

```
num2 = num1;
```

num2 的初始值 12 被 5 覆盖。变量 num1 和 num2 仍指向存储器中的不同位置，并且这两个位置现在的存储值都是 5：

num1　| 5 |

num2　| 5 |

现在分析下面的对象声明：

```
String name1="Ada, Countess of Lovelace";
String name2 ="Grace Murray Hopper";
```

最初，对象引用变量 name1 和对象引用变量 name2 指向两个不同的 String 对象，如下所示：

现在假设执行如下的赋值语句，将 name1 中的值复制到 name2 中。

```
name2= name1;
```

此赋值语句与整数赋值语句执行相同的操作：将 name1 值的副本存储在 name2 中。但要注意，对象引用变量保存的是对象的地址，因此，上面的赋值语句完成的是地址复制。最初，这两个引用变量指向不同的对象。赋值后，name1 和 name2 存储相同的地址，因此会指向同一个对象，如下所示：

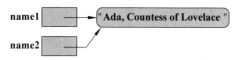

对象引用变量 name1 和对象引用变量 name2 是彼此的别名，因为它们是引用同一对象的两个不同变量。name2 引用的对象将会消失，程序中不能再使用 name2 所引用的对象。

> **设计要点**
>
> 　　别名隐含着一个重要的寓意：所有的别名都指向同一个对象。通过一个引用更改对象的状态会改变另一个引用的状态，因为两个引用实际上引用同一个对象。对于对象的别名，程序员要谨慎管理，否则会埋下隐患。
>
> 　　之所以这样讲，并不是否定别名的可用性。对对象的多重引用而言，是一定要使用别名的。实际上，每次用户将一个对象传递给一个方法时，都会创建一个别名。综上所述，我们知道，不是不使用别名，而是使用时要谨慎，知道别名对对象管理产生的影响。

所有与对象的交互，都是通过引用变量完成的。只有存在对对象的引用，才能使用对象。当所有的引用都丢失（可能由于重新赋值）时，该对象在程序中不起任何作用。程序既不能再调用该对象的任何方法，也不能再使用对象的变量。此时，该对象就是垃圾，因为它已经没有任何用处。

Java 会执行自动垃圾收集。当对某对象的最后一个引用丢失时，该对象就成为垃圾收集的候选对象。在后台，Java 环境会执行一种方法，收集所有标记为垃圾收集的对象，并将其占用内存返回给系统供，以供将来使用。程序员不必担心垃圾内存的显式回收。

> **重要概念**
> 多个引用变量可以引用同一个对象。

3.2   String 类

让我们更详细地学习一下 String 类。图 3.1 给出了一些很有用的 String 类的方法。

一旦创建了 String 对象，就不能扩大或缩小它的值，也不能改变它的任何字符。因此 String 对象是不可变的。但 String 类的一些方法能返回新的 String 对象，这些新 String 对象修改了字符串的初始值。

```
String（String str）
    构造函数：创建与 str 具有相同字符的新字符串对象。
char charAt（int index）
    返回字符串中指定索引位置的字符。
int compareTo（String str）
    按字典顺序对字符串内容进行大小比较，通过返回的整数值指明当前字符串与参数字符串的大小
    关系。若当前对象比参数大则返回正整数，反之返回负整数，相等返回 0。
String concat（String str）
    返回一个由当前字符串和 str 连接形成的新字符串，即将参数中的字符串 str 连接到当前字符串
    的后面。
boolean equals（String str）
    如果此字符串包含与 str 相同的字符（包括大小写），则返回 true，否则返回 false。
boolean equalsIgnoreCase（String str）
    如果此字符串包含与 str 相同的字符（不考虑大小写），则返回 true，否则返回 false。
int length（）
    返回该字符串的长度
String replace（char oldChar, char newChar）
    用字符 newChar 替换当前字符串中所有的 oldChar 字符，并返回一个新字符串。
String substring（int offset, int endIndex）
    返回一个新字符串，该字符串是此字符串的一个子集，从索引 offset 开始，到 endIndex-1 结
    束。
String toLowerCase（）
    返回将当前字符串中所有字符转换成小写后的新字符串
String toupperCase（）
    返回将当前字符串中所有字符转换成大写后的新字符串
```

图 3.1　String 类的一些方法

　　注意，某些 String 方法，如 charAt 返回在字符串中指定索引位置的字符。索引是用于指定字符的具体位置。字符串中第一个字符的索引值是 0，下一个字符的索引值是 1，依此类推。在字符串 "Hello" 中，字符'H'的索引值是 0，索引值 4 对应的字符是'o'。

　　程序 3.1 用到了 String 的一些方法。当你分析 StringMutation 程序时，要知道该程序不是改变单个 String 对象的值；而是使用 String 类的不同方法创建了 5 个独立的 String 对象。最初，创建 phrase 对象：

　　在打印 phrase 字符串内容和长度之后，再执行 concat 方法创建新的 String 对象引用变量 mutation1：

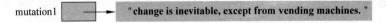

程序 3.1

```java
//*********************************************************************
//  StringMutation.java      Java Foundations
//
//  Demonstrates the use of the String class and its methods.
//*********************************************************************
public class StringMutation
{
    //--------------------------------------------------------------
    //  Prints a string and various mutations of it.
    //--------------------------------------------------------------
    public static void main(String[] args)
    {
        String phrase = "Change is inevitable";
        String mutation1, mutation2, mutation3, mutation4;
        System.out.println("Original string: \"" + phrase + "\"");
        System.out.println("Length of string: " + phrase.length());
        mutation1 = phrase.concat(", except from vending machines.");
        mutation2 = mutation1.toUpperCase();
        mutation3 = mutation2.replace('E','X');
        mutation4 = mutation3.substring(3,30);
        // Print each mutated string
        System.out.println("Mutation #1: " + mutation1);
        System.out.println("Mutation #2: " + mutation2);
        System.out.println("Mutation #3: " + mutation3);
        System.out.println("Mutation #4: " + mutation4);
        System.out.println("Mutated length: " + mutation4.length());
    }
}
```

输出

```
Original string:
Length of String 20
Mutation Change is inevitable, except # from vending
Mutation CHANGE IS INEVITABLE, EXCEPT FROM VENDING MACHINES.
Mutation CHANGX IS INXVITABLX, XXCXPT FROM VXNDING MACHINXS.
Mutation #4: NGX IS INXVIT˜BLX, XXCXPT F
Mutated length: 27
```

之后，mutation1 对象执行 toUpperCase 方法，并将结果字符串存储在 mutation2 中：

mutation2　□ → "CHANGE IS INEVITABLE, EXCEPT FROM VENDING MACHINES."

注意，是 phrase 对象执行 length 和 concat 方法，mutation1 对象执行 toUpperCase 方法。
String 对象能调用 String 类的任何方法，而任何方法都需有指定的执行对象。mutation1 对象执行toUpperCase 方法与phrase对象执行toUpperCase 方法所得到的结果是完全不同的。因为每个对象都有自己的状态，其状态会影响方法调用的结果。

> **重要概念**
> 方法通常在指定对象上执行，该对象的状态会影响方法调用结果。

程序最后，String 对象变量 mutation3 和 mutation4 分别调用了 mutation2.replace 和 mutation3.substring 方法完成了自身的初始化。初始化后的 mutation3 和 mutation4 对象变量分别为：

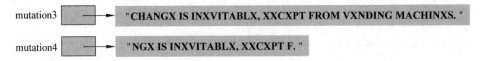

mutation3 → "CHANGX IS INXVITABLX, XXCXPT FROM VXNDING MACHINXS. "

mutation4 → "NGX IS INXVITABLX, XXCXPT F. "

3.3　包

如前所述，Java 语言由标准类库支持，用户可以根据自身需要使用标准类库。下面将进一步学习类库。

类库是支持程序开发的类集合。编译器或开发环境通常都带有类库，当然也可以从第三方厂商那里得到类库。对程序员而言，类库中的类包含大量可用的方法，能提供许多专用的功能。实际上，程序员非常依赖类库中的方法，将其视为 Java 语言的一部分，但从技术上讲，语言本身不包含类库。

> **重要概念**
> 在开发程序时，类库可以提供强有力的支持。

例如，String 类不是 Java 语言的固有部分，而是 Java 标准类库的一部分，但在任何 Java 开发环境中，我们都找到 String 类。创建 Java 语言的 Sun Microsystems 员工创建了组成类库的各种类。

类库由多个相关的类组成，有时会将这些类称为 Java API 或应用程序编程接口。举个例子，在编写与数据交互的程序时，要使用与数据库交互的 API：Java 数据库 API。另一个 API 的例子是 Java Swing API，它是定义图形用户界面中特殊图形组件的类集。有时我们将整个标准库统称为 Java API。

我们把 Java 标准类库中的类进行分组，形成不同的包。每个类都是特定包的一部分。例如，String 类是 java.lang 包的一部分。System 类也是 java.lang 包的一部分。Scanner 类是 java. util 包的一部分。

> **重要概念**
> 我们能将Java标准类库组织成包。

与 API 组织相比，包的组织更基础，也更因语言而异。虽然包和 API 名一般存在着某些对应关系，但组成 API 的类是来自不同的包。在本书中，我们主要是根据包来引用类。

图 3.2 给出了 Java 标准类库的部分包。这些包可在任何支持 Java 软件开发的平台中使用。但还有一些包专用于更高级的编程技术，在基本程序开发中一般不使用这类包。

包	提供的支持
java.applet	创建可通过 Web 轻松传输的小程序。
java.awt	绘制图形并创建图形用户界面; AWT 代表抽象窗口工具集（Abstract Windowing Toolkit）。
java.beans	定义可轻松组合到应用程序的软件组件。
java.io	执行各种输入和输出功能。
java.lang	通用支持;会自动导入到所有 Java 程序之中。
java.math	以任意精度执行计算。
java.net	通过网络进行通信。
java.rmi	创建可以跨多台计算机分布的程序; RMI 表示远程方法调用（Remote Method Invocation）。
java.security	强制执行安全限制。
java.sql	与数据库交互; SQL 代表结构化查询语言(Structured Query Language)。
java.text	格式化输出的文本。
java.util	通用工具类。
java.swing	使用具有扩展 AWT 功能的组件来创建图形用户界面。
java.xml.parsers	处理 XML 文档;XML 代表可扩展标记语言（eXtensible Markup Language）。

图 3.2　Java 标准类库中的一些包

本书通篇都在学习 Java 标准类库中的各种类。

3.3.1　import 声明

当编写 Java 程序时，java.lang 包中的类是自动可用的。但要使用其他包中的类时，我们要么使用完全限定名，要么使用 import 声明。下面分析如何使用这两种方法。

在编程需要使用类库中的类时，你可以选择使用完全限定名。例如，当需要引用 java.util 包所定义的 Scanner 类时，可以使用完全限定名 java.util.Scanner。但使用完全限定名将使程序代码太烦琐，所以 Java 提供了 import 声明来简化引用。

import 声明指定程序要使用的包和类，以便每个引用都不再需要完全限定名。回顾一下，第 2 章程序所用的 Scanner 类就含有如下的 import 声明:

```
import java.util.Scanner;
```

这个声明表明:程序可以使用 java.util 包的 Scanner 类。一旦在程序中进行了 import 声明，那么程序引用 Scanner 类时，只需使用 Scanner 这个变量名就行。

如果来自不同包的两个类具有相同的名字，那么只有 import 声明是不够的。因为编译器无法确定代码究竟引用的是哪个类。在出现这种情况时，应在代码中使用完全限定名。

另一种形式的 import 声明使用星号（*）来表示程序可以使用包中的任何类。因此，下面的声明允许程序使用 java.util 中的所有类，不再需要使用完全限定名：

```
import java.util.*;
```

如果程序只使用特定包中的一个类，通常会在 import 声明中特别指定类名，因为这样做能为任何代码阅读者提供更具体的信息。但是，如果使用包中的两个甚至更多类时，通常用*表示比较好。

> **重要概念**
> 每个程序都会自动导入 java.lang 包中的所有类。

每个程序都会自动导入 java.lang 包中的类，因为这些类是 Java 的基础，也是 Java 的基本扩展。不需要明确的 import 声明，我们就可以直接使用 java.lang 中的任何类，如 System 和 String，就像所有程序文件都自动包含以下的声明一样：

```
import java.lang.*;
```

3.4 Random 类

当编写软件时，经常需要生成随机数。如，游戏经常使用随机数来模拟掷骰子或洗牌；飞行模拟器可以使用随机数来模拟飞行发生故障的频率；为了帮助高中学生准备 SAT 考试，可以设计使用随机数选择下一个问题的程序。

Random 类是 java.util 包的一部分，代表伪随机数生成器。随机数发生器从一系列值中随机选取数。从技术上讲，程序代码是伪随机的，因为实际上程序无法随机挑选数。伪随机数生成器是根据初始种子值，执行一系列的复杂计算，生成随机数。从技术上讲，因为这个随机数是被计算出来的，不是真正的随机数，但其值已经极其接近随机数。在大多数情况下，这个数已经是足够随机的了。

图 3.3 给出了 Random 类的一些方法。我们可以不带参数调用 nextInt 方法，也可以将一个整数值传递给 nextInt 方法。如果没有传入任何参数，则 nextInt 方法生成在整个 int 值（正数和负数）范围内的随机数。但在一般情况下，程序需要在更具体的范围内生成随机数。例如，为了模拟掷骰子，所需的随机数范围是 1 至 6。nextInt 方法的返回值范围是从 0 至其参数-1。例如，如果将 100 作为参数传递给 nextInt 方法，则返回值将在 0 至 99 之间。

重要概念

伪随机数发生器执行复杂的计算以造成随机性的错觉。

```
Random()
        构造函数：创建新的伪随机数生成器。
float nextFloat()
        返回介于 0.0（包含）与 1.0（不包含）之间的随机数。
int nextInt()
        返回在整个 int 值（正数和负数）范围内的随机数。
int nextInt(int num)
        返回从 0 到 num-1 范围内的随机数。
```

图 3.3　Rand 类的一些方法

注意，传递给 nextInt 方法的参数值也可能是其返回值。我们可以根据需要，通过增加或减少返回值来改变随机数的范围。例如，为了得到 1 至 6 之间的随机数，先调用 nextInt(6)，其返回值是 0 至 5；然后，将返回值加 1，得到 1 至 6 之间的随机数。

Random 类的 nextFloat 方法返回 0.0 至 1.0 之间的浮点数。如果需要，可以使用乘法来缩放返回值的范围。先去除小数部分，将返回值转换为 int 值；之后乘以某个数，将随机数范围扩大或缩小到程序所需要的范围。

程序 3.2 生成了各种范围的随机数。

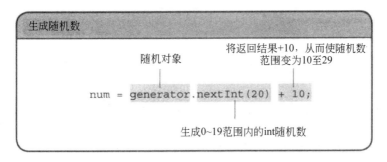

程序 3.2

```java
//**************************************************************
// RandomNumbers.java       Java Foundations
//
// Demonstrates the creation of pseudo-random numbers using the
// Random class.
//**************************************************************
import java.util.Random;
public class RandomNumbers
{
  //------------------------------------------------------------
  // Generates random numbers in various ranges.
```

```
//---------------------------------------------------------------
public static void main(String[] args)
{
    Random generator = new Random();
    int num1;
    float num2;
    num1 = generator.nextInt();
    System.out.println("A random integer: " + num1);
    num1 = generator.nextInt(10);
    System.out.println("From 0 to 9: " + num1);
    num1 = generator.nextInt(10) + 1;
    System.out.println("From 1 to 10: " + num1);
    num1 = generator.nextInt(15) + 20;
    System.out.println("From 20 to 34: " + num1);
    num1 = generator.nextInt(20) - 10;
    System.out.println("From -10 to 9: " + num1);
    num2 = generator.nextFloat();
    System.out.println("A random float (between 0-1): " + num2);
    num2 = generator.nextFloat() * 6;  // 0.0 to 5.999999
    num1 = (int)num2 + 1;
    System.out.println("From 1 to 6: " + num1);
    }
}
```

输出

```
A random integer: 243059344
From 0 9: 9
From 1 to 10: 2
From 20 to 34: 33
From 10 to 9:   4
A random float (between 101): 0.58384484
From 1 to 6: 3
```

3.5　Math 类

　　Math 类提供了许多用于计算的基本数学函数。Math 类由 Java 标准类库中的 java.lang 包定义。图 3.4 给出了 Math 类的一些方法。

　　Math 类中的所有方法都是静态方法，有时也将静态方法称为类方法。我们可以通过类名调用这些方法，而不用先实例化类对象。第 5 章将进一步讨论静态方法。

重要概念
Math 类的所有方法都是静态的，通过类名进行调用。

```
static int abs(int num)
    返回 num 的绝对值。
static double acos(double num)
static double asin(double num)
static double atan(double num)
    返回 num 的反余弦、反正弦或反正切。
static double cos(double num)
static double sin(double num)
static double tan(double num)
    返回以弧度为单位角的余弦值、正弦值或正切值。
static double ceil(double num)
    返回最小的大于等于 num 的整数。
static double exp(double num)
    返回 e 的 num 次幂。
static double floor(double num)
    返回最大的小于 num 的数
static double pow(double num, double power)
    返回 num 的 power 次幂。
static double random()
    返回 0.0(包含)至 1.0（不包含）之间的随机数。
static double sqrt(double num)
    返回 num 的开方根，该值必须为正。
```

图 3.4 Math 类的一些方法

我们可以根据需要，在表达式中使用 Math 类方法的返回值。例如，下面的语句计算 total 的绝对值，然后加上 count 的 4 次方，最后将结果存储在变量 value 中。

```
value = Math.abs(total) + Math.pow(count, 4);
```

注意，我们可以将整数值传递给使用 double 类型参数的方法。这是一种提升转换，如第 2 章所述。

同样有趣的是，Math 类也包含一个 random 的方法，该方法返回 0.0 至 1.0 之间的随机浮点数。因此，random 方法也可用作创建 Random 对象的候选方法。我们可以创建 Math 类对象，再调用该对象的 random 方法。但要注意，Math 类与 Random 类不同，Math 类没有返回整数的随机方法，或者像 Random 那样指定随机数的范围。

名为 Quadratic 的程序 3.3 使用 Math 类来计算二次方程的根。二次方程的一般形式如下：

$$ax^2 = bx = c$$

程序 3.3

```java
//*************************************************************************
//  Quadratic.java        Java Foundations
//
//  Demonstrates the use of the Math class to perform a calculation
//  based on user input.
//*************************************************************************
import java.util.Scanner;
public class Quadratic
{
   //-----------------------------------------------------------------
   // Determines the roots of a quadratic equation.
   //-----------------------------------------------------------------
   public static void main(String[] args)
   {
      int a, b, c;  // ax^2 + bx + c
      double discriminant, root1, root2;
      Scanner scan = new Scanner(System.in);
      System.out.print("Enter the coefficient of x squared: ");
      a = scan.nextInt();
      System.out.print("Enter the coefficient of x: ");
      b = scan.nextInt();
      System.out.print("Enter the constant: ");
      c = scan.nextInt();
      // Use the quadratic formula to compute the roots.
      // Assumes a positive discriminant.
      discriminant = Math.pow(b, 2) - (4 * a * c);
      root1 = ((-1 * b) + Math.sqrt(discriminant)) / (2 * a);
      root2 = ((-1 * b) - Math.sqrt(discriminant)) / (2 * a);
      System.out.println("Root #1: " + root1);
      System.out.println("Root #2: " + root2);
   }
}
```

输出

```
Enter the coefficient of x squared; 3
Enter the Coefficient of x; 8
Enter the constant: 4
Root #1: -0.6666666666666666
Root #2: -2.0
```

Quadratic 程序读取 a、b 和 c，这三个值代表二次方程的系数，之后计算二次方程的根。求根公式为：

$$\text{roots} = \frac{-b \pm \sqrt{b^2 - 4ac}}{2a}$$

注意，程序假设判别式为正数。如果判别式不是正数，则结果是无效值。Java 用 NAN 表示无效值，NAN 代表非数字。第 5 章将讨论如何避免出现这种情况。

3.6　格式化输出

NumberFormat 类和 DecimalFormat 类可以格式化输出信息，使打印或显示更规范化。这两个类都是 Java 标准类库的一部分，由 java.text 包定义。

3.6.1　NumberFormat 类

NumberFormat 类为数字提供通用格式。实例化 NumberFormat 对象并不是使用 new 运算符，而是通过类名调用静态方法来返回格式化的请求对象。图 3.5 给出了 NumberFormat 类的一些方法。

```
String format (double number)
    根据此对象格式，返回包含指定数字格式的字符串。
static NumberFormat  getCurrencyInstance()
    返回一个本地化、货币格式的 NumberFormat 对象。
static NumberFormat  getPercentInstance()
    返回一个本地化、百分数格式的 NumberFormat 对象。
```

图 3.5　NumberFormat 类的一些方法

NumberFormat 类的方法 getCurrencyInstance 和 getPercentInstance 都将返回用于格式化数字的对象。getCurrencyInstance 方法返回货币格式的对象，getPercentInstance 方法返回百分比格式的对象。我们要通过格式化对象调用 format 方法来返回包含指定数字格式的 String。

如程序 3.4 所示，Purchase 程序使用了两种格式。它读入销售数据，计算最终价格（含税）。

一般将 getCurrencyInstance 和 getPercentInstance 方法称为工厂方法，因为它们生成并返回以指定格式设置的对象实例。从本质上讲，NumberFormat 工厂方法使用 new 运算符创建 NumberFormat 对象，之后设置对象的指定格式，然后返回用于显示或打印的指定格式数值。

程序 3.4

```
//************************************************************************
// Purchase.java       Java Foundations
//
// Demonstrates the use of the NumberFormat class to format output.
//************************************************************************
import java.util.Scanner;
```

```java
import java.text.NumberFormat;
public class Purchase
{
    //-----------------------------------------------------------------
    //  Calculates the final price of a purchased item using values
    //  entered by the user.
    //-----------------------------------------------------------------
    public static void main(String[] args)
    {
        final double TAX_RATE = 0.06;  // 6% sales tax
        int quantity;
        double subtotal, tax, totalCost, unitPrice;
        Scanner scan = new Scanner(System.in);
        NumberFormat fmt1 = NumberFormat.getCurrencyInstance();
        NumberFormat fmt2 = NumberFormat.getPercentInstance();
        System.out.print("Enter the quantity: ");
        quantity = scan.nextInt();
        System.out.print("Enter the unit price: ");
        unitPrice = scan.nextDouble();
        subtotal = quantity * unitPrice;
        tax = subtotal * TAX_RATE;
        totalCost = subtotal + tax;
        // Print output with appropriate formatting
        System.out.println("Subtotal: " + fmt1.format(subtotal));
        System.out.println("Tax: " + fmt1.format(tax) + " at "
                       + fmt2.format(TAX_RATE));
        System.out.println("Total: " + fmt1.format(totalCost));
    }
}
```

```
输出

Enter the quantity: 6
Enter the units price: 1.69
Subtotal: $10.14
Tax: $0.61 at 6%
Total: $10.75
```

3.6.2　DecimalFormat 类

与 NumberFormat 类不同，DecimalFormat 类使用 new 运算符这种传统方式进行实例化。它的构造函数接收 String 参数，该参数代表引导格式化过程的模式。其使用 format 方法格式化指定值。如果你想更改格式化对象所用的模式，需要调用 applyPattern 方法。图 3.6 给出了 DecimalFormat 类的一些方法。

> DecimalFormat (String pattern)
>
> 　　构造函数：用指定模式创建新的 DecimalFormat 对象，
>
> void applyPattern (String pattern)
>
> 　　将指定的模式应用于此 Decimal Format 对象。
>
> String format (double number)
>
> 　　根据当前模式，返回包含指定格式的 number 字符串。

图 3.6　Decimal Format 类的一些方法

传递给 Decimal Format 构造函数的字符串所定义的模式相当精细。其用各种符号表示特定的格式。例如，由字符串 "0.###" 定义的模式表示：在小数点左侧的整数部分至少要保留一位，如果该数值整数部分为零，则这一位为 0；对小数部分进行四舍五入，保留三位小数。

名为 CircleStats 的程序 3.5 使用了上述的 "0.###" 模式。程序从读取用户的输入，作为圆半径，计算圆的面积和周长，去除所得值尾部的 0。例如，程序中圆的面积是 78.540，但显示的是 78.54。

程序 3.5

```java
//**********************************************************************
// CircleStats.java        Java Foundations
//
// Demonstrates the formatting of decimal values using the
// DecimalFormat class.
//**********************************************************************
import java.util.Scanner;
import java.text.DecimalFormat;
public class CircleStats
{
  //------------------------------------------------------------------
  // Calculates the area and circumference of a circle given its
  // radius.
  //------------------------------------------------------------------
  public static void main(String[] args)
  {
    int radius;
    double area, circumference;
    Scanner scan = new Scanner(System.in);
    System.out.print("Enter the circle's radius: ");
    radius = scan.nextInt();
    area = Math.PI * Math.pow(radius, 2);
    circumference = 2 * Math.PI * radius;
    // Round the output to three decimal places
    DecimalFormat fmt = new DecimalFormat("0.###");
    System.out.println("The circle's area: " + fmt.format(area));
    System.out.println("The circle's circumference: "
```

```
                    + fmt.format(circumference));
      }
}
```

```
输出

Enter the circle's radius:5
The circle's area; 78.54
The circle's circumference : 31.416
```

3.6.3　printf 方法

除了 print 方法和 println 方法之外，System 类还提供另一种输出方法：printf。printf 允许用户打印包含数据值的格式化字符串。printf 方法的第一个参数表示输出的格式化字符串，其余参数则指定插入到格式化字符串的值。

例如，下面的代码行输出 ID 号和名称：

```
System.out.printf("ID: %5d\tName: %s", id, name);
```

printf 的第一个参数指定输出的格式，包含标记输出值的字符字面值和转义字符\t。模式%5d 表示要打印的 id 值是 5 个字符。%s 模式与 name 的字符串参数相匹配。将 id 和 name 值插入到字符串，得到以下的结果：

```
ID: 24036 Name: Larry Flagelhopper
```

因为 C 语言有 printf 方法，而 Java 语言没有，所以将 printf 方法添加到了 Java 语言。这样，程序员就能将 C 语言编写的程序轻松转换成（或迁移）Java 程序。

我们将仍具价值的旧软件称为遗留系统。由于遗留系统是基于旧技术，所以维护成本很高。但在许多情况下，维护遗留系统比迁移到新技术（如使用新语言重新编写）更划算。在 Java 中添加 printf 方法就是使 Java 有与 C 语言相同的输出语句，使熟悉 C 语言的程序员能轻松迁移 C 语言编写的系统，降低开发成本。

但对于格式化输出问题，使用 printf 方法不是纯粹的面向对象解决方案。因此，本书没有使用 printf 方法。

> **重要概念**
> 向 Java 中添加 printf 方法以支持遗留系统的迁移。

3.7　枚　举　类　型

Java 定义了枚举类型。在声明枚举类型之后，就可以使用枚举变量。枚举类型通过列举或枚举所有可能值来建立枚举类型变量。这些可能值是标识符，是任何用户需要的内容。

例如，下面声明定义了名为 Season 的枚举类型，该类型有 4 个可能值：winter、spring、

summer 和 fall。

```
enum Season{winter, spring, summer, fall}
```

枚举类型并不限制所列举的可能值个数。一旦定义了枚举类型，就可以声明该类型的变量。上面我们已经定义了枚举类型 Season，其变量 time 的定义如下：

```
Season time;
```

变量 time 的取值是受限的。它只能是 Season 枚举值之一，不能是其他值。Java 枚举类型具有类型安全性。也就是说，如果变量使用的值不是其枚举值，则会出现编译时错误。

重要概念
枚举类型具有类型安全性，能确保不使用无效值。

通过访问类名获得变量值，例如：

```
time = Season.spring;
```

在变量值相对较少，且各个不同的情况下，使用枚举类型非常合适。例如，假设需要用字母表示学生成绩等级，就可以声明下面的枚举类型：

```
enum Grade { A, B, C, D, F };
```

Grade 的任何变量初始值都是一个有效的成绩等级。这比使用简单的字符或 String 变量表示成绩等级要好得多。因为使用枚举类型，成绩等级可以取任何值。

比如，某同学成绩可能为 A-和 B+。在这种情况下，我们就需要使用+和-的成绩等级。+和-不能在 Java 的标识符中出现，所以 A-或 B+不是有效的标识符。虽然我们不能使用 A-或 B+作为枚举值，但能使用标识符 Aminus、Bplus 来表示 A-或 B+，以此类推。

枚举类型的每个值都存为整数。我们将这个整数称为序数值。第 1 个枚举值的序数值为 0，第 2 个枚举值的序数值为 1，第 3 个枚举值的序数值为 2，依此类推。序数值仅在内存中使用，因此，即使枚举值对应着有效序数值，我们也不能将枚举值赋给枚举类型。

枚举类型是一个特殊类，枚举类型的变量是对象变量，与所有枚举类型相关的方法比较少。ordinal 方法返回与特定枚举类型值相关联的数值。name 方法返回枚举值的名字，该名字与所定义的标识符相同。

名为 IceCream 的程序 3.6 声明了枚举类型，运用了枚举类型的一些方法。由于枚举类型是特殊类，因此，我们不在方法中定义枚举类型。要么如程序 3.6 所示，在类级（在类之内，但在方法之外）对枚举类型进行定义，要么在最外层定义枚举类型。

程序 3.6

```
//************************************************************
//  IceCream.java        Java Foundations
//
//  Demonstrates the use of enumerated types.
//************************************************************
public class IceCream
```

```
{
    enum Flavor {vanilla, chocolate, strawberry, fudgeRipple, coffee,
            rockyRoad, mintChocolateChip, cookieDough}
    //------------------------------------------------------------------
    //  Creates and uses variables of the Flavor type.
    //------------------------------------------------------------------
    public static void main(String[] args)
    {
        Flavor cone1, cone2, cone3;
        cone1 = Flavor.rockyRoad;
        cone2 = Flavor.chocolate;
        System.out.println("cone1 value: " + cone1);
        System.out.println("cone1 ordinal: " + cone1.ordinal());
        System.out.println("cone1 name: " + cone1.name());
        System.out.println();
        System.out.println("cone2 value: " + cone2);
        System.out.println("cone2 ordinal: " + cone2.ordinal());
        System.out.println("cone2 name: " + cone2.name());
        cone3 = cone1;
        System.out.println();
        System.out.println("cone3 value: " + cone3);
        System.out.println("cone3 ordinal: " + cone3.ordinal());
        System.out.println("cone3 name: " + cone3.name());
    }
}
```

输出

```
cone1 value: rockyRoad
cone1 ordinal: 5
cone1 name: rockyRoad

cone2 value: chocolate
cone2 ordinal: 1
cone2 name: chocolate

cone3 value: rockyRoad
cone3 ordinal: 5
name: "rockyROad
```

3.8 包 装 类

Java 除了使用类和对象表示数据外，还使用基本数据类型（如 int、double、char 和 boolean）。当用户需要将基本数据类型作为对象使用时，会引发一系列问题，因为基本数据类型不是对象。为了解决这个问题，Java 引入了包装类。包装类将基本数据值包装成类。

包装类代表指定的基本数据类型。例如，Integer 类代表单个整数值。根据 integer 类创建的对象存储单个 int 值。包装类的构造函数接收基本数据值并保存。下面给出一个例子：

```
integer ageObj = new integer(40);
```

一旦执行了上述的声明和实例化，ageObj 对象就有将地将整数 40 表示成了对象。在此时，40 不再是基本数据类型，而是对象。在程序需要对象的任何地方都可以使用它。

在 Java 类库中，Java 的每种基本类型都有对应的包装类。java.lang 包定义了所有的包装类。图 3.7 给出了基本数据类型与包装类之间的一一对应关系。

> **重要概念**
> 包装类允许将基本数据值作为对象进行管理。

注意，类库中甚至有表示 void 类型的包装类。但是，与其他包装类不同，void 类不能实例化，只表示无效引用的概念。

基本类型	包装类
byte	byte
short	short
integer	integer
long	long
float	float
double	double
character	character
boolean	boolean
void	void

图 3.7　java.lang 包中的包装类

包装类还提供了管理基本数据类型的一些方法。例如，integer 类包含的方法会返回对象所保存的 int 值，并能将存储值转换为其他基本数据类型。图 3.8 给出了 integer 类中的一些方法，其他包装类也有类似的方法。

注意，包装类还包含静态方法，可独立于任何实例化对象来调用静态方法。例如，integer 类包含名为 parseInt 的静态方法，该方法将存储于 String 的整数字符串转换为对应的 int 值。如果 String 对象 str 包含的字符串为"987"，则下行代码会将字符串"987"转换为整数值 987，之后将该值存储在 int 型变量 num 中：

```
num = Integer.parseInt(str);
```

Java 包装类包含一些有用的静态常量。例如，integer 类包含两个常量：MIN_VALUE 和 MAX _ VALUE，分别用于保存 int 最小值和 int 最大值。其他包装类也有类似的常量。

```
integer (int value)
    构造函数：创建指定 int 值的新 Integer 对象。
byte byteValue()
double doubleValue()
float floatValue()
int intValue()
long longValue()
    以相应的基本类型返回其 Integer 值。
static int parseInt(String str)
    返回指定字符串的 int 值。
static String toBinaryString(int num)
static String tohexString(int num)
static String toOctalString(int num)
    返回指定整数值的不同进制的字符串。
```

图 3.8　integer 类的一些方法

3.8.1　自动装箱

自动装箱是基本数据值与对应的包装对象之间的自动转换。例如，下面代码会将 int 值赋值给 Integer 对象引用变量。

```
Integer obj1;
int num1 = 69;
obj1 = num1; // automatically creates an Integer object
```

逆向的转换被称为拆箱。在需要时，拆箱也会自动发生。

例如，

```
Integer obj2 = new Integer (69);
int num2;
num2 = obj2; // automatically extracts the int value
```

基本类型和对象类型之间的赋值通常是不兼容的。自动装箱只发生在基本类型和与其对应的包装类之间。在其他情况下，尝试将基本值赋值给对象引用变量会导致编译时错误，反之亦然。

重要概念

自动装箱提供了基本数据值与对应包装对象间的自动转换。

重要概念总结

- new 运算符返回对新创建对象的引用。
- 多个引用变量可以引用同一个对象。
- 方法通常在指定对象上执行，该对象的状态会影响方法调用结果。
- 在开发程序时，类库可以提供强有力的支持。
- 我们能将 Java 标准类库组织成包。
- 每个程序都会自动导入 java.lang 包中的所有类。
- 伪随机数发生器执行复杂的计算以造成随机性的错觉。
- Math 类的所有方法都是静态的，通过类名进行调用。
- 向 Java 中添加 printf 方法以支持遗留系统的迁移。
- 枚举类型具有类型安全性，能确保不使用无效值。
- 包装类允许将基本数据值作为对象进行管理。
- 自动装箱提供了基本数据值与对应包装对象间的自动转换。

术　语　总　结

应用程序编程接口（API）是支持程序设计的相关类的集合。

自动装箱是自动将基本数据类型转换为与之对应的包装类对象。

类库是支持程序开发的类集合。

构造函数是一种特殊的方法，其名字与其类名相同，主要用来在创建对象时对对象进行初始化。

枚举类型是 Java 的一种数据类型，其明确列出该类型的所有值。

垃圾回收是回收程序无法再使用的内存空间的过程。

不可变的是指对象一旦创建，数据（状态）就无法修改。

import 声明是一种编程语句，用于指定程序使用包和外部类。

实例是对象，对象是类的实例。

实例化是创建新对象的过程。

包是对类的语言级的组织机制。Java API 中的每个类都归属于特定的包。

伪随机数发生器是执行复杂计算的程序，以看似随机的顺序生成一系列随机数。

包装类是与基本数据类型相对应的类。

自　测　题

3.1　new 运算符执行什么操作？

3.2　什么是空引用？

3.3　什么是别名？别名与垃圾收集有什么关系？

3.4　编写 String 对象变量的声明，变量名为 author，初始值为字符串 "Fred Brooks"。画图表示变量和它的初始值。

3.5　编写一个语句，用大写字母打印名为 title 的 String 对象的值。

3.6　编写 String 对象变量的声明，变量名为 front，初始值为另一个名为 description 的 String 对象的前 10 个字符。

3.7　什么是 Java 包？

3.8　java.net 包包含什么？java.swing 包包含什么？

3.9　什么包包含 Scanner 类？什么包包含 String 类？什么包包含 Random 类？什么包包含 Math 类？

3.10　import 声明有什么作用？

3.11　为什么不需要将 String 类专门导入到程序之中？

3.12　给定名为 rand 的 Random 对象，调用 rand.nextInt()会返回什么？

3.13　给定名为 rand 的 Random 对象，调用 rand mextlnt（20）会返回什么？

3.14　什么是类方法（也称为静态方法）？

3.15　编写声明，打印测量角度为 1.23 弧度的正弦值。

3.16　编写 double 变量的声明，变量名为 result，初始值为 5 的 2.5 次方。

3.17　使用 Java 的格式化类，以百分比格式输出浮点数的步骤是什么？

3.18　编写表示电影等级的枚举类型的声明。

3.19　我们如何将基本数据值表示成对象？

练 习 题

3.1　编写语句。输出 String 对象 overview 中的字符数。

3.2　编写语句。打印 String 对象 introduction 的第 8 个字符。

3.3　编写 String 对象变量的声明。变量名为 change，初始值是将另一个 String 对象 original 中所有字符'e'字符更改为字符'j'后得到的字符串。

3.4　下面代码段的输出是什么？

```
String ml, m2, m3;
m1 = "Quest for the Holy Grail";
m2 = ml.toLowerCase();
m3 = ml +" "+ m2;
System.out.println(m3.replace ( 'h', 'z'));
```

3.5　下面的 import 声明作用是什么？

```
import java, awt.*;
```

3.6　假设已创建 Random 对象 generator，下面表达的取值范围各是多少？

```
a. generator.nextInt(20)
```

```
b. generator.nextInt(8) + 1
c. generator.nextInt(45) + 10
d. generator.nextInt(100)
```

3.7 编写代码。先声明和实例化 Random 类的对象（对象引用变量名为 rand）。再使用 nextInt 方法生成指定范围（包括最大值点）内的随机数，注意使用只接收单个整数作为参数的 nextInt 方法。

　　a. 0 至 10

　　b. 0 至 500

　　c. 1 至 10

　　d. 1 至 500

　　e. 25 至 50

　　f. -10 至 15

3.8 编写赋值语句。计算 num1 和 nurn2 之和的平方根，并将计算结果赋值给 num3。

3.9 编写程序语句。计算并打印 total 的绝对值。

3.10 编写程序。先创建 DecimalFormat 对象来格式化数值，格式化要求对数值进行四舍五入，保留四位小数；再以指定格式打印结果值。

3.11 编写程序。先给出输入提示，从用户读取 double 值；然后打印该值的 4 次方，并将输出结果保留三位小数点。

3.12 编写枚举类型的声明，用于表示一周中的每一天。

程序设计项目

3.1 编写应用程序。先给出输入提示，分别读取用户的名和姓。然后，打印字符串，该字符串由用户名的首字母、用户姓的前 5 个字符以及 10 至 99 范围内的随机数组成。假定用户的姓至少为 5 个字符。有时我们会用类似的算法生成新计算机账户的用户名。

3.2 编写应用程序来打印两个整数的立方和。先给出输入提示，读取两个整数值。然后，分别计算整数的 3 次方，之后再对结果求和。

3.3 编写应用程序。创建和打印格式为 **XXX-XXX-XXXX** 的随机电话号码。输出中包含破折号（-）。编程时，你先要确保前 3 位数字不包含 8 或 9（不要超出限制），其次确保第二组的 3 位数字不大于 742。提示：考虑使用最简单的方法构建电话号码，不能一位一位地确定电话号码。

3.4 编写读取两点（x，y）坐标的应用程序。计算两点之间距离的公式如下：

$$\text{Distance} = \sqrt{(x_2 - x_1)^2 + (y_2 - y_1)^2}$$

3.5 编写应用程序，读取球体半径，打印其体积和表面积。要用到的计算公式如下所示，其中 r 代表球体的半径，打印的输出需要保留 4 位小数。

$$\text{Volume} = \frac{4}{3}\pi r^3$$

$$\text{Surface} = 4\pi r^2$$

3.6　编写应用程序，从用户读取三角形边长。使用下面的 Heron 公式计算三角形的面积，其中 s 代表三角形周长的一半，a，b 和 c 代表三条边长，打印的面积值保留三位小数。

$$Area = \sqrt{(s\,(s-a)\,(s-b)\,(s-c))}$$

自测题答案

3.1　new 运算符先创建指定类的新实例（对象），然后调用该类的构造函数来设置新创建的对象。

3.2　空引用不引用任何对象。保留字 null 可用于检查空引用。

3.3　如果两个引用指向同一个对象，则这两个引用是彼此的别名。通过一个引用更改对象的状态会改变另一个引用的状态，因为实际上两个引用指向同一个对象。只有当对象没有有效的引用时，系统才会将对象标记为垃圾收集。

3.4　下面的声明创建 String 变量 author，并对其进行初始化。

```
String author = new String ("Fred Brooks ");
```

对于字符串，声明可以简化为：

```
String author = "Fred Brooks ";
```

该对象引用变量及其值的描述如下：

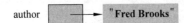

3.5　下面的语句以大写字母打印 String 对象的值。

```
System.out.println(title.toUpperCase());
```

3.6　以下声明将创建 String 对象，其初始值是 String 对象 description 的前 10 个字符。

```
System.out.println(title.toUperCase());
```

3.7　Java 包是相关的类集。Java 标准类库是支持常见编程任务的包集。

3.8　每个包都包含支持特定编程活动的类集。java.net 包中的类支持网络通信，而 javax.swing 类中的类支持图形用户界面的开发。

3.9　Scanner 类和 Random 类是 java.util 包的一部分。String 类和 Math 类是 java.lang 包的一部分。

3.10　import 声明确立了这样的事实：即指定程序用类所归属的包。程序员可以直接使用类名（如 Random），而不必使用完全限定引用（如 java.util.Random）。

3.11　String 类是 java.lang 的一部分。String 类会自动导入任何 Java 程序。因此，String 类不需要单独的 import 声明。

3.12　调用 Random 对象的 nextInt 方法会返回 int 取值范围内的所有随机整数值（既包含正数，也包含负数）。

3.13　将正整数参数 x 传递给 Random 对象的 nextlnt 方法，会返回 0 至 x-1 范围内的随机数。因此，调用 nextlnt（20）会返回 0 至 19 范围内的随机数（包含 19）。

3.14　使用包含方法的类名来调用类（或静态）方法，例如 **Math.abs**。如果方法不是静态的，则只能通过类的实例（对象）来调用。

3.15　下面的语句输出 1.23 弧度的正弦值。

```
System.out.println(Math.sin(1.23));
```

3.16　下面的声明创建 double 变量，对变量进行初始化，初始值为 5 的 2.5 次方。

```
Double result = Math.pow(5,2.5);
```

3.17　要以百分比格式输出浮点数值，先要调用 NumberFormat 类的静态方法 getPercent-Instance 来得到格式化对象。再将要格式化的值传递给格式化对象的 format 方法，最后返回指定格式的字符串。下面是一个示例：

```
NumberFormat fmt = NumberFormat.getPercentageInstance();
System.out.println(fmt.format(value));
```

3.18　下面是电影等级的枚举类型声明。

```
enum Rating{G, PG, PG13, R, NC17}
```

3.19　在 Java 标准类库中，为每个基本数据类型都定义了对应的包装类。在需要以对象方式调用基本数据值时，直接调用其对应的包装类就可以了。

第4章　条件与循环

学习目标

- 讨论控制程序执行流程的方法。
- 探讨用于判定的布尔表达式。
- 学习使用 if 语句和 switch 语句执行基本判定。
- 讨论各种类型数据的比较问题。
- 学习使用 while 循环、do 循环和 for 循环来执行语句。
- 讨论迭代对象的概念，并用迭代对象读取文本文件。

所有的程序设计语言都有让用户判定接下来要做什么的语句，也有让用户多次重复执行某些活动的语句。本章将详细介绍这两类语句：条件语句和循环语句。同时我们也会探讨数据和对象的比较问题。因为布尔表达式是进行判定的基础，所以本章以布尔表达式开头。

4.1　布尔表达式

控制流是指在程序运行时，执行语句的顺序。除非另有说明，否则程序都是以线性方式顺序执行语句。也就是说，在程序运行时，先执行程序的第一条语句，之后再执行下一条语句，然后每次向下移动一条语句，直到执行完程序为止。Java 程序则先执行 main 方法的第一条语句，之后逐条执行后续语句，直到 main 方法结束为止。

调用方法会改变控制流。当调用方法时，控制流将跳转到定义方法的代码，之后执行方法的代码。调用完成后，控制流返回到调用方法的位置，继续执行后续语句。第 5 章将深入探讨方法及方法调用。

在给定的方法中，我们可以使用某类语句来控制程序代码流。控制程序执行流程的语句有两类：条件语句和循环语句。

重要概念

条件和循环是控制程序执行流程的方法。

条件语句有时也称为选择语句，因为条件语句是让用户选择接下来要执行哪条语句。Java 的条件语句有 if 语句、if-else 语句和 switch 语句。这些条件语句能决定接下来要执行哪条语句。

每个判定都是基于布尔表达式，布尔表达式就是条件。布尔表达式的值要么为真，要么为假。表达式的结果决定着接下来要执行哪条语句。

下面给出一个 if 语句的例子：

```
if (count > 20)
    System.out.println("Count exceeded");
```

这条语句的条件是 count > 20，该表达式的结果是布尔值（真或假）。count 值要么大于 20，要么小于或等于 20。如果 count > 20，那么执行 println 语句；否则，跳过 println 语句，继续执行后续语句。4.2 节将详细介绍 if 语句和其他条件语句。

> **重要概念**
> if 语句使程序能选择是否执行指定的语句。

编程时，我们经常需要做出判定。举个例子，人寿保险的保费可能与被保险人是否吸烟有关。如果被保险人吸烟，则用一个公式计算保费；如果被保险人不吸烟，则用另一个公式计算保费。条件语句的作用是计算布尔条件（被保险人是否吸烟），根据计算结果选择要执行的计算公式。

循环语句会一次又一次地执行某些语句。与条件语句一样，循环语句根据布尔表达式来确定执行循环语句的次数。

> **重要概念**
> 循环使程序多次执行某些语句。

举个例子，假设我们需要计算某班每位学生的平均成绩。计算平均成绩的方法一样，只是每个学生的成绩数据不同。因此，要使用循环语句来计算每位学生的平均成绩，直到得到所有学生的平均成绩为止。

Java 有 3 种类型的循环语句：while 语句、do 语句和 for 语句。为了区分彼此，这些循环语句都有自己的特征。

所有的条件和循环都是基于布尔表达式的。布尔表达式使用相等运算符、关系运算符和逻辑运算符来做出判定。在学习条件语句和循环语句之前，我们需要先学习一下这些运算符。

4.1.1　相等运算符和关系运算符

相等运算符是指== 和!= 运算符。相等运算符用于测试两个值是否相等。注意，相等运算符是并排的两个等号，而赋值运算符只有一个等号。要注意二者的不同，以免混淆。

只有变量 total 和变量 sum 的值相等时，下面 if 语句才会打印句子。

```
if (total == sum)
    System.out.println("total equals sum");
```

同样，只有当变量 total 和变量 sum 不相等时，下面的 if 语句才会打印句子。

```
if (total != sum)
    System.out.println("total does NOT equal sum");
```

除了相等运算符外，Java 还用关系运算符判定两个值之间的相对顺序。在上面的 if 语句的例子中，使用了大于运算符（>）来判定一个值是否大于另一个值。通过使用各种关系运算符，可以判定各种关系。关系运算符包括小于（<）、大于或等于（>=）和小于或等于（<=）。图 4.1 给出了 Java 的相等运算符和关系运算符。

运算符	含义
==	相等
!=	不相等
<	小于
<=	小于或等于
>	大于
>=	大于或等于

图 4.1　Java 相等运算符和关系运算符

相等运算符和关系运算符的优先级低于算术运算符。因此，先执行算术运算，然后进行相等运算和关系运算。当然我们可以用括号来明确指定计算顺序。

在本章的条件语句和循环语句中，用到了各种关系运算符。通过这些示例，我们能更深地理解各类运算符。

4.1.2　逻辑运算符

除了相等运算符和关系运算符外，Java 还有 3 个逻辑运算符。如图 4.2 所示，逻辑运算符使用布尔操作数，其结果也为布尔值。

!运算符用于执行逻辑非运算。逻辑非运算也称为逻辑补码。!运算符是一元的，只有一个布尔操作数。逻辑非运算的结果是操作数的相反值。也就是说，如果布尔变量 found 的值为假，那么!found 的值就为真。同样，如果 found 值为真，那么!found 值就为假。注意，逻辑非运算不会改变 found 值。!运算符创建的表达式能返回布尔结果。

运算符	描述	例子	结果
!	逻辑非(NOT)	! a	如果 a 为真，则结果为假；如果 a 为假，则结果为真。
&&	逻辑与(AND)	a && b	如果 a 与 b 都为真，则结果为真，否则结果为假。
‖	逻辑或(OR)	a ‖ b	如果 a 或 b 为真或两者都为真，则结果为真，否则结果为假。

图 4.2　Java 的逻辑运算符

逻辑运算可以用真值表来表示。真值表列出了表达式的相关变量和所有可能的结果。因为逻辑非运算符是一元的，只有一个操作数，所以它有两个可能值：真或假。图 4.3 给出了!运算符的真值表。

a	!a
false	true
true	false

图 4.3　逻辑非运算符的真值表

&&运算符执行逻辑与操作。如果&&运算符的两个操作数都为真，则逻辑与运算结果为真，否则为假。而对于逻辑或运算符（||），只要有一个操作数为真或两个操作数都为真时，逻辑或运算的结果为真，否则为假。

逻辑与和逻辑或运算符都是二元的，都使用两个操作数。因此，有 4 种可能的组合：两个操作数都为真、两个操作数都为假、一个操作数为真，另一个操作数为假；一个操作数为假，另一个操作数为真。图 4.4 给出了&&运算符和||运算符的真值表。

a	b	a && b	a || b
假	假	假	假
假	真	假	真
真	假	假	真
真	真	真	真

图 4.4　逻辑与和逻辑或运算符的真值表

在 3 个逻辑运算符中，逻辑非的优先级最高，之后是逻辑与，最后是逻辑或。

使用逻辑运算符能创建更复杂的条件表达式。分析下面的 if 语句在什么情况下会执行 println 语句呢？

```
if（!done &&（count > MAX))
System.out.println（"Completed."）;
```

布尔变量 done 的值要么为真，要么为假；! 运算符会对变量 done 的值求反；count 值要么大于 MAX，要么小于或等于 MAX。图 4.5 的真值表给出了 if 条件的所有组合值。

done	count > MAX	!done	!done && (count > MAX)
假	假	真	假
假	真	真	真
真	假	假	假
真	真	假	假

图 4.5　指定条件的真值表

重要概念

逻辑运算符可以构造更复杂的条件。

在 Java 中，&&和 || 运算符的一个重要特点是逻辑短路。也就是说，如果左操作数足以决定运算的布尔结果，那么就不必计算右操作数。如果&&运算符的左操作数为假，那么无论右操作数的值是什么，运算结果都为假。同样，如果||操作符的左操作数为 true，那么无论右操作数的值是什么，运算结果都为真。

有时可以利用逻辑运算符短路。例如，如果下面的&&运算符的左操作数为假，则 if 语句的条件不用再计算该运算符的右操作数。如果 count 值为零，则&&运算符左侧计算值为假，整个表达式的值为假，不必再计算右操作数。

```
If (count != 0  && total / count> MAX)
```

```
System.out.println（"Testing.'）;
```

对上述逻辑短路要仔细考虑，编程时是否要依赖 Java 的这种语言特性，并不是所有的程序设计语言都存在逻辑短路。同时，上述代码存在除以 0 这样的常识错误。在程序可读性方面，这是不允许的。程序员编写的程序要逻辑清晰，可读性强，这是对程序员最起码的要求。

4.2　if 语 句

在 4.1 节的例子中，我们使用了基本的 if 语句。本节将更深入地探讨 if 语句。

if 语句由保留字 if、布尔表达式和语句组成。条件括在括号内，程序要对条件进行判定，条件要么为真，要么为假。如果条件为真，则执行语句；如果条件为假，则跳过语句。在执行 if 语句后，程序会继续执行后续的其他语句。图 4.6 给出了 if 语句的逻辑。

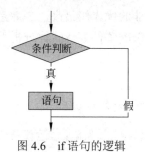

图 4.6　if 语句的逻辑

分析下面的 if 语句：

```
if (total > amount)
    total = total + (amount + 1) ;
```

在这个示例中，如果 total 值大于 amount 值，就执行赋值语句；否则就跳过赋值语句。

注意，在 if 语句行下的赋值语句缩进了。通过这种格式，告诉代码阅读者，赋值语句是 if 语句的组成部分；也就是说 if 语句的条件决定了是否执行赋值语句。尽管编译器会忽略这种缩进，但适当的缩进增强了代码的可读性，对代码阅读而言，缩进非常重要。

> **重要概念**
> 适当的缩进对于代码可读性非常重要；缩进显示了一条语句与另一条语句之间的关系。

程序 4.1 读取用户的年龄，然后根据输入的年龄决定是否打印特定的句子。

Age 程序对输入的年龄做出不同的回应。如果年龄小于常数 MINOR 值，则会打印 "Youth is a wonderful thing. Enjoy"。如果年龄大于或等于 MINOR 值，则会跳过 println 语句。但无论用户输入什么年龄，程序都会打印 "Age is a state of mind"。

程序 4.1

```
//*****************************************************************
//  Age.java       Java Foundations
//
```

```
//  Demonstrates the use of an if statement.
//************************************************************************
import java.util.Scanner;
public class Age
{
   //----------------------------------------------------------------
   //  Reads the user's age and prints comments accordingly.
   //----------------------------------------------------------------
   public static void main(String[] args)
   {
      final int MINOR = 21;
      Scanner scan = new Scanner(System.in);
      System.out.print("Enter your age: ");
      int age = scan.nextInt();
      System.out.println("You entered: " + age);
      if (age < MINOR)
         System.out.println("Youth is a wonderful thing. Enjoy.");
      System.out.println("Age is a state of mind.");
   }
}
```

输出

```
Enter your age: 43
You entered: 43
Age is a state of mind.
```

下面再分析一些基本 if 语句的例子。如果 if 语句的 size 当前值大于或等于常量 MAX 的值，则变量 size 变为零：

```
if (size >= MAX)
   size = 0;
```

下面 if 语句的条件先将 3 个值相加，然后将结果与 numBooks 的值进行比较。

```
if (numBooks < stackCount + inventoryCount + duplicateCount)
   reorder = true;
```

如果 numBooks 小于这 3 个数的和，则将布尔变量 reorder 设置为 true。因为算术运算符的优先级高于关系运算符的优先级，所以加法运算在小于运算符之前执行。

假设变量 generator 引用 Random 类对象。下面的 if 语句将调用 nextInt 方法的返回值与 0 进行等值比较作为条件，以确定随机获胜者。

```
if (generator.nextInt (CHANCE)== 0)
System.out. println ("You are a randomly selected winner!");
```

在这段代码中，获胜的概率是基于 CHANCE 的常量值。也就是说，如果 CHANCE 是

20，那么获胜的概率是 1/20。因为判定条件 generator.nextInt (CHANCE)返回 0 到 CHANCE−1 范围内的任意值。如果返回值为 0，则 0==0，条件为真，则打印 "You are a randomly selected winner!"。如果返回值是 0 至 CHANCE−1 之间的其他值，则跳过该打印语句，继续执行后续语句。

4.2.1　if-else 语句

有时会存在这种情况：如果条件为真，我们做一件事情；如果条件为假，我们做另一件事情。为了处理这种情况，if 语句增加了 else 子句，也就出现了 if-else 语句。下面是 if-else 语句的一个例子。

```
if (height <= MAX)
    adjustment =0;
else
    adjustment = MAX - height;
```

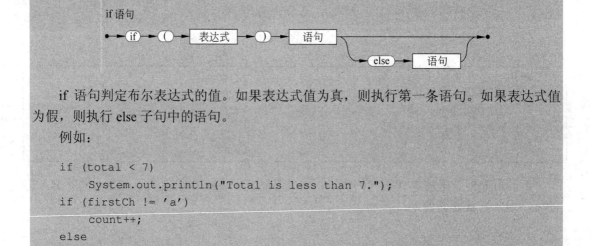

if 语句判定布尔表达式的值。如果表达式值为真，则执行第一条语句。如果表达式值为假，则执行 else 子句中的语句。

例如：

```
if (total < 7)
    System.out.println("Total is less than 7.");
if (firstCh != 'a')
    count++;
else
    count = count / 2;
```

在上述 if-else 语句中，如果条件为真，则执行第一条赋值语句；如果条件为假，则执行第二条赋值语句。因为布尔条件的计算结果要么为真，要么为假，所以只会执行一条赋值语句。注意，上面的例子再次使用了缩进，以表明 else 子句也是 if 语句的组成部分。

重要概念

if-else 语句允许程序在条件为真时做一件事情，条件为假时，做另一件事情。

名为 Wages 的程序 4.2 使用 if-else 语句来计算员工的工资。

程序 4.2

```
//********************************************************************
// Wages.java       Java Foundations
//
// Demonstrates the use of an if-else statement.
```

```
//********************************************************************
import java.text.NumberFormat;
import java.util.Scanner;
public class Wages
{
  //------------------------------------------------------------------
  //  Reads the number of hours worked and calculates wages.
  //------------------------------------------------------------------
  public static void main(String[] args)
  {
    final double RATE = 8.25;  // regular pay rate
    final int STANDARD = 40;    // standard hours in a work week
    Scanner scan = new Scanner(System.in);
    double pay = 0.0;
    System.out.print("Enter the number of hours worked: ");
    int hours = scan.nextInt();

    System.out.println();
    // Pay overtime at "time and a half"
    if (hours > STANDARD)
       pay = STANDARD * RATE + (hours-STANDARD) * (RATE * 1.5);
    else
       pay = hours * RATE;
    NumberFormat fmt = NumberFormat.getCurrencyInstance();
    System.out.println("Gross earnings: " + fmt.format(pay));
  }
}
```

输出

```
Enter the number of hours worked: 46
Gross earnings: $404.25
```

在 Wages 程序中，如果员工一周的工作时间超过了 40 小时，则发工资时要加上加班费。if-else 语句用于确定用户的输入是否大于 40。如果输入值大于 40，则加班的时薪是正常时薪的 1.5 倍。如果没有加班，则总工资是正常时薪乘以工作时数。

下面分析另一个 if-else 语句：

```
if (roster.getSize ( ) == FULL)
    roster.expand( );
else
    roster.addName(name);
```

上面的 if 语句使用了名为 roster 的对象。即使我们不知道 roster 代表什么，也不知道根据哪个类创建了 roster 对象，但我们知道 roster 对象至少有 3 种方法：getSize、expand 和 addName。if 语句的条件调用 getSize 方法，并将结果与常量 FULL 进行比较。如果条件为真，则调用 expand 方法（显然是为了扩大 roster 的大小）。如果 roster 未满，则将变量 name 作为参数传递给 addName 方法。

```
if语句

              布尔条件              如果条件为真，则执行

        if (total <= cash)
           cash = cash - total;
        else
        {
           system.out.println("Insufficient cash.");
块语句       total = 0
        }

                              如果条件为假，则执行
```

4.2.2　使用块语句

在判定布尔条件值后，我们可能需要做更多的事情。在 Java 中，我们可以用块语句替换任何位置的单个语句。块语句是大括号中的一组语句。在前面的程序示例中，我们多次用大括号来分隔方法和类的定义。

程序 4.3

```java
//*********************************************************************
//  Guessing.java        Java Foundations
//
//  Demonstrates the use of a block statement in an if-else.
//*********************************************************************
import java.util.*;
public class Guessing
{
   //----------------------------------------------------------------
   //  Plays a simple guessing game with the user.
   //----------------------------------------------------------------
   public static void main(String[] args)
   {
      final int MAX = 10;
      int answer, guess;
      Scanner scan = new Scanner(System.in);
      Random generator = new Random();
      answer = generator.nextInt(MAX) + 1;
      System.out.print("I'm thinking of a number between 1 and "
                   + MAX + ". Guess what it is: ");
      guess = scan.nextInt();
      if (guess == answer)
         System.out.println("You got it! Good guessing!");
      else
```

```
        {
            System.out.println("That is not correct, sorry.");
            System.out.println("The number was " + answer);
        }
    }
}
```

输出

```
Im thinking of a number between 1 and 10. Guess what it is: 4
That is not correct, sorry.
The number was 8
```

如果用户输入的猜测正好是随机选择的答案,则打印"You got it! Good guessing!"。如果答案不正确,则会打印两个句子,一个句子是"That is not correct, sorry.",另一个句子打印实际答案。本章的程序设计项目扩展了本示例的基本思想,要求读者编写 Hi-Lo 游戏。

注意,如果没有使用块语句,那么,如果答案错误,就会打印 That is not correct, sorry。而无论答案是对是错,程序都会显示正确答案。也就是说,如果没有块语句的大括号,else 子句只有一条语句。

常见错误

记住,缩进除了能方便代码阅读之外,没有其他意义。没有正确使用块语句会误导程序员,使其对代码的执行方式做出错误的假设。例如,下面的代码就具有误导性

```
if (depth > 36.238)
    delta =100;
else
    System. out. println ("WARNING: Delta is being reset to ZERO") ;
    delta =0; // not part of the else clause!
```

缩进(更不用说代码逻辑)意味着只有当 depth 小于等于 36.238 时才会重置变量 delta。但是,如果未使用块语句,赋值语句也会将变量 delta 重置为零,因为上例中的赋值语句不受 if-else 语句控制。很显然,上述代码未完成预期的任务。

在 Java 的语法中,在任何使用单个语句的位置都可以使用块语句。例如,if-else 语句的 if 子句可以是块语句;else 子句也可以是块语句,如 Guessing 程序所示;if 子句和 else 子句都是块语句。下面举例说明。

```
if (boxes ! = warehouse.getCount())
{
    System.out.println ("Inventory and warehouse do NOT match." );
    System.out.println ("Beginning inventory process again!");
    boxes = 0;
}
else
{
```

```
        System.out.println ("Inventory and warehouse MATCH.");
        Warehouse.ship( );
    }
```

在这个 if-else 语句中，将调用 warehouse 对象的 getCount 方法的返回值与 boxes 的值进行比较。如果两者不完全匹配，则执行两条 println 语句和一条赋值语句。如果两者匹配，则会打印匹配消息，并调用 warehouse 的 ship 方法。

4.2.3　条件运算符

Java 的条件运算符类似于 if-else 语句。条件运算符是三元的，需要 3 个操作数。条件运算符写作? :。但与其他运算符不同，条件运算符的两个符号总是分开的。下面是含有条件运算符的表达式示例。

```
(total > MAX) ? total + 1: total * 2;
```

在 ? 之前是一个布尔条件。在 ? 之后是由:符号分隔的两个表达式。如果条件为真，则返回第一个表达式的值，如果条件为假，则返回第二个表达式的值。

记住，这是一个表达式，所以必定返回一个值。我们经常需要用这个值来做一些事情，比如将该值赋值给变量：

```
total =(total > MAX) ? total+1 : total * 2;
```

条件运算符? : 是简短的 if-else 语句。两者功能相同，但条件运算符更简洁。上面的条件运算符等同于下面的 if-else 语句。

```
if (total > MAX )
    total = total + 1;
else
    total =total * 2 ;
```

现在分析下面的声明：

```
int larger = (num1 > num2)? num1 : num2;
```

如果 num1 大于 num2，则返回 num1 的值，变量 larger 的初始值为 num1。如果 num1 小于等于 num2，则返回 num2 的值，变量 larger 的初始值为 num2。同样，下面的语句会打印两个值中的较小值。

```
System.out.print("Smaller: + (( num1 < num2) ? num1 : num2));
```

条件运算符偶尔会很有用，但条件运算符不能替代 if-else 语句，因为运算符? :是表达式，不是完整的语句。即使条件运算符可以替代 if-else 语句，在使用时，我们也要谨慎，因为条件运算符的可读性比 if-else 语句差。

4.2.4 嵌套 if 语句

if 语句中还有另一个 if 语句,这就是嵌套 if 语句。嵌套 if 语句是根据前一个 if 语句判定结果确定是否执行后续的 if 语句。名为 MinOfThree 的程序 4.4 使用了嵌套 if 语句,找出用户输入的 3 个整数中的最小整数。

仔细分析 MinOfThree 的程序逻辑,利用各种输入序列,追踪程序是如何确定最小整数的。

程序 4.4

```java
//********************************************************************
//  MinOfThree.java        Java Foundations
//
//  Demonstrates the use of nested if statements.
//********************************************************************
import java.util.Scanner;
public class MinOfThree
{
   //-----------------------------------------------------------------
   //  Reads three integers from the user and determines the smallest
   //  value.
   //-----------------------------------------------------------------
   public static void main(String[] args)
   {
      int num1, num2, num3, min = 0;
      Scanner scan = new Scanner(System.in);
      System.out.println("Enter three integers: ");
      num1 = scan.nextInt();
      num2 = scan.nextInt();
      num3 = scan.nextInt();
      if (num1 < num2)
         if (num1 < num3)
            min = num1;
         else
            min = num3;
      else
         if (num2 < num3)
            min = num2;
         else
            min = num3;
      System.out.println("Minimum value: " + min);
   }
}
```

```
输出
Enter three integers:
43 26 69
Minimum value: 26
```

在嵌套 if 语句会出现这种情况，嵌套 if 语句后的 else 子句究竟与哪个 if 语句匹配呢？分析下面的例子。

```
if (code == 'R')
    if (height <= 20)
        System.out.println ("Situation Normal");
    else
        System.out.println ("Bravo!");
```

上面的 else 子句到底是与内部 if 语句匹配，还是与外部 if 语句匹配呢？在这个例子中，缩进表明了该 else 子句是内部 if 语句的组成部分，这样写是正确的。else 子句总是与在其之前最接近的还没配对的 if 语句匹配。如果不小心，你很可能配错对，从而使缩进错位。这也是要确保缩进精确一致的重要原因。

重要概念
在嵌套 if 语句中，else 子句与其之前最接近的还没匹配的 if 语句匹配。

我们可以用大括号指定 else 子句配对的 if 语句。例如，改变上面例子中 else 子句的配对关系。更改为：如果 code 不等于'R'，则打印字符串"Bravo!"。下面就是使用大括号强制改变匹配关系的代码，代码使用了正确的缩进格式。

```
if (code =='R')
{
    if (height <= 20)
        System.out.println("Situation Normal");
}
else
    System.out.println("Bravo!");
```

通过在第一个 if 语句中使用块语句，明确 else 子句与第一个 if 语句匹配。

4.3　比　较　数　据

当使用布尔表达式比较数据时，理解各类数据的细微差异是非常重要的。下面分析一些主要类型数据的比较。

4.3.1　比较浮点数

当我们比较浮点数时，会出现一种非常有趣的情况。因为浮点数以二进制数的形式存储在内部，所以使用相等运算符(==)比较两个浮点数时，只有在每一位都相同的情况下，比较浮点数才能得到精确相等。如果要比较的浮点数是计算结果，即使这两个数足够接近，也不可能精确相等。因此，在比较浮点数时，我们很少使用相等运算符（==）。

比较浮点数的好方法是：计算两个浮点数差的绝对值，然后将所得结果与某个容差值进行比较。例如，所选容差值为 0.00001。如果两个浮点数非常接近，以至于它们的差的绝对值小于容差值时，那么我们认为这两浮点数相等。比较两个浮点数 f1 和 f2 的代码如下：

```
if (Math.abs (f1 - f2) < TOLERANCE)
System.out.println("Essentially equal.");
```

常数 TOLERANCE 的值应该根据实际情况确定。

4.3.2　比较字符

当我们说某个数小于另一个数时，我们知道是什么意思。但我们说一个字符小于另一个字符时，究竟代表什么含义呢？回忆一下第 2 章所讲，Java 字符基于 Unicode 字符集，字符集定义了所用字符的顺序。在字符集中，因为字符'a'在字符'b'之前，所以，我们说'a'小于'b'。

重要概念
Java 中字符的相对顺序由 Unicode 字符集定义。

我们在比较字符数据时，可以使用相等运算符和关系运算符。例如，如果两个字符变量 ch1 和 ch2 各自包含一个字符，我们可以使用 if 语句来确定这两个字符在 Unicode 字符集中的相对顺序，具体语句如下：

```
if (ch1 > ch2)
    System.out.println(ch1 + "is greater than" + ch2);
else
    System.out.println(ch1 + " is NOT greater than"+ ch2);
```

Unicode 字符集是结构化的，所有小写字母（'a'到'z'）是连续的，并按字母顺序排序。大写字母（'A'到'z'）和数字（'0'到'9'）也是如此。数字在大写字母之前，大写字母在小写字母之前。在数字、大写字母、小写字母之后、之间和之后是其他字符。附录 C 给出了Unicode 字符集。

4.3.3　比较对象

根据字符之间的 Unicode 关系，我们可以轻松地对字符和字符串进行排序。例如，如果你有一个人员名单，那么就可以根据字符集中字符之间的固有关系，按字母顺序对人员名单进行排序。

但比较 String 对象不能使用相等运算符或关系运算符。比较 String 对象要使用 String 类的 equals 方法。调用 equals 方法时，如果被比较的两个字符串包含完全相同的字符，则返回真，否则返回假。下面是一个比较 String 对象的例子。

```
if (name1.equals(name2))
    System.out.println("The names are the same.");
else
    System.out.println("The names are not the same.");
```

假设 name1 和 name2 是 String 对象，我们需要确定两个对象所包含的字符是否完全匹配。因为这两个对象都是从 String 类创建的，所以都会响应 equals 消息。因此，if 语句的判定条件也可以写作 name2.equals(name1)，这种写法与 name1.equals(name2) 起到相同的效果。

测试条件（name1= = name2）也是有效的。该测试实际是测试两个引用变量是否引用了同一个 String 对象。对于任何对象，= =运算符都会测试两个引用变量是否互为别名，也就是测试它们是否包含了相同的地址。这与 equals 方法测试两个不同的字符串对象是否包含相同的字符是不同的。

字符串比较还有一个有趣的问题：仅在需要时，Java 才会为字符串字面值创建唯一的对象。使用字符串字面值（如"Howdy"）非常方便。实际上，字符串字面值是一种创建 String 对象的简写技术。如果在方法中多次使用字符串字面值"Hi"，那么 Java 会创建唯一的 String 对象来表示"Hi"。因此，在下面的代码中，两个 if 语句的条件都为真：

```
String str = "software";
if (str =="software " )
    System.out.println("References are the same");
if (str.equals ("software") )
    System. out. println("Characters are the same");
```

第一次使用字符串字面值"software"时，会创建一个 String 对象来代表它，并用引用变量 str 保存它的地址。后面每次再使用字符串字面值时，都会引用该 String 对象。

常见错误

注意，用= =运算符是比较两个字符串对象，即比较引用地址。但程序员最感兴趣的是分析两个不同对象是否包含相同的字符，= =运算符不能完成该任务，我们必须使用 equals 方法比较字符串的内容。

使用 String 类的 compareTo 方法来确定两个字符串的相对顺序。compareTo 方法比 equals 方法更通用。compareTo 方法不是返回布尔值，而是返回整数。该方法将此 String 对象表示的字符串与参数字符串进行比较，按字典顺序排序。如果 String 对象在参数字符串之前，则比较结果为一个负整数。如果 String 对象在参数字符串之后，则比较结果为一个正整数。如果这两个字符串相同，则比较结果为 0，例如：

重要概念

compareTo 方法可用于确定不同字符串的相对顺序。

```
int result = name1.compareTo (name2);
if (result < 0)
    System.out.println (name1 + "comes before" + name2);
else
    if (result ==0)
        System.out.println ("The names are equal ");
    Else
        System.out.println (name1 + "follows" + name2);
```

要记住，比较字符和字符串是基于 Unicode 字符集（参见附录 C）。Unicode 字符集中的字符顺序称为词典排序。如果字符串所有字母都是大写，或都是小写，那么字典排序就是按字母顺序排序。如果字符串是大小写混写，如 "able" 和 "Baker"，那么 compareTo 方法会得出结论："Baker" 在 "able" 之前。原因在于在 Unicode 字符集中，所有大写字母在所有小写字母之前。如果某个字符串是较长字符串的前缀，我们则认为它在较长的字符串之前。例如，在比较 "horse" 和 "horsefly" 这两个字符串时，compareTo 方法会得出这样的结论："horse" 在 "horsefly" 之前。

4.4　switch 语句

Java 中的另一种条件语句是 switch 语句。switch 语句能进行多路条件选择。因为 switch 语句通常要与 break 语句一起使用，所以本小节还介绍 break 语句。

switch 语句计算表达式，确定一个值，然后将该值与多路的 case 值比较，找到匹配的 case 值。每个 case 都有相关的语句。找到匹配的 case 值之后，程序将跳转到相应的 case 子句，执行相关的语句。分析下面的例子。

```
switch (idChar)
{
    case 'A':
        aCount = aCount + 1;
        break;
    case 'B':
        bCount = bCount + 1;
        break;
    case 'C':
        cCount = cCount + 1;
        break;
    default:
        System.out.println ("Error in Identification Character.");
}
```

首先，计算表达式的值。在这个例子中，表达式是个简单的 char 变量。之后跳转到与表达式值相匹配的 case 语句。如果 idChar 是'A'，则变量 aCount 递增。如果 idChar 是"B"，则跳过 case 'A'语句，转到 case 'B'语句，实现变量 bCount 的递增，以此类推。

如果没有与表达式值匹配的 case 值，则执行 default case 语句。如果没有 default case 存在，则未执行任何 switch 语句。程序将继续执行 switch 语句之后的语句。switch 语句包含 default case 是一种很好的编程习惯。

遇到 break 语句时，程序将跳转到 switch 语句之后的语句。break 语句用于跳出每个 switch 语句的 case 子句。如果没有 break 语句，程序会继续执行 switch 语句的下一个 case 子句。因此，如果上面的示例中，case 'A'后没有 break 语句，则 idChar 是'A'时，aCount 变量和 bCount 变量都会递增。一般程序只需要执行一个 case，所以每个 case 子句都会使用 break 语句。有时，遍历功能也能派上用场。

常见错误

在 switch 语句的 case 子句中，忘记写入 break 语句是程序员常犯的错误。如果你希望 case 间互斥，那么，在每个 case 中都要有 break 语句。Break 需要占用单独的代码行，偶尔程序员也会省略 break 语句。

switch 语句的表达式必须是 char、byte、short 或 int。其表达式不能是布尔值、浮点数或字符串。此外，每个 case 值一定是常量，不能是变量或其他表达式。

重要概念

break 语句通常用于 switch 语句中每个 case 子句的末尾。

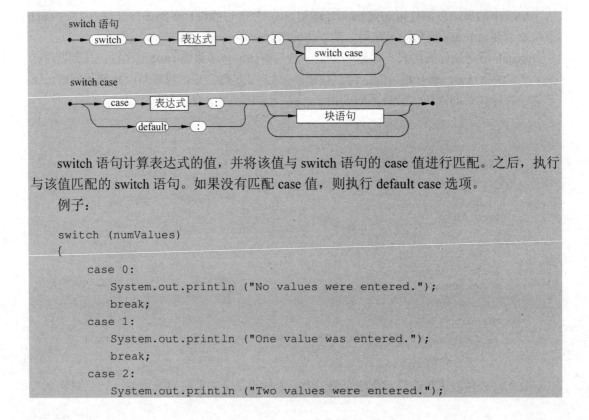

switch 语句计算表达式的值，并将该值与 switch 语句的 case 值进行匹配。之后，执行与该值匹配的 switch 语句。如果没有匹配 case 值，则执行 default case 选项。

例子：

```
switch (numValues)
{
    case 0:
       System.out.println ("No values were entered.");
       break;
    case 1:
       System.out.println ("One value was entered.");
       break;
    case 2:
       System.out.println ("Two values were entered.");
```

```
            break;
        default:
            System.out.println ("Too many values were entered.");
}
```

注意，switch 语句的隐式布尔条件是基于相等判定的。switch 语句的表达式值与每个 case 值进行比较，以确定哪一个 case 值与表达式值相等。除非进行了某些预处理，否则 switch 语句不能用于确定其他关系运算（如小于）。下面通过例子，说明 switch 语句的使用。名为 GradeReport 的程序 4.5 根据用户输入的成绩等级，打印评论。

在 GradeReport 程序中，假设输入值是有效的成绩。成绩等级是成绩整除 10 得到的，是 0 到 10 之间的整数值，作为 switch 的表达式。对于 60 分以上的不同成绩，程序打印不同的消息。

程序 4.5

```
//*************************************************************************
//  GradeReport.java        Java Foundations
//
//  Demonstrates the use of a switch statement.
//*************************************************************************
import java.util.Scanner;
public class GradeReport
{
    //-------------------------------------------------------------------
    //  Reads a grade from the user and prints comments accordingly.
    //-------------------------------------------------------------------
    public static void main(String[] args)
    {
        int grade, category;
        Scanner scan = new Scanner(System.in);
        System.out.print("Enter a numeric grade (0 to 100): ");
        grade = scan.nextInt();
        category = grade / 10;
        System.out.print("That grade is ");
        switch (category)
        {
            case 10:
                System.out.println("a perfect score. Well done.");
                break;
            case 9:
                System.out.println("well above average. Excellent.");
                break;
            case 8:
                System.out.println("above average. Nice job.");
                break;
            case 7:
                System.out.println("average.");
```

```
        break;
    case 6:
        System.out.print("below average. Please see the ");
        System.out.println("instructor for assistance.");
        break;
    default:
        System.out.println("not passing.");
    }
  }
}
```

输出

```
Enter a numeric grade (0 to 100 ):  87
That grade is above average. Nice job.
```

　　注意，任何 switch 语句都可以用一组嵌套 if 语句来实现。对于读者来说，嵌套 if 语句难以理解，但实现和调试都很容易。而 switch 只能基于相等的判定，有一定的局限性。因此，要根据实际情况选择嵌套 if 语句或 switch 语句。

4.5　while 语句

　　循环语句将多次执行某些语句，while 语句是一种循环，其循环条件也是计算布尔条件，与 if 语句的布尔条件计算一样。如果条件为真，则执行循环体。但 While 语句与 if 语句也有不同之处，while 语句在执行循环体后，会再次计算判定条件，如果条件仍为真，则再次执行循环体。这种重复会一直持续，直到条件为假，跳出循环为止。之后，程序将继续执行 while 循环体之后的语句。图 4.7 给出了 while 语句的逻辑。

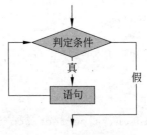

图 4.7　while 循环的逻辑

重要概念
while 语句重复执行相同的语句，直到条件变为假为止。

　　下面的循环打印 1 到 5 的值。循环的每次迭代都打印一个值，然后再使计数器递增。

```
int count = 1;
while (count < = 5 )
```

```
    {
        System.out.println (count);
        count++;
    }
```

注意，上个示例中的 while 语句的循环体是包含两条语句的语句块。循环的每次迭代都会重复执行该语句块。

常见错误

在处理循环时，特别容易产生大小差 1 错误。在上面的例子中，count 初始值为 1，条件是 count 小于等于 5。因为 1<5，所以 while 语句条件为真。变量的初始值和条件一起确定循环体的执行次数和输出结果。例如，将初始值设置为 0 或条件使用<运算符会得到不同的结果。程序员要仔细分析循环的逻辑！

下面分析另一个使用 while 循环的程序。名为 Average 的程序 4.6 从用户读取一系列的整数，然后求这些整数的和，之后再求这些整数的平均值。

我们不清楚用户到底要输入多少个数值，所以要用一种方法来确认用户输入的结束。在这个程序中，我们指定 0 作为输入结束的标志值。while 循环持续处理输入值，直到用户输入 0 为止。假定 0 是不影响平均值的有效数值，标记值一定不在输入值的范围内。

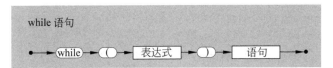

只要布尔表达式值为真，while 循环就会一直重复执行指定的语句。while 循环会先计算表达式的值，所以，如果条件不满足，就根本不会执行 while 循环中的语句。while 循环在每次执行循环语句后，会再次计算表达式的值，如果为真，再次执行循环语句；如果为假，则跳出循环。

例如：

```
while (total > max)
{
    total = total / 2;
    System.out.println ("Current total: " + total);
}
```

程序 4.6

```
//*****************************************************************
//  Average.java        Java Foundations
//
//  Demonstrates the use of a while loop, a sentinel value, and a
//  running sum.
//*****************************************************************
import java.text.DecimalFormat;
import java.util.Scanner;
```

```java
public class Average
{
   //-----------------------------------------------------------------
   //  Computes the average of a set of values entered by the user.
   //  The running sum is printed as the numbers are entered.
   //-----------------------------------------------------------------
   public static void main(String[] args)
   {
      int sum = 0, value, count = 0;
      double average;
      Scanner scan = new Scanner(System.in);
      System.out.print("Enter an integer (0 to quit): ");
      value = scan.nextInt();
      while (value != 0)  // sentinel value of 0 to terminate loop
      {
         count++;
         sum += value;
         System.out.println("The sum so far is " + sum);
         System.out.print("Enter an integer (0 to quit): ");
         value = scan.nextInt();
      }
      System.out.println();
      if (count == 0)
         System.out.println("No values were entered.");
      else
      {
         average = (double)sum / count;
         DecimalFormat fmt = new DecimalFormat("0.###");
         System.out.println("The average is " + fmt.format(average));
      }
   }
}
```

输出

```
Enter an integer (0 to quit): 25
The sum so far is 25
Enter ah Integer (0 to quit): 44
The sum so far is 69
Enter an integer (0 to quit): -14
The sum so far is 55
Enter an integer (0 to quit): 83
The sum so far is 138
Enter an integer (0 to quit): 69
The sum so far is 207
Enter an integer (0 to quit): -37
The sum so far is 170
```

```
Enter an integer (0 to quit): 116
The sum so far is 286
Enter an integer (0 to quit): 0
The average is 40.857
```

注意，在 Average 程序中，sum 变量保存运行总和。也就是说，sum 保存着迄今为止输入的值的总和。变量 sum 的初始值为 0，然后将读取的每个值与 sum 相加，再将累积和赋值给 sum。

为了计算平均值，程序还必须统计输入值的个数。在循环结束后，我们除以该值来得到平均值。注意，标志值不计算在内。编程时还要考虑一种异常情况：用户在输入任何有效值之前就输入标志值。程序结束处的 if 语句是避免发生除以零的错误。

下面分析另一个使用 while 循环的程序。名为 WinPercentage 的程序 4.7 根据赢得比赛的场数计算运动队的胜率。

程序 4.7

```java
//********************************************************************
//  WinPercentage.java       Java Foundations
//
//  Demonstrates the use of a while loop for input validation.
//********************************************************************
import java.text.NumberFormat;
import java.util.Scanner;
public class WinPercentage
{
  //-------------------------------------------------------------
  //  Computes the percentage of games won by a team.
  //-------------------------------------------------------------
  public static void main(String[] args)
  {
    final int NUM_GAMES = 12;
    int won;
    double ratio;
    Scanner scan = new Scanner(System.in);
    System.out.print("Enter the number of games won (0 to "
               + NUM_GAMES + "): ");
    won = scan.nextInt();
```

```
    while (won < 0 || won > NUM_GAMES)
    {
       System.out.print("Invalid input. Please reenter: ");
       won = scan.nextInt();
    }
    ratio = (double)won / NUM_GAMES;
    NumberFormat fmt = NumberFormat.getPercentInstance();
    System.out.println();
    System.out.println("Winning percentage: " + fmt.format(ratio));
  }
}
```

输出

```
Enter the number of games won (0 to 12): -5
Invalid input. Please reenter: 13
Invalid input. Please reenter: 7
Winning percentage: 58%
```

WinPercentage 程序使用 while 循环进行输入验证，以保证用户输入的是有效值。在这个例子中，输入代表赢得比赛的次数，输入值一定要大于或等于零，且小于或等于所打比赛的总次数。在输入无效时，会执行 while 循环。while 循环会反复提示用户输入无效，请重新输入。 如果用户第一次就输入了有效值，那么根本就不会执行 while 语句。

编程时，要使程序具有鲁棒性。也就是说，要尽可能地考虑程序运行可能遇到的问题，并作相应的处理，使程序遇到异常情况，仍能正常工作。在编程时，考虑验证输入数据、避免除以零之类的错误等是程序员必备的编程技巧。我们可以使用循环和条件来识别和处理异常情况。

4.5.1　无限循环

程序员有责任确保循环条件最终会变为假，以便跳出循环。如果条件一直为真，则会一直执行循环；或者至少在中断程序之前一直循环，这就是无限循环。无限循环是一种常见的错误。

下面是一个无限循环的例子。

```
int count = 1;
while (count <= 25) // Warning: this is an infinite loop!
{
    System.out.println(count);
    count = count-1;
}
```

如果执行这个循环，你要准备随时中断程序。在大多数系统中，按 Control+C 组合键能终止正在运行的程序。

> **重要概念**
> 我们必须认真设计程序以避免无限循环。

在这个例子中，count 的初始值为 1，并在循环体中递减。只要 count 值小于或等于 25，则一直执行 while 循环。因为在每次迭代后，count 值递减，所以条件始终为真。count 值递减，会变成极小，导致产生下溢错误。显然易见，这段代码的逻辑是错误的。

下面分析一些无限循环的例子。先分析下段代码：

```
int count = 1;
while (count !=50) // infinite loop
count += 2;
```

在上面这段代码中，变量 count 初始值为 1，之后 count 不断增大。注意，count 值每次加 2。这个循环将永不终止，因为 count 永远不会等于 50。count 值从 1 开始，然后变成 3，之后再变成 5，以此类推。最终变成 49，再变为 51、53，一直持续下去。

下面再分析一种情况：

```
double num = 1.0;
while (num ! = 0.0) // infinite loop
    num = num   0.1;
```

这个例子的循环控制变量值表面是正确的，仿佛 num 值最终会变成 0.0。但这个 while 循环是一个无限循环，因为 num 值永远也不会完全等于 0.0。这种情况与比较浮点数的情况类似。由于在内存中，数值以二进制表示，因此，要比较两个浮点值是否相等时，会产生微小的计算误差，两个浮点数不会完全相等。

4.5.2　嵌套循环

循环可以包含另一个循环，这就是嵌套循环。记住，对于外循环的每次迭代，都会完整执行一回内循环。分析下面的代码段，想一想会打印多少次字符串"Here again"？

```
int count1 =1, count2;
while (count1 <= 10)
{
    count 2 =1;
    while (count2 <= 50)
    {
        System. out. print In ("Here again") ;
        count2++;
    }
    count1++;
}
```

println 语句在内循环。外循环执行 10 次，因为 count1 在 1 和 10 之间迭代。内循环执行 50 次，因为 count2 在 1 和 50 之间迭代。对于外循环的每次迭代，内循环都完整执行一回。因此，执行 println 语句 500 次。

与其他循环一样，我们必须仔细检查循环条件和变量的初始值。下面我们对上述代码略做改动。如果外循环条件是（count1 <10）而不是（count1 <= 10）会怎样？会打印多少次字符串"Here again"？因为外循环会执行 9 次而不是 10 次，所以 println 语句会执行 450 次。如果外循环保持不变，内循环 count2 的初始值变成 10 而不再是 1，那么内循环将执行 40 次，所以打印 400 次字符串"Here again"。

下面分析另一个使用嵌套循环的例子。回文是一串字符，该字符串正着读和倒着读一样。例如，下面的字符串都是回文。

- radar。
- drab bard。
- ab cde xxxx edc ba。
- kayak。
- deified。
- able was I ere I saw elba。

注意，一些回文有偶数个字符，而另一些回文则有奇数个字符。名为 PalindromeTester 的程序 4.8 测试字符串是否是回文。用户可以根据需要测试任意多的字符串。

PalindromeTester 代码包含两个循环，是嵌套循环。外循环控制着要测试多少个字符串，内循环逐字符扫描每个字符串，以确定字符串是否是回文。

变量 left 和 right 保存两个字符的索引，用于指示字符串两端的字符。内循环的每次迭代比较 left 和 right 所指定的字符。当两个字符不匹配时，跳出内循环，也就是说字符串不是回文。当 left 值等于或大于 right 值时，证明已完成整个字符串的测试，证明字符串是回文。

注意，当前版的程序测试下面短语时，不会将它们视为回文。

- A man, a plan, a canal, Panama.
- Dennis and Edna sinned.
- Rise to vote, sir.
- Doom an evil deed, liven a mood.
- Go hang a salami; I'm a lasagna hog.

这些字符串由于空格、标点符号以及大写和小写的变化而未能满足当前程序的回文标准。 但是，如果删除或忽略这些特殊字符，则上述字符串正着读和反着读一样，是回文。考虑一下，如何修改程序来满足这一需求，这也是本章后面的编程项目题。

程序 4.8

```
//************************************************************
//  PalindromeTester.java       Java Foundations
//
//  Demonstrates the use of nested while loops.
//************************************************************
import java.util.Scanner;
public class PalindromeTester
```

```
{
    //---------------------------------------------------------------
    // Tests strings to see if they are palindromes.
    //---------------------------------------------------------------
    public static void main(String[] args)
    {
        String str, another = "y";
        int left, right;
        Scanner scan = new Scanner(System.in);
        while (another.equalsIgnoreCase("y"))  // allows y or Y
        {
            System.out.println("Enter a potential palindrome:");
            str = scan.nextLine();
            left = 0;
            right = str.length() - 1;
            while (str.charAt(left) == str.charAt(right) && left < right)
            {
                left++;
                right--;
            }
            System.out.println();
            if (left < right)
                System.out.println("That string is NOT a palindrome.");
            else
                System.out.println("That string IS a palindrome.");
            System.out.println();
            System.out.print("Test another palindrome (y/n)? ");
            another = scan.nextLine();
        }
    }
}
```

输出

```
Enter a potential palindrome:
radar
That string IS a palindrome.
Test another palindrome (y/n)? y
Enter a potential palindrome:
Able was I ere I saw elba
That string IS a
Test another palindrome (y/n)?
Enter a_potential palindrome:
abc6996cba
That string IS a palindrome;
Test another palindrome (y/ n)? y
```

```
Enter a potential palindrome:
abracadabra
is NOT a palindrome;
Test another palindrome (y/n)? n
```

4.5.3　其他循环控制

我们已经知道如何使用 break 语句来跳出 switch 语句的 case 子句。break 语句可以放在任何循环体中，但我们通常不这样做。在循环中 break 起到的作用与在 switch 语句中起到的作用相同，那就是使循环停止，跳出循环，执行循环之后的语句。

循环从来不需要使用 break 语句，不使用 break 语句，程序也能跳出循环。因为 break 语句会使程序流从一个位置跳转到另一个位置，所以在循环中使用 break 是不好的编程习惯。switch 语句使用 break 是可容忍的，因为如果没有 break，就不能跳出 switch 语句，但程序员要避免在循环中使用 break 语句。

continue 语句与 break 类似，对循环能起到中断的作用。但 continue 语句与 break 语句也有不同，continue 语句会再次计算循环条件，如果条件为真，会再次执行循环；如果为假，则跳出循环。程序员要避免在循环中使用 continue 语句，原因与在循环中不使用 break 语句一样。

4.6　迭 代 器

迭代器是一个对象，它的方法使用户一次处理一个集合元素。也就是说，迭代器可以让用户逐步处理每个元素，并根据实际需要与用户进行交互。例如，用户可能要计算俱乐部每个成员的会费，或者打印 URL 的不同部分，或者处理归还图书馆的一系列书籍。迭代器为系统提供了一致且简单的机制，用于处理一系列的元素。因为处理在本质上是重复的，所以与循环相关联。

> **重要概念**
> 迭代器是能帮助用户处理一组相关元素的对象。

从技术上讲，Java 使用 Iterator 接口定义迭代器对象。在第 9 章，我们将详细讨论这个问题。现在，我们只需知道迭代器能帮助用户轻松处理一组相关的元素。

每个迭代器对象都有一个名为 hasNext 的方法，该方法返回布尔值，用于指示是否还有要处理的元素。因此，我们可以将 hasNext 方法作为循环条件来控制每个元素的处理。迭代器还有一个名为 next 的方法，该方法用来检索要处理集合中的下一个元素。

Java 标准类库中有几个类定义了迭代器对象。其中之一就是 Scanner，在前面的程序示例中，我们多次使用 Scanner 来读取用户数据。如果还有要处理的另一个输入标记，则 Scanner 类的 hasNext 方法会返回真，Scanner 类的 next 方法会将下一个输入标记作为字符串返回。

Scanner 类的 hasNext 方法还有几个变种，如 hasNextInt 和 hasNextDouble 方法，这些变种允许用户确定下一个输入标记是否为指定类型。同样，next 方法的变体也有 nextInt 和 nextDouble，用于检索指定类型值。

当从标准输入流交互式读取输入时，Scanner 类的 hasNext 方法会一直等待，直到有可用输入时，才返回真。也就是说，系统会认为要交互地从键盘读取许多要处理的输入，输入还没有到达，在等待用户输入。所以在前面的程序示例中，要使用特殊的标志值来确定交互式输入的结束。

但是，当用 Scanner 处理来自指定源的输入时，Scanner 对象是迭代器就特别有用。举个例子，当用 Scanner 处理数据文件的行或处理字符串时，迭代器就非常有用。下面讨论迭代器的示例。

4.6.1 读取文本文件

假设输入文件 websites.inp 中包含网页地址（统一资源定位器或 URL）列表，我们需要按某种方式处理这些地址。下面是输入文件 websites.inp 的前几行：

```
www.google.com
newsyllabus.com/about
java.sun.com/j2se/6.0
www.Linux.org/info/gnu.html
technorati.com/search/java/
www.cs.vt.edu/undergraduates/honors_degree.html
```

程序 4.9 从文件 websites.inp 中读取 URL，然后解析 URL，最后打印 URL 路径的各个部分。程序使用 Scanner 对象来处理输入。实际上，程序用到了两个 Scanner 对象：一个用于读取数据文件的每一行，另一个用于处理每个 URL 字符串。

程序 4.9

```java
//********************************************************************
//  URLDissector.java       Java Foundations
//
//  Demonstrates the use of Scanner to read file input and parse it
//  using alternative delimiters.
//********************************************************************
import java.util.Scanner;
import java.io.*;
public class URLDissector
{
   //-----------------------------------------------------------
   //  Reads urls from a file and prints their path components.
   //-----------------------------------------------------------
   public static void main(String[] args) throws IOException
   {
      String url;
```

```
        Scanner fileScan, urlScan;
        fileScan = new Scanner(new File("websites.inp"));
        // Read and process each line of the file
        while (fileScan.hasNext())
        {
           url = fileScan.nextLine();
           System.out.println("URL: " + url);
           urlScan = new Scanner(url);
           urlScan.useDelimiter("/");
           // Print each part of the url
           while (urlScan.hasNext())
              System.out.println("   " + urlScan.next());
           System.out.println();
        }
     }
}
```

输出
```
URL: www.google.com
www.google.com
URL: newsyllabus.com/ about
newsyllabus.com
about
URL: java@sun.com/j2se/6.0
java.sun.com
j2se
6.0
URL: www.Linux.org/info/gnu.html
www.Linux.org
info
gnu.html
URL: technorati.com/search/java/
technorati.com
search
java
URL: www.cs.vt.edu/undergraduates/honors_degree.html
www.cs.vt.edu
undergraduates
honors_degree.html
```

　　这个程序中有两个 while 循环，一个循环在另一个循环之中。外循环处理文件的每一行，内循环处理当前行中的每个输入标记。

　　变量 fileScan 用于读取输入文件 urls.inp。程序不是向 Scanner 构造函数传递 System.in，而是将实例化的输入 File 对象传递给 Scanner 构造函数。在这个程序中，fileScan 对象用于读取和处理来自文件的输入。

如果在查找或打开输入文件时出现问题，创建 File 对象时会抛出异常：IOException，这也是将 throws IOException 子句添加到 main 方法头的原因。第 10 章将深入讨论异常处理。

只要 fileScan 的 hasNext 方法返回值为真，即只要数据文件中还有更多要处理的输入，就会执行外部的 while 循环。循环中的每次迭代都从输入文件中读取一行，即读取一个 URL，然后将其打印出来。

对于每个 URL，都会建立新的 Scanner 对象来解析 URL 字符串的各个部分。在实例化 urlScan 对象时，会将其传递给 Scanner 构造函数。内部 while 循环分别在不同行上打印 URL 的每个输入标记。

回忆一下，在默认情况下，Scanner 对象假定使用空白符（空格、制表符和新行）作为分隔符来分隔输入标记。在这个示例中使用空白符分隔正在读取输入文件的每一行。但是，如果不使用默认分隔符，则可以更改空白符，就像本例中处理 URL 一样，使用/作为分隔符。

> **重要概念**
> 我们可以是根据需要，设置 Scanner 对象所用的分隔输入标记的分隔符。

因为 URL 路径的各个部分是用/分隔的，所以，这个程序将/字符作为分隔符。因此，在处理 URL 字符串之前，要调用 Scanner 对象的 useDelimiter 方法将分隔符设置为斜线。

如果你要使用多个可选分隔符，或者要以更复杂的方式解析输入，还可以使用 Scanner 类的正则表达式模式。附录 H 给出了正则表达式的详细介绍。

4.7　do 语句

do 语句与 while 语句类似，它会一直执行循环体，直到条件变为假，才跳出循环。然而，do 循环与 while 循环也有不同之处。while 循环是在执行循环体之前计算条件，do 循环是在执行循环体后计算条件。在语法上，do 循环的条件写在循环体之后，就反映了 do 循环的这个特点。do 循环体至少会被执行一次；而如果 while 循环的条件最初为假，则根本就不会执行 while 循环体。图 4.8 给出了 do 循环的逻辑。

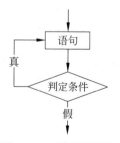

图 4.8　do 循环的逻辑

下面的代码使用 do 循环打印从 1 到 5 的数字。将此段代码与本章前面 while 循环的代码进行比较。while 循环同样完成了从 1 到 5 数字的打印。

```
int count = 0;
```

```
do
{
    count++;
    System.out.println(count);
}
while (count <5);
```

重要概念

do 语句至少执行一次其循环体。

do 语句

只要布尔表达式为真，do 循环就会重复执行指定的语句。程序会至少执行一次循环语句，然后再计算表达式的值，以确定是否再次执行循环语句。

举个例子：

```
do
{
    System.out.print ("Enter a word: ");
    word = scan.next();
    System.out.println (word);
}
while ( !word.equals ('t quit"));
```

do 循环以保留字 do 开始。先执行 do 循环体一次，然后根据 while 子句的条件，确定是否再次执行循环体。有时，我们很难确定以保留字 while 开始代码行是 while 循环的开始，还是 do 循环的结束。

下面分析另一个 do 循环的例子。名为 ReverseNumber 的程序 4.10，读取用户输入的整数，然后求这个整数的逆序数。

程序 4.10

```
//************************************************************
//   ReverseNumber.java        Java Foundations
//
//   Demonstrates the use of a do loop.
//************************************************************
import java.util.Scanner;
public class ReverseNumber
{
    //---------------------------------------------------------
    //   Reverses the digits of an integer mathematically.
    //---------------------------------------------------------
    public static void main(String[] args)
    {
```

```
    int number, lastDigit, reverse = 0;
    Scanner scan = new Scanner(System.in);
    System.out.print("Enter a positive integer: ");
    number = scan.nextInt();
    do
    {
       lastDigit = number % 10;
       reverse = (reverse * 10) + lastDigit;
       number = number / 10;
    }
    while (number > 0);
    System.out.println("That number reversed is " + reverse);
  }
}
```

输出

```
Enter a positive integer: 2896
reversed is 6982
```

ReverseNumber 程序中的 do 循环使用余数操作来确定逆序数的第 1 位数，然后用整除从原数中去掉这位数。当处理数字的每一位后，do 循环终止。此时，变量 number 的值变为 0。你可以输入不同的整数，仔细追踪本程序的逻辑，看看程序是如何工作的。

如果你知道程序至少要执行一次循环体，那么就可以使用 do 语句。do 循环有许多与 while 语句相同的属性。因此，为了避免无限循环，你必须检查 do 循环的终止条件。

4.8　for 语 句

当你不知道执行循环的具体次数时，while 语句和 do 语句都很好用。for 语句是另一种循环语句，适用于已知执行次数的循环。

就像前面例子中使用 while 循环和 do 循环一样，下面的例子用 for 循环打印数字 1 到 5。

重要概念
for 语句通常用于已设定次数的循环。

```
for (int count=1; count <= 5; count++)
    System.out.println(count);
```

for 循环头包含三部分，用分号分隔。For 循环头的第一部分是初始化部分，在循环开始之前执行。第二部分是布尔条件，是判定条件。如果条件为真，则执行循环体。第三部分是增量，最后执行。注意，初始化部分只执行一次，但在循环的每次迭代后都要执行增量部分。图 4.9 给出了 for 循环的逻辑。

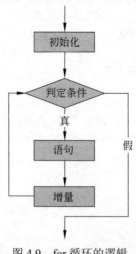

图 4.9　for 循环的逻辑

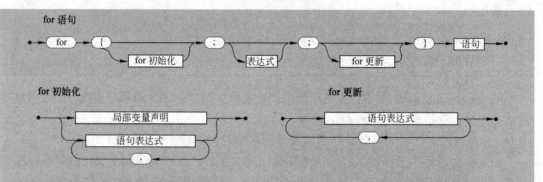

只要布尔表达式为真，for 语句就会重复执行指定的语句。在循环开始之前，头中的初始化部分只执行一次。而在每次执行循环体语句之后，都要执行 For 的更新部分。

例如：

```
for (int value=1; value < 25; value++)
    System.out.println (value + "squared is" + value*value);
for  (int num=40; num > 0; num=3)
    sum = sum + num;
```

在你习惯使用 for 循环之前，可能会感到它有点棘手。for 循环代码的执行并没有遵循从上到下，从左到右的惯例。即使增量代码在循环头中，也要在执行循环体后才能执行。

在第 1 个 for 语句示例中，for 循环头的初始化部分声明了变量 count，并将初始值赋值给 count。虽然，我们不需要在头中声明变量，但变量 count 只在循环中使用。在循环头中声明循环所用变量是非常常见的。由于 count 是在 for 循环头中声明的，因此，它只能用于循环内，在循环外的其他地方都不能引用该变量。

for 循环头还对循环控制变量进行设置、检查和修改。循环体内可以引用循环控制变量，但循环控制变量的修改只能由循环头所定义的操作来完成。

实际上，for 循环头的增量部分即可递减，也可递增。例如，下面的 for 循环是打印从 100 到 1 的整数，增量部分就是递减的。

```
for (int num = 100; num> 0; num--)
   System.out.println (num);
```

实际上，for 循环的增量部分不仅仅局限于简单的递增或递减，其能执行任何计算。分析程序 4.11，该程序打印输入值的倍数，达到指定的数值上限时，打印停止。

程序 4.11

```java
//**********************************************************************
//  Multiples.java       Java Foundations
//
//  Demonstrates the use of a for loop.
//**********************************************************************
import java.util.Scanner;
public class Multiples
{
   //------------------------------------------------------------------
   //  Prints multiples of a user-specified number up to a user-
   //  specified limit.
   //------------------------------------------------------------------
   public static void main(String[] args)
   {
      final int PER_LINE = 5;
      int value, limit, mult, count = 0;
      Scanner scan = new Scanner(System.in);
      System.out.print("Enter a positive value: ");
      value = scan.nextInt();
      System.out.print("Enter an upper limit: ");
      limit = scan.nextInt();
      System.out.println();
      System.out.println("The multiples of " + value + " between " +
                  value + " and " + limit + " (inclusive) are:");
      for (mult = value; mult <= limit; mult += value)
      {
         System.out.print(mult + "\t");
         // Print a specific number of values per line of output
         count++;
         if (count % PER_LINE == 0)
            System.out.println();
      }
   }
}
```

输出

```
Entera positive value: 7
Enter an upper limit: 400
```

```
The multiples of 7 between 7 and 400 (inclusive) are:
7         14        21        28        35
42        49        56        63        70
77        84        91        98        105
112       119       126       133       140
147       154       161       168       175
182       189       196       203       210
217       324       231       238       245
252       259       266       273       280
287       294       301       308       315
322       329       336       343       350
357       364       371       378       385
392       399
```

在 Multiples 程序中，在每次迭代后，for 循环的增量部分会加上用户的输入值。count 值控制每行打印数的个数，当常数 PER_LINE 能除尽 count 时，打印移到下一行。

名为 Stars 的程序 4.12 演示了嵌套 for 循环的使用。输出的图形是由星号组成的三角形。外循环执行 10 次。外循环的每次迭代会打印一行输出。根据外循环控制的 row 值，确定内循环执行迭代的次数。内循环的每次迭代在当前行打印一个星号。本章最后的编程项目要求读者编写打印不同形状图形的程序。

程序 4.12

```java
//********************************************************************
//  Stars.java       Java Foundations
//
//  Demonstrates the use of nested for loops.
//********************************************************************
public class Stars
{
   //-----------------------------------------------------------------
   //  Prints a triangle shape using asterisk (star) characters.
   //-----------------------------------------------------------------
   public static void main(String[] args)
   {
      final int MAX_ROWS = 10;
      for (int row = 1; row <= MAX_ROWS; row++)
      {
         for (int star = 1; star <= row; star++)
            System.out.print("*");
         System.out.println();
      }
   }
}
```

输出
```
*
**
***
****
*****
******
*******
********
*********
**********
```

4.8.1　迭代器和 for 循环

在 4.6 节，我们讨论一些对象可以作为迭代器，该对象有 hasNext 和 next 方法来处理组中的每个元素。如果对象实现了 Iterable 接口，那么，我们使用简化语法的 for 循环变体来处理组中的每个元素。例如，如果 bookList 是 Iterable 对象，其包含 Book 对象，那么我们可以使用 for 循环来处理每个 Book 对象，代码如下所示：

```
for (Book myBook : BookList)
    System.out.println (myBook);
```

这一版的 for 循环被称为 for-each 语句，它依次处理迭代器中的每个对象。上述代码的功能与下面代码的功能等同：

```
Book myBook;
while (bookList.hasNext ( ))
{
    myBook = bookList.next ( );
    System.out.println(myBook);
}
```

Scanner 类是一个迭代器，但不是 Iterable。因此，虽然 Scanner 对象有 hasNext 和 next 方法，但不能用此版本的 for 循环，但第 7 章要讨论的数组是 Iterable。在后续章节，我们会根据实际情况，确定是否使用 for-each 版的循环。

4.8.2　循环语句比较

while、do 和 for 这三种循环语句在功能上是等效的。编程时，你可以根据实际情况，确定使用哪种循环。

正如前面所讲，while 循环和 do 循环之间的主要区别在于何时对条件进行判定。如果用户知道至少要执行一次循环体，那么 do 循环会是最佳选择。另外，如果条件最初为假，则根本不会执行 while 的循环体。因此，我们说执行 while 循环体的次数是零次或多次，执行 do 循环体的次数是一次或多次。

for 循环与 while 循环的相同之处为：都是在执行循环体之前，对条件进行判定。当循环次数固定，或很容易计算时，for 循环是最佳选择。在许多情况下，我们可以通过循环头来初始化变量、设置控制循环变量。

重要概念总结

- 条件和循环是控制程序执行流程的方法。
- if 语句使程序能选择是否执行指定的语句。
- 循环使程序多次执行某些语句。
- 逻辑运算符可以构造更复杂的条件。
- 适当的缩进对于代码可读性非常重要；缩进显示了一条语句与另一条语句之间的关系。
- if-else 语句允许程序在条件为真时做一件事情，条件为假时，做另一件事情。
- 在嵌套 if 语句中，else 子句与其之前最接近的还没匹配的 if 语句匹配。
- Java 中字符的相对顺序由 Unicode 字符集定义。
- compareTo 方法可用于确定不同字符串的相对顺序。
- break 语句通常用于 switch 语句中每个 case 子句的末尾。
- while 语句重复执行相同的语句，直到条件变为假为止。
- 我们必须认真设计程序以避免无限循环。
- 迭代器是能帮助用户处理一组相关元素的对象。
- 我们可以是根据需要，设置 Scanner 对象所用的分隔输入标记的分隔符。
- do 语句至少执行一次其循环体。
- for 语句通常用于已设定次数的循环。

术 语 总 结

块语句是大括号中的一组语句。在 Java 中，我们可以用块语句替换任何位置的单个语句。

布尔表达式的值要么为真，要么为假。

break 语句用于跳出 switch 语句的 case 子句。

条件运算符是一种 Java 运算符，返回布尔条件的结果。

条件语句是 Java 的一种语句，根据布尔条件确定要执行的下一条语句。条件语句也称为选择语句。

do 语句一种循环语句，在至少执行一次循环体后，再计算布尔条件。

相等运算符是用于确定两个元素是否相等（或不相等）的运算符。

控制流是程序运行时执行语句的顺序。

for 语句是一种循环，其循环头有初始化、条件和增量。

if 语句是基于布尔条件做出判定的条件语句。

无限循环是指由于程序逻辑而不能终止的循环。

迭代器是一个对象，允许用户一次处理一个集合元素。

逻辑与运算：如果两个操作数都为真，则结果为真，否则为假。

逻辑非运算的结果是操作数的相反值。

逻辑运算符是一种根据一个或多个布尔值生成另一个布尔结果的运算符。

逻辑或运算：如果一个或两个操作数都为真，则结果为真，否则为假。

循环是一种重复语句。

嵌套 if 语句是指一个 if 语句包含另一个 if 语句，外层 if 语句控制内层 if 语句。

嵌套循环是指一个循环语句包含另一个循环语句。

关系运算符是确定两个值相对顺序的运算符。

重复语句一种允许编程语句一次又一次执行的语句，也简称为循环。

运行 sum 是一个变量，用于保存着迄今为止处理的所有值的总和。

switch 语句是一种条件语句，它将表达式映射成几种情况中的某种情况，以确定接下来要执行的语句。

真值表一种表格，真值表列出了表达式的相关变量和所有可能的结果。

while 语句是一种循环，其先判定布尔条件，再确定是否次执行循环体。

自 测 题

4.1 程序控制流的含义是什么？

4.2 条件和循环是基于什么类型的条件？

4.3 什么是相等运算符？什么是关系运算符？

4.4 什么是真值表？

4.5 为什么在比较浮点数是否相等时要格外小心？

4.6 如何比较字符串是否相等？

4.7 什么是嵌套 if 语句？什么是嵌套循环？

4.8 对构建条件和循环块语句有何用处？

4.9 如果 switch 中的 case 子句没有以 break 语句结束，会出现什么情况呢？

4.10 什么是无限循环？具体解释是什么引发了无限循环？

4.11 比较并对比 while 循环和 do 循环。

4.12 什么时候使用 for 循环而不使用 while 循环呢？

练 习 题

4.1 如果两个或多个值相等，MinOfThree 程序会输出什么结果？如果正好两个值相等，这个值小于或等于第三个值是否非常重要呢？

4.2　下面的代码段有什么问题？请改正代码，使其产生正确的输出。

```
if (total== MAX)
   if (total < sum)
      System.out.println ("total ==MAX and < sum") ;
   else
      System.out.println("total is not equal to MAX");
```

4.3　下面的代码段有什么问题？如果它某个程序的有效部分，这个代码会被编译吗？请说明理由。

```
if (length = MIN_LENGTH)
   System.out.println("The length is minimal");
```

4.4　下面代码段的输出是什么？

```
int num = 87, max =25;
if (num >= max* 2)
   System.out.println ("apple");
   System.out.println ("orange ");
System.out.println ( "pear");
```

4.5　下面代码段的输出是什么？

```
int limit = 100, num1 = 15, num2 = 40;
if (limit <= limit)
{
   if (num1 <= num2)
      System.out. println ("lemon");
   System.out.println ("lime" );
}
System.out.println ("grape");
```

4.6　使用 String 类的 compareTo 方法，按字典顺序对下列字符串进行排序。请参阅附录 C 的 Unicode 字符表。

```
"fred"
"Ethel"
"?-?-?-?"
"{([])} "
"Lucy"
"ricky"
"book"
"******"
"12345"
"          "
"HEPHALUMP"
"bookkeeper"
"6789"
```

```
";+<"
"^^^^^^^^^^"
"hephalump"
```

4.7 下面代码段的输出是什么？

```
int num = 0, max 20;
while (num < max)
{
    System.out. println (num);
    num +=4;
}
```

4.8 下面代码段的输出是什么？

```
int num = 1, max = 20;
while (num < max)
{
    if (num%2 ==0)
        System.out.println(num);
    num++;
}
```

4.9 下面代码段的输出是什么？

```
for (int num = 0; num <= 200; num += 2)
    System.out.println(num);
```

4.10 下面代码段的输出是什么？

```
for (int val = 200; val >= 0; val -=1)
    if (val % 4 != 0)
        System.out.println(val);
```

4.11 将下面的 while 循环转换成等效的 do 循环，要确保两者产生相同的输出。

```
int num = 1;
while (num < 20)
 {
    num++;
    System.out.println(num);
}
```

4.12 将练习 4.11 的 while 循环转换成等效的 for 循环，要确保两者产生相同的输出。

4.13 下面代码段有什么问题？你可否用 3 种不同方法消除代码缺陷？

```
count = 50;
while (count >=0)
{
    System.out.println(count) ;
    count = count + 1;
```

```
}
```

4.14　编写一个 while 循环，验证用户的输入是否正整数。

4.15　编写一个 do 循环，验证用户的输入是否是偶数。

4.16　编写代码，用来读取和打印用户输入的整数值，在遇到指定的输入结束标记值时，程序停止，结束标记值保存在 SENTINEL 中。

4.17　编写 for 循环，打印 1 到 99（包含）之间的奇数。

4.18　编写 for 循环，打印从 300 到 3 之间的 3 的倍数。

4.19　编写代码，从用户输入读取 10 个整数，并打印输入的最大整数。

4.20　编写代码，计算从 20 到 70（包含）的整数和并打印。

4.21　编写代码，确定并打印字符 'z' 在 String 对象 name 中出现的次数。

4.22　编写代码，打印存储在 String 对象 str 中的字符。

4.23　编写代码，打印 String 对象 word 的所有字符。

程序设计项目

4.1　设计和实现程序：从用户读取一个表示年份的整数，然后确定输入的公历年份是不是闰年，闰年的 2 月有 29 天。如果年份是非整百年，能被 4 整除的就是闰年。例如，2003 年不是闰年，而是 2004 年。如果年份是整百年，即能被 100 整数，也能被 400 整除的才是闰年。例 1900 年不是闰年，虽然它能被 100 整除，但不能被 400 整除。但 2000 年是闰年，因为它既能被 100 整除，也能被 400 整除。因为公历年从 1582 年开始，所以对于任何小于 1582 的输入值，程序给出相应的错误提示信息。

4.2　修改程序设计项目 4.1，让用户能输入多个年份，同时允许用户使用适当的标记值来终止程序。还要验证每个输入值，以确保该值大于等于 1582。

4.3　设计并实现程序：读取整数值，然后打印 2 和输入值（包含）之间的所有偶数的和。如果输入值小于 2，则程序给出相应的错误提示消息。

4.4　设计并实现程序：从用户读取字符串，并在每行打印字符串中的一个字符。

4.5　设计并实现程序：确定并打印从键盘读取的整数值中的奇数、偶数和零。

4.6　设计并实现程序：打印 1 到 12 的乘法表。

4.7　设计并实现程序，该程序打印旅行歌曲 "One Hundred Bottles of Beer" 的前几段歌词。在循环中，每次迭代都打印一段主歌。用户的输入就是歌词的段数。程序要验证用户的输入。以下是这首歌的前两段歌词：

100 bottles of beer on the wall

100 bottles of beer

If one of those bottles should happen to fall

99 bottles of beer on the wall

99 bottles of beer on the wall

99 bottles of beer

If one of those bottles should happen to fall

98 bottles of beer on the wall

4.8　设计并实现玩 Hi-Lo 猜数字游戏的程序。程序选择一个介于 1 和 100 之间（包含）的随机数，然后不断提示用户去猜测该数。在每次用户猜完之后，程序会提示用户：是否猜对了、猜测大了或是猜测小了。然后，让用户继续猜，直到用户猜出数字，或者选择退出。程序要使用标记值确定用户是否想要退出，要统计猜测次数，并在用户猜测正确时，告知用户其猜测的次数。在每场游戏结束时，还要提示用户是否想要继续游戏。如果用户选择继续玩游戏，则让用户继续玩。

4.9　编写 PalindromeTester 程序的修订版。该程序在确定字符串是否是回文时，不考虑空格、标点符号并忽略大小写。提示：修改方式有多种，你要仔细设计编写自己的程序。

4.10　编写单独程序打印下列图形。建议对 Stars 程序进行修改。提示：b、c 和 d 需要使用循环，其中一些循环用于打印指定数量的空格。

```
a.                    b.                    c.                    d.
**********                     *           **********                     *
*********                     **           *********                    ***
********                     ***           ********                    *****
*******                     ****           *******                    *******
******                     *****           ******                    *********
*****                     ******           *****                    *********
****                     *******           ****                    *******
***                     ********           ***                    *****
**                     *********           **                    ***
*                     **********           *                    *
```

4.11　设计并实现程序，该程序用表格显示打印 Unicode 字符集的子集。每行打印 5 个数字/字符对，用制表符分隔。表格包含的字符值从 32（空格字符）开始，到 126（~字符）结束，这个子集与 Unicode 字符集的可打印 ASCII 子集相对应。你可以将程序输出与附录 C 中的表格进行比较，你会发现程序输出的表格值随着行数的增加而增加，与附录 C 的表格值不同。

4.12　设计并实现程序，该程序从用户读取字符串，然后确定并打印每个小写元音（a, e, i, o 和 u）字母在字符串中出现的次数。每个元音都有自己的专用计数器。程序还要统计非元音字符的个数，打印每个元音字母出现的次数和非元音字母的个数。

4.13　设计并实现程序，该程序是一款人与计算机玩石头剪子布的游戏。当两个人玩此游戏时，每个人用手势出石头、剪子或布中的一种，然后根据游戏规则，确定胜利者。游戏规则是：石头赢剪子；剪子赢布；布赢石头。程序随机选择石头、剪子或布中的一种，然后提示用户选择石头、剪子或布中的一种。此时，程序显示计算机和用户选项，根据规则判定获胜方，或判定两者平局，然后游戏继续，直到用户选择退出为止。程序最后要打印用户赢的次数、输的次数和平局的次数。

4.14　设计并实现程序，该程序打印歌曲 "The Twelve Days of Christmas" 的歌词。这首歌曲的主歌有如下特点，与前一天的歌词相比，后一天的歌词会多一行歌词。例如，这首歌第一天和第二天的歌词为：

On the 1st day of Christmas my true love gave to me

A partridge in a pear tree.

On the 2nd day of Christmas my true love gave to me

Two turtle doves, and

A partridge in a pear tree.

在循环中，程序需要使用 switch 语句来控制打印哪一行歌词。提示：安排好 case 顺序，避免使用 break 语句。要使用单独的 switch 语句在第几天的数字后加上合适的后缀。例如 1st, 2nd,3rd 等等。第 12 天的歌词如下：

On the 12th day of Christmas, my true love gave to me

Twelve drummers drumming,

Eleven pipers piping,

Ten lords a leaping,

Nine ladies dancing,

Eight maids a milking,

Seven swans a swimming,

Six geese a laying,

Five golden rings,

Four calling birds,

Three French hens,

Two turtle doves, and

A partridge in a pear tree.

4.15　设计并实现程序，模拟简单的老虎机，从 0 到 9 中随机选择 3 个数，然后依次打印。如果三个数相同或者其中任何两个数相同，则打印获奖提示语句，之后继续游戏，直到用户不玩为止。

4.16　设计并实现程序，该程序统计输入文件中整数的个数，并用表格列出每个整数。

4.17　设计并实现处理高尔夫比分的程序。4 位高尔夫球手的得分存储在文本文件中。文本的每行代表一个洞，文件共有 18 行。每行有 5 个值：洞的标准值和每位高尔夫球手在该洞上所用的杆数。与标准杆相比，用表格显示每位高尔夫球手的表现，确定获胜者。

4.18　设计并实现程序，该程序比较两个输入文本文件中的每一行，看是否相同，如果两行文本不同，则打印出来。

4.19　设计和实现程序，该程序统计输入文本文件中标点符号的数量，并用表格显示每种符号出现的次数。

自测题答案

4.1　程序控制流是指在程序运行时，执行语句的顺序。控制流决定了要执行的程序语句。

4.2　条件和循环都是基于布尔条件，布尔条件要么为真，要么为假。

4.3　相等运算符有相等（==）运算符和不相等（！=）运算符。关系运算符有小于（<）运算符、小于或等于（<=）运算符、大于（>）运算符和大于或等于（>=）运算符。

4.4　真值表是一个表格，真值表列出了表达式的相关变量和所有可能的结果。

4.5　因为浮点数以二进制数的形式存储在内部，所以只有在每一位都相同的情况下，比较浮点数才能得到精确的相等。因此，最好是根据两个浮点数之差，使用合理的容差值来比较浮点数的大小。

4.6　我们使用 String 类的 equals 方法比较字符串的相等性，equals 方法返回布尔结果。String 类的 compareTo 方法也用于字符串的比较。它根据两个字符串之间的关系返回正整数、0 或负整数。

4.7　如果 if 语句或 else 子句中还包含 if 语句，这就是嵌套 if 语句。嵌套 if 让程序员做一系列的判定。同样，嵌套循环也是循环内包含循环。

4.8　块语句是将几个语句组合在一起。当我们需要根据布尔条件做多件事时，就可以在 if 语句或循环体中使用块语句。

4.9　如果 case 不以 break 语句结束，则会继续执行下一个 case 语句。我们通常需要使用 break 语句跳出 switch 语句。

4.10　无限循环是一种重复语句，不会因条件的基本逻辑而终止。具体来说，循环体不会使条件变为假。

4.11　while 循环先判定条件。如果条件为真，则执行循环体。do 循环是先执行循环体，再判定条件。因此，while 循环体被执行零次或多次，do 循环体被执行一次或多次。

4.12　for 循环适用于已知执行次数的循环。while 循环处理更通用的循环。

第 5 章 编 写 类

学习目标

- 学习如何识别程序所需的类和对象。
- 掌握类的定义、结构和内容。
- 使用实例数据建立对象状态的概念。
- 描述可见性修饰符对方法和数据的影响。
- 学习方法的结构：参数和返回值。
- 讨论构造函数的结构和用途。
- 讨论类之间的关系。
- 描述 static 修饰符对方法和数据的影响。
- 讨论方法设计问题：方法分解和方法重载。

在前几章，我们使用了类和对象提供的各种服务，学习了编程的基础语句。现在，我们以此为基础，着手创建自己的类，以设计更复杂的软件，这也是面向对象编程的核心问题。本章介绍类的定义、方法的结构、数据的范围和封装、创建静态类成员和方法重载。

5.1 重温类和对象

第 1 章介绍了面向对象中对象和类的基本概念。第 2 章和第 3 章使用来自 Java 标准类库的几个预定义的类来创建对象，并用对象完成特定的任务。

本章将专注于编写自己的类。虽然类库为用户提供了许多有用的类，但面向对象程序开发的本质是根据软件需求，设计并实现自己的类。

回忆一下对象和类的基本关系：类是一个抽象的概念，是对象的设计图；而对象是类抽象概念的实物表示，是类的实例化。

举一个类与对象关系的例子。根据第 3 章的学习，我们知道 String 类代表字符串的概念，而每个 String 对象代表包含具体字符的字符串。

下面分析另一个类与对象关系的例子。假设 Student 类代表学生。Student 类的对象代表特定的学生。 Student 类代表学生这个概念，该类所创建的每个对象都代表实际的在校学生。在学生事务管理系统中，只有一个 Student 类，但有数万个 Student 对象。

回忆一下，对象是有状态的。状态由与该对象相关联的属性值定义。例如，学生的属性包括学生的姓名、地址、专业和平均绩点。Student 类创建学生属性，Student 对象保存属性值。在 Java 中，对象属性由类声明中的变量定义。

对象也是有行为的。行为由与该对象相关的操作定义。对学生的操作可能是更新学生地址，计算学生的当前平均绩点。Student 类定义操作，例如如何计算学生的平均绩点。之后，Student 对象执行计算操作，算出指定学生的平均绩点。注意，对象的行为能修改对象的状态。在 Java 中，对象的操作由类声明中的方法定义。

图 5.1 给出了一些类的示例，也列出了类定义的一些属性和操作。程序设计人员要根据对象在程序中所起的作用，来确定对象需要哪些属性和操作。拓展一下你的思维，为这些类补充一些其他属性和操作。

类	属性	操作
Student	姓名 地址 专业 平均绩点	设置地址 设置专业 计算平均绩点
Rectangle	长度 宽度 颜色	设置长度 设置宽度 设计颜色
Aquarium	材料 长度 宽度 高度	设置材料 设置长度 设置宽度 设置高度
Flight	航线 航班号 起飞城市 目的城市 当前状态	设置航线 设置航班号 确定当前状态
Employee	姓名 部门 职位 薪水	设置部门 设置职位 设置薪水 计算基本工资 计算资金 计算所得税

图 5.1　类的属性和操作示例

5.1.1　识别类和对象

面向对象软件设计最重要的是要确定程序需要创建哪些类，以表示构成问题整体解决方案的各个元素。这些类决定了系统要管理的对象。

我们通过识别软件需求中的对象来确定需要哪些类。对象通常是名词，我们要认真分析问题描述或软件功能说明书，找到对象名词，像图 5.2 一样，把问题描述中的对象名词圈起来。

当然，并不是问题描述中的每个名词都与程序中的类相对应，一些名词可能代表对象的属性，程序员编程时可能根本用不到这类名词。在开发程序初期，开发人员经常通过这种找名词的方法确定程序要管理的对象。

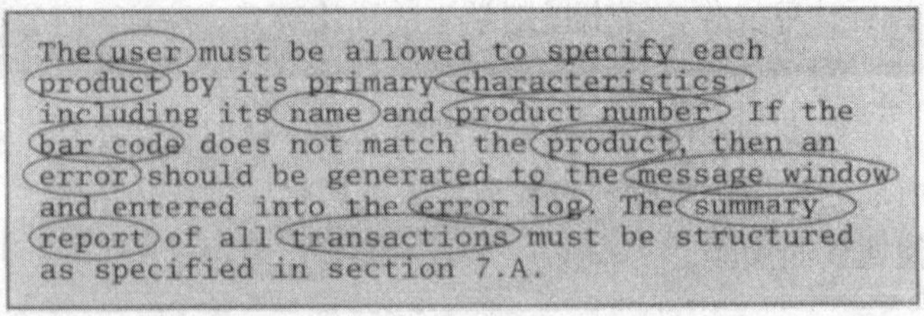

The (user) must be allowed to specify each
(product) by its primary (characteristics)
including its (name) and (product number) If the
(bar code) does not match the (product), then an
(error) should be generated to the (message window)
and entered into the (error log) The (summary
report) of all (transactions) must be structured
as specified in section 7.A.

图 5.2　通过识别问题描述中的名词发现对象

重要概念
问题描述中的名词可能是程序所需的类和对象。

　　记住，类是一组具有相似行为的对象。问题描述中的复数名词（如 products）可以表示成 Product 类。即使系统中只有一种对象，也最好将其表示成类。

　　代表对象的类名一般是单数名词，如 Coin、Student 和 Message。根据类，用户可以按需自由创建多个实例。

　　程序设计时，另一个重要决定是将某实物作为对象，还是作为对象的基本属性。例如，最初我们将薪水作为员工的基本属性，用整数表示。大多数工资管理系统都是这样做的。但后来，我们意识到薪水是基于员工的职位，必须谨慎管理薪水的上限和下限。因此，我们决定将薪水作为单独的类，以便更好地管理与其相关数据和行为。

　　当然，在程序设计时，我们不仅需要表示问题域中各种对象的类，还需要一些其他辅助类。例如，为了管理俱乐部的所有会员，除了 Member 类之外，我们还需要一些其他独立类。

设计要点

　　根据给定的程序设计需求，程序员在设计类时要掌握平衡原则：类不能太笼统，也不能太具体。举个例子，要编写程序控制家中所有电器。在设计时，如果每种电器都对应一个类，那么类就太过具体了，会使程序设计复杂化，用一个 Appliance 类就足够了。之后，用类的对象表示每种设备。但这种解决方案也不是万能的，程序员要具体情况具体分析，找到最适合的问题解决方案。

　　当开发真正系统时，你会发现，自己要设计的类早就有了。即使没有与之完全匹配的类，但至少有旧类可作为开发新类的基础。这些已有类有可能是 Java 标准类库的一部分，也可能是以前问题解决方案的一部分，或者是可购买的第三方的类库。我们可以复用这些类，这是软件复用的示例。

5.1.2　职责分配

　　在确定程序所需类的过程中，程序员要对每个类进行职责分配。类代表具有某种行为的对象，类的行为由类的方法定义。程序执行的任何活动实际都要由类的某种行为完成。也就是说，类要负责开展某些活动，职责分配是程序设计的一部分。

类执行活动的行为构成了程序的功能。因此，行为名通常使用动词，程序用方法来完成行为。

有时，设计人员要确定哪一个类能最好地履行职责，这是极具挑战性的工作。优秀的设计师会考虑多种可能性，经过深思熟虑，精心比对，找到最佳类，更好地完成任务。

在设计的早期阶段，我们没有必要确定类的所有方法，只需进行职责分配，以后再考虑如何将这些职责转化为具体的方法。

5.2　类 的 剖 析

5.1 节回顾了开发类和对象的重要概念和思想。本节将深入剖析编程细节。前几章编写的程序都是单个类包含单个的 main 方法，每个类都是一个小而完整的程序，程序使用 Java 类库中的预定义的类来实例化对象，然后再使用对象所提供的服务。预定义的类是程序的一部分，但我们不用关心其内部实现细节，我们只需知道如何与预定义的类互动，信任其提供的服务即可。

我们将继续使用预定义的类，但是也会根据实际需要设计和实现其他类。下面分析一个编写自己类的例子。程序 5.1 的 SnakeEyes 类包含一个 main 方法，该方法有两个实例化 Die 对象。程序要完成的任务是掷骰子，然后计算在一次投掷两个骰子时，两个骰子点值都是 1 的次数，也就是两点出现的次数。

程序 5.1

```java
//********************************************************************
//  SnakeEyes.java       Java Foundations
//
//  Demonstrates the use of a programmer-defined class.
//********************************************************************
public class SnakeEyes
{
  //----------------------------------------------------------------
  //  Creates two Die objects and rolls them several times, counting
  //  the number of snake eyes that occur.
  //----------------------------------------------------------------
  public static void main(String[] args)
  {
    final int ROLLS = 500;
    int num1, num2, count = 0;
    Die die1 = new Die();
    Die die2 = new Die();
    for (int roll=1; roll <= ROLLS; roll++)
    {
      num1 = die1.roll();
      num2 = die2.roll();
      if (num1 == 1 && num2 == 1)    // check for snake eyes
        count++;
```

```
        }
        System.out.println("Number of rolls: " + ROLLS);
        System.out.println("Number of snake eyes: " + count);
        System.out.println("Ratio: " + (float)count / ROLLS);
    }
}
```

输出

```
Number of rolls: 500
Number of snake  eyes: 12
Ratio: 0.024
```

这个例子的 Die 类和前面程序的 Die 类不同，这个 Die 类不是 Java 类库的预定义类，而是用户自己编写的 Die 类，以定义自己需要 Die 对象提供的服务。

如图 5.3 所示，类可以包含数据声明和方法声明。数据声明表示存储在对象中的数据。方法声明定义对象所提供的服务。类的数据和方法统称为类的成员。

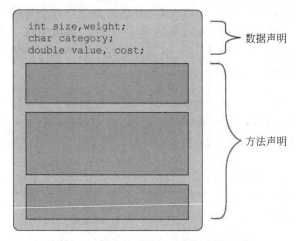

图 5.3　类成员：数据声明和方法声明

前面程序示例中的类也遵循这个模型，但不包含类级的数据，只包含一个 main 方法。现在，SnakeEyes 类仍继续这样来定义类，main 方法是程序执行的起点。

真正的面向对象编程的核心是定义类，使类代表的对象具有完好定义的状态和行为。例如，在任何给定时刻，Die 对象都要有某个具体的点值，这个值就是骰子的状态。Die 对象还要有用户能调用的各种方法，如掷骰子和获得骰子的点值，这些方法就是骰子的行为。

重要概念

面向对象编程的核心是定义类，使类代表的对象具有完好定义的状态和行为。

程序 5.2 的 Die 类包含两个数据值：代表骰子最大点值的整数常量（MAX）和代表骰子当前点值的整型变量（faceValue）。它还包含名为 Die 的构造函数和四个常规方法：roll、setFaceValue、getFaceValue 和 toString。

回忆一下第 2 章和第 3 章的内容,你会知道构造函数是一种特殊的方法,它与类同名。当使用 new 运算符创建 Die 类新实例时,就会调用 Die 构造函数。SnakeEyes 类的 main 方法调用了两次构造函数。Die 类的其他方法定义了 Die 对象所提供的各种服务。

在程序代码中,在每个方法前都加了注释,以解释方法的用途。这种做法不仅能帮助代码阅读者搞懂软件,还可以将代码直观地分开,以便阅读代码时从一种方法跳到另一种方法。

程序 5.2

```java
//************************************************************
//  Die.java       Java Foundations
//
//  Represents one die (singular of dice) with faces showing values
//  between 1 and 6.
//************************************************************
public class Die
{
   private final int MAX = 6;  // maximum face value
   private int faceValue;  // current value showing on the die
   //-----------------------------------------------------------
   //  Constructor: Sets the initial face value of this die.
   //-----------------------------------------------------------
   public Die()
   {
      faceValue = 1;
   }
   //-----------------------------------------------------------
   //  Computes a new face value for this die and returns the result.
   //-----------------------------------------------------------
   public int roll()
   {
      faceValue = (int)(Math.random() * MAX) + 1;
      return faceValue;
   }
   //-----------------------------------------------------------
   //  Face value mutator. The face value is not modified if the
   //  specified value is not valid.
   //-----------------------------------------------------------
   public void setFaceValue(int value)
   {
      if (value > 0 && value <= MAX)
         faceValue = value;
   }
   //-----------------------------------------------------------
   //  Face value accessor.
   //-----------------------------------------------------------
   public int getFaceValue()
```

```
   {
      return faceValue;
   }
   //-----------------------------------------------------------------
   //  Returns a string representation of this die.
   //-----------------------------------------------------------------
   public String toString()
   {
      String result = Integer.toString(faceValue);
      return result;
   }
}
```

图 5.4 列出了 Die 类的方法。Die 类与前面使用过的其他类没什么不同。唯一重要的区别是此 Die 类不是由 Java 标准类库提供的，而是由我们自己编写的。

```
Die()
    构造函数：将骰子的初始点值设置为 1。
int  roll()
    掷骰子，将骰子点值设置为指定范围内的随机数。
void  setFaceValue(int  value)
    将骰子的点值设置为指定值，
int  getFaceValue()
    返回骰子的当前点值。
String  toString()
    返回骰子当前点值的字符串表示。
```

图 5.4　Die 类的一些方法

Die 类的方法既要能掷骰子，又要能生成新的随机点值。roll 方法将新点值返回给调用的方法，但用户可以随时使用 getFaceValue 方法获得当前点值。setFaceValue 方法用于设置点值，就像用户随意掷骰子能得到任何点值一样。toString 方法返回骰子点值的字符串表示。在这个示例中，toString 以字符串形式返回骰子点值。这些方法的定义各有不同，我们会继续探讨分析。

强调一下 toString 方法的重要性。当向 print 或 println 方法传递对象，或将对象与字符串进行连接时，都会自动调用 toString 方法。每个对象都有默认版本的 toString，但通常没用。因此，建议定义所创建类的 toString 方法。toString 的默认版本因继承而可用，第 8 章将详细讨论 toString 方法。

在本书的程序示例中，我们通常将每个类存储成一个文件。Java 允许将多个类存储在一个文件中。但是，如果一个文件包含多个类，那么只有一个类可以使用保留字 public 来声明。此外，公共类名必须与文件名一致。例如，Die 类存储于名为 Die.java 的文件中。

5.2.1　实例数据

注意，在 Die 类中，常量 MAX 和变量 faceValue 是在类内声明，而不是在方法内声明。

声明变量的位置决定了变量的范围。变量范围是指在程序中能引用变量的区域。因为 MAX 和 faceValue 是在类级进行声明（不是在方法内），所以类的任何方法都可以引用 MAX 和 faceValue。

变量 faceValue 的属性就是实例数据。在每次创建类的实例时，都要为该变量保留新的内存空间。每个 Die 对象都有自己的变量 faceValue，而每个变量 faceValue 都有自己的数据空间，这就是每个 Die 对象都拥有自己状态的原因。也就是说，一个骰子的点值可能是 5，同时另一个骰子的点值可能是 2。之所以会这样，是因为系统为每个 Die 对象的每个变量 faceValue 都保留了单独的内存空间。

下面是这种情况的图形化描述：

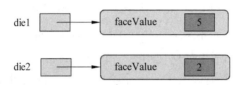

重要概念
变量范围就是能引用变量的区域，由声明变量的位置决定。

die1 和 die2 引用变量分别指向各自的 Die 对象。每个对象包含的变量 faceValue 都有自己的内存空间，因此每个对象都可以为自己的实例数据存储不同的值。

Java 能自动初始化在类级声明的任何变量。举个例子，Java 会将所有 int 和 double 这样的数值型变量初始化为零。虽然 Java 语言能自动进行类级变量的初始化，但最佳的实践是在构造函数中明确对变量进行初始化，以便代码阅读者能更清楚地理解变量的用途。

5.2.2　UML 类图

由于程序要包含越来越多的类，所以会变得越来越复杂。为了更直观、可视化地表示程序中各个类之间的关系，我们要借助图 UML 类图工具。UML 是统一建模语言的缩写，是一种能完美表示面向对象程序设计思想的方法。

UML 图也有多种类型，每种 UML 图都能表示面向对象程序设计的不同特色。本书使用 UML 类图来表示类的内容以及类之间的关系。

在 UML 类图中，用矩形表示类。类一般由三部分组成：类名、属性（数据）和操作（方法）。图 5.5 给出了 SnakeEyes 程序的 UML 类图。

UML 不是专为 Java 程序员设计的，它与语言无关。因此，UML 类图中所使用的语法不一定与 Java 的语法相同。例如，UML 类图使用这样的语法：变量类型在变量名之后，两者之间用冒号隔开。方法的返回类型的表示与变量一样。如果需要，类图中可以显示属性的初始值，图 5.5 就给出了 MAX 常量的初始值。变量或方法前面的+和−符号表示它们的可见性，5.3 节将详细讨论变量和方法的可见性。

重要概念
UML 类图能使程序的类内容和类关系可视化。

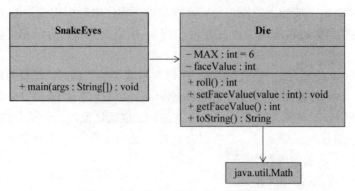

图 5.5　SnakeEyes 程序的 UML 类图

在 UML 类图中，连接两个类的实线代表这两个类之间存在着某种联系，这些实线代表着关联，表明一个类"知道"如何使用另一个类。例如，关联可以代表一个类的对象创建另一个类的对象，或一个类调用了另一个类的方法，我们可以标记关联来注明关联的细节。

直接关联使用箭头来表示关联是单向的。例如，图 5.5 中连接 SnakeEyes 和 Die 的箭头就是单向的。单向关联表示 SnakeEyes 类"知道"如何使用 Die 类，但反过来不行。

关联多重性可以通过关联末尾的数值表示。在图 5.5 中，SnakeEyes 与两个 Die 对象相关联。如果需要，关联的两端都可以有多个值。在后面的示例中，你会看到关联多重性可以用范围值表示，也可以使用通配符表示未知值。

面向对象类之间的其他关系是用不同类型的连接线和箭头表示。当我们探讨相应的面向对象编程概念时，再同时介绍相关的 UML 图的其他关系。

UML 类图是多功能的，UML 类图可以包含需要的任何信息，其包含的具体信息由要传递的特定信息决定。例如，如果数据和方法的细节与特定的图无关，则 UML 类图可以忽略类的数据和方法部分。例如，图 5.5 中的 Java API 的 Math 类。Die 类能使用 Math 类，但不用了解 Math 类的细节，所以 UML 类图忽略了 Math 类的数据和方法。String 类的使用也是一样，我们能直接使用 String 类，不用了解它的细节。

5.3　封　　装

第 1 章介绍面向对象概念时，我们知道对象应该是自治的。也就是说，对象的状态数据只能由该对象来修改。例如，Die 类的方法应该全权负责修改变量 faceValue 的值。我们要使类外的代码很难甚至不能修改类内声明的变量值，这种特性就是封装。

重要概念
应该封装对象，拒绝非法访问以保护数据。

系统应该对对象进行封装。对象只能通过定义对象服务的特定方法集与程序进行交互。这些方法定义了对象与使用它的其他对象之间的接口。

图 5.6 图形化描述了封装的本质。对象的客户不能直接访问变量，客户应该能调用对

象的方法，然后这些方法再与封装在对象内的数据进行交互。例如，SnakeEyes 程序中的 main 方法调用 Die 对象的 roll 方法。main 方法不应该（事实上不能）直接访问变量 faceValue。

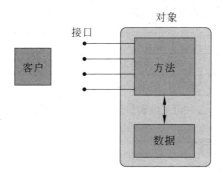

图 5.6　客户端与另一个对象进行交互

Java 使用修饰符完成对象的封装。修饰符是 Java 的保留字，用于指定编程语言构造的具体特征。第 2 章讨论了 final 修饰符，其用于声明常量。Java 还有一些其他修饰符，能以各种方式使用。一些修饰符可以组合使用，但有些修饰符不能组合使用。在本书中，有许多地方使用了各种不同的修饰符，我们会因地制宜地在适当位置进行介绍。附录 E 对所有修饰符进行了总结。

5.3.1　可见性修饰符

一些 Java 修饰符被称为可见性修饰符，因为它们控制了对类成员的访问。保留字 public 和 private 是可见性修饰符，能用于类变量和方法。如果类成员具有 public 可见性，那么对象之外的代码可以直接引用这个类成员。如果类成员具有 private 可见性，那么它只能用于类内，不能用于类外。第 3 个可见性修饰符 protected 只与继承的上下文相关，第 8 章将详细讨论 protected 修饰符。

公共变量违反了封装的思想。公共变量使类外代码既能访问类内数据，又能修改数据值。因此，我们应将实例数据定义为私有。当将数据声明为私有时，只有类的方法才能访问这些私有数据。

重要概念
为了实现封装，我们应将实例数据的可见性声明为私有。

我们应用于方法的可见性由该方法的用途决定。为客户提供服务的方法必须声明为公共可见性，因为只有这样，客户才能调用这些方法。有时我们也将公共方法称为服务方法。类之外不能调用私有方法，私有方法的用途是帮助类的其他方法完成任务。有时我们也将私有方法称为支持方法。

图 5.7 中的表格总结了公共可见性和私有可见性对变量和方法的影响。

我们经常将常量的可见性声明为 public，原因如下：首先，我们要直接访问常量的值；其次，因为用 final 修饰符声明常量，常量值是无法更改的。而封装的目的就是使其他代码不能直接修改对象的数据值。根据常量定义，其值是不可更改的。因此，封装对常量而言没有任何意义。

UML 类图通过在类成员前加符号来表示它的可见性。具有公共可见性的成员前面是加号（+），具有私有可见性的成员前面是减号（-）。图 5.5 使用了这种可见性符号。

	公共	私有
变量	违反封装	实现封装
方法	为客户提供服务	支持类中的其他方法

图 5.7 　公共可见性和私有可见性对变量和方法的影响

5.3.2 　访问器和更改器

因为通常将实例数据的可见性声明为私有，所以类会提供访问和修改数据值的服务。像 Die 类的方法 getFaceValue 就是访问器方法，因为它以只读方式访问特定的值。同样，像 setFaceValue 这样的方法就是更改器方法，因为它能改变特定的值。

通常，访问器的方法名格式为 getX，其中 X 是方法提供的访问值。同样，更改器的方法名的格式为 setX，其中 X 是方法要设置的值。因此，我们有时将这两种方法分别称为"getter"和"setter"。

> **重要概念**
> 为了使客户以可控的方式管理数据，大多数对象都包含访问器方法和更改器方法。

例如，如果类包含实例变量 height，那么该类也应该包含方法 getHeight 和 setHeight。注意，如果方法名中包含变量名，则变量名的首字母要大写，这是惯例，也与方法名的写法一致。

有些方法会提供访问器、更改器以实现程序的功能。例如 Die 类的 roll 方法改变变量 faceValue 的值，并返回新值。注意，roll 方法的代码保证骰子点值的有效范围是 1 至 MAX。同样，setFaceValue 方法会检查指定点值是否在有效范围之内。如果该值不在有效范围之内，则忽略它。必须精心设计服务方法，只允许对数据进行合法的访问和有效的修改。封装就能实现上述的这种控制。

下面分析另一个例子。程序 5.3 实例化 Coin 对象后，就多次抛硬币，然后分别计算正面朝上和背面朝上的次数。注意，程序在 if 语句的条件中调用 isHeads 方法，来确定硬币是正面朝上还是背面朝上。

程序 5.4 使用了 Coin 类。它保存整型常量 HEADS，表示硬币正面朝上的面值。实例变量 face 表示硬币的当前状态，即哪一面朝上，其值要么为 0，要么为 1。Coin 构造函数通过调用 flip 方法抛硬币。flip 方法通过随机选择数字 0 或 1 来确定硬币的新状态。isHeads 方法根据硬币的当前面值返回相应的布尔值。toString 方法返回表示当前硬币面值的字符串。

Coin 对象处于两种状态中的某种状态：正面朝上或背面朝上。Coin 类将这两个状态表示成整数值，0 表示背面向上，1 表示正面朝上，该值保存在 face 变量中。当然，我们也可以用 1 表示背面朝上，用 0 表示正面朝上。我们可以用布尔值、字符串、枚举类型来表示硬币的状态。但我们选择使用整数，原因在于 Math.random 返回的是数值，选择整数就不用进行数据类型转换。

Coin 对象的内部状态表示方式应与使用该对象的客户无关。也就是说，从程序CountFlips 的角度而言，Coin 类可以按需表示对象的状态。

> **重要概念**
> 类表示对象状态的方式应与使用该对象的客户无关。

为了使客户能访问 HEADS，我们将其声明为 public。HEADS 是整型变量，对客户而言，它的值没有任何意义。提供 isHeads 方法是更简洁的面向对象解决方案。只要 isHeads方法编写合理，我们就可以重写 Coin 类的内部细节，客户无须改变。

虽然许多类都有经典的 getter 和 setter 方法，但我们设计的 Coin 类没有这两种方法。唯一改变硬币状态的方式就是随机抛硬币。与 Die 对象不同，用户不能显式地设置硬币的状态。当然，如果你的设计方案不同，所选用方法也会不同。

程序 5.3

```
//********************************************************************
//  CountFlips.java        Java Foundations
//
//  Demonstrates the use of programmer-defined class.
//********************************************************************
public class CountFlips
{
  //----------------------------------------------------------------
  //  Flips a coin multiple times and counts the number of heads
  //   and tails that result.
  //----------------------------------------------------------------
  public static void main(String[] args)
  {
    final int FLIPS = 1000;
    int heads = 0, tails = 0;
    Coin myCoin = new Coin();
    for (int count=1; count <= FLIPS; count++)
    {
      myCoin.flip();
      if (myCoin.isHeads())
        heads++;
      else
        tails++;
    }
    System.out.println("Number of flips: " + FLIPS);
    System.out.println("Number of heads: " + heads);
    System.out.println("Number of tails: " + tails);
  }
}
```

```
输出

Number of flips: 1000
Number of heads: 486
Number of tails: 514
```

程序 5.4

```java
//**********************************************************************
//  Coin.java        Java Foundations
//
//  Represents a coin with two sides that can be flipped.
//**********************************************************************
public class Coin
{
   private final int HEADS = 0;  // tails is 1
   private int face;  // current side showing
   //------------------------------------------------------------------
   //  Sets up this coin by flipping it initially.
   //------------------------------------------------------------------
   public Coin()
   {
      flip();
   }
   //------------------------------------------------------------------
   //  Flips this coin by randomly choosing a face value.
   //------------------------------------------------------------------
   public void flip()
   {
      face = (int) (Math.random() * 2);
   }
   //------------------------------------------------------------------
   //  Returns true if the current face of this coin is heads.
   //------------------------------------------------------------------
   public boolean isHeads()
   {
      return (face == HEADS);
   }
   //------------------------------------------------------------------
   //  Returns the current face of this coin as a string.
   //------------------------------------------------------------------
   public String toString()
   {
      return (face == HEADS) ? "Heads" : "Tails";
   }
}
```

下面,我们在另一个程序中使用 Coin 类。FlipRace 类如程序 5.5 所示。FlipRace 的 main 方法实例化两个 Coin 对象后,重复抛出这两枚硬币,直到其中一枚硬币出现连续 3 次正面朝上时,才停止抛硬币。

FlipRace 程序的输出显示了每次抛硬币的结果。注意 coin1 和 coin2 对象与 println 语句中的字符串相连接。根据前面所学知识,我们知道在这种情况下,会自动调用对象的 toString 方法返回要打印的字符串。当然,不需要显式调用 toString 方法。

每次抛硬币后,用赋值语句的条件运算符作为计数器。对于每枚硬币,如果抛硬币的结果是正面朝上,那么计数器加 1。 如果不是正面朝上,则计数重置为零。当一个计数器或两个计数器的值是 3,也就是硬币连续三次正向朝上时,while 循环终止。

程序 5.5

```java
//************************************************************************
// FlipRace.java        Java Foundations
//
// Demonstrates the reuse of programmer-defined class.
//************************************************************************
public class FlipRace
{
  //--------------------------------------------------------------
  // Flips two coins until one of them comes up heads three times
  // in a row.
  //--------------------------------------------------------------
  public static void main(String[] args)
  {
    final int GOAL = 3;
    int count1 = 0, count2 = 0;
    Coin coin1 = new Coin(), coin2 = new Coin();
    while (count1 < GOAL && count2 < GOAL)
    {
      coin1.flip();
      coin2.flip();
      System.out.println ("Coin 1: " + coin1 + "\tCoin 2: " + coin2);
      // Increment or reset the counters
      count1 = (coin1.isHeads()) ? count1+1 : 0;
      count2 = (coin2.isHeads()) ? count2+1 : 0;
    }
    if (count1 < GOAL)
      System.out.println("Coin 2 Wins!");
    else
      if (count2 < GOAL)
        System.out.println("Coin 1 Wins!");
      else
        System.out.println("It's a TIE!");
  }
}
```

```
输出

Coin 1: Tails    Coin 2: Heads
Coin 1: Heads    Coin 2: Heads
Coin 1: Tails    Coin 2: Tails
Coin 1: Tails    Coin 2: Tails
Coin 1: Tails    Coin 2: Heads
Coin 1: Heads    Coin 2: Tails
Coin 1: Heads    Coin 2: Tails
Coin 1: Heads    Coin 2: Heads
Coin 1: Wins!
```

就像前面的程序 CountFlips 一样，FlipRace 将 Coin 类作为程序的一部分。这与我们习惯复用 Java API 的类一样，良好设计的类通常能在多个程序中复用。

5.4　方法的剖析

我们知道，类由数据声明和方法声明组成，那么方法声明由什么组成呢？本节将详细分析方法声明。

正如第 1 章所讲，方法是有特定名字的一组编程语句。方法声明指定了调用该方法时要执行的代码。Java 程序中的每种方法都是特定类的一部分。

方法声明的头包含返回值的类型、方法名以及方法接收的参数列表。大括号中的语句体构成了方法主体。在前面的程序示例中，我们已经多次定义了 main 方法，其他方法的定义遵循与 main 方法相同的语法。

当程序调用方法时，控制权交给该方法，逐条执行该方法的语句。当完成方法之后，返回到调用方法的位置，继续执行后续的代码。

被调用的方法可能与调用它的方法属于同一个类。如果被调用方法与调用方法属于同一个类时，调用它时只需使用方法名。如果被调用方法与调用它的方法分属于不同的类，就要通过引用另一个类的对象来调用此方法。图 5.8 给出了调用方法时的控制流。

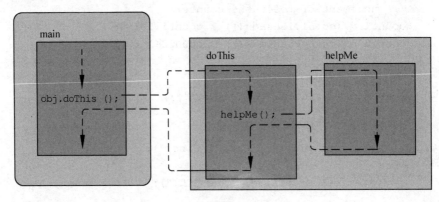

图 5.8　方法调用时的控制流

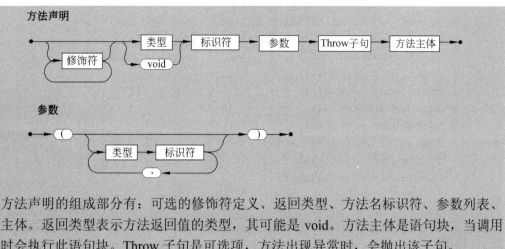

方法声明的组成部分有：可选的修饰符定义、返回类型、方法名标识符、参数列表、方法主体。返回类型表示方法返回值的类型，其可能是 void。方法主体是语句块，当调用方法时会执行此语句块。Throw 子句是可选项，方法出现异常时，会抛出该子句。

举个例子：

```
public int computeArea (int length, int width)
{
    int area =length * width;
    return area;
}
```

下面，通过分析另一个例子来继续探讨方法声明的详细内容。程序 5.6 的 Transactions 类使用 main 方法，main 方法创建了几个 Account 对象并调用它们的服务。Transactions 程序只是展示了如何与 Account 对象交互，没有做任何其他工作。因为这类程序只是驱动其他程序运行，所以称之为驱动程序。测试中经常用到驱动程序。

程序 5.6

```
//********************************************************************
// Transactions.java        Java Foundations
//
// Demonstrates the creation and use of multiple Account objects.
//********************************************************************
public class Transactions
{
  //-----------------------------------------------------------
  // Creates some bank accounts and requests various services.
  //-----------------------------------------------------------
  public static void main(String[] args)
  {
    Account acct1 = new Account("Ted Murphy", 72354, 25.59);
    Account acct2 = new Account("Angelica Adams", 69713, 500.00);
    Account acct3 = new Account("Edward Demsey", 93757, 769.32);
    acct1.deposit(44.10);  // return value ignored
    double adamsBalance = acct2.deposit(75.25);
    System.out.println("Adams balance after deposit: " +
```

```
                    adamsBalance);
        System.out.println("Adams balance after withdrawal: " +
                        acct2.withdraw (480, 1.50));
        acct3.withdraw(-100.00, 1.50);  // invalid transaction
        acct1.addInterest();
        acct2.addInterest();
        acct3.addInterest();
        System.out.println();
        System.out.println(acct1);
        System.out.println(acct2);
        System.out.println(acct3);
    }
}
```

输出

```
Adams balance after deposit: 575.25
Adams balance after withdrawal: 93.75
72354 Ted Murphy $72.13
69713 Angelica Adams $97.03
93757 Edward Demsey $796.25
```

程序 5.7 中的 Account 类代表银行账户。其实例数据表示账户所有者的名字、账号和账户的当前余额，账户的利率保存为常量。

当实例化 Account 对象时，Account 类的构造函数接收 3 个用于初始化实例数据的参数。Account 类的另一个方法在账户上完成各种服务，如存款和取款。这些方法分析传入的数据，确保所请求的交易是有效交易。例如，withdraw 方法要防止取款数额为负数。addInterest 方法通过增加所赚利息来更新当前账户余额。这些方法能有效修改账户余额，所以本程序没有 setBalance 这样的通用更改器。

程序 5.7

```java
//************************************************************************
//  Account.java       Java Foundations
//
//  Represents a bank account with basic services such as deposit
//  and withdraw.
//************************************************************************
import java.text.NumberFormat;
public class Account
{
    private final double RATE = 0.035;  // interest rate of 3.5%
    private String name;
    private long acctNumber;
    private double balance;
    //----------------------------------------------------------------
    // Sets up this account with the specified owner, account number,
```

```
   //  and initial balance.
   //----------------------------------------------------------------
   public Account(String owner, long account, double initial)
   {
      name = owner;
      acctNumber = account;
      balance = initial;
   }
   //----------------------------------------------------------------
   //  Deposits the specified amount into this account and returns
   //  the new balance. The balance is not modified if the deposit
   //  amount is invalid.
   //----------------------------------------------------------------
   public double deposit(double amount)
   {
      if (amount > 0)
        balance = balance + amount;
      return balance;
   }
   //----------------------------------------------------------------
   //  Withdraws the specified amount and fee from this account and
   //  returns the new balance. The balance is not modified if the
   //  withdraw amount is invalid or the balance is insufficient.
   //----------------------------------------------------------------
   public double withdraw(double amount, double fee)
   {
      if (amount+fee > 0 && amount+fee < balance)
        balance = balance - amount - fee;
      return balance;
   }
   //----------------------------------------------------------------
   //  Adds interest to this account and returns the new balance.
   //----------------------------------------------------------------
   public double addInterest()
   {
      balance += (balance * RATE);
      return balance;
   }
   //----------------------------------------------------------------
   //  Returns the current balance of this account.
   //----------------------------------------------------------------
   public double getBalance()
   {
      return balance;
   }
   //----------------------------------------------------------------
   //  Returns a one-line description of this account as a string.
```

```
   //-----------------------------------------------------------
   public String toString()
   {
      NumberFormat fmt = NumberFormat.getCurrencyInstance();
      return (acctNumber + "\t" + name + "\t" + fmt.format(balance));
   }
}
```

在程序 Transactions 中，创建 3 个 Account 对象后的状态如下图所示。

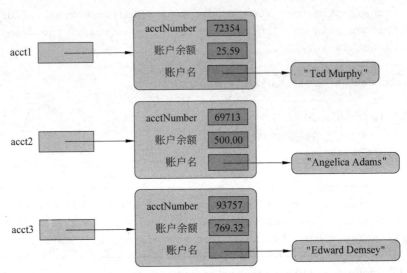

下面，我们将进一步讨论方法声明的相关问题。

5.4.1　return 语句

方法头指定的返回类型可以是基本类型、类名或保留字 void。方法无返回值时，可用 void 作为返回类型。Die 类的 setFaceValue 和 Coin 类的 flip 方法的返回类型都是 void。

Die 类的 getFaceValue 方法和 roll 方法都返回 int 值，表示骰子的点值。Coin 类的 isHeads 方法返回布尔值，表示硬币当前是否正面朝上。Account 类的几个方法返回 double 值，表示当前的账户余额。这些类的 toString 方法都会返回 String 对象。

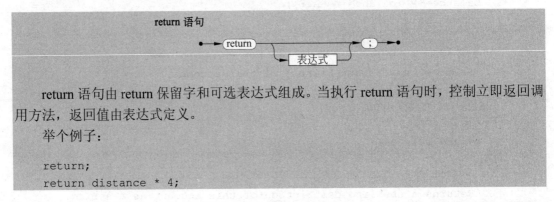

return 语句由 return 保留字和可选表达式组成。当执行 return 语句时，控制立即返回调用方法，返回值由表达式定义。

举个例子：

```
return;
return distance * 4;
```

有返回值的方法必须有 return 语句。当执行 return 语句时，控制会立即返回到调用方法语句，然后继续处理后续代码。return 语句由保留字 return 和表达式组成，表达式表示要返回的值。表达式类型必须与方法头所指定的返回类型一致或可以隐式地转换成一致的类型。

> **重要概念**
> 方法返回值的类型必须与方法头所指定的返回类型一致。

无返回值的方法通常不包含 return 语句。当完成方法时，会自动返回到调用方法的位置。当然，无返回值的方法也可能包含一个没有表达式的 return 语句。

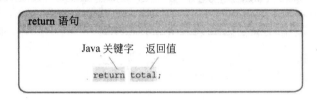

在方法中使用多条 return 语句不是好的编程习惯。一般来说，在方法主体中应该只有一条 return 语句。当然，无返回值的方法主体中可以没有 return 语句。

调用方法可以忽略 return 语句的返回值。分析下面 Transactions 程序的方法调用：

```
acct1.deposit(44.10);
```

在这个调用中，deposit 方法正常执行，更新相应账户余额，但调用方法没有使用返回值。

构造函数没有返回类型，因此不能返回任何值。5.4.4 节将更详细地介绍构造函数。

5.4.2　参数

第 2 章介绍了参数的概念。参数是传递给调用方法的值。参数为方法提供数据，使程序完成自己的任务。下面详细学习一下参数。

方法声明指定了该方法能接收的参数数量和类型。更确切地说，方法声明的参数列表指定了传递值的类型，引用传递值所用的名字。方法调用的参数列表指定了传入值。

方法声明的参数名是形参。当调用方法时，传递给调用方法的值是实参。方法声明和方法调用的参数列表都在圆括号中，位于方法名之后。如果方法没有参数，则使用空括号。

除了 Die 类的 setFaceValue 方法接收一个整型参数作为骰子新点值之外，Coin 类和 Die 类的其他方法都不接收参数。Account 构造函数接收各类参数，以完成对象实例数据的初始化。Account 的 withdraw 方法接收两个 double 型参数。注意，即使多个形参的类型相同，也要分别列出每一个形参。

形参是标识符，是方法内使用的变量。形参的初始值是调用方法时传入的实参值。当调用方法时，系统将每个实参值复制保存到对应的形参中。实参可以是字面值、变量或完整的表达式。如果实参是表达式，那么在调用方法之前，要计算表达式的值，之后再将该值传递给方法。

> **重要概念**
> 当调用方法时，将实参值复制保存到形参中。

如图 5.9 所示，方法调用的参数列表必须和方法声明的参数列表一一对应。也就是说，第一个实参的值要复制到第一个形参中，第二个实参值要复制到第二个形参中，以此类推。实参的类型一定要与形参的类型一致。

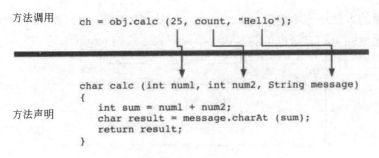

图 5.9　将方法调用的参数传递给声明

Transactions 程序进行如下的调用：

```
acct2.withdraw(480, 1.50)
```

这个调用将整数值作为 withdraw 方法的第一个参数。根据定义，第一个参数只接收 double 型数值。但由于整型能隐式地转换成 double 型，所以这次调用仍然有效。由此可见，虽然形参和实参必须一致，但也无须完全匹配。由于扩展转换的存在，我们可以将整数值赋予 double 变量。同样，传递参数时，我们也允许隐式的类型扩展转换。下面，我们将继续探讨参数传递问题。

5.4.3　本地数据

正如本章前面所讲的，变量（或常量）的范围是程序中可有效引用该变量（常量）的区域。方法内声明的变量是本地数据，而非实例数据。回忆一下，实例数据是在类中声明，不是在方法中声明。

本地数据的范围仅限于声明它的方法之内。在 Die 类的 toString 方法内声明的变量 result 是本地数据。Die 类的其他方法引用 result 时，编译器会报错。在方法内声明的变量是局部变量，范围在声明它的方法之内。在类内声明的实例数据，其范围是整个类，该类的任何方法都可以引用实例数据。

> **重要概念**
> 在方法中声明的变量是局部变量，在声明变量的方法之外不能使用该局部变量。

由于本地数据和实例数据应用范围不同，所以会出现局部变量与实例变量同名的情况。在方法中引用该变量名是引用本地版的变量。这种命名方式会让代码阅读者感到迷惑，所以程序员要避免出现局部变量和实例变量同名的情况。

方法的形参名是该方法的本地数据。在调用方法前，形参根本就不存在；当退出方法后，形参也不再存在。例如，对于 Account 构造函数中的形参 owner，在调用构造函数时，形参 owner 存在；在完成构造函数后，形参 owner 不再存在。为了在对象中存储参数值，要将参数值复制到新创建的 Account 对象的实例变量中。

5.4.4 重温构造函数

让我们再学习一下构造函数。当定义类时，通常要定义构造函数来创建类。我们经常使用构造函数对每个对象的变量进行初始化。

构造函数与常规方法有所不同，主要体现在以下两点。第一，构造函数名与类名相同。如 Die 类的构造函数名是 Die，Account 类的构造函数名是 Account。第二，构造函数不能返回任何值，方法头也没有指定返回类型，也不能指定 void 返回类型。

重要概念

构造函数没有指定任何返回类型，也不能返回 void。

通常，构造函数要对新实例化对象进行初始化。例如，Die 类的构造函数将 die 的初始点值设置为 1。Coin 类的构造函数调用 flip 方法使硬币处于初始随机状态。Account 类的构造函数将实例变量的值设置为传递给它的参数。最初使用构造函数设置对象的方式是程序设计的重要决策。

常见错误

程序员常犯的错误是在构造函数中指定 void 返回类型。就编译器而言，在构造函数中指定返回类型（如 void），就会将构造函数变成与类同名的常规方法。因此，调用时不是调用构造函数，而是调用常规方法，编译器很难解码，会报错。

如果程序员没有为类提供构造函数，那么系统会自动创建和使用默认的没有参数的构造函数。默认构造函数对新创建的对象没有任何影响。如果程序员提供了构造函数，则系统不再定义默认的构造函数。

5.5 静态类成员

在本书前面的程序示例中，我们已经使用了各种静态方法。例如，Math 类的所有方法都是静态的。回忆一下，我们用类名调用静态方法，而不是通过类的对象调用静态方法。

不仅方法可以是静态的，变量也可以是静态的。我们用 static 修饰符来声明静态类成员：变量和方法。

决定是否将方法或变量声明为静态是类设计的关键步骤。下面将更详细地介绍静态变量和静态方法。

5.5.1　静态变量

到目前为止，我们已经学习了两类变量：一类是在方法中声明的局部变量；另一种是在类内声明的实例变量。之所以使用术语实例变量，原因在于每个类实例都有自身版的变量。也就是说，对象要为每个变量提供不同的内存空间，每个对象变量又有不同的值。

有时也把静态变量称为类变量。类的所有实例都共享静态变量。对类的所有对象而言，静态变量副本只有一个。因此，更改一个对象中的静态变量值，就是更改其他所有对象的静态变量值。我们使用 static 修饰符声明静态变量：

```
private static int count = 0;
```

当程序第一次引用包含静态变量的类时，要为静态变量分配内存空间。在方法内声明的局部变量不能是静态的。

> **重要概念**
> 类的所有实例共享静态变量。

我们通常使用 final 修饰符声明常量。当然，我们也可以使用 static 修饰符来声明常量。因为常量值不能改变，所以对类的所有对象而言，常量值的副本也只有一个。

5.5.2　静态方法

第 3 章简要介绍了静态方法的概念，有时静态方法也称为类方法。我们通过类名调用静态方法，不必为了调用方法而实例化类的对象。通过第 3 章的学习，我们知道 Math 类的所有方法都是静态方法。如下所示，我们通过 Math 类名调用 sqrt 方法。

```
System.out.println("Square root of 27:" + Math.sqrt(27));
```

Math 类的方法基于传入参数值来执行基本计算。在调用静态方法时，无须维护对象状态，所以没有理由为了请求对象服务而创建对象。

在方法声明中，我们使用 static 修饰符来声明静态方法。因为 Java 程序的 main 方法是用 static 修饰符声明的，所以解释器不用实例化包含 main 的类对象，就能执行 main 方法。

由于静态方法不在特定对象的上下文中操作，所以静态方法不能引用类实例的实例变量。如果静态方法尝试使用非静态变量，编译器会报错。因为静态变量的存在与具体对象无关，所以静态方法可以引用静态变量。所有静态方法（包括 main 方法）只能访问静态变量或局部变量。

程序 5.8 实例化 Slogan 类的几个对象，依次打印每个对象，再通过类名调用 getCount 方法，返回程序中实例化 Slogan 对象的个数。

程序 5.8

```
//********************************************************************
// SloganCounter.java        Java Foundations
```

```
//
//  Demonstrates the use of the static modifier.
//*************************************************************************
public class SloganCounter
{
   //----------------------------------------------------------------
   //  Creates several Slogan objects and prints the number of
   //  objects that were created.
   //----------------------------------------------------------------
   public static void main(String[] args)
   {
      Slogan obj;
      obj = new Slogan("Remember the Alamo.");
      System.out.println(obj);
      obj = new Slogan("Don't Worry. Be Happy.");
      System.out.println(obj);
      obj = new Slogan("Live Free or Die.");
      System.out.println(obj);
      obj = new Slogan("Talk is Cheap.");
      System.out.println(obj);
      obj = new Slogan("Write Once, Run Anywhere.");
      System.out.println(obj);
      System.out.println();
      System.out.println("Slogans created: " + Slogan.getCount());
   }
}
```

输出

```
Remember the Alamo.
Dont Worry. Be Happy.
Live Free or Die.
Talk is Cheap.
Write Once, Run Anywhrer.

Slogans created: 5
```

程序 5.9 展示了 Slogan 类。Slogan 的构造函数递增静态变量 count 的值，count 的初始值为 0。count 用于跟踪 Slogan 所创建实例的个数。

将 Slogan 的 getCount 方法声明为静态，main 方法可以通过类名调用它。注意 getCount 方法唯一引用的数据是整数变量 count，它是静态的。getCount 作为静态方法，不能引用任何非静态数据。

程序 5.9

```
//*************************************************************************
//  Slogan.java        Java Foundations
```

```
//
//  Represents a single slogan or motto.
//************************************************************************
public class Slogan
{
   private String phrase;
   private static int count = 0;
   //-----------------------------------------------------------------
   //  Constructor: Sets up the slogan and increments the number of
   //  instances created.
   //-----------------------------------------------------------------
   public Slogan(String str)
   {
      phrase = str;
      count++;
   }
   //-----------------------------------------------------------------
   //  Returns this slogan as a string.
   //-----------------------------------------------------------------
   public String toString()
   {
      return phrase;
   }
   //-----------------------------------------------------------------
   //  Returns the number of instances of this class that have been
   //  created.
   //-----------------------------------------------------------------
   public static int getCount()
   {
      return count;
   }
}
```

如果没有用 static 修饰符声明 getCount 方法，那么 main 方法调用 getCount 方法时，要通过 Slogan 类的实例而不是类名。

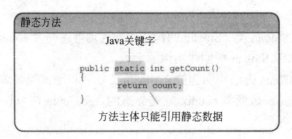

5.6　类　关　系

在软件系统中，类关系有多种类型，其中最常见三种关系是依赖、聚合和继承。

在前面的程序示例中，我们分析了依赖关系。依赖就是一个类要"使用"另一个类。本节将重新讨论依赖关系，探讨一下类依赖自身的情况。之后，我们讨论聚合关系。聚合就是一个类的对象包含另一个类的对象，两者之间是"has-a"关系。第 1 章介绍了继承，继承创建了类之间的"is a"关系，第 8 章将详细学习继承。

5.6.1　依赖

在前面的程序示例中，我们知道依赖的思想，也就是说一个类在某种程序上依赖另一个类。最常见的依赖就是一个类的方法调用另一个类的方法，这就建立了"使用"关系。

通常，如果类 A 使用类 B，则类 A 的一个（或多个）方法可以调用类 B 的一个（或多个）方法。如果被调用的类 B 的方法是静态的，那么要通过 B 的类名调用该静态方法。如果被调用类 B 的方法不是静态的，那么就要通过类 B 的实例调用该静态方法。也就是说，类 A 必须引用类 B 的对象。

一个对象如何访问另一个类的对象是非常重要的设计决策。当一个类实例化另一个类的对象时，就会发生类之间对象的访问。当然，将一个对象作为参数传递给另一个对象也会发生类之间对象的访问。

一般来说，我们需要最小化类之间的依赖关系。类之间相互依赖程度越低，变化产生的影响就越小，出错的概率也越低。

5.6.2　同一个类中对象间的依赖

在某些情况下，类依赖自身。也就是说，一个类的对象与同一个类的另一个对象进行交互。为了实现同一类中对象的交互，类方法可以接收同一个类的对象作为参数。

String 类的 concat 方法就是一个很好的示例。执行 concat 方法时，将一个 String 对象作为参数传递给另一个 String 对象，如下所示：

```
str3 = str1.concat(str2);
```

执行方法的 String 对象（str1）会将其字符与作为参数传递的 String 对象（str2）的字符相连，并将返回值作为新的 String 对象 str3 的字符加以保存。

名为 RationalTester 的程序 5.10 也是类依赖自身的示例。有理数是一个整数和另一个整数的比。RationalTester 程序创建两个对象来表示有理数，然后执行各种操作生成新的有理数。

程序 5.10

```java
//*************************************************************************
//  RationalTester.java       Java Foundations
//
//  Driver to exercise the use of multiple Rational objects.
//*************************************************************************
public class RationalTester
{
  //-------------------------------------------------------------------
  // Creates some rational number objects and performs various
  // operations on them.
  //-------------------------------------------------------------------
  public static void main(String[] args)
  {
    RationalNumber r1 = new RationalNumber(6, 8);
    RationalNumber r2 = new RationalNumber(1, 3);
    RationalNumber r3, r4, r5, r6, r7;
    System.out.println("First rational number: " + r1);
    System.out.println("Second rational number: " + r2);
    if (r1.isLike(r2))
       System.out.println("r1 and r2 are equal.");
    else
       System.out.println("r1 and r2 are NOT equal.");
    r3 = r1.reciprocal();
    System.out.println("The reciprocal of r1 is: " + r3);
    r4 = r1.add(r2);
    r5 = r1.subtract(r2);
    r6 = r1.multiply(r2);
    r7 = r1.divide(r2);
    System.out.println("r1 + r2: " + r4);
    System.out.println("r1 - r2: " + r5);
    System.out.println("r1 * r2: " + r6);
    System.out.println("r1 / r2: " + r7);
  }
}
```

输出

```
First rational number: 3/4
Second rational number: 1/3
r1 and r2 are NOT equal.
r1 + r2:13/12
r1  r2:5/12
r1 * r2: 1/4
r1 / r2: 9/4
```

程序 5.11 给出了 RationalNumber 类。在你分析这个类时，要知道这个类创建的对象代表有理数。RationalNumber 类包含有理数的各种运算，如加法和减法等。

　　RationalNumber 类的方法有 add、subtract、multiply 和 divide。使用执行方法的 RationalNumber 对象作为左操作数，使用作为参数传递的 RationalNumber 对象为右操作数。

　　RationalNumber 类的 isLike 方法用于确定两个有理数是否相等。在此，没有调用第 4 章比较 String 对象是否相等的 equal 方法。在第 8 章中，我们将讨论 equal 方法因继承而有点特殊。因此，为了避免混淆，我们使用 isLike 方法。

　　注意，Rational Number 类中的一些方法，如 reduce 和 gcd，都声明为私有可见性。这些方法是私有的，因为我们不希望从 RationalNumber 外部执行这些方法。这些方法的存在只是为了支持对象的其他服务。

5.6.3　聚合

　　有些对象由其他对象组成。例如，汽车由发动机、底盘、车轮和其他一些部件组成。任何组成部分都是独立的对象。因此，我们可以说汽车是一种聚合：它由其他对象组成。聚合是一种 "has a" 关系。例如，汽车 "has a" 机壳。

> **重要概念**
> 聚合对象由其他对象组成，形成 has-a 关系。

　　在软件世界中，聚合对象是将对其他对象的引用作为实例数据的对象。例如，Account 对象还包含 String 对象，而 String 对象表示账户所有者的名字。有时，我们会忘记 String 是对象，但从技术上讲，正因为 String 是对象，才使每个 Account 对象都成为了聚合对象。

　　聚合是一种特殊的依赖关系。也就是说，一个类的组成部分由依赖于该类的另一个类定义。聚合对象的方法会调用其组成对象的方法。

程序 5.11

```
//********************************************************************
//  RationalNumber.java         Java Foundations
//
//  Represents one rational number with a numerator and denominator.
//********************************************************************
public class RationalNumber
{
   private int numerator, denominator;
   //----------------------------------------------------------------
   //  Constructor: Sets up the rational number by ensuring a nonzero
   //  denominator and making only the numerator signed.
   //----------------------------------------------------------------
   public RationalNumber(int numer, int denom)
   {
      if (denom == 0)
         denom = 1;
      // Make the numerator "store" the sign
```

```java
      if (denom < 0)
      {
         numer = numer * -1;
         denom = denom * -1;
      }
      numerator = numer;
      denominator = denom;
      reduce();
   }
   //-----------------------------------------------------------------
   //  Returns the numerator of this rational number.
   //-----------------------------------------------------------------
   public int getNumerator()
   {
      return numerator;
   }
   //-----------------------------------------------------------------
   //  Returns the denominator of this rational number.
   //-----------------------------------------------------------------
   public int getDenominator()
   {
      return denominator;
   }
   //-----------------------------------------------------------------
   //  Returns the reciprocal of this rational number.
   //-----------------------------------------------------------------
   public RationalNumber reciprocal()
   {
      return new RationalNumber(denominator, numerator);
   }


   //-----------------------------------------------------------------
   //  Adds this rational number to the one passed as a parameter.
   //  A common denominator is found by multiplying the individual
   //  denominators.
   //-----------------------------------------------------------------
   public RationalNumber add(RationalNumber op2)
   {
      int commonDenominator = denominator * op2.getDenominator();
      int numerator1 = numerator * op2.getDenominator();
      int numerator2 = op2.getNumerator() * denominator;
      int sum = numerator1 + numerator2;
      return new RationalNumber(sum, commonDenominator);
   }
   //-----------------------------------------------------------------
   //  Subtracts the rational number passed as a parameter from this
   //  rational number.
```

```
//-------------------------------------------------------------
public RationalNumber subtract(RationalNumber op2)
{
   int commonDenominator = denominator * op2.getDenominator();
   int numerator1 = numerator * op2.getDenominator();
   int numerator2 = op2.getNumerator() * denominator;
   int difference = numerator1 - numerator2;
   return new RationalNumber(difference, commonDenominator);
}
//-------------------------------------------------------------
//  Multiplies this rational number by the one passed as a
//  parameter.
//-------------------------------------------------------------
public RationalNumber multiply(RationalNumber op2)
{
   int numer = numerator * op2.getNumerator();
   int denom = denominator * op2.getDenominator();
   return new RationalNumber(numer, denom);
}
//-------------------------------------------------------------
//  Divides this rational number by the one passed as a parameter
//  by multiplying by the reciprocal of the second rational.
//-------------------------------------------------------------
public RationalNumber divide (RationalNumber op2)
{
   return multiply(op2.reciprocal());
}
//-------------------------------------------------------------
//  Determines if this rational number is equal to the one passed
//  as a parameter.  Assumes they are both reduced.
//-------------------------------------------------------------
public boolean isLike(RationalNumber op2)
{
   return ( numerator == op2.getNumerator() &&
          denominator == op2.getDenominator() );
}
//-------------------------------------------------------------
//  Returns this rational number as a string.
//-------------------------------------------------------------
public String toString()
{
   String result;
   if (numerator == 0)
     result = "0";
   else
     if (denominator == 1)
        result = numerator + "";
```

```java
      else
         result = numerator + "/" + denominator;

   return result;
}
//-----------------------------------------------------------------
//  Reduces this rational number by dividing both the numerator
//  and the denominator by their greatest common divisor.
//-----------------------------------------------------------------
private void reduce()
{
   if (numerator != 0)
   {
      int common = gcd(Math.abs(numerator), denominator);
      numerator = numerator / common;
      denominator = denominator / common;
   }
}
//-----------------------------------------------------------------
//  Computes and returns the greatest common divisor of the two
//  positive parameters. Uses Euclid's algorithm.
//-----------------------------------------------------------------
private int gcd(int num1, int num2)
{
   while (num1 != num2)
      if (num1 > num2)
         num1 = num1 - num2;
      else
         num2 = num2 - num1;
   return num1;
}
}
```

对象越复杂，就越有可能需要用聚合对象表示。在 UML 中，聚合用一端是菱形的线连接具有聚合关系的类。图 5.10 所示的 UML 类图展示了聚合关系。

注意，在前面的 UML 类图示例中，字符串并没有表示成具有聚合关系的独立类，虽然技术上字符串是独立的类。字符串对于编程非常重要，我们感觉它们就是 UML 类图中的基本类型。

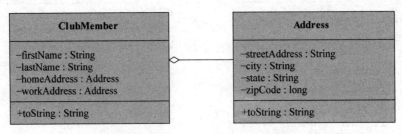

图 5.10 展示聚合关系的 UML 类图

5.6.4　this 引用

在离开类之间关系的主题之前，我们再分析一下 Java 程序中使用的另一种特殊引用：this 引用。this 是 Java 的保留字。对象能引用自身。如前所述，我们要通过特定的对象或类调用非静态方法。在非静态方法内，可以使用 this 引用当前执行的对象。

例如，ChessPiece 类有 move 方法，那么可以使用如下的语句：

```
if (this.position == piece2.position)
result = false;
```

在这种情况下，this 引用用来指明正在引用哪个位置。this 引用就是引用正在调用方法的对象。因此，当用下面代码行调用方法时，this 引用就是引用 bishop1：

```
bishop1.move ();
```

但是，当用另一个对象调用方法时，this 引用就是引用这个对象。因此，当使用下面的调用时，move 方法中的 this 引用就是引用 bishop2：

```
Bishop2.move ();
```

通常，用 this 引用区分构造函数的参数和同名的实例变量。程序 5.7 的 Account 类的构造函数如下所示：

```
public Account (String name, long acctNumber, double balance)
{
  name = name;
  acctNumber = acctNumber;
  balance = balance;
}
```

当编写这个构造函数时，我们故意使用不同的参数名，以便与实例变量 name、acctNumber 和 balance 区分开。我们使用 this 引用编写的构造函数如下：

```
public Account (String name, long acctNumber, double balance)
{
  this.name = name;
  this.acctNumber = acctNumber;
  this.balance = balance;
}
```

在这版的构造函数中，this 引用就是引用对象的实例变量。赋值语句右边的变量是形参。这种方法消除了形参和实例变量同名的现象。有时，其他方法中也出现这种情况，但这在构造函数中最为常见。

5.7　方　法　设　计

一旦确定了类，对类进行了职责分配，就要进行方法设计了。方法设计是确定类要如何定义自身的行为。一些方法非常简单直接，设计时只需稍作思考；但另一些方法极其复杂有趣，设计时要仔细规划。

算法是分步解决问题的过程。配方是算法的一个好示例；旅行指南也是算法的另一个好示例。因为算法由各种类方法实现，所以每种方法如何实现自身的目标决定了如何实现算法。

我们经常使用伪代码描述算法。伪代码是语句代码和英语短语的混合体。伪代码能以清晰的结构描述代码的操作，不必纠结于某种编程语言的句法细节，也不会过早地受限于特定的编程构造。

在设计方法层面，要考虑两个重要问题：方法分解和将对象作为传递参数的意义。下面分析这两个问题。

5.7.1　方法分解

有时对象提供的服务非常复杂，不能用一种方法实现。因此，有时为了使设计简洁合理，我们需要将一个方法分解成多个方法。下面分析一个将英语句子翻译成儿童黑话"Pig Latin"的程序。

> **重要概念**
>
> 为了更好使用对象所提供的复杂服务，最好的方式是将方法进行分解，使用一些私有的支持方法来完成任务。

Pig Latin 是一种儿童黑话，它会修改原句子中的每个单词。一般来说，如果单词以辅音字母开头，则将词首的辅音字符从单词开头移到词尾，然后加上后缀 ay。例如，单词 happy 就变成了 appyhay。单词 birthday 就变成了 irthdaybay。如果单词以元音开头，则只需要给单词加后缀"yay"。单词 enough 就变成了 enoughyay。如果在单词的开头是多个辅音，如"ch"和"st"，那么要将第一个元音字母前的所有辅音字母一起移到单词最后，然后再加后缀"ay"。因此，单词 grapefruit 就变成了 apefruitgray。

名为 PigLatin 的程序 5.12 读取一个或多个句子，然后将句子翻译成儿童黑话"Pig Latin"。

程序 PigLatin 主要靠程序 5.13 中的 PigLatinTranslator 类来完成任务。PigLatinTranslator 类提供了一种基本服务：translate 静态方法。translate 方法接收字符串，将其翻译成儿童黑话 Pig Latin。注意 PigLatinTranslator 类不需要构造函数。

将整个句子翻译成儿童黑话 Pig Latin 是比较复杂的。如果只编写一个大方法，则代码太长且难以跟踪。PigLatinTranslator 类的实现就是一种很好的解决方案，它将 translate 方法分解，用一些私有的支持方法来完成翻译任务。

translate 方法使用 Scanner 对象将字符串分解成单词。回忆一下第 3 章 Scanner 类的功能，它能将字符串分解成小的标记。在这个示例中，标记是用空格字符分开的，所以程序使用默认的空格分隔符。PigLatin 程序假定输入句子不包含标点符号。

translate 方法将每个单词传递给私有的支持方法 translateword。哪怕只有一个单词，translate 方法也照传不误。translateWord 方法要使用另外两种私有方法：beginsWithVowel 和 beginsWithBlend。

beginsWithVowel 方法返回一个布尔值，指明作为参数传递的单词是否以元音开头。注意，beginsWithVowel 方法的代码不是分别检查句子中的每个元音，而是声明包含句子全部元音的字符串，再调用 String 类的方法 indexOf 来确定该单词的第一个字符是否在元音字符串中。如果无法找到指定的字符，则 indexOf 方法返回值为-1。

程序 5.12

```java
//********************************************************************
//  PigLatin.java        Java Foundations
//
//  Demonstrates the concept of method decomposition.
//********************************************************************
import java.util.Scanner;
public class PigLatin
{
   //-----------------------------------------------------------
   //  Reads sentences and translates them into Pig Latin.
   //-----------------------------------------------------------
   public static void main(String[] args)
   {
      String sentence, result, another;
      Scanner scan = new Scanner(System.in);
      do
      {
         System.out.println();
         System.out.println("Enter a sentence (no punctuation):");
         sentence = scan.nextLine();
         System.out.println();
         result = PigLatinTranslator.translate(sentence);
         System.out.println("That sentence in Pig Latin is:");
         System.out.println(result);
         System.out.println();
         System.out.print("Translate another sentence (y/n)? ");
         another = scan.nextLine();
      }
      while (another.equalsIgnoreCase("y"));
   }
}
```

输出

```
Enter a sentence (no punctuation):
```

```
Do you speak Pig Latin
That sentence in Pig Latin is:
Oday ouyay eakspay igpay atinlay
Translate another sentence (y/n)?y
Enter a sentence (no punctuation):
Play it again Sam
That sentence in Pig Latin is:
Ayplay ityay againyay amsay
Translate another sencten(y/n)?n
```

程序 5.13

```java
//****************************************************************
//  PigLatinTranslator.java        Java Foundations
//
//  Represents a translator from English to Pig Latin. Demonstrates
//  method decomposition.
//****************************************************************
import java.util.Scanner;
public class PigLatinTranslator
{
   //----------------------------------------------------------------
   //  Translates a sentence of words into Pig Latin.
   //----------------------------------------------------------------
   public static String translate(String sentence)
   {
      String result = "";
      sentence = sentence.toLowerCase();
      Scanner scan = new Scanner(sentence);
      while (scan.hasNext())
      {
         result += translateWord(scan.next());
         result += " ";
      }
      return result;
   }
   //----------------------------------------------------------------
   //  Translates one word into Pig Latin. If the word begins with a
   //  vowel, the suffix "yay" is appended to the word.  Otherwise,
   //  the first letter or two are moved to the end of the word,
   //  and "ay" is appended.
   //----------------------------------------------------------------
   private static String translateWord(String word)
   {
      String result = "";
      if (beginsWithVowel(word))
         result = word + "yay";
```

```
        else
            if (beginsWithBlend(word))
                result = word.substring(2) + word.substring(0,2) + "ay";
            else
                result = word.substring(1) + word.charAt(0) + "ay";
        return result;
    }
    //-----------------------------------------------------------------
    //  Determines if the specified word begins with a vowel.
    //-----------------------------------------------------------------
    private static boolean beginsWithVowel(String word)
    {
        String vowels = "aeiou";
        char letter = word.charAt(0);
        return (vowels.indexOf(letter) != -1);
    }


    //-----------------------------------------------------------------
    //  Determines if the specified word begins with a particular
    //  two-character consonant blend.
    //-----------------------------------------------------------------
    private static boolean beginsWithBlend(String word)
    {
        return ( word.startsWith ("bl") || word.startsWith ("sc") ||
                 word.startsWith ("br") || word.startsWith ("sh") ||
                 word.startsWith ("ch") || word.startsWith ("sk") ||
                 word.startsWith ("cl") || word.startsWith ("sl") ||
                 word.startsWith ("cr") || word.startsWith ("sn") ||
                 word.startsWith ("dr") || word.startsWith ("sm") ||
                 word.startsWith ("dw") || word.startsWith ("sp") ||
                 word.startsWith ("fl") || word.startsWith ("sq") ||
                 word.startsWith ("fr") || word.startsWith ("st") ||
                 word.startsWith ("gl") || word.startsWith ("sw") ||
                 word.startsWith ("gr") || word.startsWith ("th") ||
                 word.startsWith ("kl") || word.startsWith ("tr") ||
                 word.startsWith ("ph") || word.startsWith ("tw") ||
                 word.startsWith ("pl") || word.startsWith ("wh") ||
                 word.startsWith ("pr") || word.startsWith ("wr") );
    }
}
```

beginsWithBlend 方法也返回一个布尔值。该方法体只包含一个带有很长表达式的 return 语句，该 return 语句多次调用 String 类的方法 startsWith。如果有任何一个调用方法 startsWith 返回值为真，则 beginsWithBlend 方法的返回值也为真。

注意，方法 translateWord、beginsWithVowel 和 beginsWithBlend 声明为私有可见性。它们不能直接为类外的客户提供服务，只是协助该类的唯一的真正服务方法 translate 来完成程序的任务。将这三个方法声明为私有意味着类外不能对它们进行调用。例如，如果 PigLatin 类的 main 方法试图调用 translateWord 方法，那么编译器会报错。

图 5.11 给出了 PigLatin 程序的 UML 类图。注意理解展示各种方法可见性的符号。

每当方法越来越庞大，或越来越复杂时，我们就要考虑方法分解：即将一个方法分解为多个方法，以使类方法设计更简洁明了。第一，为了设计最佳的系统，我们必须考虑如何定义其他的类和对象。在面向对象的设计中，方法分解必须从属于对象分解。

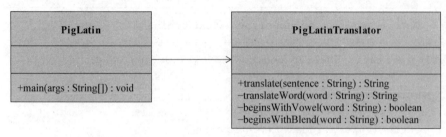

图 5.11　PigLatin 程序的 UML 类图

5.7.2　重温方法参数

与方法设计有关的另一个重要问题是以何种方式将参数传递给方法。在 Java 中，所有参数都是按值传递。也就是说，将被调用方法的实参当前值复制到调用方法的形参中。在 5.4.2 节，我们已经概括了解了方法的参数，现在，我们要更深入地学习方法的参数。

本质上，参数传递就是赋值语句。参数传递就是把实参存储值的副本赋值给形参。在修改方法的形参时，一定要考虑参数传递问题。形参是传递值的副本，因此，对形参进行的任何更改对实参都没有影响。控制权返回到调用方法后，实参的值没变。但是，当我们将对象传递给某个方法时，实际传递的是对对象的引用，复制的值是对象的地址。因此，形参和实参互为别名。如果通过方法内的形参引用改变对象的状态，那么也会改变实参的引用对象，因为形参和实参指向同一个对象。另一方面，如果改变形参引用，如让它指向一个新对象，那么实参仍指向原对象。

> **重要概念**
> 当将对象传递给方法时，实参和形参互为别名。

程序 5.14 演示了参数传递的细微差别。

仔细追踪程序的执行，记录输出值。ParameterTester 类包含 main 方法，main 方法调用对象 ParameterModifier 的方法 changeValues。方法 changeValues 的两个参数是 Num 对象，一个参数用于存储整数值，另一个参数是基本整数值。

程序 5.15 给出了 ParameterModifier 类，程序 5.16 给出了 Num 类。在 changeValues 方法中，对三个形参分别进行了更改：对整数参数设置了不同的值，使用 setValue 方法更改第一个 Num 参数值；创建新 Num 对象并分配给第二个 Num 参数。changevalues 方法的输出展示了这种细微差别。

程序 5.14

```java
//********************************************************************
//  ParameterTester.java       Java Foundations
//
//  Demonstrates the effects of passing various types of parameters.
//********************************************************************
public class ParameterTester
{
  //---------------------------------------------------------------
  //  Sets up three variables (one primitive and two objects) to
  //  serve as actual parameters to the changeValues method. Prints
  //  their values before and after calling the method.
  //---------------------------------------------------------------
  public static void main(String[] args)
  {
    ParameterModifier modifier = new ParameterModifier();
    int a1 = 111;
    Num a2 = new Num(222);
    Num a3 = new Num(333);
    System.out.println("Before calling changeValues:");
    System.out.println("a1\ta2\ta3");
    System.out.println(a1 + "\t" + a2 + "\t" + a3 + "\n");
    modifier.changeValues(a1, a2, a3);
    System.out.println("After calling changeValues:");
    System.out.println("a1\ta2\ta3");
    System.out.println(a1 + "\t" + a2 + "\t" + a3 + "\n");
  }
}
```

```
输出

Before calling changeValues:
a1    a2    a3
111   222   333
Before changing the values:
f1    f2    f3
111   222   333
After changing the values:
f1    f2    f3
999   888   777
After calling changeValues:
a1    a2    a3
111   888   333
```

程序 5.15

```java
//************************************************************************
//  ParameterModifier.java        Java Foundations
//
//  Demonstrates the effects of changing parameter values.
//************************************************************************
public class ParameterModifier
{
   //--------------------------------------------------------------------
   //  Modifies the parameters, printing their values before and
   //  after making the changes.
   //--------------------------------------------------------------------
   public void changeValues(int f1, Num f2, Num f3)
   {
      System.out.println("Before changing the values:");
      System.out.println("f1\tf2\tf3");
      System.out.println(f1 + "\t" + f2 + "\t" + f3 + "\n");
      f1 = 999;
      f2.setValue(888);
      f3 = new Num(777);
      System.out.println("After changing the values:");
      System.out.println("f1\tf2\tf3");
      System.out.println(f1 + "\t" + f2 + "\t" + f3 + "\n");
   }
}
```

程序 5.16

```java
//************************************************************************
//  Num.java        Java Foundations
//
//  Represents a single integer as an object.
//************************************************************************
public class Num
{
   private int value;
   //--------------------------------------------------------------------
   //  Sets up the new Num object, storing an initial value.
   //--------------------------------------------------------------------
   public Num(int update)
   {
      value = update;
   }
   //--------------------------------------------------------------------
   //  Sets the stored value to the newly specified value.
   //--------------------------------------------------------------------
   public void setValue(int update)
```

```
  {
    value = update;
  }
   //----------------------------------------------------------
  //  Returns the stored integer value as a string.
  //----------------------------------------------------------
  public String toString()
  {
    return value + "";
  }
}
```

但是，注意从方法返回后打印的最终值。基本整数值未变，与原值保持一致，因为只是改变了方法内的副本。同样，最后一个参数仍然指向具有原值的原对象，因为形参只引用了方法内创建的新 Num 对象。当该方法返回时，形参被销毁，Num 对象被标记为垃圾收集对象。唯一发生改变的是第二个参数的状态。图 5.12 给出了程序 5.14 执行的各个步骤。

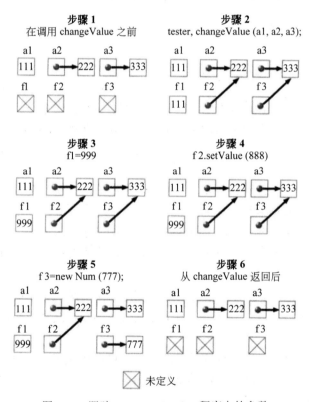

图 5.12　跟踪 ParameterTesting 程序中的参数

5.8　方 法 重 载

正如前面所述，当调用方法时，控制转移到定义该方法的代码。当执行方法后，控制返回到调用位置，继续执行后续代码。

我们觉得方法名足以指明正在被调用的方法。但在 Java 中，方法名相同，参数列表不同，方法也是不同的。方法重载就是指这种技术。当用户需要对不同类型数据执行类似的方法时，方法重载非常有用。

编译器必须能与被调用的每个方法进行交互。如果两个或更多方法同名，那么要用附加信息识别所调用的同名方法。在 Java 中，即使方法同名，只要方法的参数个数不同，或者类型不同，或者顺序不同，就是不同的方法。举个例子，下面声明一个名为 sum 的方法：

```java
public int sum (int num1, int num2)
{
    return num1 + num2;
}
```

重要概念
根据参数的个数、类型和顺序来区分不同版本的重载方法。

下面是在同一个类中声明另一个名为 sum 的方法：

```java
public int sum (int numl, int num2, int num3)
{
    return numl + num2 + num3;
}
```

现在用下面的语句调用 sum 方法。因为方法同名，编译器要分析参数个数以确定调用的是哪一版的 sum 方法。在这个示例中，调用的是第二版的 sum 方法：

```java
sum( 25, 69, 13);
```

我们将方法名、方法的参数个数、类型和顺序统称为方法签名。编译器将完整的方法签名与不同版本的方法进行绑定。

编译器必须分析调用的方法，才能确定被调用的是哪一版方法。如果用户试图指定的两种方法具有相同的签名，那么编译器会报错，同时也不会创建可执行程序。因为方法不能存在歧义性。

注意，方法的返回类型不是方法签名的一部分。也就是说，不能用返回类型来区分两个重载方法，原因在于一些方法调用会忽略返回值。当忽略返回值时，编译器就无法确定调用了哪一版的重载方法。

println 方法是一个非常好的重载方法的示例，可以重载多次，每次重载都只接收一种类型的数据。下面列出了 println 方法的部分签名：

- println(String s)。
- println(int i)。
- println(double d)。
- println(char c)。
- println(boolean b)。

下面两行代码实际上调用了同名的不同方法：

```
System.out.println("Number of students:");
System.out.println(count);
```

第一行代码调用的 println 版只接收字符串。我们假设 count 是整型变量，那么第二行代码调用的 println 版只接收整数。

我们经常使用 print 语句同时打印几种不同的数据类型，例如

```
System.out.println("Number of students:" + count);
```

在这个示例中，加号是字符串连接运算符。系统先将变量 count 值转换成字符串形式，然后将两个字符串连接在一起，形成一个更长的字符串，最后调用 println，打印这个更长的单个字符串。

构造函数也可以重载，且经常重载。我们有多个版本的构造函数，就有多种方式创建对象。

5.9　测　　试

随着程序越来越庞大且越来越复杂，要保证程序的准确性和可靠性也变得越来越困难。因此，要对程序进行测试，以保证程序的准确性和可靠性。本小节将分析如何进行程序测试。

在软件开发中，测试有许多方式。测试的传统定义为：用各种不同输入对程序进行操作，以发现程序的问题，衡量软件系统的质量，并对其是否能满足设计要求进行评估的过程。

测试的目的是找出错误，通过发现错误并修复它们来提高程序质量。除程序员之外，其他人也可能发现程序隐藏的错误。越早发现错误，越容易修复错误，付出的代价越小，花更多时间尽可能早地发现问题是很值得一做的事情。

使用指定的输入运行程序得到正确结果，只能说明程序适用于这种指定输入。测试用例越多，且执行程序没有错误，则程序员对程序的自信心越强，但要知道，永远不要相信消除了程序的所有错误，仍可能存在未发现的错误，用尽可能多的方式和精心设计的测试用例彻底测试程序是非常重要的。

重要概念
测试程序永远不能保证程序不存在错误。

我们能证明程序是正确的，但如果程序非常庞大，则证明技术会非常复杂，可能证明自身就制造错误。因此，我们经常使用测试来确定程序质量。

在确定有错误之后，要找到出错原因，然后修复错误。在解决错误问题之后，要再次运行前面的管理测试，以确保解决问题的同时，没有制造其他问题，这种测试技术被称为回归测试。

5.9.1　评审

评审是一种评估设计或代码的技术。评审时，评审人会仔细检查设计文件或代码。程序员将自己的设计或代码交给别人评审，一定会非常小心。同时，程序员也能听到评审人的反馈意见。评审人员讨论程序设计或代码的优点及存在的问题，列出必须要解决的问题清单。评审的目的是发现问题，不是解决问题，因为解决问题需要更多的时间。

设计评审要确定设计是否满足需求。评审也要评估系统分解类和对象的方法。代码评审要确定设计是如何忠于软件需求的，实现是如何忠于设计的。评审还应该确定谁为设计或实现的失败负责。

有时评审也称为走查，因为评审的目的是逐步仔细审查设计文件，评估所有代码。

5.9.2　缺陷测试

由于测试的目的是发现错误，所以也将测试通称为缺陷测试。明确测试的目的后，我们知道优秀的测试就是发现程序的任何缺陷。谁都不希望自己的系统存在问题，但错误肯定会有，这是谁都不能否认的。程序员要尽一切努力，用测试去发现错误和修复错误，来增强程序的可靠性，而不是等着终端用户发现错误，反馈错误。

> **重要概念**
> 优秀的测试就是发现错误。

测试用例是输入、用户操作或其他初始化条件及预期输出的集合。应该将测试用例记录在案，以便之后根据需要进行重复测试。开发人员会创建完整的测试集。测试集是测试用例集，测试涵盖系统的方方面面。

虽然程序能在大量的可能输入上操作，但为所有输入或用户创建测试用例是不可行的，通常我们也不需要测试每一种单独情况。两个具体的测试用例可能非常相似，也不是用于测试程序的独特部分，执行两次这样的测试是一种浪费。最好是以某种新方法执行测试用例，当然选择测试用例也非常重要。下面介绍两种常用的缺陷测试方法：黑盒测试和白盒测试。

> **重要概念**
> 测试所有可能的程序输入和用户操作是不可行的。

顾名思义，黑盒测试就是将被测试内容视为黑盒。在黑盒测试中，测试用例的开发与内部操作无关，黑盒测试是基于输入和输出的测试。当使用黑盒技术测试整个程序时，输入是用户提供的信息和用户的操作（如按按钮操作）。只有当输入产生预期的输出，测试用例才是成功的。黑盒技术也能对单个类进行测试，其着重测试类的系统接口，即公共方法的测试。公共方法测试会传递一些参数，生成预测结果。黑盒测试用例经常按系统需求直接派生，或按方法的既定目的派生。

黑盒测试用例是通过定义等价类来选择输入数据。等价类是能产生预期类似输出的输入集。一般来说，如果方法能使用等价类中的一个值，那么我们就有充分的理由相信，该方法也能使用等价类的其他值。例如，计算整数平方根方法的输入有两个等价类：非负整数和负整数。如果方法能使用一个非负整数值，那么就能使用所有非负整数值。同样，如果方法能使用一个负整数值，那么就能使用所有负整数值。

等价类定义了边界。因为所有等价类本质上就是测试程序的功能，所以只需要等价边界中的一个测试用例就足够了。但因为编程时经常产生"一个字节溢出"错误，所以为了详尽测试边界值，需要测试用例集。对于整数边界而言，优秀的测试集最少要包括确切的边界值、边界减 1 和边界加 1。在使用这种测试用例集时，要定义类的范围为其常用范围加 1。

下面分析一个方法，用于验证某个数是否是 0 到 99（包含）之间的整数。在这个示例中，方法有三个等价类：数值小于 0、数值在 0 到 99（包含）之间和数值大于 99。黑盒测试所用的测试值有边界上下的值，也有等价类内的值。因此，这个示例的黑盒测试用例集是：-500、-1、0、1、50、98、99、100 和 500。

白盒测试也称为透明盒测试，用于测试内部结构和方法的实现。白盒的测试用例是基于代码逻辑。白盒测试的目的是确保程序的每条路径都至少执行一次。白盒测试映射代码内的所有路径，测试用例要确保在每条路径上至少执行一次，这类测试也称为语句覆盖。

代码中的路径由各种控制流语句控制。例如，if 语句使用条件表达式来控制代码流。为了使程序的每条路径都至少执行一次，至少有一个测试用例的输入数据使 if 语句的条件为真。同时，至少有一个测试用例的输入数据使 if 语句的条件表达式值为假。也就是说，if 语句的两个分支都要执行一次。当然，循环和其他结构也应如此。

在黑盒测试和白盒测试中，要在运行测试之前，给出每种测试的预期输出。如果没有提前仔细确定预期输出，则无法认定测试结果是否合理。

5.9.3　单元测试

单元测试是另一种测试类型。单元测试方法为每个已编好的模块（方法）创建测试用例。单元测试的目的是为了确保方法的正确性。单元测试一次只测试一种方法。

一般来说，我们集中进行单元测试，每次执行一个方法的测试，最后观察分析所有的测试结果。在源代码发生变化时，我们也可以借助单元测试，观察代码更改对测试结果的影响，有时，我们将这种测试称为回归测试。

5.9.4　集成测试

在集成测试期间，单元测试单独测试的模块作为集合进行整体测试。集成测试将系统模块整合在一起，测试系统整体性能，以确定整合后的系统是否存在错误，各模块是否能一起协调工作。与单元测试一样，当模块和整合方法发生变化时，我们可以使用回归测试以观察分析这些更改是否对测试结果产生了影响。在通常情况下，集成测试的目的是检查大型系统组件的正确性。

5.9.5 系统测试

系统测试要测试整个软件系统，是否忠于软件需求。你可能非常熟悉应用程序或操作系统的公共 Alpha 或 Beta 测试。Alpha 和 Beta 测试是在软件产品正式发布之前进行的系统测试。软件开发公司参与这种公开测试，以增加测试产品的用户数量或在更多硬件平台上推广测试产品。

5.9.6 测试驱动开发

在理想情况下，开发人员应该在开发应用程序源代码的同时编写测试用例。但事实上，许多开发者都是先编写测试用例，再编写实现测试用例的源代码，在专业上将这种实践称为测试驱动开发。

TDD 的原理是在开发功能代码之前，先编写单元测试用例代码，测试代码确定需要编写什么产品代码。TDD 虽是敏捷方法的核心实践

> **重要概念**
> 在测试驱动开发中，在开发功能代码之前，先编写测试用例代码。

测试驱动方法要求开发者在开发和实现过程中，用已实现的测试用例来定期测试自己的程序代码。通过分析测试驱动方法的一系列步骤，你会知道测试驱动开发包括以下的活动：

（1）创建测试用例，用于测试尚未完成的具体方法。

（2）执行所有已有的测试用例。除了最近实施的测试用例之外，验证所有测试用例是否能通过测试。

（3）开发测试用例的目标方法，验证测试用例是否能无错误地通过测试。

（4）重新执行所有测试用例，确认每个测试用例都通过测试，当然也包括最近实施的测试案例。

（5）清理代码，消除最近方法引入的冗余代码，这一步称为代码重构。

（6）从步骤（1）开始重复整个过程。

测试驱动方法在专业测试中越来越受欢迎。毫无疑问，许多开发人员都在对自身进行调整，在开发系统功能代码之前，先编写测试用例代码。

5.10 调 试

本节介绍程序员必须要掌握的最重要技术：程序调试。调试是查找和纠正程序的运行时错误和逻辑错误的行为。我们能以不同方式找到程序的错误。例如，当执行程序产生运行时错误，导致程序异常终止时，你会发现设计时考虑不周的地方，找到错误根源。此外，当实际运行结果与预期结果不符时，你能发现程序的逻辑错误。

> **重要概念**
> 调试是查找和纠正程序的运行时错误和逻辑错误的行为。

在理想情况下，我们希望通过严格测试发现程序的所有可能出现的错误，但最终程序中存在一些错误是常态。一旦发现自己开发的程序存在错误，你就会查找产生错误的代码。例如，如果你怀疑因为除以 0 导致程序异常终止，那么你就要准确定位相应的代码行，观察分析除法所涉及的变量值，确定出错的原因是由于除以零的问题还是除法操作的逻辑错误。

无论你的出发点是什么，获悉有关变量值、对象状态和程序内部工作状态的详细信息是非常有用的，这也是需要调试器的原因。调试器是一种软件程序，借助调试器，用户能观察程序执行时的内部工作状态。在详细讨论调试器之前，我们先介绍简单调试。

> **重要概念**
> 调试器是一种软件程序，借助调试器，开发人员能观察程序的执行情况。

5.10.1　使用 print 语句的简单调试

最简单的调试方法之一就是使用 print 语句，我们将 print 和 println 语句分散插入到整个程序之中，以输出需要的变量值或对象状态信息。随着时间推移，定期打印对象状态信息是观察分析对象的好方法。

当然我们也能打印其他的有用信息。例如，程序员想要知道"程序离结束还有多远"时，经常会在程序中插入"程序运行到这里"的 print 语句，以掌控程序执行的确切路径。

另外，为了分析方法调用，我们也可以使用 print 语句进行调试。当执行调用方法，打印方法的每个参数值能使我们透彻理解方法是如何调用的。当调试递归方法时，打印每个参数值更有用，我们也可以在方法返回前，打印变量值。

5.10.2　调试的概念

通过 print 语句进行的调试比较简单，它只能提供程序执行时发生了什么以及某个点的变量值。我们需要更强大的调试方法：调试器。与使用 print 语句的简单调试不同，调试器不仅能控制程序的执行，还能为开发人员提供以下的附加功能。

调试器能执行如下的操作：

- 在程序中设置一个或多个断点。在调试器中，我们可以分析源代码，在一行或多行代码中设置特殊标志或触发器。当程序执行遇到被标记的语句时，会停止执行。
- 打印变量值或分析对象状态。一旦程序到达断点，并停止执行，调试器能显示变量值或分析对象状态，但仅限于在调试器应用程序屏幕上显示。
- 进入或跳过方法。如果在调用方法的语句中设置了断点，那么，当程序执行到达断点时，程序停止执行，开发者可以选择进入该方法并继续调试，也可以跳过该方法，绕过该方法包含的语句。在跳过该方法时，该方法仍在执行，只是我们选择不进入该方法。举个例子，在屏幕上打印输出字符串时，我们不需要进入 System.out 对象的 println 方法，该方法照样执行。println 方法经过完全调试，用户无法改变该语句的行为。

- 执行下一条语句。当程序到达断点后，开发人员可以选择执行下一条语句。通过执行一条语句，可以控制每次执行一条语句。开发人员经常一条一条地执行语句，以确保自己能理解执行流程。如果需要，逐条执行语句还能掌握每条语句执行后的变量值。

- 继续执行。一旦程序由于断点或者等待开发者决定是否进入、跳过或单步执行而停止执行时，开发人员可选择继续执行。继续执行会使程序无停顿地运行每条语句，直到程序结束，或遇到另一个断点，或发生运行时错误时，程序才会终止。

调试器还提供了一些附加功能来协助完成调试任务。因为本节只是讨论调试器，所以只列出了调试器的基本活动，任何有用的调试器都能完成上述的这些功能。

重要概念总结

- 问题描述中的名词可能是程序所需的类和对象。
- 面向对象编程的核心是定义类，使类代表的对象具有完好定义的状态和行为。
- 变量范围就是能引用变量的区域，由声明变量的位置决定。
- UML 类图能使程序的类内容和类关系可视化。
- 应该封装对象，拒绝非法访问以保护数据。
- 为了实现封装，我们应将实例数据的可见性声明为私有。
- 为了使客户以可控的方式管理数据，大多数对象都包含访问器方法和更改器方法。
- 类表示对象状态的方式应与使用该对象的客户无关。
- 方法返回值的类型必须与方法头所指定的返回类型一致。
- 当调用方法时，将实参值复制保存到形参中。
- 在方法中声明的变量是局部变量，在声明变量的方法之外不能使用该局部变量。
- 构造函数没有指定任何返回类型，也不能返回 void。
- 类的所有实例共享静态变量。
- 聚合对象由其他对象组成，形成 has-a 关系。
- 为了更好使用对象所提供的复杂服务，最好的方式是将方法进行分解，使用一些私有的支持方法来完成任务。
- 当将对象传递给方法时，实参和形参互为别名。
- 根据参数的个数、类型和顺序来区分不同版本的重载方法。
- 测试程序永远不能保证程序不存在错误。
- 优秀的测试就是发现错误。
- 测试所有可能的程序输入和用户操作是不可行的。
- 在测试驱动开发中，在开发功能代码之前，先编写测试用例代码。
- 调试是查找和纠正程序的运行时错误和逻辑错误的行为。

● 调试器是一种软件程序，借助调试器，开发人员能观察程序的执行情况。

术 语 总 结

访问器方法提供了对对象属性的访问权限，但不能修改对象属性。

实参是调用方法时传递给该方法的值。

聚合一种对象间的关系，其中一个对象由其他对象组成。

行为是由对象的公共方法定义的操作集。

黑盒测试是一种测试程序，主要测试代码的输入和输出。

客户是软件系统的组成部分，其使用对象。

调试是查找和纠正程序的运行时错误和逻辑错误的行为。

缺陷测试是以指定输入执行程序，以发现程序错误。

封装是对象的一种特性，用于保护对象内部数据不被外部修改。

形参是方法头定义的参数名。

实例数据是在类级定义的，在每次创建类的实例时，都要为该变量保留新的内存空间。

集成测试是将系统模块集成在一起进行模块测试，主要侧重于测试模块之间的通信。

接口是公共方法集，定义了一个对象用于其他对象的操作。

本地数据是方法内声明的数据。

方法重载是指在类内用相同的名字声明多个签名不同的方法。

方法签名包括方法名、参数个数、类型和参数顺序。

修饰符是 Java 的保留字，用于指定变量、方法或类的指定特征。

修改器方法是一种能改变对象属性的方法。

私有可见性限制对对象方法内的对象成员进行访问。

公有可见性是指从对象外引用对象的能力。

return 语句是使方法终止的语句，可能会给调用方法返回一个值。

评审是开一个会议，评审人分析设计文件或代码，以发现程序问题。

范围是程序中可以引用变量的区域。

服务方法是公共方法，为对象客户提供服务。

状态是对象属性的当前值。

静态方法通过类名调用的方法，不能引用实例数据。

静态变量是在类的所有实例之间共享的变量，也称为类变量。

支持方法是指私有可见性的方法，用于支持另一个方法完成任务。

系统测试是测试整个软件系统的整体功能。

测试是评估程序以发现缺陷的过程。

测试集涵盖软件系统方方面面，按需能重复使用。

单元测试是为小部分代码（方法）创建的特定测试。

统一建模语言（UML）是一种表示面向对象程序设计的流行语言。

可见性修饰符有三种：公共、私有和受保护。该修饰符决定了软件系统其他部分能访问的变量或方法。

　　白盒测试是一个测试程序，侧重测试代码的逻辑。

自　测　题

5.1　什么是属性？

5.2　什么是操作？

5.3　对象和类之间有什么区别？

5.4　什么是变量的范围？

5.5　设计 UML 图的用途是什么？

5.6　为什么对象应该是自治的。请说明。

5.7　什么是修饰符？

5.8　为什么常量可以用可见性修饰符？

5.9　描述以下各项的含义：

　　a. 公共方法

　　b. 私有方法

　　c. 公共变量

　　d. 私有变量

5.10　什么是对象接口？

5.11　为什么要通过特定对象调用方法？这条规则的例外是什么？

5.12　对方法而言，返回值意味着什么？

5.13　return 语句的功能是什么？

5.14　是否需要 return 语句呢？

5.15　解释实参与形参之间的区别。

5.16　什么是构造函数？构造函数有什么功能？

5.17　静态变量和实例变量之间有什么区别？

5.18　程序的 main 方法可以引用哪种类型的变量？为什么？

5.19　描述两个类之间的依赖关系。

5.20　重载方法之间要如何区分？

5.21　什么是方法分解？

5.22　解释类如何与自己建立关联。

5.23　什么是聚合对象？

5.24　this 引用要引用什么？

5.25　对象如何作为参数传递？

5.26　什么是缺陷测试？

5.27　什么是调试器？

练 习 题

5.1 对于下列每对选项，哪一个表示类对象？哪一个表示类成员？

a. Superhero, Superman

b. Justin, Person

c. Rover, PRT

d. Magazine, Time

e. Christmas, Holiday

5.2 PictureFrame 类代表像框，列出定义它的一些属性和操作。

5.3 Meeting 类代表商务会议，列出定义它的一些属性和操作。

5.4 Course 类代表大学课程，列出定义它的一些属性和操作。注意这里的课程是公共课而不是专业课。

5.5 重写 SnakeEyes 程序的 for 循环体，不使用变量 num1 和 num2。

5.6 编写方法 lyrics，用于打印歌曲的歌词。该方法不接收参数，也没有返回值。

5.7 编写方法 cube，该方法接收一个整数参数，并返回该值的三次方。

5.8 编写方法 random100，该方法返回 1 到 100（包含）范围内的随机整数。

5.9 编写方法 randomlnRange，该方法接收两个代表范围的整数参数，返回指定范围内的随机整数。假设第一个参数大于第二个参数。

5.10 编写方法 powersOfTwo，打印 2 的 2 方到 11 次方。该方法没有参数，也没有返回值。

5.11 编写方法 alarm，在多行上分别打印字符串"Alarm!"。该方法接收一个整数参数，用于指定打印字符串的次数。如果参数小于 1，则打印错误消息。

5.12 编写方法 sum100，返回 1 到 100（包含）的整数之和。

5.13 编写方法 maxOfTwo，该方法接收两个整数参数，返回其中的较大值。

5.14 编写方法 sumRange，该方法接收两个整数参数，用于表示数值范围。如果第二个参数小于第一个参数，则发出错误消息并返回 0。否则，返回该范围内的所有整数之和。

5.15 编写方法 greater，该方法接收两个浮点参数（类型为 double），如果第一个参数大于第二个参数，则返回真，否则返回假。

5.16 编写方法 countA，该方法接收一个 String 参数，返回在字符串中包含字符'A'的个数。

5.17 编写方法 evenlyDivisib1e，该方法接收两个整数参数，如果第一个参数参除尽第二个参数，或第二个参数能除尽第一个参数，则返回真，否则返回假。如果两个参数中任何一个参数为零，则返回假。

5.18 编写方法 isAlpha，该方法接收字符参数，如果该字符是字母，就返回真，字符不区分大小写。

5.19 编写方法 floatEquals，该方法接收 3 个浮动点值作为参数。如果前两个参数进行 equal 比较，等于第三个参数（容差值），则该方法返回真。

5.20 编写方法 reverse，该方法接收一个 String 参数，返回该参数的逆序字符串。注意：在 String 类中有一个方法能执行逆序操作，但为了进行编程练习，需要你编写自己的类。

5.21　编写方法 isIsosceles，该方法接收 3 个整数参数，这 3 个整数表示三角形边的 3 条边。如果三角形是等腰三角形而不是等边三角形，也就是说恰好两个边相等，则返回真，否则返回假。

5.22　编写方法 average，该方法接收两个整数参数，计算两个数的平均值，并以浮点数返回该平均值。

5.23　重新编写练习题 5.22 的方法 average，该方法接收 3 个整数为参数，返回 3 个整数的平均值。

5.24　重新编写练习题 5.22 的方法 average，该方法接收 4 个整数为参数，返回 4 个整数的平均值。

5.25　编写方法 multiConcat，该方法接收一个 String 和一个整数作为参数。返回的字符串是 count 倍的参数字符串，count 是整数参数。例如，如果参数值是'hi'和 4，返回值是 "hihihihi"。如果整数参数小于 2，则返回原字符串。

5.26　编写练习题 5.25 的重载方法 multiConcat。如果方法没有提供整数参数，则返回参数字符串与自身的连接。例如，如果参数是'test'，那么返回值是'testtest'。

5.27　讨论 Java 传递参数的方式。参数是基本类型或对象时，两者有何不同之处？

5.28　解释静态方法为什么不能引用实例变量。

5.29　类能实现两个包含相同方法签名的接口吗？请说明。

5.30　为 CountFlips 程序绘制 UML 类图。

5.31　为 FlipRace 程序绘制 UML 类图。

5.32　为 Transactions 程序绘制 UML 类图。

程序设计项目

5.1　修改 Coin 类，使用 boolean 变量表示硬币状态。在程序 CountFlips 和 FlipRace 程序中测试新编写的类 Coin。

5.2　重新编写项目 5.1，使用字符串表示硬币状态。

5.3　重新编写项目 5.1，使用枚举类型表示硬币状态。

5.4　设计并实现 Sphere 类，它包含表示球体直径的实例数据。定义 Sphere 构造函数接收并初始化直径。该类包含直径的 getter 和 setter 方法；包含计算并返回球体体积和表面积的方法，相关的计算公式，请参见程序设计项目 3.5；包含一个 toString 方法，用于返回一行有关球体的描述。创建驱动类 MultiSphere，其 main 方法实例化并更新几个 Sphere 对象。

5.5　设计并实现 Dog 类，它包含代表狗名和年龄的实例数据。定义 Dog 构造函数接收并初始化实例数据。该类包含名字和年龄的 getter 和 setter 方法；包含将狗年龄换算成人年龄的方法，注意狗年龄是人年龄的 7 倍；包含一个 toString 方法，用于返回一行对狗的描述。创建驱动类 Kennel，其 main 方法实例化并更新几个 Dog 对象。

5.6　设计并实现 Box 类，它包含盒子的高度、宽度和深度的实例数据；还包含布尔变量 full

这个实例数据，变量 full 表示盒子是否满了。定义 Box 构造函数接收并初始化盒子的高度、宽度和深度。每次新创建的 Box 都为空，构造函数将 full 初始化为假。该类所有实例都有 getter 和 setter 方法；该类包含一个 toString 方法，用于返回一行关于盒子的描述。创建驱动类 BoxTest，其 main 方法实例化和更新几个 Box 对象。

5.7 设计并实现 Book 类，它包含标题、作者、出版商和版权日期的实例数据。定义 Book 构造函数接收并初始化这些数据。所有实例数据都有 setter 和 getter 方法；该类包含一个 toString 方法，返回关于书的格式化描述。创建驱动类 Bookshelf，其 main 方法实例化和更新几个 Book 对象

5.8 设计并实现代表航空公司航班的 Flight 类。该类包含代表航空公司名、航班号以及航班的起点和终点城市的实例数据。定义 Flight 构造函数接收并初始化所有实例数据。所有实例数据都有 getter 和 setter 方法；该类包含一个 toString 方法，用于返回一行关于航班的描述。创建驱动类 FlightTest，它的 main 方法实例化和更新了几个 Flight 对象。

5.9 设计并实现代表可以打开和关闭的灯泡的 Bulb 类。创建驱动类 light，它的 main 方法实例化并打开灯泡对象。

5.10 使用本章定义的 Die 类来设计和实现 PairOfDice 类。PairOfDice 类由两个 Die 对象组成。每个骰子值都有 set 和 get 方法；该类包含掷骰子的方法；返回两个骰子值的当前和的方法。使用 PairOfDice 类重新编写 SnakeEyes 程序。

5.11 使用项目 5.10 的 PairOfDice 类，设计和实现玩游戏和 Pig 类。这个游戏是用户与电脑的竞赛。在每一回合中，当前玩家掷出一对骰子，并计算骰子点值。游戏规则是在对手之前使骰子点值达到 100 者为胜方。如果在任何回合，玩家掷出了一个骰子的点值是 1，那么没收该玩家的这一轮骰子点值，并由对家掷骰子。如果玩家在任何回合中掷出两个骰子的点值都是 1，那么没收该玩家开赛以来所有的累积点值，并由对家掷骰子。在每次掷骰子后，玩家可以根据自己的意愿决定是否再次掷骰子。因此，玩家必须决定是否冒着失去这轮点值的风险再次掷骰子，如果掷出两个骰子的点值都是 1，那该玩家就是猪，对家获胜。实现这个游戏时，要注意至少要让骰子点值累积到 20 以上时，玩家才能放弃掷骰子。

5.12 修改本章的 Account 类，只需要名字和账号就能开通账号，假设初始余额为零。修改 Transactions 类的 main 方法，实现这种新功能。

5.13 设计并实现玩纸牌的 Card 类。每张纸牌都有类别和面值。创建一个程序，处理五张随机纸牌。

自测题答案

5.1 属性是存储在对象中的数据值，定义了对象的特定特征。例如，Student 对象的某个属性可能是学生的平均绩点。对象属性值的集合确定了该对象的当前状态。

5.2 操作是对象可以完成或已完成的行为。例如，Student 对象的某个操作可能是计算出学生的平均绩点。我们将对象的操作统称为对象的行为。

5.3 类是对象的设计图，类定义了变量和方法，根据类来实例化每个对象。但是类未为变量保留内存空间。每个对象有自己的数据空间，因此对象有自己的状态。

5.4 变量的范围是指在程序中能引用变量的区域。实例变量在类级声明，类的任何方法都能引用。在方法内声明的本地变量（包括形参）只能在该方法中引用。

5.5 UML 图将程序中的类和类之间的关系可视化，能帮助我们理解程序。UML 图是一种工具，在编程之前，让我们了解程序设计的思路。

5.6 自治对象是指对象能控制自己的数据值。封装对象是自治的，它不允许外部客户访问并更改自己的数据。

5.7 修饰符是 Java 的保留字，用于定义变量或方法的使用特征。例如，如果声明变量的修饰符是 private，则所定义的对象之外不能直接访问该变量。

5.8 能用 public 可见性来声明常量，是因为这样做不违反封装原则。因为常量值不能改变，另一个对象也不能直接访问常量。

5.9 修饰符以如下的方式影响着变量和方法：

a. 公共方法又称为对象的服务方法，因为它定义了为对象提供的服务。

b. 私有方法称为支持方法，因为不能从对象外部调用它，它用于支持类中的其他方法。

c. 公共变量是可以直接访问的变量，客户就能对其进行修改。公共变量明显违反了封装原则，因此应该尽量避免使用。

d. 私有变量是类能访问和修改的变量。变量应声明为私有可见性。

5.10 对象接口定义了公共方法（操作）集。也就是说，接口建立了对象的服务集，系统其他部分通过接口访问对象。

5.11 尽管在类中定义方法，但能通过特定对象来调用方法。例如，Student 类定义了计算学生的 GPA 操作，但操作要通过特定的 Student 对象来调用，以计算学生的 GPA。这条规则的例外是静态方法的调用，其通过类名调用，并不影响任何特定对象。

5.12 被调用方法可能会有返回值，这意味着方法计算出某个值，并将该值返回给调用方法。调用方法使用有返回值的调用作为大型表达式的一部分。

5.13 显式 return 语句有方法的返回值。它的返回值的类型必须与方法定义中所指定的返回类型相匹配。

5.14 在需要返回类型但不是 void 的方法中，要用到 return 语句。无返回值的方法可以使用没有表达式的 return 语句。在方法中只能使用一条 return 语句。

5.15 实参是调用方法时传递的值。形参是方法声明头中相应的变量，形参在方法内使用实参值。

5.16 构造函数是一种特殊的方法，主要用来在创建对象时初始化对象。构造函数的名字与其类名相同，没有返回值。

5.17 通过类实例化对象，每个对象的实例变量都有存储空间。静态变量在其中共享一个类的所有对象。

5.18 任何程序的 main 方法都是静态的，它只能引用静态或局部变量。因此，main 方法不能引用在类级声明的实例变量。

5.19 当一个类依赖另一个类的功能时，两个类之间是依赖关系，也就是"使用"关系。

5.20 用独特的签名来区分重载方法，签名包括参数个数、顺序和类型。返回类型不是签名的一部分。

5.21　方法分解是将复杂方法分解成几种支持方法的过程，方法分解使程序设计化繁为简。

5.22　方法执行时，可以将同一个类的另一个对象作为参数。例如，String 类的 concat 方法是通过一个 String 对象来执行连接，另一个 String 对象作为参数。

5.23　聚合对象是以其他对象为实例数据的对象。也就是说，聚合对象是由其他对象组成的。

5.24　this 引用总是引用当前正在执行的对象。类的非静态方法是为该类的所有对象编写的，但其引用是通过指定对象调用。因此，this 引用就是引用正在调用方法的对象。

5.25　当我们将对象传递给某个方法时，实际传递的是对对象的引用，复制的值是对象的地址。因此，方法的实参和形参互为别名。

5.26　缺陷测试是发现程序错误的测试。

5.27　调试器是一种软件应用程序，用于观察和操纵正在执行程序的内部工作状态。

第 6 章　图形用户界面

学习目标

- 了解 Java GUI 的核心元素：组件、事件和监听器。
- 学习使用容器组织组件。
- 了解各类组件：按钮、文本框、滑块和下拉框。
- 讨论组件生成的各类事件和产生条件。
- 了解布局管理器的概念，学习几个具体的布局管理器。
- 了解各类鼠标事件和键盘事件。
- 了解对话框，掌握专用的文件选择对话框和颜色对话框。
- 掌握边界、工具提示和助记符的使用。

许多程序都提供图形用户界面（GUI），用户通过 GUI 与程序进行交互。顾名思义，GUI 会使用图形化屏幕组件：窗口、按钮、复选框、菜单和文本框等。与简单的文本命令行环境相比，GUI 为用户提供了更自然、更丰富的用户体验，本章学习如何在 Java 中开发 GUI。

6.1　GUI 元素

前几章的示例程序都是基于文本的程序，是命令行应用程序。命令行界面简单直接，通过简单的提示和反馈与用户进行交互。与真正的图形用户界面（GUI）相比，命令行界面缺乏丰富的用户体验。使用 GUI 时，用户既不用按指定顺序对提示做出响应，也不用在一个固定位置接收反馈。用户可以根据需要与各种组件（如按钮或文本框）进行交互。本章学习如何在 Java 中开发 GUI。

先介绍基于 GUI 程序的几个基本概念。创建 Java 的 GUI 时，至少需要以下 3 种对象：

- 组件。
- 事件。
- 监听器。

GUI 组件定义屏幕元素的对象，这些对象用于显示信息或允许用户以某种方式通过它们与程序进行交互。GUI 组件有按钮、文本框、标签，滚动条和菜单等。容器是一种特殊类型的组件，用于容纳和组织其他组件。

事件是个对象，代表发生的某种用户感兴趣的事情。事件与用户操作相对应，如用户单击鼠标或在键盘上输入都有对应的事件。大多数 GUI 组件生成的事件都代表用户对该组件进行的操作。例如，按钮组件生成的事件是代表用户按下了按钮。面向 GUI 的程序是事件驱动的，程序响应来自用户的事件。

　　监听器是一个"等待"事件发生的对象。当发生事件时，监听器以某种方式进行响应。设计基于 GUI 的程序时，要建立监听器之间的关系，确定要监听事件以及要生成事件的组件。

重要概念
GUI 由组件、代表用户操作产生的事件和对事件做出响应的监听器组成。

　　大多数情况下，我们使用的组件和事件来自于 Java 类库的预定义类。这些组件的基本功能已确定，我们只能调整组件的行为。但我们要自己编写监听器类，当发生事件时，程序能执行我们所需的任何操作。

　　因此，为了创建基于 GUI 的 Java 程序，我们需要
- 实例化并设置必要的组件。
- 实现监听器类，定义发生指定事件时会发生什么。
- 建立监听器与生成事件组件之间的关系。

Java 组件和其他 GUI 相关的类主要由两个包 java.awt 和 javax.Swing 定义。抽象窗口工具包（AWT）是原始的 Java GUI 包，它包含许多重要的类。Swing 软件包是后来添加的，提供了比 AWT 软件包更通用的组件，本章介绍使用 Swing 技术开发 GUI。

Java GUI 的开发已引入了新的 API：JavaFX。JavaFX 最终将取代 Swing，成为开发 Java GUI 的首选技术，但 Swing 将继续得到 Oracle 的支持，且基于 Swing 的代码数量巨大，在很长一段时间内，掌握 Swing 还是非常重要的。此外，本章所讨论组件、事件和监听器也适用于 JavaFX，第 26 章将介绍 JavaFX。

　　一旦你对事件驱动编程有了基本理解，其余同类技术也很好上手。在 GUI 开发中，组件类型多样，所生成的事件也多样，用户要按照需要确认 GUI 的事件。虽然组件和事件种类繁多，但它们的基本方式工作相同，它们有相同的核心关系。

　　下面分析一个简单的例子，它包含了基本的 GUI 元素。程序 6.1 的 PushCounter 类包含程序的驱动，用单独的标签为"Push Me！"的按钮代表用户。每次用户按下按钮时，计数器都会更新显示。

　　程序使用的组件有按钮、显示计数的标签、用于保存按钮和标签的面板以及用于显示面板的框架。如程序 6.2 所示，面板由 PushCounterPanel 类定义。下面我们将更详细地分析这个程序示例。

6.1.1　框架和面板

　　框架是一个容器，用于显示基于 GUI 的 Java 应用程序。框架显示为单独的窗口，并自带标题栏。在屏幕上可以对其进行重新定位，根据需要通过鼠标拖动来调整框架大小。框架有小的按钮，允许最小化、最大化和关闭框架，框架由 JFrame 类定义。

　　面板也是一个容器，但与框架不同，它不能单独显示。面板必须在另一个容器中才能显示。除非要移动面板所在的容器，否则面板不会移动。面板的主要功能是组织 GUI 的其他组件，面板由 JPanel 类定义。

重要概念

框架显示为一个单独的窗口，面板不能单独显示，必须在另一个容器中才能显示。

　　容器分为两类：重量级容器和轻量级容器。重量级容器是由运行该程序的底层操作系统管理；轻量级容器则由 Java 程序管理。框架是一个重量级组件，面板是一个轻量级组件，还有另一个重量级容器是小程序，它通过 Web 浏览器显示和执行 Java 程序。附录 G 对小程序进行了详细讨论。

　　一般而言，重量级组件比轻量级组件更复杂。例如，框架有多个窗格，这些窗格负责框架窗口的各种特性。Java 界面的所有可见元素都在框架内容窗格显示。

程序 6.1

```
//*********************************************************************
//  PushCounter.java        Java Foundations
//
//  Demonstrates a graphical user interface and an event listener.
//*********************************************************************
import javax.swing.JFrame;
public class PushCounter
{
  //----------------------------------------------------------------
  //  Creates and displays the main program frame.
  //----------------------------------------------------------------
  public static void main(String[] args)
  {
    JFrame frame = new JFrame("Push Counter");
    frame.setDefaultCloseOperation(JFrame.EXIT_ON_CLOSE);
    PushCounterPanel panel = new PushCounterPanel();
    frame.getContentPane().add(panel);
    frame.pack();
    frame.setVisible(true);
  }
}
```

显示

程序 6.2

```
//*********************************************************************
//  PushCounterPanel.java        Java Foundations
//
//  Demonstrates a graphical user interface and an event listener.
//*********************************************************************
```

```java
import java.awt.*;
import java.awt.event.*;
import javax.swing.*;
public class PushCounterPanel extends JPanel
{
   private int count;
   private JButton push;
   private JLabel label;
   //-----------------------------------------------------------------
   //  Constructor: Sets up the GUI.
   //-----------------------------------------------------------------
   public PushCounterPanel()
   {
      count = 0;
      push = new JButton("Push Me!");
      push.addActionListener(new ButtonListener());
      add(push);
      add(label);
      setBackground(Color.cyan);
      setPreferredSize(new Dimension(300, 40));
   }
   //*****************************************************************
   //  Represents a listener for button push (action) events.
   //*****************************************************************
   private class ButtonListener implements ActionListener
   {
      //-----------------------------------------------------------
      //  Updates the counter and label when the button is pushed.
      //-----------------------------------------------------------
      public void actionPerformed(ActionEvent event)
      {
         count++;
         label.setText("Pushes: " + count);
      }
   }
}
```

通常，我们通过创建一个显示程序界面的框架来创建基于 Java GUI 的应用程序。界面在主面板上，主面板在框架的内容窗格中，有时根据需要主面板组件还包含其他面板。

在 PushCounter 类的 main 方法中，对程序框架进行构造、设置和显示。JFrame 构造函数以字符串为参数，并将参数显示在框架的标题栏中。对 setDefaultCloseOperation 方法的调用决定了当点击框架关闭按钮时会发生什么。在大多数情况下，我们单击关闭按钮，就是要终止程序，代码中使用 JFrame 方法的静态常量 EXIT_ON_CLOSE。

先使用 getContentPanel 方法获取框架的内容窗格，紧接着调用内容窗格的 add 方法来添加面板。pack 方法根据面板内容适当地调整框架大小。在这个示例中，设置框架自适应面板大小，自适应比明确设置框架具体大小更好，因为框架能随组件的变化而变化。调用 setVisible 方法是为了使框架显示在显示器屏幕上。

用户可以通过各种方式与框架进行交互。用户可以通过抓取框架的标题栏并用鼠标拖动它，将整个框架移动到桌面上的另一个点。用户也可以通过拖动框架的右下角来调整框架的大小。

通过实例化 JPanel 类来创建面板。在 PushCounter 程序中，面板由 PushCounterPanel 类表示，而 PushCounterPanel 类派生自 JPanel 类。因此，PushCounterPanel 类是 JPanel 类，它继承了 JPanel 类的所有方法和属性，这是创建面板的常用技巧

PushCounterPanel 类的构造函数调用了从 JPanel 类继承的几个方法。例如，面板的背景色使用 setBackground 方法设置（在附录 F 中描述了 Color 类）。setPreferredSize 方法接收 Dimension 对象作为参数，该参数以像素为单位表示组件的宽度和高度。许多组件的大小都可以通过这种方式设置，并且许有组件都有 setMinimumSize 和 setMaximumSize 方法可以控制界面的外观。

面板的 add 方法将组件添加到面板中。在 PushCounterPanel 构造函数中，将新创建的按钮和标签添加到面板中，从添加这一刻起，这些组件都成为面板的一部分。将组件添加到容器的顺序很重要。在这个示例中，按钮会出现在标签之前。

容器由布局管理器管理，布局管理器确定如何显示添加到面板的组件。面板的默认布局管理器将按组件的添加顺序显示组件。用户要在一行上尽可能多地包含组件。本章后面将详细讨论布局管理器。

6.1.2　按钮和动作事件

PushCounter 程序显示了按钮和标签。标签由 JLabel 类创建，是 GUI 中显示文本行的组件。当然，如后面程序所示，标签也能用于显示图像。在 PushCounter 程序中，标签显示按下按钮的次数。

大多数基于 GUI 的程序都包含标签。在 GUI 中，标签用于显示信息或标记其他组件，但标签不是交互式的。也就是说，用户不能直接与标签交互。在 PushCounter 程序中，与用户交互的组件是用户用鼠标按下的按钮。

按钮是允许用户通过按下鼠标来启动动作的组件，6.2 节将介绍单选按钮组件。按钮由 JButton 类定义。调用 JButton 构造函数时，以 String 为参数来指定按钮上显示的文本。

按下 JButton 会生成动作事件，不同组件生成不同类型的事件，Java 标准类库定义了许多不同类型的事件。

在 PushButton 程序中，唯一的事件是按下按钮事件。为了对事件做出响应，我们必须创建事件监听器对象，编写代表监听器的类。在 PushButton 程序中，我们需要动作事件监听器。

重要概念

由于监听器和 GUI 组件之间的密切关系，我们将监听器定义为内部类。

在 PushButton 程序中，ButtonListener 类代表动作监听器。我们可以将 ButtonListener

类写成单独文件，也可以与 PushCounterPanel 类编写在一起，形成同一个文件，但 ButtonListener 类代码要在 PushCounterPanel 类之外。无论是单独形成文件，还是与其他类组成文件，我们都必须设置一种方法，用于在监听器和监听器要更新的 GUI 组件之间进行通信。内部类是在一个类的内部定义另一个类，我们之所以将 ButtonListener 类定义为内部类，就是因为内部类能自动访问外部类的成员。

设计要点

只有在两个类之间存在亲密关系，且其他类不需要访问该类时，才将该类定义为内部类。因为监听器与它的 GUI 之间的关系密切，所以将监听器定义为内部类。

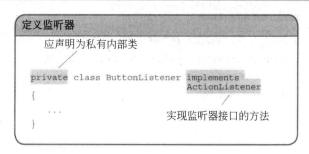

通过实现接口来实现监听器类。接口是实现类必须定义的方法列表。Java 标准类库包含多种事件类型的接口。我们通过实现 ActionListener 接口来创建动作监听器；因此，在 ButtonListener 类包含了 implements 子句，第 9 章将更详细地介绍接口。

ActionListener 接口列出的唯一方法是 actionPerformed，因此，ButtonListener 类必须实现这个唯一的方法。在事件发生时，生成动作事件的组件（本例是按钮）会调用 actionPerformed 方法，传入表示事件的 ActionEvent 对象。有时我们要使用这个事件对象，而有时我们只需知道有事件发生就行了。在这个程序中，我们不需要与事件对象进行交互。在事件发生时，监听器会递增计数，并使用 setText 方法重置标签的文本。

记住，我们不仅要为事件创建监听器，还要建立监听器与生成事件组件之间的关系。为此，要调用相应的方法将监听器添加到组件中。在 PushCounterPanel 构造函数中，我们调用 addActionListener 方法，传入新实例化的 ButtonListener 对象作为参数。

仔细分析 PushButton 程序，注意其创建基于 GUI 交互式程序的 3 个重要步骤。首先，创建并设置 GUI 组件；之后为感兴趣的事件创建对应的监听器，最后设置监听器与生成事件组件之间的关系。

6.1.3　确定事件源

下面分析一个程序示例，用一个监听器对象监听两个不同的组件。程序 6.3 的 LeftRight 类显示一个标签和两个按钮。当按下左按钮时，标签显示单词 Left，当按下右按钮时，标签显示单词 Right。

程序 6.3

```
//**************************************************************
//  LeftRight.java          Java Foundations
```

```
//
//  Demonstrates the use of one listener for multiple buttons.
//************************************************************************
import javax.swing.JFrame;
public class LeftRight

{
   //----------------------------------------------------------------
   //  Creates and displays the main program frame.
   //----------------------------------------------------------------
   public static void main(String[] args)
   {
      JFrame frame = new JFrame("Left Right");
      frame.setDefaultCloseOperation(JFrame.EXIT_ON_CLOSE);
      frame.getContentPane().add(new LeftRightPanel());
      frame.pack();
      frame.setVisible(true);
   }
}
```

显示

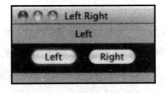

如程序 6.4 所示，LeftRightPanel 类创建 ButtonListener 类的实例，然后将该监听器添加到两个按钮。因此，当按下任一按钮时，都将调用 ButtonListener 类的 actionPerformed 方法。

在每次调用时，actionPerformed 方法使用 if-else 语句来确定哪个按钮生成了事件。传入 actionPerformed 方法的 ActionEvent 对象调用 getSource 方法，getSource 方法返回对生成事件组件的引用。if 语句的条件将事件源与对左按钮的引用进行比较，如果不匹配，则该事件由右按钮生成。

程序 6.4

```
//************************************************************************
//  LeftRightPanel.java        Java Foundations
//
//  Demonstrates the use of one listener for multiple buttons.
//************************************************************************
import java.awt.*;
import java.awt.event.*;
import javax.swing.*;
public class LeftRightPanel extends JPanel
```

```
{
   private JButton left, right;
   private JLabel label;
   private JPanel buttonPanel;
   //-----------------------------------------------------------------
   //  Constructor: Sets up the GUI.
   //-----------------------------------------------------------------
   public LeftRightPanel()
   {
      left = new JButton("Left");
      right = new JButton("Right");
      ButtonListener listener = new ButtonListener();
      left.addActionListener(listener);
      right.addActionListener(listener);
      label = new JLabel("Push a button");
      buttonPanel = new JPanel();
      buttonPanel.setPreferredSize(new Dimension(200, 40));
      buttonPanel.setBackground(Color.blue);
      buttonPanel.add(left);
      buttonPanel.add(right);
      setPreferredSize(new Dimension(200, 80));
      setBackground(Color.cyan);
      add(label);
      add(buttonPanel);
   }
   //*****************************************************************
   //  Represents a listener for both buttons.
   //*****************************************************************
   private class ButtonListener implements ActionListener
   {
      //-----------------------------------------------------------
      //  Determines which button was pressed and sets the label
      //  text accordingly.
      //-----------------------------------------------------------
      public void actionPerformed(ActionEvent event)
      {
         if (event.getSource() == left)
            label.setText("Left");
         else
            label.setText("Right");
      }
   }
}
```

设计要点

我们可以创建两个独立的监听器类，一个监听左边的按钮，另一个监听右边的按钮。

那么 actionPerformed 方法就不必再确定事件源。当然,我们要根据具体情况做出设计决策:
是否创建多个监听器来确定发生事件的事件源。

　　注意，这两个按钮在同一个面板 buttonPanel 上，该面板与 LeftRightPanel 类所代表的
面板分开。之所以将两个按钮放在一个面板上，就是为了保证彼此之间的视觉关系不会因
框架大小调整而改变。对于标记为 Left 和 Right 的按钮来说，这样做当然非常重要。

6.2　更 多 组 件

　　除了按钮之外，在 GUI 中还可以使用各种交互组件，每种组件的功能各异。下面分析
几种常用的组件。

6.2.1　文本框

　　文本框允许用户从键盘输入文本。在程序 6.5 中，Fahrenheit 类的 GUI 包含用户可以输
入华氏温度的文本框。当用户按下 Enter 键时，显示与华氏温度对应的摄氏温度。

　　如程序 6.6 所示，在 FahrenheitPanel 类中创建 Fahrenheit 程序的接口。文本框是
JTextField 类的对象。JTextField 构造函数接收整数参数用于根据当前默认字体以字符数指
定文本框的大小。

　　将文本框和各种标签添加到要显示的面板上。面板的默认布局管理器会尽可能多地将
组件放在一条线上。因此，如果调整框架大小，标签和文本框的方向可能会发生改变。

程序 6.5

```
//************************************************************************
//  Fahrenheit.java       Java Foundations
//
//  Demonstrates the use of text fields.
//************************************************************************
import javax.swing.JFrame;
public class Fahrenheit
{
   //--------------------------------------------------------------
   //  Creates and displays the temperature converter GUI.
   //--------------------------------------------------------------
   public static void main(String[] args)
   {
      JFrame frame = new JFrame("Fahrenheit");
      frame.setDefaultCloseOperation(JFrame.EXIT_ON_CLOSE);
      FahrenheitPanel panel = new FahrenheitPanel();
      frame.getContentPane().add(panel);
      frame.pack();
      frame.setVisible(true);
   }
```

```
      }
```

显示

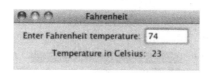

程序 6.6

```
//*********************************************************************
//  FahrenheitPanel.java        Java Foundations
//
//  Demonstrates the use of text fields.
//*********************************************************************
import java.awt.*;
import java.awt.event.*;
import javax.swing.*;
public class FahrenheitPanel extends JPanel
{
   private JLabel inputLabel, outputLabel, resultLabel;
   private JTextField fahrenheit;
   //-----------------------------------------------------------
   //  Constructor: Sets up the main GUI components.
   //-----------------------------------------------------------
   public FahrenheitPanel()
   {
      inputLabel = new JLabel("Enter Fahrenheit temperature:");
      outputLabel = new JLabel("Temperature in Celsius: ");
      resultLabel = new JLabel("---");
      fahrenheit = new JTextField(5);
      fahrenheit.addActionListener(new TempListener());
      add(inputLabel);
      add(fahrenheit);
      add(outputLabel);
      add(resultLabel);
      setPreferredSize(new Dimension(300, 75));
      setBackground(Color.yellow);
   }
   //*********************************************************************
   //  Represents an action listener for the temperature input field.
   //*********************************************************************
   private class TempListener implements ActionListener
   {
      //-----------------------------------------------------------
      //  Performs the conversion when the enter key is pressed in
      //  the text field.
```

```
        //-----------------------------------------------------------------
        public void actionPerformed(ActionEvent event)
        {
            int fahrenheitTemp, celsiusTemp;
            String text = fahrenheit.getText();
            fahrenheitTemp = Integer.parseInt(text);
            celsiusTemp = (fahrenheitTemp-32) * 5/9;
            resultLabel.setText(Integer.toString(celsiusTemp));
        }
    }
}
```

当光标位于文本框中，用户按下回车键时，文本框会生成动作事件。因此，我们需要设置监听器对象来响应动作事件。

当用户按下 Enter 键时，文本框组件调用 actionPerformed 方法，而 actionPerformed 方法要调用方法 getText 从文本框中检索文本，返回文本的字符串。之后使用 Integer 包装类的 parseInt 方法将返回文本转换为整数；再执行计算以确定华氏温度对应的摄氏温度值，并将摄氏温度值设置为标签的文本。

注意，按钮和文本框生成相同类型的事件：动作事件。因此，Fahrenheit 程序的替代方案是向 GUI 添加 JButton 对象，在用户按下鼠标时，进行两种温度转换。设计时，如果是用一个监听器对象同时监听多个组件，那么就将监听器添加到文本框和按钮中。当然用户可自行选择是按下按钮进行温度转换，还是按回车键进行温度转换转换，这个变种留作课后的程序设计项目。

6.2.2 复选框

复选框是一个可以使用鼠标打开或关闭的按钮，打开和关闭就是设置或未设置指定的布尔条件。虽然你可能用一组复选框表示一组选项，但每个复选框的操作是独立的。也就是说，我们可以将每个复选框设置为开或关，一个复选框的状态不会影响其他复选框的状态。

程序 6.7 显示了两个复选框和一个标签。复选框确定标签的文本是以粗体显示，斜体显示，还是粗体加斜体显示；还是即不是粗体又是斜体显示。也就是说，粗体和斜体的任何组合都是有效的选项。例如，用户可以同时选中两个复选框，那么文本以粗体加斜体显示。如果两个复选框都未选中，则标签文本将以简体显示。

程序 6.8 中的 styleOptionsPanel 类包含 styleOptions 程序的 GUI。复选框由 JCheckBox 类表示。当复选框从选中状态变为未选中状态或由未选中状态变为选中状态时，都会生成项目事件。ItemListener 接口只包含方法 itemStateChanged。在这个例子中，两个复选框使用的是同一个监听器对象。

程序还使用了 Font 类，其表示特定的字符字体。Font 对象由字体名、字体样式和字体大小定义。字体名建立字符的视觉特征。这个程序使用了 Helvetica 字体。Java 字体的样式可以是简体、粗体、斜体或粗体和斜体的组合。我们通过设置监听器来改变字体的样式特征。

字体的样式用整数表示，Font 类中定义的整型常量用于表示各种样式。常量 PLAIN 用于表示简体，常量 BOLD 和 ITALIC 分别用于表示粗体和斜体，BOLD 和 ITALIC 常数和表示粗体和斜体组合样式。

当某个复选框的状态发生改变时，监听器的 itemStateChanged 方法要确定如何对样式进行修改。最初设置的样式是简体，之后使用 isSelected 方法依次查询每个复选框，返回相应的布尔值。如果选中粗体复选框，则将样式设置为粗体。如果选中斜体复选框，则将 ITALIC 常量添加到样式变量。最后，将标签字体设置为修改后的新字体样式。

程序 6.7

```
//***************************************************************
//  StyleOptions.java       Java Foundations
//
//  Demonstrates the use of check boxes.
//***************************************************************
import javax.swing.JFrame;
public class StyleOptions
{
  //-----------------------------------------------------------
  //  Creates and displays the style options frame.
  //-----------------------------------------------------------
  public static void main(String[] args)
  {
    JFrame frame = new JFrame("Style Options");
    frame.setDefaultCloseOperation(JFrame.EXIT_ON_CLOSE);
    frame.getContentPane().add(new StyleOptionsPanel());
    frame.pack();
    frame.setVisible(true);
  }
}
```

显示

程序 6.8

```
//***************************************************************
//  StyleOptionsPanel.java       Java Foundations
//
//  Demonstrates the use of check boxes.
//***************************************************************
import javax.swing.*;
```

```java
import java.awt.*;
import java.awt.event.*;
public class StyleOptionsPanel extends JPanel
{
   private JLabel saying;
   private JCheckBox bold, italic;
   //-------------------------------------------------------------------
   // Sets up a panel with a label and some check boxes that
   // control the style of the label's font.
   //-------------------------------------------------------------------
   public StyleOptionsPanel()
   {
      saying = new JLabel("Say it with style!");
      saying.setFont(new Font("Helvetica", Font.PLAIN, 36));
      bold = new JCheckBox("Bold");
      bold.setBackground(Color.cyan);
      italic = new JCheckBox("Italic");
      italic.setBackground(Color.cyan);
      StyleListener listener = new StyleListener();
      bold.addItemListener(listener);
      italic.addItemListener(listener);
      add(saying);
      add(bold);
      add(italic);
      setBackground(Color.cyan);
      setPreferredSize(new Dimension(300, 100));
   }
   //*******************************************************************
   // Represents the listener for both check boxes.
   //*******************************************************************
   private class StyleListener implements ItemListener
   {
      //-------------------------------------------------------------
      // Updates the style of the label font style.
      //-------------------------------------------------------------
      public void itemStateChanged(ItemEvent event)
      {
         int style = Font.PLAIN;
         if (bold.isSelected())
            style = Font.BOLD;
         if (italic.isSelected())
            style += Font.ITALIC;
         saying.setFont(new Font("Helvetica", style, 36));
      }
   }
}
```

注意，考虑到该程序编写监听器的方式，单击哪个复选框产生事件并不重要。因为一个监听器处理两个复选框。无论将复选框从选中状态切换到未选中状态或是从未选中状态切换到选中状态，监听器都要检查两个复选框的状态。

6.2.3　单选按钮

单选按钮与其他单选按钮一起使用，提供一组互斥选项。与复选框不同，单选按钮本身并非特别有用，它仅在与一个或多个其他单选按钮一起使用时才有意义。一组选项中只有一个选项是有效的，也就是说，在任何时刻，一组单选按钮中有且只有一个按钮是被选中的。当按下单选按钮组中的另一个单选按钮时，该组中的当前单选按钮自动关闭。

> **重要概念**
> 单选按钮是以组为单位来操作的，提供一组互斥选项。

术语单选按钮一词起源于旧式汽车上的收音机旋转按钮。在任何时候，为了选电台，都要旋转按钮到指定频段；当要选另一个电台时，当前电台会自动关闭。

名为 QuoteOptions 的程序 6.9 显示了一个标签和一组单选按钮。单选按钮确定在标签中显示哪句名言。

由于程序要求每次只显示一句名言，所以使用单选按钮是最佳选择。例如，如果选择 Comedy 单选按钮，则在标签中显示喜剧名言。如果再按下 Philosophy 单选按钮，则 Comedy 单选按钮自动关闭，Philosophy 单选按钮变得有效。

程序 6.9

```java
//********************************************************************
//  QuoteOptions.java       Java Foundations
//
//  Demonstrates the use of radio buttons.
//********************************************************************
import javax.swing.JFrame;
public class QuoteOptions
{
  //----------------------------------------------------------------
  //  Creates and presents the program frame.
  //----------------------------------------------------------------
  public static void main(String[] args)
  {
    JFrame frame = new JFrame("Quote Options");
    frame.setDefaultCloseOperation(JFrame.EXIT_ON_CLOSE);
    frame.getContentPane().add(new QuoteOptionsPanel());
    frame.pack();
    frame.setVisible(true);
  }
}
```

显示

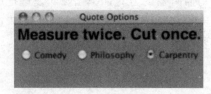

　　如程序 6.10 所示，QuoteOptionsPanel 类设置并显示 GUI 组件。单选按钮由 JRadioButton 类定义。由于单选按钮按要按组进行工作，所以用 ButtonGroup 类来定义一组相关的单选按钮。

　　程序 6.10

```java
//***********************************************************************
//  QuoteOptionsPanel.java        Java Foundations
//
//  Demonstrates the use of radio buttons.
//***********************************************************************
import javax.swing.*;
import java.awt.*;
import java.awt.event.*;
public class QuoteOptionsPanel extends JPanel
{
   private JLabel quote;
   private JRadioButton comedy, philosophy, carpentry;
   private String comedyQuote, philosophyQuote, carpentryQuote;
   //-----------------------------------------------------------------
   //  Sets up a panel with a label and a set of radio buttons
   //  that control its text.
   //-----------------------------------------------------------------
   public QuoteOptionsPanel()
   {
     comedyQuote = "Take my wife, please.";
     philosophyQuote = "I think, therefore I am.";
     carpentryQuote = "Measure twice. Cut once.";
     quote = new JLabel(comedyQuote);
     quote.setFont(new Font("Helvetica", Font.BOLD, 24));
     comedy = new JRadioButton("Comedy", true);
     comedy.setBackground(Color.green);
     philosophy = new JRadioButton("Philosophy");
     philosophy.setBackground(Color.green);
     carpentry = new JRadioButton("Carpentry");
     carpentry.setBackground(Color.green);
     ButtonGroup group = new ButtonGroup();
     group.add(comedy);
     group.add(philosophy);
     group.add(carpentry);
```

```
        QuoteListener listener = new QuoteListener();
        comedy.addActionListener(listener);
        philosophy.addActionListener(listener);
        carpentry.addActionListener(listener);
        add(quote);
        add(comedy);
        add(philosophy);
        add(carpentry);
        setBackground(Color.green);
        setPreferredSize(new Dimension(300, 100));
    }
    //****************************************************************
    //  Represents the listener for all radio buttons
    //****************************************************************
    private class QuoteListener implements ActionListener
    {
        //--------------------------------------------------------
        //  Sets the text of the label depending on which radio
        //  button was pressed.
        //--------------------------------------------------------
        public void actionPerformed(ActionEvent event)
        {
            Object source = event.getSource();
            if (source == comedy)
                quote.setText(comedyQuote);
            else
                if (source == philosophy)
                    quote.setText(philosophyQuote);
                else
                    quote.setText(carpentryQuote);
        }
    }
}
```

注意，我们即要把每个单选按钮添加到按钮组，也要单独地将每个按钮添加到面板中。
因为 ButtonGroup 对象不是用于组织和显示组件的容器，它只是一种定义一组单选按钮的
方法，将单选按钮组成一组互相依赖的选项。ButtonGroup 对象能确保选中组中另一个单选
按钮时，当前单选按钮自动关闭。

当选中单选按钮时，会生成动作事件。监听器的 actionPerformed 方法先使用 getSource
方法检索事件源，再将其与每一个单选按钮进行比较，找到事件源按钮，将其标签文本设
置为相应的名言。

注意，单选按钮与按钮不同，复选框和单选按钮都是切换按钮，也就是说，在任何时
刻，切换按钮要么是打开状态，要么是关闭状态。复选框的控制选项是各种复选框的任意
组合。单选按钮组控制的单选按钮是相互依赖的选项。如果只管理一个选项，则要选用复
选框，不要选用单选按钮，因为单选按钮只有在与一个或多个其他单选按钮一起使用时才

有意义。

还要注意，复选框和单选按钮生成不同类型的事件。复选框生成项目事件，单选按钮生成动作事件。因按钮功能不同，所以生成事件的类型也有所不同。复选按钮在选中或取消选中时，都会生成事件，监听器要按需对事件类型进行区分。单选按钮仅在选中时才会生成事件，被取消选中的按钮会自动关闭。

6.2.4　滑块

滑块是一个 GUI 组件，它允许用户在有界范围内指定数值。滑块可以是垂直的，也可以是水平的，还可以具有可选的刻度线以及用于指示数值范围的标签。

> **重要概念**
> 滑块可让用户在有限界范围内指定数值。

名为 SlideColor 的程序 6.11 用 3 个滑块控制颜色的 RGB 分量。滑块值所指定的颜色显示在滑块右侧的正方形中。附录 F 讨论用 RGB 值来表示颜色。

程序 6.12 的 SlideColorPanel 类是一个面板，用于显示 3 个滑块和颜色面板。每个滑块由 JSlider 类定义，滑块接收四个参数。第一个参数使用两个 JSlider 常量 HORIZONTAL 或 VERTICAL 来确定滑块的方向。第二个参数和第三个参数指定滑块的最大值和最小值。在本示例中，滑块的最小值是 0，最大值是 255。第四个参数是 JSlider 构造函数参数，用于指定滑块的初始值。在这个示例中，滑块的初始值为 0。当开始执行程序时，滑块的旋钮会置于最远端。

程序员可以使用 JSlider 类的一些方法来定制滑块的外观。使用 setMajorTickSpacing 方法以固定间隔设置主刻度线；使用 setMinorTickSpacing 方法设置次刻度线；调用 setPaintTicks 方法时，只有其参数为真，滑块才显示刻度线，否则不显示。

调用 setPaintLabels 方法时，滑块可以在指定位置显示以主刻度线值为文本的标签。

程序 6.11

```
//********************************************************************
//  SlideColor.java       Java Foundations
//
//  Demonstrates the use slider components.
//********************************************************************
import java.awt.*;
import javax.swing.*;
public class SlideColor
{
   //----------------------------------------------------------------
   // Presents a frame with a control panel and a panel that
   // changes color as the sliders are adjusted.
   //----------------------------------------------------------------
   public static void main(String[] args)
   {
```

```
        JFrame frame = new JFrame("Slide Colors");
        frame.setDefaultCloseOperation(JFrame.EXIT_ON_CLOSE);
        frame.getContentPane().add(new SlideColorPanel());
        frame.pack();
        frame.setVisible(true);
    }
}
```

显示

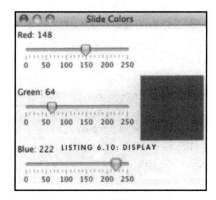

程序 6.12

```
//*********************************************************************
// SlideColorPanel.java        Java Foundations
//
// Represents the slider control panel for the SlideColor program.
//*********************************************************************
import java.awt.*;
import javax.swing.*;
import javax.swing.event.*;
public class SlideColorPanel extends JPanel
{
    private JPanel controls, colorPanel;
    private JSlider rSlider, gSlider, bSlider;
    private JLabel rLabel, gLabel, bLabel;
    //------------------------------------------------------------------
    // Sets up the sliders and their labels, aligning them along
    // their left edge using a box layout.
    //------------------------------------------------------------------
    public SlideColorPanel()
    {
        rSlider = new JSlider(JSlider.HORIZONTAL, 0, 255, 0);
        rSlider.setMajorTickSpacing(50);
        rSlider.setMinorTickSpacing(10);
        rSlider.setPaintTicks(true);
        rSlider.setPaintLabels(true);
```

```
      rSlider.setAlignmentX(Component.LEFT_ALIGNMENT);
      gSlider = new JSlider(JSlider.HORIZONTAL, 0, 255, 0);
      gSlider.setMajorTickSpacing(50);
      gSlider.setMinorTickSpacing(10);
      gSlider.setPaintTicks(true);
      gSlider.setPaintLabels(true);
      gSlider.setAlignmentX(Component.LEFT_ALIGNMENT);
      bSlider = new JSlider(JSlider.HORIZONTAL, 0, 255, 0);
      bSlider.setMajorTickSpacing(50);
      bSlider.setMinorTickSpacing(10);
      bSlider.setPaintTicks(true);
      bSlider.setPaintLabels(true);
      bSlider.setAlignmentX(Component.LEFT_ALIGNMENT);
      SliderListener listener = new SliderListener();
      rSlider.addChangeListener(listener);
      gSlider.addChangeListener(listener);
      bSlider.addChangeListener(listener);
      rLabel = new JLabel("Red: 0");
      rLabel.setAlignmentX(Component.LEFT_ALIGNMENT);
      gLabel = new JLabel("Green: 0");
      gLabel.setAlignmentX(Component.LEFT_ALIGNMENT);
      bLabel = new JLabel("Blue: 0");
      bLabel.setAlignmentX(Component.LEFT_ALIGNMENT);
      controls = new JPanel();
      BoxLayout layout = new BoxLayout(controls, BoxLayout.Y_AXIS);
      controls.setLayout(layout);
      controls.add(rLabel);
      controls.add(rSlider);
      controls.add(Box.createRigidArea(new Dimension (0, 20)));
      controls.add(gLabel);
      controls.add(gSlider);
      controls.add(Box.createRigidArea(new Dimension (0, 20)));
      controls.add(bLabel);
      controls.add(bSlider);
      colorPanel = new JPanel();
      colorPanel.setPreferredSize(new Dimension(100, 100));
      colorPanel.setBackground(new Color(0, 0, 0));

      add(controls);
      add(colorPanel);
   }
   //*****************************************************************
   // Represents the listener for all three sliders.
   //*****************************************************************
   private class SliderListener implements ChangeListener
   {
      private int red, green, blue;
```

```
//----------------------------------------------------------
//  Gets the value of each slider, then updates the labels and
//  the color panel.
//----------------------------------------------------------
public void stateChanged(ChangeEvent event)
{
    red = rSlider.getValue();
    green = gSlider.getValue();
    blue = bSlider.getValue();
    rLabel.setText("Red: " + red);
    gLabel.setText("Green: " + green);
    bLabel.setText("Blue: " + blue);
    colorPanel.setBackground(new Color(red, green, blue));
}
}
}
```

注意，在这个示例中，主刻度线的间距设置为 50，刻度从 0 开始，每隔 50 个刻度打印以主刻度值为文本的标签，所以即使滑块的最大值是 255，最后的标签也是 250。

滑块生成变化事件，以表明滑块的位置和值发生了改变。ChangeListener 接口只包含一个方法 stateChanged。在 SlideColor 程序中，3 个滑块共用一个监听器对象。在 stateChanged 方法中，当调整任何一个滑块时，要获取每个滑块的值，更新每个滑块的标签，修改颜色面板的背景色。实际上，我们只需要更新一个标签：即滑块值发生改变的滑块标签。但由于 3 个滑块共用一监听器，每次同时更新 3 个标签会更容易、更高效。当然，你也可以为每个滑块设置一个唯一的监听器，这样做无需要额外的编码。

如果值范围很大，但边界限定严格，则滑块是一种非常不错的选择。与文本框等替代方法相比，滑块向用户传递图形化信息，非常直观，能避免用户的输入错误。

6.2.5　下拉框

从下拉框的"下拉"菜单中，用户可以在多个选项中选择一项。当用户使用鼠标按下下拉框时，会显示一个选项列表供用户选择，所选中的选项会显示在下拉框中。下拉框由 JComboBox 类定义。

下拉框可能是可编辑的，也可能是不可编辑的。在默认情况下，下拉框是不可编辑的。当更改选项值时，如果是不可编辑下拉框，则用户只能从列表中选择要更改的选项；如果是可编辑的下拉框，则用户即可以通过从列表中选择要更改的选项，也可以在下拉框中输入特定值来更改选项值。

> **重要概念**
> 下拉框提供了选项的下拉菜单。

我们可以用两种方法创建下拉框列表的选项。一种方法是创建字符串数组，将字符串数组传递给 JComboBox 类的构造函数。另一种方法是在创建下拉框之后，用 addItem 方法添加选项。JComboBox 的选项既能显示 ImageIcon 对象，也能显示文本。

    名为 JukeBox 的程序 6.13 给出了下拉框的使用。用户用下拉框选择要播放的歌曲，然后按下 Play 按钮播放所选的歌曲。用户可以随时按下 Stop 按钮停止歌曲的播放。在播放歌曲时，用户选择新歌也会停止当前歌曲的播放。

    程序 6.14 的 JukeBoxControls 类是一个面板，包含程序的 GUI 组件。类的构造函数还会加载将要播放的音频剪辑。为了获取音频剪辑，首先要创建 URL 对象，其与定义剪辑的 wav 或 au 文件相对应。如果音频剪辑存储在运行该程序的计算机中，则 URL 构造函数的前两个参数分别为 "file" 和 "localhost"。创建 URL 对象可能会抛出检查异常，因此，在 try 语句块中创建 URL 对象。程序假定能成功加载音频剪辑，如果加载出现异常，程序不受影响。

程序 6.13

```
//**********************************************************************
//  JukeBox.java         Java Foundations
//
//  Demonstrates the use of a combo box.
//**********************************************************************
import javax.swing.*;
public class JukeBox
{
    //-----------------------------------------------------------------
    // Creates and displays the controls for a juke box.
    //-----------------------------------------------------------------
    public static void main(String[] args)
    {
        JFrame frame = new JFrame("Java Juke Box");
        frame.setDefaultCloseOperation(JFrame.EXIT_ON_CLOSE);
        frame.getContentPane().add(new JukeBoxControls());
        frame.pack();
        frame.setVisible(true);
    }
}
```

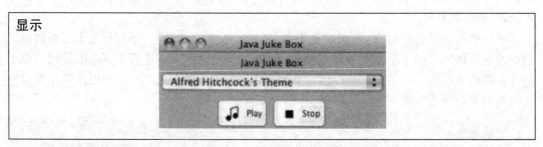

显示

程序 6.14

```
//**********************************************************************
//  JukeBoxControls.java        Java Foundations
```

```
//
//  Represents the control panel for the juke box.
//**********************************************************************
import java.awt.*;
import java.awt.event.*;
import javax.swing.*;
import java.applet.AudioClip;
import java.net.URL;
public class JukeBoxControls extends JPanel
{
    private JComboBox musicCombo;
    private JButton stopButton, playButton;
    private AudioClip[] music;
    private AudioClip current;
    //-----------------------------------------------------------------
    //  Sets up the GUI for the juke box.
    //-----------------------------------------------------------------
    public JukeBoxControls()
    {
        URL url1, url2, url3, url4, url5, url6;
        url1 = url2 = url3 = url4 = url5 = url6 = null;

        // Obtain and store the audio clips to play
        try
        {
            url1 = new URL("file", "localhost", "westernBeat.wav");
            url2 = new URL("file", "localhost", "classical.wav");
            url3 = new URL("file", "localhost", "jeopardy.au");
            url4 = new URL("file", "localhost", "newAgeRythm.wav");
            url5 = new URL("file", "localhost", "eightiesJam.wav");
            url6 = new URL("file", "localhost", "hitchcock.wav");
        }
        catch (Exception exception) {}
        music = new AudioClip[7];
        music[0] = null;  // Corresponds to "Make a Selection..."
        music[1] = JApplet.newAudioClip(url1);
        music[2] = JApplet.newAudioClip(url2);
        music[3] = JApplet.newAudioClip(url3);
        music[4] = JApplet.newAudioClip(url4);
        music[5] = JApplet.newAudioClip(url5);
        music[6] = JApplet.newAudioClip(url6);
        // Create the list of strings for the combo box options
        String[] musicNames = {"Make A Selection...", "Western Beat",
                "Classical Melody", "Jeopardy Theme", "New Age Rythm",
                "Eighties Jam", "Alfred Hitchcock's Theme"};
        musicCombo = new JComboBox(musicNames);
        musicCombo.setBackground(Color.cyan);
```

```java
      // Set up the buttons
      playButton = new JButton("Play", new ImageIcon("play.gif"));
      playButton.setBackground(Color.cyan);
      stopButton = new JButton("Stop", new ImageIcon("stop.gif"));
      stopButton.setBackground(Color.cyan);
      // Set up this panel
      setPreferredSize(new Dimension (250, 100));
      setBackground(Color.cyan);
      add(musicCombo);
      add(playButton);
      add(stopButton);
      musicCombo.addActionListener(new ComboListener());
      stopButton.addActionListener(new ButtonListener());
      playButton.addActionListener(new ButtonListener());
      current = null;
   }

   //*****************************************************************
   // Represents the action listener for the combo box.
   //*****************************************************************
   private class ComboListener implements ActionListener
   {
     //-------------------------------------------------------------
     // Stops playing the current selection (if any) and resets
     // the current selection to the one chosen.
     //-------------------------------------------------------------
     public void actionPerformed(ActionEvent event)
     {
       if (current != null)
         current.stop();
       current = music[musicCombo.getSelectedIndex()];
     }
   }
   //*****************************************************************
   // Represents the action listener for both control buttons.
   //*****************************************************************
   private class ButtonListener implements ActionListener
   {
     //-------------------------------------------------------------
     // Stops the current selection (if any) in either case. If
     // the play button was pressed, start playing it again.
     //-------------------------------------------------------------
     public void actionPerformed(ActionEvent event)
     {
       if (current != null)
         current.stop();
       if (event.getSource() == playButton)
```

```
                if (current != null)
                    current.play();
            }
        }
    }
```

创建完 URL 对象后，使用 JApplet 类的静态方法 newAudioClip 创建 AudioClip 对象。将音频剪辑存储在数组中，并将数组中索引值为 0 的第一个条目设置为 null。第一个条目对应于初始化的下拉框选项，本示例中是 "Make a Selection... 。

在下拉框中显示的歌曲列表由字符串数组定义。在默认情况下，数组的第一个条目会显示在下拉框中，一般用于提示用户。注意，程序并不会将下拉框的第一个选项作为有效的歌曲。

这个程序还展示了按钮显示图像的能力。在这个示例中，Play 按钮和 Stop 按钮的显示同时用了文本标签和图像图标。

只要用户从下拉框中选中了选项，下拉框就会生成动作事件。JukeBox 程序对下拉框使用一个动作监听器类，对另外两个按钮使用另一个动作监听器类。当然，我们也可以只用一个动作监听器，但要编写代码来区分哪个组件触发了相应的动作事件。

当用户在下拉框中进行选择后，ComboListener 类的 actionPerformed 方法会执行选中的选项，当前正在播放的音频（如果有）会停止。用户刚选的音频会成为当前音频。注意此时，程序不会立即播放音频剪辑。因为程序的设计方案是：用户必须按下 Play 按钮才能播放所选的新歌曲。

当按下 Play 按钮或 Stop 按钮时，会执行 ButtonListener 类的 actionPerformed 方法。正在播放的音频（如果有）会停止。如果按下 Stop 按钮，播放任务完成。如果按下 Play 按钮，则当前音频将再次从头播放。

6.2.6 定时器

定时器由 javax.swing 包的 Timer 类创建，是一个 GUI 组件。定时器与其他组件不同，它没有在屏幕上的可视化表示。顾名思义，定时器能帮助用户管理某段时间内的活动。

> **重要概念**
> 定时器按指定的时间间隔生成动作事件，其可用于动画控制。

定时器对象按指定的时间间隔生成动作事件。为了执行动画，我们可以使用定时器来定期生成动作事件，更新动作监听器中的动画图形。图 6.1 给出了 Timer 类的一些方法。

程序 6.15 显示了笑脸图像，该笑脸图像以一定角度滑过程序窗口，再从窗口边缘反弹。

程序 6.15

```
//********************************************************************
//  Rebound.java          Java Foundations
//
//  Demonstrates an animation and the use of the Timer class.
//********************************************************************
```

```
Timer(int delay, ActionListener listener)
构造函数：创建定时器，该定时器按延迟指定的间隔定期生成动作事件，再由指
定的监听器处理该事件。
Void addActionListener(ActionListener listener)
    向定时器添加动作监听器。
Boolean isRunning( )
    如果定时器正在运行，则返回真。
void setDelay(int delay)
    设置定时器的延迟。
void start( )
    启动定时器，使其生成动作事件。
Void stop( )
    停止定时器，使其停止生成动作事件。
```

图 6.1   Timer 类的一些方法

```java
import java.awt.*;
import java.awt.event.*;
import javax.swing.*;
public class Rebound
{
  //----------------------------------------------------------------
  //  Displays the main frame of the program.
  //----------------------------------------------------------------
  public static void main(String[] args)
  {
    JFrame frame = new JFrame("Rebound");
    frame.setDefaultCloseOperation(JFrame.EXIT_ON_CLOSE);
    frame.getContentPane().add(new ReboundPanel());
    frame.pack();
    frame.setVisible(true);
  }
}
```

显示

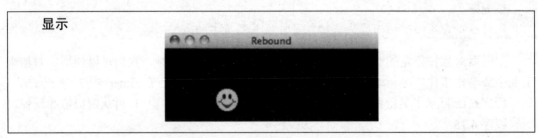

    如程序 6.16 所示，ReboundPanel 类的构造函数创建 VTimer 对象。Timer 构造函数的第一个参数是延迟，以毫秒为单位。构造函数的第二个参数是监听器，用于处理定时器的动作事件。ReboundPanel 构造函数在每次重绘图像时，在垂直和水平方向上会设置图像的初始位置和图像将移动的像素数。

监听器的 actionPerformed 方法更新当前的 x 和 y 的坐标值，然后检查这些值是否会使图像"碰到"面板的边缘。如果碰到面板边缘，则调整移动，使图像后面的移动以相反的水平方向或垂直方向移动。注意，该计算要考虑图像的大小。

程序 6.16

```java
//********************************************************************
//  ReboundPanel.java       Java Foundations
//
//  Represents the primary panel for the Rebound program.
//********************************************************************
import java.awt.*;
import java.awt.event.*;
import javax.swing.*;
public class ReboundPanel extends JPanel
{
   private final int WIDTH = 300, HEIGHT = 100;
   private final int DELAY = 20, IMAGE_SIZE = 35;
   private ImageIcon image;
   private Timer timer;
   private int x, y, moveX, moveY;
   //----------------------------------------------------------------
   //  Sets up the panel, including the timer for the animation.
   //----------------------------------------------------------------
   public ReboundPanel()
   {
      timer = new Timer(DELAY, new ReboundListener());
      image = new ImageIcon("happyFace.gif");
      x = 0;
      y = 40;
      moveX = moveY = 3;
      setPreferredSize(new Dimension(WIDTH, HEIGHT));
      setBackground(Color.black);
      timer.start();
   }
   //----------------------------------------------------------------
   //  Draws the image in the current location.
   //----------------------------------------------------------------
   public void paintComponent(Graphics page)
   {
      super.paintComponent(page);
      image.paintIcon(this, page, x, y);
   }
   //********************************************************************
   //  Represents the action listener for the timer.
   //********************************************************************
   private class ReboundListener implements ActionListener
```

```
{
    //--------------------------------------------------------------
    //  Updates the position of the image and possibly the direction
    //  of movement whenever the timer fires an action event.
    //--------------------------------------------------------------
    public void actionPerformed(ActionEvent event)
    {
        x += moveX;
        y += moveY;
        if (x <= 0 || x >= WIDTH-IMAGE_SIZE)
            moveX = moveX * -1;
        if (y <= 0 || y >= HEIGHT-IMAGE_SIZE)
            moveY = moveY * -1;

        repaint();
    }
}
}
```

更新坐标值后，actionPerformed 方法调用 repaint 强制组件面板重新绘制自身。调用 repaint 最终是调用 paintComponent 方法，用于在新位置重新绘制图像。

程序中动画的速度受两个因素制约：一个是动作事件之间的暂停，另一个是图像每次移动的距离。在这个例子中，将定时器设置为每 20ms 产生动作事件，每次更新时，图像移动 3 个像素。你可以做实验，尝试改变这些值，看一看这些值如何影响动画的速度。动画的目标就是创造令人满意的动作幻觉。

6.3   布局管理器

正如前面所述，每个容器都由布局管理器来管理，布局管理器决定如何对容器中的组件进行可视化排列。当调整容器大小或者向容器添加组件时，都要询问布局管理器。

> **重要概念**
> 每个容器都由布局管理器进行管理，布局管理器决定如何对组件进行可视化排列。

每个组件的大小和位置都由布局管理器决定，决定时要考虑多种因素。每个容器都有默认的布局管理器，但用户可以根据自己的偏好，用自己喜欢的布局管理器替换默认的布局管理器。

图 6.2 给出了 Java 标准类库所提供的一些预定义布局管理器。

在管理组件的布局时，每个布局管理器都有自己特定的属性和规则。对于一些布局管理器来说，添加组件的顺序会影响组件的定位；而另一些布局管理器会提供更具体的控制。一些布局管理器将组件的首选大小或对齐方式考虑在内，而其他布局管理器则不会这样做。为了在 Java 中开发优秀的 GUI，熟悉各种布局管理器的特性和特征是非常重要的。

重要概念
在发生变化时，容器中的组件会根据布局管理器的策略重新组织自己。

布局管理器	描述
边界布局	将组件分为五个区域（北、南、东、西和中心）。
盒式布局	将组件组织到单行或单列中。
卡式布局	将组件组织到一个区域，在任何时候只有一个组件可见。
流式布局	按照从左到右的顺序组织组件，根据需要启用新行。
网格式布局	将组件组织成行和列的网格。
网格组布局	将组件组织到单元格网格中，允许组件跨多个单元格。

图 6.2　一些预定义的 Java 布局管理器

我们可以使用容器的 setLayout 方法来更改所用的布局管理器。例如，下面的代码将重新设置 JPanel 的布局管理器。JPanel 的默认布局管理器是流式布局管理器，现改为边界布局管理器。

```
JPanel panel = new JPanel( )
Panel.setLayout (new BorderLayout ( ));
```

重要概念
我们可以明确设置每个容器的布局管理器。

下面将更详细地探讨这些布局管理器，我们关注最流行的布局管理器：流式布局管理器、边界布局管理器、网格布局管理器盒式布局管理器。程序 6.17 中的类包含的 main 方法给出了这些布局管理器的使用和效果。

程序 6.17

```
//************************************************************************
//  LayoutDemo.java        Java Foundations
//
//  Demonstrates the use of flow, border, grid, and box layouts.
//************************************************************************
import javax.swing.*;
public class LayoutDemo
{
  //----------------------------------------------------------------
  //  Sets up a frame containing a tabbed pane. The panel on each
  //  tab demonstrates a different layout manager.
  //----------------------------------------------------------------
  public static void main(String[] args)
  {
    JFrame frame = new JFrame("Layout Manager Demo");
    frame.setDefaultCloseOperation(JFrame.EXIT_ON_CLOSE);
    JTabbedPane tp = new JTabbedPane();
    tp.addTab("Intro", new IntroPanel());
```

```
            tp.addTab("Flow", new FlowPanel());
            tp.addTab("Border", new BorderPanel());
            tp.addTab("Grid", new GridPanel());
            tp.addTab("Box", new BoxPanel());
            frame.getContentPane().add(tp);
            frame.pack();
            frame.setVisible(true);
        }
    }
```

LayoutDemo 程序引入了选项卡式窗格的使用，该容器允许用户通过单击选项卡来选择要看到的窗格。选项卡式窗格由 **JTabbedPane** 类定义。**addTab** 方法创建选项卡，指定显示在选项卡上的名称和该窗格上显示的组件。在面板上显示组件时，要通过将该组件"置于前面"来实现焦点，让用户可见。

有趣的是，选项卡式窗格和卡布局管理器提供的功能是重叠的。与选项卡式窗格类似，卡式布局允许定义多个图层，并且在任何给定时刻仅显示其中一个图层。但卡式布局管理的容器的调整是由程序控制，而选项卡式窗格是由用户控制，用户可以直接选择要显示哪个选项卡窗格。

在这个示例中，选项卡式窗格的每个选项卡都包含面板，该面板用于控制不同的布局管理器。如程序 6.18 所示，第一个选项卡包含的面板只有介绍性消息。我们在详细探讨每种布局管理器的同时，也分析了定义相应面板的类，还讨论了每种布局管理器的视觉效果。

程序 6.18

```
//*********************************************************************
//   IntroPanel.java      Java Foundations
//
//   Represents the introduction panel for the LayoutDemo program.
//*********************************************************************
import java.awt.*;
import javax.swing.*;
public class IntroPanel extends JPanel
{
    //-----------------------------------------------------------------
    //   Sets up this panel with two labels.
    //-----------------------------------------------------------------
    public IntroPanel()
    {
        setBackground(Color.green);
        JLabel l1 = new JLabel("Layout Manager Demonstration");
        JLabel l2 = new JLabel("Choose a tab to see an example of " +
                               "a layout manager.");
        add(l1);
        add(l2);
    }
}
```

显示

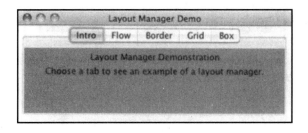

6.3.1　流式布局管理器

流式布局管理器是一种最简单易用的布局管理器，正如前面所介绍的，JPanel 类默认使用流式布局管理器。流式布局管理器按照组件的首选大小，尽可能多地将组件放在一行上。当一行中不能再放某个组件时，就将该组件放在下一行。根据实际需要，我们可以将许多组件添加到容器中，图 6.3 给出了由流式布局管理器管理的容器。

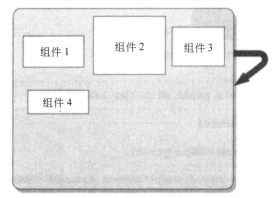

图 6.3　流式布局管理器尽可能多地将组件放在一行上

程序 6.19 的类代表面板，在 LayoutDemo 程序中，该面板用于演示流式布局管理器。它明确地将布局设置为流式布局，但这样做完全没有必要，因为 JPanel 默认的布局就是流式布局。之后，程序创建按钮并将按钮添加到面板中。

每个按钮的大小都足以容纳其标签的大小。流式布局会尽可能多地将这些按钮放在面板的一行上，如果一行放不下，再将剩余的按钮放在另一行上。如果通过拖动鼠标右下角，将框架变大，则面板也会变大，在一行上可以放下更多按钮。当框架调整大小时，会询问布局管理器，组件将自动重组。如程序 6.19 输出所示，框架不同，所放置按钮数量也不同。

程序 6.19

```
//**********************************************************************
//  FlowPanel.java      Java Foundations
//
//  Represents the panel in the LayoutDemo program that demonstrates
//  the flow layout manager.
//**********************************************************************
```

```java
import java.awt.*;
import javax.swing.*;
public class FlowPanel extends JPanel
{
    //-----------------------------------------------------------------
    //  Sets up this panel with some buttons to show how flow layout
    //  affects their position.
    //-----------------------------------------------------------------
    public FlowPanel()
    {
        setLayout(new FlowLayout());
        setBackground(Color.green);
        JButton b1 = new JButton("BUTTON 1");
        JButton b2 = new JButton("BUTTON 2");
        JButton b3 = new JButton("BUTTON 3");
        JButton b4 = new JButton("BUTTON 4");
        JButton b5 = new JButton("BUTTON 5");
        add(b1);
        add(b2);
        add(b3);
        add(b4);
        add(b5);
    }
}
```

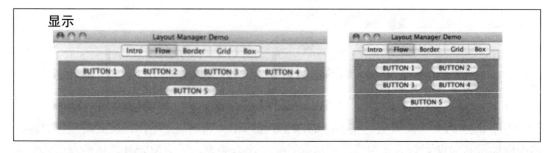

显示

为了调整布局管理器的特性，程序员要重载 FlowLayout 类的构造函数。在每一行中，组件要么居中，要么左对齐，要么右对齐。对齐方式默认是居中。在创建布局管理器时，也可以指定组件之间的水平间隙大小和垂直间隙大小。在创建布局管理器后，FlowLayout 类有一些方法，用于设置对齐和改变间隙的大小。

6.3.2　边界布局管理器

边界布局管理器有五个可添加组件的区域：北、南、东、西和中心。这些区域彼此之间具有特定的位置关系，如图 6.4 所示。

四个外部区域为了能容纳更多组件，会尽可能地变大。如果没有向北区、南区、东区或西区中添加组件，那么这些区域在总体布局中不占用任何空间，中心区扩大，填充至任何可用的空间。

　　根据系统的功能，指定的容器可能只能使用几个区域。例如，某个程序可能只使用中心区、南区和西区，这种多功能性使边界布局管理器有用武之地。

　　边界布局管理的容器的 add 方法将第一个参数作为要添加的组件。第二个参数作为组件要添加的区域，该区域用 BorderLayout 类定义的常量来指定。名为 LayoutDemo 的程序 6.20 给出了边界布局管理器的面板。

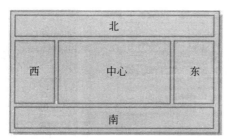

图 6.4   边界布局管理器组织组件的五个区域

　　在 BorderPanel 类的构造函数中，面板的布局管理器明确设置为边界布局管理器。之后，创建按钮并将按钮添加到指定的面板区域。在默认情况下，每个按钮的宽度都足以容纳其标签，高度足以填充其分配的区域。随着框架和面板的大小的调整，每个按钮的大小会根据需要进行调整，中心区域的按钮将填充至任何未使用的空间。

程序 6.20

```
//*********************************************************************
//  BorderPanel.java       Java Foundations
//
//  Represents the panel in the LayoutDemo program that demonstrates
//  the border layout manager.
//*********************************************************************
import java.awt.*;
import javax.swing.*;
public class BorderPanel extends JPanel
{
  //------------------------------------------------------------
  //  Sets up this panel with a button in each area of a border
  //  layout to show how it affects their position, shape, and size.
  //------------------------------------------------------------
  public BorderPanel()
  {
    setLayout(new BorderLayout());
    setBackground(Color.green);
    JButton b1 = new JButton("BUTTON 1");
    JButton b2 = new JButton("BUTTON 2");
    JButton b3 = new JButton("BUTTON 3");
    JButton b4 = new JButton("BUTTON 4");
    JButton b5 = new JButton("BUTTON 5");
    add(b1, BorderLayout.CENTER);
```

```
        add(b2, BorderLayout.NORTH);
        add(b3, BorderLayout.SOUTH);
        add(b4, BorderLayout.EAST);
        add(b5, BorderLayout.WEST);
    }
}
```

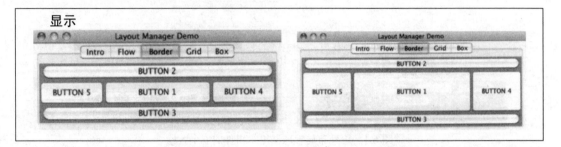

边界布局中的每个区域只能显示一个组件。也就是说，只能向每个给定的边界布局区域添加一个组件。常见的错误是向边界布局的一个指定区域添加两个组件。在这样做时，第一个组件会被第二个组件替换，容器只显示第二个组件。为了将多个组件添加到边界布局的某个区域，必须先将组件添加到另一个容器（如 JPanel）中，再将该容器（如面板）添加到该区域。

注意，即使显示按钮的面板是绿色背景，程序 6.20 也不会显示绿色，因为在默认情况下，边界布局的区域之间不存在水平或垂直间隙。我们可以通过重载构造函数或 BorderLayout 类的显式方法来设置这些间隙。如果间隙增加，则底层面板会显示出来。

6.3.3　网格布局管理器

网格布局管理器在一个矩形的行和列的网格中显示容器的组件。一个组件放置在一个网格单元格中，所有单元格的大小相同。图 6.5 显示了网格布局的一般组织结构。

图 6.5　网格布局管理器创建了等长单元格的矩形网格

网格布局中的行数和列数是在创建布局管理器时由构造函数的参数创建。程序 6.21 中的类显示了 LayoutDemo 程序所用的网格布局面板，其指定使用两行三列的网格来管理面板。

程序 6.21

```java
//*********************************************************************
//  GridPanel.java        Java Foundations
//
//  Represents the panel in the LayoutDemo program that demonstrates
//  the grid layout manager.
//*********************************************************************
import java.awt.*;
import javax.swing.*;
public class GridPanel extends JPanel
{
   //------------------------------------------------------------------
   //  Sets up this panel with some buttons to show how grid
   //  layout affects their position, shape, and size.
   //------------------------------------------------------------------
   public GridPanel()
   {
      setLayout(new GridLayout(2, 3));
      setBackground(Color.green);
      JButton b1 = new JButton("BUTTON 1");
      JButton b2 = new JButton("BUTTON 2");
      JButton b3 = new JButton("BUTTON 3");
      JButton b4 = new JButton("BUTTON 4");
      JButton b5 = new JButton("BUTTON 5");
      add(b1);
      add(b2);
      add(b3);
      add(b4);
      add(b5);
   }
}
```

显示

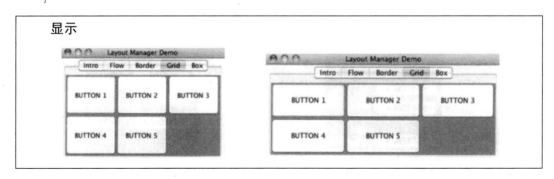

当将按钮添加到容器时，在默认情况下，按钮从左到右和从上到下填充网格。除了决定以何种顺序将按钮添加到容器之外，没有办法明确将组件分配到网格的指定位置。

每个单元格的大小由容器的整体大小决定。在调整容器大小时，所有单元格会按比例更改大小以填充容器。

如果用于指定行数或列数的值为零，则网格将根据需要在此维度展开，以适应添加到容器中的组件数量，行和列的值不能同时为零。

在默认情况下，网格单元之间不存在水平和垂直间隙。我们可以使用重载的构造函数或适当的 GridLayout 方法来指定间隙的大小。

6.3.4　盒式布局管理器

盒式布局管理器能按一列垂直组织组件，也可以按一行水平组织组件，如图 6.6 所示。盒式布局简单易用，当与其他盒式布局结合使用时，能产生类似于用网格组布局实现复杂的 GUI 设计，掌握网络组布局更难。

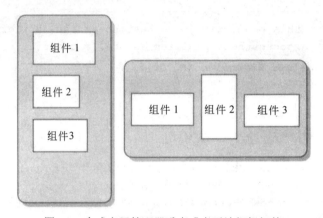

图 6.6　盒式布局管理器垂直或水平地组织组件

当创建 BoxLayout 对象时，我们使用 BoxLayout 类定义的常量来指定是沿 X 轴（水平）方向，还是沿 Y 轴（垂直）方向。与其他布局管理器不同，BoxLayout 类的构造函数将管理的组件作为第一个参数。因此，必须为每个组件创建一个新的 BoxLayout 对象。程序 6.22 给出了 LayoutDemo 程序用来演示盒式布局的面板。

按盒式布局管理器对容器中组件的组织，按从上到下或从左到右的顺序将组件添加到容器中。

程序 6.22

```
//********************************************************************
//  BoxPanel.java       Java Foundations
//
//  Represents the panel in the LayoutDemo program that demonstrates
//  the box layout manager.
//********************************************************************
import java.awt.*;
import javax.swing.*;
public class BoxPanel extends JPanel
{
   //-----------------------------------------------------------
   // Sets up this panel with some buttons to show how a vertical
```

```java
    // box layout (and invisible components) affects their position.
    //-----------------------------------------------------------------
    public BoxPanel()
    {
        setLayout(new BoxLayout (this, BoxLayout.Y_AXIS));
        setBackground(Color.green);
        JButton b1 = new JButton("BUTTON 1");
        JButton b2 = new JButton("BUTTON 2");
        JButton b3 = new JButton("BUTTON 3");
        JButton b4 = new JButton("BUTTON 4");
        JButton b5 = new JButton("BUTTON 5");
        add(b1);
        add(Box.createRigidArea(new Dimension (0, 10)));
        add(b2);
        add(Box.createVerticalGlue());
        add(b3);
        add(b4);
        add(Box.createRigidArea(new Dimension (0, 20)));
        add(b5);
    }
}
```

显示

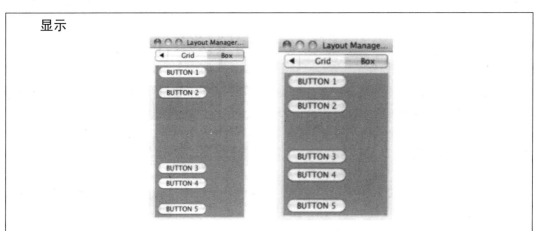

　　盒式布局管理器中的组件之间没有间隙。与前面所讨论布局管理器不同，盒式布局管理器没有可以为整个容器指定垂直或水平间隙。但我们可以在容器中添加不可见组件，占用组件之间的空间。Box 类是 Java 标准类库的一部分，包含用于创建这些不可见组件的静态方法。

　　BoxPanel 类使用的两种透明组件：刚性区域和胶水。刚性区域有固定的大小；胶水指定容器中多余空间的位置。使用 Box 类的 createRigidArea 方法创建刚性区域，其将 Dimension 对象作为参数来定义透明区域的大小。根据具体情况，我们可以使用 createHorizontalGlue 方法或 createVerticalGlue 方法来创建胶水。

　　注意，在这个示例中，即使调整容器大小，由刚性区域分隔的按钮之间的空间也保持不变。另一方面，胶水根据需要膨胀或收缩以填充空间。

与其他布局管理器相比，盒式布局管理器更注重其管理组件的最小化、最大化和首选大小。因此，设置容器组件的特性是调整视觉效果的另一种方式。

6.3.5　容器的层次结构

组件在容器中的组织方式以及容器的互相嵌套方式建立了 GUI 的容器层次结构。容器层次结构和容器的布局管理器之间的相互作用决定了 GUI 的整体视觉效果。

任何 Java 程序都有一个主容器，我们称之为顶级容器，如框架或小程序。程序的顶级容器通常包含一个或多个其他容器，如面板。为了按照需要组织其他组件，面板还可以包含其他面板。

> **重要概念**
> GUI 的外观由容器层次结构和每个容器的布局管理器共同决定。

记住，每个容器都可以有自己的定制布局管理器。GUI 的最终外观由每个容器所选择的布局管理器和容器层次结构共同决定。GUI 可以使用多种组合，单一的布局管理器一般不是最佳选择。设计 GUI 时，要以期望的系统目标和 GUI 通用设计原则为指导。

在对影响程序可视化布局的组件进行更改时，要依次询问每个容器的布局管理器。一个布局管理器的变化可能会影响另一个布局管理器，最终这些更改涉及容器的层次结构。

6.4　鼠标事件和按键事件

除了用户与组件交互所生成的事件之外，用户与计算机的鼠标和键盘交互时，也会触发事件，我们可以设计程序来捕获事件，对事件做出响应。

6.4.1　鼠标事件

Java 将用户与鼠标交互所生成的事件分为两类：鼠标事件和鼠标移动事件。图 6.7 给出了这些事件。

当用户在 Java GUI 组件上单击鼠标按钮时，会生成三个事件：一个是鼠标按钮被按下时生成的鼠标按下事件；另一个是释放鼠标的鼠标放开事件；第三个是鼠标单击事件。鼠标单击定义为在相同位置按下并释放鼠标按钮。如果按下鼠标按钮，移动鼠标，然后释放鼠标按钮，则不会生成鼠标单击事件。

当鼠标指针进入图形空间时，组件将生成鼠标进入事件。同样，在鼠标指针离开时会生成鼠标退出事件。

顾名思义，鼠标移动事件发生在鼠标移动时。鼠标移动事件表明鼠标正在动。当用户按下鼠标按钮并不释放按钮地移动鼠标时，会生成鼠标拖动事件。鼠标移动时会快速多次生成鼠标移动事件。

重要概念

移动鼠标并单击鼠标按钮能生成程序响应的事件。

鼠标事件	描述
鼠标按下	鼠标按钮被按下。
鼠标释放	鼠标按钮被释放。
鼠标单击	鼠标按钮被按下并释放但不移动。
鼠标进入	鼠标指针移到组件上。
鼠标退出	鼠标指针离开组件。

鼠标移动事件	描述
鼠标移动	鼠标移动。
鼠标拖动	按下鼠标按钮时移动鼠标。

图 6.7　鼠标事件和鼠标移动事件

在特定情况下，我们可能只关心一两个鼠标事件。我们要监听的哪些事件取决于程序要完成的任务。名为 Coordinates 的程序 6.23 只对一个鼠标事件做出响应。具体来说，只要按下鼠标按钮，程序就会在鼠标指针的位置绘制一个绿色的圆点，并显示相应坐标。记住，Java 中的坐标系统的起点位于组件（如面板）的左上角，x 坐标向右递增，y 向下递增，详细内容参见附录 F。

如程序 6.24 所示，CoordinatesPanel 类跟踪用户最近按下鼠标按钮的（x，y）坐标。MouseEvent 对象的 getx 和 get 方法返回鼠标事件发生位置的 x 和 y 坐标。

程序 6.23

```
//*****************************************************************
//  Coordinates.java       Java Foundations
//
//  Demonstrates mouse events.
//*****************************************************************
import javax.swing.JFrame;
public class Coordinates
{
  //---------------------------------------------------------------
  //  Creates and displays the application frame.
  //---------------------------------------------------------------
  public static void main(String[] args)
  {
    JFrame frame = new JFrame("Coordinates");
    frame.setDefaultCloseOperation(JFrame.EXIT_ON_CLOSE);
    frame.getContentPane().add(new CoordinatesPanel());
    frame.pack();
    frame.setVisible(true);
  }
}
```

显示

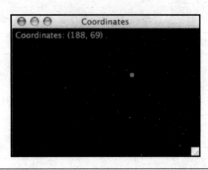

程序 **6.24**

```java
//*************************************************************************
//  CoordinatesPanel.java        Java Foundations
//
//  Represents the primary panel for the Coordinates program.
//*************************************************************************
import javax.swing.JPanel;
import java.awt.*;
import java.awt.event.*;
public class CoordinatesPanel extends JPanel
{
   private final int SIZE = 6;  // diameter of dot
   private int x = 50, y = 50;  // coordinates of mouse press
   //-----------------------------------------------------------------
   //  Constructor: Sets up this panel to listen for mouse events.
   //-----------------------------------------------------------------
   public CoordinatesPanel()
   {
      addMouseListener(new CoordinatesListener());
      setBackground(Color.black);
      setPreferredSize(new Dimension(300, 200));
   }
   //-----------------------------------------------------------------
   //  Draws all of the dots stored in the list.
   //-----------------------------------------------------------------
   public void paintComponent(Graphics page)
   {
      super.paintComponent(page);
      page.setColor(Color.green);
      page.fillOval(x, y, SIZE, SIZE);
      page.drawString("Coordinates: (" + x + ", " + y + ")", 5, 15);
   }
   //*************************************************************************
   //  Represents the listener for mouse events.
   //*************************************************************************
```

```
private class CoordinatesListener implements MouseListener
{
  //----------------------------------------------------------
  //  Adds the current point to the list of points and redraws
  //  the panel whenever the mouse button is pressed.
  //----------------------------------------------------------
  public void mousePressed(MouseEvent event)
  {
    x = event.getX();
    y = event.getY();
    repaint();
  }
  //----------------------------------------------------------
  //  Provide empty definitions for unused event methods.
  //----------------------------------------------------------
  public void mouseClicked(MouseEvent event) {}
  public void mouseReleased(MouseEvent event) {}
  public void mouseEntered(MouseEvent event) {}
  public void mouseExited(MouseEvent event) {}
}
}
```

鼠标按下事件的监听器实现 MouseListener 接口。每次用户在面板上按下鼠标按钮时，面板都会调用 mousePressed 方法。

注意，与前面程序示例所用的监听器接口不同，MouseListener 接口包含 5 个方法。这个程序唯一感兴趣的事件是鼠标按下事件。因此，我们唯一感兴趣的方法只有 mousePressed 方法。但是，实现接口就要提供接口能提供所有方法的定义。因此，对其他事件，程序提供对应的空方法。当生成这些事件时，将调用空方法，但不执行任何代码。在本节最后，我们将讨论创建监听器技术，以避免创建这样的空方法。

重要概念

为了实现接口，对不需要的事件，监听器可以提供空方法的定义。

下面分析一个示例，其对两个鼠标事件做出响应。名为 RubberLines 的程序 6.25 在两点之间画线。

第一个点由第一次按下鼠标按钮的位置确定。第二个点是按下鼠标按钮后，不释放按钮，拖动鼠标而产生。当释放鼠标按钮时，在第一个点和第二个点之间形成固定线。当再次按下鼠标按钮时，将开始画新线。

程序 6.25

```
//************************************************************************
//  RubberLines.java       Java Foundations
//
//  Demonstrates mouse events and rubberbanding.
//************************************************************************
```

```
import javax.swing.JFrame;
public class RubberLines
{
   //------------------------------------------------------------------
   //  Creates and displays the application frame.
   //------------------------------------------------------------------
   public static void main(String[] args)
   {
      JFrame frame = new JFrame("Rubber Lines");
      frame.setDefaultCloseOperation(JFrame.EXIT_ON_CLOSE);
      frame.getContentPane().add(new RubberLinesPanel());
      frame.pack();
      frame.setVisible(true);
   }
}
```

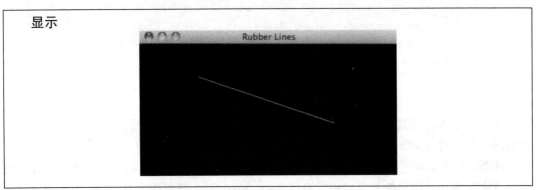

RubberLinesPanel 类如程序 6.26 所示。因为我们需要监听鼠标按下事件和鼠标拖动事件，所以需要监听器响应鼠标事件和鼠标移动事件。

程序 6.26

```
//*************************************************************************
//  RubberLinesPanel.java       Java Foundations
//
//  Represents the primary drawing panel for the RubberLines program.
//*************************************************************************
import javax.swing.JPanel;
import java.awt.*;
import java.awt.event.*;
public class RubberLinesPanel extends JPanel
{
   private Point point1 = null, point2 = null;
   //------------------------------------------------------------------
   //  Constructor: Sets up this panel to listen for mouse events.
   //------------------------------------------------------------------
   public RubberLinesPanel()
   {
```

```
      LineListener listener = new LineListener();
      addMouseListener(listener);
      addMouseMotionListener(listener);
      setBackground(Color.black);
      setPreferredSize(new Dimension(400, 200));
   }
   //------------------------------------------------------------------
   // Draws the current line from the intial mouse-pressed point to
   // the current position of the mouse.
   //------------------------------------------------------------------
   public void paintComponent(Graphics page)
   {
      super.paintComponent(page);
      page.setColor (Color.yellow);
      if (point1 != null && point2 != null)
         page.drawLine(point1.x, point1.y, point2.x, point2.y);
   }
   //******************************************************************
   // Represents the listener for all mouse events.
   //******************************************************************
   private class LineListener implements MouseListener,
                                 MouseMotionListener
   {
      //---------------------------------------------------------------
      // Captures the initial position at which the mouse button is
      // pressed.
      //---------------------------------------------------------------
      public void mousePressed(MouseEvent event)
      {
         point1 = event.getPoint();
      }
      //---------------------------------------------------------------
      // Gets the current position of the mouse as it is dragged and
      // redraws the line to create the rubberband effect.
      //---------------------------------------------------------------
      public void mouseDragged(MouseEvent event)
      {
         point2 = event.getPoint();
         repaint();
      }
      //---------------------------------------------------------------
      // Provide empty definitions for unused event methods.
      //---------------------------------------------------------------
      public void mouseClicked(MouseEvent event) {}
      public void mouseReleased(MouseEvent event) {}
      public void mouseEntered(MouseEvent event) {}
      public void mouseExited(MouseEvent event) {}
```

```
      public void mouseMoved(MouseEvent event) {}
   }
}
```

注意，在本示例中，因为监听器类要实现 MouseListener 接口和 MouseMotionListener 接口，所以必须实现两个接口的所有方法。但程序只对两个方法感兴趣，所以我们只实现方法 mousePressed 和 mouseDragged，其他方法定义为空，只为满足实现接口的要求。

> **重要概念**
> 橡皮筋是拖动鼠标时线条扩张时产生的图形效果。

当调用 mousePressed 方法时，设置变量 point1。然后，随着拖动鼠标，变量 point2 不断被重置，并重绘面板。因此，随着拖动鼠标，线条不断被重画，表现出来就是一条线在固定点和移动点之间不断拉伸，这种效果被称为橡皮筋，在画图程序中非常常见。

线的起点和终点存储为 Point 对象。Point 类由 java.awt 包定义，其封装了二维坐标的 x 值和 y 值。

注意，在 RubberLinesPanel 构造函数中，向面板添加了两次监听器对象：一次是作为鼠标监听器，一次是作为鼠标移动监听器。调用添加监听器的方法必须与参数传递的对象相对应。在 RubberLines 程序中，用一个监听器监听两类鼠标事件。当然，你也可以使用两个监听器类：一个监听鼠标事件，一个监听鼠标移动事件。一个组件可以有多个监听器，以监听不同类型事件。

6.4.2　按键事件

当按下键盘的键时会产生按键事件。在用户键入或按下其他键（例如箭头键）时，按键事件能让程序立即响应用户的输入。如果处理按键事件，只要用户按下按键，程序就会立即响应，而不必等待按下回车键或者其他组件（如按钮）来激活按键事件。

> **重要概念**
> 在用户按下键盘按键时，按键事件使程序能立即做出响应。

名为 Direction 程序 6.27 响应按键事件，显示箭头图像，当按下箭头键时，图像在屏幕上移动。实际上，使用了四幅不同的图像，分别是向上、向下、向右和向左的箭头。

如程序 6.28 所示，DirectionPanel 类用于显示箭头图像的面板。构造函数加载 4 个箭头图像，其中一幅图像是当前图像，也就是显示的图像，程序根据最近的按键来设置当前图像。例如，如果按下向上的方向键，则会显示向上的箭头图像。如果按下向下的方向键，则会显示向下的箭头图像。

箭头图像作为 ImageIcon 对象进行管理。在这个示例中，每次重新绘制面板时都会使用 paintIcon 方法绘制图像。paintIcon 方法有 4 个参数：一个组件作为图像的观察器，其根据图形上下文，确定绘制哪幅图像以及确定绘制图像的（x，y）坐标。图像观察器是用于管理图像加载的组件，在这个示例中，我们使用面板作为图像观察器。

程序 6.27

```java
//***********************************************************************
//  Direction.java         Java Foundations
//
//  Demonstrates key events.
//***********************************************************************
import javax.swing.JFrame;
public class Direction
{
   //-------------------------------------------------------------
   //  Creates and displays the application frame.
   //-------------------------------------------------------------
   public static void main(String[] args)
   {
      JFrame frame = new JFrame("Direction");
      frame.setDefaultCloseOperation(JFrame.EXIT_ON_CLOSE);
      frame.getContentPane().add(new DirectionPanel());
      frame.pack();
      frame.setVisible(true);
   }
}
```

显示

程序 6.28

```java
//***********************************************************************
//  DirectionPanel.java        Java Foundations
//
//  Represents the primary display panel for the Direction program.
//***********************************************************************
import javax.swing.*;
import java.awt.*;
import java.awt.event.*;
public class DirectionPanel extends JPanel
{
   private final int WIDTH = 300, HEIGHT = 200;
   private final int JUMP = 10;  // increment for image movement
```

```java
   private final int IMAGE_SIZE = 31;
   private ImageIcon up, down, right, left, currentImage;
   private int x, y;
   //------------------------------------------------------------------
   //  Constructor: Sets up this panel and loads the images.
   //------------------------------------------------------------------
   public DirectionPanel()
   {
      addKeyListener (new DirectionListener());
      x = WIDTH / 2;
      y = HEIGHT / 2;
      up = new ImageIcon("arrowUp.gif");
      down = new ImageIcon("arrowDown.gif");
      left = new ImageIcon("arrowLeft.gif");
      right = new ImageIcon("arrowRight.gif");
      currentImage = right;
      setBackground(Color.black);
      setPreferredSize(new Dimension(WIDTH, HEIGHT));
      setFocusable(true);
   }
   //------------------------------------------------------------------
   //  Draws the image in the current location.
   //------------------------------------------------------------------
   public void paintComponent(Graphics page)
   {
      super.paintComponent(page);
      currentImage.paintIcon(this, page, x, y);
   }
   //******************************************************************
   //  Represents the listener for keyboard activity.
   //******************************************************************
   private class DirectionListener implements KeyListener
   {
      //---------------------------------------------------------------
      //  Responds to the user pressing arrow keys by adjusting the
      //  image and image location accordingly.
      //---------------------------------------------------------------
      public void keyPressed(KeyEvent event)
      {
         switch (event.getKeyCode())
         {
            case KeyEvent.VK_UP:
               currentImage = up;
               y -= JUMP;
               break;
            case KeyEvent.VK_DOWN:
               currentImage = down;
```

```
          y += JUMP;
          break;
        case KeyEvent.VK_LEFT:
          currentImage = left;
          x -= JUMP;
          break;
        case KeyEvent.VK_RIGHT:
          currentImage = right;
          x += JUMP;
          break;
      }
      repaint();
    }
    //------------------------------------------------------------
    //  Provide empty definitions for unused event methods.
    //------------------------------------------------------------
    public void keyTyped(KeyEvent event) {}
    public void keyReleased(KeyEvent event) {}
  }
}
```

设置私有内部类 DirectionListener 响应按键事件，实现 KeyListener 接口。KeyListener
接口定义了三种响应键盘活动的方法，图 6.8 列出了这三种方法。

```
    void keyPressed（KeyEvent eveng）
        当按下某个键时调用。
    void keyReeeased（KeyEvent event）
        当释放某个键时调用。
    void keyTyped（KeyEvent event）
        当按下某个键或组合键产生按键字符时调用。
```

图 6.8　KeyListener 接口的方法

具体来说，Direction 程序用于响应按键事件。因为监听器类必须实现接口所定义的所
有方法，所以要为其他事件提供空方法。

传递给监听器 keyPressed 方法的 KeyEvent 对象用于确定按下了哪个键。在这个例子中，
调用 event 对象的 getKeyCode 方法获取代表被按下键的数字代码。程序使用 switch 语句来
确定哪个按键被按下并作出相应地响应。KeyEvent 类包含与 getKeyCode 方法返回的数字
代码相对应的常量。如果按下箭头键以外的任何键，就忽略该键。

无论何时按下按键，都会触发按键事件，大多数系统都启用了按键重复这一概念。也
就是说，当按下某个键时，就好像该键被反复快速按下一样。生成按键事件的方式相同。
在 Direction 程序中，用户按住箭头键，就可以看到箭头图像在屏幕上快速移动。

生成按键事件的组件是当前拥有键盘焦点的组件。通常，键盘焦点由主"活动"组件
拥有。当用户用鼠标点击组件时，组件就会获得键盘焦点。在面板构造函数中可以调用
setFocusable 方法将键盘焦点设置为面板。

Direction 程序没有为箭头图像设置边界，因此可以将其从可见窗口中移出，需要时再移回。读者可以在监听器中添加代码，使箭头图像到达任何窗口边界时就停止，这个修改留作程序设计项目。

6.4.3　扩展适配器类

在前面基于事件的示例中，我们通过实现特定的监听器接口来创建监听器类。例如，为了创建监听鼠标事件的类，就要创建实现 MouseListener 接口的监听器类。正如本节之前的示例所示，监听器接口通常包含特定程序不需要的事件方法。在这种情况下，程序只需提供空定义来满足接口需求。

> **重要概念**
> 通过事件适配器类的派生可以创建监听器类。

创建监听器类的另一种技术是使用继承，扩展事件适配器类。每个包含多个方法的监听器接口都有相应的适配器类，该适配器类包含接口中所有方法的空定义。为了创建监听器，我们可以从相应的适配器类派生新的监听器类，并用新监听器类覆盖要替换的任何事件方法。使用这种技术，就不再需要为未使用的方法提供空定义。

例如，MouseAdapter 类实现了 MouseListener 接口，并为 mousepressed、mouseClicked 等五种鼠标事件方法提供了空方法定义。因此，创建鼠标监听器类就可以通过扩展 MouseAdaptor 类而不是直接实现 MouseListener 接口。新的监听器类继承了空方法的定义，因此不需要再定义这些空方法。

由于继承的使用，使创建事件监听器有另外一种选择。我们既可以实现事件监听器接口，也可以扩展事件适配器类。在设计决定时，要仔细考虑，因地制宜，选择最适用的技术。第 8 章将进一步讨论继承相关的知识。

6.5　对　话　框

在 GUI 处理中，对话框组件是非常有用的。对话框是一个图形窗口，用于与用户进行交互，它能在任何当前活动窗口的顶部弹出。对话框有多种用途。例如，传达某些信息、确认动作或要求用户输入一些信息。对话框的功能独立明确，就是与用户进行简单交互。

Java 类库的 Swing 包中的 JOptionPane 类，简化了基本对话框的创建和使用。图 6.9 列出了 JOptionPane 的一些方法。

JOptionPane 对话框的基本格式分为三类：消息对话框、输入对话框和确认对话框。消息对话框只显示输出的字符串。输入对话框显示提示，并有单独的输入文本框用于用户输入数据字符串。确认对话框向用户提供简单的是或否的问题。

下面分析一些程序，以说明不同类型对话框的使用。程序 6.29 先向用户显示一个输入对话框，要求用户输入整数。在用户按下输入对话框中的 OK 按钮后，将出现第二个对话框：消息对话框，告知用户输入的数字是偶数还是奇数。用户关闭消息对话框后，会出现

第三个对话框，以确定用户是否想测试另一个整数。如果用户按下标记为"Yes"的按钮，则再次重复上述的一系列对话框；否则，程序终止。

showMessageDialog 和 showConfirmDialog 方法的第一个参数指定对话框的控制父组件，第一个参数使用空引用会使对话框在屏幕中居中显示。

```
static String showlnpu tDialog (Object msg)
    显示包含指定消息和输入文本框的对话框，并返回文本框的内容。
static int showConfirmDialog (Component parent，Object msg)
    显示包含指定消息和 Yes/No 按钮选项的对话框。如果父组件为空，则该对话框在屏幕中居中显示。
static void showMessageDialog (Component parent，Object msg)
    显示包含指定消息的对话框。如果父组件为空，则该对话框在屏幕中居中显示。
```

图 6.9 JOptionPane 类的一些方法

程序员可以使用 JOptionPane 的许多方法来调整对话框的内容。此外，程序员还可以使用 showOptionDialog 方法创建自己风格的对话框，既有三种基本格式的特性，还有更精细的用户交互。

只有当需要提醒用户注意时才使用对话框。对用户来说，不断有新窗口弹出来进行各种交互的程序很让人烦。

程序 6.29

```java
//*************************************************************
// EvenOdd.java        Java Foundations
//
// Demonstrates the use of the JOptionPane class.
//*************************************************************
import javax.swing.JOptionPane;
public class EvenOdd
{
  //-----------------------------------------------------------
  // Determines if the value input by the user is even or odd.
  // Uses multiple dialog boxes for user interaction.
  //-----------------------------------------------------------
  public static void main(String[] args)
  {
    String numStr, result;
    int num, again;
    do
    {
      numStr = JOptionPane.showInputDialog("Enter an integer: ");
      num = Integer.parseInt(numStr);
      result = "That number is " + ((num%2 == 0) ? "even" : "odd");
      JOptionPane.showMessageDialog(null, result);
      again = JOptionPane.showConfirmDialog(null, "Do Another?");
    }
    while (again == JOptionPane.YES_OPTION);
  }
```

```
}
```

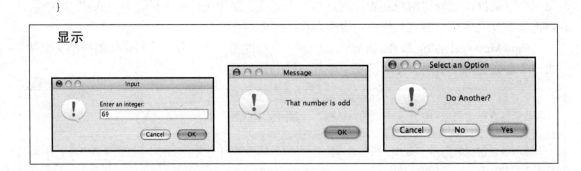

显示

6.5.1　文件选择器

文件选择器是一个专用的对话框，允许用户从磁盘或其他存储介质中选择文件。许多程序运行时，都允许用户打开文件。例如，用户在文字处理程序中可以指定打开哪个文件。因为经常需要处理不同的文件，所以将 **JFileChooser** 类成为 Java 标准类库的一部分。

> **重要概念**
> 文件选择器允许用户浏览磁盘并选择要处理的文件。

程序 6.30 使用 **JFileChooser** 对话框选择文件。此程序还演示了另一个 GUI 组件：文本区域的使用。文本区域与文本框相似，但文本区域能同时显示多行文本。 在本例中，在用户使用文件选择器对话框选择文件后，所选文件包含的文本会显示在文本区域中。

程序 6.30

```java
//********************************************************************
//  DisplayFile.java       Java Foundations
//
//  Demonstrates the use of a file chooser and a text area.
//********************************************************************
import java.util.Scanner;
import java.io.*;
import javax.swing.*;
public class DisplayFile
{
   //------------------------------------------------------------------
   //  Opens a file chooser dialog, reads the selected file and
   //  loads it into a text area.
   //------------------------------------------------------------------
   public static void main(String[] args) throws IOException
   {
      JFrame frame = new JFrame("Display File");
      frame.setDefaultCloseOperation(JFrame.EXIT_ON_CLOSE);
      JTextArea ta = new JTextArea(20, 30);
      JFileChooser chooser = new JFileChooser();
      int status = chooser.showOpenDialog(null);
```

```
      if (status != JFileChooser.APPROVE_OPTION)
        ta.setText("No File Chosen");
      else
      {
        File file = chooser.getSelectedFile();
        Scanner scan = new Scanner(file);
        String info = "";
        while (scan.hasNext())
          info += scan.nextLine() + "\n";
        ta.setText(info);
      }
      frame.getContentPane().add(ta);
      frame.pack();
      frame.setVisible(true);
    }
}
```

显示

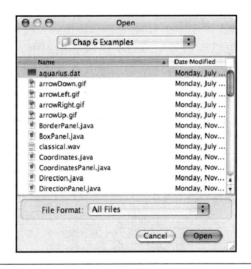

当调用 showOpenDialog 方法时，会显示文件选择器对话框。件选择器对话框会自动显示特定目录所包含的文件列表。用户可以使用对话框中的控件导航到其他目录，更改文件的查看方式，指定显示哪些类型的文件。

showOpenDialog 方法返回表示操作状态的整数。我们可以通过 JFileChooser 类中所定义的常量来检查该整数。在程序 6.30 中，如果用户按下取消按钮没有选择任何文件，则文本区域会显示一条默认消息。如果用户选择了文件，则会打开文件，使用 Scanner 类来读取文件内容。注意，程序 6.30 假定所选文件包含文本。程序不能捕获任何异常，所以如果用户选择了错误的文件，则会抛出异常，程序终止。

文本区域组件由 JTextArea 类定义。在这个程序中，向该类的构造函数传递两个参数，根据要显示的字符数（行数和列数）来指定文本区域的大小。使用 setText 方法设置要显示的文本。

与文本框相似，文本区域组件既可以设置为可编辑的，也可以设置为不可编辑的。用户可以用鼠标单击文本区域，进行新的输入以更改可编辑文本区域的内容。如果文本区域是不可编辑的，则仅用于显示文本。在默认情况下，**JTextArea** 组件是可编辑的。

JFileChooser 组件使用户能轻松地指定要使用的具体文件。在 6.5.2 节，将讨论另一种帮助用户选择颜色的专用对话框。

6.5.2　颜色选择器

在许多情况下，程序要给用户选择颜色的功能，实现这一功能的方式有多种。例如，我们可以使用一组单选按钮来提供颜色列表。当然，一种更容易、更灵活，能随心所欲使用各种各样颜色的技术就是专用的对话框：颜色选择器。颜色选择器是一个进行颜色选择的图形组件。

> **重要概念**
> 颜色选择器使用户能从调色板或使用 RGB 值来选择颜色。

JColorChooser 类代表颜色选择器，用来显示对话框，让用户在对话框的调色板中点击需要选择的颜色。用户也可以通过使用 **RGB** 值或其他颜色表示技术来指定颜色。调用 **JColorChooser** 类的静态 showDialog 方法就会出现颜色选择器对话框。

showDialog 方法的参数指定对话框的父组件、对话框框的标题和颜色选择器所显示的初始颜色。

图 6.10 给出了颜色选择器对话框。

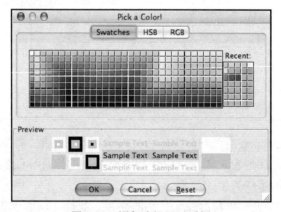

图 6.10　颜色选择器对话框

6.6　一些重要细节

在设计程序界面时，还要注重许多微小而重要的细节。这些细节有些是增强视觉效果，有些就是增强用户体验。下面分析其中的一些重要细节。

Java 提供了在任何 Swing 组件周围设置边框的功能。边框不属于组件；而是定义了如何绘制组件的边缘，这会对 GUI 设计产生重要影响。边框对如何组织 GUI 组件提供可视化提示，还可用为组件提供标题。图 6.11 列出了 Java 标准类库中的预定义的边框。

边框	描述
空白边框	在组件边缘周围设置缓冲空间，但视觉上看不出来。
线条边框	围绕组件的简单线条。
蚀刻边框	组件周围表现出蚀刻凹槽效果。
斜角边框	产生组件比表面凸出或凹陷的效果。
标题边框	边框有文字标题。
花边边框	允许指定每条边的大小。边框可以使用固定颜色或图像。
复合边界	两种边框的组合。

图 6.11　组件边框

重要概念
边框可应用于任何组件，以便将对象分组并吸引注意力。

BorderFactory 类用于创建组件的边框。它包含许多方法用于创建不同的边框。使用组件的 setBorder 方法来设置组件的边框。

程序 6.31 展示了一些边框。程序创建一些面板，并为这些面板设置边框，之后使用较大的网格布局来展示不同的边框。

程序 6.31

```
//***********************************************************************
// BorderDemo.java        Java Foundations
//
// Demonstrates the use of various types of borders.
//***********************************************************************
import java.awt.*;
import javax.swing.*;
import javax.swing.border.*;
public class BorderDemo
{
   //-----------------------------------------------------------------
   // Creates several bordered panels and displays them.
   //-----------------------------------------------------------------
   public static void main (String[] args)
   {
      JFrame frame = new JFrame("Border Demo");
      frame.setDefaultCloseOperation(JFrame.EXIT_ON_CLOSE);
      JPanel panel = new JPanel();
      panel.setLayout(new GridLayout(0, 2, 5, 10));
      panel.setBorder(BorderFactory.createEmptyBorder(8, 8, 8, 8));
      JPanel p1 = new JPanel();
```

```java
      p1.setBorder(BorderFactory.createLineBorder(Color.red, 3));
      p1.add(new JLabel("Line Border"));
      panel.add(p1);
      JPanel p2 = new JPanel();
      p2.setBorder(BorderFactory.createEtchedBorder());
      p2.add(new JLabel("Etched Border"));
      panel.add(p2);
      JPanel p3 = new JPanel();
      p3.setBorder(BorderFactory.createRaisedBevelBorder());
      p3.add(new JLabel("Raised Bevel Border"));
      panel.add(p3);
      JPanel p4 = new JPanel();
      p4.setBorder(BorderFactory.createLoweredBevelBorder());
      p4.add(new JLabel("Lowered Bevel Border"));
      panel.add(p4);
      JPanel p5 = new JPanel();
      p5.setBorder(BorderFactory.createTitledBorder("Title"));
      p5.add(new JLabel("Titled Border"));
      panel.add(p5);
      JPanel p6 = new JPanel();
      TitledBorder tb = BorderFactory.createTitledBorder("Title");
      tb.setTitleJustification(TitledBorder.RIGHT);
      p6.setBorder(tb);
      p6.add(new JLabel("Titled Border (right)"));
      panel.add (p6);
      JPanel p7 = new JPanel();
      Border b1 = BorderFactory.createLineBorder(Color.blue, 2);
      Border b2 = BorderFactory.createEtchedBorder();
      p7.setBorder (BorderFactory.createCompoundBorder(b1, b2));
      p7.add (new JLabel("Compound Border"));
      panel.add(p7);
      JPanel p8 = new JPanel();
      Border mb = BorderFactory.createMatteBorder(1, 5, 1, 1,
                                            Color.red);
      p8.setBorder(mb);
      p8.add(new JLabel("Matte Border"));
      panel.add(p8);
      frame.getContentPane().add (panel);
      frame.pack();
      frame.setVisible(true);
   }
}
```

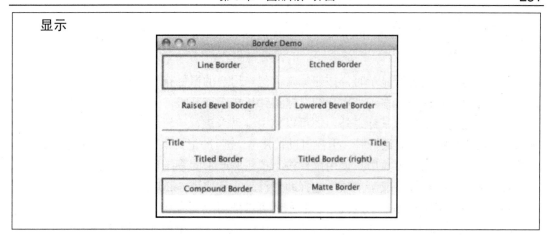

让我们分析一下这个程序所创建的每种类型的边框。空白边框通常应用于容纳其他边框的较大的面板上，在框架的外边缘创建空间缓冲区。空白边框的顶部、左侧、底部和右侧边缘的大小以像素为单位指定。线条边框以特定的颜色创建，并以像素为单位指定线条的粗细（本例中线条的粗细值为 3）。如未指定，则默认的线条粗细值为 1 个像素。这个程序所创建的蚀刻边框的蚀刻高光和阴影都使用默认颜色。当然，用户可以根据自身需求，明确设置两者的颜色。

斜角边框可以升高，也可以降低。用户可以根据需要定制斜角各元素的颜色，如外部高光的颜色、内部高光的颜色、外部阴影的颜色和内部阴影的颜色。此程序使用了默认颜色，当然，用户根据自身的需要，可以为各元素设置不同的颜色。

标题边框可以在边框上设置标题。标题的默认位置位于边框的左上角。使用 TitledBorder 类的 setTitleJustification 方法，用户可以设置标题的位置，标题可以在边框的上方、下方、左侧、右侧或中心等其他位置。

复合边框是指两个或更多边框的组合。此程序所示例的复合边框是线条边框和蚀刻边框的组合。createCompoundBorder 方法有两个边界参数，第一个参数指定外边框，第二个参数指定内边框。创建复合边框时，先使用两个边框创建一个复合边框，然后再使用所生成的复合边框与另一个边框创建其他组复合边框。

花边边框以像素为单位指定边框顶部、左侧、底部和右侧边缘的大小。这些边框可以使用如这个示例所示的单一颜色，也可以使用图像图标。

在使用边框时，用户应该谨慎。虽然边框可以帮助用户使其 GUI 更具吸引力，从概念上将相关项组合在一起。但如果使用不当，可能会降低人们对界面各项元素的注意力。边框应突出界面，而不是使界面复杂化或喧宾夺主。

6.6.1 工具提示和助记符

我们可以为任何 Swing 组件分配一个工具提示。工具提示是一段简短的文本，当光标暂时停留在组件上时，将会出现该段文本。 工具提示通常用于提供一些有关组件的信息，如按钮的用途等等。

我们可以使用组件的 setToolTipText 方法分配工具提示。下面举个例子：

```
JButton button = new Button("Compute");
button.setToolTipText("Calculates the area under the curve");
```

当将按钮添加到容器显示时，按钮如常；但当用户的鼠标指针移至按钮时，指针会立即悬停，弹出工具提示文本。当用户的鼠标指针从按钮移开时，工具提示文本消失。

助记符是允许用户除鼠标之外，还可以使用键盘来进行按钮或菜单选择的一种字符。例如，当按钮被定义了助记符时，用户可以按住 Alt 键+助记符来激活按钮。使用助记符激活按钮使系统产生的行为与用户使用鼠标按下按钮所产生的系统行为一样。

我们应该从按钮标签或菜单项中选择助记符。一旦使用 setMnemonic 方法建立了助记符，则标签中的字符将加上下画线，以表示其可以使用快捷方式。如果所选的字符不在标签中，则不会加下画线，用户也不会知道如何使用快捷方式。下面给出设置助记符的示例：

```
JButton button = new JButton("Calculate");
JButton.setMnemonic('C');
```

当显示按钮时，Calculate 按钮标签中的字母 C 会加了下画线。当用户按下 Alt+C 键时，会激活该按钮，就好像用户用鼠标按下按钮一样。

如果不使用某些组件，用户可以禁用它们。被禁用的组件显示为"灰色"，如果用户尝试与这类组件交互，则不能如愿。为了禁用和启用组件，用户需要调用组件的 setEnabled 方法，并传递一个布尔值来指示组件是否被禁用（false）或启用（true）。例如：

```
JButton button = new JButton("Do It");
Button.setEnabled (false);
```

当用户不当使用组件功能时，禁用组件是非常有用的。禁用组件的灰色外观表明当前不能使用该组件或不具备使用组件的条件。禁用的组件不仅向用户传达哪些行为是不当的或不能做的，还能防止某些错误的产生。

重要概念
当用户不当使用组件时，应该禁用该组件。

下面分析一个使用工具提示、助记符和禁用组件的示例。程序 6.32 中呈现了一个灯泡的图像，并提供了一个能打开关闭灯泡的按钮。

程序 6.32

```
//********************************************************************
// LightBulb.java        Java Foundations
//
// Demonstrates mnemonics and tool tips.
//********************************************************************
import javax.swing.*;
import java.awt.*;
public class LightBulb
{
   //----------------------------------------------------------------
```

```
//  Sets up a frame that displays a light bulb image that can be
//  turned on and off.
//------------------------------------------------------------
public static void main(String[] args)
{
    JFrame frame = new JFrame("Light Bulb");
    frame.setDefaultCloseOperation(JFrame.EXIT_ON_CLOSE);
    LightBulbPanel bulb = new LightBulbPanel();
    LightBulbControls controls = new LightBulbControls (bulb);
    JPanel panel = new JPanel();
    panel.setBackground(Color.black);
    panel.setLayout(new BoxLayout(panel, BoxLayout.Y_AXIS));
    panel.add(Box.createRigidArea (new Dimension (0, 20)));
    panel.add(bulb);
    panel.add(Box.createRigidArea (new Dimension (0, 10)));
    panel.add(controls);
    panel.add(Box.createRigidArea (new Dimension (0, 10)));
    frame.getContentPane().add(panel);
    frame.pack();
    frame.setVisible(true);
}
}
```

显示

实际上，程序有两个灯泡图像：一幅图像用于打开灯泡，另一个用于关闭灯泡。这些图像作为 ImageIcon 对象引入。标签的 setIcon 方法根据当前状态，用于设置适当的图像。LightBulbPanel 类的控制过程如程序 6.33 所示。

程序 6.33

```
//***************************************************************
//  LightBulbPanel.java        Java Foundations
//
//  Represents the image for the LightBulb program.
//***************************************************************
import javax.swing.*;
import java.awt.*;
public class LightBulbPanel extends JPanel
```

```java
{
   private boolean on;
   private ImageIcon lightOn, lightOff;
   private JLabel imageLabel;
   //----------------------------------------------------------------
   //  Constructor: Sets up the images and the initial state.
   //----------------------------------------------------------------
   public LightBulbPanel()
   {
      lightOn = new ImageIcon("lightBulbOn.gif");
      lightOff = new ImageIcon("lightBulbOff.gif");
      setBackground(Color.black);
      on = true;
      imageLabel = new JLabel(lightOff);
      add(imageLabel);
   }
   //----------------------------------------------------------------
   //  Paints the panel using the appropriate image.
   //----------------------------------------------------------------
   public void paintComponent(Graphics page)
   {
      super.paintComponent(page);
      if (on)
         imageLabel.setIcon(lightOn);
      else
         imageLabel.setIcon(lightOff);
   }
   //----------------------------------------------------------------
   //  Sets the status of the light bulb.
   //----------------------------------------------------------------
   public void setOn(boolean lightBulbOn)
   {
      on = lightBulbOn;
   }
}
```

    程序 6.34 所示的 LightBulbControls 类是一个面板，其包含 On 按钮和 Off 按钮。这两个按钮都有工具提示，也都有助记符。当然，当一个按钮可用时，另一个按钮则不可用；反之亦然。当灯泡打开时，毫无疑问 On 按钮是可用的；Off 按钮是禁用的。当灯泡关闭时，毫无疑问 Off 按钮是可用的。

    每个按钮都有其监听器类。每个设置灯泡状态和切换两个按钮的启用状态的 actionPerformed 方法，都能使带有图像的面板重绘面板。

    注意，每个按钮的助记符字符在显示时都带有下画线。运行该程序时，会看到工具提示自动包含了该按钮的助记符指示。

程序 6.34

```java
//********************************************************************
//  LightBulbControls.java       Java Foundations
//
//  Represents the control panel for the LightBulb program.
//********************************************************************
import javax.swing.*;
import java.awt.*;
import java.awt.event.*;
public class LightBulbControls extends JPanel
{
   private LightBulbPanel bulb;
   private JButton onButton, offButton;
   //---------------------------------------------------------------
   //  Sets up the lightbulb control panel.
   //---------------------------------------------------------------
   public LightBulbControls(LightBulbPanel bulbPanel)
   {
      bulb = bulbPanel;
      onButton = new JButton("On");
      onButton.setEnabled(false);
      onButton.setMnemonic('n');
      onButton.setToolTipText("Turn it on!");
      onButton.addActionListener(new OnListener());
      offButton = new JButton("Off");
      offButton.setEnabled(true);
      offButton.setMnemonic('f');
      offButton.setToolTipText("Turn it off!");
      offButton.addActionListener(new OffListener());
      setBackground(Color.black);
      add(onButton);
      add(offButton);
   }
   //********************************************************************
   //  Represents the listener for the On button.
   //********************************************************************
   private class OnListener implements ActionListener
   {
      //---------------------------------------------------------------
      //  Turns the bulb on and repaints the bulb panel.
      //---------------------------------------------------------------
      public void actionPerformed(ActionEvent event)
      {
         bulb.setOn(true);
         onButton.setEnabled(false);
         offButton.setEnabled(true);
```

```
        bulb.repaint();
    }
}
```

6.7　GUI 设计

当过分关注创建 GUI 的细节时，有时会忽略大局。程序员一定要始终牢记，我们的目标是解决问题：也就是要创建真正有用的软件。理解组件、事件和语言其他元素的细节只是为我们提供了将 GUI 集成在一起的工具，我们必须以如下优秀的 GUI 设计基本思想来应用这些知识：

- 关注了解用户。
- 预防用户的错误。
- 优化用户的能力。
- 保持一致性。

重要概念

任何 GUI 的设计都应遵守一致性和可用性的基本准则。

软件设计人员必须了解用户的需求及其要进行的操作，才能开发出为用户提供良好服务的界面。要记住，对于用户而言，界面就是软件。界面是用户与系统交互的唯一途径。因此，界面必须满足用户的需求。

只要有可能就要设计界面，以此尽可能地减少用户犯错误。在很多情况下，完成某种特定任务的组件不止一种，我们可以灵活选择。在选择组件时，始终要选择能够防止不当操作及避免无效输入的组件。例如，如果输入值是一组特定值中的一个，那么应该使用允许用户在特定值中进行有效选择的组件。也就是说，将用户限制在几个有效选择之中。例如，与允许用户在文本框中输入任意或可能无效的数据相比，一组单选按钮是更好的选择。在这一章中，我们介绍了适用于不同情况的组件。

用户因人而异。一般来说，某些用户比其他用户更擅长使用特定的 GUI 或 GUI 组件。我们不应该只考虑最低的共同标准。例如，只要合理，我们就应该提供快捷方式。也就是说，除了给用户提供完成任务的一系列正常操作之外，还应该提供其他方式来完成同样的任务。使用键盘快捷键（助记符）就是一个很好的例证。有时候，这些补充机制并不直观，但却能为经验丰富的用户提供宝贵的捷径。

最后，在普通环境中处理大型系统或多个系统时，一致性非常重要。用户可能已经熟悉特定的组织或配色方案，这些不应该任意改变。

重要概念总结

- GUI 由组件、代表用户操作产生的事件和对事件作出响应的监听器组成。
- 框架显示为一个单独的窗口，面板不能单独显示，必须在另一个容器中才能显示。

- 由于监听器和 GUI 组件之间的密切关系，我们将监听器定义为内部类。
- 单选按钮是以组来操作的，提供一组互斥选项。
- 滑块可让用户在有限界范围内指定数值。
- 下拉框提供了选项的下拉菜单。
- 定时器按指定的时间间隔生成动作事件，其可用于动画控制。
- 每个容器都由布局管理器进行管理，布局管理器决定如何对组件进行可视化排列。
- 在发生变化时，容器中的组件会根据布局管理器的策略重新组织自己。
- 我们可以明确设置每个容器的布局管理器。
- GUI 的外观由容器层次结构和每个容器的布局管理器共同决定。
- 移动鼠标并单击鼠标按钮能生成程序响应的事件。
- 为了实现接口，对不需要的事件，监听器可以提供空方法的定义。
- 橡皮筋是拖动鼠标时线条扩张时产生的图形效果。
- 在用户按下键盘按键时，按键事件使程序能立即做出响应。
- 通过事件适配器类的派生可以创建监听器类。
- 文件选择器允许用户浏览磁盘并选择要处理的文件。
- 颜色选择器使用户能从调色板或使用 RGB 值来选择颜色。
- 边框可应用于任何组件，以便将对象分组并吸引注意力。
- 当用户不当使用组件时，应该禁用该组件
- 任何 GUI 的设计都应遵守一致性和可用性的基本准则。

术 语 总 结

操作事件表示发生通用操作的事件，例如按下按钮。

小应用程序是设计用于 Web 浏览器中执行的 Java 程序。

边界布局管理器是将组件添加到五个区域之一（北、南、东、西和中心）的布局管理器。

盒式布局是指布局管理器以垂直或者水平的方式组织组件。

复选框是指可以使用鼠标打开或关闭的按钮组件。

颜色选择器是一种专用对话框，允许用户从调色板或 RGB 值中选择颜色。

下拉框是允许用户从下拉菜单中选择某项的组件。

命令行应用程序是通过简单的文本提示和反馈与用户进行交互的程序。

组件是定义用于显示信息或与用户交互的屏幕元素的对象。

容器是用于容纳和组织其他组件的组件。

容器的层次结构是指容器和组件嵌套在一起的方式。

内容窗格是容纳 Java 界面所有可见元素的容器。

对话框是在活动窗口上弹出的图形窗口，以便用户与之交互。

事件是表示程序可能响应的对象。

事件适配器类是包含特定事件类空定义的类，以便于创建监听器而不必定义未使用的

方法。

文件选择器是允许用户从磁盘选择文件的专用对话框。

流式布局是一种尽可能多地将组件放在一行上，当一行中不能再放某个组件时，就将该组件放在下一行的布局管理器。

框架是带标题栏的容器，用于显示基于 GUI 的应用程序。

图形用户界面是指使用图形元素（如窗口、菜单、按钮和文本框）的程序界面。

网格布局是将组件放置在网格单元格中的布局管理器。

重量级容器是由底层操作系统管理的容器。

内部类是在另一个类中所定义的类，可以访问类内成员。

按键事件是指按下键盘按键时产生的事件。

标签是显示文本图像的组件。

布局管理器是确定如何显示组件的对象。

轻量级容器是由 Java 程序本身管理的容器，与由底层操作系统管理的重量级容器不同。

监听器是"等待"事件发生并在事件发生时做出响应的对象。

助记符是允许用户使用键盘按下按钮或在菜单中做出选择的字符。

鼠标事件是五种基于鼠标的事件之一，这五种事件是按下、释放、单击、输入和退出。

鼠标移动事件是基于鼠标移动的两个事件之一，这两个事件是移动和拖动。

面板是用于组织其他组件的容器。面板不能单独显示。

按钮是允许用户通过按下鼠标来启动操作的组件。

单选按钮是与其他单选按钮一起使用的按钮组件，用于提供互斥的一组选项。

橡皮筋是拖动鼠标时线条扩张时产生的图形效果。

滑块是允许用户在有界范围内指定数值的组件。

文本框是允许用户从键盘输入文本的组件。

定时器是定期生成动作事件的组件。

工具提示是当鼠标悬停在组件上时显示的文本行。

自 测 题

6.1 任何 Java GUI 都需要的三种元素是什么？

6.2 框架和面板之间有什么区别？

6.3 事件和监听器之间的关系是什么？

6.4 我们可以向组件中添加任何类型的监听器吗？请解释说明。

6.5 按按钮会生成什么类型的事件？单击文本框会生成什么类型的事件？单击复选框会生成什么类型的事件？

6.6 比较和对比复选框和单选按钮。

6.7 何时使用滑块？

6.8 Timer 对象的作用是什么？

6.9 何时会咨询布局管理器？

6.10 流程布局管理器如何进行操作？

6.11 描述边界布局的区域。

6.12 盒式布局中的胶水组件产生什么影响？

6.13 什么是 GUI 的容器分层结构？

6.14 什么是鼠标事件？

6.15 什么是按键事件？

6.16 什么是事件适配器类？

6.17 什么是对话框？

6.18 什么是文件选择器？什么是颜色选择器？

6.19 BorderFactory 类的作用是什么？

6.20 什么是工具提示？

6.21 何时要禁用某个组件呢？

练 习 题

6.1 解释如何设置两个组件来共享同一个监听器。监听器如何判断事件是哪个组件产生的？

6.2 解释一个组件如何同时使用两个独立的监听器。举个例子。

6.3 解释如果 QuoteOptions 程序中使用的单选按钮没有被组织到 ButtonGroup 对象中会发生什么情况。修改程序以测试你的答案。

6.4 为什么在 SlideColor 程序中，滑块的值可以达到 255，但最大的带标记的刻度标记是 250 呢？

6.5 影响 Rebound 程序动画效果的两个主要因素是什么？解释某个主因是如何改变程序动画效果的。

6.6 改变 LayoutDemo 程序所使用的边界布局的水平和垂直间隙会产生什么样的视觉效果？进行更改以测试你的答案

6.7 如果 Coordinates 程序未提供一个或多个未使用的鼠标事件的空定义，会发生什么？

6.8 Coordinates 程序监听鼠标按下事件就绘制点。如果程序监听鼠标释放事件，程序的反应会有何不同？如果程序监听鼠标点击事件，程序的反应又会有何不同呢？

6.9 如果对 super.paintComponent 的调用会删除 CoordinatesPanel 类的 paintComponent 方法，会发生什么情况？删除该方法并运行该程序来测试你的答案。

6.10 如果对 super.paintComponent 的调用会删除 RubberLinesPanel 类的 paintComponent 方法，会发生什么情况？删除该方法并运行该程序来测试你的答案。这个答案与练习 6.9 的答案有何不同？

6.11 编写用三个边框定义复合边框的代码。在内边缘使用线条边框，在外边缘使用蚀刻边框，并在两个边之间使用凸起的斜边边框。

6.12 绘制 UML 类图，显示 PushCounter 程序中所用的类之间的关系。

6.13 绘制 UML 类图，显示 Fahrenheit 程序中所用的类之间的关系。

6.14   绘制 UML 类图，显示 LayoutDemo 程序中所用的类之间的关系。

6.15   创建 Direction 程序的 UML 类图。

程序设计项目

6.1   设计并实现一个显示按钮和标签的应用程序。每次按下按钮时，标签都要显示 1 到 100 之间的随机数。

6.2   设计和实现一个向用户呈现两个按钮和一个标签的应用程序。标签分别是 Increment 和 Decrement。标签显示数字值，初值为 50。每次按下 Increment 按钮时，增加显示值。同样，每次按下 Decrement 按钮时，递减显示值。为这两个按钮分别创建单独的监听器类。

6.3   修改程序设计项目 6.2 的解决方案，两个按钮只使用一个监听器。

6.4   修改 Fahrenheit 程序，使其能显示按钮。当按下此按钮时，能进行转换计算。也就是说，你的修改要提供选项，使用户能在文本框中按 Enter 键或按下按钮。让已定义的监听文本框的监听器也同时监听按下按钮事件。

6.5   修改 Direction 程序，使图像不能移出面板的可见区域。忽略会导致越界的任何按键事件。

6.6   修改 Direction 程序，使程序除了响应箭头键外，还要响应其他四个使图像向对角线方向移动的键。当按下 T 键时，向上并向左移动图像。同样，按下 U 键时，向上和向右移动，按下 G 键时，向下和向左移动，按下 J 键时，向下和向右移动。如果图像到达窗口边界，请勿移动图像。

6.7   设计和实现一个绘制交通信号灯并使用按钮来改变信号灯状态的应用程序。从 JPanel 类派生出信号灯面板，使用另一个面板组织画布面板和按钮。

6.8   开发一个应用程序，实现原型用户界面以编写电子邮件消息。应用程序应该有 To、Cc 和 Bcc 地址列表和主题行的文本框，还要有消息正文的文本框。程序还要包括一个标签为 Send 的按钮。当按下 Send 按钮时，程序使用 println 语句打印所有字段的内容作为标准输出。

6.9   设计和实现一个应用程序，该程序使用对话框获取两个整数值（一个对话框用于获取数值），显示两个整数的和与积。用另一个对话框查看用户是否需要处理另一对整数值。

6.10 设计并实现一个程序，根据鼠标指针的位置而改变程序的背景颜色。如果鼠标指针位于程序窗口的左半部分，则显示背景为红色；如果鼠标指针位于程序窗口右半边，则背景为绿色。

6.11 设计和实现一个鼠标里程表的应用程序，该程序不断显示在程序窗口中鼠标移动的距离，以像素为单位。使用标签显示当前的里程表值。提示：将鼠标的当前位置与最后位置进行比较，使用距离公式确定鼠标移动的距离。

6.12 设计和实现一个使用橡皮筋技术画圆的应用程序。圆的大小由鼠标拖动确定，将最初鼠标单击的位置作为固定的圆点，提示：计算鼠标指针与圆点之间的距离，以确定圆的当前半径。

6.13　修改 StyleOptions 程序，使用户能指定字体大小。程序使用文本框来获取字体的大小。

6.14　修改程序设计项目 6.13 的解决方案，程序使用滑块来获取字体的大小。

6.15　开发一个简单的工具以完成对文本段的计算统计。应用程序应该有一个滚动文本框（JTextArea）和一个统计框。统计框是带有标题边框的面板，其包含带标签的字段，用于显示文本框中的单词数和单词平均长度以及用户希望显示的其他统计信息。统计框还应该包含一个按钮，当按下该按钮时，会重新计算文本框当前内容的统计信息。

6.16　修改本章中的 Rebound 程序，当在程序窗口中单击鼠标时，动画停止；当再次单击鼠标时，动画会重新开始演示。

6.17　设计和实现一个程序，该程序使用 JColorChooser 对象从用户获取颜色，并将该颜色作为主程序窗口的背景姿色，使用对话框确定用户是否需要显示其他颜色，如果用户需要显示其他颜色，则重新显示颜色选择器。

6.18　修改 JukeBox 程序，使用户可以使用键盘助记符来控制按钮的播放和停止。

6.19　修改 Coordinates 程序，用扩展适配器类而不是通过实现接口来创建监听器。

6.20　设计并实现一个应用程序，其显示汽车的侧视图动画，汽车在屏幕上从左至右移动。创建一个表示汽车的 Car 类。

6.21　设计和实现一个应用程序，该程序玩一款称为 Catch-the-Creature 的游戏。使用图像来表示生物。生物要随机出现在随机位置，随后消失并重现在其他地方。目标是当鼠标指针位于生物图像上时，按下鼠标按钮来"捕捉"生物。创建一个单独的类来表示生物，该类应包含一个方法，用于确定鼠标单击的位置是否与该生物的当前位置相对应。程序还要显示生物被抓住的次数。

6.22　设计和实现一个秒表应用程序。该程序要包含一个显示屏，以显示时间的递增，以秒为单位。程序还要包含用户用于启动和停止时间的按钮，还要能将显示值重置为零。安排所有组件，呈现漂亮的界面。

自测题答案

6.1　Java 程序中的 GUI 由屏幕组件、组件生成的事件以及事件发生时响应事件的监听器组成。

6.2　框架和面板是可容纳 GUI 元素的容器。但框架显示为带标题栏的单独窗口，而面板不能单独显示。面板通常在框架内显示。

6.3　事件通常代表用户的操作。一般将监听器对象设置为监听特定组件所生成的某个事件。要显式地设置生成事件的特定组件与响应该事件的监听器之间的关系。

6.4　不能，我们不能将任何监听器添加到任何组件。每个组件都会生成一组特定的事件，并且只能将这类监听器添加到该组件中。

6.5　按钮和文本框都会生成动作事件。复选框会生成项目状态已更改事件。

6.6　复选框和单选按钮都显示切换状态：打开或关闭。但是，单选按钮成组出现，但任何时候只能随时切换一个按钮。而复选框表示独立选项，复选框既可以单独使用，也可以是任何有效切换状态集的组合。

6.7　当用户需要指定特定范围内的数值时，滑块是非常有用的。用户可以使用滑块获取该输入值。不使用文本框或其他组件能最大限度地减少用户错误。

6.8　使用 Timer 类创建的对象会定期生成动作事件。可以使用该对象控制动画演示的速度。

6.9　只要组件的外观受到影响，如容器大小调整或将新组件添加到容器时，都会咨询布局管理器。

6.10　流式布局会尽可能多地将多个组件放在一行上。当一行放不下时，会根据需要创建多行。

6.11　边界布局分为五个区域：北区、南区、东区、西区和中心区。北区和南区分别位于容器的顶部和底部，并跨越整个容器的宽度。夹在北区南区之间的，从左到右，分别是西区、中心区和东区。任何未使用的区域都不占用空间，可以按需填充相应区域。

6.12　盒式布局中的胶水组件决定了布局中的多余空间。用户可以根据需要进行扩展，但如果没有进行空间分配，则不会占用空间。

6.13　GUI 的容器分层结构是由嵌套容器产生的。容器嵌套的方式以及这些容器使用的布局管理器规定了 GUI 可视化表示的细节。

6.14　鼠标事件是用户以各种方式操作鼠标时产生的事件。在特定情况下，一般会对几种类型的鼠标事件进行关注，这些事件有移动鼠标、按下鼠标、鼠标移入特定组件以及拖动鼠标等。

6.15　当按下键盘按键时会产生按键事件，该事件允许监听程序立即对用户输入做出响应。表示该事件的对象包含用于指定按下了哪个键的代码。

6.16　事件适配器类是实现监听器接口的类，该类为其所有方法提供了空定义。我们可以通过扩展适当的适配器类，且只定义感兴趣的方法来创建监听器类。

6.17　对话框是小窗口，用于传达信息、确认操作或接收输入。通常，对话框用于特定情况下的简短用户交互。

6.18　文件选择器和颜色选择器是专用对话框，允许用户从磁盘选择文件，从调色板中选择颜色。

6.19　BorderFactory 类包含几种方法能用于创建组件的边框。

6.20　工具提示是指当鼠标悬停在特定组件时所出现的少量文本。工具提示主要用于简要说明组件的用途。

6.21　在用户不当使用 GUI 组件时，应禁用这些组件。这有助于引导用户进行正确操作，并能最大限度地减少错误和产生特殊情况。

第 7 章　数　　组

学习目标

● 定义数组并使用数组来组织基本数据。

● 讨论边界检查和容量管理技术。

● 讨论数组作为对象和对象数组的相关问题。

● 探讨命令行参数的使用。

● 描述变长参数列表的语法和用法。

● 讨论多维数组的创建和使用。

在设计程序时，我们要以易于访问和修改的形式组织对象或原始数据。本章将学习数组，数组是一种将数据分组成列表的编程结构。数组是大多数高级语言的基本组成部分，也是生成问题解决方案的有用工具。

7.1　数　组　元　素

数组是一种简单但功能强大的编程结构，用于对数据进行分组和组织。当我们编写管理具有大量信息的程序时，如管理 100 人的名单时，单独声明每个数据变量是不切实际的。数组通过声明一个可以容纳多个可单独访问值的变量来解决这个问题。

数组是值的列表。在数组中存储的每个值都有指定的位置编号。我们将与每个位置相对应的编号称为索引或下标。图 7.1 给出了一个整数数组和与每个位置相对应的索引。这个整数数组名为 height；该数组以英寸为单位保存了一些人的身高。

> **重要概念**
> 大小为 N 的数组的索引是从 0 到 N-1。

在 Java 中，数组索引始终从零开始。因此，存储在索引 5 处的值实际上是数组的第 6 个值。图 7.1 所示的数组有 11 个值，其索引是从 0 到 10。

为了访问数组值，我们需要使用数组名后跟方括号，方括号中是索引。例如，下面的表达式就是引用数组 height 的第 9 个值：

```
height[8]
```

从图 7.1 可知，height[8]保存的值是 79。注意，不要将索引值（本例为 8）与存储在该索引位置的数组值相混淆（本例为 79）。

表达式 height[8]是指存储在指定内存位置的一个整数。在任何使用整数变量的地方都可以作用 height[8]。因此，用户可以为 height[8]赋值，在计算中使用它，打印它的值，等等。

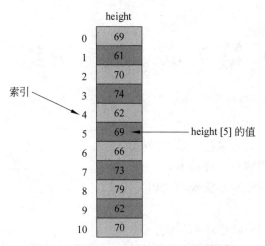

图 7.1　名为 height 的数组存储的整数值

此外，因为数组索引是整数，所以可以使用整数表达式来指定要访问数组的索引。下面的
代码行对上述内容进行了诠释。

```
height[2] =72;
height [count] = feet * 12;
average = (height [0]+ height [1]+ height [2]) /3;
System.out.println("The middle value is " + height[MAX/2]);
Pick=height[rand.nextInt(11)];
```

7.2　数组的声明与使用

在 Java 中，数组是对象。为了创建数组，必须先声明对数组的引用；然后再使用 new
运算符实例化数组，以分配存储空间来存储数组的值。下面的代码是图 7.1 所示数组的
声明。

```
int[] height = new int [11];
```

> **重要概念**
> 在 Java 中，数组是必须实例化的对象。

变量 height 被声明为整数数组，其类型写为 int[]。存储在数组中的所有值都具有相同
类型，或至少是兼容的。例如，我们既可以创建一个用于保存整数的数组，也可以创建一
个用于保存字符串的数组，但不能创建一个既可以保存整数又可以保存字符串的数组。我
们可以对数组进行设置，以保存任何基本类型或任何对象（类）类型。有时我们将存储在
数组中的值称为数组元素，数组保存值的类型称为数组元素的类型。

注意，数组变量（int [ ]）的类型不包括数组的大小。使用 new 运算符实例化 height，
能保留内存空间来存储 11 个整数，这些整数的索引是 0 到 10。一旦将数组对象实例化为
指定大小，就无法再更改数组元素的数量。我们知道，因为将 height 声明为整数数组，所

以引用变量 height 可以引用大小任意的数组。与其他引用变量一样，height 引用的对象（即数组）也可以随时间变化而变化。

程序 7.1 给出的示例创建了一个名为 list 的数组，该数组包含 15 个整数，程序以 10 为增量加载这些整数，更改了数组中第 6 个元素的值（在索引 5 处）。最后，程序打印了存储在数组中的所有值。

图 7.2 给出了在执行 BasicArray 程序期间数组的变化。处理数组时要使用 for 循环，因为数组的元素个数是不变的。注意，BasicArray 程序的几个地方都使用了名为 LIMIT 的常量。LIMIT 常量用于声明数组大小并控制 for 循环，for 循环用于初始化数组的值。

程序 7.1

```java
//********************************************************************
//  BasicArray.java        Java Foundations
//
//  Demonstrates basic array declaration and use.
//********************************************************************
public class BasicArray
{
  //----------------------------------------------------------------
  //  Creates an array, fills it with various integer values,
  //  modifies one value, then prints them out.
  //----------------------------------------------------------------
  public static void main(String[] args)
  {
    final int LIMIT = 15, MULTIPLE = 10;
    int[] list = new int[LIMIT];

    //  Initialize the array values
    for (int index = 0; index < LIMIT; index++)
      list[index] = index * MULTIPLE;

    list[5] = 999;  // change one array value

    //  Print the array values
    for (int value : list)
      System.out.print(value + "  ");
  }
}
```

输出

0 10 20 30 999 60 70 80 90 100 110 120 130 140

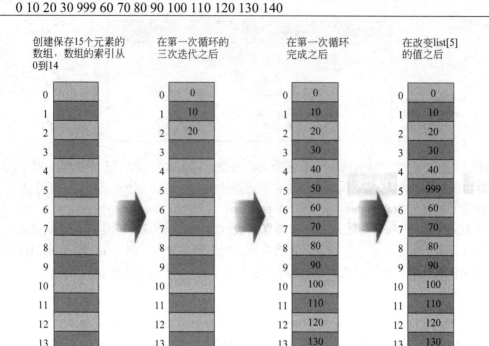

图 7.2   在 BasicArray 程序中数组 list 的变化

for 循环的迭代器版本用于打印数组值。回想一下第 4 章，该版本的 for 循环用于提取指定迭代器中的每个值。每个 Java 数组都是一个迭代器，因此只要需要处理存储在数组中的每个元素，我们就可以使用 for 循环。

在 Java 中，将表示数组索引的方括号视为运算符。因此，与 Java 的+运算符或<=运算符一样，索引运算符（[]）也有优先级。在所有 Java 运算符中，索引运算符具有最高优先级。

7.2.1   边界检查

索引运算符会自动执行边界检查，以确保索引是在被引用的数组范围之内。每当引用数组元素时，索引必须大于或等于零且小于数组大小。例如，假设创建一个有 25 个元素，名为 prices 的数组。数组的有效索引是从 0 到 24。每当引用数组的指定元素（如 prices [count]）时，都会检查索引值。如果索引值在数组的索引有效范围之内（0~24），则执行引用。如果索引无效，则抛出 ArrayIndexOutOfBoundsException 异常。

重要概念
边界检查确保用于引用数组元素的索引在有效索引范围之内。

在许多情况下，我们要自己执行边界检查。也就是说，在进行引用时，我们要小心确保引用是在数组范围之内。另一种方法是抛出异常，处理异常；第 10 章将讨论异常处理。

常见错误

因为数组索引从零开始，以比数组大小少 1 结束，所以程序中容易出现差 1 错误。差 1 错误是指处理元素时索引少一个或多一个的问题。

检查数组边界的一种方法是使用 length 常量，它是数组对象的属性，表示数组的大小。length 是一个公共常量，我们可以直接引用它。例如，创建具有 25 个元素的数组 prices，常量 prices.length 的值就是 25。当第一次创建数组时，就设置了其大小，且无法改变。length 常量是每个数组的组成部分。当需要使用数组的大小时，不必创建单独的常量，直接使用 length 常量即可。记住，数组的长度是其能容纳的元素个数，因此数组的最大索引是 length-1。

下面分析另外一个例子，程序 7.2 将 10 个数读入一个名为 numbers 的数组，然后再逆序打印数组中的数。

程序 7.2

```java
//*********************************************************************
//  ReverseOrder.java        Java Foundations
//
//  Demonstrates array index processing.
//*********************************************************************
import java.util.Scanner;
public class ReverseOrder
{
  //---------------------------------------------------------------
  //  Reads a list of numbers from the user, storing them in an
  //  array, then prints them in the opposite order.
  //---------------------------------------------------------------
  public static void main(String[] args)
  {
    Scanner scan = new Scanner(System.in);
    double[] numbers = new double[10];
    System.out.println("The size of the array: " + numbers.length);
    for (int index = 0; index < numbers.length; index++)
    {
      System.out.print("Enter number " + (index+1) + ": ");
      numbers[index] = scan.nextDouble();
    }

    System.out.println("The numbers in reverse order:");
    for (int index = numbers.length-1; index >= 0; index--)
      System.out.print(numbers[index] + "  ");
  }
}
```

```
输出

The size of the array:10
Enter number 1:  18.51
Enter number 2:  69.9
Enter number 3:  41.28
Enter number 4:  72.003
Enter number 5:  34.35
Enter number 6:  140.71
Enter number7:   9.60
Enter number 8:   24.45
Enter number9:   99.30
Enter number 10: 61.08
The numbers in reverse order:
61.08 99.3 24.45 9.6 140.7 34.35 72.003 41.28 69.9 18.51
```

注意，在 ReverseOrder 程序中，声明数组 numbers 有 10 个元素，因此，数组的索引是从 0 到 9。for 循环的数组对象长度字段控制索引的范围。用户要仔细设置循环控制变量的初始值和循环终止条件，以确保处理所有需要处理的元素，且只使用有效索引来引用数组元素。

如程序 7.3 所示，LetterCount 使用两个数组和一个 String 对象。名为 upper 的数组用于存储字符串中大写字母出现的次数。名为 lower 的数组用于存储字符串中小写字母出现的次数。

因为英文字母共有 26 个字母，所以声明数组 upper 和数组 lower 有 26 个元素，且这些元素为整数。在默认情况下，将每个元素的初始值设置为零。这些值是计数器，用于统计输入中每个字母字符出现的次数。for 循环每次只扫描字符串中的一个字符。在输入字符串中每找到一个字符，则递增相应数组中的相应计数器。

程序 7.3

```java
//********************************************************************
//  LetterCount.java        Java Foundations
//
//  Demonstrates the relationship between arrays and strings.
//********************************************************************
import java.util.Scanner;
public class LetterCount
{
   //----------------------------------------------------------------
   //  Reads a sentence from the user and counts the number of
   //  uppercase and lowercase letters contained in it.
   //----------------------------------------------------------------
   public static void main(String[] args)
   {
      final int NUMCHARS = 26;
      Scanner scan = new Scanner(System.in);
```

```
int[] upper = new int[NUMCHARS];
int[] lower = new int[NUMCHARS];
char current;   // the current character being processed
int other = 0;  // counter for non-alphabetics
System.out.println("Enter a sentence:");
String line = scan.nextLine();
// Count the number of each letter occurrence
for (int ch = 0; ch < line.length(); ch++)
{
   current = line.charAt(ch);
   if (current >= 'A' && current <= 'Z')
     upper[current-'A']++;
   else
     if (current >= 'a' && current <= 'z')
       lower[current-'a']++;
     else
       other++;
}
// Print the results
System.out.println ();
for (int letter=0; letter < upper.length; letter++)
{
   System.out.print((char) (letter + 'A'));
   System.out.print(": " + upper[letter]);
   System.out.print("\t\t" + (char) (letter + 'a'));
   System.out.println(": " + lower[letter]);
}
System.out.println();
System.out.println("Non-alphabetic characters: " + other);
   }
}
```

输出

```
Enter a sentence:
In Casablanca, Humphrey Bogart never says "Play it again, Sam."
A: 0     a: 10
B: 1     b: 1
C: 1     c: 1
D: 0     d: 0
E: 0     e: 3
F: 0     f: 0
G: 0     g: 2
H: 1     h: 1
I: 0     i: 2
J: 0     j: 0
K: 0     k: 0
```

```
L: 0    l: 2
M: 0    m: 2
N: 0    n: 4
O: 0    o: 1
P: 1    p: 1
Q: 0    q: 0
R: 0    r: 3
S: 1    s: 3
T: 0    t: 2
U: 0    u: 1
V: 0    v: 1
W: 0    w: 0
X: 0    x: 0
Y: 0    y: 3
Z: 0    z: 0
Non-alphabetic characters: 14
```

因为两个计数器数组的索引都是从 0 到 25，所以我们可以将每个字符映射到一个计数器。按合乎逻辑的方法，用 upper[0] 统计'A'字符出现的次数，用 upper[1] 统计'B'字符出现的次数，以此类推。同样，用 lower[0] 统计'a'字符出现的次数，lower [1] 统计'b'字符出现的次数，以此类推。用名为 other 的单独变量统计所有非字母字符出现的次数。

注意，为了确定字符是否是大写字母，我们使用了布尔表达式(current> = 'A' && current <='z')。同样我们也使用类似的表达式确定字符是否是小写字母。我们也可以使用 Character 类中的静态方法 isUpperCase 和 isLowerCase 来进行大小写字母测定，但这个示例没有使用这种方法。我们的程序追溯回起点，因为每个字符都基于 Unicode 字符集，所以每个字符都有对应的数值和顺序。

我们使用 current 字符来计算要引用数组的哪个索引。在计算索引时，我们必须小心，要确保索引在数组范围之内且要与正确的元素相匹配。记住，在 Unicode 字符集中，大写字母和小写字母是连续的，且按顺序排列（参见附录 C）。因此，将大写字母'E'的值（即 69）减去字符'A'的值（即 65），结果为 4。4 就是字符'E'计数器的正确索引。注意，实际上，在程序中，我们不用知道每个字母的具体值。

7.2.2   数组的其他语法

在 Java 中，从语法上讲，声明数组引用有两种方法。前面的示例和本书的整个文本都使用第一种方法，即将括号与数组存储值的类型相关联。 第二种方法是将括号与数组名相关联。因此，下面的两个声明是等效的：

```
int [] grades;
int grades [];
```

对编译器而言，这两种声明方法没有任何区别，但第一种声明与其他类型的声明一致。如果数组括号与元素类型相关联，则声明的类型是显式的，特别是在同一行上声明多个变量时，更显而易见。因此，本书使用将括号与元素类型相关联的声明方法。

7.2.3　初始化列表

用户可以使用初始化列表来实例化数组，还可以为数组的每个元素提供初始值。本质上这与在声明中初始化基本数据类型的变量相同，不同之处在于数组的初始值有多个。

初始化列表用大括号（{}）将所有元素括起来，其中每一项再用逗号分隔。当使用初始化列表时，并不使用 new 运算符。数组大小由初始化列表的项数决定。例如，下面的声明将数组 scores 实例化为具有 8 个整数的数组，数组的索引是从 0 到 7，且每个数组元素都有初始值：

```
int[] scores ={87, 98, 69, 87,65, 76, 99,83};
```

只有在第一次声明数组时，我们才能使用初始化列表。

重要概念
实例化数组对象是使用初始化列表而不是使用 new 运算符。

初始化列表中的每个值的类型必须与数组元素类型相匹配。下面分析另一个例子：

```
Char[] vowels={'A', 'E', 'I', 'O', 'U'}
```

在这个示例中，声明的变量 vowels 是有 5 个字符的数组，初始化列表包含字符的字面值。

程序 7.4 说明了如何使用初始化列表来实例化数组。

程序 7.4

```
//********************************************************************
//  Primes.java        Java Foundations
//
//  Demonstrates the use of an initializer list for an array.
//********************************************************************
public class Primes
{
  //-----------------------------------------------------------
  //  Stores some prime numbers in an array and prints them.
  //-----------------------------------------------------------
  public static void main(String[] args)
  {
    int[] primeNums = {2, 3, 5, 7, 11, 13, 17, 19};

    System.out.println("Array length: " + primeNums.length);
    System.out.println("The first few prime numbers are:");
    for (int prime : primeNums)
      System.out.print(prime + "  ");
  }
```

```
    }
```

输出

```
Array length: 8
The first few prime numbers are:
2 3 5 11 13 17 19
```

7.2.4 数组作为参数

我们可以将整个数组作为参数传递给方法。因为数组是对象，所以当将整个数组作为参数传递时，传递的是对原始数组引用的副本。我们在此讨论的这个问题，适用于第 5 章中学习过的所有对象。

接收数组作为参数的方法可以永久地更改数组的元素，因为方法引用的是原始元素的值。但是，方法无法永久更改对数组本身的引用，因为会将原始引用的副本发送给方法。这些规则与管理任何类型对象的规则一致。

重要概念

整个数组可以作为参数传递，使形参成为原始元素的别名。

我们也可以将数组元素传递给方法。如果数组元素类型是基本类型，则传递值的副本。如果数组元素是对对象的引用，则传递对象引用的副本。按照惯例，更改方法内部参数产生的影响取决于参数的类型。下节将进一步讨论对象数组。

7.3 对 象 数 组

在本章前面的示例中，我们使用数组来存储基本类型的数据，如整数和字符。数组还可以将对对象的引用存储为元素。只使用数组和其他对象就可以创建相当复杂的信息管理结构。例如，数组可以包含对象，而每个对象又可以包含一些变量和方法。这些变量本身还可以是数组，以此类推。程序设计应该利用这些结构的组合来创建最合适的信息表示。

记住，数组是对象。因此，如果有一个名为 weight 的 int 型数组，那么，实际上我们处理的是对象引用变量，该对象变量保存了数组的地址，具体的图形化描述如下：

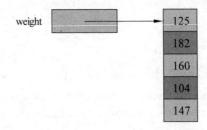

此外，当我们将对象存储在数组时，每个元素都是单独的对象。也就是说，对象数组实际上是对象引用数组。分析一下如下的声明：

```
String [] words=new String[5];
```

> **重要概念**
> 实例化对象数组只保留了存储引用的空间。我们必须对存储在每个元素中的对象单独进行实例化。

数组 words 保存了对 String 对象的引用。声明中的 new 运算符实例化了数组对象并为 5 个 String 引用保留了空间。但这个声明不会创建任何 String 对象;它只是创建了一个包含 String 对象引用的数组。最初,数组是这样的:

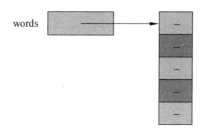

在创建几个 String 对象并将其存入数组后,数组是这样的:

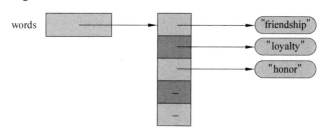

words 数组是对象,其存储的每个字符串本身也是对象。必须对数组中的每个对象单独进行实例化。

记住,String 对象可以表示为字符串的字面值。因此,下面的声明创建一个名为 verbs 的数组,并在初始化列表中使用几个 String 对象填充了数组,即使用字符串字面值对每个 String 对象进行了实例化。

```
String[] verbs={"play", "work", "eat", "sleep"};
```

名为 GradeRange 的程序 7.5,创建了一个 Grade 对象数组,然后打印数组。Grade 对象是在数组初始化列表中使用几个 new 新运算符创建的。

程序 7.6 给出了 Grade 类。每个 Grade 对象表示学校课程的字母等级,并包含分数下限。我们可以使用 Grade 构造函数或适用的 mutator 方法来设置成绩名称和下限值。程序还定义了访问器方法,它是 toString 方法,用于返回等级的字符串表示。当打印 main 方法中的成绩时,会自动调用 toString 方法。

下面分析另一个例子。程序 7.7 给出了 Tunes 类,其包含的 main 方法用于创建、修改和检查光盘(CD)集。添加到 CD 集中的每张 CD 都由标题、艺术家、购买价格和曲目数量指定。

程序 7.8 给出了 CDCollection 类。它包含表示 CD 集的 CD 对象数组。它维护 CD 集中

CD 的数量及组合值。它还跟踪 CD 集数组的当前大小，以便当添加到 CD 集中的 CD 太多时，创建更大的数组。CD 类如程序 7.9 所示。

程序 7.5

```java
//**********************************************************************
//  GradeRange.java       Java Foundations
//
//  Demonstrates the use of an array of objects.
//**********************************************************************
public class GradeRange
{
  //-------------------------------------------------------------------
  //  Creates an array of Grade objects and prints them.
  //-------------------------------------------------------------------
  public static void main(String[] args)
  {
    Grade[] grades =
    {
      new Grade("A", 95), new Grade("A-", 90),
      new Grade("B+", 87), new Grade("B", 85), new Grade("B-", 80),
      new Grade("C+", 77), new Grade("C", 75), new Grade("C-", 70),
      new Grade("D+", 67), new Grade("D", 65), new Grade("D-", 60),
      new Grade("F", 0)
    };
    for (Grade letterGrade : grades)
      System.out.println(letterGrade);
  }
}
```

```
输出

A    95
A-   90
B+   87
B    85
B-   80
C+   77
C    75
C-   70
D+   67
D    65
D-   60
F    0
```

程序 7.6

```
//***********************************************************************
//  Grade.java        Java Foundations
//
//  Represents a school grade.
//***********************************************************************
public class Grade
{
   private String name;
   private int lowerBound;
   //-------------------------------------------------------------------
   //  Constructor: Sets up this Grade object with the specified
   //  grade name and numeric lower bound.
   //-------------------------------------------------------------------
   public Grade(String grade, int cutoff)
   {
      name = grade;
      lowerBound = cutoff;
   }
   //-------------------------------------------------------------------
   //  Returns a string representation of this grade.
   //-------------------------------------------------------------------
   public String toString()
   {
      return name + "\t" + lowerBound;
   }
   //-------------------------------------------------------------------
   //  Name mutator.
   //-------------------------------------------------------------------
   public void setName(String grade)
   {
      name = grade;
   }
   //-------------------------------------------------------------------
   //  Lower bound mutator.
   //-------------------------------------------------------------------
   public void setLowerBound(int cutoff)
   {
      lowerBound = cutoff;
   }
   //-------------------------------------------------------------------
   //  Name accessor.
   //-------------------------------------------------------------------
   public String getName()
```

```
      {
        return name;
      }
      //-------------------------------------------------------------
      //  Lower bound accessor.
      //-------------------------------------------------------------
      public int getLowerBound()
      {
        return lowerBound;
      }
}
```

程序 7.7

```
//********************************************************************
//  Tunes.java        Java Foundations
//
//  Demonstrates the use of an array of objects.
//********************************************************************
public class Tunes
{
    //-------------------------------------------------------------
    //  Creates a CDCollection object and adds some CDs to it. Prints
    //  reports on the status of the collection.
    //-------------------------------------------------------------
    public static void main (String[] args)
    {
        CDCollection music = new CDCollection ();
        music.addCD("Storm Front", "Billy Joel", 14.95, 10);
        music.addCD("Come On Over", "Shania Twain", 14.95, 16);
        music.addCD("Soundtrack", "Les Miserables", 17.95, 33);
        music.addCD("Graceland", "Paul Simon", 13.90, 11);
        System.out.println(music);
        music.addCD("Double Live", "Garth Brooks", 19.99, 26);
        music.addCD("Greatest Hits", "Jimmy Buffet", 15.95, 13);
        System.out.println(music);
    }
}
```

输出

```
My CD Collection

Number of CDs: 4
Total cost: $61.75
Average cost: $15.44
```

```
CD list:
$14.95   10   Strom Front      Billy Joel
$14.95   16   Come On Over     Shania Twain
$17.95   33   Soundtrack       Lee Miserables·
$13.90   11   Graceland        Paul Simon

My CD Collection
Number of CDs: 6
Total cost: $97.69
Average cost: $16.28

CD list:
$14.95   10   Strom Front      Billy Joel
$14.95   16 · Come On Over     Shania Twain
$17.95   33   Soundtrack        Lee Miserables
$13.90   11   Graceland        Paul Simon
$19.99   26   Double Live       Garth Brooks
$15.95   13   Greatest Hits    Jimmy Buffet
```

程序 7.8

```java
//******************************************************************
//  CDCollection.java       Java Foundations
//
//  Represents a collection of compact discs.
//******************************************************************
import java.text.NumberFormat;
public class CDCollection
{
   private CD[] collection;
   private int count;
   private double totalCost;
   //--------------------------------------------------------------
   // Constructor: Creates an initially empty collection.
   //--------------------------------------------------------------
   public CDCollection()
   {
      collection = new CD[100];
      count = 0;
      totalCost = 0.0;
   }

   //--------------------------------------------------------------
   // Adds a CD to the collection, increasing the size of the
   // collection if necessary.
   //--------------------------------------------------------------
```

```
   public void addCD(String title, String artist, double cost,
                  int tracks)
   {
      if (count == collection.length)
         increaseSize();
      collection[count] = new CD(title, artist, cost, tracks);
      totalCost += cost;
      count++;
   }


   //------------------------------------------------------------------
   //  Returns a report describing the CD collection.
   //------------------------------------------------------------------
   public String toString()
   {
      NumberFormat fmt = NumberFormat.getCurrencyInstance();
      String report = "~~~~~~~~~~~~~~~~~~~~~~~~~~~~~~~~~~~~~~~~~~~~~~~\n";
      report += "My CD Collection\n\n";
      report += "Number of CDs: " + count + "\n";
      report += "Total cost: " + fmt.format(totalCost) + "\n";
      report += "Average cost: " + fmt.format(totalCost/count);
      report += "\n\nCD List:\n\n";
      for (int cd = 0; cd < count; cd++)
         report += collection[cd].toString() + "\n";
      return report;
   }


   //------------------------------------------------------------------
   //  Increases the capacity of the collection by creating a
   //  larger array and copying the existing collection into it.
   //------------------------------------------------------------------
   private void increaseSize()
   {
      CD[] temp = new CD[collection.length * 2];
      for (int cd = 0; cd < collection.length; cd++)
         temp[cd] = collection[cd];
      collection = temp;
   }
}
```

程序 **7.9**

```
//********************************************************************
//  CD.java        Java Foundations
//
//  Represents a compact disc.
```

```
//***********************************************************************
import java.text.NumberFormat;
public class CD
{
   private String title, artist;
   private double cost;
   private int tracks;
   //----------------------------------------------------------------
   //  Creates a new CD with the specified information.
   //----------------------------------------------------------------
   public CD(String name, String singer, double price, int numTracks)
   {
      title = name;
      artist = singer;
      cost = price;
      tracks = numTracks;
   }
   //----------------------------------------------------------------
   //  Returns a string description of this CD.
   //----------------------------------------------------------------
   public String toString()
   {
      NumberFormat fmt = NumberFormat.getCurrencyInstance();
      String description;
      description = fmt.format(cost) + "\t" + tracks + "\t";
      description += title + "\t" + artist;
      return description;
   }
}
```

在 CDCollection 构造函数中，对 collection 数组进行了实例化。每次使用 addCD 方法将 CD 添加到 CD 集时，都会创建一个新的 CD 对象，并将对新对象的引用存储在 collection 数组中。

每次将 CD 添加到 CD 集时，我们都会检查 collection 数组的当前容量。如果我们没有执行此检查，则当将新 CD 对象存储在无效索引时，系统会抛出异常。如果当前容量已满，则调用私有方法 increaseSize，该方法会先创建一个比当前集合数组大两倍的数组。再将现有集合中的每个 CD 复制到新数组中，即复制对 CD 对象的引用。最后，将 collection 引用设置为更大的数组。使用这种技术，从理论角度，我们的 CD 集的空间永远不会耗尽。CDCollection 对象的用户（main 方法）永远不必担心空间不足，因为是在内部完成空间处理。

图 7.3 给出了 Tunes 程序的 UML 类图。回想一下，空心的菱形表示聚合。还要注意关系的基数：CDCollection 对象包含 0 个或多个 CD 对象。

CDCollection 类的 toString 方法返回 CD 集的完整报告汇总。报告是通过隐式调用存储于集合中的每个 CD 对象的 toString 方法得到的。

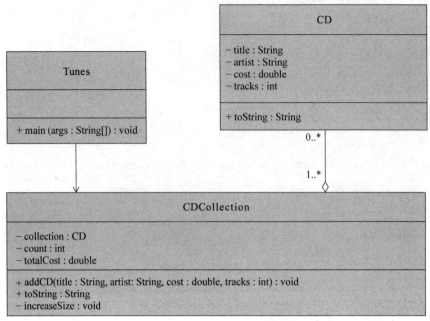

图 7.3   Tunes 程序的 UML 类图

7.4 命令行参数

Java 应用程序 main 方法的形参始终都是 String 对象数组。之前的示例忽略了该参数，但现在我们讨论一下其有用之处。

当用户将应用程序提交给解释器时，Java 运行时环境会调用 main 方法。String[]参数的通称为 args，args 是调用解释器时系统提供的命令行参数。调用解释器时，程序可以使用存储在 args 数组中的任何命令行信息，这种技术是为程序提供输入的另一种方法。

重要概念

命令行参数存储在 String 对象数组中并将传递给 main 方法。

程序 7.10 打印了当程序提交给解释器时提供的所有命令行参数。注意，用户可以在命令行上使用引号来分隔多字参数。

记住 main 方法的参数始终都是 String 对象数组。如果要将数字信息作为命令行参数输入，则程序必须将其转换成字符串表示。

在使用命令行参数时，通常会保留用于定制程序行为方式的信息。例如，用户可以将输入文件名作为命令行参数提供。用户还可以使用可选的命令行参数，可选命令行参数允许用户指定详细或简短的输出格式。

在使用图形化用户界面程序开发环境中，命令行不是将程序提交给解释程序的标准方法。在这种情况下，用户可以通过其他方式指定命令行信息。相关内容请读者参阅相关文档。

程序 7.10

```
//************************************************************************
//  CommandLine.java      Java Foundations
//
//  Demonstrates the use of command line arguments.
//************************************************************************
public class CommandLine
{
  //---------------------------------------------------------------
  //  Prints all of the command line arguments provided by the
  //  user.
  //---------------------------------------------------------------
  public static void main(String[] args)
  {
    for (String arg : args)
      System.out.println(arg);
  }
}
```

输出

```
>java CommandLine one two "two and a half" three
one
two
two and a half
three
```

7.5　变长参数列表

假设我们需要设计一个方法，用于处理每次调用数据量不同的情况。例如，我们设计一个名为 average 的方法，该方法接收几个整数值并返回所有整数的平均值。在第一次调用该方法时，是将 3 个整数传递给 average：

```
mean1= average(42,69,37);
```

而在同一个方法的另一次调用中，是将 7 个整数传递给 average：

```
mean2= average(35,43,93,23,40,21,75);
```

为了实现上述功能，我们能定义 average 方法的重载版本，重载版本读者可参见第 5 章的练习。但练习的解决方案不会扩展为任意一组输入值。因此我们需要知道最大的参数数量，以便为每种可能性创建单独的方法版本。

或者，我们还可以定义接收整数数组的方法，每次调用的数组大小都可以不同，但这需要调用方法将整数打包到数组中。

Java 提供了一种方式，其能定义接收可变长度参数列表的方法。在方法的形参列表中使用相应的特殊语法，就可以定义接收任意数量参数的方法。参数将自动存入数组，以便方法能轻松地对之进行处理。例如，average 方法可以写为：

```
public double average(int  list)
{
  double result=0.0;
  if (list.length !=0)
  {
    int sum=0;
    for (int num:list)
      sum+=num;
    result=(double)sum/list.length;
  }
  Return result;
}
```

重要概念

我们可以定义 Java 方法接收不同数量的参数。

注意定义形参的方式。省略号表示该方法接收可变数量的参数。在这种情况下，方法接收任意数量的 int 参数，参数会自动存入名为 list 的数组中。在方法中，我们只需正常处理数组。

现在，我们可以将任意数量的 int 参数传给 average 方法，当然也可以传递空参数。这也是我们在计算平均值之前检查数组长度是否为 0 的原因。

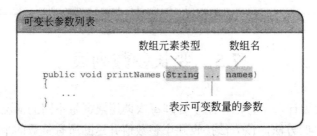

多个参数的类型可以是任何基本类型或对象类型。例如，下面的方法接收并打印多个 Grade 对象。我们在本章前面定义了 Grade 类。

```
public void printGrades (Grade  grades )
{
    for (Grade letterGrade : grades)
    system.out.println(letterGrade);
}
```

接收可变数量参数的方法也可以接收其他参数。例如，下面的方法先接收 int 和 String 对象，然后再接受可变数量的 double 值，这些 double 值存储于名为 nums 的数组之中。

```
public void test (int count, String name, double  nums )
```

```
{
    //whatever
}
```

变量参数能在形参中持续存在。单个方法不能接受两组不同的参数。

也可以将构造函数设置为接收不同数量的参数。程序 7.11 创建了两个 Family 对象，将不同数量的字符串（表示家族成员名）传递给 Family 构造函数。

程序 7.11

```
//*********************************************************************
//  VariableParameters.java       Java Foundations
//
//  Demonstrates the use of a variable length parameter list.
//*********************************************************************
public class VariableParameters
{
    //-----------------------------------------------------------
    //  Creates two Family objects using a constructor that accepts
    //   a variable number of String objects as parameters.
    //-----------------------------------------------------------
    public static void main(String[] args)
    {
        Family lewis = new Family("John", "Sharon", "Justin", "Kayla",
            "Nathan", "Samantha");
        Family camden = new Family("Stephen", "Annie", "Matt", "Mary",
            "Simon", "Lucy", "Ruthie", "Sam", "David");
        System.out.println(lewis);
        System.out.println();
        System.out.println(camden);
    }
}
```

输出

```
John
Sharon
Justin
Kayla
Nathan
Samantha

Stephen
Annie
Matt
Simon
Lucy
Ruthie
```

```
Sam
David
```

Family 类如程序 7.12 所示。构造函数只是存储对数组参数的引用。我们在构造函数中使用可变长度的参数列表，就能轻松地创建任何大小的家族。

程序 7.12

```java
//*********************************************************************
//  Family.java       Java Foundations
//
//  Demonstrates the use of variable length parameter lists.
//*********************************************************************
public class Family
{
   private String[] members;
   //----------------------------------------------------------------
   //  Constructor: Sets up this family by storing the (possibly
   //  multiple) names that are passed in as parameters.
   //----------------------------------------------------------------
   public Family(String ... names)
   {
      members = names;
   }
   //----------------------------------------------------------------
   //  Returns a string representation of this family.
   //----------------------------------------------------------------
   public String toString()
   {
      String result = "";
      for (String name : members)
         result += name + "\n";
      return result;
   }
}
```

7.6　二　维　数　组

到目前为止，我们分析过的数组都是一维数组，代表了简单值的列表。顾名思义，二维数组具有二维值，可以将其视为表的行和列。图 7.4 以图形化的方式对一维数组和二维数组进行了比较。在二维数组中，我们需要使用两个索引来引用二维数组值：一个索引用于指定行，另一个索引用于指定列。

括号用于表示数组的维度。因此，存储整数的二维数组写作 int [] []。从技术层面，Java 将二维数组表示为数组的数组。因此，实际上，二维整数数组是对一维整数数组引用一维数组。在许多情况下，为了易于理解，将二维数组视为具有行和列的表。

　　名为 TwoDArray 程序 7.13 实例化了二维整数数组。与一维数组一样，在创建数组时就指定了数组维数的大小。维数的大小可以是不同的。

　　TwoDArray 程序中的嵌套 for 循环加载数组的值，并以表格格式打印这些值。仔细追踪程序的处理，分析嵌套循环是如何完成对二维数组中每个元素的访问。注意，外部循环由 table.length 控制，table.length 表示行数，内部循环由 table[row].length 控制，table[row].length 表示该行的列数。

　　与一维数组一样，要用初始化列表实例化二维数组，二维数组的每个元素本身就是一个数组初始化列表。程序 SodaSurvey 使用了这种技术，其代码如程序 7.14 所示。

　　假设苏打水制造商对 4 种新口味进行了味道测试，以确定人们是否喜欢它们。制造商让 10 个人分别品尝每种新口味，要求品尝者给所尝苏打水打分。打分范围从 1 分到 5 分，其中 1 分代表差，5 代表优秀。

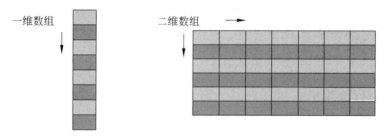

图 7.4　一维数组和二维数组

程序 7.13

```
//*****************************************************************
// TwoDArray.java        Java Foundations
//
// Demonstrates the use of a two-dimensional array.
//*****************************************************************
public class TwoDArray
{
  //-------------------------------------------------------------
  // Creates a 2D array of integers, fills it with increasing
  //  integer values, then prints them out.
  //-------------------------------------------------------------
  public static void main(String[] args)
  {
    int[][] table = new int[5][10];
    // Load the table with values
    for (int row=0; row < table.length; row++)
      for (int col=0; col < table[row].length; col++)
        table[row][col] = row * 10 + col;
    // Print the table
    for (int row=0; row < table.length; row++)
    {
      for (int col=0; col < table[row].length; col++)
        System.out.print(table[row][col] + "\t");
```

```
      System.out.println();
    }
  }
}
```

```
输出

0    1    2    3    4    5    6    7    8    9
10   11   12   13   14   15   16   17   18   19
20   21   22   23   24   25   26   27   28   29
30   31   32   33   34   35   36   37   38   39
40   41   42   43   44   45   46   47   48   49
```

程序 7.14

```java
//*******************************************************************
//  SodaSurvey.java        Java Foundations
//
//  Demonstrates the use of a two-dimensional array.
//*******************************************************************
import java.text.DecimalFormat;
public class SodaSurvey
{
  //-----------------------------------------------------------------
  // Determines and prints the average of each row (soda) and each
  // column (respondent) of the survey scores.
  //-----------------------------------------------------------------
  public static void main (String[] args)
  {
    int[][] scores = { {3, 4, 5, 2, 1, 4, 3, 2, 4, 4},
                       {2, 4, 3, 4, 3, 3, 2, 1, 2, 2},
                       {3, 5, 4, 5, 5, 3, 2, 5, 5, 5},
                       {1, 1, 1, 3, 1, 2, 1, 3, 2, 4} };
    final int SODAS = scores.length;
    final int PEOPLE = scores[0].length;
    int[] sodaSum = new int[SODAS];
    int[] personSum = new int[PEOPLE];
    for (int soda=0; soda < SODAS; soda++)
      for (int person=0; person < PEOPLE; person++)
      {
        sodaSum[soda] += scores[soda][person];
        personSum[person] += scores[soda][person];
      }
    DecimalFormat fmt = new DecimalFormat("0.#");
    System.out.println("Averages:\n");
    for (int soda=0; soda < SODAS; soda++)
      System.out.println("Soda #" + (soda+1) + ": " +
```

```
                    fmt.format((float)sodaSum[soda]/PEOPLE));
        System.out.println ();
        for (int person=0; person < PEOPLE; person++)
          System.out.println("Person #" + (person+1) + ": " +
                    fmt.format((float)personSum[person]/SODAS));
    }
}
```

输出

```
Averages:
Soda #1:3.2
Soda #2:2.6
Soda #3:4.2
Soda #4:1.9

Person #1:2.2
Person #2:2.6
Person #3:3.2
Person #4:3.5
Person #5:2.5
Person #6:3
Person #7:2
Person #8:2.8
Person #9:3.2
Person #10:3.8
```

在 SodaSurvey 程序中, 二维数组 scores 存储调查结果。每行对应着一种苏打水, 该行的每一列对应于品尝者。更确切地说, 每一行是所有品尝者给特定苏打水味的打分, 每一列是每位品尝者对所有苏打水的打分。

SodaSurvey 程序计算并打印每种苏打水的平均分和每个品尝者打出的平均分。先将每种苏打水打分总和与品尝者人数存于一维整数数组中, 然后再计算并打印苏打水平均分。

7.6.1 多维数组

数组可以是一维数组、二维数组、三维数组, 甚至多维数组。维数大于 1 的数组统称为多维数组。

将二维数组画成表格是相当容易的。你可以将三维数组画成立方体。但是, 一旦超过三维, 多维数组似乎难以可视化。但考虑到每种递增的维度都只是前一个维度的细分。图 7.5 是理解多维数组的最好方式。

例如, 假设我们需要存储美国各大学在校生的人数, 并以有意义的方式细分。我们可以将其表示为四维整数数组。第一个维度代表州; 第二个维度代表每个州的大学; 第三个维度代表了每所大学的学院。最后, 第四个维度代表了每个学院的各个系。存储在每个位置的值是一个特定系的学生人数。

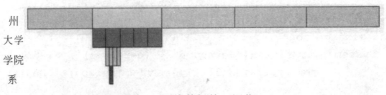

州

大学

学院

系

图 7.5　四维数组的可视化

设计重点

二维数组很常见且相当有用。但是，决定在程序中创建多维数组时一定要小心。处理多级管理的大量数据时，程序可能需要管理该信息所需的其他信息和方法。例如，在上述四维数组示例中，每个州的学生都应由一个对象表示，该对象可能包含存储其他的信息，如每个大学的信息等。

用户还要考虑到 Java 数组的另外一个重要特性。正如前面所述，Java 并不直接支持多维数组，而是将多维数据表示为对数组对象的引用数组。这些数组本身可以包含对其他数组的引用。根据所需的多个维度，这种分层可以一直持续。根据这种表示维度的技术，任何一个维度中的数组都可以具有不同长度。有时我们将其称为参差不齐的数组。例如，二维数组不同行的元素数量可能不同。在这种情况下，必须注意确保能正确管理数组。

重要概念

在面向对象的系统中，使用具有两个以上维度的数组是非常少见的。

重要概念总结

- 大小为 N 的数组的索引是从 0 到 N-1。
- 在 Java 中，数组是必须实例化的对象。
- 边界检查确保用于引用数组元素的索引在有效索引范围之内。
- 实例化数组对象是使用初始化列表而不是使用 new 运算符。
- 整个数组可以作为参数传递，使形参成为原始元素的别名。
- 实例化对象数组只保留了存储引用的空间。必须对存储在每个元素中的对象单独进行实例化。
- 命令行参数存储在 String 对象数组中并将传递给 main 方法。
- 我们可以定义 Java 方法接收不同数量的参数。
- 在面向对象的系统中，使用具有两个以上维度的数组是非常少见的。

术 语 总 结

数组是一种编程语言结构，用于将对象组织到索引表中。

数组元素是存储于数组中的值。

边界检查是确保索引在被引用数组的有效范围之内的过程。Java 自动执行边界检查。

命令行参数是执行程序时在命令行上提供的数据。Java 将其存储在传递给 main 方法的 String 数组中。

元素类型是指在特定数组中所存储元素的数据类型。

索引是一个整数，用于指定数组中的特定元素。

初始化列表是由大括号括起来，并以逗号将值进行分隔的列表，用于初始化数组的存储值。

多维数组是指具有多于一个索引维度的数组。

差 1 错误是指数组索引不能正确处理有效范围内的值，通常出现少一个元素或多一个元素的错误。

一维数组是具有一个索引维度的数组；是一个值的简单列表。

二维数组是具有两个索引维度的数组；是一个有行和列的表。

可变长度参数列表是在方法头中的参数列表，允许传入可变数量的参数，要处理的这些参数都存储于数组之中。

自　测　题

7.1　什么是数组？

7.2　如何引用数组的每个元素？

7.3　什么是数组的元素类型？

7.4　解释数组边界检查的概念。当使用无效值索引 Java 数组时会发生什么？

7.5　描述创建数组的过程。何时为数组分配内存？

7.6　什么是差 1 错误？它与数组有什么关系？

7.7　数组初始化列表完成了什么？

7.8　整个数组可以作为参数传递吗？这是如何完成的？

7.9　如何创建对象数组？

7.10　什么是命令行参数？

7.11　Java 方法如何才能有可变长度的参数列表？

7.12　在 Java 中如何实现多维数组？

练　习　题

7.1　以下哪项是有效的声明？哪一个实例化了数组对象？解释你的答案。

```
int primes {2,3,4,5,7,11};
float elapsedTimes[]={11.47,12.04,11.72,13.88};
int [] scores=int[30];
int [] primes=new{2,3,5,7,11};
int [] scores = new int [30];
char grades[]={'a', 'b', 'c', 'd', 'f'};
```

```
Char [] grades= new char[];
```

7.2 描述不使用数组就难以实现的 5 个程序。

7.3 描述下面代码出现了什么问题。应该如何修改代码才能解决这个问题？

```
int [] numbers={3,2,3,6,9,10,12,32,3,12,6);
for (int count =1; count <=numbers.length;count++)
        system.out.println(numbers[count]);
```

7.4 编写数组声明和任何必要的支持类来表示下面的语句：
   a. 某班 25 名学生的名字
   b. 某班 40 名学生的考试成绩
   c. 包含交易号、商家名称和消费的信用卡交易
   d. 某班的学生名和每名学生的家庭作业成绩
   e. L&L International Corporation 的每位员工的员工号、雇用日期和最近 5 次加薪金额

7.5 编写代码，将数组 nums 的每个元素设置为常量值 INITIAL。

7.6 编写代码，逆向打印名为 names 数组元素值。

7.7 编写代码，将数组 flags 的每个元素类型设计为可选的布尔值，索引为 0 则为 true，索引为 1 则为 false，依此类推。

7.8 编写名为 sumArray 的方法，其接收浮点值数组并返回数组中所有值的和。

7.9 编写名为 switchThem 的方法，它接收两个整数数组作为参数，并能在两个数组间切换。考虑到数组可能具有不同的大小。

程序设计项目

7.1 设计并实现一个应用程序，该应用程序读取 0 到 50（包括 0 和 50）范围内的任意数量的整数，计算每个整数的输入次数。处理完所有输入后，打印一次或多次输入的所有值（包换每个整数出现的次数）。

7.2 修改程序设计项目 7.1，使其的输入值范围为–25 到 25（包括–25 和 25）。

7.3 设计并实现一个创建直方图的应用程序，通过直方图使用户能直观地分析值集合的频率分布。程序应读入 1 到 100（包括 1 到 100）之间的任意数量的整数，产生与下图类似的直方图，用于表示有多少输入值在区间 1 到 10 之间，有多少输入值在区间 11 到 20 之间，以此类推。一个星号代表一个输入值。

```
1—10    | *****
11—20   | **
21—30   | ******************
31—40   |
41—50   | ***
51—60   | ********
61—70   | **
```

71—80　| *****
81—90　| *******
91—100　| *********

7.4　如果输入大量的值，则程序设计项目 7.3 的直方图行将太长。修改程序 7.3，用 1 个星号代表每类值的 5 个值，不够 5 次，则忽略。例如，如果某类有 17 个值，则在该行打印 3 个星号。如果某类有 4 个值，在该行就不打印任何星号。

7.5　设计并实现一个应用程序，用于计算打印整数列表 x_1 到 x_n 的平均值和标准差，假设输入值不超过 50 个。注意使用浮点值计算均值和标准差，使用的公式如下：

$$mean = \frac{\sum_{i=1}^{n} x_i}{n}$$

$$standard\ deviation = \sqrt{\frac{\sum_{i=1}^{n}(x_i - mean)^2}{n-1}}$$

7.6　L&L 银行能对拥有储蓄账户的 30 名客户服务。设计并实现一个管理账户、跟踪重要信息，并允许每个客户进行存款和取款的程序。对无效事务产生适当的错误消息。提示：用户可以使用第 5 章的 Account 类作为账户。程序还要提供了一种方法，在调用该方法时为所有账户增加 3% 的利息。

7.7　第 5 章的程序设计项目讨论了标准扑克牌 Card 类。创建一个名为 DeckOfCards 的类，用于存储 Card 类的 52 个对象。程序包括的方法有洗牌、出牌、报告手中剩余牌数。洗牌方法应该处理所有牌。使用 main 方法创建一个驱动程序类，其能在洗牌进行到每张牌，并打印所洗的每张牌。

7.8　设计并实现一个应用程序，最多读取 25 对个人的名字和邮政（ZIP）代码。将数据存储于一个对象中，该对象用于存储名字（字符串）、姓氏（字符串）和邮政编码（整数）。假设每行输入包含两个字符串和一个整数值，其中字符串由制表符分隔。程序在读入输入后，以适当的格式将对象内容打印到屏幕上。

7.9　修改程序设计项目 7.8，对象中还存储其他用户信息：包括街道地址（字符串）、城市（字符串）、州（字符串）和 10 位电话号码（长整数，包含区号但不包括特殊字符，如（，）或（－）。

7.10　定义一个名为 Quiz 的类，管理最多 25 个 Question 对象。定义 main Quiz 类的 add 方法，向测验添加问题。定义 Quiz 类的 giveQuiz 方法，依次向用户显示每个问题，接收每个问题的答案，并跟踪结果。在 main 方法中定义一个名为 QuizTime 的类，该方法填充测验、显示测验并打印最终结果。

7.11　修改程序设计项目 7.10，考虑测验中给出的问题的复杂程度。重载 giveQuiz 方法，使其接收两个整数参数，用于指定测验问题最小复杂度和最大复杂度的级别，并仅允许在该复杂性范围内来回答问题。修改 main 方法以实现上述功能。

自测题答案

7.1　数组是一个存储值列表的对象。通过数组名可以引用整个列表，可以根据每个元素在列表中的位置单独引用它们。

7.2　通过数组中的索引能引用数组中的每个元素。在 Java 中，所有数组索引都从零开始。方括号用于指定索引。例如，nums [5]引用数组 nums 的第 6 个元素。

7.3　数组的元素类型是数组可以容纳值的类型。特定数组中的所有值都具有相同类型，或者至少是兼容类型。因此，我们可以有一个整数数组、一个布尔值数组、一个 Dog 对象数组等等。

7.4　每当引用特定数组元素时，索引运算符（包含下标的括号）需要确保索引值大于或等于零且小于数组的大小。如果索引值不在有效范围之内，则系统会抛出 Array IndexOutOfBoundsException。

7.5　数组是对象。因此，与所有对象一样，为了要创建数组，我们需要首先创建对数组的引用（其名称），然后再实例化数组本身。实例化能保留存储空间以存储数组元素。常规对象实例化和数组实例化之间的唯一区别是括号的语法。

7.6　当程序的逻辑超出数组（或类似结构）的边界时，会发生差 1 错误。差 1 错误包括忘记处理边界元素或尝试处理不存在元素。数组处理容易受到差 1 错误的影响，因为数组的索引是从零开始以比数组大小少 1 结束。

7.7　数组初始值设定项列表用于在数组声明中设置其元素的初始值。初始化列表实例化数组对象，因此不需要 new 运算符。

7.8　我们可以将整个数组作为参数传递。具体来说，因为数组是对象，所以是将对该数组的引用传递给方法。任何对数组元素所做的更改会在方法之外显示。

7.9　对象数组实际上是对象引用的数组。数组本身必须是实例化的，并且必须单独创建存储在数组中的对象。

7.10　命令行参数由程序执行时，调用解释器时命令行所包含的数据组成。命令行参数是为程序提供输入的另一种方法。通过将字符串数组作为参数传递给 main 方法来访问命令行参数。

7.11　我们可以通过在形参列表中的省略号（..）来定义 Java 方法接收可变数量的参数。当将多个值传递给某个方法时，会自动将这些值转换为数组。这就使程序员专注于编写处理数组的方法而不去考虑调用方法来创建数组。

7.12　在 Java 中，多维数组的实现是创建对象数组的数组。作为外部数组元素的数组也可以将数组作为元素，这种嵌套过程可以根据需要持续多层。

第8章 继 承

学习目标

- 探讨从现有类派生新类。
- 定义方法重写的概念并阐述其目的。
- 讨论类层次结构的设计。
- 分析抽象类的用途并阐述其目的。
- 讨论与继承相关的可见性问题。
- 以继承为背景讨论面向对象设计。

本章学习继承，继承是组织和创建类的基本技术。继承的思想简单而强大，不但影响了面向对象软件设计的方式，还增强了程序员在其他程序中复用类的能力。在本章中，我们先探讨创建子类和类的层次结构，再讨论一种重写继承方法定义的技术。之后，我们学习受保护修饰符，讨论所有可见性修饰符对继承属性和方法的影响。

8.1 创 建 子 类

在第 1 章介绍面向对象概念时，以房屋作类比，指出类是对象的设计图。在随后的章节中，再次强化了这种思想：类是用于定义类似对象集的。类能确定对象的特征和行为，但不为变量保留任何内存空间，除非变量声明为静态。类是设计图，对象是设计图的具体体现。

从某种意义讲，房屋是同一种房子，因为其根据相同的设计图建造，房屋的房间布局和其他重要特征都一样。但房屋所在位置不同，地址不同，屋内的家具不同，居住的人也不同，所以也可以说房屋是不同的。假设用户需要建造一所与其他房屋类似，但具有附加功能的房屋。设计师就需要先从相同的设计图着手，再对该设计图进行修改以适应新的用户需求。因此就形成了风格迥异的房地产开发项目。这些要开发的房屋具有相同的核心布局，但又具有独特的功能。例如，房屋都是具有相同基本房间配置的错层房屋，但有些房屋有壁炉或完整的地下室，而其他房屋没有；有些房屋的厨房不是标准配置而是升级版的美食厨房。

房地产开发商可能会委托大师级建筑师设计设计图，以完成所有开发房屋的基本设计，然后再设计一系列专用设计图，旨在吸引不同层次的买家。创建基本设计图相对简单，因为房屋的基本结构相同；独特的设计相对复杂，因为房屋的独特性对有个性的购房者而言最为重要。

基于现有的设计图来形成新的设计图类似于面向对象的继承概念。继承是从现有类派生新类的过程。继承是一种强大的软件开发技术，定义了面向对象程序设计的基本特征。

通过继承，新类能自动包含原始类的变量和方法。之后，程序员再根据需要定制类，向派生类添加新的变量和方法，或者修改继承类。

通常，与从头开始创建新类相比，通过继承创建新类更快、更容易且更便宜。继承是一种支持软件复用思想的方式。通过使用现有的软件组件来创建新组件，我们能充分利用现有软件的设计、实现和测试。

记住，类源自于对具有相似特征对象组进行分类的思想。分类方案通常使用彼此相关的类别。例如，所有哺乳动物都具有某些相似特征，如温血。现在分析一些哺乳动物如马。所有的马都是哺乳动物，具有哺乳动物的所有特征，但马也具有自身的特征，使它们与其他哺乳动物（如狗）不同。

如果想将上述思想转化为软件术语说明，则描述如下：现有的一个名为 Mammal 的类，其具有描述哺乳动物状态和行为的变量和方法。Horse 类可以从现有的 Mammal 类派生，其自动继承 Mammal 包含的变量和方法。Horse 类可以引用继承的变量和方法，就好像它们是 Horse 类本地声明的变量和方法。之后，再将新变量和方法添加到派生类中，以示马与其他哺乳动物的区别。

用于派生新类的原始类是父类（也称为超类或基类）。派生类是子类。在 UML 中，继承用开尾式箭头表示，箭头从子类指向父类，如图 8.1 所示。

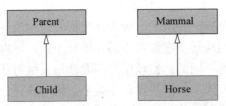

图 8.1　UML 中的继承关系

继承的过程是在两个类之间建立一种"is-a"关系。也就是说，子类是父类更具体的版本。例如，马是哺乳动物，但并非所有哺乳动物都是马，但所有马都是哺乳动物。对于从 Y 类派生的任何类 X，都可以肯定地说"X 是 Y"。如果两个类之间不能用这样的陈述描述，则这两个类之间的关系可能不是继承关系。

下面分析一个示例。名为 Words 的程序 8.1 实例化了 Dictionary 类的对象，该对象派生自一个名为 Book 的类。在 main 方法中，通过 Dictionary 对象调用了 3 个方法：2 个在 Dictionary 类本地进行声明，另一个继承自 Book 类。

程序 8.1

```
//*************************************************************************
//  Words.java       Java Foundations
//
//  Demonstrates the use of an inherited method.
//*************************************************************************
public class Words
{
  //---------------------------------------------------------------
  //  Instantiates a derived class and invokes its inherited and
  //  local methods.
  //---------------------------------------------------------------
  public static void main(String[] args)
  {
    Dictionary webster = new Dictionary();
    System.out.println("Number of pages: " + webster.getPages());
    System.out.println("Number of definitions: " +
                    webster.getDefinitions());
    System.out.println("Definitions per page: " +
                    webster.computeRatio());
  }
}
```

输出

```
Number of pages: 1500
Number of definitions: 52500
Definitions per page: 35.0
```

Java 使用保留字 extends 来指明从现有类派生的新类。用 Book 类（程序 8.2 所示）派生 Dictionary 类（如程序 8.3 所示），只需在 Dictionary 头中使用 extends 子句即可。Dictionary 类自动继承 setPages 方法和 getPages 方法的定义以及 pages 变量，就好像这两种方法和 pages 变量是在 Dictionary 类中声明的一样。注意，在 Dictionary 类中，尽管是在 Book 类中声明的 pages 变量，但 computeRatio 方法能显式引用 pages 变量。

另外还要注意，虽然需要 Book 类创建 Dictionary 的定义，但是程序不会实例化 Book 对象。也就是说，子类的实例不依赖于父类的实例。

程序 8.2

```
//*************************************************************************
//  Book.java       Java Foundations
//
//  Represents a book. Used as the parent of a derived class to
//  demonstrate inheritance.
```

```
//************************************************************************
public class Book
{
   protected int pages = 1500;
   //-----------------------------------------------------------------
   //  Pages mutator.
   //-----------------------------------------------------------------
   public void setPages(int numPages)
   {
      pages = numPages;
   }
   //-----------------------------------------------------------------
   //  Pages accessor.
   //-----------------------------------------------------------------
   public int getPages()
   {
      return pages;
   }
}
```

传承是一条单行道。Book 类不能使用在 Dictionary 类中显式声明的变量或方法，如图 8.2 所示。例如，如果我们从 Book 类创建了一个对象，则该对象不能用于调用 setDefinitions 方法。这种限制是有道理的，因为子类是父类更具体的版本。字典有书页，因为所有书都有书页。但是，字典定义了书页，并不代表所有书都要定义书页。

程序 8.3

```
//************************************************************************
//  Dictionary.java       Java Foundations
//
//  Represents a dictionary, which is a book. Used to demonstrate
//  inheritance.
//************************************************************************
public class Dictionary extends Book
{
   private int definitions = 52500;
   //-----------------------------------------------------------------
   //  Prints a message using both local and inherited values.
   //-----------------------------------------------------------------
   public double computeRatio()
   {
      return definitions/pages;
   }
   //-----------------------------------------------------------------
   //  Definitions mutator.
   //-----------------------------------------------------------------
   public void setDefinitions(int numDefinitions)
   {
```

```
         definitions = numDefinitions;
     }
     //-----------------------------------------------------------
     //  Definitions accessor.
     //-----------------------------------------------------------
     public int getDefinitions()
     {
        return definitions;
     }
 }
```

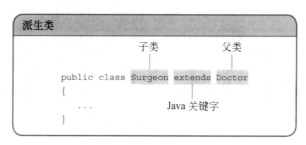

图 8.2　表示 Book 和 Dictionary 之间的继承关系

8.1.1　受保护的修饰符

正如我们所见，可见性修饰符用于控制对类成员的访问。在继承过程中，可见性起着非常重要的作用。子类或子类的对象可以通过名字显式引用父类中的任何公共方法或变量，但子类和子类的对象不能引用父类的私有方法和变量。

这种情况使我们陷入两难境地。一方面，为了派生类能引用变量，我们需要将其声明为公共可见性，但这样做违反了封装原则。因此，Java 提供了第三种可见性修饰符：protected。注意，在 Words 示例的 Book 类中，是将变量 pages 声明为受保护的可见性。当将变量或方法声明为受保护的可见性时，派生类就可以引用这些变量和方法。受保护的可见性允许类保留一些封装属性。受保护可见性的封装不像私有变量或方法那样严格，但与 public 变量或方法相比，可访问性要更好一些。具体来说，同一个包中的类都能访问声明为受保护的可见性变量或方法。附录 E 给出了所有 Java 修饰符之间的关系。

重要概念

受保护的可见性提供了允许继承的最佳封装。

在 UML 图中，通过在受保护成员前加 # 来指明受保护的可见性。在图 8.3 中，Book 类的 pages 变量就是这种格式。

每个变量或每种方法都保留其原始可见性的修饰符。例如，继承自 Dictionary 类的 setPages 方法仍是公共的。

让我们再阐明一下，子类能继承所有的方法和变量，甚至是那些声明为私有可见性的方法和变量。也就是说，只要其定义存在，就为变量保留存储空间，只是不能通过名字引用它们。8.4 节将更详细地探讨此问题。

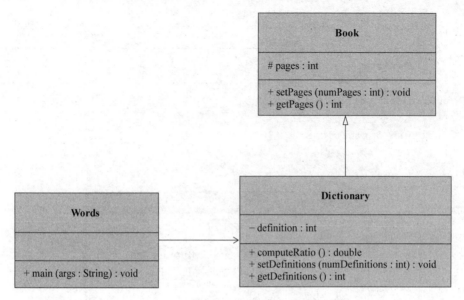

图 8.3　程序 Words 的 UML 类图

构造函数不是继承的。构造函数是用于设置特定类型对象的特殊方法，因此对于名为 Dictionary 的类来说，使用名为 Book 的构造函数是没有意义的。但是你可以想象一下，子类需要引用父类的构造函数的情况，这也是引进 super 引用的一个原因。下面介绍 super 引用。

8.1.2　super 引用

类可以使用保留字 super 来引用其父类。使用 super 引用，我们可以访问父级别的成员。像 this 引用一样，super 引用取决于使用它的类。

程序 8.4

```
//********************************************************************
//  Words2.java        Java Foundations
//
//  Demonstrates the use of the super reference.
//********************************************************************
public class Words2
{
  //-----------------------------------------------------------------
  //  Instantiates a derived class and invokes its inherited and
  //  local methods.
  //-----------------------------------------------------------------
  public static void main(String[] args)
  {
    Dictionary2 webster = new Dictionary2(1500, 52500);
    System.out.println("Number of pages: " + webster.getPages());
    System.out.println("Number of definitions: " +
```

```
                        webster.getDefinitions());
        System.out.println("Definitions per page: " +
                        webster.computeRatio());
    }
}
```

重要概念

使用 super 引用可以调用父级的构造函数。

super 引用常用于调用父级别的构造函数。下面分析一个例子。程序 8.4 是程序 Words 的改进版本，程序使用一个名为 Book2 的类（如程序 8.5 所示）作为派生类 Dictionary2（如程序 8.6 所示）的父类。但是，与这些类的早期版本不同，Book2 和 Dictionary2 有用于初始化其实例变量的显式构造函数。程序 Words2 的输出与原始 Words 程序的输出相同。

Dictionary2 构造函数以两个整数值为参数，用于表示书籍的页数和定义。因为 Book2 类已有一个构造函数，用于执行设置继承的字典部分，所以程序依靠该构造函数来完成这项任务。但是，由于构造函数不是继承的，所以不能直接调用它，因此我们使用 super 引用在父类中调用构造函数。之后，Dictionary2 构造函数继续初始化其定义的变量。

程序 8.5

```java
//********************************************************************
//  Book2.java          Java Foundations
//
//  Represents a book. Used as the parent of a derived class to
//  demonstrate inheritance and the use of the super reference.
//********************************************************************
public class Book2
{
    protected int pages;
    //-------------------------------------------------------------
    //  Constructor: Sets up the book with the specified number of
    //  pages.
    //-------------------------------------------------------------
    public Book2(int numPages)
    {
        pages = numPages;
    }
    //-------------------------------------------------------------
    //  Pages mutator.
    //-------------------------------------------------------------
    public void setPages(int numPages)
    {
        pages = numPages;
    }
    //-------------------------------------------------------------
    //  Pages accessor.
    //-------------------------------------------------------------
```

```
public int getPages()
{
    return pages;
}
}
```

在这个例子中，在 Dictionary2 构造函数中显式地设置 pages 变量，而不是使用 super 来调用 Book2 构造函数就好了。但是，让每个类"自给自足"是一种良好的编程习惯。如果我们选择改变 Book2 构造函数设置其 pages 变量的方式，我们就必须记住修改 Dictionary2。当我们使用 super 引用时，Book2 的更改会自动反映在 Dictionary2 中。

程序 8.6

```
//***********************************************************************
//  Dictionary2.java        Java Foundations
//
//  Represents a dictionary, which is a book. Used to demonstrate
//  the use of the super reference.
//***********************************************************************
public class Dictionary2 extends Book2
{
    private int definitions;
    //-------------------------------------------------------------------
    //  Constructor: Sets up the dictionary with the specified number
    //  of pages and definitions.
    //-------------------------------------------------------------------
    public Dictionary2(int numPages, int numDefinitions)
    {
        super(numPages);
        definitions = numDefinitions;
    }
    //-------------------------------------------------------------------
    //  Prints a message using both local and inherited values.
    //-------------------------------------------------------------------
    public double computeRatio()
    {
        return definitions/pages;
    }
    //-------------------------------------------------------------------
    //  Definitions mutator.
    //-------------------------------------------------------------------
    public void setDefinitions(int numDefinitions)
    {
        definitions = numDefinitions;
    }
    //-------------------------------------------------------------------
    //  Definitions accessor.
    //-------------------------------------------------------------------
```

```
public int getDefinitions()
{
    return definitions;
}
}
```

子类的构造函数负责调用其父级的构造函数。通常，要调用父类级的构造函数，则要在构造函数的第一行应该使用 super 引用。如果不存在这样的调用，Java 将自动调用在构造函数开头没有参数的 super。此规则能保证在子类构造函数开始执行之前，父类初始化其变量。只能在子构造函数中使用 super 引用调用父类的构造函数。如果构造函数包含 super 调用，则该调用必须是构造函数的第一行。

super 引用也可用于引用父类中定义的其他变量和方法。我们在本章后面将使用这种技术。

8.1.3　多重继承

Java 的继承方法称为单继承。这就意味着派生类只能有一个父类。一些其他面向对象语言允许子类具有多个父类，我们将这种方法称为多重继承，偶尔用于描述可以共享多个类特征的对象。例如，假设有一个 Car 类和一个 Truck 类，我们需要创建一个名为 PickupTruck 的新类。皮卡车有点像汽车，也有点像卡车。对于单继承而言，我们必须决定是从 Car 类派生新类还是在 Truck 中派生新类；而使用多重继承，我们可以从两者中派生，如图 8.4 所示。

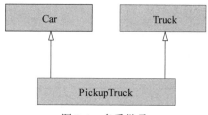

图 8.4　多重继承

在某些情况下多重继承效果非常好，但使用多重继续也是要付出代价的。如果 Truck 和 Car 有相同名称的方法怎么办？PickupTruck 会继承哪个方法呢？这个问题的答案很复杂，最终的继承取决于支持多重继承的语言规则。

Java 语言的设计者明确决定不支持多重继承。第 9 章中介绍的 Java 接口提供了最佳的多继承功能，且没有增加复杂性。

8.2　方 法 重 写

当子类定义方法的名称和签名与父类方法的名称和签名相同时，子类版本会重写父类版本，形成自己的方法。重写常用于继承之中。

程序 8.7 给出了 Java 中方法重写的简单演示。Messages 类包含一个实例化两个对象的

main 方法：一个对象来自类 Thought，另一个对象来自类 Advice。Thought 类是 Advice 类的父类。

程序 8.8 的 Thought 类和程序 8.9 的 Advice 类都包含了 message 方法的定义。Thought 类所定义的 message 版本继承自 Advice，但 Advice 会使用替代版本重写它。此方法的新版本先打印完全不同的消息，然后使用 super 引用调用父版本的 message 方法。

重要概念
子类可以重写（重新定义）继承方法的父类定义。

程序 8.7

```java
//************************************************************************
//  Messages.java       Java Foundations
//
//  Demonstrates the use of an overridden method.
//************************************************************************
public class Messages
{
   //--------------------------------------------------------------------
   //  Creates two objects and invokes the message method in each.
   //--------------------------------------------------------------------
   public static void main(String[] args)
   {
      Thought parked = new Thought();
      Advice dates = new Advice();
      parked.message();
      dates.message();  // overridden
   }
}
```

输出

```
I feel like Im diagonally parked in a parallel universe.
Warning: Dates in calendar are closer than they appear.
I feel like Im diagonally parked in a parallel universe.
```

程序 8.8

```java
//************************************************************************
//  Thought.java       Java Foundations
//
//  Represents a stray thought. Used as the parent of a derived
//  class to demonstrate the use of an overridden method.
//************************************************************************
public class Thought
{
   //--------------------------------------------------------------------
```

```
    //  Prints a message.
    //-------------------------------------------------------------
    public void message()
    {
        System.out.println("I feel like I'm diagonally parked in a " +
                        "parallel universe.");
        System.out.println();
    }
}
```

用调用方法的对象确定实际执行的方法版本。当使用 main 方法中 parked 对象调用 message 时，将执行 message 的 Thought 版。使用 dates 对象调用 message 时，将执行 message 的 Advice 版本。

当使用 final 修饰符定义方法时，子类不能重写最终方法。这一技术用于确保派生类使用方法的特定定义。

方法重写是面向对象设计的重要元素。它允许通过继承关联的两个对象对方法使用相同的命名约定，但以不同方式完成相同的常规任务。当涉及多态性时，重写变得更加重要，第 9 章将讨论多态性。

程序 8.9

```
//*****************************************************************
//  Advice.java        Java Foundations
//
//  Represents some thoughtful advice. Used to demonstrate the use
//  of an overridden method.
//*****************************************************************
public class Advice extends Thought
{
    //-------------------------------------------------------------
    //  Prints a message. This method overrides the parent's version.
    //-------------------------------------------------------------
    public void message()
    {
        System.out.println("Warning: Dates in calendar are closer " +
                        "than they appear.");
        System.out.println();
        super.message();  // explicitly invokes the parent's version
    }
}
```

常见错误

不要混淆方法重写与方法重载。回忆一下第 5 章，当两个或多个具有相同名字的方法具有不同签名（参数列表）时，会发生方法重载。使用方法重载，最终会在同一个类中使用多个具有相同名字的方法。而使用方法重写，用户将使用新定义替换子类中的方法。方法重写发生在跨越多个类时，并影响具有相同签名的方法。

当用户想要重写方法但却是在子类中创建重载版本时，会出现相关问题。子类中定义的方法必须与要重写方法的签名相匹配。如果不匹配，则最终会得到继承方法以及在子类中新定义方法的重载版本。用户可能希望出现这种情况。提醒用户注意两者的区别。

8.2.1　影子变量

虽然不推荐，但子类声明的变量可以与继承自父类的变量同名。注意重新声明变量和只给继承变量赋值之间的区别。如果子类中声明了同名变量，我们将这样的变量称为影子变量。在概念上，其与重写方法过程类似，但创建会略有不同。

因为对于子类而言，继承变量是可用的，没有必要重新声明这类变量。读取影子变量代码的人会发现，两个不同的声明似乎都适用于子类所使用的变量。这只会造成混淆，实际一无是处。特定变量名的重新声明可能会更改其类型，但没必要这样做。通常，我们应避免使用影子变量。

8.3　类的层次结构

从父类派生的子类可以是其自己子类的父类。此外，从单个父类也可以派生多个子类。因此，继承关系通常会发展成为类的层次结构。图 8.5 给出了一个类的层次结构。该类包含了前面讨论过的 Mammal 类和 Horse 类之间的继承关系。

对类可以拥有的子类数没有限制，对类层次结构的扩展层数也没有限制。同一个父类的两个孩子被称为兄弟。虽然兄弟共享其共同父母的特征，但它们之间无继承关系，因为兄弟之间不能互相派生。

在类的层次结构中，在共享层次结构中应尽可能地保持常用功能。这样，在子类中就能明确建立的唯一特征，使该类与其父类和兄弟区别开来。这个方法最大化了复用类的可能性，它还有助于维护活动，因为当对父类进行更改时，所有的更改会自动反映在后代中。你要始终牢记，构建类层次结构时要保持"is-a"关系。

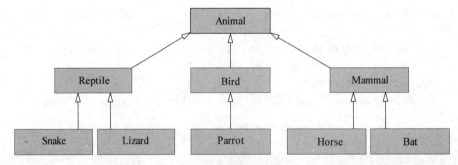

图 8.5　类的层次结构

继承机制是传递的。也就是说，父类将特征传递给子类，子类再将特征传递给自己的子类，依此类推。继承的特征可能起源于直接的父类，或者可能起源于更远的更高级别的祖先类。

对于所有情况而言，并没有单一的最佳层级组织。在设计类层次结构时，你所做的决定可能限制并指导更详细的设计决策和实现选项，因此必须仔细制定类的层次结构。

图 8.5 给出了动物的类层次结构，主要分三个大类来组织动物：哺乳动物、鸟类和爬行动物。但在不同情况下，以不同的方式组织相同的动物可能效果更好。例如，如图 8.6 所示，我们可以围绕动物的功能来组织类的层次结构。例如按动物的飞行能力。在这种情况下，Parrot 类和 Bat 类将是兄弟，派生自 FlyingAnimal 类。与原来的层次结构一样，这个类层次结构同样有效且合理。程序使用这些类的目的就是指导程序员根据需求，采用最适合的层次结构来完成设计。

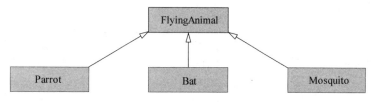

图 8.6　另一种组织动物的层次结构

8.3.1　对象类

在 Java 中，所有类最终都派生自 Object 类。如果类定义不使用 extends 子句从另一个类显式派生自己，那么在默认情况下，该类会自动从 Object 类派生。因此，这个类定义为：

```
Class Thing
{
    //whatever
}
```

相当于：

```
Class Thing extends Object
{
    //whatever
}
```

因为所有的类都派生自 Object，所以每个 Java 类都继承了 Object 的所有公共方法。任何 Java 程序所创建的任何对象都可以调用这些方法。在 Java 标准类库的 java.lang 包中定义了 Object 类。图 8.7 给出了 Object 类的一些方法。

```
boolean equals (Object obj)
    如果此对象是指定对象的别名，则返回 true。
String toString ()
    返回此对象的字符串表示形式。
Object clone ()
    创建并返回此对象的副本。
```

图 8.7 Object 类的一些方法

重要概念
所有 Java 类都直接或间接地派生自 Object 类。

事实说明，我们在示例中经常使用 Object 方法。例如，Object 类中定义了 toString 方法，因此，任何对象都可以调用 toString 方法。正如前面例子所示，当调用 println 方法时使用 object 参数；调用 toString 以确定要打印的内容。

重要概念
在每个 Java 程序中，每个类都继承了 toString 方法和 equals 方法。

因此，当我们在类中定义 tostring 方法时，实际上是重写了已继承的定义。Object 类提供的 toString 定义会返回一个字符串，该字符串包含对象类名和能标识该对象唯一的值。通常，我们重写 toString 的 Object 版本以满足自己的需求。String 类重写了 toString 方法，以便返回其存储的字符串值。

当我们定义类的 equals 方法时，也重写了已继承的方法。正如在第 4 章中讨论的那样，equals 方法的目的是确定两个对象是否相等。如果两个对象引用实际上引用了同一个对象，即，如果两个对象引用互为别名，则由 Object 类定义的 equals 方法会返回 true。为了适应不同需求，类通常会重写已继承的 equals 方法的定义。例如，String 类重写 equals，以便只有当两个字符串包含相同顺序的相同字符时才返回 true。

8.3.2 抽象类

抽象类是类层次结构中的泛型概念的表示。顾名思义，抽象类代表抽象的实体。如果一个类中没有包含足够的信息来描绘一个具体的对象，这样的类就是抽象类。抽象类包含类层次结构中所有后代都继承的部分描述。除了抽象类有一些尚未定义的方法之外，抽象类与任何其他类一样。抽象类的孩子更具体，填补了空白。

抽象类不能实例化。抽象类通常包含一个或多个抽象方法。抽象方法没有定义。也就是说，没有用于抽象方法定义的代码体，因此无法调用抽象方法。抽象类也可以包含非抽象方法。也就是说，可以为抽象类提供非抽象方法。抽象类也可以像其他类一样包含数据声明。

重要概念
不能实例化抽象类。抽象类代表了一个概念，在其之上其他类可以构建定义。

在类头中，我们通过包含 abstract 修饰符来将类声明为 abstract。只要类包含一个或多个抽象方法，就都必须将其声明为 abstract。在抽象类中，abstract 修饰符必须应用于每个抽象方法，但声明为 abstract 的类可以不包含抽象方法。

分析如图 8.8 所示的类的层次结构。对于特定应用程序而言，层次结构顶部的 Vehicle 类是通用的。因此，我们选择将其实现为抽象类。在 UML 图中，抽象类和抽象方法名以斜体表示。

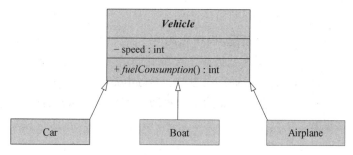

图 8.8　车辆类的层次结构

适用于所有车辆的概念可以在 Vehicle 类中表示，并由其后代继承。这样，Vehicle 类的每个后代都不必冗余地（也许是不一致的）再定义相同的概念。例如，在图 8.8 中，我们在 Vehicle 类中声明了一个名为 speed 的变量，由于继承，层次结构中位于 Vehicle 类下面的所有特定车辆都自动拥有该变量。我们对车辆速度表示所进行的任何更改都会自动反映在所有后代类中。类似地，在 Vehicle 中，我们声明了名为 fuelConsumption 的抽象方法，用于计算特定车辆消耗燃料的速度。Vehicle 类确定了所有车辆消耗燃料，提供了一致的方法接口来计算该值。但 fuelConsumption 方法的实现留给了 Vehicle 的每个子类，这些子类可以相应地定制自己的方法。

有些概念并不适用于所有车辆，因此我们不会在 Vehicle 级别表示这些概念。例如，我们不会在 Vehicle 类中包含名为 numberOfWheels 的变量，因为并非所有车辆都有车轮。车轮适用子类可以在层次结构的适当级别添加车轮的概念。

重要概念

从抽象父类派生的类必定重写其父类的所有抽象方法，否则会将派生类视为抽象类。

对于在类层次结构中哪个位置定义抽象类，Java 语言没有限制。但通常，抽象类位于类层次结构的较高层。但是，我们可以从非抽象的父类派生抽象类。

通常，抽象类的孩子会为从其父类继承的抽象方法提供特定的定义。注意，这只是重写方法的特定情况，提供与父类提供的定义不同的定义。如果抽象类的孩子没有为它从父级继承的每个抽象方法提供定义，那么将子类也视为抽象类。

将抽象方法修改为 final 或 static 将出现矛盾。因为 final 方法不能在子类中重写，所以在子类中无法给出抽象的 final 方法的定义。我们可以使用类名调用静态方法，而不用声明类的对象。因为抽象方法没有实现，所以抽象的静态方法也没有任何意义。

设计焦点

选择要抽象的类和方法是设计过程的重要部分。只有经过深思熟虑之后，才能做出慎重选择。明智地使用抽象类，会创建更灵活、可扩展的软件设计。

8.4 可 见 性

正如本章前面所述，父类中的所有变量和方法，即使是声明为私有的变量和方法，都能由子类继承。即使不能直接引用派生类对象中的私有成员，但是，我们可以间接引用这些私有成员。

下面分析一个示例说明这种情况。程序 8.10 中包含一个 main 方法，该方法实例化 Pizza 对象，并调用一个方法来确定每次吃披萨，会因其脂肪含量增加多少卡路里。

程序 8.11 的 FoodItem 类代表通用类食物。FoodItem 的构造函数接收脂肪克数和食物份数。Calories 方法返回由于脂肪增加的卡路里数，调用 caloriesPerServing 方法来计算每份食物的脂肪卡路里数。

重要概念

子类能继承私有成员,但不能通过名字直接引用私有成员,但可以间接使用私有成员。

程序 8.10

```
//***************************************************************
//  FoodAnalyzer.java      Java Foundations
//
//  Demonstrates indirect access to inherited private members.
//***************************************************************
public class FoodAnalyzer
{
   //-------------------------------------------------------------
   //  Instantiates a Pizza object and prints its calories per
   //  serving.
   //-------------------------------------------------------------
   public static void main(String[] args)
   {
      Pizza special = new Pizza(275);
      System.out.println("Calories per serving: " +
                    special.caloriesPerServing());
   }
}
```

输出

```
Calories per serving: 309
```

程序 8.11

```
//***************************************************************
// FoodItem.java      Java Foundations
```

```
//
//  Represents an item of food. Used as the parent of a derived class
//  to demonstrate indirect referencing.
//************************************************************************
public class FoodItem
{
   final private int CALORIES_PER_GRAM = 9;
   private int fatGrams;
   protected int servings;
   //----------------------------------------------------------------
   //  Sets up this food item with the specified number of fat grams
   //  and number of servings.
   //----------------------------------------------------------------
   public FoodItem(int numFatGrams, int numServings)
   {
      fatGrams = numFatGrams;
      servings = numServings;
   }
   //----------------------------------------------------------------
   //  Computes and returns the number of calories in this food item
   //  due to fat.
   //----------------------------------------------------------------
   private int calories()
   {
      return fatGrams * CALORIES_PER_GRAM;
   }
   //----------------------------------------------------------------
   //  Computes and returns the number of fat calories per serving.
   //----------------------------------------------------------------
   public int caloriesPerServing()
   {
      return (calories() / servings);
   }
}
```

程序 8.12

```
//************************************************************************
//  Pizza.java       Java Foundations
//
//  Represents a pizza, which is a food item. Used to demonstrate
//  indirect referencing through inheritance.
//************************************************************************
public class Pizza extends FoodItem
{
   //----------------------------------------------------------------
   //  Sets up a pizza with the specified amount of fat (assumes
```

```
   // eight servings).
   //----------------------------------------------------------------
   public Pizza(int fatGrams)
   {
      super (fatGrams, 8);
   }
}
```

如程序 8.12 所示，Pizza 类派生自 FoodItem 类，但其没有添加任何特殊功能或数据。Pizza 类的构造函数使用 super 引用调用 FoodItem 的构造函数，声称每个披萨分八份。

在 main 方法中称为 special 的 Pizza 对象用于调用 caloriesPerServing 方法，FoodItem 类将 caloriesPerServing 方法定义为公共方法。注意，caloriesPerServing 调用 calories，而 calories 声明为私有的。此外，calories 引用的变量 fatGrams 和常量 CALORIES_PER_GRAM，它们的可见性都声明为是私有的。

尽管 Pizza 类不能显式地引用 calories、fatGrams 或 CALORIES_PER_GRAM，但当 Pizza 对象需要它们时，仍能间接地使用它们。Pizza 对象不能调用 calories 方法，但它能调用使用 calories 方法的方法。注意，不用也不必创建 FoodItem 对象。

8.5　设　计　继　承

作为面向对象软件的重要特征，在软件设计过程中，必须仔细并具体地解决继承问题。对继承关系的全面思考会产生更优雅的设计，从长远来看，这样做能带来巨大的回报。

> **重要概念**
> 软件设计必须仔细而具体地解决继承问题。

在本章中，在讨论 Java 中继承的细节时已经解决了几个设计问题。以下列表总结了在程序设计阶段应记住的一些继承问题：

- 每个派生都应该是"is a 关系，子类应该是父类更具体的版本。
- 设计类的层次结构，以便于复用和将来的可能复用。
- 在问题域中识别类和对象时，找到它们的共性。尽可能将常用功能放在类层次结构的高层，以保持一致性和易维护性。
- 根据需要重写方法以定制或更改子类的功能。
- 根据需要向子类添加新变量，但不要重新定义任何继承的变量。
- 允许每个类管理自己的数据。因此，使用 super 引用来调用父类的构造函数，并在适当时调用重写的方法版本。
- 设计类的层次结构以满足应用程序的需求，同时要考虑在将来如何使用所设计的类。
- 即使当前不用一些常用方法，也要在子类中重写一般方法（如 toString 和 equals），以便以后继承版本不会出现问题。
- 使用抽象类为较低层的具体类指定公共类接口。
- 仔细使用可见性修饰符能为派生类提供所需的访问权限，而不会违反封装原则。

8.5.1 限制继承

我们已经无数次在声明中使用 final 修饰符创建常量。final 修饰符的另一个用途涉及继承，其对软件设计产生了重大影响。 具体来说，final 修饰符可用于限制继承。

重要概念

final 修饰符可用于限制继承。

如前所述，如果将一个方法声明为 final，则意味着在任何类中，都不能重写该方法，也不能扩展该方法。声明为 final 的方法在所有子类中使用时，其功能保持不变。

final 修饰符也可以应用于整个类。声明为 final 的类根本无法扩展。分析如下的声明：

```
Public final class Standards
{
    //whatever
}
```

鉴于此声明，Standards 类不能用于另一个类的 extends 子句中。如果使用，则编译器将生成错误消息。Standards 类可以正常使用，但其不能成为另一个类的父类。

使用 final 修饰符来限制继承能力是一个重要的设计决策。它适用的场景如下：设计者希望子类不能更改功能，只有设计者能以某种方式进行处理。在第 9 章讨论多态性时，这个问题也会出现。

重要概念总结

- 继承是从现有类派生新类的过程。
- 继承的一个目的是复用现有的软件。
- 继承在父类和子类之间创建一种"is-a"关系。
- 受保护的可见性提供了允许继承的最佳封装。
- 使用 super 引用可以调用父级别的构造函数。
- 子类可以重写（重新定义）继承方法的父类定义。
- 一个类的子类可能是一个或多个其他类的父类，从而创建了类的层次结构。
- 公共特征应尽可能合理地位于类层次结构的高层。
- 所有 Java 类都直接或间接地派生自 Object 类。
- 在每个 Java 程序中，每个类都继承了 toString 方法和 equals 方法。
- 不能实例化抽象类。抽象类代表了一个概念，在其之上其他类可以构建定义。
- 从抽象父类派生的类必定重写其父类的所有抽象方法，否则会将派生类视为抽象类。
- 子类能继承私有成员，但不能通过名字直接引用私有成员，可以间接使用私有成员。
- 软件设计必须仔细而具体地解决继承问题。
- final 修饰符可用于限制继承。

术 语 总 结

抽象类是类层次结构中的泛型概念的表示，不能实例化抽象类。

抽象方法的方法头没有主体，在实现可用之前建立操作的存在，包含抽象方法的类本质上是抽象的。

基类是派生其他类的类，也称为父类或超类。

子类是从父类派生的类，所以称为子类。

类的层次结构是由多个类间的继承形成的。

继承从一个类派生另一个类的过程。

"is-a" 关系 是两个类通过继承形成的关联关系。超类是子类更具体的版本。

多重继承是指可以从多个父类派生子类的继承。Java 不支持多重继承。

重写是指重新定义从父类继承的方法。

父类是指派生另一个类的，也称为超类或基类。

影子变量是在派生类中定义的实例变量，其与父类中的变量同名。

单继承是指子类只能有一个父类。Java 只支持单继承。

子类是从超类派生的类。

超类是派生另一个类的类，也称为父类或基类。

自 测 题

8.1   描述父类与子类间的关系。

8.2   继承如何支持软件复用？

8.3   每个派生类之间是什么关系？

8.4   protected 修饰符的作用是什么？

8.5   为什么对子类而言，super 引用非常重要？

8.6   单继承和多重继承之间有什么区别？

8.7   为什么子类会重写其父类的一个或多个方法？

8.8   Object 类的存在有什么意义？

8.9   抽象类有什么作用？

8.10   子类能继承父类的所有成员吗？请说明。

8.11   如何使用 final 修饰符来限制继承？

练 习 题

8.1   画一个 UML 类图，描述表示不同类型时钟类的继承层次结构，给出该类中两个类的变量和方法名。

8.2 画出练习 8.1 层次结构的替代图。解释与原图相比，这个 UML 类图的优劣。

8.3 画一个 UML 类图，描述表示不同类型洗车类的继承层次结构，其先按制造商组织。至少给出该类中两个类的变量和方法名。

8.4 画出练习 8.3 层次结构的替代图，其中汽车按类型（跑车，轿车，SUV 等）进行组织。至少给出该类中两个类的变量和方法名。对这两种方法进行比较和对比。

8.5 画一个 UML 类图，描述表示不同类型飞机类的继承层次结构。至少给出该类中两个类的变量和方法名。

8.6 画一个 UML 类图，描述表示不同类型树（oak，elm 等）类的继承层次结构。至少给出该类中两个类的变量和方法名。

8.7 画一个 UML 类图，描述表示商店中不同类型支付交易的类（现金，信用卡等）的继承层次结构。至少给出该类中两个类的变量和方法名。

8.8 演示两个类之间的简单派生关系。在父类和子类的构造函数都有 println 语句。不要在子类中显式调用父类的构造函数，会发生什么情况？为什么？更改子类的构造函数，显式调用父类的构造函数，会发生什么情况？

程序设计项目

8.1 设计并实现一个名为 MonetaryCoin 的类，该类派生自第 5 章所介绍的 Coin 类。货币硬币中存储的值代表其价值，添加一个返回其值的方法。创建一个驱动程序类来进行实例化，并计算一些 MonetaryCoin 对象之和。证明货币硬币继承了其父类抛硬币的功能。

8.2 设计并实现类集，用于定义医院的员工：如医生、护士、管理员、外科医生、接待员和看门人等。每个类都包含根据该人员提供服务命名的方法，并打印相应的消息。创建驱动程序类来实例化和演练其中的几个类。

8.3 设计并实现类集，用于定义各种阅读材料的类：如书籍、小说、杂志、技术期刊、教科书等。其包括描述材料的各种属性的数据值，例如页数和主要字符名；还包括为每个类命名的方法，并打印相应的消息。创建驱动程序类来实例化和演练其中的几个类。

8.4 设计并实现类集，用于跟踪各种体育统计数据的课程。每个低级课程代表一项特定的运动。为相关运动量身定制课程服务，并根据需要将常用属性移至更高级的课程。创建驱动程序类来实例化和演练其中的几个类。

8.5 设计并实现类集，用于跟踪一组人口的统计信息，如年龄、国籍、职业、收入等。设计的每一个类都专用于某种具体数据的收集。创建驱动程序类来实例化和演练其中的几个类。

8.6 设计并实现类集，用于定义一系列三维几何形状。对于每种形状，存储有关大小的基本数据，并提供访问和修改数据的方法。此外，还提供适当的方法来计算每种形状的周长、面积和体积。在你的设计中，要考虑形状是如何相关的，以实现继承。创建驱动程序类，以实例化不同类型的几种形状，并演练自己设计的程序。

8.7 设计并实现类集，用于定义各种电子设备，如计算机、手机、寻呼机、数码相机等。

其包括描述电子设备的各种属性的数据值，例如重量、成本、功率和制造商等。还包括为每个类命名的方法，并打印相应的消息。创建驱动程序类来实例化并演练其中的几个类。

8.8   设计并实现类集，用于定义课表中各种课程。其包括每门课程的信息，例如课程名、编号、说明以及教这门课程教师的系部。在设计继承结构时，要考虑构成课表类的类别。创建驱动程序类来实例化和演练其中的几个类。

自测题答案

8.1   子类是使用继承从父类派生的。父类的方法和变量是否会自动成为子类的一部分，受限于声明它们的可见性修饰符规则。

8.2   因为能从现有类派生新类，所以可以复用父类的特性，以免在复制和修改代码中出错。

8.3   每个继承派生都应该是"is-a"关系：子类 is-a 父类更具体的版本。如果这种关系不成立，则是不当使用了继承。

8.4   protected 修饰符建立了将继承考虑在内的可见性级别，例如 public 和 private。在派生类中按名字能引用使用受保护可见性声明的变量或方法，同时保留了某种级别的封装。受保护可见性允许同一包中的任何类进行访问。

8.5   super 引用可用于调用父类的构造函数，但不能通过名字直接调用该构造函数。super 引用还可以用于调用父类的重写方法版本。

8.6   对于单继承，一个类只能派生自一个父类，而多重继承，一个类可以派生自多个父类，继承每个类的属性。多重继承的问题就是必须解决两个或多个父类具有相同名称的属性或方法引发的冲突。Java 只支持单继承。

8.7   子类可能更喜欢自己方法提供的定义，而不是其父类为其提供的定义。在这种情况下，子类用自己的定义重写父类的定义。

8.8   Java 中的所有类都是直接或间接地派生自 Object 类。因此，每个对象都可以使用 Object 类的所有公共方法，如 equals 和 toString 等。

8.9   抽象类是泛型概念的表示。在抽象类中可以定义共同的特征和方法签名，以便从其派生的子类能继承这些特征和方法签名。

8.10   如果类成员具有私有可见性，则不会继承此类成员，这也意味着在子类中不能按名字引用此类成员。但是，当子类确实要使用该类成员时，则可以对其进行间接引用。

8.11   final 修饰符可以应用于特定方法，可以防止该方法在子类中被重写。final 修饰符也可以应用于整个类，以保持该类根本无法扩展。

第9章 多 态

学习目标

- 定义多态并探讨其优势。
- 讨论动态绑定的概念。
- 使用继承来创建多态引用。
- 探讨 Java 接口的用途和语法。
- 使用接口创建多态引用。
- 在多态背景下讨论面向对象设计。

本章讨论多态，它是面向对象软件的另一个基本原则。我们先探讨绑定的概念，讨论它与多态的关系。之后分析 Java 中实现多态引用的两种不同方式：继承和接口。接下来，在广义上探讨 Java 接口，建立它们与抽象类之间的相似性，并圆满完成对多态的讨论。本章最后讨论与多态相关的设计问题。

9.1 动 态 绑 定

通常，引用变量的类型与其引用对象的类完全匹配。例如，分析下面的引用：

```
ChessPiece bishop;
```

bishop 变量可用于指向通过实例化 ChessPiece 类而创建的对象，但也不都是如此。变量类型与它引用的对象必须兼容，但它们的类型不必完全相同。引用变量与它引用对象之间的关系比这更灵活。

> **重要概念**
> 多态引用可以随时引用不同类型的对象。

术语多态的定义为"具有多种形式"。多态引用是引用变量，可以在不同的时间点引用不同类型的对象。通过多态引用（实际执行的代码）调用的特定方法可以从一次调用更改为下一次调用。

分析下面的代码行：

```
obj.doIt();
```

如果引用 obj 是多态的，则它可以在不同时间引用不同类型的对象。因此，如果这行代码在循环中，或者在被多次调用的方法中，那么执行这行代码时，每次可以调用不同版本的 doIt 方法。

在某些时候，会承诺执行某些代码来执行方法调用。这个承诺将方法调用绑定到方法定义。在许多情况下，是在编译时完成方法调用与方法定义的绑定。但是，对于多态引用，是在运行时才能做出决定。

> **重要概念**
> 对于多态引用，方法调用与其定义的绑定是在运行时执行。

所用的方法定义是由调用时引用对象的类型决定。这种延迟的承诺称为动态绑定或后期绑定。与在编译时绑定相比，动态绑定效率略低，因为决定是在程序执行期间做出的。考虑到多态引用提供的灵活性，这种开销还是可以接受的。

在 Java 中，我们用两种方法创建多态引用：使用继承和使用接口。下面我们依次介绍这两种方法。

9.2　使用继承实现多态

当我们使用特定的类名声明引用变量时，该引用变量可以用于引用该类的任何对象。此外，它可以引用通过继承与其声明类型相关的任何类的任何对象。例如，如果类 Mammal 是 Horse 类的父类，则 Mammal 引用可以引用类 Horse 的对象。下面代码段实现了上述功能：

```
Mammal pet;
Horse secretariat =new Horse() ;
pet = secretariat; // a valid assignment
```

将一个类的对象赋值给另一个类的引用似乎偏离了第 2 章所讨论的强类型概念，但事实并非如此。强类型声明只为变量分配与其声明类型一致的值。嗯，在此也是如此啊。记住，继承建立了一种"is-a"关系。马是 is a 哺乳动物。因此，将 Horse 对象赋值给 Mammal 引用是完全合理的。

将 Mammal 对象赋值给 Horse 引用的逆向操作也能完成，但其需要显式转换。这个方向上的赋值引用通常没有太大用途，还会引发问题，因为尽管马有哺乳动物的所有功能，但反过来哺乳动物不一定都有马的功能。

> **重要概念**
> 引用变量可以引用通过继承与其相关的任何类创建的任何对象。

这种关系适用于整个类的层次结构。如果 Mammal 类派生自 Animal 类，则下面的赋值也是有效的：

```
Animal creature=new Horse();
```

将该思想放大到极限，Object 引用可以用来引用任何对象，因为所有类都是 Object 类的后代。

引用变量 creature 可以多态使用，因为在任何时刻，它都可以引用 Animal 对象、Mammal

对象或 Horse 对象。假设这三个类都有一个名为 move 的方法，且因为子类重写了其继承的定义，每个类实现 move 方法都有所不同。下面的调用是调用了 move 方法，但其调用的具体 move 方法版本是在运行时确定的：

```
Creature.move();
```

当执行这行代码时，如果 creature 当前引用 Animal 对象，则调用 Animal 类的 move 方法。同样，如果 creature 当前引用 Mammal 对象，则会调用 Mammal 版本的 move 方法。同样，如果 creature 当前引用 Horse 对象，则会调用 Horse 版本的 move 方法。

当然，由于 Animal 和 Mammal 代表泛型概念，因此，可将其定义为抽象类，这样做没有减弱多态引用的功能。假设 Mammal 类中的 move 方法是抽象的，并且在 Horse 类、Dog 类和 Whale 类中给出了唯一的定义。Horse 类、Dog 类和 Whale 类都派生自 Mammal。Mammal 引用变量可用于引用任何 Horse 类、Dog 类和 Whale 类创建的任何对象，并且 Mammal 引用变量也能用于执行 Horse 类、Dog 类和 Whale 类的 move 方法，即使 Mammal 本身是抽象的。

> **重要概念**
> 对象的类型而不是引用类型决定了要调用方法的版本。

下面分析另一个示例。分析图 9.1 所示的类的层次结构。图 9.1 的类代表在特定公司雇用的各类员工。让我们探讨一个使用此层次结构来为各类员工支付薪酬的示例。

程序 9.1 的 Firm 类包含 main 驱动程序，该驱动程序创建员工 Staff 并调用 payday 方法来支付所有员工的薪酬。程序输出包括每个员工的基本信息以及为每个员工支付的薪酬。

程序 9.2 给出了 Staff 类维护对象数组，这些对象代表各类员工。注意，程序声明用数组保存 StaffMember 引用，但实际上是由一些其他类创建的对象填充了数组，这些其他类有 Executive 和 Employee，它们都是 StaffMember 类的后代，因此赋值是有效的。staffList 数组是用多态引用填充的。

Staff 类的 payday 方法扫描员工列表，打印员工信息并调用 pay 方法来确定要支付给每个员工的薪酬。因为每个类都有自己版本的 pay 方法，所以 pay 方法的调用是多态的。

程序 9.3 的 StaffMember 类是抽象的，它不代表特定类型的员工，也不打算实例化。它充当了所有员工类的祖先，包含了适用于所有员工的信息。每个员工都有姓名、地址和电话号码，因此在 StaffMember 类中，声明了存储这些值的变量，并由所有后代继承。

StaffMember 类包含 toString 方法，用于返回由 StaffMember 类管理的信息。StaffMember 类还包含名为 pay 的抽象方法，它不接收任何参数，返回 double 类型的值。在泛型的 StaffMember 层，为此方法提供定义是不当的。但 StaffMember 的每个后代都有自身特定 pay 的定义。

这个例子揭示了多态的本质。每个类最清楚如何处理特定的行为，为每位员工支付不同的薪酬。但从某种意义上讲，这一切又是相同的，因为就是员工获得报酬。多态使我们能够以一致却独特的方式处理类似的对象。

由于在 StaffMember 中将 pay 定义为抽象，Staff 的 payday 方法能多态地支付员工的薪酬。如果在 StaffMember 中没有创建 pay 方法，当通过 staffList 数组元素调用 pay 时，编译

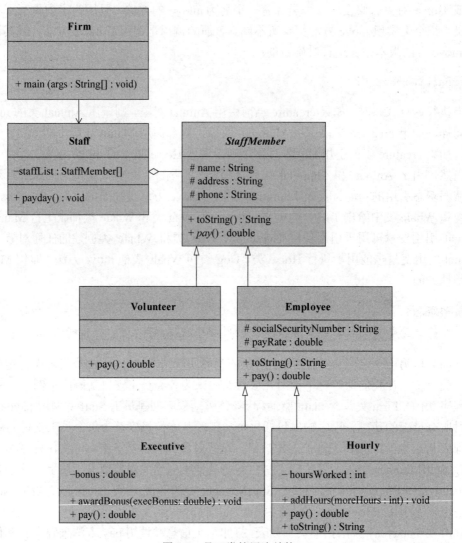

图 9.1　员工类的层次结构

器会抱怨。抽象方法能保证编译器通过 **staffList** 数组引用的任何对象都有已定义的 **pay**
方法。

程序 9.1

```
//********************************************************************
//  Firm.java        Java Foundations
//
//  Demonstrates polymorphism via inheritance.
//********************************************************************
public class Firm
{
   //----------------------------------------------------------------
   // Creates a staff of employees for a firm and pays them.
   //----------------------------------------------------------------
```

```
public static void main(String[] args)
{
    Staff personnel = new Staff();
    personnel.payday();
}
}
```

输出

```
Name: Tony
Address: 123 Main Line
Phone: 555-0469
Social Security Number: 123456789
Paid: 2923.07
-------------------------------------------------
Name :Paulie
Address: 456, Off Line
Phone: 555-0101
Social Security Number: 987654321
Paid; .1246.15
-------------------------------------------------
Name:Vito
Address: 789 Off Rocker
Phone: 555-0000
Social Security Number: 010203040
Paid: 1169.23
-------------------------------------------------
Name:Michael
Address: 678 Fifth Ave
Phone: 555-0690
Social Security Number: 958-47-3625
Current hours: 40
Paid: 422.0
-------------------------------------------------
Name: Adrianna
Address: 987 Babe
Phone: 555-8374
Thanks !
-------------------------------------------------
Name: Benny
Address: .321 Dud Lane
Phone; 555-7282
Thanks !
```

程序 9.2

```
//**********************************************************************
```

```java
//  Staff.java        Java Foundations
//
//  Represents the personnel staff of a particular business.
//**********************************************************************
public class Staff
{
   private StaffMember[] staffList;
   //-----------------------------------------------------------------
   //  Constructor: Sets up the list of staff members.
   //-----------------------------------------------------------------
   public Staff()
   {
      staffList = new StaffMember[6];
      staffList[0] = new Executive("Tony", "123 Main Line",
         "555-0469", "123-45-6789", 2423.07);
      staffList[1] = new Employee("Paulie", "456 Off Line",
         "555-0101", "987-65-4321", 1246.15);
      staffList[2] = new Employee("Vito", "789 Off Rocker",
         "555-0000", "010-20-3040", 1169.23);
      staffList[3] = new Hourly("Michael", "678 Fifth Ave.",
         "555-0690", "958-47-3625", 10.55);
      staffList[4] = new Volunteer("Adrianna", "987 Babe Blvd.",
         "555-8374");
      staffList[5] = new Volunteer("Benny", "321 Dud Lane",
         "555-7282");
      ((Executive)staffList[0]).awardBonus(500.00);
      ((Hourly)staffList[3]).addHours(40);
   }
   //-----------------------------------------------------------------
   //  Pays all staff members.
   //-----------------------------------------------------------------
   public void payday()
   {
      double amount;
      for (int count=0; count < staffList.length; count++)
      {
         System.out.println (staffList[count]);
         amount = staffList[count].pay();  // polymorphic
         if (amount == 0.0)
            System.out.println("Thanks!");
         else
            System.out.println("Paid: " + amount);
         System.out.println("---------------------------------");
      }
   }
}
```

程序 **9.3**

```java
//************************************************************************
//  StaffMember.java       Java Foundations
//
//  Represents a generic staff member.
//************************************************************************
abstract public class StaffMember
{
   protected String name;
   protected String address;
   protected String phone;
   //-----------------------------------------------------------------
   //  Constructor: Sets up this staff member using the specified
   //  information.
   //-----------------------------------------------------------------
   public StaffMember(String eName, String eAddress, String ePhone)
   {
      name = eName;
      address = eAddress;
      phone = ePhone;
   }
   //-----------------------------------------------------------------
   //  Returns a string including the basic employee information.
   //-----------------------------------------------------------------
   public String toString()
   {
      String result = "Name: " + name + "\n";
      result += "Address: " + address + "\n";
      result += "Phone: " + phone;
      return result;
   }
   //-----------------------------------------------------------------
   //  Derived classes must define the pay method for each type of
   //  employee.
   //-----------------------------------------------------------------
   public abstract double pay();
}
```

程序 **9.4**

```java
//************************************************************************
//  Volunteer.java       Java Foundations
//
//  Represents a staff member that works as a volunteer.
//************************************************************************
public class Volunteer extends StaffMember
{
```

```
//-----------------------------------------------------------------
//  Constructor: Sets up this volunteer using the specified
//  information.
//-----------------------------------------------------------------
public Volunteer(String eName, String eAddress, String ePhone)
{
    super(eName, eAddress, ePhone);
}
//-----------------------------------------------------------------
//  Returns a zero pay value for this volunteer.
//-----------------------------------------------------------------
public double pay()
{
    return 0.0;
}
}
```

程序 9.4 所示的 Volunteer 类代表了工作但没有薪酬的人。我们只跟踪志愿者的基本信息，并将这些信息传递给 Volunteer 的构造函数，构造函数又使用 super 引用将这些信息传递给 StaffMember 的构造函数。Volunteer 的 pay 方法返回零薪酬。如果没有重写 pay，则 Volunteer 类将是抽象的，无法实例化。

注意，当志愿者在 Staff 的 payday 方法获得的薪酬时，只会打印"thanks"。在其他薪酬值大于零的情况下，将打印薪酬本身。

程序 9.5 的 Employee 类代表在每个支付薪酬期间以特定标准工资获得报酬的员工。工资标准、员工社会安全号以及其他基本信息一起都将传递给 Employee 的构造函数。并使用 super 引用将基本信息传递给 StaffMember 的构造函数。

重写 Employee 的 toString 方法，以便将 Employee 管理的附加信息与父类版的 toString 返回的信息相连接，然后使用 super 引用调用此新信息。Employee 的 pay 方法只返回该员工的标准工资。

程序 9.5

```
//*************************************************************************
//  Employee.java       Java Foundations
//
//  Represents a general paid employee.
//*************************************************************************
public class Employee extends StaffMember
{
    protected String socialSecurityNumber;
    protected double payRate;

    //-----------------------------------------------------------------
    //  Constructor: Sets up this employee with the specified
    //  information.
    //-----------------------------------------------------------------
```

```
public Employee(String eName, String eAddress, String ePhone,
            String socSecNumber, double rate)
{
    super(eName, eAddress, ePhone);
    socialSecurityNumber = socSecNumber;
    payRate = rate;
}
//---------------------------------------------------------------
//  Returns information about an employee as a string.
//---------------------------------------------------------------
public String toString()
{
    String result = super.toString();
    result += "\nSocial Security Number: " + socialSecurityNumber;
    return result;
}
//---------------------------------------------------------------
//  Returns the pay rate for this employee.
//---------------------------------------------------------------
public double pay()
{
    return payRate;
}
}
```

程序 9.6 的 Executive 类代表除了正常标准工资之外,还有奖金的员工。Executive 类派生自 Employee,因此,其继承自 StaffMember 和 Employee。Executive 的构造函数将其信息传递给 Employee 的构造函数,并将行政人员奖金值设置为零。

使用 awardBonus 方法向行政人员颁发奖金。Staff 的 payday 方法调用 awardBonus 方法,给 staffList 数组的行政人员颁发奖金。注意,必须将泛型 StaffMember 引用强制转换为 Executive 引用才能调用 awardBonus 方法,原因是 StaffMember 不存在。

Executive 类重写 pay 方法,以便确定给能给任何员工支付薪酬,然后再确定给哪些员工颁发奖金。使用 super 调用 Employee 类的 pay 方法能获得要支付的标准工资。与仅使用 payRate 变量相比,这种做法更好。因为如果要更改 Employee 对象获得薪酬的方式,则更改将自动反映在 Executive 中。在颁发奖金后,再将行政人员奖金重置为零。

程序 9.7 的 Hourly 类代表按时薪付薪酬的员工。程序记录在当前付费期间员工工作的小时数,通过调用 addHours 方法对该值进行修改。Staff 的 payday 方法会调用 addHours 方法。Hourly 所付的薪酬是由员工所工作的小时数确定的。付完之后,将小时数重置为零。

程序 9.6

```
//**********************************************************************
//  Executive.java      Java Foundations
//
//  Represents an executive staff member, who can earn a bonus.
//**********************************************************************
```

```java
public class Executive extends Employee
{
   private double bonus;
   //-----------------------------------------------------------------
   //  Constructor: Sets up this executive with the specified
   //  information.
   //-----------------------------------------------------------------
   public Executive(String eName, String eAddress, String ePhone,
                String socSecNumber, double rate)
   {
      super(eName, eAddress, ePhone, socSecNumber, rate);
      bonus = 0;  // bonus has yet to be awarded
   }
   //-----------------------------------------------------------------
   //  Awards the specified bonus to this executive.
   //-----------------------------------------------------------------
   public void awardBonus(double execBonus)
   {
      bonus = execBonus;
   }
   //-----------------------------------------------------------------
   //  Computes and returns the pay for an executive, which is the
   //  regular employee payment plus a one-time bonus.
   //-----------------------------------------------------------------
   public double pay()
   {
      double payment = super.pay() + bonus;
      bonus = 0;
      return payment;
   }
}
```

程序 9.7

```java
//**********************************************************************
//  Hourly.java        Java Foundations
//
//  Represents an employee that gets paid by the hour.
//**********************************************************************
public class Hourly extends Employee
{
   private int hoursWorked;
   //-----------------------------------------------------------------
   //  Constructor: Sets up this hourly employee using the specified
   //  information.
   //-----------------------------------------------------------------
   public Hourly(String eName, String eAddress, String ePhone,
```

```
                    String socSecNumber, double rate)
{
   super(eName, eAddress, ePhone, socSecNumber, rate);
   hoursWorked = 0;
}


//------------------------------------------------------------------
// Adds the specified number of hours to this employee's
//  accumulated hours.
//------------------------------------------------------------------
public void addHours(int moreHours)
{
   hoursWorked += moreHours;
}
//------------------------------------------------------------------
//  Computes and returns the pay for this hourly employee.
//------------------------------------------------------------------
public double pay()
{
   double payment = payRate * hoursWorked;
   hoursWorked = 0;
   return payment;
}
//------------------------------------------------------------------
//  Returns information about this hourly employee as a string.
//------------------------------------------------------------------
public String toString()
{
   String result = super.toString();
   result += "\nCurrent hours: " + hoursWorked;
   return result;
}
}
```

9.3　接　　口

　　第 5 章的接口是指公共方法集，我们通过接口与对象进行交互。本章所使用的接口定义与前面一致，但现在，我们使用 Java 语言构造来使接口概念更具体化。接口提供了另一种创建多态引用的方法。

　　Java 接口是常量和抽象方法的集合。如第 8 章所述，抽象方法是一种没有实现的方法。也就是说，没有为抽象方法定义代码体。在方法头和其参数列表中只是后跟分号。接口是无法实例化的。

> **重要概念**
> 接口是抽象方法的集合，因此无法实例化。

程序 9.8 给出了一个名为 Encryptable 的接口，其包含两个抽象方法：encrypt 和 decrypt。抽象方法是在保留字 abstract 之前，但接口并非如此。在默认情况下，接口中的方法具有公共可见性。

类 implements 是一个接口，为接口中定义的每个抽象方法提供方法实现。程序 9.9 的 Secret 类实现了 Encryptable 接口。

程序 9.8

```
//************************************************************************
//   Encryptable.java        Java Foundations
//
//   Represents the interface for an object that can be encrypted
//   and decrypted.
//************************************************************************
public interface Encryptable
{
   public void encrypt();
   public String decrypt();
}
```

程序 9.9

```
//************************************************************************
//   Secret.java        Java Foundations
//
//   Represents a secret message that can be encrypted and decrypted.
//************************************************************************
import java.util.Random;
public class Secret implements Encryptable
{
   private String message;
   private boolean encrypted;
   private int shift;
   private Random generator;
   //-------------------------------------------------------------
   // Constructor: Stores the original message and establishes
   //  a value for the encryption shift.
   //-------------------------------------------------------------
   public Secret(String msg)
   {
      message = msg;
      encrypted = false;
      generator = new Random();
      shift = generator.nextInt(10) + 5;
```

```java
    }
    //----------------------------------------------------------------
    //  Encrypts this secret using a Caesar cipher. Has no effect if
    //  this secret is already encrypted.
    //----------------------------------------------------------------
    public void encrypt()
    {
        if (!encrypted)
        {
            String masked = "";
            for (int index=0; index < message.length(); index++)
                masked = masked + (char)(message.charAt(index)+shift);
            message = masked;
            encrypted = true;
        }
    }


    //----------------------------------------------------------------
    //  Decrypts and returns this secret. Has no effect if this
    //  secret is not currently encrypted.
    //----------------------------------------------------------------
    public String decrypt()
    {
        if (encrypted)
        {
            String unmasked = "";
            for (int index=0; index < message.length(); index++)
                unmasked = unmasked + (char)(message.charAt(index)-shift);
            message = unmasked;
            encrypted = false;
        }
        return message;
    }
    //----------------------------------------------------------------
    //  Returns true if this secret is currently encrypted.
    //----------------------------------------------------------------
    public boolean isEncrypted()
    {
        return encrypted;
    }
    //----------------------------------------------------------------
    //  Returns this secret (may be encrypted).
    //----------------------------------------------------------------
    public String toString()
    {
        return message;
    }
}
```

在类头中，实现接口的类使用保留字 implements 后跟接口名。如果类声明其实现了具体的接口，则必须要为接口中的所有方法提供定义。如果接口中的任何方法未在类中给出定义，则编译器会产生错误。

在 Secret 类中，同时实现了 encrypt 方法和 decrypt 方法，满足了创建接口的契约。此外，还必须使用与接口中的抽象对应方相同的签名来声明这些方法。在 Secret 类中，使用简单的 Caesar 密码实现加密，Caesar 密码通过将消息字符移动一定数量的位置来实现加密。另一个实现 Encryptable 接口的类能使用完全不同的加密技术。

注意，Secret 类还实现了不属于 Encryptable 接口的其他方法。具体来说，它还定义了方法 isEncrypted 和 tostring，这两种方法与接口无关。接口保证类要实现某些方法，但不限制它还有其他的方法。事实上，实现接口的类通常还有其他不属于接口的方法。

名为 SecretTest 的程序 9.10 创建了一些 Secret 对象。

UML 类图给出了接口及其与类的关系。除了在接口名上方插入接口名<< interface >>之外，接口与类节点的表示类。在类图中，在类与其实现的接口之间用带有三角形箭头的虚线箭头连接。图 9.2 给出了 SecretTest 程序的 UML 类图。

程序 9.10

```
//************************************************************************
//  SecretTest.java        Java Foundations
//
//  Demonstrates the use of a formal interface.
//************************************************************************
public class SecretTest
{
   //-------------------------------------------------------------
   //  Creates a Secret object and exercises its encryption.
   //-------------------------------------------------------------
   public static void main(String[] args)
   {
      Secret hush = new Secret("Wil Wheaton is my hero!");
      System.out.println(hush);
      hush.encrypt();
      System.out.println(hush);
      hush.decrypt();
      System.out.println(hush);
   }
}
```

```
输出

Wil Wheaton is my hero !
Asv*arok~yx*s}*2?*ro|y+
Wil  Wheaton is my hero!
```

相同的接口可以由多个类实现，每个类都为方法提供自己的定义。例如，我们可以实现一个名为 Password 的类，该类也能实现 Encryptable 接口。如前所述，实现接口的每个类的实现方式均可不同。接口只是指定要实现哪些方法，但不指定如何实现这些方法。

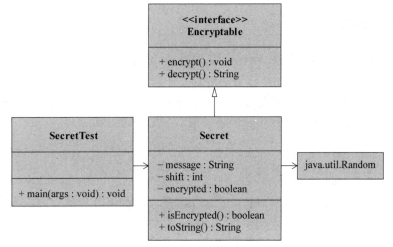

图 9.2　SecretTest 程序的 UML 类图

类可以实现多个接口。在这种情况下，类必须实现列出的所有接口的所有方法。为了表明类要实现多个接口，要在 implements 子句中列出这些接口并用逗号隔开。下面给出一个一个类实现多个接口的示例：

```
Class ManyThings Interface1, Interface2, Interface3
{
    //implements all methods of all interfaces
}
```

接口除了包含抽象方法之外，还可以包含使用 final 修饰符定义的常量。当类实现接口时，类可以访问接口中定义的所有常量。

9.3.1　接口的层次结构

继承的概念既可以应用于类，也可以应用于接口。也就是说，一个接口可以派生另一个接口，这些关系就形成了接口的层次结构，与类的层次结构相似。在 UML 图中，接口之间的继承关系使用带空心箭头的实线连接，与类之间的继承关系连接形式一样。

> **重要概念**
> 继承也可应用于接口，也就是说从一个接口能派生另一个接口。

当父接口用于派生子接口时，子接口会继承父接口的所有抽象方法和常量。任何实现子接口的类必须实现接口的所有方法。当处理接口之间的继承时，没有可见性问题，因为接口的所有成员都是公共的。

类的层次结构和接口的层次结构不能重叠。也就是说，接口不能用于派生类，类也不能用于派生接口。只有当类要实现特定接口时，类才能与接口进行交互。

在分析接口如何支持多态之前，先介绍一下 Java 标准类库中定义的几个有用的接口：Comparable 和 Iterator。

9.3.2　Comparable 接口

Java 标准类库包含接口和类。例如，Comparable 接口在 java.lang 包中定义。Comparable 接口只包含一个方法 compareTo，该方法将对象作为参数并返回一个整数。

Comparable 是为两个对象比较提供一种通用机制。一个对象调用 compareTo 方法并将另一个对象作为参数传递，具体代码如下所示：

```
if (obj1.compareTo (obj2) <0)
    system.out.println("obj1 is less than obj2");
```

根据接口文档的规定，如果 obj1 小于 obj2，则 compareTo 方法返回值为负；如果 obj1 等于 obj2，则返回值为 0；如果 obj1 大于 obj2，则返回值为正。类设计者要决定该类的一个对象小于、等于或大于另一个对象的意义。

在第 4 章中，我们介绍了 String 类包含以这种方式操作的 compareTo 方法。现在我们可以声明 String 类有这个方法，因为该类实现了 Comparable 接口。compareTo 方法的 String 类实现是基于 Unicode 字符集定义的字典顺序对字符串进行比较。

9.3.3　Iterator 接口

Iterator 接口是 Java 标准类库中定义的另一个接口。表示对象集合的类会使用 Iterator 接口，它提供了在集合中一次移动一个对象的方法。

在第 4 章中，我们定义了迭代器的概念，使用循环来处理集合中的所有元素。大多数迭代器，包括 Scanner 类的对象，都是使用 Iterator 接口定义的。

Iterator 接口中的两个主要方法是 hasNext 和 next。hasNext 会返回一个布尔结果；next 会返回对象。这两种方法都不使用任何参数。如果有待处理的项，则 hasNext 方法返回 true，而 next 则返回下一个对象。实现 Iterator 接口的类设计者决定 next 方法传递对象的顺序。

要注意，根据接口的本质，next 方法不会从底层集合中删除对象，而只是返回对象的引用。Iterator 接口还有一个名为 remove 的方法，其不带参数，返回类型为 void。调用 remove 方法将删除最近由 next 方法从基础集合返回的对象。

我们分析了如何使用迭代器来处理 Scanner 类（第 4 章）和数组（第 7 章）的信息。回忆一下， foreach 版的 for 循环简化许多情况中的这种处理。我们还将继续使用适当的 iterators。迭代器是集合类开发的重要部分，在第 14 章及以后章节中还会多次用到。

9.4　通过接口实现多态

现在我们分析一下如何使用接口创建多态引用。正如前面所述，类名可用于声明对象引用变量的类型。类似地，接口名也可以用作声明引用变量的类型。接口引用变量可用于引用实现该接口的任何类的任何对象。

假设我们声明一个名为 Speaker 的接口，其代码如下所示：

```
public interface Speaker
{
    public void speak ( ) ;
    public void announce (String str) ;
}
```

现在可用接口名 Speaker 声明对象引用变量：

```
Speaker current;
```

引用变量 current 可用于引用任何实现 Speaker 接口类的任何对象。例如，如果我们定义一个名为 Philosopher 的类，其实现了 Speaker 接口，那么我们就可以将 Philosopher 对象赋值给 Speaker 引用：

```
current=new Philosopher();
```

这个赋值是有效的，因为 Philosopher 是 Speaker。从某种意义上讲，类与其接口间的关系与子类与其父类之间的关系相同，也是一种"is-a"关系，与通过继承创建接口类似。这种关系构成了多态的基础。

接口引用的灵活性使我们能创建多态引用。正如本章前面所述，使用继承，我们可以创建多态引用，只要对象集与继承相关，接口就可以引用对象集中的任何一个对象。使用接口，我们可以在实现相同接口的对象之间创建多态引用。

例如，如果我们创建一个名为 Dog 的类,也实现了 Speaker 接口,那么就可以给 Speaker 引用变量赋值。事实上，相同的引用变量可以在某个时刻引用 Philosopher 对象，然后再引用 Dog 对象。下面的代码行就说明了这一点：

```
Speaker guest;
guest = new Philosopher ( ) ;
guest. speak ( ) ;
guest = new Dog ( ) ;
guest. speak ( ) ;
```

在这段代码中，第一次调用 speak 方法时，它调用了 Philosopher 类中定义的 speak 方法。第二次调用 speak 方法时，它调用了 Dog 类中定义的 speak 方法。与通过继承实现的多态引用一样，不是引用类型确定调用哪个方法。调用哪个方法是由引用变量所指向的对象类型决定的。

注意，当我们使用接口引用变量时，即使其引用的对象可以响应的其他方法，也只能调用接口中定义的方法。例如，假设 Philosopher 类还定义了一个名为 pontificate 的公共方法。下面代码段的第二行会生成编译器错误，即使对象实际上包含了 pontificate 方法：

```
Speaker special = new Philosopher ( );
special.pontificate( );  // generates a compiler error
```

问题在于编译器只能确定该对象是 Speaker，因此，只能保证该对象可以响应 speak 和 announce 方法。因为引用变量 special 可以引用 Dog 对象，Dog 对象不能 pontificate，不允许调用。如果在某些情况下，我们知道这种调用是有效的，则可以将对象转换成适当的引用，以便编译器能进行编译，相应的转换如下所示：

```
((Philosopher)special).pontificate();
```

重要概念

方法的参数可以是多态的，这样方法就能灵活地控制其参数。

正如基于继承的多态引用一样，我们可以使用接口名作为方法参数的类型。在这种情况下，可以将任何实现接口类的任何对象传递给方法。例如，下面的方法将 Speaker 对象作为参数。因此，在单独调用中，可以将 Dog 对象和 Philosopher 对象传递给该方法。

```
public void sayIt (Speaker current)
{
    current. speak ( ) ;
}
```

使用多态引用作为方法的形参是一种强大的技术。多态使方法能控制传递给参数的类型，同时，多态也使方法能灵活地接收各种类型的参数。

下面让我们分析接口是如何实现多态的。

9.4.1　事件处理

在第 6 章中，我们分析了 Java GUI 中事件的处理。回忆一下，为了对事件做出响应，我们必须在事件监听器对象和可能触发事件的组件之间建立关系。我们通过将监听器添加到组件方法的调用中，建立监听器与其监听组件之间的关系，实际上这就是多态的很好示例。

假设 MyButtonListener 类代表动作监听器。为了设置响应 JButton 对象的监听器，我们需要执行如下操作：

```
JButton button = new JButton();
button.addActionListener (new MyButtonListener());
```

一旦建立了上述关系，只要用户按下按钮，触发按钮动作事件，监听器就会立即做出响应。下面我们仔细学习 addActionListener 方法，它是 JButton 类的一种方法，是几年以前由 Sun Microsystems 的程序员编写的。现在我们需要编写自己的 MyButtonListener 类。多年前编写的方法如何才能获取刚编写类的参数呢？

答案就是多态。如果分析 addActionListener 方法的源代码，就会发现它接收 ActionListener 类型的参数，即接收接口。因此，addActionListener 方法不是只接收一种对象类型的参数，而是接收任何实现 ActionListener 接口类的任何对象。添加监听器的所有其他方法都与 addActionListener 方法的工作方式类似。

重要概念
使用多态建立监听器与其监听组件之间的关系。

除了 JButton 对象实现了 ActionListener 接口，知道要将对象传递给 addActionListener 方法之外，JButton 对象对 addActionListener 方法并不了解。JButton 对象只是存储监听器对象，并在事件发生时调用其 performAction 方法。

在第 6 章中，我们提到也可以通过扩展适配器类来创建监听器。即使监听器类是通过继承创建的，其也是通过接口实现多态的另一个例子。编写每个适配器类就是为实现适当的监听器接口，为所有事件处理程序提供空方法。通过扩展适配器类，新监听器类自动实现相应的监听器接口。这样做使其成为真正的监听器，传递适当的要添加的监听器方法。

因此，无论如何创建监听器对象，我们都通过接口使用多态来设置监听器与其监听的组件之间的关系。GUI 事件是多态能提供强大而又多功能性的优秀示例。

无论是通过继承多态，还是通过接口实现多态，多态本质上都是一种基本的面向对象技术，在本书中许多地方都用到了多态。

重要概念总结

- 多态引用可以随时引用不同类型的对象。
- 对于多态引用，方法调用与其定义的绑定是在运行时执行。
- 引用变量可以引用通过继承与其相关的任何类创建的任何对象。
- 对象的类型而不是引用类型决定了要调用方法的版本。
- 接口是抽象方法的集合，因此无法实例化。
- 继承也可应用于接口，也就是说从一个接口能派生另一个接口。
- 接口名可用于声明对象引用变量。
- 接口引用可以引用实现该接口的任何类的任何对象。
- 方法的参数可以是多态的，这样方法就能灵活地控制其参数。
- 使用多态建立监听器与其监听组件之间的关系。

术 语 总 结

绑定是确定方法调用要使用哪个方法定义来完成的过程。

动态绑定是指在运行时将方法调用绑定到它的定义，也称为后期绑定。

接口是抽象方法的集合，用于定义可用于与对象交互的操作集。

接口层次结构是指从其他接口派生接口时形成的层次结构。接口层次结构与类层次结构不同。

多态是通过将操作动态绑定到各种对象的方法，以定义具有多个含义的操作。

多态引用是引用变量，可以在不同时刻引用不同类型的对象。

自　测　题

9.1　什么是多态？

9.2　继承如何支持多态？

9.3　如何重写多态？

9.4　为什么 Firm 示例中将 StaffMember 类声明为抽象？

9.5　为什么在 StaffMember 类中声明 pay 方法？在这一层，pay 是抽象且没有主体代码吗？

9.6　类与接口有什么区别？

9.7　类的层次结构和接口的层次结构如何相交？

9.8　描述 Comparable 接口。

9.9　如何使用接口实现多态？

练　习　题

9.1　画出并注释表示大学各类教师的类的层次结构。在层次结构中给出各个类的特征。解释在为每个教师分配课程的过程中，多态如何发挥作用。

9.2　画出并注释表示动物园中各种动物的类层次结构。在层次结构中给出各个类的特征。解释在指导动物喂养方面，多态如何发挥作用。

9.3　画出并注释表示商店中各类销售交易的类的层次结构，如现金、信用卡等。在层次结构中给出各个类的特征。解释如何在支付过程中，多态如何发挥作用。

9.4　如果在 Firm 程序的 StaffMember 类中，未将 pay 方法定义为抽象方法，会发生什么呢？

9.5　创建一个名为 Visible 的接口，其包含两个方法：makeVisible 和 makeInvisible。两种方法都不使用参数，并要返回布尔结果。描述类是如何实现这个接口的。

9.6　画一个 UML 类图，给出练习 9.5 中各元素之间的关系。

9.7　创建一个名为 VCR 的接口，该接口有录像机上的标准操作如播放、停止等。根据你的需求定义方法签名。描述类是如何实现此接口的。

9.8　画一个 UML 类图，给出练习 9.7 中各元素之间的关系。

9.9　解释如何在基于 GUI 的程序中，调用 addMouseListener 方法来表示多态情况。

程序设计项目

9.1　修改本章中的 Firm 示例，使其使用名为 Payable 的接口完成其多态。

9.2　修改本章中的 Firm 示例，使其根据员工分类为所有员工提供不同的休假选项。修改驱动程序演示新功能。

9.3　修改第 5 章的 RationalNumber 类，使其实现 Comparable 接口。为了执行比较，计算
　　两个 RationalNumber 对象分子和分母的等效浮点值，然后与公差值 0.0001 进行比较。
　　编写 main 驱动程序测试你的修改。

9.4　创建一个名为 Password 的类，实现本章的 Encryptable 接口。再创建 main 驱动程序实
　　例化 Secret 对象和 Password 对象，使用相同的引用变量，演练它们的方法。使用
　　Password 所需的加密类型，但不要使用 Secret 的 Caesar 密码。

9.5　实现本章定义的 Speaker 接口。创建三个类以各种方式实现 Speaker 类。创建一个驱
　　动程序类，其 main 方法实例化其中某些对象，并测试它们的功能。

9.6　设计一个名为 Priority 的 Java 接口，其包含两个方法：setPriority 和 getPriority。接口
　　要在对象集中定义创建优先级的方法。设计并实现一个名为 Task 的类，其表示任务，
　　如在待办事项列表中的选项，并实现 Priority 接口。创建驱动程序类来演练一些 Task
　　对象。

9.7　修改程序设计 9.6 中的 Task 类，以实现 Java 标准类库的 Comparable 接口。实现的接
　　口是按任务按优先级排序。创建驱动程序类，其 main 方法显示 Task 对象的新功能。

9.8　设计一个名为 Lockable 的 Java 接口，其包含以下方法：setKey，lock，unlock 和 locked。
　　setKey、lock 和 unlock 方法接收表示密钥的整数参数。setKey 方法创建密钥。但仅当
　　传入的密钥正确时，lock 和 unlock 方法锁定和解锁对象。locked 方法返回一个布尔值，
　　指示对象是否被锁定。Lockable 对象表示受常规方法保护的对象;如果对象被锁定，则
　　无法调用方法;如果对象已解锁，则可以调用方法。重新设计并实现第 5 章的 Coin 类，
　　使其可以 Lockable。

9.9　重新设计并实现第 5 章的 Account 类，使其变成程序设计 9.8 所定义的 Lockable。

自测题答案

9.1　多态是指引用变量在不同时间引用各种类型对象的能力。通过这类引用调用的方法在
　　不同时间会绑定到不同的方法定义，最终绑定哪个方法取决于引用对象的类型。

9.2　在 Java 中，可用使用父类声明的引用变量引用子类对象。如果这两个类包含具有相同
　　签名的方法，则父引用可以是多态的。

9.3　当子类重写父类方法的定义时，该方法存在两个版本。如果使用多态引用来调用该方
　　法，则调用方法的版本由所引用的对象类型决定，而不是由引用变量的类型决定。

9.4　StaffMember 类是抽象的，因此它不能实例化。在继承层次结构中，只充当占位符，
　　帮助以多态方式组织和管理对象。

9.5　pay 方法在 StaffMember 层没有任何意义，因此，将其声明为抽象的。但在 StaffMember
　　层声明 pay 方法，能保证其子节点的每个对象都有一个 pay 方法。因此，我们能创建
　　StaffMember 对象数组，再用各类工作人员对数组进行填充，并为每位员工支付薪酬，
　　支付的具体薪酬是由每个类决定的。

9.6　类可以被实例化，但接口不能。接口只能包含抽象方法和常量。类可以提供接口的

实现。

9.7　类的层次结构和接口的层次结构不相交。可以使用类来派生新类，可以使用接口来派生新接口，但这两种类型的层次结构不能重叠。

9.8　Comparable 接口只包含一个名为 compareTo 的方法，如果执行对象小于要比较的对象，则返回小于零的整数；如果两者相等，则返回零；如果执行对象大于要比较的对象，则返回大于零的整数。

9.9　接口名可用作引用的类型。这样的引用变量可以引用实现该接口的任何类的任何对象。因为所有的类都实现了相同的接口，所以它们具有可以动态绑定的具有公共签名的方法。

第10章 异　　常

学习目标

- 探讨异常。
- 检查异常消息并调用堆栈跟踪。
- 检查处理异常的 try-catch 语句。
- 探讨异常传播的概念。
- 描述 Java 标准类库中异常类的层次结构。
- 探讨 I / O 异常和文本文件的编写。

异常处理是面向对象软件系统的重要组成部分。异常代表程序可能出现了问题，或者出现了特殊情况。当异常出现时，Java 提供了各种方法来处理异常。我们先从定义异常的 Java 标准库的类层次结构入手，之后再定义用户所需的异常对象，最后讨论在处理输入和输出时异常的使用，还提供了编写文本文件的示例。

10.1　异　常　处　理

正如前面简要讨论过的那样，Java 程序出现问题就会产生异常或错误。异常是定义特殊情况或错误的对象。程序或运行时环境会抛出异常，并根据需要捕获异常并处理。虽然错误与异常类似，但错误通常表示不可恢复的情况，通常也不会被捕获。

> **重要概念**
> 错误和异常是表示异常或无效处理的对象。

Java 有预定义的异常与错误集，这些异常与错误经常出现在程序执行期间。如果预定义的异常不足，程序员可以选择设计新类来代表指定情况出现的异常。

由于异常和错误表示的问题情况根源各异。下面只给出一些导致抛出异常的常见示例：

- 试图除以零。
- 超出数组索引范围。
- 无法找到指定文件。
- 请求的 I/O 操作无法正常完成。
- 尝试进行空引用。
- 试图执行违反某种安全措施的操作。

上面的只是几个示例，还有针对不同情况产生的多种异常。

正如例子所示，异常可以表示真正出错的情况，但顾名思义，异常可能只代表某种特殊情况；也就是说，异常可能代表在通常条件下不会发生的特殊情况。我们一般将异常处理设置为处理特殊情况的有效方法，特别要考虑到某些非常罕见的特殊情况。

在处理异常时，一般有几种选择。程序设计时，可以采用如下任何一种方式来进行异常处理：

- 根本不处理异常。
- 处理出现的异常。
- 在程序的另一处处理异常。

下面分别探讨处理异常的三种方式。

10.2　不捕获异常

如果程序根本不处理异常，则程序将异常终止，并产生消息来描述发生了什么异常以及产生异常的代码位置。对于追踪问题根源来讲，异常消息中的信息非常有用。

下面分析一下异常的输出。在程序 10.1 中，当尝试无效的算术运算时，程序会抛出 ArithmeticException。在这个示例中，程序试图去除以零。

程序 10.1

```
//************************************************************************
//  Zero.java        Java Foundations
//
//  Demonstrates an uncaught exception.
//************************************************************************
public class Zero
{
   //----------------------------------------------------------------
   //  Deliberately divides by zero to produce an exception.
   //----------------------------------------------------------------
   public static void main(String[] args)
   {
      int numerator = 10;
      int denominator = 0;
      System.out.println("Before the attempt to divide by zero.");
      System.out.println(numerator / denominator);
      System.out.println("This text will not be printed.");
   }
}
```

输出

```
Before the attempt to divide by zero.
Exception in thread "main" java. lang. ArithmeticException: / by zero
at Zero , main (Zevo ; java: 19)
```

因为这个程序没有显式处理异常的代码，所以当出现异常，程序会被终止，并打印与

异常相关的具体信息。注意，因为异常先出现，所以永远不会执行程序的最后一条 println 语句。

异常输出的第一行指明抛出了哪个异常，并给出抛出异常的原因。其余行是调用堆栈跟踪，用于指明异常发生的位置。在这个示例中，调用堆栈跟踪只有一行；当然，跟踪行可以有多行，具体行数取决于异常发生的位置。第一个跟踪行指明发生异常的方法、文件和行号；其余跟踪行指明生成异常所调用的方法。这个程序只有一种方法，但该方法产生了异常，跟踪行也只有一行。

通过调用正在抛出异常的类方法，也可以获得调用堆栈跟踪的信息。方法 getMessage 返回解释抛出异常原因的字符串。printStackTrace 方法打印调用的堆栈跟踪。

> **重要概念**
> 当正在抛出的异常提供调用堆栈跟踪的方法时，会打印相关的信息。

10.3 try-catch 语句

现在分析一下当抛出异常时，应如何捕获并处理异常。try-catch 语句用于标识引发异常的语句块。catch 子句在 try 块之后，定义如何处理指定类型的异常。try 块能关联几个 catch 子句，我们将每个 catch 子句称为异常处理程序。

当执行 try 语句时，会执行 try 块中的语句。如果在执行 try 块时没有抛出异常，则继续处理 try 语句后的其他语句，这就是正常的执行流。在大多数时间里，程序都能正常执行。

如果在执行 try 块时，抛出了异常，则控制权会立即转移到相应的 catch 处理程序。也就是说，控制权转移到相应的 catch 子句，该子句的异常类与抛出异常的类相对应。在执行完 catch 子句中的语句后，控制权转移到整个 try-catch 语句之后的语句。

> **重要概念**
> 每个 catch 子句就是处理 try 块抛出的指定类型的异常。

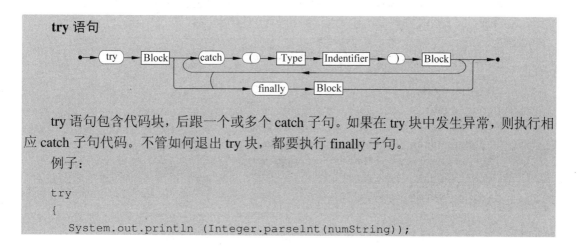

try 语句

try 语句包含代码块，后跟一个或多个 catch 子句。如果在 try 块中发生异常，则执行相应 catch 子句代码。不管如何退出 try 块，都要执行 finally 子句。

例子：

```
try
{
    System.out.println (Integer.parseInt(numString));
```

```
}
catch(NumberFormatException exception)
{
   System.out.println("Caught an exception.");
}
finally
{
   System.out.println("Done.");
}
```

下面分析一个例子。假设一家公司使用代码来表示各类产品。除了其他信息之外，产品代码第 10 位字符表示产品的产地，从第 4 位到第 7 位的 4 位整数表示销售区域。由于公司进行了重组，在 2000 及以上的销售区域，禁止销售 R 产地的产品。程序 10.2 从用户读取产品代码，计算其禁止销售区域的代码。

try 块中的语句先提取产品的产地信息和销售区域信息，再确定其是否是禁止销售的产品代码。如果在提取产地和销售区域信息时出现问题，则视产品代码无效，不做任何进一步 的 处 理 。 例 如 ， 无 论 是 charAt 方 法 ， 还 是 substring 方 法 都 能 抛 出 String IndexOutOfBoundsException。此外，如果 substring 方法不包含有效的整数，则 parseInt 方法会抛出 NumberFormatException。抛出的异常决定了所打印的消息。无论何种情况，由于系统对异常进行了捕获和处理，程序都会继续正常进行。

程序 10.2

```
//************************************************************************
//  ProductCodes.java        Java Foundations
//
//  Demonstrates the use of a try-catch block.
//************************************************************************
import java.util.Scanner;
public class ProductCodes
{
   //--------------------------------------------------------------
   // Counts the number of product codes that are entered with a
   // zone of R and and district greater than 2000.
   //--------------------------------------------------------------
   public static void main(String[] args)
   {
      String code;
      char zone;
      int district, valid = 0, banned = 0;
      Scanner scan = new Scanner(System.in);
      System.out.print("Enter product code (STOP to quit): ");
      code = scan.nextLine();
      while (!code.equals("STOP"))
      {
         try
```

```
        {
            zone = code.charAt(9);
            district = Integer.parseInt(code.substring(3, 7));
            valid++;
            if (zone == 'R' && district > 2000)
                banned++;
        }
        catch (StringIndexOutOfBoundsException exception)
        {
            System.out.println("Improper code length: " + code);
        }
        catch (NumberFormatException exception)
        {
            System.out.println("District is not numeric: " + code);
        }
        System.out.print("Enter product code (STOP to quit): ");
        code = scan.nextLine();
    }
    System.out.println("# of valid codes entered: " + valid);
    System.out.println("# of banned codes entered: " + banned);
    }
}
```

输出

```
Enter product code (STOP to quit): TRV2475A5R-14
Enter product code (STOP to -quit): TRD1704A7R-12
Enter product code (STOP to quit): TRL2k74A5R-11
District is not numeric: TRL2k74A5R-11
Enter product code (STOP to quit): TRQ2949A6M-04
Enter product code (STOP to quit): TRV2105A2
Improper code length TRV2105A2
Enter product code (STOP to quit): TRQ2778A7R-19
Enter product code (STOP to quit): STOP
# of valid codes entered: 4
# of banned codes entered: 2
```

注意，对于检查的代码，只要不抛出异常，整数变量 valid 就会递增。如果抛出异常，控制权立即转移到相应的 catch 子句。同样，只有 if 没有抛出异常，才会测试产地和销售区域。

10.3.1 finally 子句

try-catch 语句还有一个可选的 finally 子句。finally 子句定义了一段代码，无论如何退出 try 块，都将执行 finally 子句。通常，finally 子句用于管理资源或保证指定算法的执行。

如果没有产生异常，则在 try 块完成之后，执行 finally 子句中的语句。如果 try 块出现了异常，则控制权先转移到相应的 catch 子句。在执行异常处理代码之后，控制权转移到 finally 子句并执行其语句。如果有 finally 子句，则必须在 catch 子句之后列出。

　　注意，try 块根本不需要 catch 子句。如果没有 catch 子句，根据条件可以单独使用 finally 子句。

> **重要概念**
>
> 无论是正常退出 try 块，还是因为抛出异常退出 try 块，都会执行 finally 子句。

10.4　异常传播

　　我们可以设计自己的软件，在方法调用分层结构的外层捕获和处理异常。如果未在发生异常的方法中捕获和处理异常，就会立即将控制权返回给调用生成异常方法的方法。如果此方法也没有捕获异常，再将控制权返回到调用它的方法，依此类推，这个过程就是异常传播。

> **重要概念**
>
> 如果未在发生异常的方法中捕获并处理异常，则会将异常传播到调用该异常方法的方法。

　　在捕获和处理异常之前，或者在将异常传递出 main 方法之前，异常会一直传播，最终程序会被终止并产生异常消息。为了捕获任何层的异常，必须在具有 catch 子句的 try 块内调用产生异常的方法。

　　名为 Propagation 的程序 10.3 直观演示了异常传播的过程。main 方法调用 ExceptionScope 类的方法 level1（参见程序 10.4），level1 调用 level2，level2 调用 level3，level3 产生了异常。方法 level3 未能捕获并处理异常，因此控制权转移给 level2。level2 方法也未能捕获并处理异常，因此控制权转移给 level1。因为在 try 块中（在方法 level1 中）调用 level2，所以方法 level1 捕获并对异常进行了处理。

> **重要概念**
>
> 程序员必须仔细考虑应该如何处理异常，在何处来处理异常。

　　注意，程序输出不包括方法 level3 和 level2 结束的消息。程序将永远不会执行这些 println 语句，因为发生了异常，这两个方法都没有捕获异常。在方法 level1 处理异常之后，从该位置起程序开始正常继续执行，打印显示方法 level1 和程序结束的消息。

　　另外还要注意，处理异常的 catch 子句使用 getMessage 和 printStackTrace 方法输出信息。堆栈跟踪显示发生异常时所调用的方法。

> **设计焦点**
>
> 程序员必须选择最合适的层来捕获和处理异常。捕获和处理异常没有一劳永逸的最好方法，要根据于系统的条件和设计而定。有时，正确的方法是不捕获异常而让程序终止。

程序 10.3

```
//*********************************************************************
//  Propagation.java       Java Foundations
//
//  Demonstrates exception propagation.
//*********************************************************************
public class Propagation
{
   //---------------------------------------------------------------
   //  Invokes the level1 method to begin the exception demonstration.
   //---------------------------------------------------------------
   static public void main(String[] args)
   {
      ExceptionScope demo = new ExceptionScope();
      System.out.println("Program beginning.");
      demo.level1();
      System.out.println("Program ending.");
   }
}
```

输出

```
Program beginning.
Level 1 beginning.
Level 2 beginning.
Level 3 "beginning.
The exception message is:/by zero
The call stack trace :
Java.lang.ArithmeticException:/by zero
  at ExceptionScope.level3 (ExceptionScope.java:54)
  at ExceptiohScope.level2 (ExceptionScope.java;41)
  at ExceptiohScope.level1 (ExceptionScope.java:18)
  at Propagation.main (Propagation.java: 17)
Level 1 ending.
Program ending.
```

程序 10.4

```
//*********************************************************************
//  ExceptionScope.java       Java Foundations
//
//  Demonstrates exception propagation.
//*********************************************************************
public class ExceptionScope
{
   //---------------------------------------------------------------
```

```java
   //  Catches and handles the exception that is thrown in level3.
   //----------------------------------------------------------------
   public void level1()
   {
      System.out.println("Level 1 beginning.");
      try
      {
         level2();
      }
      catch (ArithmeticException problem)
      {
         System.out.println();
         System.out.println("The exception message is: " +
                            problem.getMessage());
         System.out.println();
         System.out.println("The call stack trace:");
         problem.printStackTrace();
         System.out.println();
      }
      System.out.println("Level 1 ending.");
   }
   //----------------------------------------------------------------
   //  Serves as an intermediate level.  The exception propagates
   //  through this method back to level1.
   //----------------------------------------------------------------
   public void level2()
   {
      System.out.println("Level 2 beginning.");
      level3();
      System.out.println("Level 2 ending.");
   }
   //----------------------------------------------------------------
   //  Performs a calculation to produce an exception.  It is not
   //  caught and handled at this level.
   //----------------------------------------------------------------
   public void level3()
   {
      int numerator = 10, denominator = 0;
      System.out.println("Level 3 beginning.");
      int result = numerator / denominator;
      System.out.println("Level 3 ending.");
   }
}
```

10.5 异常类的层次结构

通过继承使定义各种异常的类之间建立关联，形成了异常类的层次结构，如图 10.1 所示。

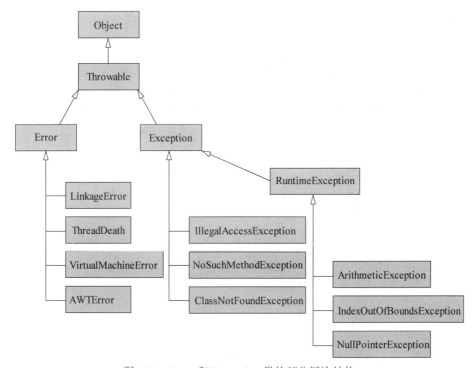

图 10.1 Error 和 Exception 类的部分层次结构

Throwable 类是 Error 类和 Exception 类的父类。许多类型的异常都派生自 Exception 类，并且这些类也有许多子类。虽然是在 java.lang 包中定义的这些高层类，但许多定义指定异常的子类在其他包中。继承关系可以跨越包的边界。

我们可以通过 Exception 或其后代派生一个新类来定义自己的异常。我们选择哪个类作为父类取决于新异常所表示的情况或条件。

程序 10.5 实例化了异常对象并抛出异常。异常创建自 OutOfRangeException 类。OutOfRangeException 类如程序 10.6 所示。这个异常不是 Java 标准类库的一部分。创建这个异常是为了表示值超出指定有效范围的情况。

> **重要概念**
> 通过从 Exception 类或其后代派生新类来定义新异常。

在读入输入值之后，main 方法对其进行计算，查看该值是否在有效值范围之内。如果不在，则执行 throw 语句。throw 语句开始进行异常传播。因为 main 方法未能捕获并处理异常，所以如果抛出异常，则程序会终止，打印与异常相关的消息。

程序 10.5

```
//***********************************************************************
//  CreatingExceptions.java        Java Foundations
//
//  Demonstrates the ability to define an exception via inheritance.
//***********************************************************************
import java.util.Scanner;
public class CreatingExceptions
{
  //--------------------------------------------------------------------
  //  Creates an exception object and possibly throws it.
  //--------------------------------------------------------------------
  public static void main(String[] args) throws OutOfRangeException
  {
    final int MIN = 25, MAX = 40;
    Scanner scan = new Scanner(System.in);
    OutOfRangeException problem =
      new OutOfRangeException("Input value is out of range.");
    System.out.print("Enter an integer value between " + MIN +
              " and " + MAX + ", inclusive: ");
    int value = scan.nextInt();
    //  Determine if the exception should be thrown
    if (value < MIN || value > MAX)
      throw problem;
    System.out.println("End of main method.");  // may never reach
  }
}
```

输出

```
Enter an integer value between 25 and 40, inclusive : 69
Exception in thread "main" OutOfRangeException:
Input value is out of: range.
at CreatingExceptione.main (CreatingExceptionsvjava : 20)
```

程序 10.6

```
//***********************************************************************
//  OutOfRangeException.java        Java Foundations
//
//  Represents an exceptional condition in which a value is out of
//  some particular range.
//***********************************************************************
public class OutOfRangeException extends Exception
{
  //--------------------------------------------------------------------
```

```
   // Sets up the exception object with a particular message.
   //-----------------------------------------------------------
   OutOfRangeException(String message)
   {
      super(message);
   }
}
```

我们通过扩展 Exception 类来创建 OutOfRangeException 类。通常，如上例所示，新异常无他，只是一些现有异常类的扩展，用于存储描述其所表示情况的指定信息。重点要强调的是：新异常类是 Exception 类和 Throwable 类的后代，能使用 throw 语句抛出。

这个程序处理的情况只是值超出范围，不需要表示成异常。以前我们使用条件或循环来处理这种情况。无论用户是通过使用异常处理这种情况，还是在程序的正常流程中处理这种情况，这个决定都是一项重要的设计决策。

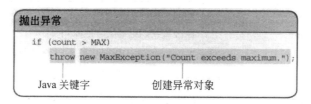

10.5.1　受检查和不受检查的异常

一些异常受检查，而另一些异常不受检查。受检查的异常要么是由方法捕获，要么是在抛出或传播异常的方法的 throws 子句中列出。throws 子句附加到方法定义的头中，以正式确认该方法会产生或传播指定的异常。不受检查的异常不需要 throws 子句。

> **重要概念**
> 方法头中的 throws 子句必须包含方法，用于捕获和处理受检查的异常。

Java 中唯一不受检查的异常是 RuntimeException 类型对象或其后代。所有其他异常都是受检查的异常。CreatingExceptions 程序的 main 方法有 throws 子句，表明该方法可能抛出 OutOfRangeException 异常，这个 throws 子句是必需的，因为 OutOfRangeException 派生自 Exception 类，是一个受检查的异常。

10.6　I/O 异常

处理输入和输出是一项任务。因为输入输出依赖于外部资源，如用户的数据和文件，所以执行输入输出时经常出现各种不同的情况。外部资源可能存在不同的问题，所以会抛出各种 I/O 异常。下面我们分析探讨一下 I/O 问题。

流是有序的字节序列。术语流是源自这样的类比：当我们读取和写入信息时，数据从源端到目的地的流动就像水沿着溪流流动。信息源就像溪流的源泉，目的地就像溪流流入的大海。

重要概念

流是连续的字节序列。它可以用作输入源，也可以用作输出目的地。

在程序中，我们要么将流视为输入流，从中读取信息；要么将其作为输出流，将信息写入其中。程序可以同时处理多个输入和输出流。特定的数据存储（例如文件）既可以用作输入流，也可以用作输出流，但不能同时担当两个重任。

标准 I/O 流有三种，如图 10.2 所示。System 类包含 3 个对象引用变量：in、out 和 err，用于表示 3 个标准 I/O 流。程序将这些引用声明为 public 和 static，以便 System 类可以直接访问它们。

标准 I/O 流	描述
System.in	标准输入流
System.out	标准输出流
System.err	标准错误流（输出的错误消息）

图 10.2   标准 I/O 流

重要概念

System 类中的 3 个公共引用变量代表标准 I / O 流。

在本书的示例中，我们一直在使用标准输出流，如调用 System.out.prinln。当我们需要交互地读取来自用户的输入时，要使用标准输入流来创建 Scanner 对象。Scanner 类以各种方式管理从标准输入流读取的输入，使编程任务更加轻松。Scanner 类还在内部处理各种 I / O 异常，在需要时产生 InputMismatchException。

在默认情况下，标准 I/O 流代表特定的 I/O 设备。System.in 通常表示键盘输入，而 System.out 和 System.err 通常表示监视器屏幕的特定窗口。在默认情况下，System.out 和 System.err 流将输出写入同一窗口。通常，输出窗口是执行程序的窗口。System.err 流是发送错误消息的地方。

重要概念

Java 类库包含许多用于定义各种特征 I/O 流的类。

除了标准输入流之外，Java 标准类库的 java.io 包还提供了许多类，使用户能够定义有指定特征的流。一些类处理文件，另一些类处理内存，其他类处理字符串。有些类假设自己处理的数据由字符组成，而另一些类则假设数据由二进制信息的原始字节组成。某些类还提供了以某种方式处理流中数据的方法，例如缓冲信息或对数据进行编号。通过适当的方式对类进行组合，我们可以创建表示信息流的对象，这些信息流具有特定情况所需的特征。

本节的重点并不是详细介绍 Java I/O 这个宽泛的主题和 java 的众多类，本节重点是学习 I/O 异常。

I/O 类执行的许多操作都可能抛出 IOException。IOException 类是一些异常类的父类，这些异常类代表执行 I/O 时出现的问题。

IOException 是一个受检查的异常。如本章前面所述,受检查的异常意味着要么必须由方法捕获异常,要么在方法头的 throws 子句中列出的方法中要传播的异常。

由于 I/O 经常处理外部资源,因此,在程序尝试执行 I/O 操作时,可能会出现许多问题。例如,我们需要读取的文件可能不存在。当我们尝试打开该文件时,因为找不到该文件,就会有异常抛出。一般而言,在程序设计时,应尽可能地让程序具有鲁棒性,以应对各种潜在的 I/O 问题。

在前面的示例中,我们知道如何使用 Scanner 类读取和处理来自文本文件的输入。现在我们分析一个将数据写入文本输出文件的示例。将输出写入文本文件只需要先使用适当的类创建输出流,然后再调用适当的方法将数据写入文件。

为了测试自己编写的程序,但没有可用的实际数据,我们编写了程序,用来生成包含随机值的数据测试文件。程序 10.7 生成了这个文件,该文件包含在指定范围内的随机整数值。程序还写入了一行标准输出,用于将数据写入数据文件。

程序 10.7

```java
//************************************************************************
//  TestData.java        Java Foundations
//
//  Demonstrates I/O exceptions and the use of a character file
//  output stream.
//************************************************************************
import java.util.Random;
import java.io.*;
public class TestData
{
   //----------------------------------------------------------------
   //  Creates a file of test data that consists of ten lines each
   //  containing ten integer values in the range 10 to 99.
   //----------------------------------------------------------------
   public static void main(String[] args) throws IOException
   {
      final int MAX = 10;
      int value;
      String file = "test.dat";
      Random rand = new Random();
      FileWriter fw = new FileWriter(file);
      BufferedWriter bw = new BufferedWriter(fw);
      PrintWriter outFile = new PrintWriter(bw);
      for (int line=1; line <= MAX; line++)
      {
         for (int num=1; num <= MAX; num++)
         {
            value = rand.nextInt(90) + 10;
            outFile.print(value + "   ");
```

```
        }
        outFile.println();
    }
    outFile.close();
    System.out.println("Output file has been created: " + file);
    }
}
```

输出

```
Output file has been created; test.dat
```

FileWriter 类表示文本输出文件，但 FileWriter 类对操作数据的方法支持很少。PrintWriter 类与标准 I/O PrintStream 类非常类似，也提供了 print 和 println 方法。

尽管要使程序工作，我们不必这样做，但我们还是在文件流配置中添加了 BufferedWriter 层。添加该层只是为了能为输出流提供缓冲功能，使程序处理更加高效。虽然在这种情况下，缓冲并不重要，但在写入文本文件时，有缓冲功能是必需的。

注意，在 TestData 程序中，我们已经去除了显式的异常处理。也就是说，如果程序出现问题，我们只是允许程序终止而不是专门捕获和处理异常问题。因为所有的 IOExceptions 都是受检查的异常，所以必须在方法头中包含 throws 子句以指明要抛出的异常。对于每个程序，程序员都必须仔细考虑如何最好地处理要抛出的异常。在处理 I/O 时，这个要求尤为重要，因为 I/O 充满了无法预见的潜在问题。

重要概念

我们应显式关闭输出文件流，否则将无法正确地保留写入文件的数据。

TestData 程序使用嵌套 for 循环来计算随机值，然后将这些值写入输出文件。在打印完所有值后，关闭该文件。必须显式关闭输出文件，以确保能完好保留数据。在通常情况下，我们最好是在不需要文件时，显式关闭所有文件流。

运行 TestData 程序后，文件 test.dat 所包含的数据与下面列出的数据类似：

```
85  90  93  15  82  79  52  71  70  98
74  57  41  66  22  16  67  65  24  84
86  61  91  79  18  81  64  41  68  81
98  47  28  40  69  10  85  82  64  41
23  61  27  10  59  89  88  26  24  76
33  89  73  36  54  91  42  73  95  58
19  41  18  14  63  80  96  30  17  28
24  37  40  64  94  23  98  10  78  50
89  28  64  54  59  23  61  15  80  88
51  28  44  48  73  21  41  52  35  38
```

重要概念总结

- 错误和异常是表示异常或无效处理的对象。
- 当正在抛出的异常提供调用堆栈跟踪的方法时，会打印相关的信息。
- 每个 catch 子句就是处理 try 块抛出的指定类型的异常。
- 无论是正常退出 try 块，还是因为抛出异常退出 try 块，都会执行 finally 子句。
- 如果未在发生异常的方法中捕获并处理异常，则会将异常传播到调用该异常方法的方法。
- 程序员必须仔细考虑应该如何处理异常，在何处来处理异常。
- 通过从 Exception 类或其后代派生新类来定义新异常。
- 方法头中的 throws 子句必须包含方法，用于捕获和处理受检查的异常。
- 流是连续的字节序列；它可以用作输入源，也可以用作输出目的地。
- System 类中的 3 个公共引用变量代表标准 I / O 流。
- Java 类库包含许多用于定义各种特征 I/O 流的类。
- 应明确关闭输出文件流，否则将无法正确保留写入文件的数据。

术 语 总 结

调用堆栈跟踪是给出抛出异常的方法调用列表。

catch 子句是 try-catch 语句的一部分，用于处理指定的异常类。

受检查异常要么由方法捕获，要么在方法头的 throws 子句中列出。

错误是一个对象，表示程序出现了自身无法恢复的问题。

异常表示特殊或错误情况的对象。

异常处理程序是在抛出异常时响应特定类型异常的代码。它通常在 try-catch 语句中的 catch 子句实现。

异常传播是异常传播的过程。在抛出异常时，将调用堆栈级联，直到捕获异常或使程序异常终止。

finally 子句是 try-catch 语句中的一个子句，无论如何退出 try 块，都会执行 finally 子句。

输入流是指任何数据源。

输出流是写入数据的位置。

try-catch 语句是用于拦截抛出的异常，以适当的方式响应异常的语句。

不受检查的异常是不需要捕获或显式声明的异常。

自　测　题

10.1　以什么方式处理抛出的异常？
10.2　什么是 catch 语句？
10.3　如果未捕获异常，会出现什么情况？
10.4　什么是 finally 子句？
10.5　什么是受检查异常？
10.6　什么是流？
10.7　什么是标准 I/O 流？

练　习　题

10.1　画出 ProductCodes 程序的 UML 类图。
10.2　如果将打印字符串"Got here！"的 finally 子句加到 try 语句中，请给出 ProductCodes 程序的输出。
10.3　如果从 Propagation 程序的 ExceptionScope 类的 level1 方法中删除 try 语句，会出现什么情况？
10.4　如果将练习题 10.3 的 try 语句转移到 level2 方法中，会出现什么情况？
10.5　当在 catch 子句中使用 Exception 类来捕获异常时，会出现什么情况？
10.6　请在在线 Java API 文档中找到以下的异常类，描述它们的用途：
　　　a．ArithmeticException
　　　b．NullPointerException
　　　c．NumberFormatException
　　　d．PatternSyntaxException
10.7　根据所用的创建程序的类，描述 TestData 程序所用的输出文件。

程序设计项目

10.1　设计并实现一个程序，该程序从用户读取 10 个整数并打印它们的平均值。将读取的每个输入值作为字符串，然后使用 Integer.parseInt 方法将其转换为整数。如果这个过程抛出 NumberFormatException，就意味着输入不是有效数字，打印相应的错误消息，并再次提示输入数字。程序继续读取数值，直到输入 10 个有效整数为止。
10.2　设计并实现一个程序，该程序创建一个名为 StringTooLongException 的异常类，用于发现字符串包含太多字符时，抛出异常。在程序的 main 驱动程序中，从用户读取字符串，直到用户输入"DONE"为止。如果输入的字符串太长（例如 20），则抛出异常。允许抛出异常就终止程序。

10.3 修改程序设计项目 10.2 的解决方案，以便在抛出异常时能捕获并处理异常。通过打印相应的消息来处理异常，之后继续处理更多的字符串。

10.4 设计并实现一个程序，该程序创建一个名为 InvalidDocumentCodeException 的异常类，用于在处理文档期间，遇到不正确文档标识时抛出异常。假设在特定的业务中，所有文档都以 U、C 或 P 开头，代表未分类文件、机密文件或专有文件。如果遇到不符合此描述的文档标识，就抛出异常。创建一个驱动程序来测试异常，允许该驱动程序终止程序。

10.5 修改程序设计项目 10.4 的解决方案，在抛出异常时就捕获并处理异常。通过打印相应的消息来处理异常，之后继续处理程序。

10.6 编写一个程序，从用户读取字符串，并将字符串写入名为 userStrings.dat 的输出文件中。当用户输入字符串"DONE"后，终止输入。不要将 sentinel 字符串写入输出文件中。

10.7 假设某个图书馆正在处理包含书名的输入文件，要求删除重复项。编写一个程序，从名为 bookTitles.inp 的输入文件中读取所有书名，并将书名写入名为 noDuplicates.out 的输出文件。完成后，输出文件应包含能在输入文件中找到的所有唯一书名。

自测题答案

10.1 抛出异常可以用三种方式处理。第一种方式是忽略异常，这将导致程序终止；第二种方式是使用 try 语句处理异常；第三种是在方法调用层次结构中捕获并处理异常。

10.2 catch 子句是 try 语句的一部分，用于定义处理特定类型异常的代码。

10.3 如果在抛出异常时没有立即捕获异常，则开始向上传播异常，依次从产生处向上级调用方法传播。在传播期间，在任何时刻都捕获和处理异常。如果异常传播出了 main 方法，则程序终止。

10.4 无论如何退出 try 块，都要执行 try-catch 语句的 finally 子句。如果没有抛出异常，则在完成 try 块之后，执行 finally 子句。如果抛出异常，则执行相应的 catch 子句，再执行 finally 子句。

10.5 受检查异常是这样一种异常：（1）要么是必须被捕获和处理的；（2）要么是在任何可能抛出或传播异常的方法的 throws 子句中列出的。所建立的异常集，程序必须以某种方式正式确认。如果需要，在代码中可以完全忽略不受检查的异常。

10.6 流是连续的字节序列，用作输入源或输出目的地。

10.7 在 Java 中，标准 I/O 流是 System.in、System.out 和 System.err。System.in 是标准输入流。System.out 是标准输出流，System.err 是标准错误流。通常，标准输入来自键盘，标准输出和标准错误将出现在监视器屏幕的默认窗口中。

第11章 算法分析

学习目标

- 讨论软件开发的效率目标。
- 介绍算法分析的概念。
- 探讨渐近复杂度的概念。
- 比较各种增长函数。

在开始构建数据结构之前，理解算法效率相关的概念是非常重要的。正确构建的数据结构，会着眼于使用 CPU 和内存的效率，并能重用于大量不同的应用程序之中。但是，错误构建的数据结构，不关注使用 CPU 和内存的效率，这样的数据结构效率很低。打个比方，就像使用有缺陷的模板生产新产品一样，所有产品都是废品。

11.1 算法效率

最重要的计算机资源之一是 CPU 时间，而我们用于完成指定任务的算法效率是决定程序执行速度的主要因素。虽然在此讨论的技术仍是根据所用内存来分析算法，但我们的重点是讨论处理时间的使用效率。

> **重要概念**
> 算法分析是计算机科学的基本主题。

算法分析是计算机科学的基本主题，涉及各种技术和概念。算法分析是本书的重点，本章介绍与算法分析相关的问题，为理解后期要用到的分析技术奠定基础。

先举一个日常生活的小例子：手工洗盘子。假设洗一个盘子需要 30 秒，擦干一个盘子也需要 30 秒，那么，我们可以很容易地计算洗净 n 个盘子并擦干它们所需的时间。

我们可以将手工洗盘子所需时间表示如下：

Time(n dishes)=n（30 秒洗盘子时间+ 30 秒擦干盘子时间）

$$= 60n \text{ 秒}$$

或者，更正式地写为：

$$f(x)=30x+30x$$
$$f(x)=60x$$

另一方面，假设我们洗盘子时太不小心，每次都将水洒到已洗过的盘子上。因此，当我们每次洗完一个盘子之后，不仅要擦干这个盘子，还要擦干之前洗过的所有盘子。清洗每个盘子仍然需要 30 秒，但是，现在擦干盘子的时间变了，我们需要 30 秒来擦干最后一个盘子（一倍），2×30（或 60）秒来擦干倒数第二个盘子（两倍），3×30 秒擦干第三个盘子（三倍），依此类推。在这种情况下，手工洗盘子的所需时间的计算如下：

$$\text{Time(n dishes)}=n（30 秒洗盘子时间+\sum_{i=1}^{n}(i*30)）$$

当我们使用等差数列公式 $\sum_{1}^{n}i=n(n+1)/2$ 时，函数变为：

$$\text{Time(n dishes)}=30n+30n(n+1)/2$$
$$=15n^2+45n 秒$$

如果要洗 30 个盘子，第一种方法需要 30 分钟，而第二种粗心的方法需要 247.5 分钟。我们要洗的盘子越多，差异就越大。例如，如果要洗 300 个盘子，第一种方法需要 300 分钟，也就是 5 小时，而第二种方法需要 908315 分钟，也就是大约 15000 小时！看一看这差异多大啊。

11.2　增长函数和大 O 符号

对于我们需要分析的每个算法，都需要定义问题的规模。以洗盘子为例，问题的规模是需要洗净和擦干的盘子总数。此外，我们还必须确定时间或空间的使用效率。基于时间的考虑，选择合适的处理步骤实现算法。以洗盘子为例，我们要尽量减少洗盘子和擦干盘子的次数。执行任务的总时间与执行任务的次数直接相关。我们可以根据问题规模和处理步骤来定义算法效率。

下面分析将数值列表按升序排序的算法。为了表示此问题的规模，最自然的方法是要先知道需要排序的数值总数。之后优化处理步骤，选择合适的算法对所有数值进行比较并按升序排列。数值的比较次数越多，所占用的 CPU 时间也就越长。

增长函数给出了问题规模（n）与优化处理步骤之间的关系。增长函数表示算法的时间复杂度或空间复杂度。

重要概念

增长函数给出针对问题规模的时间或空间的利用率。

第二个洗碗算法的增长函数为：

$$t(n)=15n^2+45n$$

但是，在一般情况下，我们并不需要了解算法确切的增长函数，只需要关注算法的渐近复杂度。也就是说，我们需要关注当 n 增加时函数的通性。通性是基于表达式的主项，因为随着 n 的增长，主项增长最快。当 n 变得极大时，洗碗算法的增长函数值由 n^2 项主导，因为与表达式其他项的增长相比，n^2 项的增长占主导地位。在这个示例中，常数 15 和低阶项 45n 的增长变得无足轻重。也就是说，在增长中，表达式的主项值占主导地位。

图 11.1 给出表达式及其各项的值。据该图所知，随着 n 越来越大，$15n^2$ 项主导了表达式的值。值得注意的是，对于非常小的 n 值而言，45n 这一项值所占比重也很大。但当 n 变得越来越大时，45n 这项的值对整个表达式值的影响越来越小。

盘子数（n）	$15n^2$	$45n$	$15n^2+45n$
1	15	45	60
2	60	90	150
5	375	225	600
10	1 500	450	1 950
100	150 000	4 500	154 500
1 000	15 000 000	45 000	15 045 000
10 000	1 500 000 000	450 000	1 500 450 000
100 000	15 000 000 000	4 500 000	150 004 500 000
1 000 000	15 000 000 000 000	45 000 000	15 000 045 000 000
10 000 000	1 500 000 000 000 000	450 000 000	1 500 000 450 000 000

图 11.1　增长函数中各项的比较

重要概念

消去算法增长函数中的常数和除主项之外的所有项就是算法的阶数。

渐近复杂度也称为算法的阶数。因此，第二个洗碗算法的时间复杂度为 n^2，写成 $O(n^2)$。第一个有效的洗盘子实例的增长函数为 $t(n)=60(n)$，其时间复杂度为 n，写作 $O(n)$。$O(n)$ 原始算法与 $O(n^2)$ 算法之所以差异如此之大，究其原因在于 $O(n^2)$ 算法必须要将每个盘子多次擦干。

这种表示法称为 $O()$ 或大 O 表示法。无论问题规模如何，增长函数都以恒定的时间执行算法，则该算法的时间复杂度是 $O(1)$。通常，在确定算法（或程序）的增长函数和效率时，我们只关心相应的可执行语句。但我们知道，声明也可能包含初始化。当某些声明非常复杂时，能足以影响算法的效率。

例如，无论问题的规模如何，赋值语句和 if 语句都只执行一次，因此，它们的时间复杂度为 $O(1)$。因此，无论顺序执行多少条这类语句，程序的时间复杂度仍是 $O(1)$。循环和方法调用可能会导致高阶的增长函数，因为根据问题的规模，程序要多次执行循环或方法调用的语句。本章后面会单独讨论循环和方法调用的时间复杂度问题。图 11.2 给出了一些增长函数及其渐近复杂度。

重要概念

算法的阶数给出了算法增长函数的上界。

更正式地讲，说增长函数 $t(n) = 15n^2 + 45n$ 是 $O(n^2)$ 就意味存在常数 m 和某个 n_0，使对所有的 $n > n_0$，有 $t(n) <= m*n^2$。换一种说法，就是算法的阶数给出了增长函数的上界。同样重要的还有其他一些表示符号，例如 omega（Ω）给出了函数的下界，而 theta（θ）既给出了函数的上界，也给出了函数的下界。我们的讨论集中于算法的阶数。

因为增长函数的高阶项最为重要，所以，常数项和其他低阶项都无足轻重了。如果算法的阶数相同，则算法的效率大致相同。例如，即使完成相同任务的两个算法具有不同的增长函数，但两个算法的阶数都是 $O(n^2)$，则这两个算法的效率大致相同。

增长函数	阶数	类型
t(n)=17	$O(1)$	常数
t(n)=3log n	$O(\log n)$	对数
t(n)=20n-4	$O(n)$	线性
t(n)=12n log n+100n	$O(n \log n)$	n log n
t(n)=$3n^2+5n-2$	$O(n^2)$	平方
t(n)=$8n^3+3n^2$	$O(n^3)$	立方
t(n)=2^n+18n^2+3n	$O(2^n)$	指数

图 11.2　增长函数及其渐进复杂度

11.3　增长函数的比较

随着处理器速度的提高以及大量廉价存储器的使用，会让人觉得，我们不再需要算法分析了，但事实并非如此。处理器速度和大容量内存都无法弥补算法之间效率的差异。我们知道，在考虑算法时间复杂度时，通常不考虑常数，因为常数是无关紧要的。而提高处理器的速度恰恰只是增加增长函数的常数。因此，与使用更快的处理器相比，使用高效的算法是最好的问题解决方案。

由 Aho、Hopcroft 和 Ullman（1974）提出了另一种分析算法复杂度的方法。如果当前系统能在给定时间段内处理规模为 n 的问题，那么将处理器的速度提高十倍，算法能处理的问题规模会发生什么变化呢？图 11.3 给出了答案。线性情况相对简单。算法 A 的线性时间复杂度是 n，当处理器速度提高 10 倍时，算法 A 能处理的问题规模的确增大了 10 倍。也就是说，在相同的时间内，在处理器提速后，算法 A 能处理 10 倍的数据。算法 B 的时间复杂度是 n^2，当处理器速度提高 10 倍时，算法 B 能处理的问题规模仅提高了 3.16 倍。算法 B 为什么不能处理 10 倍的问题规模呢？原因在于，算法 B 的时间复杂度是 n^2，因此，有效的加速仅为 10 的平方根，即 3.16 倍。

算法	时间复杂度	加速前最大的问题规模	加速后最大的问题规模
A	n	s_1	$10s_1$
B	n^2	s_2	$3.16s_2$
C	n^3	s_3	$2.15s_3$
D	2^n	s_4	$s_4+3.3$

图 11.3　处理器速度提高 10 倍，能处理问题规模的增长

类似地，算法 C 的复杂度是 n^3，它处理问题的规模仅提高了 10 的立方根，即 2.15 倍。算法 D 的时间复杂度是指数，其问题规模变量在指数中，因此算法 D 的加速更少，仅为 $\log_2 n$，即+3.3。注意，这里不是 3.3 倍，只是原始问题规模增加 3.3。从宏观角度来讲，如果算法效率低下，加速处理器也于事无补。

图 11.4 给出了当 n 相对较小时，各种增长函数的比较。注意，当 n 很小时，算法之间几乎没有差别。也就是说，如果你能保证问题规模非常小，如规模为 5 或更小，那么使用

哪种算法都可以，这种情况下，算法并不重要。但要注意，如图 11.5 所示，随着 n 变得越来越大，增长函数之间的差异会有天壤之别。

> **重要概念**
> 从宏观来看，当算法效率低下时，加速处理器也于事无补。

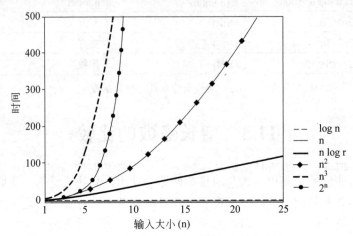

图 11.4　对于小值 n，各种增长函数的比较

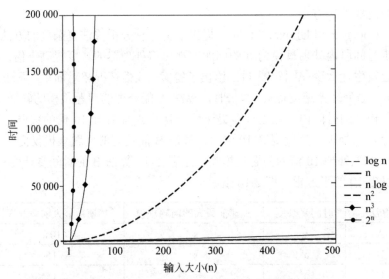

图 11.5　对于大值 n，各种增长函数的比较

11.4　确定时间复杂度

11.4.1　分析循环的执行

为了确定算法的阶数，我们必须确定特定语句或语句组的执行频率。因此，我们需要确定循环体的执行次数。在分析循环执行时，先确定循环体的阶数，然后再乘以循环次数

n。要记得，这个 n 代表问题的规模。

重要概念
分析算法复杂度通常要分析循环的执行。

假设循环体的复杂度是 O(1)，而下面循环的时间复杂度是 O(n)。

```
for (int count = 0; count < n; count++)
{     /* some sequence of O(1) steps */
}
```

之所以是这个结果，原因在于虽然循环体的复杂度是 O(1)，但由于循环结构使循环体执行了 n 次，所以循环的时间复杂度是 O(n)。通常来讲，如果循环结构以线性方式逐步遍历 n 项，且循环体是 O(1)，则循环是 O(n)。即使在执行循环时，会跳过一些语句，但只要跳过的语句是线性的，则循环仍是 O(n)。例如，如果前面的循环隔几个数跳一次（例如，count += 2），那么循环的增长函数是 n / 2，但由于常数不影响渐近复杂度，所以循环的时间复杂度仍是 O(n)。

下面再分析另一个例子。如果循环的增长函数是对数，且在循环中，则循环的复杂度是 O(log n)。注意，在算法复杂度中使用对数时，默认是以 2 为基数。因此，我们可以将时间复杂度写作 $O(\log^2 n)$。由于每次循环都会使 count 的值乘以 2，所以循环执行的次数为 $\log^2 n$。

```
count = 1;
    while (count < n)
    {
        count *= 2;
        /* some sequence of O(1) steps */
    }
```

重要概念
循环的时间复杂度是循环体复杂度乘以循环执行的次数。

11.4.2　嵌套循环

当循环嵌套时，会出现更有趣的场景。在嵌套循环中，外循环的复杂度乘以内循环的复杂度得到嵌套循环的复杂度。例如，嵌套循环的时间复杂度是 $O(n^2)$。内循环的循环体时间复杂度是 O(1)，内循环将被执行 n 次。也就是说，内循环的时间复杂度是 O(n)，将 O(n) 乘以外循环执行的次数 n 得到嵌套循环的时间复杂度是 $O(n^2)$。

```
for (int count = 0; count < n; count++)
{
    for (int count2 = 0; count2 < n; count2++)
    {
        // some sequence of O(1) steps
    }
```

```
}
```

> **重要概念**
> 分析嵌套循环必须同时考虑内循环和外循环。

下面的嵌套循环的时间复杂度是多少呢？

```
for(int count =0; count <n;count++)
{
    for(int count2 = count; count2 <n; count 2 ++)
        {
            /* some sequence of O(1) steps */
        }
    }
```

在这个例子中，内循环的索引被初始化为外循环索引的当前值。外循环执行 n 次。内循环第一次执行 n 次，第二次执行 n - 1 次，依此类推。但是，要知道，主项决定时间复杂度，常数或任何低阶项都不起作用。如果渐进是线性的，那么无论跳过多少条语句，循环的时间复杂度仍是 $O(n)$。因此，上述循环代码的时间复杂度是 $O(n^2)$。

11.4.3　方法调用

假设我们有如下代码段：

```
for(int count=0; count <n; count++)
{
    printsum(count);
}
```

根据前面的学习可知, 循环的时间复杂度是循环体的时间复杂度乘以循环执行的次数。但在这个例子中，循环体是方法调用。因此，在确定代码段的复杂度之前，必须先确定方法的复杂度。假设方法是打印从 1 到 n 的整数之和。我们编写的求和方法如下所示：

```
public void printsum(int count)
{
    int sum = 0;
    for(int i = 1; i <count; i ++)
        sum + = i;
    system.out.println(sum);
}
```

printsum 方法的时间复杂度是多少呢？要知道，只有可执行语句才会对时间复杂度做出贡献。在这个示例中，除了循环之外，所有的可执行语句的复杂度都是 $O(1)$。另外，循环的复杂度是 $O(n)$，因此方法本身的复杂度是 $O(n)$。现在，计算有调用方法的循环的时间复杂度，就是简单地将方法的复杂度（其为循环体）乘以循环执行的次数。因此使用 printsum 方法实现的循环的时间复杂度是 $O(n^2)$。

根据前面的讨论可知，我们不必使用循环来计算从 1 到 n 的整数之和。事实上，我们可以使用 $\sum_{1}^{n} i = n(n+1)/2$。现在，重写 printsum 方法，看看时间复杂度会发生什么变化：

```
public void printsum (int count)
{
    sum=count * (count + 1) / 2;
    system.out.println (sum);
}
```

现在，printsum 方法的时间复杂度由赋值语句的复杂度（O(1)）和 print 语句（也是 O(1)）组成。因此，重写后的 printsum 方法的时间复杂度是 O(1)，这意味着调用此方法的循环的时间复杂度从 O（n^2）变成 O(n)。根据之前的讨论和图 11.5 可知，这种代码的改进提高了算法的效率。这个示例再次证明，高效的算法有多么重要。

如果方法的主体由多个方法调用和循环组成，时间复杂度又将如何呢？分析下面的代码，代码中的 printsum 方法是上述重写的该方法：

```
public void sample (int n)
{
    printsum(n); /* this method call is O (1) */
    for(int count = 0; count<n; count++) /* this loop is O(n) */
        printsum(count);
    for(int count = 0; count <n; count++)/* this loop is O(n²) */
        for(int count2=0; count2<n;count2);
            system.out.println(count, count2);
}
```

使用参数 temp 对 printsum 方法的初始调用的时间复杂度是 O(1)，因为 printsum 方法的时间复杂度是 O(1)。for 循环包含使用参数 count 对 printsum 方法调用，它的时间复杂度是 O(n)，因为 printsum 方法的时间复杂度是 O(1)，且循环执行 n 次。嵌套循环的时间复杂度是 O(n^2)，因为每次外循环执行时内循环将执行 n 次，外循环也将执行 n 次。最后，因为只有主项起决定作用，所以整个方法的时间复杂度是 O(n^2)。

更正式地说，示例方法的增长函数为：

$$f(x)=1+n+n^2$$

之后，只保留主项，去除主项之外的常数和低阶项，因此，方法的时间复杂度为 O（n^2）。

在分析方法调用的时间复杂度时，我们必须要处理另外一个问题：递归，即方法自调用的情况，我们将在第 17 章中讨论递归。

重要概念总结

- 软件必须高效地使用 CPU 和内存资源。
- 算法分析是计算机科学的基本主题。
- 增长函数给出针对问题大小的时间或空间的利用率。

- 通过消除算法增长函数中的常数和除主项之外的所有项就是算法的阶数。
- 算法的阶数给出了算法增长函数的上界。
- 从长远来看，当算法效率低下时，加速处理器也于事无补。
- 分析算法复杂度通常要分析循环的执行。
- 循环的时间复杂度是循环体复杂度乘以循环执行的次数。
- 分析嵌套循环必须同时考虑内循环和外循环。

术 语 总 结

算法分析是计算机科学的专题领域，侧重研究软件算法的效率。

Big-Oh 表示法是用于表示函数阶数或渐近复杂度的符号。

增长函数是一种描述相对于问题大小的时间或空间利用率的函数。

渐近复杂度是对增长函数的限制，由增长函数的主项定义，并将类似函数归类。

自 测 题

11.1   算法的增长函数与该算法的阶数有何不同？

11.2   为什么加速 CPU 不一定能提升算法的运行时间？

11.3   如何使用算法的增长函数来确定算法的阶数？

11.4   如何确定循环的时间复杂度？

11.5   如何确定方法调用的时间复杂度？

练 习 题

11.1   下面每个增长函数的阶数是多少？

     a. $10n^2 + 1000n + 1000$

     b. $10n^3 - 7$

     c. $2^n + 100n^3$

     d. $n^2 \log n$

11.2   按升序对练习 11.1 中增长函数的效率进行排序。给定的 n 值为 n=10 和 n=1 000 000。

11.3   编写代码，在未排序的整数数组中找到最大元素，并给出该算法的时间复杂度。

11.4   确定下面代码段的增长函数和阶数：

```
for (int count = 0; count < n; count++)
{
    for (int count2 = 0; count2 < n; count2+2)
    {
      System.out.println(count +,   +count2);
    }
```

```
}
```

11.5　确定下面代码段的增长函数和阶数：

```
for (int count = 0; count < n; count++)
{
    for (int count2 = 1; count2 < n; count2*2)
    {
        System.out.println(count +,    +count2);
    }
}
```

11.6　图 11.1 给出了在两个洗盘子示例中，随着 n 值增大，增长函数各项的变化。编写一个程序，实现给定增长函数的各项变化表。

自测题答案

11.1　算法的增长函数表示问题大小与解决方案的时间复杂度之间的确切关系。 算法的阶数是渐近时间复杂度。随着问题规模的增大，算法的复杂度接近渐近复杂度。

11.2　仅当算法具有常数阶 O(1)或线性阶 O(n)时，才会出现线性加速。随着算法复杂度的增加，加速处理器对算法的影响越来越小。

11.3　消去算法增长函数中的常数和除主项之外的所有项就是算法的阶数。

11.4　循环的时间复杂度是将循环体的时间复杂度乘以循环体的执行次数得到的。

11.5　方法调用的时间复杂度是先确定方法的时间复杂度，然后用其替换调用自己方法的复杂度。

第 12 章 集 合

学习目标

- 定义与集合相关的概念和术语。
- 探讨 Java Collections API 的基本结构。
- 讨论集合的抽象设计。
- 定义栈集合。
- 使用栈集合解决问题。
- 分析栈的数组实现。

本章探讨集合和实现集合的底层数据结构。我们先仔细分析集合的定义及相关的设计问题和目标，为以后的集合学习奠定基础。之后，以栈集合为例，说明集合的设计、实现和使用等相关问题。

12.1 集 合 概 述

集合是收集和组织其他对象的对象。集合定义了访问和管理集合元素的特定方式。集合的用户，也就是软件系统的其他类或对象，必须用规定的方式才能与集合进行交互。

> **重要概念**
> 集合是收集和组织其他对象的对象。

随着时间的推移，软件开发人员和研究人员已经定义了几种特定类型的集合。每种类型的集合都专用于解决指定类型的问题，本章将致力于探讨这些经典的集合。

集合可以分为两大类：线性集合和非线性集合。顾名思义，线性集合是以直线组织其元素的集合。非线性集合是以直线以外的其他方式（如层次结构或网络）组织的集合。此外，非线性集合也可能根本没有经过组织。

> **重要概念**
> 集合中的元素通常根据它们添加到集合的顺序或者元素之间的某种内在关系来组织。

图 12.1 给出了线性集合和非线性集合。一般来讲，线性集合中的元素是水平的还是垂直的，都无关紧要。

集合元素之间的组织通常由下面的一种方式决定：

- 元素添加到集合的顺序。
- 元素之间存在的某种内在关系。

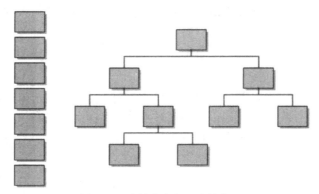

图 12.1　线性集合与非线性集合

例如，线性集合总是将新元素添加到直线的一端，因此，线性集合的元素顺序是由添加元素的顺序决定的。另外，线性集合也可以按某种特征进行排序得到。例如，我们可以按姓名对人员列表进行排序，所得到的集合就是线性集合。非线性集合元素的组织也是用上述的一种方式确定的。

12.1.1　抽象数据类型

抽象在某些时候会隐藏某些细节。与一次处理太多的细节相比，处理抽象容易得多。事实上，我们在生活的每一天都在依赖抽象。例如，如果我们要操心开车的所有细节：如火花塞、活塞、传动装置如何工作，那我们就没法开车了。我们开车只需要汽车的方向盘、踏板和一些其他控件。这些控件就是一种抽象，隐藏了汽车底层工作的细节。通过控件，使司机能控制一台非常复杂的机器：汽车。

> **重要概念**
> 集合是一种抽象，其隐藏了实现细节。

像任何设计良好的对象一样，集合也是一种抽象。集合定义了用户可用的接口，通过这些接口，用户可以管理集合对象，例如向集合中添加元素，删除集合的元素等。用户通过接口与集合进行交互，图 12.2 给出了示意图。集合如何实现其定义的细节完全是另一个问题。实现集合接口的类必须满足集合的定义，但可以通过多种方式实现集合。

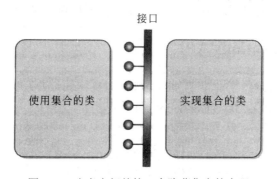

图 12.2　定义良好的接口会隐藏集合的实现

　　抽象是另一个重要的软件工程概念。在大型软件系统中，任何人都掌握系统的所有细节是不可能的。设计人员要将系统划分为抽象的子系统，再指定抽象子系统的接口以及子系统之间的交互。最后将子系统分配给不同的开发人员或开发人员团队，分别开发满足规范的子系统。

　　对象是创建集合的完美机制，因为只要设计正确，就会封装对象的内部工作。在大多数情况下，类所定义的实例变量都声明为私有可见性。因此，只有该类的方法可以访问和修改这些变量。用户与对象的唯一交互方式是通过其公共方法，公共方法表示对象提供的服务。

　　随着对集合的深入探讨，我们知道，要强调将接口与实现分离的思想。因此，对于要分析的每个集合，要分析以下内容：

- 从概念上讲，如何操作集合？
- 我们如何正式定义集合的接口？
- 集合能帮助我们解决哪些问题？
- 某种类型的集合能为我们提供哪些支持？
- 我们可以通过多种方式实现集合吗？
- 每种实现的优势是什么？相应的成本是多少？

　　在继续学习之前，先定义一些与集合相关的一些术语。数据类型是一组值和在这些值上定义的操作。Java 中定义的基本数据类型是很好的示例。例如，整数数据类型定义了一组数值和在它们上使用的操作，如加法、减法等。

　　抽象数据类型（ADT）是一种数据类型，其值和操作在编程语言中没有固有定义。它只是抽象的，但必须定义其实现细节，并且要向用户隐藏实现细节。集合是一种抽象数据类型。

　　数据结构是用于实现集合的编程结构集合。例如，我们可以使用固定大小的数据结构（如数组）来实现集合。集合的定义以及接口与实现分离的设计决策使我们最终得到线性数据结构（如数组）或实现非线性的集合（如树）。

> **重要概念**
> 数据结构是用于实现集合的底层编程结构。

　　历史上，术语 ADT 和数据结构以各种方式使用。在此，我们加以定义是为了避免任何混淆。在分析各种数据结构以及如何使用它们来实现各种集合时，都要一直使用这些术语。

12.1.2　Java Collections API

　　Java 程序设计语言附带了非常庞大的类库，以支持软件开发。其将库的一部分组织成应用程序编程接口（API）。Java Collections API 是类集，用于表示指定类型的、以各种方式实现的集合。

　　既然程序设计语言已经为我们提供了集合，为什么还要学习如何设计和实现集合呢？原因如下：首先，Java Collections API 只提供了你可能需要使用集合的子集。其次，API 的类也可能无法实现你需要的集合。第三，也许是最重要的，软件开发的学习需要深入了解集合设计所涉及的问题以及用于实现它们的数据结构。

　　在我们探讨各种类型的集合时，还将分析 Java Collections API 中的相应类。在每类集合中，我们还将分析自己开发的各种实现，并将其与标准库中的类方法进行比较。

12.2　栈　集　合

　　我们来分析一个集合的例子。栈是一个线性集合，其在一端添加或删除元素。栈是以后进先出（LIFO）的方式处理元素的。也就是说，在栈中的最后一个元素将是第一个被删除的元素。换句话说，在栈中，删除元素的顺序正好与添加元素的顺序相反。事实上，栈在计算中的一个主要用途就是逆序操作，如撤销操作等。

> **重要概念**
> 栈元素以 LIFO 方式处理：即最后入栈的元素第一个出栈。

　　栈的处理如图 12.3 所示。通常，栈是垂直的，我们将添加元素和删除元素的一端称为栈顶。

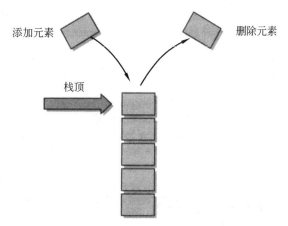

图 12.3　栈概念视图

　　回忆一下前面的讨论，我们定义了抽象数据类型（ADT），用于识别指定的操作集，通过这些操作来管理存储在数据结构中的元素。我们总是需要使用概念来正式定义集合的操作，并运用这些操作。这样，就可以直接将接口与集合分离，用任何指定实现技术对集合进行实现。

　　图 12.4 给出了栈 ADT 的操作。在栈术语中，我们 push 一个元素入栈，然后用 pop 让一个元素出栈。我们使用 peek 查看栈顶元素，按需分析或使用该元素，但并不真的将该元素从集合中删除。我们还可以使用 isEmpty 操作来确定栈是否为空，如果栈不为空，还可以使用 size 知道栈所包含的元素数。

> **重要概念**
> 程序员应该选择适合的结构，以满足要管理数据类型的需求。

有时，集合上操作的命名约定有所不同。对于栈，使用术语 push 和 pop 是相对标准的。peek 操作有时也称为 top。

操作	描述
push	将元素添加到栈顶
pop	从栈顶删除元素
peek	检查栈顶的元素
isEmpty	确定栈是否为空
size	确定栈中元素的数量

图 12.4　栈上的操作

设计焦点

在栈 ADT 的设计中，我们明白要实现栈与使用栈的应用程序的分离。注意，如果在空栈上请求 pop 或 peek 操作，则栈 ADT 的任何实现都会抛出异常。集合不会确定如何处理异常，而只是将异常报告给使用栈的应用程序。与此类似，栈 ADT 没有完整的栈的概念。因此，栈集合只是管理自己所保存的元素，避免栈满的可能性。

记住，集合的定义不是通用的。在不同的数据结构定义了各种操作的变种。本书非常谨慎地定义了每个集合的操作，以使操作与其目标一致。

例如，注意，图 12.4 中的栈操作都不能使用户到栈中修改、删除或重组栈中的元素。这就是栈的本质：所有操作都在一端发生。但有些特定的问题，需要访问集合中间或底部的元素，那么，栈就不是解决该问题的集合。

我们的确为集合提供了 toString 操作。toString 操作不是为栈定义的经典操作，此操作违反了栈规定的行为。但是，toString 操作提供了一种遍历和显示栈内容方法，且无需修改栈，这对于调试是非常有用的。

12.3　至关重要的 OO 概念

现在分析一下栈如何保存内容。一种做法是在每次需要时，简单地重建栈的数据结构，以保存应用程序指定的特定对象类型。例如，如果需要字符串栈，则只需复制粘贴栈代码，并将对象类型改为 String。即使在技术上，复制、粘贴和修改是一种重用方式，但这种强力类型的重用并不是我们的目标。最纯粹的重用意味着创建集合的代码只写一次，编译成字节码也只有一次，之后，该集合能安全、高效地处理存储在其中的任何对象。为了实现这些目标，我们必须考虑类型兼容性和类型检查。类型兼容性是指明引用对象的赋值是否合法。例如，下面的赋值是不合法的，因为将声明为 String 类型的引用赋值给 Integer 类型的对象。

```
String x = new Integer(10);
```

Java 提供了编译时类型检查，用于标记这种无效的赋值。第二种做法是利用继承和多态概念来创建可以存储任何类对象的集合。

12.3.1　继承与多态

附录 B 有关于继承和多态的完整讨论。回顾一下，多态引用是一种引用变量，其可以在不同时刻引用不同类型的对象。继承可用于创建类的层次结构，引用变量可以引用与继承相关的任何对象。

将此想法推至极限，Object 引用可以引用任何对象，因为所有类都是 Object 类的后代。例如，设计使用多态的类 ArrayList，用于保存 Object 引用。这也是 ArrayList 可以存储任何类型的对象原因。指定的 ArrayList 可以同时保存几种不同类型的对象，因为这些对象都是与 Object 类型兼容的对象。

根据上述讨论结果，似乎我们只需将 Object 引用存储在栈中，通过继承实现的多态创建保存任何类型对象的集合。但是，这种可能的解决方案会产生一些意想的结果。本章重点介绍如何使用数组实现栈，所以着重介绍处理多态引用和数组时会出现什么情况。回顾一下图 12.5 中的类。在此图中，由于 Animal 是所有其他类的超类，因此允许使用下面的赋值：

```
Animal creature = new Bird();
```

但是，这也说明，下面的赋值也会被编译：

```
Animal [] creatures = new Mammal [];
creatures [1]= new Reptile();
```

注意，根据定义，creatures [1]应该既是 Mammal 又是 Animal，但不是 Reptile。这段代码将被编译，但会生成 java.lang.ArrayStoreException。因此，因为使用 Object 类不提供编译时类型检查，所以要寻求更好的解决方案。

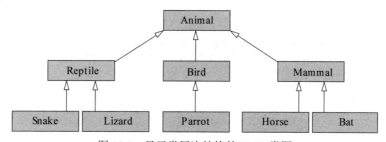

图 12.5　显示类层次结构的 UML 类图

12.3.2　泛型

从 Java 5.0 开始，Java 使用户能按泛型定义类。也就是说，我们可以定义类，使其能保存、操作和管理在实例化类之前未指定类型的对象。在本书中，泛型是集合及其底层实现的不可或缺的一部分。

假设我们需要定义一个名为 Box 的类，用于存储和管理其他对象。我们使用前面所讨论的多态，对 Box 进行定义，使其能存储对 Object 类的引用。之后，任何类型的对象都可以存储在 Box 中。实际上，当 Box 可以存储多种类型的无关对象时，代码具有了灵活性，但也失去了控制权。

更好的方法是定义 Box 类来存储泛型 T。我们可以使用任何标识符作为泛型类型，但约定是使用 T。类头的尖括号中包含引用的类型。

例如：

```
class Box <T>
{
    //declarations and code that manage objects of typeT
}
```

当需要 Box 时，用指定的类来代替 T 进行实例化。例如，如果我们需要 Box 类存储 Widget 对象，则可以使用下面的声明：

```
Box<Widget> box1 = new Box<Widget>();
```

box1 变量的类型是 Box <Widget>。实质上，对于 box1 对象，Box 类用 Widget 替换了 T。假设我们现在需要 Box 类来存储 Gadget 对象，则可以使用下面的声明：

```
Box<Gadget> box2 = new Box<Gadget>();
```

对于 box2，Box 类是用 Gadget 替换 T。因此，虽然 box1 和 box2 对象都是 Box 类，但因为使用泛型，所以它们的类型不同。这是一种更为安全的实现，因为我们不能使用 box1 存储 Gadget 对象，也不能使用 box2 存储 Widget 对象。无法实例化 T 这类的泛型。T 只是一个占位符。当实例化类时，能用指定类型的对象替换这个占位符。

现在，我们可以使用泛型的机制来创建集合，其能安全有效地存储任何类型的对象。下面我们继续讨论栈集合。

12.4 节详细探讨使用栈解决问题的实例。

12.4　使用栈计算后缀表达式

传统上，算术表达式是用中缀表示法表示的，也就是说运算符放在操作数之间。具体表示形式如下：

```
<operand> <operator> <operand>
```

如下面的表达式：

```
4 + 5
```

在计算中缀表达式时，我们按优先级原则确定运算符求值的顺序。例如，表达式

```
4+5*2
```

的值是 14 而不是 18。因为按优先级原则，在没有括号的情况下，乘法计算优先于加法计算。

在后缀表达式中，运算符位于两个操作数之后。因此，后缀表达式的形式如下：

```
<operand> <operator> <operand>
```

举个例子，下面的后缀表达式

```
6 9
```

相当于中缀表达式

```
6 9
```

与中缀表达式相比，后缀表达式更容易计算，因为不用考虑优先级规则和括号。表达式中值和运算符的顺序就足以确定结果。因此，编程语言编译器和运行时环境的内部计算都使用后缀表达式。

计算后缀表达式的过程遵循下面的简单规则：从左到右扫描，将后跟的运算符直接应用于其前面的两个操作数，并用计算结果替换运算符。最后，得到表达式的最终值。

下面分析前面的中缀表达式：

```
4+5*2
```

在后缀表示法中，上述表达式表示为：

```
4 5 2 * +
```

按后缀表达式计算规则，我们计算表达式的值。从左侧开始扫描，直到遇到乘法（*）运算符。我们立即将乘法运算符应用于其前面的两个操作数 5 和 2，并将结果 10 替换乘法运算符，得到：

```
4 10 +
```

继续从左到右扫描，立即遇到了加号（+）运算符。将加号运算符应用于其前面的两个操作数 4 和 10，和为 14，该值是表达式的最终值。

下面分析一个稍微有点复杂的例子。分析下面的中缀表达式：

```
(3*4-(2+5))* 4 / 2
```

等效的后缀表达式为：

```
34 * 25 + - 4* 2 /
```

应用后缀表达式的计算规则，分别得到：

```
12 25 + - 4 * 2 /
12 7   4 * 2 /
5 4 * 2 /
20 2 /
10
```

下面介绍计算后缀表达式的程序设计。后缀表达式计算规则依赖于每当遇到运算符时都能够检索到前面的两个操作数。此外，大型的后缀表达式要管理许多运算符和操作数。事实证明，栈是能处理这种问题的完美集合。栈提供的操作与计算与后缀表达式的计算过程能完美吻合。

重要概念
栈是计算后缀表达式的理想数据结构。

使用栈计算后缀表达式的算法如下：从左到右扫描表达式，依次识别每个标记，即识别每个操作符或操作数。如果是操作数，则将其压入堆栈。如果是运算符，则从栈中弹出前两个元素，将运算应用于这两个元素，再将结果压入栈。当到达表达式尾部时，栈中保留的元素就是表达式的最终结果。如果我们尝试从栈中弹出两个元素，但栈中没有两个元素时，则表明后缀表达式不正确。类似地，如果到达表达式尾部时，还有多个元素留在栈中，也是表明后缀表达式不正确。图 12.6 给出了如何用栈来计算后缀表达式。

名为 PostfixTester 的程序 12.1 用于计算用户输入的多个后缀表达式。其使用程序 12.2 所示的 PostfixEvaluator 类。

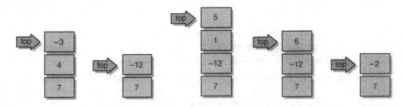

图 12.6　使用栈来计算后缀表达式

程序 12.1

```java
import java.util.Scanner;
/**
 * Demonstrates the use of a stack to evaluate postfix expressions.
 *
 * @author Java Foundations
 * @version 4.0
 */
public class PostfixTester
{
    /**
     * Reads and evaluates multiple postfix expressions.
     */
    public static void main(String[] args)
    {
        String expression, again;
        int result;

        Scanner in = new Scanner(System.in);

        do
```

```
    {
        PostfixEvaluator evaluator = new PostfixEvaluator();
        System.out.println("Enter a valid post-fix expression one
                token " + "at a time with a space between each token
                (e.g. 5 4 + 3 2 1 - + *)");
        System.out.println("Each token must be an integer or an operator
                          (+,-,*,/)");
        expression = in.nextLine();
        result = evaluator.evaluate(expression);
        System.out.println();
        System.out.println("That expression equals " + result);
        System.out.print("Evaluate another expression [Y/N]? ");
        again = in.nextLine();
        System.out.println();
    }
    while (again.equalsIgnoreCase("y"));
    }
}
```

程序 12.2

```java
import java.util.Stack;
import java.util.Scanner;
/**
 * Represents an integer evaluator of postfix expressions. Assumes
 * the operands are constants.
 *
 * @author Java Foundations
 * @version 4.0
 */
public class PostfixEvaluator
{
    private final static char ADD = '+';
    private final static char SUBTRACT = '-';
    private final static char MULTIPLY = '*';
    private final static char DIVIDE = '/';
    private Stack<Integer> stack;
    /**
     * Sets up this evalutor by creating a new stack.
     */
    public PostfixEvaluator()
    {
        stack = new Stack<Integer>();
    }
    /**
     * Evaluates the specified postfix expression. If an operand is
     * encountered, it is pushed onto the stack. If an operator is
```

```
 * encountered, two operands are popped, the operation is
 * evaluated, and the result is pushed onto the stack.
 * @param expr string representation of a postfix expression
 * @return value of the given expression
 */
public int evaluate(String expr)
{
    int op1, op2, result = 0;
    String token;
    Scanner parser = new Scanner(expr);
    while (parser.hasNext())
    {
        token = parser.next();
        if (isOperator(token))
        {
            op2 = (stack.pop()).intValue();
            op1 = (stack.pop()).intValue();
            result = evaluateSingleOperator(token.charAt(0), op1, op2);
            stack.push(new Integer(result));
        }
        else
            stack.push(new Integer(Integer.parseInt(token)));
    }
    return result;
}
/**
 * Determines if the specified token is an operator.
 * @param token the token to be evaluated
 * @return true if token is operator
 */
private boolean isOperator(String token)
{
    return ( token.equals("+") || token.equals("-") ||
             token.equals("*") || token.equals("/") );
}
/**
 * Peforms integer evaluation on a single expression consisting of
 * the specified operator and operands.
 * @param operation operation to be performed
 * @param op1 the first operand
 * @param op2 the second operand
 * @return value of the expression
 */
private int evaluateSingleOperator(char operation, int op1, int op2)
{
    int result = 0;
    switch (operation)
```

```
        {
            case ADD:
                result = op1 + op2;
                break;
            case SUBTRACT:
                result = op1 - op2;
                break;
            case MULTIPLY:
                result = op1 * op2;
                break;
            case DIVIDE:
                result = op1 / op2;
        }
        return result;
    }
}
```

为了简单起见，该程序假定表达式的操作数是整数，是字面值而不是变量。执行时，程序一直接收用户输入，然后计算后缀表达式，直到用户不再输入为止。

PostfixEvaluator 类使用 java.util.Stack 类来创建栈属性。 Java Collections API 提供了两种栈实现。Stack 类是其中的一种栈实现。第 13 章将分析另一种栈实现：Deque 接口。

evaluate 方法执行前面介绍的计算算法，该算法由 isOperator 和 evalSingleOp 方法支持。注意，在 evaluate 方法中，只有操作数被压入栈中。在遇到运算符时，永远不会将运算符放入栈中。这与我们讨论过的计算算法一致。放在栈中的操作数是 Integer 对象，而不是作为 int 基本值，因为栈数据结构要存储对象。

遇到运算符时，会从栈中弹出最上面的两个操作数。注意，弹出的第一个操作数实际上是表达式中的第二个操作数，弹出的第二个操作数实际上是表达式中的第一个操作数。这种顺序在加法和乘法的情况下无关紧要，但对于减法和除法而言，就非常重要了。

另外要注意，后缀表达式程序假定输入的后缀表达式是有效的，这也意味着该表达式包含了一组正确组织的运算符和操作数。如果（1）当遇到运算符时，栈中没有两个可用的操作数，或（2）当表达式中的标记用尽时，栈中仍有多个值时，都表明表达式的格式有问题，我们通过定点检查程序中的栈状态能捕获这两种情况。在下一节中，我们将讨论如何处理这类情况和其他异常情况。

这个程序最重要的是使用定义栈集合的类。此时，我们还不知道栈是如何实现的。我们只是相信类能完成我们的任务。这个示例使用类 java.util.Stack 实现栈，但我们可以使用任何实现栈的类，只要其能按预期执行栈操作即可。从计算后缀表达式的角度来看，在很大程度上，实现栈的方式是无关紧要的。图 12.7 给出了后缀表达式计算程序的 UML 类图。如该图所示，PostfixEvaluator 类使用 java.util.Stack 类的 Integer 实例，并将 Integer 与泛型类型 T 绑定。在 UML 图中不会总包含此类的详细信息。

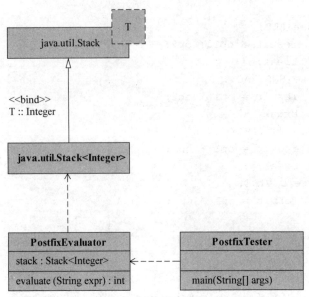

图 12.7　后缀表达式计算程序的 UML 类图

12.4.1　Javadoc

在继续学习之前，让我们分析一下程序 12.1 和程序 12.2 中用到的注释文档样式。这些注释都是 Javadoc 注释，Javadoc 工具能解析这类注释，并能提取注释中有关类和方法的信息。Javadoc 注释以/ **开头，以* /结束。

Javadoc 用于在 HTML 中创建类集合的在线文档。如你所见，就是使用 Javadoc 技术创建在线 Java API 文档。当 API 类及其注释发生变化时，可以再次运行 Javadoc 工具生成新的在线文档。这是一种确保文档不会落后于代码演变的智能方法。

在这个方面，Java API 类没有什么特别之处。我们可以使用 Javadoc 生成任何程序或类集的文档。即使不使用 Javadoc 生成在线文档，Javadoc 注释样式也是 Java 代码注释的官方标准。

Javadoc 标记用于标识特定类型的信息。例如，@ author 标记用于标识编写代码的程序员。 @version 标记用于指定代码的版本号。在方法的标题中，@return 标记用于指示方法返回的值，@ param 标记用于标识传递给方法的每个参数。

我们不再进一步讨论 Javadoc，但本书所有的注释都使用 Javadoc 注释样式。

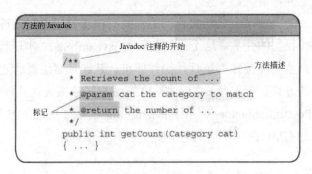

12.5　异　　常

本节分析讨论集合的异常行为。在异常情况下，集合会采取什么样的操作呢？一些异常是集合本身固有的。举个例子，在栈中，如果尝试从空栈中弹出元素会发生什么呢？那就是无论是用什么数据结构实现的集合，都会抛出异常。有些异常是由于实现集合的数据结构本身的缺陷导致的。例如，如果使用数组实现栈，那么，如果数组已满，还尝试将元素压入栈，会出现什么情况呢？带着这样的疑问，让我们深入地进一步分析集合中的异常。

如第 10 章所述，Java 程序有问题时会导致异常或错误。异常是定义特殊或错误情况的对象。程序或运行环境会抛出异常，如果需要，程序也能捕获和处理异常。错误与异常类似，但错误通常是不可能恢复的情况，且也不被捕获。Java 有预定义的异常和错误集，它们可能在程序执行期间出现。

在上述后缀计算表达示例中，可能存在几种异常情况。举例如下：

- 如果要将元素压入栈时，栈已满。
- 如果要将元素弹出栈时，栈为空。
- 如果在完成计算后，栈中还留有多个元素。

让我们分别考虑上述问题。当要将元素压入栈，但栈已满，这可能是底层数据结构的问题，而不是集合的问题。从概念上讲，没有满栈这样的概念，但所有的数据结构都有极限。即使达到数据结构的物理极限，栈也是不满的;只是实现栈的数据结构已满。在 12.6 节中，实现堆栈的同时讨论处理这种情况的策略。

如果要将元素弹出栈，而栈为空怎么办呢？这是一个异常问题，而不是底层数据结构问题。在我们计算后缀表达式的示例中，如果我们要弹出两个操作数，但栈中没有可用的操作数时，就表明后缀表达式不正确。针对这种情况，集合需要报告异常，且应用程序要在上下文中解决这种异常。

第三种情况同样有趣。如果在完成表达式计算后，栈中还有多个值，那该怎么办呢？从栈集合的角度来看，这不是异常。但是，从应用程序角度来看，这是后缀表达式不正确的问题。因为集合不会生成这种异常，所以这应该是应用程序的测试条件。

> **重要概念**
> 错误和异常表示特殊或无效的处理。

12.6　栈 ADT

为了便于将接口操作与实现方法相分离，我们可以定义集合的 Java 接口结构。Java 接口提供了一种正式机制，用于定义任何集合的操作集。

回忆一下，Java 接口定义了抽象方法集，用于指定每个方法的签名，但不指定方法主体。实现接口的类提供其所定义方法的定义。接口名可以用作引用类型，可以将其赋值给实现该接口的任何类的任何对象。

程序 12.3 定义了栈集合的 Java 接口。我们使用集合名后跟缩写 ADT 来命名集合接口。因此，StackADT.java 包含栈集合的接口。它被定义为 jsjf 包的一部分，其包含本书介绍的所有集合类和接口。

注意，栈接口定义为 StackADT <T>，在泛型 T 上操作。在接口的方法中，各种参数和返回值类型通常用泛型 T 表示。当实现接口时，用实际类型替代 T 类型。

每当介绍接口、类或系统时，我们都描述接口、类或系统的 UML。这有助于读者读懂 UML 并知晓创建它们的类和系统。图 12.8 给出了 StackADT 接口的 UML 描述。

程序 12.3

```java
package jsjf;
/**
 * Defines the interface to a stack collection.
 *
 * @author Java Foundations
 * @version 4.0
 */
public interface StackADT<T>
{
    /**
     * Adds the specified element to the top of this stack.
     * @param element element to be pushed onto the stack
     */
    public void push(T element);

    /**
     * Removes and returns the top element from this stack.
     * @return the element removed from the stack
     */
    public T pop();
    /**
     * Returns without removing the top element of this stack.
     * @return the element on top of the stack
     */
```

```
    public T peek();

    /**
     * Returns true if this stack contains no elements.
     * @return true if the stack is empty
     */
    public boolean isEmpty();
    /**
     * Returns the number of elements in this stack.
     * @return the number of elements in the stack
     */
    public int size();
    /**
     * Returns a string representation of this stack.
     * @return a string representation of the stack
     */
    public String toString();
}
```

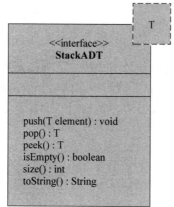

图 12.8　UML 中的 StackADT 接口

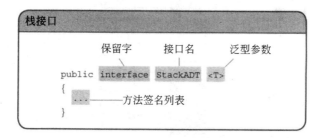

在计算世界中经常使用栈。例如，字处理软件的撤销操作就是使用栈实现的。当我们对文档进行更改，如添加数据、删除数据以及进行格式更改时，字处理软件都会将进行的操作压入栈中，以跟踪每个操作。如果我们选择撤销操作时，则文字处理软件会将最近执行的操作从栈中弹出，然后反转。如果我们选择再次撤销，即撤销我们执行的倒数第二个操作，则要从栈中弹出另一个元素。在大多数字处理软件中，都是以这种方式完成反转。

> **设计焦点**
>
> 撤销操作通常使用一种特殊类型的 drop-out 栈来实现。drop-out 栈的基本操作也是 push、pop 和 peek，与栈相同。唯一的区别是，drop-out 栈对它要保留的元素数量有限制，一旦达到极限，在有新元素压入栈时，底元素就会从栈中弹出。drop-out 栈的开发留作练习。

12.7　用数组实现栈

　　到目前为止，我们介绍了栈集合概念的基本性质，描述了用户对栈集合的操作。按软件工程术语来讲，我们完成了栈集合的分析。虽然我们使用了栈，但并不知道在解决问题时，栈的具体实现细节。现在，我们就将重点转向栈实现的细节。实现表示栈的类的方法有多种。如前所述，Java Collections API 提供了多种实现，包括 Stack 类和 Deque 接口。在本小节中，我们将分析一种实现策略，该策略使用数组存储栈所包含的对象。在第 13 章，我们将分析第二种实现栈的技术。

> **重要概念**
>
> 集合操作的实现不应影响用户与集合交互的方式。

　　为了探讨栈的数组实现，我们有必要回顾一下 Java 数组的一些重要特性。存储在数组中元素的索引是从 0 到 n-1，其中 n 是数组中存储单元的总数。数组是对象，它与它保存的对象要分别进行实例化。当我们谈及对象数组时，实际上是在讨论对象的引用数组，对象引用数组如图 12.9 所示。

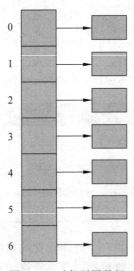

图 12.9　对象引用数组

　　要将集合与实现集合的底层数据结构分离。我们的目标是设计高效的实现，这种实现能提供栈抽象数据类型所定义的每种操作的功能。数组只是一个列于存储对象的数据结构。

12.7.1 容量管理

当创建数组对象时，会为其分配指定数量的单元，用于存储数组元素。例如，下面的实例化所创建的数组能存储 500 个元素，索引范围是 0 到 499：

```
Object [] collection = Object [500];
```

数组中的单元数就是数组容量。容量值存储在数组的 length 常量中。在创建数组后，就无法更改数组的容量。

当使用数组实现集合时，就必须处理数组所有单元已满的情况。也就是说，因为数组是大小固定的数据结构，所以在某些时候，这样的数据结构可能已"满"。但是，数据结构已满是否就意味着集合已满呢？

设计集合时要考虑的一个重要问题就是在将新元素添加到已满数据结构时，应该怎么做。下面是三种基本选择：

- 在执行向集合添加元素的操作时，如果数据结构已满，集合的实现要抛出异常。
- 当集合的实现执行 add 操作时，要返回状态指示符，用户可以检查该状态指示符以确定 add 操作是否成功。
- 在必需时，可以自动扩展底层数据结构的容量。从根本上讲，就是数据结构永远不会变满。

在前两种情况下，集合的用户必须知道集合已满，并且在需要时，必须采取措施处理这种情况。这类解决方案必须提供额外的操作，允许用户检查集合是否已满，并根据需要扩展数据结构的容量。这些方法的优点在于能让用户更好地控制容量。

重要概念

我们如何处理异常条件确定集合的集合或用户是否控制特定行为。

但是，鉴于我们的目标是将接口与实现分开，所以第三种选择更具吸引力。底层数据结构的容量是实现细节，通常对用户隐藏。第三种集合实现能解决这种容量问题。12.8 节探讨的用于实现集合的技术不受固定容量限制，因此不必处理容量问题。

本书的解决方案是通过自动扩展底层数据结构容量来实现固定数据结构。当然，在程序设计项目中，我们也对其他解决方案进行了探讨。

12.8 ArrayStack 类

在 Java Collections API 框架中，类名要表明底层数据结构和集合。本书也遵循这种命名约定。因此，定义了一个名为 ArrayStack 的类来表示数组实现的栈。

更确切地说，我们定义了一个名为 ArrayStack <T>的类，表示基于数组实现的栈集合，用于类型是存储泛型 T 的对象。当实例化 ArrayStack 对象时，再具体指定泛型 T 代表的对象类型。

我们通过下面 4 种假设来设计栈的数组实现：数组是对象引用的数组，在实例化栈时再确定对象的类型，栈底始终处于数组的索引 0 位置，存储在数组中的栈元素是有序、连续的，整数变量 top 存储栈顶元素的数组索引。

图 12.10 给出了包含元素 A、B、C 和 D 的栈，假设这些元素是按顺序入栈的。为了简化起见，图示将元素放在数组中，而不是表示为对象引用的数组。注意，变量 top 既表示要入栈的存储在下一个单元的元素，也代表对栈中元素总数的计数。

重要概念

为了提高效率，基于数组栈的实现是将栈底的索引设置为 0。

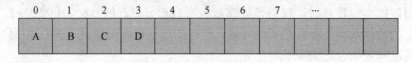

图 12.10　栈的数组实现

在数组的栈实现中，栈底始终处于数组索引 0 的位置，栈在栈底之上的索引位置增长或收缩。这比在数组中反转栈要高效得多。你可以分析一下如果栈顶处于索引 0 的位置，我们必须要进行的处理。

根据上述假设，我们确定，类需要一个常量来存储默认的容量，一个变量来跟踪栈顶位置，还要有一个用于存储栈数组的变量。因此，类头如下所示。注意，ArrayStack 类将成为 jsjf 包的一部分，所用名为 jsjf.exceptions。

```java
package jsjf;
import jsjf.exceptions.*;
import java.util.Arrays;
/**
 * An array implementation of a stack in which the
 * bottom of the stack is fixed at index 0.
 *
 * @author Java Foundations
 * @version 4.0
 */
public class ArrayStack<T> implements StackADT<T>
{
    private final static int DEFAULT_CAPACITY = 100;
    private int top;
    private T[] stack;
```

12.8.1　构造函数

我们的类将有两个构造函数，一个构造函数用于默认的容量，另一个构造函数用于指定容量。

```
/**
 * Creates an empty stack using the default capacity.
 */
public ArrayStack()
{
    this(DEFAULT_CAPACITY);
}
/**
 * Creates an empty stack using the specified capacity.
 * @param initialCapacity the initial size of the array
 */
public ArrayStack(int initialCapacity)
{
    top = 0;
    stack = (T[])(new Object[initialCapacity]);
}
```

这样做只是为了刷新内存，但这是方法重载的一个好例子。也就是说，两个同名方法的不同之处仅在参数列表。值得注意的是，默认容量的构造函数是通过传递 DEFAULT_CAPACITY 常量来使用其他构造函数的。

根据前面对泛型的讨论，我们知道无法实例化泛型。在此就是无法实例化泛型数组。因此，构造函数中会产生下面有趣的代码：

```
Stack = (T[])(new Object[initialCapacity]);
```

注意，在这一行中，我们实例化了 Object 数组，然后将其转换为泛型数组。这样做会产生编译时警告，原因是这种转换是一种未检查类型的转换，而 Java 编译器无法保证这种强制转换类型的安全性。正如我们所见，为了得到泛型的灵活性和类型的安全性，使用这种警告也是值得的。我们在违规语句之前放置下面的 Java 注释来抑制这个警告：

```
@SuppressWarnings ("unchecked")
```

常见错误
对泛型而言，程序员最常犯的错误是尝试创建泛型数组：

```
stack = new T[initialCapacity];
```

泛型无法实例化，也就是说泛型数组无法实例化。这就是为什么我们要创建一个包含 Object 引用的数组，再将其转换为泛型数组的原因。

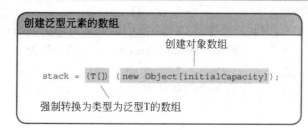

12.8.2   push 操作

要将元素压入栈中，我们只需将该元素插入到变量 top 指定的数组中的下一个可用位置。但是，在这样做之前，我们必须确定数组是否已满，并在必要时对数组进行扩展。在保存该元素之后，我们必须更新 top 值，以便 top 继续代表栈中的元素数量。

下面的代码实现了上述步骤

```java
/**
 * Adds the specified element to the top of this stack, expanding
 * the capacity of the array if necessary.
 * @param element generic element to be pushed onto stack
 */
public void push(T element)
{
    if (size() == stack.length)
        expandCapacity();
    stack[top] = element;
    top++;
}
```

实现的 expandCapacity 方法是根据需要将数组容量加倍。当然，由于数组在实例化后无法调整大小，因此该方法只需创建一个新的更大的数组，再将旧数组的内容复制到新数组中。该方法作为类的支持方法，因此其实现是私有可见性。

```java
/**
 * Creates a new array to store the contents of this stack with
 * twice the capacity of the old one.
 */
private void expandCapacity()
{
    stack = Arrays.copyOf(stack, stack.length * 2);
}
```

将元素 E 压入图 12.10 所示的栈，结果如图 12.11 所示。

在栈的数组实现中，push 操作包括以下步骤：

- 确保数组未满。
- 将数组 top 位置的引用设置为要添加到栈的对象。
- 增加 top 和 count 的值。

每个步骤都是 O(1)。因此，操作是 O(1)。我们需要知道 expandCapacity 方法的时间复杂性以及其对 push 方法产生的影响。expandCapacity 方法确实包含一个线性的 for 循环。更直观地说，其时间复杂度为 O(n)。但考虑到与调用 push 的次数相比，我们调用 expandCapacity 方法的次数相对较少，因此，可以将这种复杂度分摊到所有 push 实例中。

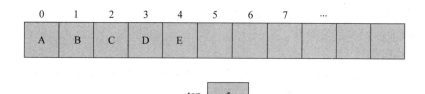

图 12.11 压入元素 E 后的栈

12.8.3 pop 操作

pop 操作删除并返回栈顶的元素。对于数组实现的栈而言，就是返回索引 top-1 处的元素。但是，在尝试返回元素之前，要确保栈中至少有一个可以返回的元素。

基于数组的 pop 操作版的实现如下：

```
/**
 * Removes the element at the top of this stack and returns a
 * reference to it.
 * @return element removed from top of stack
 * @throws EmptyCollectionException if stack is empty
 */
public T pop() throws EmptyCollectionException
{
    if (isEmpty())
        throw new EmptyCollectionException("stack");
    top--;
    T result = stack[top];
    stack[top] = null;
    return result;
}
```

如果在调用 pop 方法时栈为空，则会抛出 EmptycollectionException。否则，递减 top 值，并将存储在该位置的元素存储到临时变量中，以便可以返回该值。最后将数组中的单元设置为 null。图 12.12 给出了图 12.11 所示栈的 pop 操作结果，它将恢复到早期状态，也就是说与图 12.10 相同。

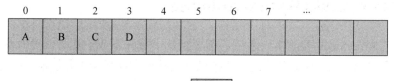

图 12.12 弹出顶部元素后的栈

数组实现栈的 pop 操作包括以下步骤：

- 确保栈不为空。
- 递减 top 计数器。

- 设置一个临时引用，保存 stack [top]中元素。
- 将 stack [top]设置为 null。
- 返回临时引用。

所有这些步骤也都是 O(1)。因此，数组实现的 pop 操作的时间复杂度为 O(1)。

12.8.4　peek 操作

peek 操作只是返回对栈顶元素的引用，但不从数组中删除该元素。对于数组实现的栈而言，就是返回对 top-1 位置元素的引用。这一步是 O(1)，因此 peek 操作也是 O(1)。

```
/**
 * Returns a reference to the element at the top of this stack.
 * The element is not removed from the stack.
 * @return element on top of stack
 * @throws EmptyCollectionException if stack is empty
 */
public T peek() throws EmptyCollectionException
{
    if (isEmpty())
        throw new EmptyCollectionException("stack");
    return stack[top-1];
}
/**
 * Represents the situation in which a collection is empty.
 *
 * @author Java Foundations
 * @version 4.0
 */
```

12.8.5　其他操作

isEmpty、size 和 tostring 操作及其分析留作程序设计项目和练习。

12.8.6　EmptyCollectionException 类

在分析完 ArrayStack 类的实现之后，需要重新审视一下我们对异常处理做出的选择。我们的选择是，集合自己处理底层数据结构已满的情况，因为这是集合固有的问题。此外，如果集合为空，而用户使用 pop 或 peek 操作尝试访问集合元素，我们的选择是抛出异常。因为这是使用集合的问题，而不是集合本身的问题。

异常是 Java 中的类，因此，我们可以选择使用 Java API 中提供的现有异常，当然我们也可以自己创建异常。在这个示例中，我们选择创建空栈异常。创建参数化异常使我们能够将此异常重用于任何集合类中。程序 12.4 给出了 EmptyCollectionException 类。注意，我们的异常类扩展了 RuntimeException 类，通过 super 引用使用父类的构造函数。

程序 12.4

```
public class EmptyCollectionException extends RuntimeException
{
    /**
     * Sets up this exception with an appropriate message.
     * @param collection the name of the collection
     */
    public EmptyCollectionException(String collection)
    {
        super("The " + collection + " is empty.");
    }
}
```

12.8.7　其他实现

在本章中，我们分析了栈的概念，使用 Java API 所提供的 Stack 类来解决后缀表达式的计算问题，然后实现了自己的 ArrayStack 类。ArrayStack 类使用数组存储栈中的底层元素。

但是到此，栈集合的实现还未讲完。在第 13 章中，我们将继续分析另一种栈集合的实现，其所用数据结构不同于数组，其使用链式结构，实现了 LinkedStack 类。

有了栈的数组实现及栈的链式实现做基础，我们就能更深入地研究其他技术的集合实现。

重要概念总结

- 集合是收集和组织其他对象的对象。
- 集合中的元素通常根据它们添加到集合的顺序或者元素之间的某种内在关系来组织。
- 集合是一种抽象，其隐藏了实现细节。
- 数据结构是用于实现集合的底层编程结构。
- 栈元素以 LIFO 方式处理：即最后入栈的元素第一个出栈。
- 程序员应该选择适合的结构，以满足要管理数据类型的需求。
- 栈是计算后缀表达式的理想数据结构。
- 错误和异常表示特殊或无效的处理。
- Java 接口定义了抽象的方法集，可将抽象数据类型概念与其实现相分离。
- 通过使用接口名作为返回类型，我们能确保接口不会将方法提交给实现栈的任何指定类。
- 程序员必须仔细考虑如何处理异常，或根本不考虑异常；也要考虑在哪个层次使用异常。

- 集合操作的实现不应影响用户与集合交互的方式。
- 我们如何处理异常条件确定集合的集合或用户是否控制特定行为。
- 为了提高效率，基于数组栈的实现是将栈底的索引设置为 0。

术 语 总 结

抽象是隐藏或忽略某些细节的观点，通常是为了方便地管理概念。

抽象数据类型是一种数据类型，在编程语言中没有其值和操作的固有定义。

类的层次结构是通过继承建立的类之间的关系，其中一个父类的孩子可以是其他类的父类。

集合是收集和组织其他对象的对象。

数据结构是（1）允许某些操作有效执行的对象组织；（2）用于实现集合的程序设计结构。

异常是定义特殊或错误情况的对象。

泛型是一种对象类型的占位符，在实例化引用它的类之前，其是不确定的。

继承是从现有类派生另一个类的面向对象原则。

接口是（1）一个对象与另一个对象交互的方式；（2）一组公共方法，使一个对象能够与另一个对象进行交互。

Java Collections API 是 Java 应用程序编程接口 API 的子集，用于表示或处理集合。

LIFO 是（1）后进先出；（2）对集合的描述，其添加的最后一个元素将被第一个删除

多态是一种面向对象的原则，它使引用变量能够随时指向相关但类型不同的对象，并在运行时将方法调用与相应代码绑定。

pop 是一种栈操作，其将元素从栈顶移除。

push 是一种栈操作，其将元素添加到栈顶。

Stack 是一种线性集合，以 LIFO 方式从同一端添加和删除元素。

自 测 题

12.1　什么是集合？

12.2　什么是数据类型？

12.3　什么是抽象数据类型？

12.4　什么是数据结构？

12.5　什么是抽象？抽象有什么优势？

12.6　为什么类是抽象数据类型的绝佳表示？

12.7　栈的独特行为是什么？

12.8　栈有哪 5 种基本操作？

12.9　栈还能实现哪些操作？

12.10　术语继承的定义。

12.11　术语多态性的定义。

12.12　根据图 12.5 所给的示例，列出了 Mammal 的子类。

12.13　根据图 12.5 所给的示例，下面的代码会被编译吗？

```
Animal creature = new Parrot();
```

12.14　根据图 12.5 所给的示例，下面的代码被编译吗？

```
Horse creature = new Mammal();
```

12.15　Java 语言中为何使用泛型？

12.16　后缀表示法的优点是什么？

练 习 题

12.1　比较和对比数据类型、抽象数据类型和数据结构。

12.2　列出 Java Collections API 中的集合，并标记本书涉及的集合。

12.3　定义抽象的概念，阐述抽象在软件开发中的重要性。

12.4　通过下面的操作，手动跟踪最初为空的栈 X：

```
X. push(new Integer(4));
X. push(new Integer(3));
Integer Y = X. pop()
X. push(new Integer(7));
X. push(new Integer(2));
X. push(new Integer(5));
X. push(new Integer(9);
Integer Y = X. pop();
X. push(new Integer(3));
X. push(new Integer(9);
```

12.5　使用练习 12.4 所产生的栈 X，下面各项会产生什么结果？

　　a．Y = X. peek();

　　b．Y = X. pop();

　　　　Z= X. peek();

　　c．Y = X. pop();

　　　　Z= X. peek();

12.6　方法 isEmpty()、size()和 toString()的时间复杂度都是多少？

12.7　说明栈是如何支持字处理软件中的撤销操作的。给出具体示例，并在执行各种操作后，画出栈中的元素。

12.8　在后缀表达式的计算示例中，遇到运算符时会弹出两个最近的操作数，以便计算子表达式。弹出的第一个操作数作为子表达式的第二个操作数，弹出的第二个操作数是该表达式的第一个操作数。举例说明解决方案这样做的重要性。

12.9　画图说明栈是如何给出 5 个整数 12、23、1、45、9 的逆序的。其逆序为 9、45、1、23、12。

12.10　如果栈顶位于索引 0 位置，如何实现栈集合的算法呢？栈的数组实现的时间复杂度又是多少呢？

程序设计项目

12.1　实现本章学习的 ArrayStack 类。具体来说，实现 isEmpty、size 和 toString 方法。

12.2　设计并实现一个应用程序，该应用程序读取用户输入的句子，并逆序打印句子中的每个字符。要求使用栈来反转句子中的每个字符。

12.3　修改后缀表达式计算问题的解决方案，程序要检查用户输入表达式的有效性。当用户输入存在错误时，程序给出相应的错误消息。

12.4　在本章栈的数组实现中，使 top 变量一直指向实际栈顶的下一个数组位置。重写栈的数组实现，使 stack [top]成为真正的栈顶。

12.5　drop-out 栈的数据结构在各个方面都与栈非常相似。不同之处仅在于如果栈的大小为 n，当压入 n + 1 的元素时，将丢弃第一个元素。使用数组实现 drop-out 栈。提示：要实现循环数组。

12.6　使用 3 个栈实现整数加法器。

12.7　使用栈实现中缀到后缀的转换器。

12.8　实现一个名为 Reverse 的类，它使用栈以逆序输出用户输入的元素。

12.9　创建一个图形应用程序，它有用于从栈中 push 和 pop 元素的按钮；一个用于接收字符串输入的文本框，所接收的字符串作为 push 的输入；还有一个文本区，用于在每次操作之后，显示栈中保留的元素。

自测题答案

12.1　集合是收集和组织其他对象的对象。

12.2　数据类型是编程语言定义的值集合以及在值集上的操作。

12.3　抽象数据类型是未在编程语言中定义的数据类型，必须由程序员定义。

12.4　数据结构是实现抽象数据类型所必需的对象集。

12.5　抽象是隐藏操作和数据存储底层实现的概念，目的是简化集合的使用。

12.6　类本质是提供抽象，因为只有那些为其他类提供服务的方法才具有公共可见性。

12.7　栈是后进先出（LIFO）结构。

12.8　操作是

push：将元素添加到栈尾。

pop：从栈前端删除元素。

peek：返回对栈顶元素的引用。

isEmpty：如果栈为空，则返回 true，否则返回 false。

size：返回栈中的元素数。

12.9　makeEmpty()、destroy()和 full()。

12.10　继承是从现有类派生新类的过程。新类自动包含原类中的部分或全部变量和方法。然后，为了根据需要定制类，程序员可以向派生类添加新的变量和方法，或者修改已继承的类。

12.11　术语多态性的定义为"具有多种形态"。多态引用是一个引用变量，其可以在不同时刻引用不同类型的对象。通过多态引用所调用的指定方法可以从某个调用更改为另一个调用。

12.12　Mammal 的子类是 Horse 和 Bat。

12.13　是的，父类或任何超类的引用变量都可以保存一个对其后代的引用。

12.14　否，子类的引用变量可能不包含对父类或超类的引用。为了给子类引用变量赋值，则必须将父类显式转换为子类 class(Horse creature =(Horse)(new Mammal());。

12.15　从 Java 5.0 开始，Java 就提供了泛型来定义类。也就是说，我们定义的类，在实例化该类之前，类所存储、操作和管理的对象并未指定类型。用户可以创建操纵"泛型"元素的结构，并仍提供类型检查。

12.16　与中缀表达式计算相比，后缀表示法不用考虑运算符的优先级规则。

第13章 链式结构

学习目标

- 介绍使用引用创建链式结构。
- 链式结构与基于数组结构的比较。
- 探讨管理链表的技术。
- 讨论是否需要单独节点对象形成链式结构。
- 使用链表实现栈集合。

本章探讨使用引用创建对象之间的链式数据结构。链式结构不但是软件开发的基础，还是集合设计与实现的基石。与使用数组实现栈的解决方案相比，用链表实现栈既有优点，也有缺点。

13.1 引用作为链

在第 12 章中，我们讨论了集合的概念，专门探讨了一种集合：栈。我们定义了在栈集合上的操作，并使用基于数组的底层数据结构实现了栈集合。在本章中，我们将使用一种完全不同的方法来设计数据结构。

链式结构是一种数据结构，其使用对象引用变量创建对象之间的链接。链式结构是基于数组实现集合的主要替代方案。在讨论链式结构相关的各种问题之后，我们将定义一个新的栈集合的实现：即使用底层链式数据结构实现栈集合。

> **重要概念**
>
> 对象引用变量可用于创建链式结构。

回忆一下，对象引用变量保存了对象的地址，表明对象在内存中的存储位置。下面的声明创建一个名为 obj 的变量，该变量保存了对象的地址：

```
Object obj;
```

通常，对象引用变量所包含的指定地址是无关紧要的。也就是说，只要能使用引用变量访问对象就行，至于引用变量存储在什么内存位置是无关紧要的。因此，形象地说，就

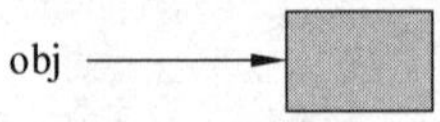

图 13.1 指向对象的对象引用变量

是引用变量"指向"对象名，而不用给出地址。图 13.1 给出了指向对象的引用变量。有时，在这种背景下，也将引用变量称为指针。

分析下面的情况：类定义实例数据引用同一个类的另一个对象。例如，假设类名为 Person，其包含人员的姓名、地址和其他相关信息。假设除了这些基本数据之外，Person

类还包含一个指向另一个 Person 对象的引用变量:

```
public class Person
{
    private String name;
    private String address;
    private Person next; // a link to another Person object
    // whatever else
}
```

只使用上述的一个类, 就可以创建链式结构。一个 Person 对象包含指向第二个 Person 对象的链接。第二个 Person 对象也包含对 Person 的引用, 其指向第三个 Person 对象, 依此类推。有时, 我们将这类对象称为自引用。

这种关系是形成链表的基础。链表是一种链式结构, 链表中一个对象会引用下一个对象, 形成了链表中对象的线性排序。图 13.2 给出了链表的示意图。链表所存储对象被称为链表的节点。

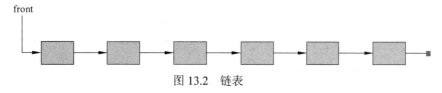

图 13.2　链表

注意, 在链表中, 需要单独的引用变量指明其第一个节点。链表尾是 next 引用为 null 的节点。

重要概念

链表由对象组成, 每个对象指向链表中的下一个对象。

链表只是链式结构中的一种结构。如果类被设置为要引用多个对象, 那么就会创建更复杂的链式结构。图 13.3 给出了这种复杂的链式结构。管理链式的方式决定了链式结构的组织方式。

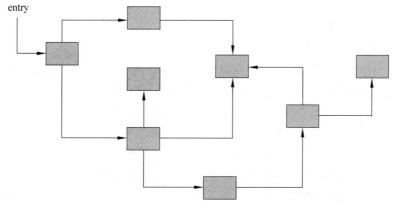

图 13.3　复杂的链式结构

> **重要概念**
> 链表能根据需要动态增长，基本没有容量限制。

本章的重点是学习链表。当然，所学的链表技术也适用于更复杂的链式结构。

与具有固定大小的数组不同，链表除了受计算机内存的限制之外，其容量是没有上限的。链表是动态结构，因为其容量能根据需要动态地增长与缩小，以适应存储元素的数量的增多或减少。在 Java 中，由系统堆或空闲存储内存区动态创建需要的所有对象。

下面探讨一些管理链表的方法。

13.2 管 理 链 表

我们的目标是使用链表和其他链式结构实现集合，特别是本章的重点是用链式结构实现栈。因为集合的主要任务是添加、删除和访问元素，所以我们先分析链表如何完成这些基本操作。而后，重点讨论如何在链表末尾添加和删除元素，因为我们要用链表实现栈。本章只包括部分的基本操作，后继章节将继续按需分析其他操作。

无论要使用什么样的链表进行存储，其管理链表节点的基本技术都是相同的。具体来说，就是访问链表元素，将元素插入到链表中以及从链表中删除元素。

13.2.1 访问元素

在处理链表中的第一个节点时，必须特别小心，以便维护好对整个链表的引用。在使用链表时，我们要维护一个指向链表第一个元素的指针。为了访问链表中的其他元素，我们必须先访问链表的第一个元素，然后根据第一个元素的 next 指针，再访问下一个元素，依此类推。以前面的 Person 类为例，Person 类包含属性 name、address 和 next。我们的任务就是找到链表中的第 4 个人的信息。假设 first 变量的类型为 Person，其指向链表中的第一个元素，且链表中至少有 4 个节点，如下的代码能完成上述任务：

```
Person current = first;
for (int i =0; i < 3 ; i++)
    current = current.next;
```

在执行上述代码后，current 将指向链表中的第 4 个人。注意，创建新的引用变量是非常重要的。在这个示例中，新创建的引用变量是 current。我们对 current 进行设置，使其指向链表的第一个元素。你思考一下，如果循环中使用 first 指针而没用 current，会发生什么呢？答案就是一旦我们移动了 first 指针，使其指向链表中的第二个元素，那么就再也没有指向第一个元素的指针了。结果就是再也无法访问该链表了。因为在使用链表时，访问链表中元素的唯一方法就是从访问第一个元素开始，然后遍历整个链表。

当然，在链表中搜索指定人员是最常见的需求。假设 Person 类重写了 equals 方法，使得当给定的 String 与某人的 name 相匹配时，方法返回 true。下面的代码将在链表中搜索 Tom Jones：

```
String searchstring = "Tom Jones";
Person current = first;
    while ((not(current.equals(searchstring)) && (current.next !=null)))
        current = current.next;
```

注意，在找到字符串或到达链表尾时，上述循环才会终止。在了解如何访问链表的元素之后，下面再分析一下如何将元素插入到链表之中。

13.2.2　插入节点

我们可以将节点插入到链表的任何位置：也就是说可以插入到链表前面、链表中间或链表末尾。将节点添加到链表前面需要重置整个链表的引用，如图 13.4 所示。具体步骤如下：首先设置要添加节点的 **next** 引用，使其指向当前链表的第一个节点。之后，重置指向链表的指针，使其指向新添加的节点。

重要概念
对维护链表而言，更改引用的顺序是至关重要的。

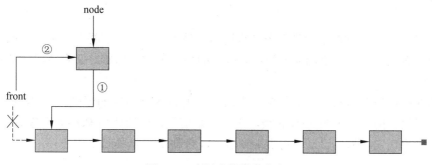

图 13.4　在链表前插入节点

注意，如果反过来执行上述步骤，则会出现问题。如果先重置 front 引用，那么就会丢失对已有链表的唯一引用，我们就再也不能检索该链表了。

在链表中间插入节点需要一些额外的操作，但是栈的链表实现不需要在中间插入节点，因此，本章不涉及相关内容，具体的实现请参见第 15 章。

13.2.3　删除节点

我们也可以删除链表中的任何节点。但无论删除哪个节点，我们都需要维护链表的完整性。与插入节点的过程一样，删除链表的第一个节点也是特例，需要专门处理。

重要概念
删除链表中的第一个元素是个特例，需要专门处理。

为了删除链表中的第一个元素，我们需要重置链表的 front 引用，使其指向链表的第二个元素。删除过程如图 13.5 所示。如果在别处需要这个要删除的节点，则必须在重置

front 引用之前，设置对此节点的单独引用。在第 15 章中，我们将详细介绍链表内节点的删除。

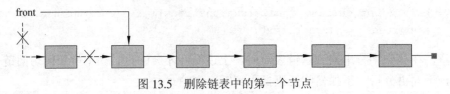

图 13.5　删除链表中的第一个节点

设计焦点

我们已经介绍了链表中插入和删除节点的两种情况。第一种情况是要处理的节点是链表中的第一个节点；第二种情况是要处理节点是链表中的非第一个节点。通过在链表前引入一个哨兵节点（或亚元节点），可以消除处理第一个节点所出现的特殊情况。哨兵节点是占据了第一个节点的位置，但并不表示实际的链表元素。当使用哨兵节点时，所有插入和删除都将属于第二种情况。当实现链表时，就不必考虑特殊情况了。

13.3　无元素的链表

在 13.2 节，我们学习了管理链表节点所需的技术。本节我们将专注于基于链表的集合实现。为了做到这一点，我们需要先说明链表的另一个重要问题：链表结构细节与链表存储元素的分离。

在前面讨论的 Person 类中，包含了指向另一个 Person 对象的链接。因此，这种用法存在缺陷：其设计的自引用的 Person 类，必须"知道"自己会成为 Person 对象链表的节点。这种假设是不切实际的，违反了将实现细节与集合使用相分离的原则。

重要概念

存储在集合中的对象不应包含底层数据结构的任何实现细节。

为了解决这个问题，我们需要定义一个单独的节点类，该节点类将所有元素链接在一起。节点类非常简单，只包含两个重要的引用：一个引用是指向链表中的下一个节点，另一个引用是指向存储在链表中的元素，如图 13.6 所示。

我们仍使用 13.2 节所讨论的技术来管理链表中的节点。唯一不同的地方在于：我们在节点对象中使用单独引用来访问存储在链表中的实际元素。

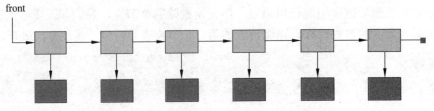

图 13.6　使用单独的节点对象来存储和链接元素

13.3.1　双向链表

链式结构的另一种实现是双向链表，如图 13.7 所示。在双向链表中，需要维护两个引用：一个引用指向链表的第一个节点，另一个引用指向链表的最后一个节点。链表中的每个节点既存储了对下一个元素的引用，又存储了对前一个元素的引用。如果使用带哨兵节点的双向链表，要将哨兵节点放在链表两端。在第 15 章，我们将深入探讨双向链表。

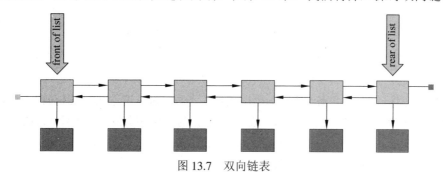

图 13.7　双向链表

13.4　Java API 中的栈

在第 12 章中，我们使用 Java Collections API 中的类 java.util.Stack 解决后缀表达式的计算问题。在 Java Collections API 框架中，Stack 类是基于数组实现的栈。Stack 类实现的栈提供了以下的基本操作：

● push 操作接收参数项，参数项就是对要压入栈顶对象的引用。
● pop 操作删除栈顶对象，并返回对该对象的引用。
● peek 操作返回对栈顶对象的引用。

重要概念
java.util.Stack 类派生自 Vector，因此有违反栈假设的操作。

Stack 类派生自 Vector 类，使用继承功能将元素存储在栈中。因为这种实现是基于向量构建的，所以它既有向量的特征，也有栈的特征。因此，它就有了违反栈假设的某些基本操作。

LinkedList 类所实现的 Deque 接口既提供了栈的链表实现，也提供栈的基本操作。Deque 是一个双端队列，我们将在第 14 章更深入地探讨队列问题。因为 Deque 在集合两端操作，所用的许多操作都违反了栈假设。当然，开发人员可以自我限制，只使用栈的操作。下面我们分析一下如何将 Deque 作为栈来使用。

13.5　使用 Stacks：遍历迷宫

栈数据结构的另一种经典用途是遍历迷宫中的各条路径或反复试验与纠错的算法。假设我们将网格构建为整型的二维数组，数组中的每个整数要么表示迷宫中的路径（1），要

么表示墙（0）。我们将网格存储在文件中。该文件的第一行描述了网格的行数和列数。下
面给出了上述描述的一个示例。

```
9 13
1 1 1 0 1 1 0 0 0 1 1 1 1
1 0 0 1 1 0 1 1 1 1 0 0 1
1 1 1 1 0 1 0 1 0 1 0 0
0 0 0 0 1 1 1 0 1 0 1 1 1
1 1 1 0 1 1 1 0 1 0 1 1 1
1 0 1 0 0 0 0 1 1 1 0 0 1
1 0 1 1 1 1 1 1 0 1 1 1 1
1 0 0 0 0 0 0 0 0 0 0 0 0
1 1 1 1 1 1 1 1 1 1 1 1 1
```

　　我们要从网格的左上角开始，遍历至网格的右下角，同时将遍历过的位置标记为通路。
注意，有效的移动是指在网格范围内，在标记为 1 的网格中移动。我们将经过的路径中的
1 更改为 2 来标记通路，并只将有效的移动压入栈中。
　　从左上角开始，我们有两个有效移动：一个是向下移动；另一个是向右移动。我们将
两个有效移动压入栈中，从栈顶弹出栈顶元素（右），然后移动到该位置。下面给出了向右
移动一个位置的示意图：

```
2 2 1 0 1 1 0 0 0 1 1 1 1
1 0 0 1 1 0 1 1 1 1 0 0 1
1 1 1 1 0 1 0 1 0 1 0 0
0 0 0 0 1 1 1 0 1 0 1 1 1
1 1 1 0 1 1 1 0 1 0 1 1 1
1 0 1 0 0 0 0 1 1 1 0 0 1
1 0 1 1 1 1 1 1 0 1 1 1 1
1 0 0 0 0 0 0 0 0 0 0 0 0
1 1 1 1 1 1 1 1 1 1 1 1 1
```

　　现在，在这个位置，我们只有一个有效的移动。我们将该有效移动压入栈中，栈中弹
出栈顶元素（右），然后移动到该位置。我们再次向右移动了一个位置，如下图所示：

```
2 2 2 0 1 1 0 0 0 1 1 1 1
2 0 0 1 1 0 1 1 1 1 0 0 1
1 1 1 1 0 1 0 1 0 1 0 0
0 0 0 0 1 1 1 0 1 0 1 1 1
1 1 1 0 1 1 1 0 1 0 1 1 1
1 0 1 0 0 0 0 1 1 1 0 0 1
1 0 1 1 1 1 1 1 0 1 1 1 1
1 0 0 0 0 0 0 0 0 0 0 0 0
1 1 1 1 1 1 1 1 1 1 1 1 1
```

　　从这个位置来看，我们不能进行任何有效的移动。但要知道，此时的栈并不为空。因
为在开始时，我们将两个有效移动压入栈中：向下移动和向右移动。现在栈中留存的元素
是在第一个位置的向下移动。从栈中弹出向下移动项，然后移动到该位置。如下页图所示，
我们移动到左上角的向下一个位置。我们将该位置的有效移动再压入栈中，再次重复上述
处理。

```
2 2 2 0 1 1 0 0 0 1 1 1 1
2 0 0 1 1 0 1 1 1 1 0 0 1
1 1 1 1 0 1 0 1 0 1 0 0
0 0 0 0 1 1 1 0 1 0 1 1 1
1 1 0 1 1 1 0 1 0 1 1 1
1 0 1 0 0 0 0 1 1 1 0 0 1
1 0 1 1 1 1 1 0 1 1 1 1
1 0 0 0 0 0 0 0 0 0 0 0
1 1 1 1 1 1 1 1 1 1 1 1
```

实际上，以这种方式使用栈是模拟递归。递归是一种方法，递归就是直接或间接地调用用自身。在第 17 章，我们将详细讨论程序栈的概念。程序栈（或运行时的栈）用于跟踪调用方法。每次调用方法时，会创建表示调用的激活记录，并将该记录压入程序栈中。因此，栈顶元素表示为了到达执行程序特定点而执行的一系列方法调用。

例如，当调用程序的 main 方法时，会创建程序激活记录并将其压入程序栈中。当 main 调用另一个方法（比如 m2）时，会创建 m2 的激活记录并将其压入栈中。如果 m2 调用方法 m3，则会创建 m3 的激活记录并将其压入栈中。当方法 rn3 终止时，从栈中弹出其激活记录，控制会返回到调用方法 m2，此时 m2 方法位于栈顶。

如果在执行 Java 程序期间出现了异常，程序员可以检查调用堆栈跟踪，以查看哪个方法出现了问题，在此刻调用了哪些方法。

激活记录包含各种管理数据，以便帮助管理程序的执行。激活记录还包含调用方法数据（局部变量和参数）的副本。

重要概念

使用栈来模拟递归以跟踪数据。

由于栈和递归之间的关系，我们总是可以将递归程序重写为使用栈的非递归程序。我们可以创建自己的栈来代替递归以跟踪数据。

程序 13.1、13.2 和 13.3 给出了 Maze 类、MazeSolver 类和 MazeTester 类，这些类实现了基于栈的迷宫遍历。在第 17 章讨论递归时，我们会再次讨论迷宫遍历这个例子。

注意，Maze 类的构造函数是从用户指定文件中读取迷宫初始数据。解决方案假定不存在文件 I/O 问题。当然，这个假设是不安全的。因为有时，会存在一些 I/O 问题：如用户指定的文件可能不存在；数据格式可能不正确等等。在执行构造函数期间也可能产生不同的异常，但程序不会捕获或处理这些异常。如果出现任何问题，程序都将终止。在更完善的程序中，程序员会恰当地处理这类异常。

解决方案使用名为 Position 的类来封装迷宫内的位置坐标。traverse 方法不断地从栈中弹出顶部的位置，并将其标记为已尝试，然后测试，查看是否已完成。如果没有完成，那么将这个位置的所有有效移动压入栈中，再继续循环。私有方法 pushNewPos 是将有效移动的当前位置压入栈中。

```
private StackADT<Position> push_new_pos (int x, int, y,
        StackADT<Position> stack)
{
```

```
    Position npos = new Position ( ) ;
    npos. setx (x) ;
    npos. sety (y) ;
    if (valid (npos . getx ( ) , npos . gety ( ) ) )
        stack. push (npos) ;
    return stack;
}
```

程序 13.1

```
import java.util.*;
import java.io.*;
/**
 * Maze represents a maze of characters. The goal is to get from the
 * top left corner to the bottom right, following a path of 1's. Arbitrary
 * constants are used to represent locations in the maze that have been TRIED
 * and that are part of the solution PATH.
 *
 * @author Java Foundations
 * @version 4.0
 */
public class Maze
{
    private static final int TRIED = 2;
    private static final int PATH = 3;
    private int numberRows, numberColumns;
    private int[][] grid;
/**
    * Constructor for the Maze class. Loads a maze from the given file.
    * Throws a FileNotFoundException if the given file is not found.
    *
    * @param filename the name of the file to load
    * @throws FileNotFoundException if the given file is not found
    */
    public Maze(String filename) throws FileNotFoundException
    {
        Scanner scan = new Scanner(new File(filename));
        numberRows = scan.nextInt();
        numberColumns = scan.nextInt();

        grid = new int[numberRows][numberColumns];
        for (int i = 0; i < numberRows; i++)
            for (int j = 0; j < numberColumns; j++)
                grid[i][j] = scan.nextInt();
    }
/**
    * Marks the specified position in the maze as TRIED
```

```
     *
     * @param row the index of the row to try
     * @param col the index of the column to try
     */
    public void tryPosition(int row, int col)
    {
        grid[row][col] = TRIED;
    }


    /**
     * Return the number of rows in this maze
     *
     * @return the number of rows in this maze
     */
    public int getRows()
    {
        return grid.length;
    }


    /**
     * Return the number of columns in this maze
     *
     * @return the number of columns in this maze
     */
    public int getColumns()
    {
        return grid[0].length;
    }
/**
     * Marks a given position in the maze as part of the PATH
     *
     * @param row the index of the row to mark as part of the PATH
     * @param col the index of the column to mark as part of the PATH
     */
    public void markPath(int row, int col)
    {
        grid[row][col] = PATH;
    }
    /**
     * Determines if a specific location is valid. A valid location
     * is one that is on the grid, is not blocked, and has not been TRIED.
     *
     * @param row the row to be checked
     * @param column the column to be checked
     * @return true if the location is valid
     */
    public boolean validPosition(int row, int column)
```

```
    {
        boolean result = false;

        // check if cell is in the bounds of the matrix
        if (row >= 0 && row < grid.length &&
            column >= 0 && column < grid[row].length)
            // check if cell is not blocked and not previously tried
            if (grid[row][column] == 1)
                result = true;
        return result;
    }
/**
    * Returns the maze as a string.
    *
    * @return a string representation of the maze
    */
    public String toString()
    {
        String result = "\n";
        for (int row=0; row < grid.length; row++)
        {
            for (int column=0; column < grid[row].length; column++)
                result += grid[row][column] + "";
            result += "\n";
        }
        return result;
    }
}
```

程序 13.2

```
import java.util.*;
/**
 * MazeSolver attempts to traverse a Maze using a stack.
 * The goal is to get from the given starting position to the bottom right,
 * following a path of 1's. Arbitrary constants are used to represent locations
 * in the maze that have been TRIED and that are part of the solution PATH.
 *
 * @author Java Foundations
 * @version 4.0
 */
public class MazeSolver
{
    private Maze maze;

    /**
     * Constructor for the MazeSolver class.
```

```
    */
    public MazeSolver(Maze maze)
    {
        this.maze = maze;
    }
/**
    * Attempts to traverse the maze using a stack. Inserts special
    * characters indicating locations that have been TRIED and that
    * eventually become part of the solution PATH.
    *
    * @param row row index of current location
    * @param column column index of current location
    * @return true if the maze has been solved
    */
    public boolean traverse()
    {
        boolean done = false;
        int row, column;
        Position pos = new Position();
        Deque<Position> stack = new LinkedList<Position>();
        stack.push(pos);

        while (!(done) && !stack.isEmpty())
        {
            pos = stack.pop();
            // this cell has been tried
            maze.tryPosition(pos.getx(),pos.gety());
            if (pos.getx() == maze.getRows()-1 && pos.gety()
                        == maze.getColumns()-1)
                done = true;  // the maze is solved
            else
            {
                push_new_pos(pos.getx() - 1,pos.gety(), stack);
                push_new_pos(pos.getx() + 1,pos.gety(), stack);
                push_new_pos(pos.getx(),pos.gety() - 1, stack);
                push_new_pos(pos.getx(),pos.gety() + 1, stack);
            }
        }

        return done;
    }
/**
    * Push a new attempted move onto the stack
    * @param x represents x coordinate
    * @param y represents y coordinate
    * @param stack the working stack of moves within the grid
    * @return stack of moves within the grid
```

```
         */
        private void push_new_pos(int x, int y,
                                        Deque<Position> stack)
        {
            Position npos = new Position();
            npos.setx(x);
            npos.sety(y);
            if (maze.validPosition(x,y))
                stack.push(npos);
        }
    }
```

程序 13.3

```
import java.util.*;
import java.io.*;
/**
 * MazeTester determines if a maze can be traversed.
 *
 * @author Java Foundations
 * @version 4.0
 */
public class MazeTester
{
    /**
     * Creates a new maze, prints its original form, attempts to
     * solve it, and prints out its final form.
     */
    public static void main(String[] args) throws FileNotFoundException
    {
        Scanner scan = new Scanner(System.in);
        System.out.print("Enter the name of the file containing the maze: ");
        String filename = scan.nextLine();

        Maze labyrinth = new Maze(filename);

        System.out.println(labyrinth);

        MazeSolver solver = new MazeSolver(labyrinth);
        if (solver.traverse())
            System.out.println("The maze was successfully traversed!");
        else
            System.out.println("There is no possible path.");
        System.out.println(labyrinth);
    }
}
```

迷宫问题的 UML 描述留作练习。

13.6　实现栈：使用链表

让我们使用链表来实现栈集合。第 12 章已经给出了栈集合的定义，在此我们不会改变栈的工作方式。同样，栈集合的性质以及为其定义的一系列操作也保持不变，我们要改变的只是实现栈的底层数据结构。

> **重要概念**
> 为了解决问题，用户可以使用集合的任何实现，只要这种实现能有效地完成所需的操作。

栈的目标以及要创建的解决方案也保持不变。第 12 章的后缀表达式计算使用了 java.util.Stack <T>类。当然用户可以使用栈的任何有效实现来替代示例中的实现。一旦我们创建 LinkedStack <T>类定义了替代实现，就可以用该实现替代后缀表达式的解决方案。我们只需更改类名，其他内容保持不变，这就是抽象的优势。

在下面的讨论中，我们将给出并讨论一些重要方法。通过分析这些方法，我们就能更充分地理解栈的链表实现。一些栈的操作留作程序设计项目。

13.6.1　LinkedStack 类

LinkedStack <T>类实现了 StackADT <T>接口，其与第 12 章的 ArrayStack <T>类一样。这两个类提供了为栈集合定义的操作。

因为我们使用的是链表方法，所以不存在存储集合元素的数组。我们不仅需要对链表第一个节点的单独引用，还需要维护链表中元素数量的计数。LinkedStack <T>类的头和类级数据如下：

```
package jsjf;
import jsjf.exceptions.*;
import java.util.Iterator;
/**
 * Represents a linked implementation of a stack.
 *
 * @author Java Foundations
 * @version 4.0
 */
public class LinkedStack<T> implements StackADT<T>
{
    private int count;
    private LinearNode<T> top;
```

LinearNode <T>类作为节点类，包含对链表中下一个 LinearNode <T>的引用以及对该节点所存储元素的引用。在实例化节点时，确定每个节点所存储的泛型类型。在我们的

LinkedStack<T>实现中，所用的类型与栈节点所定义的类型相同。LinearNode <T>类还包含设置和获取元素值的方法。LinearNode <T>类的代码如程序 13.4 所示。

程序 **13.4**

```java
package jsjf;
/**
 * Represents a node in a linked list.
 *
 * @author Java Foundations
 * @version 4.0
 */
public class LinearNode<T>
{
    private LinearNode<T> next;
    private T element;

    /**
     * Creates an empty node.
     */
    public LinearNode()
    {
        next = null;
        element = null;
    }

    /**
     * Creates a node storing the specified element.
     * @param elem element to be stored
     */
    public LinearNode(T elem)
    {
        next = null;
        element = elem;
    }
    /**
     * Returns the node that follows this one.
     * @return reference to next node
     */
    public LinearNode<T> getNext()
    {
        return next;
    }

    /**
     * Sets the node that follows this one.
     * @param node node to follow this one
     */
```

```
public void setNext(LinearNode<T> node)
{
    next = node;
}


/**
 * Returns the element stored in this node.
 * @return element stored at the node
 */
public T getElement()
{
    return element;
}


/**
 * Sets the element stored in this node.
 * @param elem element to be stored at this node
 */
public void setElement(T elem)
{
    element = elem;
}
}
```

重要概念

栈的链表实现是从链表末端添加和删除元素。

注意，LinearNode <T>类与栈集合的实现无关。它可以用于集合的任何线性链表的实现。根据需要，我们可将其用于其他集合之中。

使用 LinearNode <T>类并维护集合中的元素计数，所创建的实现策略如图 13.8 所示。

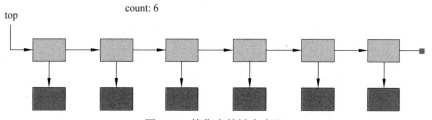

图 13.8　栈集合的链表实现

LinkedStack <T>类的构造函数将元素的数量设置为零，并将链表的变量 top 设置为 null。注意，因为链表实现不必考虑容量限制，所以我们不必像第 12 章的类那样创建第二个构造函数。

```
/**
 * Creates an empty stack.
 */
public LinkedStack()
```

```
    {
        count = 0;
        top = null;
    }
```

因为栈只允许从一端添加或删除元素，所以我们只需在链表一端进行操作。我们选择将第一个元素压入链表的第一个位置，将第二个元素压入第二个位置，依此类推。也就是说，栈顶会一直位于链表的末尾。但是，分析一下这个策略的效率就会知道，在每次执行 push 或 pop 操作时，都要遍历整个链表。如果我们选择在链表前端操作，则使链表前端变成了栈顶。那么，在执行 push 或 pop 操作时，就不必遍历整个链表。图 13.9 给出包含 A、B、C 和 D 这 4 个元素的栈，并按此顺序将其压入栈中。

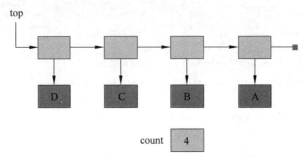

图 13.9　栈的链表实现

下面探讨一下 LinkedStack 类如何实现栈操作。

13.6.2　push 操作

每次将新元素压入栈时，都必须创建一个新的 LinearNode 对象，并将其存储于链表之中。为了将新创建的节点定位于栈顶，我们必须将它的 next 引用设置为当前的栈顶，并重置 top 引用使其指向新节点，同时还必须递增 count 变量。

下面的代码能实现上述这些步骤：

```
/**
 * Adds the specified element to the top of this stack.
 * @param element element to be pushed on stack
 */
public void push(T element)
{
    LinearNode<T> temp = new LinearNode<T>(element);
    temp.setNext(top);
    top = temp;
    count++;
}
```

图 13.10 给出了将元素 E 压入图 13.9 所示栈的结果。

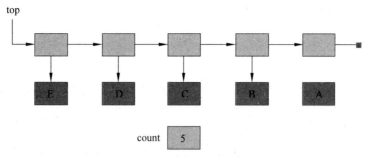

图 13.10　压入元素 E 后的栈

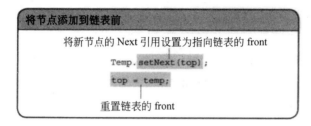

在栈的链表实现中，push 操作包括以下步骤：

- 创建一个新节点，其包含对要放置于栈顶对象的引用。
- 将新节点的 next 引用设置为指向当前栈顶，如果栈为空，则为 null。
- 设置 top 引用，使其指向新节点。
- 递增栈中元素的计数。

所有这些步骤的时间复杂度都为 O(1)，因此，不管栈中已有元素的数量，我们只需要一个处理步骤。但对于要入栈的每个元素，我们必须完成上述的每个步骤。综上所述，push 操作的时间复杂度也是 O(1)。

13.6.3　pop 操作

pop 操作的实现步骤为：返回对当前存储在栈顶元素的引用，调整栈顶引用使其指向新栈顶元素。但是，在尝试返回任何栈元素之前，必须要先确保至少有一个可以返回的元素。pop 操作的实现如下：

```
/**
 * Removes the element at the top of this stack and returns a
 * reference to it.
 * @return element from top of stack
 * @throws EmptyCollectionException if the stack is empty
 */
public T pop() throws EmptyCollectionException
{
    if (isEmpty())
        throw new EmptyCollectionException("stack");
    T result = top.getElement();
    top = top.getNext();
```

```
            count--;

            return result;
        }
```

如果栈为空（由 isEmpty 方法确定），则会抛出 EmptyCollectionException。如果至少要弹出一个元素，则要将其存储在临时变量中，以便可以返回该元素。然后，将对 top 的引用设置为链表中的下一个元素。现在，下一个元素成为新的栈顶，元素计数递减。

图 13.11 给出了图 13.8 执行 pop 操作的结果。注意，图 13.11 与图 13.7 完全相同。这也说明了 pop 操作与 push 操作互为逆操作。

在链表实现中，pop 操作包括以下步骤：
- 确保栈不为空。
- 设置临时引用指向当前栈顶元素。
- 将 top 引用设置为当前栈顶节点的 next 引用。
- 递减栈中元素计数。
- 返回临时引用指向的元素。

与前面的示例一样，这些操作都是单值比较或简单的赋值，因此，操作的时间复杂度是 O(1)。因此，链表实现的 pop 操作的时间复杂度是 O(1)。

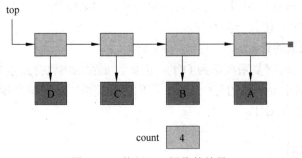

图 13.11　执行 pop 操作的结果

13.6.4　其他操作

使用链表实现，peek 操作返回 top 指针所指向节点元素的引用。如果元素数量为 0，则 isEmpty 操作返回 true，否则返回 false。size 操作只返回栈中元素的总数。我们可以使用 toString 操作遍历链表。我们将上述这些操作都留作程序设计项目题。

重要概念总结

- 对象引用变量可用于创建链式结构。
- 链表由对象组成，每个对象指向链表中的下一个对象。
- 链表能根据需要动态增长，基本没有容量限制。
- 对维护链表而言，更改引用的顺序是至关重要的。

- 删除链表中的第一个元素是个特例，需要专门处理。
- 存储在集合中的对象不应包含底层数据结构的任何实现细节。
- java.util.Stack 类派生自 Vector，因此有违反栈假设的操作。
- 使用栈来模拟递归以跟踪数据。
- 为了解决问题，用户可以使用集合的任何实现，只要这种实现能有效地完成所需的操作。
- 栈的链表实现是从链表末端添加和删除元素。

术 语 总 结

激活记录表示方法调用的对象。

双链表是一种链表，其每个节点既要引用链表中的下一个节点，也要引用上一个节点。

链表一种链式结构，在这种结构中一个对象引用下一个对象，形成了对象的线性排序。

链式结构是使用对象引用变量在对象之间创建链接的数据结构。

节点是表示链式结构中单个元素的类。

程序栈是用于在程序执行期间跟踪方法调用激活记录的栈。

哨兵节点要么位于链表前端，要么位于链表末尾，它只作为标记，不代表链表的元素。

自 测 题

13.1　对象引用是如何帮助我们定义数据结构的？

13.2　比较和对比链表与数组。

13.3　管理链表时有哪些特例？

13.4　为什么链表节点应与链表所存储的元素分开？

13.5　LinkedStack <T>和 ArrayStack <T>类有什么共同之处？

13.6　如果我们选择在链表末尾而不是在链表前执行 push 操作，那么 push 操作的时间复杂度是多少呢？

13.7　双向链表和单链表之间有什么区别？

13.8　使用哨兵节点或亚元节点对双向链表的实现有什么影响？

13.9　与栈的数组实现相比，栈的链表实现有什么优势？

13.10　与栈的链表实现相比，栈的数组实现有什么优势？

13.11　栈的 java.util.Stack 实现有哪些优点？

13.12　java.util.Stack 实现还存在哪些问题？

练 习 题

13.1　解释如果反转图 13.4 所描述的步骤，会发生什么情况。

13.2　解释如果反转图 13.5 所描述的步骤，会发生什么情况。

13.3　画出 UML 图，给出栈的链表实现所涉及类之间的关系。

13.4　为 add 方法编写一个算法，该算法将在链表末尾添加元素而不是在链表前添加元素。你所编写的这个算法的时间复杂度是多少呢？

13.5　修改练习 13.4 的算法，以便后向引用。这种修改对其他操作和算法的时间复杂性有何影响？

13.6　如果实现中都没有计数变量，会对所有操作产生什么影响呢？

13.7　讨论在链表头使用哨兵节点或亚元节点的影响，要举例说明。

13.8　画出本章示例遍历迷宫的 UML 类图。

程序设计项目

13.1　提供 peek、size、isEmpty 和 toString 方法的定义来完成 LinkedStack<T>类的实现。

13.2　修改第 3 章的 postfix 程序，使该程序使用 LinkedStack <T>类而不是 ArrayStack <T>类。

13.3　创建 LinkedStack <T>类的新版本，使该类在链表头使用哑元记录。

13.4　编写一个简单的图形化应用程序，允许用户在栈上执行 push、pop 和 peek 操作，并在文本区显示所生成的栈（使用 tostring）。

13.5　设计并实现一个应用程序，该应用程序从用户读取句子并向后打印带有每个字符的句子。使用栈来反转每个单词的字符。

13.6　完成遍历迷宫的解决方案，你的解决方案要标记成功的通路。

13.7　本章中栈的链表实现使用 count 变量来跟踪栈中的元素数量。要求你在没有 count 变量的情况下，重写栈的链表实现。

13.8　有一种数据结构是 drop-out 栈，其各个方面的性能与栈相似。不同之处在于：当栈大小为 n，在压入 n＋1 元素时，会丢弃第一个元素。请用链表实现 drop-out 栈。

13.9　修改本章的迷宫问题，使用户能定义起始位置（0,0 除外），同时，也能搜索用户定义的终点（除了行-1，列-1）。

自测题答案

13.1　对象引用可以作为链建立对象之间的链接。一组链接对象就形成了数据结构。例如链表就是这种链式结构，可以使用该结构实现集合。

13.2　链表没有容量限制，而数组有容量限制。但数组有索引能提供对元素的直接访问，而链表只能遍历链表才能访问指定的元素。

13.3　处理链表时，遇到的主要特例是要处理链表的第一个元素。维护一个特殊的引用变量，指定链表的第一个元素。如果删除第一个元素或者在第一个元素前添加新元素，都要维护好 front 引用。

13.4　假设我们将需要放入集合中的每个对象都设计成与集合实现合作，这个假设是不合理的。此外，应该保持实现细节与集合用户的不同，包括用户选择要添加到集合的元素。

13.5 LinkedStack<T>类和 ArrayStack <T>类都实现了 StackADT <T>接口。也就是说它们都代表栈集合，提供栈所需的必要操作。虽然它们使用不同的方法来管理集合，但从用户角度来看，它们在功能上是可以互换的。

13.6 为了在链表末尾压入元素，我们必须遍历链表才能到达最后一个元素。这种遍历使算法的时间复杂度为 O(n)。另一种替代方法是修改解决方案，添加 rear 引用，使其指向链表中的最后一个元素。这不仅能减少 add 方法的时间复杂度，也能减少删除最后一个元素的时间复杂度。

13.7 单链表维护对链表第一个元素的引用，然后链表中每个节点的 next 引用指向下一个节点。双向链表维护两个引用：front 和 rear。双向链表中的每个节点既存储 next 引用，也存储 previous 引用。

13.8 双向链表需要两个哨兵记录，一个在链表前面，一个在链表后面，以消除处理第一个节点和最后一个节点时出现的特殊情况。

13.9 链表实现是按需分配空间，对硬件大小的限制只限于理论。

13.10 数组实现使每个对象占用的空间更少，因为数组只需要存储对象而需要存储额外的指针。但是，数组实现需要的空间要比初始化需要的空间多得多。

13.11 因为 java.util.Stack 实现是 Vector 类的扩展，它可以使用索引跟踪栈中元素的位置，因此每个节点也不需要存储额外的指针。这种实现也是按需分配空间，与链表实现一样。

13.12 java.util.Stack 实现是 Vector 类的扩展，因此继承了许多违反栈假设的基本操作。

第 14 章 队 列

学习目标
- 分析队列处理。
- 演示如何使用队列解决问题。
- 定义队列抽象数据类型。
- 分析各种队列的实现。
- 比较各种队列的实现。

队列是一种人们非常熟悉的集合。队列是排成一行的等待队伍，例如在银行里排队等待办业务的客户队列。事实上，在许多国家，队列通常就是指等待的队伍。人们经常会说"加入队列"；当然我们的国家说"排队"。日常生活中还有许多队列的例子，如超市结账的队列、在红绿灯处等候的汽车队列。在任何队列中，元素都是从一端进入，而从另一端离开。在计算机的算法中，队列有各种用途。

14.1 队列的概念

队列是一种线性集合。队列在一端添加元素，从另一端删除元素。因此，我们说队列是以先进先出（FIFO）的方式处理元素，也就是说删除元素的顺序与元素入队的顺序相同。

这与日常的排队概念一致。当顾客来到银行时，就会在队伍后排队等待。当柜员开始工作时，先为队列的第一位客户服务，当第一位客户办完业务后，会离开队列。最终，队列中的每位客户都会向前移动，成为队列的第一位客户，办理业务，之后离开队列。对于任何给定的人群，第一个排队的人就是第一个离开队列的人。

> **重要概念**
> 队列以 FIFO 方式处理元素，即第一个入队的元素也是第一个出队的元素。

队列的处理方式如图 14.1 所示。通常，队列是水平描绘的。一端是队列前端，另一端是队列后端。元素从后端进入队列，从前端离开。有时我们也将队列的前端称为头，队列的后端称为尾。

对比队列的 FIFO 处理方式与栈的 LIFO 处理方式。栈的处理只在集合的一端进行，而队列的处理在两端进行。

队列 ADT 所定义的操作如图 14.2 所示。enqueue 是指将新元素添加到队列末尾的过程。同样，dequeue 是指删除队列前端元素的过程。first 操作使用户能检查队列前端元素，而不用将其从集合中删除。

注意，集合的命名约定不是通用的。有时 enqueue 也简称为 add、insert 或 offer。有时

dequeue 操作也称为 remove、poll 或 serve。有时 first 操作也称为 front 或 peek。

图 14.1   队列的概念视图

操作	说明
enqueue	将一个元素添加到队列的后端。
dequeue	从队列前端删除元素。
first	检查队列前端的元素。
isEmpty	确定队列是否为空。
size	确定队列中的元素个数。
toString	返回队列的字符串表示形式。

图 14.2   队列的操作

注意，队列操作与栈操作之间存在相似性。enqueue、dequeue 和 first 操作对应于栈操作 push、pop 和 peek。与栈一样，队列也没有允许用户"进入"队列，对队列进行重组或删除元素的操作。如果需要这类的处理，可能链表集合更能应对。第 15 章我们将学习链表。

14.2   Java API 中的队列

遗憾的是，Java Collections API 与其集合实现并不一致。栈与队列集合的实现方式有以下重要的区别：

- Java Collections API 提供的 java.util.Stack 类实现栈集合。而队列不是使用类，而是提供了 Queue 接口，该接口由几个类实现，其中包括 LinkedList 类。
- java.util.Stack 类提供了传统的 push、pop 和 peek 操作。Queue 接口没有实现传统的 enqueue、dequeue 和 first 操作。Queue 接口定义了两种可选方法，用于向队列添加元素和从队列中删除元素。这两个可选方案处理异常的方式不同。一个方案提供布尔返回值，而另一个方案抛出异常。

Queue 接口定义了 element 方法，它等同于 first、front 或 peek 操作。element 方法检索队列的头元素，但不删除它。

Queue 接口提供了两种向队列添加元素的方法：add 和 offer。add 操作可确保队列包含指定的元素。如果不能将指定元素添加到队列，则 add 操作会抛出异常。offer 操作将指定元素插入队列，如果插入成功则返回 true，否则返回 false。

Queue 接口还提供了两种从队列中删除元素的方法：poll 和 remove。与 add 和 offer 方法之间的区别一样，poll 和 remove 之间的区别就在于处理异常情况的方式不同。当尝试从空队列中删除元素时，会出现异常情况。如果队列为空，poll 方法将返回 null，而 remove 方法将抛出异常。

在计算中，使用队列的应用程序很多。栈的主要目的是逆序，而队列的主要目的是保持顺序。在探讨实现队列的各种方法之前，让我们先分析一下队列解决问题的方法。

14.3　使用队列：密钥

Caesar 密码是一种简单的消息编码方法。通过将消息中的每个字母按字母表顺序向前移动固定数目的 k 位得到加密消息。例如，如果 k=3，则在进行消息编码时，每个字母都向前移动 3 个字符：a 变成 d、b 变成 e、c 变成 f，依此类推。当到达字母表尾时，再回到字母表头。因此，w 变成 z，x 变成 a，y 变成 b，z 变成 c。

在对消息进行解码时，把每个字母向后移动相同数量的字符就得到了明文。举个例子，如果 k=3，则编码后的密文为：

```
vlpsolflwb iroorzv frpsohalwb
```

解码后原明文为：

```
Simplicity follows complexity
```

Caesar 密码因 Julus Caesar 而得名，Caesar（凯撒）在与政府的通信中使用这种密文。但 Caesar 密码的破解非常容易。字符转换只有 26 种可能性，破解者可以通过尝试各种密钥来破解密码，直到找到破解密钥。

我们可以使用重复密钥来改进 Caesar 密码的编码技术。我们可以使用密钥表将每个字符移动不同的偏移量，而不再将每个字符移动一个恒定的量。如果消息长于密钥表，我们只需从头开始重新使用密钥表。例如，如果密钥表为：

```
3 1 7 4 2 5
```

则，第 1 个字符移动 3 位、第 2 个字符移动 1 位、第 3 个字符移动 7 位，依此类推。第 6 个字符移动 5 位。之后，要重复使用这个密钥表。第 7 个字符移动 3 位，第 8 个字符移动一位，依此类推。

使用重复密钥解码图 14.3 的密文，得到的明文是 "knowledge is power"。注意，这种加密方法将相同的字母编码为不同的字符，取决于它在消息中出现的位置以及使用哪个密钥对其进行编码。同样，密文中的相同字符也会被解码成不同的字符。

编码消息	n	o	v	a	n	j	g	h	l		m	u		u	r	x	l	v
密钥	3	1	7	4	2	5	3	1	7		4	2		5	3	1	7	4
解码消息	k	n	o	w	l	e	d	g	e		i	s		p	o	w	e	r

图 14.3　使用重复密钥的编码消息

> **重要概念**
> *队列是最佳的存储重复密钥的集合。*

　　程序 14.1 使用重复密钥对消息进行编码和解码。整数密钥值存储在队列中。在密钥用完之后，就将其放回队列末尾，长的明文消息就能重复使用这些密钥。这个示例中的密钥有正值，也有负值。图 14.4 给出了 Codes 类的 UML 描述。正如第 12 章所讲，UML 图说明了泛型 T 与 Integer 的绑定。与前面的示例不同，这个例子有两个不同的绑定：一个用于 LinkedList 类，另一个用于 Queue 接口。

程序 14.1

```java
/**
 * Codes demonstrates the use of queues to encrypt and decrypt messages.
 *
 * @author Java Foundations
 * @version 4.0
 */
public class Codes
{
    /**
     * Encode and decode a message using a key of values stored in
     * a queue.
     */
    public static void main(String[] args)
    {
        int[] key = {5, 12, -3, 8, -9, 4, 10};
        Integer keyValue;
        String encoded = "", decoded = "";
        String message = "All programmers are playwrights and all " +
                "computers are lousy actors.";
        Queue<Integer> encodingQueue = new LinkedList<Integer>();
        Queue<Integer> decodingQueue = new LinkedList<Integer>();

        // load key queues
        for (int scan = 0; scan < key.length; scan++)
        {
            encodingQueue.add(key[scan]);
            decodingQueue.add(key[scan]);
        }
        // encode message
        for (int scan = 0; scan < message.length(); scan++)
        {
            keyValue = encodingQueue.remove();
            encoded += (char) (message.charAt(scan) + keyValue);
            encodingQueue.add(keyValue);
        }
```

```
System.out.println ("Encoded Message:\n" + encoded + "\n");

// decode message
for (int scan = 0; scan < encoded.length(); scan++)
{
    keyValue = decodingQueue.remove();
    decoded += (char) (encoded.charAt(scan) - keyValue);
    decodingQueue.add(keyValue);
}

System.out.println ("Decoded Message:\n" + decoded);
    }
}
```

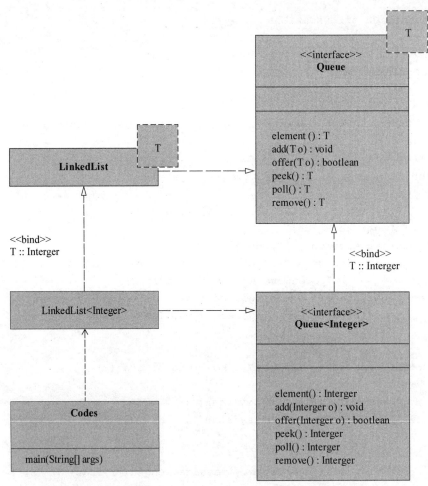

图 14.4　Code 程序的 UML 描述

　　这个程序实际上使用存储在两个单独队列中的两个密钥副本。其思想是加密明文消息的人要有一个密钥副本，解密密文的人也要有一个密钥副本。本程序的两个密钥副本是很有用的，因为解码过程需要消息的第一个字符与第一个密钥值匹配。

另外要注意,本程序并没有循环使用字母表。它使用 Unicode 字符集对字符进行编码,任何字符都可以移动到字符集的任何位置。因此,我们可以对任何字符进行编码,如大小写字母、标点符号以用空格等。

使用队列来存储密钥使重复使用密钥变得非常轻松。密钥使用完,就能立即将其放回队列尾。队列的本质就是使密钥值保持正确的顺序。我们不必担心用完密钥值,也无须担心从头开始使用密钥。

14.4 使用队列:模拟票务柜台

本节分析另一个使用队列的例子。考虑一下在电影院门口排队等待购买电影票的情景。一般来讲,买票的收银员越多,买票队伍前进得越快。剧院经理一方面想让顾客满意,一方面又不想雇用过多的收银员。假设剧院经理希望将客户买票所需的总时间控制在 7 分钟之内。为了达到经理的这一要求,我们模拟在高峰工作时间内票务柜台所需收银员的数量。因为队列是解决排队问题的完美集合,模拟票务柜台正好使用队列这种数据结构。

> **重要概念**
> 使用队列来模拟等待的队伍。

我们的模拟票务柜台将使用以下的假设:
- 只有一队客户,先来先服务(队列)。
- 每过 15 秒就有一个新客户加入队列。
- 如果有收银员,则客户一到立即处理。
- 客户到达收银台后,处理客户请求的平均时间为 120 秒。

首先,我们创建 Customer 类,如程序 14.2 所示。Customer 对象记录客户到达的时间以及客户购票后离开的时间。因此,客户所花费的总时间是离开时间减去到达时间。为了简单起见,我们的模拟以秒为单位测量时间,因此,时间值可以存储为单独的整数。我们的模拟将在 0 时开始。

程序 14.2

```
/**
 * Customer represents a waiting customer.
 *
 * @author Java Foundations
 * @version 4.0
 */
public class Customer
{
    private int arrivalTime, departureTime;
    /**
     * Creates a new customer with the specified arrival time.
     * @param arrives the arrival time
     */
```

```
    public Customer(int arrives)
    {
        arrivalTime = arrives;
        departureTime = 0;
    }
    /**
     * Returns the arrival time of this customer.
     * @return the arrival time
     */
    public int getArrivalTime()
    {
        return arrivalTime;
    }
/**
     * Sets the departure time for this customer.
     * @param departs the departure time
     **/
    public void setDepartureTime(int departs)
    {
        departureTime = departs;
    }

    /**
     * Returns the departure time of this customer.
     * @return the departure time
     */
    public int getDepartureTime()
    {
        return departureTime;
    }
    /**
     * Computes and returns the total time spent by this customer.
     * @return the total customer time
     */
    public int totalTime()
    {
        return departureTime - arrivalTime;
    }
}
```

　　我们的模拟将创建一个客户队列，分析看看如果只有一个收银员，处理这些客户需要多长时间。如果有两个收银员处理相同的客户队列，又需要多长时间。然后再使用 3 个收银员一起做，又需要多长时间。这个过程一直持续，但最多只使用 10 名收银员。最后，我们比较处理客户所需的平均时间。

　　由于我们假设每隔 15 秒就有一位客户到达，所以可以预先将客户加入队列。这个模拟处理 100 位客户。

　　程序 14.3 是我们的模拟。外循环确定每次模拟过程所使用的收银员人数。对于每次模拟，依次从队列中抽取客户，收银员进行处理。记录需要的总时间，在每次模拟结束时计算平均时间。图 14.5 给出了 TicketCounter 和 Customer 类的 UML 描述。

程序 14.3

```java
import java.util.*;
/**
 * TicketCounter demonstrates the use of a queue for simulating
 * a line of customers.
 * @author Java Foundations
 * @version 4.0
 */
public class TicketCounter
{
    private final static int PROCESS = 120;
    private final static int MAX_CASHIERS = 10;
    private final static int NUM_CUSTOMERS = 100;
    public static void main(String[] args)
    {
        Customer customer;
        Queue<Customer> customerQueue = new LinkedList<Customer>();
        int[] cashierTime = new int[MAX_CASHIERS];
        int totalTime, averageTime, departs, start;
        // run the simulation for various number of cashiers
        for (int cashiers = 0; cashiers < MAX_CASHIERS; cashiers++)
        {
            // set each cashiers time to zero initially
            for (int count = 0; count < cashiers; count++)
                cashierTime[count] = 0;
            // load customer queue
            for (int count = 1; count <= NUM_CUSTOMERS; count++)
                customerQueue.add(new Customer(count * 15));
            totalTime = 0;
            // process all customers in the queue
            while (!(customerQueue.isEmpty()))
            {
                for (int count = 0; count <= cashiers; count++)
                {
                    if (!(customerQueue.isEmpty()))
                    {
                        customer = customerQueue.remove();
                        if (customer.getArrivalTime() > cashierTime[count])
                            start = customer.getArrivalTime();
                        else
                            start = cashierTime[count];
                        departs = start + PROCESS;
```

```
                customer.setDepartureTime(departs);
                cashierTime[count] = departs;
                totalTime += customer.totalTime();
            }
        }
    }
    // output results for this simulation
    averageTime = totalTime / NUM_CUSTOMERS;
    System.out.println("Number of cashiers: " + (cashiers + 1));
    System.out.println("Average time: " + averageTime + "\n");
    }
  }
}
```

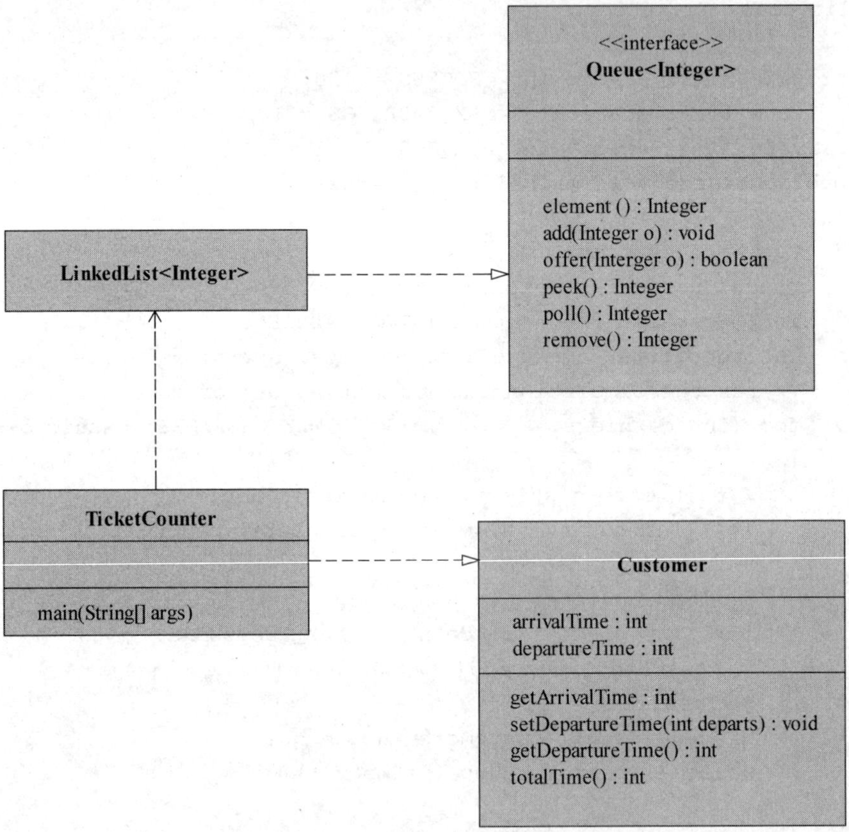

图 14.5   TicketCounter 程序的 UML 描述

仿真结果如图 14.6 所示。注意有 8 个收银员时，客户不用等待。120 秒的时间仅反映了走路和买票所需的时间。 将收银员数量增加到 9 个或 10 个或更多也不会再有改善。由于剧院经理决定将总平均时间保持在不到 7 分钟，即 420 秒，所以模拟结果告诉他，应该

收银员数量	1	2	3	4	5	6	7	8	9	10
平均时间（秒）	5317	2325	1332	840	547	355	219	120	120	120

图 14.6   票务柜台模拟结果

用 6 个收银员。

14.5 队列 ADT

与使用栈一样，我们也定义了表示队列操作的通用 QueueADT 接口，将操作与各种实现分开。程序 14.4 给出了 Java 版的 QueueADT 接口，其 UML 描述如图 14.7 所示。

除了标准队列操作之外，我们还包含了 tostring 方法。与栈集合一样，这是为了操作方便，但 tostring 方法并不是队列的经典操作。

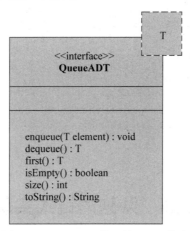

图 14.7　QueueAD 接口的 UML 描述

程序 14.4

```java
package jsjf;
/**
 * QueueADT defines the interface to a queue collection.
 *
 * @author Java Foundation
 * @version 4.0
 */
public interface QueueADT<T>
{
    /**
     * Adds one element to the rear of this queue.
     * @param element  the element to be added to the rear of the queue
     */
    public void enqueue(T element);
    /**
     * Removes and returns the element at the front of this queue.
     * @return the element at the front of the queue
     */
    public T dequeue();
    /**
```

```
          * Returns without removing the element at the front of this queue.
          * @return the first element in the queue
          */
        public T first();
   /**
          * Returns true if this queue contains no elements.
          * @return true if this queue is empty
          */
        public boolean isEmpty();
        /**
          * Returns the number of elements in this queue.
          * @return the integer representation of the size of the queue
          */
        public int size();
        /**
          * Returns a string representation of this queue.
          * @return the string representation of the queue
          */
        public String toString();
    }
```

14.6　队列的链式实现

因为队列是线性集合，所以能使用 LinearNode 对象链表实现队列。在链表实现队列时，操作要在队列两端进行。因此，除了指向链表中第一个元素的引用（head）外，我们还要跟踪指向链表最后一个元素引用（tail）。此外，还使用 count 整数变量来跟踪队列的元素个数。

我们在队列哪一端添加元素或使元素入队，在哪一端删除元素或使元素出队有区别吗？答案是有区别的。如果链表是单链表，则意味着链表中的每个节点只有一个指向其后面节点的指针。在 enqueue 操作中，将新元素添加到链表前或链表尾没有区别。两者的处理步骤非常相似。如果将元素添加到链表前，那么设置新节点的 next 指针指向链表 head，并设置 head 变量指向新节点。如果将元素添加到链表尾，那么设置链表 tail 节点的 next 指针以指向新节点，并设置链表 tail 指向新节点。上述所有处理步骤的时间复杂度都为 O(1)，因此 enqueue 操作的时间复杂度为 O(1)。

> **重要概念**
> 通过引用链表的第一个元素和最后一个元素实现链式队列。

当 enqueue 操作与 dequeue 操作同时发生时，在队列哪一端发生操作就会产生差异。如果在链表 tail 入队，从链表 head 出队，那么对于 dequeue 操作，我们只需设置一个临时变量指向链表 head 的元素，然后将 head 变量设置第一个节点的 next 指针值。上述处理步骤的时间复杂度均为 O(1)，因此，dequeue 操作的时间复杂度也为 O(1)。但是，如果在链表头入队，在链表尾出队，则处理步骤会变得复杂。为了在链表 tail 进行 dequeue 操作，我们必须设置一个临时变量指向链表 tail 的元素，然后将 tail 指针设置为指向当前 tail 之前的节点。但在单个链表中，我们必须遍历链表，才能到达 tail 节点。因此，如果我们选择在 head 处进行 enqueue 操作，在 tail 处进行 dequeue 操作，则 dequeue 操作的时间复杂度是 O(n)，而不是 O(1)。因此，在单链表中，我们选择在 tail 入队，在 head 出队。因为双向链表不存在遍历链表的问题，所以在双向链接实现中，在哪个端点进行操作是无关紧要的。

图 14.8 给出了实现队列的策略。队列按字母顺序将 A、B、C 和 D 添加到队列中。

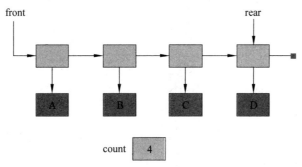

图 14.8 队列的链表实现

图 14.8 给出的是一般情况。在特殊情况下，我们必须小心谨慎地维护引用。对于空队列，head 和 tail 引用均为 null，count 为零。如果队列只有一个元素，则 head 和 tail 引用指向同一个对象。

下面分析使用链表实现队列的操作。在上下文中，我们给出了链表队列实现的头、类级数据和构造函数。

```java
package jsjf;
import jsjf.exceptions.*;
/**
 * LinkedQueue represents a linked implementation of a queue.
 *
 * @author Java Foundations
 * @version 4.0
 */
public class LinkedQueue<T> implements QueueADT<T>
{
    private int count;
    private LinearNode<T> head, tail;
    /**
     * Creates an empty queue.
     */
    public LinkedQueue()
    {
        count = 0;
        head = tail = null;
    }
```

14.6.1   enqueue 操作

enqueue 操作需要将新元素放在队列尾。在一般情况下，这意味着将当前最后一个元素的 next 引用设置为新元素，并将 tail 引用重置为新的最后一个元素。但是，如果当前队列为空，则还必须设置 head 引用为新的且唯一的元素。enqueue 操作的实现如下：

```
/**
 * Adds the specified element to the tail of this queue.
 * @param element the element to be added to the tail of the queue
 */
public void enqueue(T element)
{
    LinearNode<T> node = new LinearNode<T>(element);
    if (isEmpty())
        head = node;
    else
        tail.setNext(node);
    tail = node;
    count++;
}
```

注意，不用在此方法中显式地设置新节点的 next 引用，因为在 LinearNode 类的构造函数中已将其设置为 null。在任何一种情况下，都要将 tail 引用设置为新节点，使 count 递增。使用哨兵节点实现队列的操作留作练习。如前所述，enqueue 操作的时间复杂度为 O(1)。

在图 14.8 所示队列添加元素 E 后的队列如图 14.9 所示。

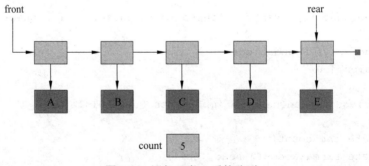

图 14.9   添加元素 E 后的队列

14.6.2   dequeue 操作

实现 dequeue 操作时，首要任务是要确保至少有一个可以返回的元素。如果没有可返回的元素，则会抛出 EmptyCollectionException。正如第 12 章和第 13 章栈集合所做的那样，使用泛型 EmptyCollectionException 是有意义的，我们可以传递一个参数来指定正在处理的集合。如果队列中至少有一个元素，则返回链表中的第一个元素，并更新 head 引用：

```
/**
 * Removes the element at the head of this queue and returns a
 * reference to it.
 * @return the element at the head of this queue
 * @throws EmptyCollectionException if the queue is empty
 */
public T dequeue() throws EmptyCollectionException
{
    if (isEmpty())
        throw new EmptyCollectionException("queue");
    T result = head.getElement();
    head = head.getNext();
    count--;
    if (isEmpty())
        tail = null;
    return result;
}
```

> **重要概念**
> 在集合的两端进行 enqueue 和 dequeue 操作。

对于 dequeue 操作，我们必须考虑返回队列中只有一个元素的情况。如果在删除 head 元素后，队列为空，则要将 tail 引用设置为 null。注意，在这种情况下，head 也将为 null，因为将 head 设置为链表中最后一个元素的 next 引用。同样，所实现的 dequeue 操作的时间复杂度为 O(1)。

> **设计焦点**
> 适用于其他类的复用目标也同样适用于异常。EmptyCollectionException 类就是复用的很好示例。对于任何集合而言，异常都是相同的。例如，如果集合为空，要尝试对集合执行操作时，就会出现异常。因此，创建具有参数的单独异常使我们能指定集合要抛出的异常，这就是设计复用的一个优秀示例。

图 14.10 给出了图 14.9 队列执行 dequeue 操作后的结果。删除队列 head 的元素 A，并将其返回给用户。

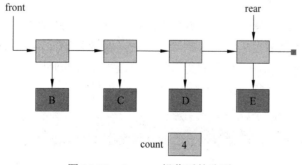

图 14.10　dequeue 操作后的队列

注意，与栈的 push 和 pop 操作不同，dequeue 操作不是 enqueue 的逆操作。也就是说，图 14.10 与图 14.8 不同，因为 enqueue 和 dequeue 操作是在集合两端进行。

14.6.3　其他操作

链表队列实现的其他操作非常简单，与栈集合的其他操作类似。first 操作是通过返回对队列 head 元素的引用来实现的。如果元素计数为 0，则 isEmpty 操作返回 true，否则返回 false。size 操作只返回队列中元素的个数。最后，toString 操作返回字符串，该字符串是每个单独元素组成的 toString 结果。我们将这些操作留作程序设计项目。

14.7　使用数组实现队列

一种基于数组实现队列的策略是将数组的索引 0 固定在队列的一端，例如固定在队列头，并将元素连续地存储在数组中。图 14.11 给出了以这种方式存储的队列。假设以字母表顺序将元素 A、B、C 和 D 添加到队列中。

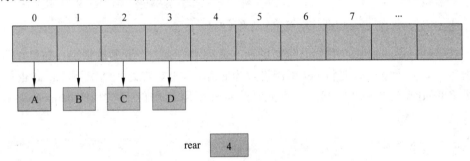

图 14.11　队列的数组实现

与 Arraystack 实现中的 top 变量类似，整数变量 rear 用于指示数组中下一个可用的单元。注意，rear 变量还表示队列中的元素个数。

> **重要概念**
> 因为队列操作修改集合两端，要将第一个元素始终固定在索引 0 处，就必须将数组元素移位。

上述策略假定队列的第一个元素始终存储在索引为 0 的数组单元中。因为队列操作会影响集合的两端，因此每当从队列中删除元素时，都要移动元素。元素移位将使 dequeue 操作的时间复杂度变为 O(n)。与前面所讨论的单链表实现的时间复杂性一样，如果我们所选的数组实现方案非常糟糕，就会导致队列效率低于最优。

> **重要概念**
> 在非循环数组实现中，元素移位产生的时间复杂度为 O(n)。

如果我们将数组的索引 0 固定在队列尾而非队列头，会有何不同呢？我们知道，元素入队是在队列末尾完成的。也就是说，每次 enqueue 操作都会使队列中所有元素向前移动一个位置。因此，enqueue 操作的时间复杂度为 O(n)。

为了解决问题复杂度变大的问题，关键是不要固定队列的任何一端。当元素出队时，队列 front 也在数组中向前移动。当元素入队时，队列的 rear 也在数组中向前移动。当队列 rear 到达数组末尾时，就遇到了问题，也遇到了挑战。此时扩大数组并不能解决实际问题，因为仍有数组低端索引空间是空的。

> **设计焦点**
>
> 值得注意的是，这种固定数组的实现策略在栈实现中非常有效，但对于队列而言，确并非如此。要记住，实现集合的数据结构一定要与集合自身相匹配，这一点非常重要。固定数组策略对于栈是有效的，因为栈的所有操作，如添加和删除元素，都在集合的一端进行，也就是说都在数组的一端进行。而对于队列，所有的操作都要在集合两端进行，并且元素顺序非常重要，所以用固定数组实现队列效率会非常低。

为了使不固定任何一端的解决方案有效，我们需要用循环数组来实现队列。我们所定义的类为 CircularArrayQueue。循环数组不是新的数据结构：它只是一种存储集合的数组方法。从概念上讲，循环数组就像一个圆，最后一个索引后紧跟第一个索引。存储队列的循环数组如图 14.12 所示。

> **重要概念**
>
> 在基于数组实现的队列中，使用循环数组将不再需要元素的移位。

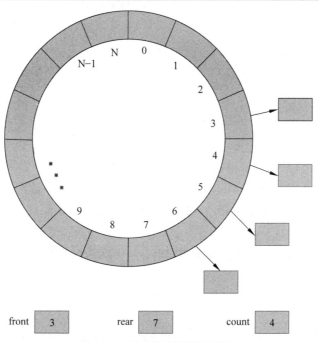

图 14.12　队列的循环数组实现

我们用两个整数值表示队列头和队列尾。随着元素的增加和删除，这两个整数值也相应发生变化。front 值表示在队列中存储第一个元素的位置，rear 值表示数组中的下一个可用单元，但不是存储最后一个元素的位置。使用 rear 的方式与其他的数组实现一致。但要注意，这个实现中的 rear 值不再表示队列中元素个数，元素个数使用单独的整数值来表示。

　　当队列尾到达数组尾时，会绕到数组 front 处。因此，队列的元素可以跨过数组末尾，如图 14.13 所示，假设该数组可以存储 100 个元素。

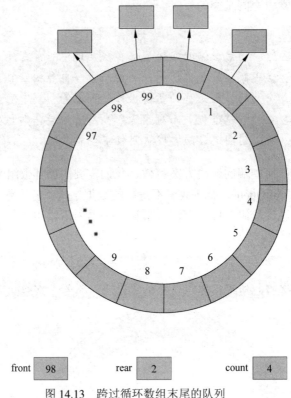

图 14.13　跨过循环数组末尾的队列

　　使用上述策略，一旦将一个元素添加到队列中，数组就会为该元素保留一个位置，直到 dequeue 操作将该元素删除为止。当添加或删除元素时，任何元素都不用移位，但这种策略需要认真仔细地管理 front 和 rear 的值。

　　下面分析另一个例子。图 14.14 给出了容纳 10 个元素的循环数组。最初从元素 A 到元素 H 都已入队。然后，前 4 个元素（A 到 D）出队。最后，元素 I、J、K 和 L 入队，使队列绕回数组末尾。

　　在上下文中，我们给出了循环数组实现的头、类级数据和构造函数。

```
package jsjf;
import jsjf.exceptions.*;
/**
 * CircularArrayQueue represents an array implementation of a queue in
 * which the indexes for the front and rear of the queue circle back to 0
 * when they reach the end of the array.
 *
 * @author Java Foundations
```

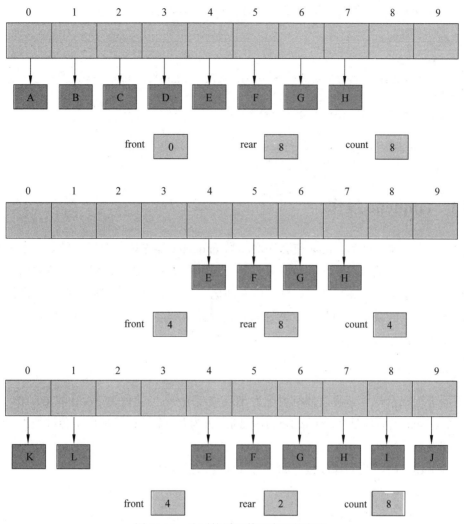

图 14.14 队列的循环数组实现的变化

```
 * @version 4.0
 */
public class CircularArrayQueue<T> implements QueueADT<T>
{
    private final static int DEFAULT_CAPACITY = 100;
    private int front, rear, count;
    private T[] queue;

/**
    * Creates an empty queue using the specified capacity.
    * @param initialCapacity the initial size of the circular array queue
    */
    public CircularArrayQueue (int initialCapacity)
    {
        front = rear = count = 0;
```

```
        queue = (T[]) (new Object[initialCapacity]);
    }

    /**
     * Creates an empty queue using the default capacity.
     */
    public CircularArrayQueue()
    {
        this(DEFAULT_CAPACITY);
    }
```

14.7.1　enqueue 操作

通常，在元素入队后，rear 值会递增。当 enqueue 操作填充数组的最后一个单元时，必须将 rear 值设置为 0，以表示要将下一个元素存储在索引 0 处。对 rear 值的适时更新是通过使用取余运算符（%）进行计算完成。回忆一下，取余计算将返回第一个操作数除以第二个操作数后的余数。因此，如果 queue 是存储队列的数组名，则下面的代码行将适时更新 rear 的值：

```
rear=(rear+1) % queue.length
```

下面进行取余计算。假设数组大小为 10。如果 rear 当前值为 5，计算 6%10，则余数为 6。如果 rear 当前值是 9，计算 10%10，则余数为 0。余数计算适用于各种情况，无论数组多大都没有问题。

根据上述策略，我们可以按照如下方式实现入队操作：

```
/**
    * Adds the specified element to the rear of this queue, expanding
    * the capacity of the queue array if necessary.
    * @param element the element to add to the rear of the queue
    */
    public void enqueue(T element)
    {
        if (size() == queue.length)
            expandCapacity();

        queue[rear] = element;
        rear = (rear+1) % queue.length;

        count++;
    }
```

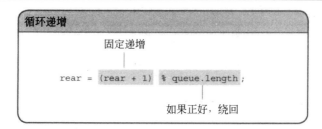

注意，上述实现策略仍允许数组达到最大容量。与任何基于数组的实现一样，会填充数组的所有单元。也就是说队列尾部已"赶上"了队列头。为了添加另一个元素，则必须放大数组。但要记住，必须按队列中的正确顺序将现有数组的元素复制到新数组中，虽然这个顺序不一定是它们在当前数组中出现的顺序。私有 expandCapacity 方法比栈的方法稍微复杂一些：

```
/**
 * Creates a new array to store the contents of this queue with
 * twice the capacity of the old one.
 */
private void expandCapacity()
{
    T[] larger = (T[]) (new Object[queue.length *2]);

    for (int scan = 0; scan < count; scan++)
    {
        larger[scan] = queue[front];
        front = (front + 1) % queue.length;
    }

    front = 0;
    rear = count;
    queue = larger;
}
```

14.7.2　dequeue 操作

同样，在元素出队后，front 值会递增。经过大量出列操作后，front 值会达到数组的最大索引值。在删除最大索引处的元素后，必须将 front 的值设置为 0 而不是递增。在 enqueue 操作中，rear 值的计算方式适用于 dequeue 操作中的 front 值的计算：

```
/**
 * Removes the element at the front of this queue and returns a
 * reference to it.
 * @return the element removed from the front of the queue
 * @throws EmptyCollectionException  if the queue is empty
 */
```

```
public T dequeue() throws EmptyCollectionException
{
    if (isEmpty())
        throw new EmptyCollectionException("queue");

    T result = queue[front];
    queue[front] = null;
    front = (front+1) % queue.length;

    count--;

    return result;
}
```

14.7.3　其他操作

其他操作，如 toString 之类的操作，变得有点复杂，因为元素不是从索引 0 开始存储的，而且可以绕到数组尾。其他操作必须考虑这种情况，我们把循环数组队列的所有其他操作都留作程序设计项目。

14.8　双 端 队 列

双端队列是队列概念的扩展，其允许从队列的两端添加、删除和查看元素。如第 12 章所述，Java API 提供了与 Queue 接口类似的 Deque 接口，其由 LinkedList 类实现。与 Queue 接口一样，Deque 接口为每个操作提供了两个版本：一个是抛出异常，另一个是返回布尔值。

更有趣的是，Deque 接口还提供了 push、pop 和 peek 这些基本栈操作的实现。在实践中，Oracle 推荐用 Deque 接口代替 java. util.stack 类。

重要概念总结

- 队列以 FIFO 方式处理元素，即第一个入队的元素也是第一个出队的元素。
- 队列是最佳的存储重复密钥的集合。
- 使用队列来模拟等待的队伍。
- 通过引用链表的第一个元素和最后一个元素实现链式队列。
- 在集合的两端进行 enqueue 和 dequeue 操作。
- 因为队列操作修改集合两端，要将第一个元素始终固定在索引 0 处，就必须将数组元素移位。
- 在非循环数组实现中，元素移位产生的时间复杂度为 O(n)。
- 在基于数组实现的队列中，使用循环数组将不再需要元素的移位。

术 语 总 结

Caesar 密码是一种简单的消息编码技术，其字符按字母表顺序移动恒定量。

循环数组是被视为圆环的数组，也就是说随着最后索引值的递增会绕回到第一个元素。

dequeue 操作是从队列前面删除元素。

enqueue 操作是从队列尾添加元素。

FIFO（1）先进先出；（2）是对集合的描述，在这个集合中，添加的第一个元素也是第一个被删除的元素。

队列是一种线性集合，从其一端添加元素，从另一端删除元素;

重复密钥是整数值列表，用于在 Caesar 密码的改进版本中按不同位数移动字母。

自 测 题

14.1 队列和栈有什么区别？

14.2 队列的五种基本操作是什么？

14.3 为队列实现的还有哪些其他操作？

14.4 在链表实现中，head 引用和 tail 引用是否可能相同呢？

14.5 在循环数组实现中，head 和 tail 引用是否可以相同呢？

14.6 哪种实现的时间复杂度最差？

14.7 哪种实现的空间复杂度最差？

练 习 题

14.1 通过下面的操作，手动跟踪队列 X：

X.enqueue(new Integer(4));

X. enqueue(new Integer(1));

Object Y = X. dequeue();

X. enqueue(new Integer(8));

X. enqueue(new Integer(2));

X. engueue(new Integer(5));

X.enqueue （(ew Integer(3));

Object Y = X. dequeue();

X. enqueue(new Integer(4));

X. enqueue(new Integer(9));

14.2 根据练习 14.1 所得队列 X，给出下面每条语句的结果。

a. X. first();

b. Y = X. dequeue();

　　X. first();

c. Y = X. dequeue();

d. X. first();

14.3　如果没有 count 变量，size 操作的每种实现的时间复杂度是多少？

14.4　在什么情况下，数组实现的 head 和 tail 引用与链表实现的 front 和 rear 引用相同呢？

14.5　手动跟踪 22 位客户和 4 位收银员的票务柜台问题，图形化每个人的总处理时间。根据这个结果，你有何推测呢？

14.6　将 LinkedQueue 类的 enqueue 方法与第 13 章中 LinkedStack 类的 push 方法进行比较和对比。

14.7　描述两种方法，其可以实现 LinkedQueue 类的 isEmpty 方法。

14.8　除本章讨论过的队列之外，给出 5 种日常生活中队列的例子。

14.9　解释为什么栈的数组实现不需要元素移位，但非循环数组实现的队列需要元素移位。

14.10　假设 CircularArrayQueue 类中未使用 count 变量。解释如何使用 front 值和 rear 值来计算链表中元素的个数。

程序设计项目

14.1　完成本章介绍的 LinkedQueue 类的实现。具体来说，完成 first、isEmpty、size 和 toString 方法的实现。

14.2　完成本章所述的 CircularArrayQueue 类的实现，包括其所含的所有方法。

14.3　编写另一版的 CircularArrayQueue 类，该类与本章给出版本的链表增长方向正好相反。

14.4　本章的所有实现都使用 count 变量来跟踪队列中元素的个数。重写没有 count 变量的链表实现。

14.5　本章中的所有实现都使用 count 变量来跟踪队列中元素的个数。重写没有 count 变量的循环数组实现。

14.6　双端队列这种数据结构与队列密切相关。双端队列与队列的主要区别在于：使用双端队列，用户可以从队列的任何一端进行插入、删除或查看。使用数组实现双端队列。

14.7　使用链接实现程序设计项目 14.6 的双端队列。提示：每个节点都需要 next 和 previous 引用。

14.8　创建一个图形应用程序，其有从队列中入队和出队的按钮，有接收字符串作为入队输入的文本字段，还有在每次操作后显示队列内容的文本区。

14.9　使用栈和队列创建系统，用于测试给定字符串是否为回文。回文是指字符从前往后读与从后往前读一样。

14.10　创建一个系统，模拟十字路口的车辆。假设在 4 个方向中，每个方向上都有一条车道，每个方向都有红绿灯。改变每个方向上车辆到达时间的平均值和红绿灯变化的频率，以查看十字路口的交通情况。

自测题答案

14.1 队列是先进先出（FIFO）的集合，而栈是后进先出（LIFO）的集合。

14.2 基本的队列操作是

enqueue——在队列末尾添加元素

dequeue——从队列前面删除一个元素

first——返回对队列 frotn 元素的引用

isEmpty——如果队列为空，则返回 true，否则返回 false

14.3 makeEmpty()、destroy()和 full()。

14.4 是的，head 引用和 tail 引用在两种情况下是相同的。一种情况是队列为空，即 head 和 tail 都为 null 时；第二种情况是队列中只有一个元素时。

14.5 是的，head 引用和 tail 引用在两种情况下是相同的。一种情况是队列为空；另一种情况是队列已满。

14.6 非循环数组实现的 dequeue 操作和 enqueue 操作的时间复杂度为 O(n)，所以非循环数组实现具有最差时间复杂度。

14.7 两种数组实现都会浪费空间，因为数组中有空单元。在链表实现中，每个元素所占用的存储空间更多。

第 15 章 列　　表

学习目标
- 分析各种类型的列表集合。
- 演示列表如何解决问题。
- 定义列表的抽象数据类型。
- 分析并比较列表的实现。

我们非常熟悉列表的概念。我们经常列出待办事项的列表、在超市要购买的物品列表、要邀请参加聚会的朋友列表等。我们既可以对列表中的项目编号，也可以按字母顺序记录各项。当然，用户可以按照自己的意愿对列表中各项进行排序。本章将探讨列表集合的概念以及一些管理它的方法。

15.1　列　表　集　合

我们先区分链表和列表集的概念。正如前面章节所讲，链表是一种实现策略，其使用引用创建对象之间的链接。第 13 章和第 14 章分别使用链表实现了栈集合和队列集合。

列表集合是一个概念性表示，是一种将事物组织成线性表的思想。与栈和队列一样，我们使用链表或数组也可以实现列表。列表集合没有固有容量，可以根据需要增长。

栈和队列都是线性结构，均可被视为列表，但栈只能在末尾添加或删除元素，队列能在两端添加或删除元素。而列表集合更为通用，可以在任何位置添加或删除元素。

列表集合有 3 种类型：
- 有序列表，按元素的某种内在特征对元素排序。
- 无序列表，它的元素没有固定顺序，但按列表位置排序。
- 索引列表，使用数字索引引用其元素。

> **重要概念**
>
> 列表集合可以分类为有序列表、无序列表或索引列表。

有序列表是基于列表元素的某些内在特征的排序表。例如，你可以按姓名的字母表顺序对人员列表排序，或者你可以按部件号排列库存列表。列表是根据某些键值排序的。向列表添加元素时，根据要添加元素的键值在列表中找到其对应位置，再将元素插入。列表中一定会有要添加元素的一席之地的。图 15.1 给出了有序列表的概念视图，其元素按整数键值排序。向列表中添加新元素时，要在列表中查找新元素要插入的正确位置。

重要概念
有序列表根据元素的内在关系定义它们的顺序。

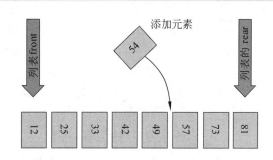

图 15.1　有序列表的概念视图

在无序列表中，插入元素不再基于任何元素的内在特征。但读者不要被无序表中的"无序"两字误导，无序列表的元素也按特定顺序保存，但此顺序是由列表客户确定，而与元素本身无关。图 15.2 给出了无序列表的概念视图。我们可以将新元素插入列表前或列表尾，也可以插入列表中某一特定元素之后。

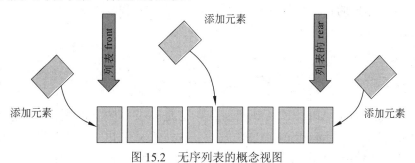

图 15.2　无序列表的概念视图

重要概念
无序列表按客户选择的元素顺序排列。

索引列表类似于无序列表，因为它也是由客户确定元素顺序，而不是根据元素之间的内在关系。但是，通过索引，我们可以引用索引列表中的每个元素。索引 0 位于列表前，之后索引依次增长，一直持续到列表尾。图 15.3 给出了索引列表的概念视图。我们可以在列表的任何位置插入新元素。在列表每次发生更改时，我们都要调整索引，以保持索引列表有序性及连续性。

重要概念
索引列表维护元素的连续索引值。

设计焦点
　　列表有可能既是有序列表又是索引列表吗？答案是可以的。但没什么意义。如果列表即能被排序又能被索引，那么如果客户应用程序尝试在特定索引处添加元素或更改特定索引处的元素，还要保持列表正确顺序，会发生什么情况呢？　哪个规则优先？是索引位置还是顺序优先?

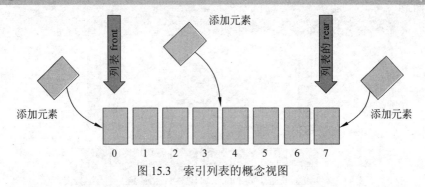

图 15.3 索引列表的概念视图

注意索引列表和数组之间的主要区别在于：索引列表保持其索引连续。如果删除元素，其他元素会动折叠以消除间隙。如果插入元素时，其他元素的索引会移动以腾出空间。

15.2 Java Collections API 中的列表

Java API 所提供的列表类主要支持索引列表。在某种程度上讲，它们又与无序列表有重叠。但 Java API 没有提供任何类直接实现有序列表。

重要概念
Java API 不提供实现有序列表的类。

你可能很熟悉 Java API 中的 ArrayList 类，它是 Java 程序员的最爱，其提供了一种快速管理对象集的方法。LinkedList 类也提供了与 ArrayList 类相同的基本功能。顾名思义，LinkedList 就是一种基本链表实现。LinkedList 类和 ArrayList 类所存储的元素均由通用参数 E 来定义。

ArrayList 和 LinkedList 都实现了 java.util.List 接口。List 接口中的一些方法如图 15.4 所示。在分析自己的列表实现之前，我们先分析一些使用 Java API 列表的示例。

方法	描述
add(E element)	将元素添加到列表尾。
add(int index，E element)	在指定的索引处插入元素。
get(int index)	返回指定索引处的元素。
remove(int index)	删除指定索引处的元素。
remove(E object)	删除第一次出现的指定对象。
set(int index，E element)	替换指定索引处的元素。
size()	返回列表中的元素个数。

图 15.4 java.util.List 接口中的一些方法

15.3　使用无序列表：学位课程

有时我们将学生为满足学位要求而选择的课程列表称为学位课程。下面分析一个管理学位课程的简单示例。我们使用 Java API 的 LinkedList 类，并添加一些无序列表操作来管理课程列表。

程序 15.1 包含 main 方法，该方法创建 ProgramOfStudy 对象，用以管理一些指定的课程。首先它向列表添加一些基础课程，一门一门地添加，形成基础课程列表。之后再将第二阶段 CS 课程插入到基础课程列表。最后再添加指定的 THE 课程，并更新成绩。最后，用 FRE 课程替代 GER 课程。

程序 15.1

```java
import java.io.IOException;
/**
 * Demonstrates the use of a list to manage a set of objects.
 *
 * @author Java Foundations
 * @version 4.0
 */
public class POSTester
{
    /**
     * Creates and populates a Program of Study.
     * Then saves it using serialization.
     */
    public static void main(String[] args) throws IOException
    {
        ProgramOfStudy pos = new ProgramOfStudy();

        pos.addCourse(new Course("CS", 101,
                    "Introduction to Programming", "A-"));
        pos.addCourse(new Course("ARCH", 305, "Building Analysis", "A"));
        pos.addCourse(new Course("GER", 210, "Intermediate German"));
        pos.addCourse(new Course("CS", 320, "Computer Architecture"));
        pos.addCourse(new Course("THE", 201, "The Theatre Experience"));

        Course arch = pos.find("CS", 320);
        pos.addCourseAfter(arch, new Course("CS", 321,
                        "Operating Systems"));
        Course theatre = pos.find("THE", 201);
        theatre.setGrade("A-");

        Course german = pos.find("GER", 210);
        pos.replace(german, new Course("FRE", 110,
```

```
                    "Beginning French", "B+"));
        System.out.println(pos);

        pos.save("ProgramOfStudy");
    }
}
```

在以这些特定方式处理课程列表之后，main 方法打印整个 ProgramOfStudy 对象，然后将其保存到磁盘，以便以后能进一步检索和修改课程列表。

ProgramOfStudy 类如程序 15.2 所示，Course 类如程序 15.3 所示。首先注意，list 实例变量被声明为 List <Course>类型，其引用了接口。在构造函数中，实例化了新的 LinkedList <Course>对象。 如果需要，我们可以将其更改为 ArrayList <Course>对象，而对该类不用任何更改。

程序 15.2

```
import java.io.FileInputStream;
import java.io.FileNotFoundException;
import java.io.FileOutputStream;
import java.io.IOException;
import java.io.ObjectInputStream;
import java.io.ObjectOutputStream;
import java.io.Serializable;
import java.util.Iterator;
import java.util.LinkedList;
import java.util.List;
/**
 * Represents a Program of Study, a list of courses taken and planned,
 * for an individual student.
 *
 * @author Java Foundations
 * @version 4.0
 */
public class ProgramOfStudy implements Iterable<Course>, Serializable
{
    private List<Course> list;

    /**
     * Constructs an initially empty Program of Study.
     */
    public ProgramOfStudy()
    {
        list = new LinkedList<Course>();
    }
/**
     * Adds the specified course to the end of the course list.
     *
```

```
     * @param course the course to add
     */
    public void addCourse(Course course)
    {
        if (course != null)
            list.add(course);
    }

    /**
     * Finds and returns the course matching the specified prefix and number.
     *
     * @param prefix the prefix of the target course
     * @param number the number of the target course
     * @return the course, or null if not found
     */
    public Course find(String prefix, int number)
    {
        for (Course course : list)
            if (prefix.equals(course.getPrefix()) &&
                    number == course.getNumber())
                return course;
        return null;
    }

/**
     * Adds the specified course after the target course. Does nothing if
     * either course is null or if the target is not found.
     *
     * @param target the course after which the new course will be added
     * @param newCourse the course to add
     */
    public void addCourseAfter(Course target, Course newCourse)
    {
        if (target == null || newCourse == null)
            return;

        int targetIndex = list.indexOf(target);
        if (targetIndex != -1)
            list.add(targetIndex + 1, newCourse);
    }
/**
     * Replaces the specified target course with the new course.
     * Does nothing if either course is null or if the target is not found.
     *
     * @param target the course to be replaced
     * @param newCourse the new course to add
     */
```

```java
    public void replace(Course target, Course newCourse)
    {
        if (target == null || newCourse == null)
            return;

        int targetIndex = list.indexOf(target);
        if (targetIndex != -1)
            list.set(targetIndex, newCourse);
    }
    /**
     * Creates and returns a string representation of this Program of Study.
     *
     * @return a string representation of the Program of Study
     */
    public String toString()
    {
        String result = "";
        for (Course course : list)
            result += course + "\n";
        return result;
    }
/**
     * Returns an iterator for this Program of Study.
     *
     * @return an iterator for the Program of Study
     */
    public Iterator<Course> iterator()
    {
        return list.iterator();
    }

    /**
     * Saves a serialized version of this Program of Study to the specified
     * file name.
     *
     * @param fileName the file name under which the POS will be stored
     * @throws IOException
     */
    public void save(String fileName) throws IOException
    {
        FileOutputStream fos = new FileOutputStream(fileName);
        ObjectOutputStream oos = new ObjectOutputStream(fos);
        oos.writeObject(this);
        oos.flush();
        oos.close();
    }
/**
```

```
 * Loads a serialized Program of Study from the specified file.
 *
 * @param fileName the file from which the POS is read
 * @return the loaded Program of Study
 * @throws IOException
 * @throws ClassNotFoundException
 */
public static ProgramOfStudy load(String fileName) throws IOException,
            ClassNotFoundException
{
    FileInputStream fis = new FileInputStream(fileName);
    ObjectInputStream ois = new ObjectInputStream(fis);
    ProgramOfStudy pos = (ProgramOfStudy) ois.readObject();
    ois.close();

    return pos;
}
}
```

程序 15.3

```
import java.io.Serializable;
/**
 * Represents a course that might be taken by a student.
 *
 * @author Java Foundations
 * @version 4.0
 */
public class Course implements Serializable
{
    private String prefix;
    private int number;
    private String title;
    private String grade;

/**
    * Constructs the course with the specified information.
    *
    * @param prefix the prefix of the course designation
    * @param number the number of the course designation
    * @param title the title of the course
    * @param grade the grade received for the course
    */
    public Course(String prefix, int number, String title, String grade)
    {
        this.prefix = prefix;
```

```
        this.number = number;
        this.title = title;
        if (grade == null)
            this.grade = "";
        else
            this.grade = grade;
    }

    /**
     * Constructs the course with the specified information, with no grade
     * established.
     *
     * @param prefix the prefix of the course designation
     * @param number the number of the course designation
     * @param title the title of the course
     */
    public Course(String prefix, int number, String title)
    {
        this(prefix, number, title, "");
    }
/**
     * Returns the prefix of the course designation.
     *
     * @return the prefix of the course designation
     */
    public String getPrefix()
    {
        return prefix;
    }

    /**
     * Returns the number of the course designation.
     *
     * @return the number of the course designation
     */
    public int getNumber()
    {
        return number;
    }

    /**
     * Returns the title of this course.
     *
     * @return the prefix of the course
     */
```

```
    public String getTitle()
    {
        return title;
    }
/**
    * Returns the grade for this course.
    *
    * @return the grade for this course
    */
    public String getGrade()
    {
        return grade;
    }

    /**
    * Sets the grade for this course to the one specified.
    *
    * @param grade the new grade for the course
    */
    public void setGrade(String grade)
    {
        this.grade = grade;
    }

    /**
    * Returns true if this course has been taken (if a grade
    * has been received).
    * @return true if this course has been taken and false otherwise
    */
    public boolean taken()
    {
        return !grade.equals("");
    }
/**
    * Determines if this course is equal to the one specified, based on the
    * course designation (prefix and number).
    *
    * @return true if this course is equal to the parameter
    */
    public boolean equals(Object other)
    {
        boolean result = false;
        if (other instanceof Course)
        {
            Course otherCourse = (Course) other;
```

```
            if (prefix.equals(otherCourse.getPrefix()) &&
                    number == otherCourse.getNumber())
                result = true;
        }
        return result;
    }

    /**
     * Creates and returns a string representation of this course.
     *
     * @return a string representation of the course
     */
    public String toString()
    {
        String result = prefix + " " + number + ": " + title;
        if (!grade.equals(""))
            result += "  [" + grade + "]";
        return result;
    }
}
```

方法 addCourse、find、addCourseAfter 和 replace 执行更新学位课程所需的各种核心操作。这些方法的本质是将无序列表操作添加到 LinkedList 类所提供的基本列表操作之中。

iterator 方法返回 Iterator 对象。ProgramOfStudyTester 程序没有使用 iterator 方法，但该方法是一种重要操作，我们将在第 16 章详细讨论迭代器。

最后，使用 save 方法将 ProgramOfStudy 对象写入文件，使用 load 方法读取文件。与前面示例给出的基于文本的 I/O 操作不同，这个操作使用序列化过程，即以二进制流的方式读取对象和写入对象。因此，我们只需几行代码就能存储对象，且对象的当前状态完好无损。在这个示例中，当前存储在学位课程列表中的所有课程都是对象的一部分。

注意，ProgramOfStudy 和 Course 类实现了 Serializable 接口。为了序列化地保存对象，这些类必须实现 Serializable。Serializable 接口中没有方法，仅用于指示对象可以转换为序列化的表示。ArrayList 类和 LinkedList 类均实现了 Serializable。

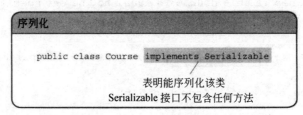

描述学位课程示例中类间关系的 UML 类图如图 15.5 所示。

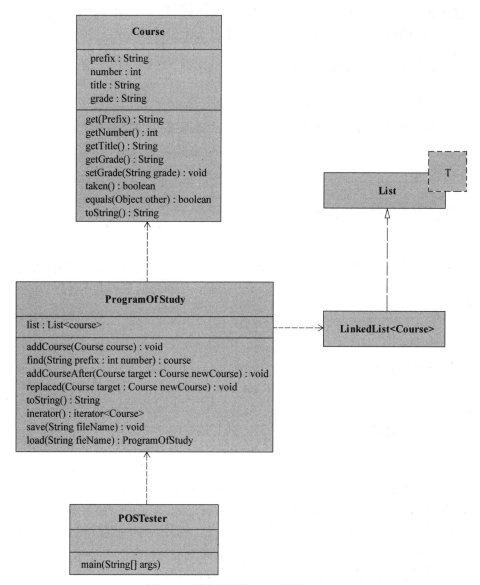

图 15.5   学位课程的 UML 描述

15.4   使用索引列表：Josephus

Flavius Josephus 是一世纪的犹太历史学家。传说他是 41 个犹太叛乱分子之一，他们决定自杀而不是向围困他们的罗马人投降。他们决定围成一个圆圈，按顺序编号，报数为 3 人退出并自杀，然后再重新报数，报数为 3 的人退出并自杀，这样不断循环，最终直到所有人都自杀身亡为止。Josephus 不想死，他计算出要使自己不死应该站立的位置，使自己成为最终剩下的那个活人。后来，人们将这类问题统称为 Josephus 问题。Josephus 问题就是在无序的事件列表中，每轮取出本轮的每个第 i 个事件，直到列表无事件可取为止。

> **重要概念**
> Josephus 问题是一个经典的计算问题，索引列表可以解决这类问题。

举个例子，假设列表包含 7 个元素，编号从 1 到 7：

```
1 2 3 4 5 6 7
```

如果我们要删除列表中每个第 3 个元素，那么要删除的第一个元素是 3，执行之后的列表为：

```
1 2 4 5 6 7
```

接下来要删除的下一个元素是 6，执行之后的列表为：

```
1 2 4 5 7
```

此时，只有数字 7，但我们是将所有元素放于圆圈之中。因此，当计数到达列表尾时，会与列表头连接起来，将 1 再次计数。因此，要删除的下一个元素是 2，执行之后的列表为：

```
1 4 5 7
```

接下来要删除的下一个元素是 7，执行之后的列表为：

```
1 4 5
```

接下为要删除的下一个元素是数字 5，执行之后的列表为：

```
1 4
```

之后要删除的倒数第 2 个元素是 1，列表中最后保留的元素是 4。

程序 15.4 说给出了一种 Josephus 问题的实现。该实现是用户输入列表中元素个数和元素之间的间隔。最初，列表填充的整数代表士兵。然后，每次删除一个士兵，并计算要删除的下一个索引位置。

在上述过程中，存在一个复杂因素：计算要删除的下一个索引位置。列表是非常有趣的，因为在删除元素时，列表能自行折叠。例如，在上述示例中，我们知道要删除的第二个元素是 6。在我们从列表中删除元素 3 之后，元素 6 就不再处于其原位置。也就是说，它的索引位置不再是 5，而是 4。

程序 15.4

```java
import java.util.*;
/**
 * Demonstrates the use of an indexed list to solve the Josephus problem.
 *
 * @author Java Foundations
 * @version 4.0
 */
public class Josephus
```

```
{
    /**
     * Continue around the circle eliminating every nth soldier
     * until all of the soldiers have been eliminated.
     */
    public static void main(String[] args)
    {
        int numPeople, skip, targetIndex;
        List<String> list = new ArrayList<String>();
        Scanner in = new Scanner(System.in);
        // get the initial number of soldiers
        System.out.print("Enter the number of soldiers: ");
        numPeople = in.nextInt();
        in.nextLine();
        // get the number of soldiers to skip
        System.out.print("Enter the number of soldiers to skip: ");
        skip = in.nextInt();
        // load the initial list of soldiers
        for (int count = 1; count <= numPeople; count++)
        {
            list.add("Soldier " + count);
        }

        targetIndex = skip;
        System.out.println("The order is: ");

        // Treating the list as circular, remove every nth element
        // until the list is empty
        while (!list.isEmpty())
        {
            System.out.println(list.remove(targetIndex));
            if (list.size() > 0)
                targetIndex = (targetIndex + skip) % list.size();
        }
    }
}
```

15.5　列表 ADT

现在来探讨一下我们自己实现的列表集合。我们的实现将超越 Java API 所提供的内容，包括了无序列表和有序列表的完整实现。

有序列表和无序列表有共同的操作集。图 15.6 给出了这些常见操作，包括删除、检查元素、isEmpty 和 size 等经典操作。有序列表和无序列表都有 contains 操作，这个操作允许用户确定列表中是否包含指定的元素。

重要概念

我们能为所有列表类型定义许多常见的操作。之所以操作之间存在差异，源于添加元素的方式不同。

操作	描述
removeFirst	从列表中删除第一个元素。
removeLast	从列表中删除最后一个元素。
remove	从列表中删除指定元素。
first	检查列表前面的元素。
last	检查列表尾的元素。
contains	确定列表是否包含指定元素。
isEmpty	确定列表是否为空。
size	确定列表中的元素个数。

图 15.6　列表中的常见操作

15.5.1　向列表添加元素

有序列表和无序列表之间的区别主要在于如何向列表中添加元素。在有序列表中，我们只需指定要添加的新元素，新元素在列表中的位置由其键值决定。向有序列表添加元素的操作如图 15.7 所示。

操作	描述
add	向列表添加元素

图 15.7　有序列表的 add 操作

无序列表支持三种 add 操作的变种。我们可以将元素添加到列表前、列表尾或列表中指定的任何元素之后。无序列表的 add 操作如图 15.8 所示。

操作	描述
addToFront	向列表前添加元素
addToRear	向列表尾添加元素
addAfter	在列表指定元素后添加元素

图 15.8　无序列表的 add 操作

从概念上讲，因为通过索引就能引用列表元素，使用索引列表更便利。我们既能将元素添加列表的指定索引位置，也能将新元素添加到列表尾而不用指定索引位置。注意，如果插入或删除元素，较高索引位置的元素要么向上移动以腾出空间，要么向下移动以缩小间隙。我们也可以设置指定索引位置的元素，指定的新元素将覆盖当前在该索引位置的旧元素。因此，添加新元素不会使其他元素移位。

我们可以利用有序列表和无序列表共享通用操作集的事实。这些通用操作只需定义一次。因此，我们可以定义三个列表接口：一个接口用于公共操作，另两个接口分别用于有序列表和无序列表的指定操作。与其他接口一样，接口能与继承一起使用。指定列表类型的接口扩展了公共列表的定义。接口之间的关系如图 15.9 所示。

程序 15.5 到程序 15.7 给出了 Java 的接口。图 15.9 给出了这些接口所对应的 UML 图。

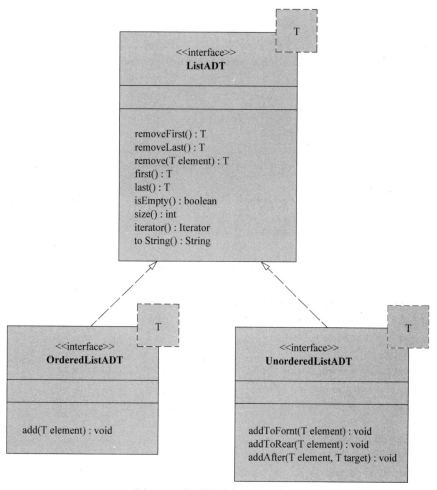

图 15.9 使用继承定义列表接口

程序 15.5

```java
package jsjf;
import java.util.Iterator;
/**
 * ListADT defines the interface to a general list collection. Specific
 * types of lists will extend this interface to complete the
 * set of necessary operations.
 *
 * @author Java Foundations
 * @version 4.0
 */
public interface ListADT<T> extends Iterable<T>
```

```java
{
    /**
     * Removes and returns the first element from this list.
     *
     * @return the first element from this list
     */
    public T removeFirst();
    /**
     * Removes and returns the last element from this list.
     *
     * @return the last element from this list
     */
    public T removeLast();
/**
     * Removes and returns the specified element from this list.
     *
     * @param element the element to be removed from the list
     */
    public T remove(T element);
    /**
     * Returns a reference to the first element in this list.
     *
     * @return a reference to the first element in this list
     */
    public T first();
    /**
     * Returns a reference to the last element in this list.
     *
     * @return a reference to the last element in this list
     */
    public T last();
    /**
     * Returns true if this list contains the specified target element.
     *
     * @param target the target that is being sought in the list
     * @return true if the list contains this element
     */
    public boolean contains(T target);
/**
     * Returns true if this list contains no elements.
     *
     * @return true if this list contains no elements
     */
    public boolean isEmpty();
    /**
     * Returns the number of elements in this list.
     *
     * @return the integer representation of number of elements in this list
```

```
     */
    public int size();
    /**
     * Returns an iterator for the elements in this list.
     *
     * @return an iterator over the elements in this list
     */
    public Iterator<T> iterator();
    /**
     * Returns a string representation of this list.
     *
     * @return a string representation of this list
     */
    public String toString();
}
```

程序 15.6

```
package jsjf;
/**
 * OrderedListADT defines the interface to an ordered list collection. Only
 * Comparable elements are stored, kept in the order determined by
 * the inherent relationship among the elements.
 *
 * @author Java Foundations
 * @version 4.0
 */
public interface OrderedListADT<T> extends ListADT<T>
{
    /**
     * Adds the specified element to this list at the proper location
     *
     * @param element the element to be added to this list
     */
    public void add(T element);
}
```

程序 15.7

```
package jsjf;
/**
 * UnorderedListADT defines the interface to an unordered list collection.
 * Elements are stored in any order the user desires.
 *
 * @author Java Foundations
 * @version 4.0
 */
public interface UnorderedListADT<T> extends ListADT<T>
```

```
{
    /**
     * Adds the specified element to the front of this list.
     *
     * @param element the element to be added to the front of this list
     */
    public void addToFront(T element);
    /**
     * Adds the specified element to the rear of this list.
     *
     * @param element the element to be added to the rear of this list
     */
    public void addToRear(T element);
    /**
     * Adds the specified element after the specified target.
     *
     * @param element the element to be added after the target
     * @param target  the target is the item that the element will be added
     *                after
     */
    public void addAfter(T element, T target);
}
```

15.6　用数组实现列表

正如前面章节所讲，基于数组的集合实现可以将列表的一端固定在索引 0 处，然后再根据需要移动元素。列表的数组实现与第 12 章所讲的基于数组的栈实现类似。第 14 章中没有用这种数组实现队列，因为队列的操作需要在两端进行。而对于常用列表，我们既可以从任何一端添加或删除元素，也可以在列表中间任何位置插入和删除元素。因此，列表操作无法避免元素的移动。我们也可以使用循环数组方法，但在列表中间添加或删除元素时，仍然需元素的移动。

列表的数组实现如图 15.10 所示。列表头固定在索引 0 处。整数变量 rear 表示列表中的元素个数以及下一个可用的存储单元。

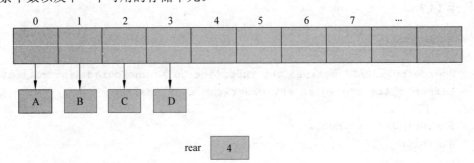

图 15.10　列表的数组实现

　　图 15.10 的数组实现既适用于有序列表, 也适用于无序列表。我们先探讨常用的操作,
下面是 ArrayList 类的头和类级数据:

```
/**
 * ArrayList represents an array implementation of a list. The front of
 * the list is kept at array index 0. This class will be extended
 * to create a specific kind of list.
 *
 * @author Java Foundations
 * @version 4.0
 */
public abstract class ArrayList<T> implements ListADT<T>, Iterable<T>
{
    private final static int DEFAULT_CAPACITY = 100;
    private final static int NOT_FOUND = -1;

    protected int rear;
    protected T[] list;
     protected int modCount;
    /**
     * Creates an empty list using the default capacity.
     */
    public ArrayList()
    {
        this(DEFAULT_CAPACITY);
    }
/**
     * Creates an empty list using the specified capacity.
     *
     * @param initialCapacity the integer value of the size of the array list
     */
    public ArrayList(int initialCapacity)
    {
        rear = 0;
        list = (T[])(new Object[initialCapacity]);
            modCount = 0;
    }
```

　　ArrayList 类既实现了前面定义的 ListADT 接口, 也实现了 Iterable 接口。第 16 章将讨
论 Iterable 接口和 modCount 变量。

15.6.1　remove 操作

　　remove 操作的这些变种需要先搜索作为参数传入的元素, 然后在列表中查找该元素,
如果找到就删除该元素。之后数组中较高索引处的元素向下移动以填充间隙。下面分析一
下, 如果要删除列表的第一个元素, 将发生什么? 在这个示例中, 我们只需进行一次比较

就能找到要找的元素，然后元素进行 n-1 次移动，元素下移以填补间隙。我们再分析一下，如果要删除列表中的最后一个元素，将发生什么？在这个示例中，我们需要 n 次比较，才能找到要找的元素，但不需要移动其余的元素。事实证明，remove 操作的这种实现总是需要 n 次比较和移位，因此 remove 操作的时间复杂度是 O(n)。如果使用循环数组实现列表，能改进的只有特例的性能，例如要删除列表的第一个元素等。remove 操作的实现如下：

```java
/**
 * Removes and returns the specified element.
 *
 * @param  element the element to be removed and returned from the list
 * @return the removed element
 * @throws ElementNotFoundException if the element is not in the list
 */
public T remove(T element)
{
    T result;
    int index = find(element);
    if (index == NOT_FOUND)
        throw new ElementNotFoundException("ArrayList");
    result = list[index];
    rear--;

    // shift the appropriate elements
    for (int scan=index; scan < rear; scan++)
        list[scan] = list[scan+1];

    list[rear] = null;
        modCount++;
    return result;
}
```

　　remove 方法使用一个名为 find 的方法查找元素，如果该元素存在于列表中，就返回其索引。如果该元素不在列表中，则 find 方法返回一个名为 NOT _ FOUND 的常量。NOT_ FOUND 常量等于-1，在 ArrayList 类中对其进行定义。如果未找到该元素，会生成 NoSuchElementException。如果找到要访问的元素，则较高索引处的元素下移，更新 rear 值，并返回该元素。

　　find 方法支持列表公共操作的实现，没有定义新的操作。因此，将 find 方法声明为私有可见性，find 方法的具体实现如下：

```java
/**
 * Returns the array index of the specified element, or the
 * constant NOT_FOUND if it is not found.
 *
 * @param target the target element
 * @return the index of the target element, or the
```

```
 *          NOT_FOUND constant
 */
private int find(T target)
{
    int scan = 0;
     int result = NOT_FOUND;

    if (!isEmpty())
       while (result == NOT_FOUND && scan < rear)
          if (target.equals(list[scan]))
              result = scan;
          else
              scan++;
    return result;
}
```

find 方法依赖 equals 方法来确定是否找到目标。传递给 find 方法的对象可能是正在搜索元素的精确副本。实际上，参数也可能是列表元素的别名。但是，如果参数是单独的对象，则可能不包含要搜索的元素的所有信息。对象要有 equals 方法所需的重要特性才是最为重要的。

find 方法的逻辑可以合并到 remove 方法之中，尽管这样做会使 remove 方法变得复杂。当时机成熟时，应定义这类支持方法，以使方法可读。此外，在这个示例中，在实现 contains 操作时，find 支持方法是非常有用的。

> **设计焦点**
> equals 方法的重写和 Comparable 接口的实现是面向对象设计能力的经典例子。我们可以创建集合的实现，这些集合实现可以处理尚未设计的对象类，只要这些对象提供等价的定义或类的对象之间的比较方法。

> **设计焦点**
> 在 ArrayList 类中分离出私有方法（如 find 方法）有许多好处。首先，它简化了已经很复杂的 remove 方法的定义。其次，它允许我们使用 find 方法实现 contains 操作以及 ArrayUnorderedList 的 addAfter 方法。注意，find 方法不会抛出 ElementNotFound 异常。它只返回一个值（−1），用来表示找不到该元素。通过这种方式，调用例程确定如何处理未找到元素这件事。在 remove 方法中，会抛出异常。在 contains 方法中，会返回 false。

15.6.2 contain 操作

contains 操作的目的是确定当前列表是否包含指定的元素。正如前面所讨论的，我们可以使用 find 支持方法来创建相当简单的实现：

```
/**
    * Returns true if this list contains the specified element.
```

```
    *
    * @param target the target element
    * @return true if the target is in the list, false otherwise
    */
   public boolean contains(T target)
   {
       return (find(target) != NOT_FOUND);
   }
```

如果未找到目标元素，则 contains 方法返回 false。如果找到，则返回 true。精心构造的 return 语句可确保正确的返回值。因为此方法在列表中执行线性搜索，所以最糟糕的情况就是列表中没有要搜索的元素，也就是说要执行 n 次比较。我们希望方法平均进行 n / 2 次比较，所以操作的时间复杂度为 O(n)。

15.6.3　有序列表的 add 操作

add 操作是将元素添加到有序列表的唯一方法。调用中并未指定位置，原因在于元素自身就决定了顺序。与 remove 操作非常相似，add 操作也是比较和移位的组合：比较用于在列表中找到正确的位置，然后将其作为新元素的位置。当然比较有两个极端：一个极端是如果要在列表的 front 处添加元素，则只需要进行一次比较，之后需要移动列表中的其他 n − 1 个元素。如果要在列表 rear 处添加元素，则需要进行 n 次比较，但列表中的其他元素无须移位。与 remove 操作一样，每次执行 add 操作时，都需要进行 n 次比较和移位，因此操作的时间复杂度为 O(n)。add 操作的实现如下：

```
/**
    * Adds the specified Comparable element to this list, keeping
    * the elements in sorted order.
    *
    * @param element the element to be added to the list
    */
   public void add(T element)
   {
       if (!(element instanceof Comparable))
           throw new NonComparableElementException("OrderedList");

       Comparable<T> comparableElement = (Comparable<T>)element;

       if (size() == list.length)
         expandCapacity();
       int scan = 0;

       // find the insertion location
       while (scan < rear && comparableElement.compareTo(list[scan]) > 0)
           scan++;
       // shift existing elements up one
```

```
    for (int shift=rear; shift > scan; shift--)
       list[shift] = list[shift-1];
    // insert element
    list[scan] = element;
    rear++;
       modCount++;
}
```

注意，只有 Comparable 对象才可以存储在有序列表中。如果元素不是 Comparable 的，则会抛出异常。如果元素是 Comparable，但无法与列表中的元素进行有效比较，则在调用 compareTo 方法时，会抛出 ClassCastException。

回忆一下，Comparable 接口定义了 compareTo 方法，如果执行对象分别小于、等于或大于参数，则会返回负整数、零或正整数。

无序列表和索引列表不要求所存储的元素是 Comparable 的。尽管存在这些差异，但实现这些列表变体的各种类可以和谐共存，也证明了面向对象编程的实用性。

15.6.4　特定于无序列表的操作

addToFront 和 addToRear 操作类似于其他集合的操作，因此留作编程项目。记住，addToFront 操作必须先移动列表中的当前元素，以便为新元素腾出在索引 0 处的空间。因此，addToFront 操作的时间复杂度是 O(n)，因为它需要 n−1 个元素的移位。与栈的 push 操作一样，addToRear 操作的时间复杂度为 O(1)。

15.6.5　无序列表的 **addAfter** 操作

addAfter 操作接收两个参数：一个参数表示要添加的元素，另一个参数表示确定新元素位置的目标元素。addAfter 方法必须先找到目标元素，在较高索引处移动元素以腾出空间，然后才能在其后插入新元素。该方法与有序列表的 remove 操作和 add 操作类似，addAfter 方法也是 n 次比较和移位的组合，它的时间复杂度为 O(n)。

```
/**
 * Adds the specified element after the specified target element.
 * Throws an ElementNotFoundException if the target is not found.
 *
 * @param element the element to be added after the target element
 * @param target  the target that the element is to be added after
 */
public void addAfter(T element, T target)
{
    if (size() == list.length)
```

```
            expandCapacity();
        int scan = 0;

        // find the insertion point
        while (scan < rear && !target.equals(list[scan]))
            scan++;

        if (scan == rear)
            throw new ElementNotFoundException("UnorderedList");

        scan++;

        // shift elements up one
        for (int shift=rear; shift > scan; shift--)
            list[shift] = list[shift-1];
        // insert element
            list[scan] = element;
        rear++;
            modCount++;
    }
```

15.7　用链表实现列表

　　正如我们在其他集合中所看到的，实现线性集合的另一种常见方式是使用链表。所用实现技术与之前的链表实现技术类似，实现用于有序列表和无序列表的常用操作和指定操作。当然还有一些更有趣的操作，但我们将其留作程序设计项目。

　　首先，在上下文中，我们给出了 LinkedList 类的类头、类级数据和构造函数：

```
/**
 * LinkedList represents a linked implementation of a list.
 *
 * @author Java Foundations
 * @version 4.0
 */
public abstract class LinkedList<T> implements ListADT<T>, Iterable<T>
{
    protected int count;
    protected LinearNode<T> head, tail;
    protected int modCount;

    /**
     * Creates an empty list.
     */
    public LinkedList()
    {
```

```
            count = 0;
            head = tail = null;
            modCount = 0;
    }
```

15.7.1 remove 操作

remove 操作是 LinkedList 类的一部分,无序列表和有序列表的实现共享 remove 操作。remove 操作包括确保列表不为空、找到要删除的元素,然后处理以下四种情况之一:要删除元素是列表的唯一元素;要删除的元素是列表的第一个元素;要删除的元素是列表的最后一个元素;要删除位于列表中间的元素。在所有情况下,count 减 1。与数组版的 remove 操作不同,链接版本的 remove 操作不需要移动元素来缩小间隙。但是,最坏情况仍需要 n 次比较来确定目标元素不在列表之中,remove 操作的时间复杂度仍然是 O(n)。 下面是删除操作的具体实现。

```
/**
   * Removes the first instance of the specified element from this
   * list and returns a reference to it. Throws an EmptyCollectionException
   * if the list is empty. Throws a ElementNotFoundException if the
   * specified element is not found in the list.
   *
   * @param  targetElement the element to be removed from the list
   * @return a reference to the removed element
   * @throws EmptyCollectionException if the list is empty
    * @throws ElementNotFoundException if the target element is not found
   */
  public T remove(T targetElement) throws EmptyCollectionException,
      ElementNotFoundException
  {
      if (isEmpty())
          throw new EmptyCollectionException("LinkedList");

      boolean found = false;
      LinearNode<T> previous = null;
      LinearNode<T> current = head;

      while (current != null && !found)
          if (targetElement.equals(current.getElement()))
              found = true;
          else
          {
              previous = current;
              current = current.getNext();
          }
      if (!found)
```

```
        throw new ElementNotFoundException("LinkedList");

    if (size() == 1)  // only one element in the list
        head = tail = null;
    else if (current.equals(head))  // target is at the head
        head = current.getNext();
    else if (current.equals(tail))  // target is at the tail
    {
        tail = previous;
        tail.setNext(null);
    }
    else  // target is in the middle
        previous.setNext(current.getNext());

    count--;
    modCount++;

    return current.getElement();
}
```

重要概念总结

- 列表集合可以分类为有序列表、无序列表或索引列表。
- 有序列表根据元素的内在关系定义它们的顺序。
- 无序列表按客户选择的元素顺序排列。
- 索引列表维护元素的连续索引值。
- Java API 不提供实现有序列表的类。
- 我们能为所有列表类型定义许多常见的操作。之所以操作之间存在差异，源于添加元素的方式不同。
- 接口可以派生其他接口。子接口包含父接口的所有抽象方法。
- 接口名可以用于声明对象引用变量。接口引用可以引用实现该接口类的任何对象。
- 接口使我们能使用多态引用。在多态引用中，根据正在被引用对象来调用方法。
- Josephus 问题是一个经典的计算问题，索引列表可以解决这类问题。
- 只有 Comparable 对象才可以存储在有序列表中。

术 语 总 结

索引列表是可以使用数字索引引用其元素的列表。

Josephus 问题是一个经典的计算问题，其目标是循环地从列表删除每个第 i 个元素，直到列表中找不到元素为止。

自然排序是一种表达式，用于确定一个对象是否应在另一个对象之前的排序标准，通常用 compareTo 方法实现。

有序列表是其元素按元素的某些内在特征排序的列表。

序列化是一种将对象表示为二进制流的技术,它从文件中读取对象和写入对象时能保持对象的状态。

无序列表是其元素没有固有顺序但按位置排列的列表。

自 测 题

15.1 索引列表、有序列表和无序列表之间有什么区别?

15.2 访问索引列表的基本方法是什么?

15.3 实现部分 Java Collections API 框架所需的附加操作是什么?

15.4 如何权衡 ArrayList 和 LinkedLis 之间的空间复杂度?

15.5 如何权衡 ArrayList 和 LinkedList 之间的时间复杂度?

15.6 contains 操作的时间复杂度是多少?数组实现和链表实现的 find 操作的时间复杂度各为多少?

15.7 为什么对 ArrayList 实现来说,add 操作中的增加数组容量的时间可以忽略不计?

15.8 对列表而言,为什么循环数组实现不再具有吸引力?

练 习 题

15.1 通过下面的操作,手动跟踪有序列表 X:

```
X.add(new Integer(4));
X.add(new Integer(7));
Object Y = X. first();
X.add(new Integer(3));
X.add(new Integer(2));
X.add(new Integer(5));
Object Y = X.removeLast();
Object Y X. remove(new integer(7));
X.add(new Integer(9));
```

15.2 根据练习 15.1 所得的列表 X,下面语句的结果各是什么?

```
a. X.last();
b. z = X. contains(new Integer(3));
   X. first();
C. Y = X.remove (new Integer;
   X. first();
```

15.3 如果没有 count 变量,链接实现的 size 操作的时间复杂度是多少?

15.4 在链表实现中,在什么情况下 head 引用和 tail 引用是相同的?

15.5   在数组实现中，在什么情况下 rear 引用等于 0？

15.6   通过以下操作手动跟踪无序列表。

```
X. addToFront(new Integer(4));
X.addToRear(new Integer(7));
Object Y = X. first();
X.addAfter(new Integer(3),new Integer(4));
X.addToFront(new Integer(2);
X.addToRear(new Integer(5));
Object Y = X.removeLast();
Object Y = X.remove(new Integer(7));
X.addAfter(new Integer(9),new Integer(3));
```

15.7   如果数组实现中没有 rear 变量，要如何确定列表是否已满呢？

程序设计项目

15.1   使用 LinkedList 实现栈。

15.2   使用 ArrayList 实现栈。

15.3   使用 LinkedList 实现队列。

15.4   使用 ArrayLis 实现队列。

15.5   使用队列实现 Josephus 问题，并将该算法的性能与本章的 ArrayList 实现进行比较。

15.6   使用 LinkedList 实现 OrderedList。

15.7   使用 ArrayList 实现 OrderedList。

15.8   完成 ArrayList 类的实现。

15.9   完成 ArrayOrderedList 类的实现。

15.10   完成 ArrayUnorderedList 类的实现。

15.11   编写 LinkedList 类的实现。

15.12   编写 LinkedOrderedList 类的实现。

15.13   编写 LinkedUnorderedList 类的实现。

15.14   完成双向链表的 DoubleOrderedList 类的实现。需要创建 DoubleNode 类、DoubleList 类和 Poubleiterator 类，

15.15   创建一个图形应用程序，它提供向有序列表 add 和 remove 元素的按钮；还提供文本框以接收 add 操作输入的字符串；还有文本区以显示每次操作后的列表内容。

15.16   创建一个图形应用程序，它提供向无序列表 addToFront、addToRear、addAfter 和 remove 元素的按钮；还提供文本框以接收来自 add 操作的输入字符串。用户还要能选择要添加的元素以及要删除的元素。

15.17   修改本章的 Course 类，使其实现 Comparable 接口。首先按部门对课程排序，再按课程编号排序。编写一个使用有序列表维护课程列表的程序。

自测题答案

15.1　索引列表是对象集，列表中的对象没有内在顺序，按索引值排序。有序列表是按值排序的对象集合。无序列表是没有固定顺序的对象集合。

15.2　访问列表有三种方式：通过访问列表中的特定索引位置；访问列表尾；按值访问列表中的对象。

15.3　所有 Java Collections API 框架类都实现了 Collections 接口、Serializable 接口和 Cloneable 接口。

15.4　在向列表插入对象时，链表实现需要更多空间，因为要为引用分配空间。记住，LinkedList 类实际上是双向链表，因此需要双倍的引用空间。与这前讨论的基于数组的实现相比，ArrayList 类能更有效地管理空间。原因在于可以调整 ArrayList 集合的大小，能根据需要动态分配空间，不需要一次分配空间而造成空间的大量浪费。列表可以根据需要增长。

15.5　ArrayList 实现和 LinkedList 实现的主要区别在于访问列表的指定索引位置。如果已知索引值，ArrayList 实现可以立即访问列表的任何元素。LinkedList 实现则需要从某一端遍历列表才能到达指定的索引位置。

15.6　ArrayList 实现和 LinkedList 实现的 contains 操作和 find 操作的时间复杂度都是 O(n)，因为它们都是线性搜索。

15.7　对 ArrayList 实现来说，add 时间是向列表中插入对象总的平均时间，因此扩大数组的时间对总时间几乎没有影响。

15.8　队列的循环数组实现将队列的 dequeue 操作的效率从 O(n)提高到 O(1)，因为其不再需要在数组中移位元素。但列表与之不同，因为我们可以在列表的任何位置添加或删除元素，而不仅仅是在列表前或列表后。因此，对列表而言，循环数组实现不再具有吸引力。

第 16 章 迭 代 器

学习目标

- 定义迭代器并探讨其用途。
- 讨论 Iterator 和 Iterable 接口。
- 探讨快速失败集合的概念。
- 使用迭代器的各种情况。
- 探讨迭代器的实现选项。

在第 15 章讨论列表时，我们提到了迭代器，但没有进行详细介绍。因为迭代器非常重要，所以值得我们用一整章来进行详细介绍。从概念上讲，迭代器是一种常见的操作，提供了依次访问每个集合元素的标准方法。在 Java API 的实现中，迭代器的各种实现有一些有趣的细微差别，非常值得我们仔细学习探讨。

16.1 什么是迭代器

迭代器是一个对象，允许用户一次一个地获取和使用集合中的每个元素。它与集合一起工作，但是一个单独的对象。迭代器是一种协助实现集合的机制。

> **重要概念**
> 迭代器是一个对象，它提供了依次访问集合中每个元素的方法。

多个集合的实现都始终如一地使用迭代器，因为迭代器能更轻松地处理和管理集合及其元素。Java API 有统一的迭代器方法，几乎所有类库集合的实现都使用了该方法。在我们的实现中也遵循该方法。

在 Java API 中，使用两个主要接口实现迭代器：

- Iterator：用于定义可用作迭代器的对象。
- Iterable：用于定义可从中提取迭代器的集合。

集合是 Iterable，其承诺在请求时，会提供 Iterator。例如，LinkedList 是 Iterable 的，就意味着 LinkedList 提供了 iterator 方法，通过调用 iterator 方法，能获取列表元素的迭代器。顾名思义，通过接口名就知道其用途。

> **重要概念**
> 通常将集合定义为 Iterable 的，也就是说根据需求，集合能提供 Iterator。

这两个接口所定义的抽象方法如图 16.1 和图 16.2 所示。两个接口都在通用类型上操作，在图中 E 表示通用类型。

Iterable 接口只有一个方法 iterator，其返回 Iterator 对象。在创建集合时，要确定元素的类型，以定义迭代器中元素的类型。

方法	描述
boolean hasNext()	如果迭代还有更多元素，则返回 true
E next()	返回迭代中的下一个元素
void remove()	删除迭代器返回的底层集合中的最后一个元素

图 16.1　Iterator 接口中的方法

方法	描述
Iterator <E>　iterator()	返回 E 类型元素的迭代器集合

图 16.2　Iterable 接口中的方法

Iterator 接口包含三种方法。前两个方法 hasNext 和 next 可以用于依次访问元素。例如，如果 myList 是 Book 对象的 ArrayList，则我们可以使用下面的代码打印列表中的所有书籍：

```
Iterator <Book> itr = myList.iterator();
while(itr.hasNext())
system.out.println(itr.next());
```

在上述示例中，第一行调用集合的 iterator 方法，以获取 Iterator <Book>对象。然后调用迭代器的 hasNext 方法作为 while 循环的条件。在内循环中，调用迭代器的 next 方法，以获取下一本书。当迭代耗尽时，循环会终止。

Iterator 接口提供 remove 操作，以便能在迭代时从集合中删除元素。remove 方法是可选操作，并不是所有迭代器都实现 remove 方法。

到此时，你会意识到使用 for-each 循环访问集合元素更佳，就像过去所做的一样。下面的代码与前面 while 循环完成相同的操作：

```
for(Book book: myList)
system.out.println(book);
```

for-each 代码比 while 循环代码更简洁、更短，通常也是用户需要使用的技术。两个示例都使用了迭代器。之所以 Java 提供 for-each 循环，只是用于简化迭代器的处理。在后台，for-each 代码被转换为显式调用迭代器方法的代码。

实际上，你只能在 Iterable 集合上使用 for-each 循环。Java API 中的大多数集合都是 Iterable 的，你也可以将自己的集合对象定义为 Iterable。

为什么用户会使用 while 循环的显式迭代器而不是使用更简洁的 for-each 循环呢？原因有两个：第一个原因，用户可能不需要处理迭代中的所有元素。例如，如果用户正在查找指定的元素，并且不希望处理全部元素，因此，选择显式迭代器。用户也可以中断循环，但用户一般不会这样处理。

如果用户要调用迭代器的 remove 方法，也可以选择使用显式迭代器。for-each 循环不提供对迭代器的显式访问，因此唯一的方法就是调用集合的 remove 方法。为了找到并删除指定元素，要完全遍历集合的数据结构。

> **重要概念**
> 迭代器的可选 remove 方法可以删除元素，但不必再次遍历该集合。

16.1.1　迭代器的其他问题

在继续学习之前，我们应该注意几个迭代器问题。首先，不存在 Iterator 对象传递集合元素顺序的假设。如果集合是列表，则元素存在线性顺序，迭代器可以遵循列表的顺序。而集合是非列表时，迭代器可以遵循对该集合有意义的顺序，并使用其底层数据结构。在对迭代器如何提供元素做出任何假设之前，要仔细阅读 API 的文档。

> **重要概念**
> 除非显式声明，否则不应假设迭代器提供元素的顺序。

其次，要意识到迭代器与其集合之间存在密切关系。迭代器引用元素仍存储在集合中。因此，在使用迭代器时，至少有两个对象引用了元素对象。由于这种关系，当正在使用集合的迭代器时，不应该修改底层集合的结构。

> **重要概念**
> 大多数迭代器都是快速失败的，如果在迭代器处于活动状态时修改了集合，则会抛出异常。

采用这种假设：Java API 的集合提供的大多数迭代器都实现为快速失败。也就是说，如果在迭代器处于活动状态时修改集合，就会抛出 ConcurrentModificationException。这种思想就是迭代器会快速而利索地失败，从而不会引入某些未知的问题。

16.2　使用迭代器：重温学位课程

在第 15 章中，我们分析了为学生创建的学位课程，其包括了学生已修课程和计划要学习的课程列表。回忆一下，Course 对象存储了课程信息，如课程号和课程名以及学生已修课程的成绩。

ProgramOfStudy 类维护 Course 对象的无序列表。在第 15 章中，我们分析了这个类的方方面面。现在我们将关注迭代器。为了读起来更方便，程序 16.1 重新给出了 ProgramOfStudy 类的代码。

首先，注意，ProgramOfStudy 类使用泛型的 Course 类来实现 Iterable 接口。正如 16.1 节所讨论的，确认该类能实现 iterator 方法，iterator 方法返回学位课程程序需要的 Iterator 对象。在这个实现中，iterator 方法只返回从存储课程的 LinkedList 对象获取的 Iterator 对象。

因此，ProgramOfStudy 对象是 Iterable 的，用于存储 Course 对象的 LinkedList 也是 Iterable 的。下面分析一下两者的使用。

程序 16.1

```java
import java.io.FileInputStream;
import java.io.FileNotFoundException;
import java.io.FileOutputStream;
import java.io.IOException;
import java.io.ObjectInputStream;
import java.io.ObjectOutputStream;
import java.io.Serializable;
import java.util.Iterator;
import java.util.LinkedList;
import java.util.List;
/**
 * Represents a Program of Study, a list of courses taken and planned,
 * for an individual student.
 *
 * @author Java Foundations
 * @version 4.0
 */
public class ProgramOfStudy implements Iterable<Course>, Serializable
{
    private List<Course> list;

    /**
     * Constructs an initially empty Program of Study.
     */
    public ProgramOfStudy()
    {
        list = new LinkedList<Course>();
    }


    /**
     * Adds the specified course to the end of the course list.
     *
     * @param course the course to add
     */
    public void addCourse(Course course)
    {
        if (course != null)
            list.add(course);
    }

    /**
     * Finds and returns the course matching the specified prefix and number.
     *
     * @param prefix the prefix of the target course
```

```
     * @param number the number of the target course
     * @return the course, or null if not found
     */
    public Course find(String prefix, int number)
    {
        for (Course course : list)
            if (prefix.equals(course.getPrefix()) &&
                    number == course.getNumber())
                return course;
        return null;
    }
/**
     * Adds the specified course after the target course. Does nothing if
     * either course is null or if the target is not found.
     *
     * @param target the course after which the new course will be added
     * @param newCourse the course to add
     */
    public void addCourseAfter(Course target, Course newCourse)
    {
        if (target == null || newCourse == null)
            return;

        int targetIndex = list.indexOf(target);
        if (targetIndex != -1)
            list.add(targetIndex + 1, newCourse);
    }
/**
     * Replaces the specified target course with the new course. Does nothing
     * if either course is null or if the target is not found.
     *
     * @param target the course to be replaced
     * @param newCourse the new course to add
     */
    public void replace(Course target, Course newCourse)
    {
        if (target == null || newCourse == null)
            return;

        int targetIndex = list.indexOf(target);
        if (targetIndex != -1)
            list.set(targetIndex, newCourse);
    }
/**
     * Creates and returns a string representation of this Program of Study.
     *
     * @return a string representation of the Program of Study
```

```
       */
      public String toString()
      {
          String result = "";
          for (Course course : list)
              result += course + "\n";
          return result;
      }
  /**
     * Returns an iterator for this Program of Study.
     *
     * @return an iterator for the Program of Study
     */
    public Iterator<Course> iterator()
    {
        return list.iterator();
    }


    /**
     * Saves a serialized version of this Program of Study to the specified
     * file name.
     *
     * @param fileName the file name under which the POS will be stored
     * @throws IOException
     */
    public void save(String fileName) throws IOException
    {
        FileOutputStream fos = new FileOutputStream(fileName);
        ObjectOutputStream oos = new ObjectOutputStream(fos);
        oos.writeObject(this);
        oos.flush();
        oos.close();
    }
  /**
     * Loads a serialized Program of Study from the specified file.
     *
     * @param fileName the file from which the POS is read
     * @return the loaded Program of Study
     * @throws IOException
     * @throws ClassNotFoundException
     */
    public static ProgramOfStudy load(String fileName)
                  throws IOException, ClassNotFoundException
    {
        FileInputStream fis = new FileInputStream(fileName);
        ObjectInputStream ois = new ObjectInputStream(fis);
        ProgramOfStudy pos = (ProgramOfStudy) ois.readObject();
```

```
        ois.close();

        return pos;
    }
}
```

分析一下 ProgramOfStudy 类中的 toString 方法。它在链表中使用 for-each 循环来扫描列表，并将每门课程的描述附加到整体描述中。之所以它能这样做，原因就在于 LinkedList 类是 Iterable 的。

ProgramOfStudy 的 find 方法与 toString 方法类似，它也使用 for-each 循环来扫描 Course 对象列表。 但是，find 方法一旦找到目标课程，return 语句就会跳出循环和方法。

16.2.1　打印指定课程

现在让我们来分析一下驱动程序，以新方法历练一下学位课程。程序 16.2 包含一个 main 方法，它先读取存储在文件中的 ProgramOfStudy 对象。回忆一下，ProgramOfStudy 类使用序列化来存储课程列表。之后打印完整的列表。最后只打印那些学生已选修的且有学生成绩为 A 或 A-等级的课程。

注意，for-each 循环用于分析检查每门课程，并只打印具有高分的课程。这个循环遍历 ProgramOfStudy 对象，称为 pos。之所以 pos 能这样做，原因在于 ProgramOfStudy 类是 Iterable 的。

程序 16.2

```java
import java.io.FileInputStream;
import java.io.IOException;
import java.io.ObjectInputStream;
/**
 * Demonstrates the use of an Iterable object (and the technique for reading
 * a serialzed object from a file).
 *
 * @author Java Foundations
 * @version 4.0
 */
public class POSGrades
{
    /**
     * Reads a serialized Program of Study, then prints all courses in which
     * a grade of A or A- was earned.
     */
    public static void main(String[] args) throws Exception
    {
        ProgramOfStudy pos = ProgramOfStudy.load("ProgramOfStudy");

        System.out.println(pos);
```

```
            System.out.println("Classes with Grades of A or A-\n");

            for (Course course : pos)
            {
                if(course.getGrade().equals("A")
                    || course.getGrade().equals("A-"))
                        System.out.println(course);
            }
        }
    }
```

16.2.2 删除课程

程序 16.3 包含了另一个驱动程序。这个例子从学位课程中删除任何没有成绩的课程。在从文件中读取并打印已有的 **ProgramOfStudy** 对象之后，再依次分析检查每门课程，如果课程没有成绩，则从列表中删除该门课程。

但这次，for-each 循环不是用于迭代 Course 对象，而是显式地调用 ProgramOfStudy 对象的 iterator 方法，该方法返回 Iterator 对象。之后，使用迭代器的 hasNext 和 next 方法，while 循环用于遍历课程。 在这个示例中，因为要用 remove 操作，所以使用显式迭代器。为了删除 Course 对象，要调用 iterator 的 remove 方法。如果要使用 for-each 循环完成 remove 操作，就会触发 ConcurrentModificationException，如本章 16.1 节所述。

程序 16.3

```
import java.io.FileInputStream;
import java.io.ObjectInputStream;
import java.util.Iterator;
/**
 * Demonstrates the use of an explicit iterator.
 *
 * @author Java Foundations
 * @version 4.0
 */
public class POSClear
{
    /**
     * Reads a serialized Program of Study, then removes all courses that
     * don't have a grade.
     */
    public static void main(String[] args) throws Exception
    {
        ProgramOfStudy pos = ProgramOfStudy.load("ProgramOfStudy");
        System.out.println(pos);

        System.out.println("Removing courses with no grades.\n");
```

```
        Iterator<Course> itr = pos.iterator();
        while (itr.hasNext())
        {
            Course course = itr.next();
            if (!course.taken())
                itr.remove();
        }

        System.out.println(pos);

        pos.save("ProgramOfStudy");
    }
}
```

16.3　使用数组实现迭代器

在第 15 章中，我们探讨了基于数组的列表实现。之前我们没有给出自己 ArrayList 类的迭代器实现，下面分析探讨一下吧。

程序 16.4 包含的 ArrayListIterator 类，被定义为私有类。因此，ArrayListIterator 类实际上是内部类，是第 15 章所用的 ArrayList 类的一部分。这是使用内部类最恰当的方法，内部类与它的外部类有着密切的关系。

ArrayListIterator 类维护两个整数：一个整数是迭代中当前元素的索引，另一个整数是记录迭代器进行修改的次数。构造函数将 current 设置为 0，也就是将数组中的第一个元素设置为 0，并将 iteratorModCount 设置为等于集合本身的 modCount。

重要概念

迭代器类通常作为所属集合的内部类实现。

在外部 ArrayList 类中，定义的 modCount 变量是个整数。回忆一下第 15 章的 ArrayList 类，你会发现无论何时修改集合，如向集合添加元素，modCount 都会递增。因此，当创建新迭代器时，要修改计数设置，使其等于集合自身的计数。如果这两个值不同步（因为集合已更新），则迭代器会抛出 ConcurrentModificationException。

hasNext 方法检查修改计数，如果仍有要处理的元素，则返回 true，如果 current 迭代器索引小于 rear 计数器，则返回 true。回忆一下，rear 计数器由外部集合类维护。

重要概念

迭代器检查修改计数以确保其与创建集合时的 mod 计数一致。

程序 16.4

```
/**
 * ArrayListIterator iterator over the elements of an ArrayList.
 */
```

```java
private class ArrayListIterator implements Iterator<T>
{
    int iteratorModCount;
    int current;

    /**
     * Sets up this iterator using the specified modCount.
     *
     * @param modCount the current modification count for the ArrayList
     */
    public ArrayListIterator()
    {
        iteratorModCount = modCount;
        current = 0;
    }
    /**
     * Returns true if this iterator has at least one more element
     * to deliver in the iteration.
     *
     * @return  true if this iterator has at least one more element to deliver
     * in the iteration @throws ConcurrentModificationException
     * if the collection has changed
     *   while the iterator is in use
     */
    public boolean hasNext() throws ConcurrentModificationException
    {
        if (iteratorModCount != modCount)
            throw new ConcurrentModificationException();

        return (current < rear);
    }

    /**
     * Returns the next element in the iteration. If there are no
     * more elements in this iteration, a NoSuchElementException is
     * thrown.
     *
     * @return  the next element in the iteration
     * @throws  NoSuchElementException if an element not found exception occurs
     * @throws  ConcurrentModificationException if the collection has changed
     */
    public T next() throws ConcurrentModificationException
    {
        if (!hasNext())
            throw new NoSuchElementException();

        current++;
```

```
                return list[current - 1];
            }
    /**
    * The remove operation is not supported in this collection.
    *
    * @throws UnsupportedOperationException if the remove method is called
            */
            public void remove() throws UnsupportedOperationException
            {
                throw new UnsupportedOperationException();
            }
    }
```

next 方法返回迭代中的下一个元素，并递增 current 索引值。如果调用 next 方法时，没有剩余要处理的元素，则会抛出 NoSuchElementException。

在迭代器的这个实现中，不支持 remove 操作。记住，remove 操作是可选项。如果调用 remove 方法，则会抛出 UnsupportedOperationException。

16.4　使用链表实现迭代器

同样，我们也可以定义使用链表集合的迭代器。与 ArrayListIterator 类一样，LinkedListIterator 类也实现为私有的内部类。LinkedList 外部类维护自身的 modCount，该 modCount 必须与迭代器的存储值保持同步。

但在这个迭代器中，current 的值是指针，其指向 LinearNode 而不是整数索引值。因此，hasNext 方法只是确认 current 指向了有效节点。next 方法返回当前节点处的元素，并将 current 引用移到下一个节点。与我们的 ArrayListIterator 一样，LinkedListIterator 也不支持 remove 方法。

程序 16.5

```
/**
* LinkedIterator represents an iterator for a linked list of linear nodes.
*/
private class LinkedListIterator implements Iterator<T>
{
    private int iteratorModCount; // the number of elements in the collection
    private LinearNode<T> current;  // the current position

/**
* Sets up this iterator using the specified items.
*
* @param collection  the collection the iterator will move over
* @param size        the integer size of the collection
*/
```

```java
public LinkedListIterator()
{
    current = head;
    iteratorModCount = modCount;
}
/**
 * Returns true if this iterator has at least one more element
 * to deliver in the iteration.
 *
 * @return  true if this iterator has at least one more element to deliver
 *          in the iteration
 * @throws  ConcurrentModificationException if the collection has changed
 *              while the iterator is in use
 */
public boolean hasNext() throws ConcurrentModificationException
{
    if (iteratorModCount != modCount)
        throw new ConcurrentModificationException();
        return (current != null);
}
/**
 * Returns the next element in the iteration. If there are no
 * more elements in this iteration, a NoSuchElementException is
 * thrown.
 *
 * @return the next element in the iteration
 * @throws NoSuchElementException if the iterator is empty
 */
public T next() throws ConcurrentModificationException
{
    if (!hasNext())
        throw new NoSuchElementException();
    T result = current.getElement();
    current = current.getNext();
        return result;
}
/**
 * The remove operation is not supported.
 *
 * @throws UnsupportedOperationException if the remove operation is called
 */
public void remove() throws UnsupportedOperationException
{
    throw new UnsupportedOperationException();
}
}
```

重要概念总结

- 迭代器是一个对象，它提供了依次访问集合中每个元素的方法。
- 通常将集合定义为 Iterable 的，也就是说根据需求，集合能提供 Iterator。
- 迭代器的可选 remove 方法可以删除元素，但不必再次遍历该集合。
- 除非显式声明，否则不应假设迭代器提供元素的顺序。
- 大多数迭代器都是快速失败的，如果在迭代器处于活动状态时修改了集合，则会抛出异常。
- 迭代器类通常作为所属集合的内部类实现。
- 迭代器检查修改计数以确保其与创建集合时的 mod 计数一致。

术 语 总 结

迭代器是一个对象，允许用户一次一个地获取和使用集合中的每个元素。

快速失败是指除了迭代器自身，如果以任何方式修改其集合，迭代器都会抛出异常。

自 测 题

16.1 什么是迭代器？

16.2 Iterable 接口意味着什么？

16.3 Iterator 接口意味着什么？

16.4 for-each 循环和迭代器之间有什么关系？

16.5 为什么需要使用显式迭代器而不是使用 for-each 循环？

16.6 迭代器快速失败意味着什么？

16.7 如何实现快速失败的特性？

练 习 题

16.1 编写 for-each 循环，打印名为 role 的 Student 对象集合的所有元素，该循环需要哪些条件才能工作？

16.2 编写使用显式迭代器的 while 循环来完成练习 16.1 的任务。

16.3 编写 for-each 循环，调用名为 accounts 集合中每个 BankAccount 对象的 addInterest 方法。该循环需要哪些条件才能工作？

16.4 编写使用显式迭代器的 while 循环来完成练习 16.3 的任务。

自测题答案

16.1　迭代器是一个对象，用于一次一个地处理集合中的每个元素。

16.2　Iterable 接口由集合实现，该集合在需要迭代器时保证能提供迭代器。

16.3　Iterator 接口由接口实现，并提供检查、访问和删除元素的方法。

16.4　for-each 循环只能用于实现了 Iterable 接口的集合。for-each 循环是一种语法简化，其任务也能用显式迭代器完成。

16.5　如果用户不打算处理集合的所有元素，或者要使用迭代器的 remove 方法，就需要使用显式迭代器而不是 for-each 循环。

16.6　如果除迭代器自身之外，其他操作修改了底层集合，那么快速失败迭代器会迅速而利落地失败。

16.7　迭代器会记录创建集合时的修改计数，并在后续操作中确保该值不变。如果改变，迭代器会抛出 ConcurrentModificationException。

第 17 章 递　　归

学习目标
- 解释递归的基本概念。
- 分析递归方法并阐明递归的处理步骤。
- 定义无限递归并讨论避免无限递归的方法。
- 解释何时应该使用递归，何时应该不使用递归。
- 演示使用递归来解决问题。

递归是一种强大的编程技术，能为某些问题提供简洁的解决方案。递归主要用于各种数据结构的实现、数据的搜索与数据的排序等。本章将详细介绍递归的处理。我们先解释递归的基本概念，然后再探讨递归在编程中的应用。

17.1　递　归　思　想

我们知道一个方法可以调用另一个方法来帮助自己实现目标。同样，方法也可以调用自身来帮助自己实现目标。递归是一种编程技术。在递归中，方法调用自身来实现自己的总目标。

在深入学习在程序中如何使用递归之前，我们需要先探讨一下递归的概念，因为以递归思想思考问题的能力是使用递归编程的关键。

> **重要概念**
> 递归是一种编程技术。在递归中，方法调用自身。能够使用递归编程的关键是能够以递归思想思考问题。

总体来讲，递归是根据自身定义某事物的过程。例如，分析下面对 "decorate" 一词的定义：

decorate 是名词，指任何装饰品或用于装饰某东西的装饰品。

decorate 一词用自身定义单词 decorate。不知你是否记得，小学老师肯定告诉过你，不要使用递归定义来解释单词的含义。但在许多情况下，递归是表达思想或定义的好方法。举个例子，假设我们要正式定义一个或多个数字列表并以逗号隔开。我们可以用递归来定义该列表：要么是数字，要么是数字后跟逗号，再后跟列表。因此，列表定义可以表示为：

列表是：number

或者列表是：number comma list

列表的递归定义可以定义下面的每个数字列表：

24,88,40,37

96,43

14,64,21,69,32,93,47,81,28,45,81,52,69

70

无论列表有多长,递归定义都能描述它。列表只有一个元素,如上面最后一个示例 70,其完全由定义的非递归部分定义。对于任何多于一个元素的列表而言,定义的递归部分(引用自身部分)将根据需要多次使用,直到到达最后一个元素为止。列表中的最后一个元素始终由其定义的非递归部分定义。图 17.1 给出了一个指定的数字列表如何与列表的递归定义相对应。

方法	描述
boolean hasNext()	如果迭代具有更多元素,则返回 true。
E next()	返回迭代中的下一个元素。
void remove()	从基础集合中移除迭代返回的最后一个元素。

图 17.1　跟踪列表的递归定义

17.1.1　无限递归

注意,列表的上述定义包含了非递归部分和递归部分。我们将定义中的非递归部分称为基本情况。如果所有部分都有递归组件,则递归永远不会结束。例如,如果列表的定义只是"数字后跟逗号,再后跟列表",那么列表就永远不会结束,也就出现了无限递归问题。无限递归与无限循环非常类似,但无限循环没有定义基本情况。

与处理无限循环问题一样,程序员必须小心设计算法,以避免出现无限递归。任何递归定义的递归部分必须有非递归的基本情况。列表定义的基本情况是单个数字,后面没有跟任何内容。换句话说,当到达列表的最后一个数字时,基本情况部分将会终止递归路径。

重要概念
任何递归定义都必须有非递归部分(即基本情况)来最终终止递归。

17.1.2　数学中的递归

下面分析一个数学递归的例子。N! 的定义是所有小于及等于 N 的正整数的积。因此,

$$3!=3\times2\times1=6$$

以及

$$5!=5\times4\times3\times2\times1=120$$

数学公式通常以递归方式表示。N! 的定义可以递归地表示为

$$1!=1$$
$$N!=N\times(N-1)!　对于 N>1$$

这个定义的基本情况是 1!,也就是基本情况是 1。N! 的所有其他值(对于 N>1)都被递归地定义为(N-1)! 的 N 倍。递归就是用阶乘函数定义阶乘函数。

> **重要概念**
> 数学问题和公式通常用递归方式表示。

> **常见错误**
> 　　在使用递归时，新程序员常犯的错误是提供的基本情况不完整。阶乘问题（N=1）的基本情况能起作用的原因是只计算正整数的阶乘。当 N 有可能小于 1 时，但程序员却错误地将 N=1 设置为基本情况，就会出问题。考虑所有可能性是非常重要的：即要考虑到 N>1，N=1，N<1 的所有情况。

　　使用这个阶乘定义，我们可以知道，50!=50 * 49!。49!=49 * 48!。48!=48 * 47!。这个过程一直持续，直到到达 1 的基本情况为止。因为 N!只计算正整数的阶乘，因此定义是完整的，且始终以基本情况结束。

　　17.2 节将介绍如何在程序中实现递归。

17.2　递　归　编　程

　　下面使用简单的数学运算来演示递归编程的概念。计算 1 到 N（包括）之间所有正整数之和，其中 N 代表任何正整数。从 1 到 N 的所有正整数之和可以表示为 N 加上从 1 到 N-1（包括）的所有正整数之和，具体的表达式如图 17.2 所示。

$$\sum_{i=1}^{N} i = N + \sum_{i=1}^{N-1} i = N + N - 1 + \sum_{i=1}^{N-2} i$$
$$= N + N - 1 + N - 2 + \sum_{i=1}^{N-3} i$$
$$= N + N - 1 + N - 2 + \cdots + 2 + 1$$

图 17.2　递归地定义 1 到 N 的所有正整数之和

　　例如，1 到 20 的所有正整数之和等于 20 加上 1 到 19 的所有正整数之和；1 到 19 的所有正整数之和等于 19 加上 1 到 18 的所有正整数之和，以此类推。看起来这是一种非常奇怪的思考问题方式，但它却是演示如何进行递归编程的最简单示例。

　　与许多其他编程语言一样，Java 的方法也可以调用自身。在方法每次调用自身时，都会创建一个可以工作的新环境，也就是说，新调用的方法会使用自己唯一的数据空间新定义所有的本地变量和参数。新调用方法会给出每个参数的初始值。每次调用方法终止时，处理都会返回到调用它的原方法，原方法是同一方法的早期调用。这些规则与管理任何"常规"方法调用的规则一样，没有什么不同。

> **重要概念**
> 每次递归调用方法都会创建新的局部变量和参数。

　　下面的递归方法sum定义了求和问题的递归解决方案：

```
//This method return the sum of 1 to num
public int sum(int num)
    {
        int result;
        if (num == 1)
            result = 1;
        else
            result = num + sum(num-1);
        return result;
    }
```

注意，上述方法基本体现了我们的递归定义，即 1 到 N 的所有正整数之和等于 N 加上 1 到 N-1 的所有正整数之和。sum 方法是递归的，因为 sum 调用了自身。在每次调用 sum 时，传递给 sum 的参数会递减，直到其值达到 1 的基本情况为止。递归方法通常包含 if-else 语句，用语句的一个分支代表基本情况。

```
递归调用

public int sum (int num) ——— 方法在方法内用不
{                             同参数值调用自身
    …
    result = num + sum(num-1);
    …
}
```

假设 main 方法调用 sum，传递给 sum 的初始值为 1，即 num 的值为 1。因为 num 等于 1，所以执行语句 result = 1;并将结果 1 返回给 main 方法，不产生递归。

接下来，传递给 sum 方法的初始值为 2，即 num 的值为 2。我们执行并跟踪 sum 方法。因为 num 值为 2 不等于 1，所以执行语句 result = num + sum(num−1);也就是使用参数 num−1（即 2−1=1）调用 sum。要知道这是对方法 sum 的新调用，产生新参数 num 和新的局部变量 result。因为新调用的 num−1 的值为 1，其返回值为 1，也不进行进一步的递归调用。此时，控制权返回原 sum 调用，执行语句 result = num + sum(num−1);因为 num 值为 2，再加上返回值 1，得到 result 的值为 3，将 3 返回给 main 方法。main 调用的 sum 方法正确计算了从 1 到 2 的整数之和，即和为 3。

重要概念
仔细跟踪递归处理可以深入了解递归解决问题的方式。

求和示例中的基本情况是当 num 等于 1 时，不再进行进一步的递归调用。递归每次都折回原 sum 方法，每次 sum 都会返回计算值。每个返回值都有助于计算更大的整数之和。如果没有基本情况，会导致无限递归。由于每次调用方法都需要额外的内存空间，因此无限递归会产生运行时错误，表明已耗尽内存。

使用不同的 num 初始值跟踪 sum 函数，直到你熟悉递归的处理。图 17.3 给出了当 main

调用 sum 来计算从 1 到 4 的整数之和时的递归调用。每个方框表示调用方法的副本，表示分配用于存储形参和局部变量的空间。调用是用实线表示，返回是用虚线表示。每个步骤都给出返回值 result。一直沿着递归路径执行，直到达到基本情况为止。最后调用返回递归链的结果。

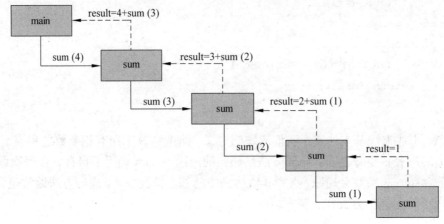

图 17.3　对 sum 方法的递归调用

17.2.1　递归与迭代

当然，我们刚刚探讨过的求和问题也有迭代解决方案：

```
sum = 0;
for (int number =1; number <=num; number ++)
sum + = number;
```

迭代版的解决方案肯定比递归版的解决方案更直接。如果你能想起第 11 章的讨论，就会知道，从 1 到 N 的正整数之和的计算可以一步完成：

```
sum =num (num + 1) / 2;
```

上述例子只是让我们知道递归何时能为问题提供恰当的解决方案。我们使用求和问题来演示递归的使用，原因在于求和问题简单，易于理解，并不是要在正常条件下，使用递归来解决求和问题。递归有多个方法调用的开销，并且在这个示例中，递归解决方案要比迭代方案或其他计算方案更复杂。

> **重要概念**
> 递归是解决某些问题的最简洁、最恰当的方法，但对于某些问题，它不像迭代解决方案那么直观。

程序员必须知道何时使用递归，何时不用递归。根据要解决的问题，程序员要确定哪种方法最佳，这是另一个重要的软件工程决策。迭代方法可以解决所有问题，但在某些条件下，迭代版本的解决方案过于复杂。对于某些问题，递归能为我们提供更简洁利落的程序。

17.2.2 直接递归与间接递归

当方法调用自身时是直接递归，例如当 sum 调用 sum 时。当方法调用另一个方法，而最终另外的方法会调用原方法的是间接递归。例如，如果方法 m1 调用方法 m2，而 m2 调用方法 m1，我们就可以说 m1 是间接递归的。间接层次可以是多层。例如，当 m1 调用 m2 时，m2 调用 m3，m3 调用 m4，m4 调用 m1。图 17.4 描述了间接递归的情况。方法调用是用实线表示，返回是用虚线显示。遵循完整的调用路径，然后在返回路径后解开递归。

同样，间接递归需要像直接递归一样关注基本情况。此外，由于干预方法调用，间接递归更难跟踪。因此，在设计或评估间接递归方法时，要格外小心，要确保确实需要间接调用，并在文档中明确说明。

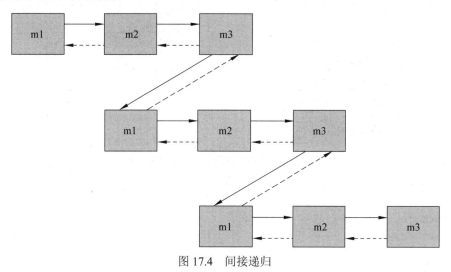

图 17.4 间接递归

17.3 使 用 递 归

本节介绍使用递归技术解决问题。对于每个应用，我们都会确切地分析递归在解决方案中所起的作用，要如何使用基本情况来终止递归。在分析探讨这些示例时，读者可以想象一下如果用非递归解决方案解决这些问题，会有多么复杂。

17.3.1 穿越迷宫

正如第 13 章所讨论的，解决迷宫问题要经历多次试验和纠错：穿越迷宫者沿着某条路径前行，当遇到墙无法前进时，要退回，再尝试其他未走过的路径。递归也能很好地处理迷宫类问题。在第 13 章中，解决迷宫问题是使用栈来迭代地跟踪所有可能的移动。当然，也可以使用运行时栈来跟踪进度，从而递归地解决迷宫问题。名为 MazeTester 的程序 17.1 创建了 Maze 对象，并尝试遍历整个迷宫。

　　程序 17.2 给出了 Maze 类，其使用二维整数数组表示迷宫。程序从文件中加载迷宫。穿越迷宫者要从左上角的入口移动到右下角的出口，就算成功走出了迷宫。初始化时，1 表示路径，0 表示墙。当开始穿越迷宫时，程序会改变数组元素值以指示已尝试过的路径，如果穿越迷宫者最终成功走出了迷宫，则数组所保存的路径是成功的路径。图 17.5 给出了解决方案的 UML 图。

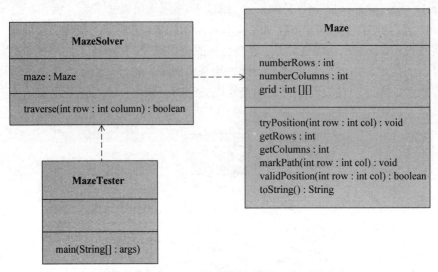

图 17.5　解决迷宫问题的程序的 UML 图

程序 17.1

```java
import java.util.*;
import java.io.*;
/**
 * MazeTester uses recursion to determine if a maze can be traversed.
 *
 * @author Java Foundations
 * @version 4.0
 */
public class MazeTester
{
    /**
     * Creates a new maze, prints its original form, attempts to
     * solve it, and prints out its final form.
     */
    public static void main(String[] args) throws FileNotFoundException
    {
        Scanner scan = new Scanner(System.in);
        System.out.print("Enter the name of the file containing the maze: ");
        String filename = scan.nextLine();

        Maze labyrinth = new Maze(filename);
```

```
            System.out.println(labyrinth);

            MazeSolver solver = new MazeSolver(labyrinth);
            if (solver.traverse(0, 0))
                System.out.println("The maze was successfully traversed!");
            else
                System.out.println("There is no possible path.");
            System.out.println(labyrinth);
    }
}
```

程序 17.2

```
import java.util.*;
import java.io.*;
/**
 * Maze represents a maze of characters. The goal is to get from the
 * top left corner to the bottom right, following a path of 1's. Arbitrary
 * constants are used to represent locations in the maze that have been TRIED
 * and that are part of the solution PATH.
 *
 * @author Java Foundations
 * @version 4.0
 */
public class Maze
{
    private static final int TRIED = 2;
    private static final int PATH = 3;
    private int numberRows, numberColumns;
    private int[][] grid;


/**
    * Constructor for the Maze class. Loads a maze from the given file.
    * Throws a FileNotFoundException if the given file is not found.
    *
    * @param filename the name of the file to load
    * @throws FileNotFoundException if the given file is not found
    */
    public Maze(String filename) throws FileNotFoundException
    {
        Scanner scan = new Scanner(new File(filename));
        numberRows = scan.nextInt();
        numberColumns = scan.nextInt();

        grid = new int[numberRows][numberColumns];
        for (int i = 0; i < numberRows; i++)
```

```
        for (int j = 0; j < numberColumns; j++)
            grid[i][j] = scan.nextInt();
}

/**
 * Marks the specified position in the maze as TRIED
 *
 * @param row the index of the row to try
 * @param col the index of the column to try
 */
public void tryPosition(int row, int col)
{
    grid[row][col] = TRIED;
}

/**
 * Return the number of rows in this maze
 *
 * @return the number of rows in this maze
 */
public int getRows()
{
    return grid.length;
}

/**
 * Return the number of columns in this maze
 *
 * @return the number of columns in this maze
 */
public int getColumns()
{
    return grid[0].length;
}

/**
 * Marks a given position in the maze as part of the PATH
 *
 * @param row the index of the row to mark as part of the PATH
 * @param col the index of the column to mark as part of the PATH
 */
public void markPath(int row, int col)
{
    grid[row][col] = PATH;
}

/**
```

```
 * Determines if a specific location is valid. A valid location
 * is one that is on the grid, is not blocked, and has not been TRIED.
 *
 * @param row the row to be checked
 * @param column the column to be checked
 * @return true if the location is valid
 */
public boolean validPosition(int row, int column)
{
    boolean result = false;

    // check if cell is in the bounds of the matrix
    if (row >= 0 && row < grid.length &&
        column >= 0 && column < grid[row].length)
        //  check if cell is not blocked and not previously tried
        if (grid[row][column] == 1)
            result = true;
    return result;
}

/**
 * Returns the maze as a string.
 *
 * @return a string representation of the maze
 */
public String toString()
{
    String result = "\n";
    for (int row=0; row < grid.length; row++)
    {
        for (int column=0; column < grid[row].length; column++)
            result += grid[row][column] + "";
        result += "\n";
    }
    return result;
}
}
```

在迷宫中，有效的移动有 4 个方向：向下移动、向右移动、向上移动和向左移动，不允许对角线移动。程序 17.3 给出了 MazeSolver 类。

现在，让我们以递归的思想思考迷宫问题。如果穿越迷宫者可以从位置（0,0）成功遍历迷宫，则其可以成功走出迷宫。因此，如果穿越迷宫者可以从与（0,0）相邻的任何位置（即位置（1,0）、位置（0,1）、位置（-1,0）或位置（0,-1））成功遍历迷宫，则其可以成功走出迷宫。穿越迷宫者所选的下一位置（比如说选择（1,0））后，其要面临的选择与在位置（0,0）的一样。为了要从新的当前位置成功遍历迷宫，其也必须从相邻位置成功遍历迷宫。相邻位置可以是无效的，也可能是墙，还可能是成功路径。我们递归地继续上述过程。

如果到达基本情况位置，则穿越迷宫者已成功走出了迷宫。

MazeSolver 类中的递归方法名为 traverse，它返回一个布尔值，以指示是否找到了问题的解，也就是说是否找到了成功穿越迷宫的路径。首先，traverse 方法要确定将要移动到的位置是否有效。如果其在迷宫界内，且位置坐标包含 1，表明可以继续向这个方向前进。初次调用 traverse 方法时，程序将左上角的入口位置（0,0）传递给 traverse 方法。

程序 17.3

```java
/**
 * MazeSolver attempts to recursively traverse a Maze. The goal is to get
 * from the given starting position to the bottom right, following a path
 * of 1's. Arbitrary constants are used to represent locations in the maze
 * that have been TRIED and that are part of the solution PATH.
 *
 * @author Java Foundations
 * @version 4.0
 */
public class MazeSolver
{
    private Maze maze;

    /**
     * Constructor for the MazeSolver class.
     */
    public MazeSolver(Maze maze)
    {
        this.maze = maze;
    }
/**
     * Attempts to recursively traverse the maze. Inserts special
     * characters indicating locations that have been TRIED and that
     * eventually become part of the solution PATH.
     *
     * @param row row index of current location
     * @param column column index of current location
     * @return true if the maze has been solved
     */
    public boolean traverse(int row, int column)
    {
        boolean done = false;

        if (maze.validPosition(row, column))
        {
            maze.tryPosition(row, column);  // mark this cell as tried
            if (row == maze.getRows()-1 && column == maze.getColumns()-1)
                done = true;  // the maze is solved
            else
```

```
        {
            done = traverse(row+1, column);     // down
            if (!done)
                done = traverse(row, column+1); // right
            if (!done)
                done = traverse(row-1, column); // up
            if (!done)
                done = traverse(row, column-1); // left
        }
        if (done)  // this location is part of the final path
            maze.markPath(row, column);
    }

    return done;
    }
}
```

如果当前位置有效，则将其值从 1 改为 2，以标记此位置为已访问，以便之后不会再回走这一步。traverse 方法再确定是否已到达迷宫右下角的出口位置。实际上，在迷宫问题中，终止任何递归路径的基本情况有三种，它们分别是：

- 无效的移动：因为移动越界或遇到墙无法前行。
- 无效的移动：是此前已尝试过的移动。
- 到达出口位置的移动。

如果当前位置不在右下角的出口，则需要分别在 4 个方向上搜索，以确定要走哪条路径。首先向下移动，我们递归地调用 traverse 方法，并将新位置传给它。traverse 方法的逻辑是使用这个新位置重新开始。要么是所尝试的从当前位置向下移动找到了路径，要么是无路可走。如果无路可走，则我们尝试向右移动。如果向右也无路可走，则我们尝试向上移动。最后，如果所有其他方向都无路可走，则我们尝试向左移动。如果从当前位置都无路可走，则该位置没有通路，traverse 返回 false。如果初次调用 traverse 方法就返回 false，则表明没有走出此迷宫的路径。

如果从当前位置能找到走出迷宫的通路，则将该位置标记为 3。第一个标记为 3 是右下角。下一个标记为 3 的位置是能走到右下角出口的位置，依此类推，直到最后一个 3 位于迷宫左上角为止。因此，当打印最终迷宫时，0 依然表示墙，1 表示从未尝试过的开放路径，2 表示尝试过但未能产生正确解的路径，3 表示成功路径的组成部分。

下面是示例迷宫输入文件和相应的输出：

```
5 5
1 0 0 0 0
1 1 1 1 0
0 1 0 0 0
1 1 1 1 0
0 1 0 1 1

3 0 0 0 0
```

```
3 3 1 1 0
0 3 0 0 0
1 3 3 3 0
0 2 0 3 3
```

注意，每次调用 traverse 方法时都有几次递归的机会，是用一次还是全部机会取决于迷宫配置图。虽然迷宫中有许多通路，但是只要找到通路，递归就会终止。在跟踪迷宫数组时仔细跟踪代码的执行，以分析查看递归是如何解决迷宫问题的，然后思考一下使用非递归解决方案的难度。

17.3.2   汉诺塔

汉诺塔难题由法国数学家 Edouard Lucas 于 19 世纪 80 年代发明。因为汉诺塔难题的解决方案是递归简洁利索解决问题的绝佳体现，所以已成为计算机科学家的最爱。

汉诺塔难题由 3 个直立的柱子和一组中间有孔的圆盘组成。每个圆盘的大小不同，圆盘中间的孔是为了能使圆盘串在柱子上。最初，所有圆盘按从小到大的顺序串在一个柱子上，即最小的圆盘在最上面，最大的圆盘在最下面，如图 17.6 所示。

图 17.6   汉诺塔

汉诺塔难题是将所有圆盘从第一个柱子移动到第三个柱子。中间的柱子是临时放置圆盘的位置。在移动圆盘时，我们必须遵守以下 3 条规则：

- 一次只能移动一个圆盘。
- 不能将大的圆盘放在小的圆盘之上。
- 除了在中间过渡的柱子上之外，所有圆盘都必须串于某个柱子上。

上述规则意味着必须移开较小的圆盘，才能将更大的圆盘从一个柱子移动到另一个柱子。图 17.7 给出了有 3 个圆盘的汉诺塔难题的逐步解决方案。为了将所有 3 个圆盘从第 1 个柱子移动到第 3 个柱子，我们必须先将第 1 个柱子上的两个较小的圆盘取下来，放在第 2 个柱子上，之后才能将第 1 个柱子上的最大圆盘取下来，放到第 3 个柱子上。

图 17.7 所示的前 3 步是"将较小的圆盘移开"。第 4 步是将第 1 个柱子上的最大圆盘取下来，放在第 3 个柱子上。最后 3 步是将较小的圆盘依次放在第 3 个柱子上。

根据上述思想，我们形成了通用策略。为了将 N 个圆盘从原柱子移动到目标柱子，我们必须：

- 将最顶部的 N–1 圆盘从原始柱子移动到中间的柱子。
- 将最大的圆盘从原始柱子移动到目标柱子。
- 将 N–1 圆盘从中间的柱子移动到目标柱子。

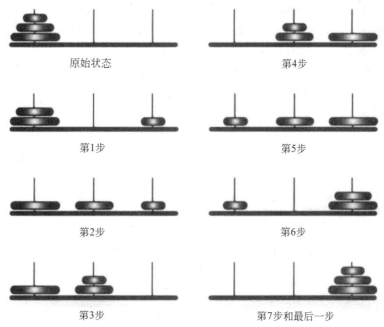

图 17.7　3 个圆盘的汉诺塔难题的解决方案

递归解决方案能完美地体现和实现上述通用策略。移动 N−1 个圆盘步骤贯穿整个汉诺塔难题的解决方案：即要移动一堆圆盘才能完成任务。对于子任务而言，其只需移动一个圆盘，但它的目标柱子是总任务的中间过渡柱子。在移动完最大的圆盘之后，我们又要再次移动原来的 N−1 个圆盘。

程序 17.4

```java
/**
 * SolveTowers uses recursion to solve the Towers of Hanoi puzzle.
 *
 * @author Java Foundations
 * @version 4.0
 */
public class SolveTowers
{
    /**
     * Creates a TowersOfHanoi puzzle and solves it.
     */
    public static void main(String[] args)
    {
        TowersOfHanoi towers = new TowersOfHanoi(4);
        towers.solve();
    }
}
```

当我们需要移动仅包含一个圆盘的"盘子堆"时，就出现了汉诺塔问题的基本情况。这一步可以直接完成而不用递归。

程序 17.4 创建了 TowersOfHanoi 对象，调用了该对象的 solve 方法。输出是分步的指令列表，描述了如何移动圆盘来解决汉诺塔难题。这个例子有 4 个圆盘，圆盘个数由 TowersOfHanoi 构造函数的参数指定。

程序 17.5 的 TowersOfHanoi 类使用 solve 方法对递归方法 moveTower 进行初始调用。初始调用指出，要将 peg 1 的所有圆盘移动到 peg 3，将 peg 2 作为中间过渡位置。

程序 17.5

```java
/**
 * TowersOfHanoi represents the classic Towers of Hanoi puzzle.
 *
 * @author Java Foundations
 * @version 4.0
 */
public class TowersOfHanoi
{
    private int totalDisks;
    /**
     * Sets up the puzzle with the specified number of disks.
     *
     * @param disks the number of disks
     */
    public TowersOfHanoi(int disks)
    {
        totalDisks = disks;
    }
    /**
     * Performs the initial call to moveTower to solve the puzzle.
     * Moves the disks from tower 1 to tower 3 using tower 2.
     */
    public void solve()
    {
        moveTower(totalDisks, 1, 3, 2);
    }
    /**
     * Moves the specified number of disks from one tower to another
     * by moving a subtower of n-1 disks out of the way, moving one
     * disk, then moving the subtower back. Base case of 1 disk.
     *
     * @param numDisks  the number of disks to move
     * @param start     the starting tower
     * @param end       the ending tower
     * @param temp      the temporary tower
     */
    private void moveTower(int numDisks, int start, int end, int temp)
    {
        if (numDisks == 1)
```

```
            moveOneDisk(start, end);
        else
        {
            moveTower(numDisks-1, start, temp, end);
            moveOneDisk(start, end);
            moveTower(numDisks-1, temp, end, start);
        }
    }
    /**
     * Prints instructions to move one disk from the specified start
     * tower to the specified end tower.
     *
     * @param start  the starting tower
     * @param end    the ending tower
     */
    private void moveOneDisk(int start, int end)
    {
        System.out.println("Move one disk from " + start + " to " + end);
    }
}
```

moveTower 方法首先考虑基本情况，即一"堆"盘子只有 1 个圆盘的情况。当出现基本情况时，会调用 moveOneDisk 方法，moveOneDisk 方法将打印一行文字，以描述指定的移动。如果堆包含多个圆盘，则会再次调用 moveTower，以移动 N-1 个圆盘。在移出最大的圆盘后，再调用 moveTower，将 N-1 个圆盘移动到最终的目标柱子。

注意，为了移动部分圆盘，程序用 moveTower 的参数描述要切换到的柱子。上述代码实现了通用策略，使用 moveTower 方法移动所有的部分盘子堆。你可以仔细跟踪代码，以了解 3 个圆盘的处理过程。图 17.8 给出了汉诺塔难题的 UML 图。

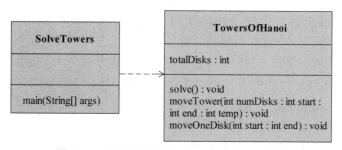

图 17.8　汉诺塔难题的解决方案的 UML 描述

17.4　递归算法分析

在第 11 章中，我们探讨了算法的概念和算法的复杂度，特别是用增长函数表示的时间复杂度。增长函数给出算法的阶数。我们可以根据算法的时间复杂度对完成相同任务的算法进行比较。

> **重要概念**
>
> 我们可以使用与分析迭代处理的类似技术来确定递归算法的阶数。

当分析循环阶数时，我们用循环体的阶数乘以循环执行的次数。在分析递归算法时，我们也使用类似的思想。递归算法的阶数是执行递归定义的次数乘以递归方法主体的阶数。

再次分析第 17.2 节介绍的递归方法，该方法计算从 1 到某个正整数的和。为了阅读方便，我们再次给出 sum 方法的代码：

```java
// This method returns the sum of 1 to num
public int sum (int num)
int result;
if (num == 1)
result =
1;
result =
num + sum (num1) ;
return result;
```

求和问题的规模自然就是求和的正整数个数。因为我们要求从 1 到 num 的所有正整数之和，所以求和的正整数个数为 num。我们最感兴趣的操作是两个正整数相加。递归方法的主体要执行一次加法运算，因此其阶数为 O(1)。每次调用递归方法时，num 的值会减 1。因此，执行调用递归方法的次数为 num，因此此递归方法的阶数是 O(n)。因为递归主体的阶数是 O(1)，递归的次数是 O(n)，所以整个递归算法的阶数是 O(n)。

有时，在某些算法中，递归步骤的操作次数是前一次调用的一半，因此，创建了阶数为 O（log n）的递归。如果方法主体的阶数是 O(1)，那么整个递归算法的阶数是 O（log n）。如果方法主体的阶数是 O(n)，那么整个递归算法的阶数是 O（n log n）。

分析一下汉诺塔难题算法的阶数。汉诺塔难题大小是移动圆盘的步数。我们最感兴趣的操作是将一个圆盘从一个柱子移动到另一个柱子所需的次数。每次调用递归方法 moveTower，都会引发一个圆盘的移动。除了基本情况之外，每次递归调用都会引发自调用两次以上，每次调用递归方法所传入的参数只比圆盘个数少 1。当盘子堆里只有 1 个圆盘时，调用 moveTower 会产生 1 次圆盘移动；当盘子堆有 2 个圆盘时，调用 moveTower 方法，会产生 3 次圆盘移动；当盘子堆有 3 个圆盘，调用 moveTower 方法，会产生 7 次圆盘移动；当盘子堆有 4 个圆盘，调用 moveTower 方法，会产生 15 次圆盘移动，以此类推。从另一个角度分析，如果汉诺塔难题的增长函数是 f（n），那么：

$$当\ n=1\ 时，f（n）+1$$
$$当\ n>1\ 时，$$
$$f（n）=2 * （f（n\text{-}1）+1）-1$$
$$=2^n-1$$

与其简短而利索的实现相反，汉诺塔的解决方案非常低效。为了解决 n 个圆盘的移动难题，我们必须单独进行 2^n-1 次圆盘的移动。因此，汉诺塔算法的阶数为 $O(2^n)$，该算法的时间复杂度是指数级的。随着圆盘个数的增加，所需的移动次数也呈指数增长。

> **重要概念**
> 汉诺塔的解决方案的时间复杂度是指数级的，效率极低，但代码非常简短而利索。

据传说，梵天的祭司正在世界中心的寺庙内解决这个难题，他们将 64 个金盘，在纯钻石钉之间移动。当祭司解决这个问题之时，也是世界毁灭之时。但是，即使祭司每天每秒都移动一个圆盘，要移完所有金盘，也至少需要 5840 亿年才能完成任务，这还只是 64 个圆盘的汉诺塔难题！当然，这个传说表明了指数算法的复杂度是多么棘手，让人望而生畏。

重要概念总结

- 递归是一种编程技术。在递归中，方法调用自身。能够使用递归编程的关键是能够以递归思想思考问题。
- 任何递归定义都必须有非递归部分（即基本情况）来最终终止递归。
- 数学问题和公式通常用递归方式表示。
- 每次递归调用方法都会创建新的局部变量和参数。
- 仔细跟踪递归处理可以深入了解递归解决问题的方式。
- 递归是解决某些问题的最简洁、最恰当的方法，但对于某些问题，它不像迭代解决方案那么直观。
- 我们可以使用与分析迭代处理的类似技术来确定递归算法的阶数。
- 汉诺塔的解决方案的时间复杂度是指数级的，效率极低，但代码非常简短而利索。

术 语 总 结

基本情况是操作定义的非递归部分。

直接递归是方法直接调用自身的递归类型，与间接递归刚好相反。

间接递归是方法调用另一个方法，而另一个方法又调用另一个方法，以此类推，直到另一个方法又调用原方法的递归类型，与直接递归刚好相反。

无限递归是当永远不会到达基本情况或未定义基本时出现的问题。

递归一种编程技术，在递归中，方法通过调用自身来实现总目标。

汉诺塔是经典的计算难题，其目标是根据指定规则将圆盘从一个柱子移动到另一个柱子。

自 测 题

17.1 什么是递归？

17.2 什么是无限递归？

17.3 递归处理何时需要基本情况？

17.4　是否都要使用递归呢？

17.5　何时要避免使用递归？

17.6　什么是间接递归？

17.7　给出解决汉诺塔难题的通用方法，解释该方法与递归有何关系？

练　习　题

17.1　编写有效 Java 标识符的递归定义。

17.2　编写 x^y 的递归定义，其中 x 和 y 是整数且 y> 0。

17.3　编写 i * j 的递归定义，其中 i> 0。用整数加法定义乘法过程。例如，4 * 7 等于 4 个 7 相加。

17.4　编写 Fibonacci 数列的递归定义。Fibonacci 数列是一个整数数列，数列中的每个整数是其前两个数的和。数列的前 2 个数是 0 和 1。解释你为什么不用递归来解决 Fibonacci 数列问题。

17.5　修改本章所示的计算 1 到 N 之间所有整数之和的方法。新版方法要与下面的递归定义相匹配：1 到 N 的和是 1 到（N / 2）之和加上（N / 2 + 1）到 N 之和的总和。以 N=8 来跟踪你给出的解决方案。

17.6　使用本章所给的定义，编写一个返回 N 的阶乘（N!）的递归方法。解释为什么一般不用递归来解决阶乘问题。

17.7　编写递归方法来反转字符串。解释为什么一般不用递归来解决字符串反转问题。

17.8　为本章的 MazeSearch 程序设计一个新迷宫，重新运行程序。根据新设计的迷宫解释处理过程，举例说明尝试但失败的路径、从未尝试过的路径以及成功走出迷宫的路径。

17.9　注释本章 SolveTowers 程序的输出行，以说明递归步骤。

17.10　用图表示解决汉诺塔难题所需要移动的次数，圆盘数分别是：2，3，4，5，6，7，8，9，10，15，20 和 25。

17.11　确定练习 17.4 的解决方案的阶数，并解释为何为此阶数。

17.12　确定练习 17.5 的解决方案的阶数，并解释为何为此阶数。

17.13　确定练习 17.6 的解决方案的阶数，解释为何为此阶数。

17.14　确定本章所介绍的递归迷宫解决方案的阶数。

程序设计项目

17.1　设计并实现欧几里德算法的程序。欧几里德算法用于查找两个正整数的最大公约数。最大公约数是指两个整数共有约数中最大的整数。在名为 DivisorCalc 的类中，定义了名为 gcd 的静态方法，gcd 方法接收两个整数：num1 和 num2。创建一个驱动程序来测试你的实现，递归算法的定义如下：

```
gcd(num1, num2) is num2 if num2 <= num1 and num2 divides num1
gcd(num1, num2) is gcd(num2, num1) if num1 <num2
gcd(num1, num2) is gcd(num2, num1%num2) otherwise
```

17.2 修改 Maze 类，在找到通路时，立即打印最终的成功走出迷宫的路径，但不保存。

17.3 设计并实现遍历 3D 迷宫的程序。

17.4 设计并实现一个递归程序以解决 8 皇后问题。也就是说，编写一个程序来确定如何将 8 个皇后放在 8×8 棋盘上，以确保任何皇后都不在同一行、列或对角线上。棋盘上没有其他棋子。

17.5 在外星语中，所有单词采用 Blurbs 形式。Blurb 是 Whoozit 后跟一个或多个 Whatzit。Whoozit 是字符 "x" 后跟零或多个 "y"。Whatzit 是 "q" 后跟 z "或""d"，后跟 Whoozit。设计和实现递归程序，以随机产生外星语的 Blurbs。

17.6 设计并实现一个递归程序，以确定字符串是否是程序设计 17.5 所定义的有效 Blurb。

17.7 设计并实现一个递归程序，以确定和打印杨辉三角的第 N 行，如下图所示。每个数等于它上方两数之和。（提示：使用数组存储每一行的值。）

```
                    1
                 1    1
              1    2    1
           1    3    3    1
        1    4    6    4    1
     1    5    10   10   5    1
   1    6    15   20   15   6    1
 1   7    21   35   35   21   7    1
1   8    28   56   70   56   28   8   1
```

17.8 设计并实现汉诺塔难题的图形版，允许用户设置难题要使用的圆盘个数。用户应该能够以两种方式进行交互。用户可以使用鼠标将圆盘从一个杆子移动到另一个杆子，在这种情况下，程序应该确保每次移动都是合法的，用户也能以动画的形式分析解决方案，界面上有暂停/恢复按钮，还要允许用户控制动画的速度。

自测题答案

17.1 递归是一种编程技术，在递归中，方法调用自身。递归每次解决缩小版的问题，直到达到终止条件为止。

17.2 当没有基本情况作为终止条件或未正确指定基本情况时，则出现无限递归。要一直遵循递归路径。在递归程序中，无限递归通常会导致指示内存已耗尽的错误。

17.3 递归处理总是需要基本情况来终止递归。通过调用的层次结构返回到开始调用处。如果没有基本情况，则会产生无限递归。

17.4 递归并不是必需的，因为每个递归算法都可以变为迭代算法，只是在使用递归编写算法时，会使一些问题的解决方案更加简洁利索。

17.5 当迭代解决方案更简单，更容易理解和编程时，要避免使用递归。递归有多个方法调用的开销，并且不直观。

17.6　间接递归发生在方法调用另一个方法，而另一个方法又调用其他方法，依此类推，直到某个方法调用原方法。间接递归通常比直接递归更难以跟踪，因为，方法要调用自身。

17.7　先将 N–1 个圆盘移到一个过渡中间杆子上，再将最大的圆盘移动到目标杆子上，之后将 N–1 个圆盘从过渡中间杆子上移动到目标杆子上，最终解决了 N 个圆盘的汉诺塔难题。这个解决方案的本质是递归，因为我们可以使用相同的过程来移动整个 N–1 个圆盘的子堆。

第18章　搜索与排序

学习目标

- 分析线性搜索与二分搜索算法。
- 分析几种排序算法。
- 讨论搜索与排序算法的复杂度。
- 使用线程演示排序效率。
- 使用比较器接口对元素进行排序。

在软件开发的世界中，最常见的两项任务就是搜索与排序。搜索是指在集合内搜索指定的元素。排序是按特定顺序将集合内的元素排序。搜索算法和排序算法有很多，每种算法都有自己的特色，这种特色值得算法学习者好好分析研究。搜索和排序的主题与集合和数据结构的研究密切相关，同为一体。

18.1　搜　　索

搜索是在项目集中查找指定目标元素或确定目标元素是否在该集合的过程。有时我们将要搜索的项目集称为搜索池。

本节分析两种常见的搜索算法：线性搜索和二分搜索。在本书后面所用的其他搜索技术是基于特定的数据结构特征来加速整个搜索过程。

重要概念

搜索是在项目集中查找指定目标或确定指定目标是否在集合中的过程。

我们的目标是尽可能地高效执行搜索。根据算法分析可知，为了找到目标，所需的算法是比较次数最少的算法。通常，搜索池中的项目越多，查找目标所需的比较次数也就越多。因此，问题规模是由搜索池中项目数定义的。

重要概念

有效的搜索可以最大限度地减少比较次数。

为了进行对象搜索，我们必须要将一个对象与另一个对象进行比较。我们所实现的算法要搜索 Comparable 对象的数组。算法涉及的元素实现了 Comparable 接口且元素之间是可以比较的。我们在 Searching 类的头中实现了这种限制，具体语句如下所示：

```
Public class Searching<T extends Comparable<T>>
```

这种泛型声明的净效应是可以使用任何实现 Comparable 接口的类来实例化 Searching

类。回忆一下，Comparable 接口包含一个方法 compareTo。如果对象小于、等于或大于要比较的对象，则 compareTo 方法会分别返回一个小于零、等于零或大于零的整数。因此，实现 Comparable 接口的类会定义该类的任何两个对象的相对顺序。

但以上述方式声明的 Searching 类，当我们每次要使用 Searching 类的某个搜索方法时，都必须实例化 Searching 类。对于只包含服务方法的类而言，这种声明令其尴尬。最好的解决方案是将方法声明为静态的、泛型的。下面我们先重温一下静态方法的概念，再分析一下泛型的静态方法。

18.1.1　静态方法

如第 5 章所述，我们可以通过类名调用静态方法，例如，Math 类的所有方法都是静态方法。在调用静态方法时，用户不必实例化类的对象。例如，调用 Math 类的 sqrt 方法的语法如下：

```
System.out.println ("Square root of 27: + Math.sqrt(27));
```

在方法声明中，通过使用 static 修饰符将方法声明为静态。正如我们在前面程序中所看到的，必须使用 static 修饰符声明 Java 程序的 main 方法；这样做，解释器就能执行 main 方法而不用实例化包含 main 方法类的对象。

因为静态方法不在指定对象的上下文中操作，所以静态方法不能引用类实例中的实例变量。如果静态方法尝试使用非静态变量，则编译器会发出错误。但是，静态方法可以引用静态变量，因为静态变量独立于指定对象而存在。因此，main 方法只能访问静态变量和局部变量。

> **重要概念**
> 在方法声明中使用 static 修饰符将方法声明为静态。

Math 类中的方法基于参数的传递值来执行基本计算。在这种情况下，不用维护对象状态；因此在请求这些服务时，没有充分理由强制我们创建对象。

18.1.2　泛型方法

以类似于创建泛型类的方式，我们也可以创建泛型方法。也就是说，可以创建独立的方法引用泛型参数，而不是创建引用泛型参数的类。泛型参数仅适用于对应的方法。

为了创建泛型方法，在方法头的返回类型前插入泛型声明。

```
public static < T extend Comparable <T> Boolean
    linearSearch(T[] data, int min, int max, T target)
```

方法包括返回类型和参数类型，它可以使用泛型参数。泛型声明在返回类型之前是有意义的，因为这样做，在返回类型中就可以使用泛型了。但注意，这个示例并没有这样做。

　　我们可以创建泛型的静态方法，当我们每次需要一个方法时，也不用实例化 Searching 类。我们可以使用类名调用静态方法，并用自己的类型替换泛型。例如，调用 linearSearch 方法来搜索 String 数组的语句如下：

```
Searching.linearSearch(targetarray, min, max, target);
```

　　注意，我们也没有必要指定替换泛型的类型，因为编译器将根据所提供的参数推断相应的类型。因此，对于上行代码，编译器将使用 targetarray 和 target 的元素类型替换泛型 T。

18.1.3　线性搜索

　　如果我们将搜索池组织成某种类型的列表，则执行搜索的最直接方法就是从列表头开始，依次将列表的每个值与目标元素进行比较。最后，我们要么找到目标元素，要么到达列表尾并得出结论：目标元素不在列表中。我们将这种直接方法称为线性搜索。线性搜索从一端开始并以线性方式扫描整个搜索池，线性搜索的过程如图 18.1 所示。

开始

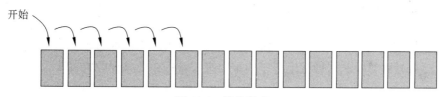

图 18.1　线性搜索

　　下面的方法实现线性搜索。方法接收要搜索元素所在的数组、搜索开始和结束处的索引以及要搜索的目标值。方法将返回 boolean 值，以表明是否找到了目标元素。

```
/**
 * Searches the specified array of objects using a linear search
 * algorithm.
 *
 * @param data    the array to be searched
 * @param min     the integer representation of the minimum value
 * @param max     the integer representation of the maximum value
 * @param target the element being searched for
 * @return        true if the desired element is found
 */
public static <T>
    boolean linearSearch(T[] data, int min, int max, T target)
{
```

```
        int index = min;
        boolean found = false;
        while (!found && index <= max)
        {
            found = data[index].equals(target);
            index++;
        }
        return found;
    }
```

　　while 循环遍历数组的元素，在终止时，要么找到了目标元素，要么到达了数组尾而未找到目标元素。初始化时，将 boolean 型变量 found 设置为 false。只有找到目标元素时，才会将 found 值设置为 true。

　　线性搜索实现的变种会返回在数组中找到的元素，如果未找到目标元素则返回空引用或抛出异常。

　　我们能将 linearSearch 方法合并到任何类中，我们定义的 linearSearch 方法是搜索方法的一部分，而搜索方法又是具有搜索功能类的一部分。

　　理解线性搜索算法非常容易。线性搜索算法的效率也不高。注意，线性搜索并不需要搜索池的数组元素有序。线性搜索所面对的唯一的挑战就是必须依次比较搜索池中的每一个元素。下一小节，我们将介绍二分搜索算法，二分搜索算法提升了搜索过程的效率，但要求搜索池是有序的。

18.1.4　二分搜索

　　如果对搜索池中的元素集进行了排序，那么二分搜索算法的效率要优于线性搜索算法的效率。二分搜索算法利用搜索池有序的事实来缩减搜索要进行的比较次数。

> **重要概念**
> 二分搜索利用搜索池有序这一事实。

　　二分搜索不是在某一端开始搜索，而是从有序列表的中点开始搜索。如果中点位置的元素不是目标元素，则继续搜索。由于列表是有序的，所以如果目标元素在列表中，则它会位于中点位置的左侧或右侧，具体位置取决于目标元素是小于中点元素，还是大于中点元素。因为列表是有序的，所以经过一次与中点元素的比较，就能使搜索池减半。剩下的另一半搜索池代表可行的候选元素，但其中也可能没有目标元素。

　　以上述方式不断进行搜索，分析可行的候选元素的中点元素，使搜索池减半。也就是说，每次比较都将可行候选元素减半，直到最终找到目标元素，或目标元素不在搜索池中为止。二分搜索的过程如图 18.2 所示。

　　下面我们以有序整数列表为例，分析一下二分搜索算法：

10 12 18 22 31 34 40 46 59 67 69 72 80 84 98

　　假设我们要确定整数 67 是否在列表之中。我们知道，目标元素可能位于列表的任何位置，也就是说，在进行第一次搜索时，整个搜索池是可行的候选元素。

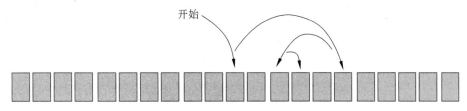

图 18.2 二分搜索

二分搜索算法先分析中点元素，在本示例中，第一次比较时，中点元素是 46。因为 46 不是我们要寻找的目标元素，所以继续搜索。因为列表是有序的，67 比 46 大，所以必然在数据的后半部分。因为前半部分的数据都小于 46。我们将剩余的可行候选元素用粗体表示如下：

10 12 18 22 31 34 40 46 **59 67 69 72 80 84 98**

将剩余的可行候选元素二分，第二次比较时，中点值是 72。72 不是我们要寻找的目标元素，所以继续搜索。因为 67 小于 72，所以要去除所有大于 72 的值，剩余的可行候选元素再用粗体表示如下：

10 12 18 22 31 34 40 46 **59 67 69** 72 80 84 98

注意，仅经过两次比较之后，我们就将可行的候选元素从 15 减少到 3。我们再次采用二分方法，所选的中点元素是 67，它正好是要寻找的目标元素。如果 67 不是我们要寻找的目标元素，则将继续上述二分过程，直到找到目标元素或都去除了所有的可能数据为止。

重要概念

二分搜索通过每次比较将去除一半的可行候选元素。

每次比较之后，二分搜索大约只剩一半搜索数据，同时也去除了中点元素。也就是说，二分搜索在第一次比较时去除了一半数据；第二次比较时，又去除了剩余一半数据的一半，即 1/4 的数据；第三次比较时，又去除了剩余 1/4 数据的一半，即 1/8 的数据；以此类推。

下面的方法实现了二分搜索算法。与 linearSearch 方法一样，binarySearch 方法不但要接收搜索 Comparable 对象的数组以及目标值，还要定义搜索数组的最小索引值和最大索引值。

```
/**
 * Searches the specified array of objects using a binary search
 * algorithm.
 *
 * @param data   the array to be searched
 * @param min    the integer representation of the minimum value
 * @param max    the integer representation of the maximum value
 * @param target the element being searched for
 * @return       true if the desired element is found
 */
```

```
public static <T extends Comparable<T>>
    boolean binarySearch(T[] data, int min, int max, T target)
{
    boolean found = false;
    int midpoint = (min + max) / 2;  // determine the midpoint
    if (data[midpoint].compareTo(target) == 0)
        found = true;
    else if (data[midpoint].compareTo(target) > 0)
    {
        if (min <= midpoint - 1)
            found = binarySearch(data, min, midpoint - 1, target);
    }

    else if (midpoint + 1 <= max)
        found = binarySearch(data, midpoint + 1, max, target);
    return found;
}
```

注意，binarySearch 方法是递归实现的。 如果没有找到目标元素，且还要在更多数据中进行搜索，则 binarySearch 方法会调用自身，传递的参数会缩减数组中可行的候选元素。程序使用 min 和 max 索引确定是否还要在更多的数据中进行搜索。也就是说，如果缩小的搜索区没有任何元素，则 binarySearch 方法不会再调用自身，而是返回 false。

在上述搜索过程中，有时会出现可行候选元素的个数是偶数的情况。也就是说有两个中点值。就算法而言，可以使用两个中点值中的任何一个，只要保持所实现的二分搜索方法所执行的选择策略前后一致就行。确定中点的索引计算会丢弃小数部分，因此算法选择的是两个中点值中的第一个中点值。

18.1.5　搜索算法比较

对于线性搜索，当我们分析的第一个元素碰巧就是要寻找的目标元素时，出现的是最好情况。 当目标元素不在集合内，而我们还必须分析集合内的每个元素时，出现的是最坏情况。预期情况是在搜索一半列表时找到了目标元素。也就是说，如果搜索池中有 n 个元素，那么平均而言，我们要分析 n/2 个元素，才能找到要寻找的目标元素。

因此，线性搜索算法的线性时间复杂度为 O（n）。因为是依次一个一个地搜索元素，所以线性搜索算法的复杂度是线性的，与要搜索的元素的个数成正比。

与线性搜索算法相比，二分搜索算法要快得多。因为每次比较之后，都能去除一半数据，所以能更快地找到目标元素。最好情况是在第一次比较时就找到了目标元素。也就是说，目标元素恰好位于数组的中点。当列表中不存在要寻找的目标元素时，要去除所有数据，大约需要进行 $\log_2 n$ 次比较，这是最坏情况。因此，预期情况是要找到目标元素，大约需要进行（$\log_2 n$）/ 2 次比较。

因此，二分搜索算法是对数算法，其时间复杂度为 O（$\log_2 n$）。与线性搜索算法相比，对于大值 n，二分搜索算法要快得多。

重要概念

二分搜索具有对数时间复杂度，这使其成为一种非常高效的分析大型搜索池的方法。

你可能会问：既然二分搜索比线性搜索更高效，那么我们为什么还要使用线性搜索呢？问题答案是：首先，线性搜索要比二分搜索简单，所以线性搜索的编程和调试更容易。其次，线性搜索没有对搜索列表排序的开销。因此，在执行二分搜索时，我们要进行权衡：要保持搜索的高效，就要有对搜索池进行排序的投入。

对于小问题，这两种算法几乎没有差别。但是，随着 n 值的增大，二分搜索算法更具吸引力。假设给定包含一百万个元素的集合。在线性搜索中，要分析一百万个元素中的每个元素，才能确定要寻找的目标元素是否在集合中。而在二分搜索中，我们可能只需要大约 20 次比较，就能得出结论，目标元素是否在集合之中。

18.2 排 序

排序是根据某种标准将集合中的元素按升序或降序排列的过程。例如，用户可能希望按字母顺序排列名单列表，或者用户需要将调查结果列表按数字降序排序。

多年以来，软件开发人员已经开发了多种排序算法，这些算法也接受了岁月的洗礼。实际上，排序是计算机科学研究的经典领域。与搜索算法一样，我们根据效率将排序算法分为两类：顺序排序和对数排序。顺序排序通常使用一对嵌套循环，排序 n 个元素大约需要 n^2 次比较；而对数排序而言，排序 n 个元素大致需要 $n\log_2 n$ 次比较。与搜索算法一样，当 n 值很小时，两种算法之间几乎没有差别。

重要概念

排序是基于某种标准将元素列表排列为所定义顺序的过程。

本章首先分析三种顺序排序：选择排序、插入排序和冒泡排序；然后分析两种对数排序：快速排序和合并排序。此外，我们还分析另一种排序算法——基数排序，其不会进行元素比较。

在我们深入分析排序算法之前，先分析一般的排序问题。名为 SortPhoneList 的程序 18.1，创建 Contact 对象数组，再对对象进行排序，最后打印已排序的列表。在这个程序实现中，是调用 selectionSort 方法对 Contact 对象进行排序。本章后面，我们会分析 selectionSort 方法。本章所介绍的任何排序方法都能完成 SortPhoneList 程序所实现的排序。

程序 18.1

```
/**
 * SortPhoneList driver for testing an object selection sort.
 *
 * @author Java Foundations
 * @version 4.0
 */
public class SortPhoneList
```

```
{
    /**
     * Creates an array of Contact objects, sorts them, then prints
     * them.
     */
    public static void main(String[] args)
    {
        Contact[] friends = new Contact[7];
        friends[0] = new Contact("John", "Smith", "610-555-7384");
        friends[1] = new Contact("Sarah", "Barnes", "215-555-3827");
        friends[2] = new Contact("Mark", "Riley", "733-555-2969");
        friends[3] = new Contact("Laura", "Getz", "663-555-3984");
        friends[4] = new Contact("Larry", "Smith", "464-555-3489");
        friends[5] = new Contact("Frank", "Phelps", "322-555-2284");
        friends[6] = new Contact("Marsha", "Grant", "243-555-2837");
        Sorting.insertionSort(friends);
        for (Contact friend : friends)
            System.out.println(friend);
    }
}
```

每个 Contact 对象代表一个有姓氏、有名和电话号码的人。Contact 类如程序 18.2 所示。我们将这些类的 UML 描述留作练习。

Contact 类实现了 Comparable 接口，所以提供了 compareTo 方法的定义。在这个示例中，联系人按姓氏排序；如果两个联系人的姓氏相同，则使用他们的名字排序。

程序 18.2

```
/**
 * Contact represents a phone contact.
 *
 * @author Java Foundations
 * @version 4.0
 */
public class Contact implements Comparable<Contact>
{
    private String firstName, lastName, phone;
    /**
     * Sets up this contact with the specified information.
     *
     * @param first     a string representation of a first name
     * @param last      a string representation of a last name
     * @param telephone a string representation of a phone number
     */
    public Contact(String first, String last, String telephone)
    {
        firstName = first;
        lastName = last;
```

```
            phone = telephone;
    }
/**
    * Returns a description of this contact as a string.
    *
    * @return a string representation of this contact
    */
    public String toString()
    {
        return lastName + ", " + firstName + "\t" + phone;
    }
/**
    * Uses both last and first names to determine lexical ordering.
    *
    * @param other the contact to be compared to this contact
    * @return      the integer result of the comparison
    */
    public int compareTo(Contact other)
    {
        int result;
        if (lastName.equals(other.lastName))
            result = firstName.compareTo(other.firstName);
        else
            result = lastName.compareTo(other.lastName);
        return result;
    }
}
```

下面让我们分析几种经典的排序算法及其实现。其中任何一种算法都可以用于 Contact 对象的排序。

18.2.1　选择排序

选择排序算法通过重复地将特定值放入其最终排序位置来对列表进行排序。换句话说，对于列表中的每个位置，算法会选择应该放在该位置的值并将其放在那里。

选择排序算法的策略如下：扫描整个列表找到最小值，然后将找到的最小值与列表第一个位置的值进行交换；再扫描列表不包括第一个值的部分，找到最小值，然后将找到最小值与列表第二个位置的值进行交换。再扫描列表不包括前两个值的部分，找到最小值，然后将找到的最小值与列表的第三个位置的值进行交换，以此类推，对列表中的每个位置执行上述过程。当到达列表尾时，已完成了对列表的排序。选择排序的过程如图 18.3 所示。

> **重要概念**
> 选择排序算法通过重复地将特定值放入其最终排序位置来对列表进行排序。

下面的 selectionSort 方法定义了选择排序算法的实现。selectionSort 方法接收对象数组作为参数。当它返回调用方法时，已完成了对数组元素的排序。

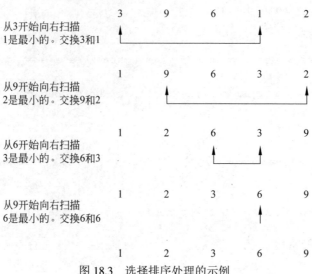

图 18.3　选择排序处理的示例

```
/**
 * Sorts the specified array of integers using the selection
 * sort algorithm.
 *
 * @param data the array to be sorted
 */
public static <T extends Comparable<T>>
    void selectionSort(T[] data)
{
    int min;
    T temp;

    for (int index = 0; index < data.length-1; index++)
    {
        min = index;
        for (int scan = index+1; scan < data.length; scan++)
            if (data[scan].compareTo(data[min])<0)
                min = scan;

        swap(data, min, index);
    }
}
```

　　selectionSort 方法的实现是使用两个循环对数组进行排序。外循环控制数组中存储下一个最小值的位置。内循环通过扫描大于或等于外循环指定的索引位置来查找列表剩余部分中的最小值。当确定最小值时，将其与存储在 index 处的值进行交换。这个交换由 3 条赋值语句完成，并使用名为 temp 的变量作为临时变量。我们将这种互换称为交换，使用私有 Swap 方法，其他几种排序算法也可以使用 Swap 方法。

```
    /**
```

```
 * Swaps to elements in an array. Used by various sorting algorithms.
 *
 * @param data   the array in which the elements are swapped
 * @param index1 the index of the first element to be swapped
 * @param index2 the index of the second element to be swapped
 */
private static <T extends Comparable<T>>
  void swap(T[] data, int index1, int index2)
{
  T temp = data[index1];
  data[index1] = data[index2];
  data[index2] = temp;
}
```

注意，因为选择排序算法在每次迭代时会查找最小值，所以我们是按升序对数组进行排序，即数组值按从最小到最大的顺序排序。当每次都查找最大值时，就可以轻松地将算法改为对数组按降序排序。

18.2.2　插入排序

插入排序算法通过将特定值重复插入到有序子列表中来完成对整个列表的排序。插入排序一次一个地将每个未排序元素插入到有序子列表的适当位置，直到整个列表有序为止。

> **重要概念**
> 插入排序算法通过重复地将特定值插入到有序子列表来对列表进行排序。

插入排序算法的策略如下：将列表中的前两个值排序，如果必要，进行交换。然后将列表的第 3 个值插入到由前两个值形成的有序子列表。继续将列表的第 4 个值插入到前 3 个值形成的有序子列表。每次执行插入时，有序子列表的元素个数都会加 1。重复上述过程，直到列表中的所有值都插入到有序子列表，从而完成了列表的排序。插入过程会涉及数组中的其他值的移位，以给插入的值腾出位置。图 18.4 给出了插入排序的过程。

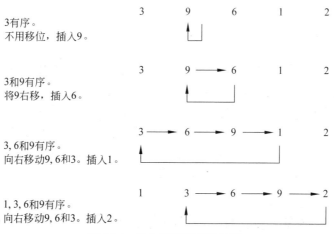

图 18.4　插入排序处理的示例

下面的方法实现了插入排序：

```
/**
 * Sorts the specified array of objects using an insertion
 * sort algorithm.
 *
 * @param data the array to be sorted
 */
public static <T extends Comparable<T>>
    void insertionSort(T[] data)
{
    for (int index = 1; index < data.length; index++)
    {
        T key = data[index];
        int position = index;

        // shift larger values to the right
        while (position > 0 && data[position-1].compareTo(key) > 0)
        {
            data[position] = data[position-1];
            position--;
        }

        data[position] = key;
    }
}
```

与选择排序的实现类似，insertionSort 方法使用两个循环对对象数组进行排序。但在插入排序中，外循环控制要插入的下一个值的索引。内循环将当前插入的值与存储于有序子集低端索引处的值进行比较。如果当前插入的值小于 position 的值，则 position 值向右移动。移动不断继续，直到给插入的值腾出正确位置为止。外循环的每次迭代都会向有序子列表中添加一个值，直到整个列表有序为止。

18.2.3　冒泡排序

冒泡排序是另一种使用两个嵌套循环的顺序排序算法。冒泡排序重复比较列表中的相邻元素，如果相邻元素顺序相反，则交换它们，以此完成列表的排序。

冒泡排序算法的策略如下：扫描列表，比较相邻元素，如果它们的顺序相反，则交换它们。冒泡排序起到使最大值"浮"到列表最后位置的效果，这也是在最终有序列表中，最大值应在的位置。之后再次扫描列表，将第二个最大值浮到列表倒数第二的位置。这个过程一直持续，直到所有元素都浮到正确位置为止。

重要概念
冒泡排序算法通过重复比较相邻元素并在必要时交换它们来排序列表。

　　冒泡排序算法的每趟排序，都会将最大值移动到它的最终位置。每趟排序也重新定位其他每个元素的位置。以下面的列表为例，说明如何进行冒泡排序：

```
9 6 8 12 3 1 7
```

　　首先，比较 9 和 6，发现顺序相反，交换它们，结果为：

```
6 9 8 12 3 1 7
```

　　之后，比较 9 和 8，发现顺序相反，交换它们，结果为：

```
6 8 9 12 3 1 7
```

　　之后，比较 9 和 12，发现顺序正确，不用交换。之后，比较下一对值，也就是说比较 12 和 3。发现顺序相反，交换它们，结果为：

```
6 8 9 3 12 1 7
```

　　之后，比较 12 和 1，发现顺序相反，交换它们，结果为：

```
6 8 9 3 1 12 7
```

　　之后，比较 12 和 7，发现顺序相反，交换它们，结果为：

```
6 8 9 3 1 7 12
```

　　这样我们就完成了第一趟数据排序。在第一趟排序之后，列表中的最大值 12 到了其正确的位置，但其他值并不一定在其正确的位置，因为每趟排序只保证将一个元素放入正确位置。因此，对 n 个元素进行冒泡排序，我们需要 n-1 趟排序。因为如果 n-1 个元素都在正确的位置，那么第 n 个元素也必然在正确的位置。

　　冒泡排序算法的实现如下：

```java
/**
 * Sorts the specified array of objects using a bubble sort
 * algorithm.
 *
 * @param data the array to be sorted
 */
public static <T extends Comparable<T>>
    void bubbleSort(T[] data)
{
    int position, scan;
    T temp;

    for (position = data.length - 1; position >= 0; position--)
    {
        for (scan = 0; scan <= position - 1; scan++)
        {
            if (data[scan].compareTo(data[scan+1]) > 0)
```

```
                    swap(data, scan, scan + 1);
            }
        }
    }
```

在 bubbleSort 方法中，外部 for 循环代表对数据的 n-1 趟排序。内部的 for 循环扫描数据，执行相邻数据的两两比较，并在必要时进行交换。

注意，外部循环还会递减位置的最大索引值，内部循环要使用该值。也就是说，在第一趟排序后，将最大值放在正确的位置。在第二趟排序时，就没有必要再分析这个最大值。在第三趟排序时，要忘记最后两个值，以此类推，因此内循环在每趟排序后会少分析一个值。

18.2.4 快速排序

到目前为止,本章所讨论的排序算法如选择排序、插入排序和冒泡排序都是相对简单、但效率很低的顺序排序算法。这些算法都使用一对嵌套循环，排序 n 个元素的列表大约需要 n^2 次比较。本小节将注意力转向更高效的递归排序算法。

快速排序算法通过使用任意选择的分区元素将列表进行分区，然后递归地对分区元素两侧的子列表进行排序，最后完成对整个列表的排序。快速排序算法的策略如下：首先，选择列表中的一个元素作为分区元素。然后将列表分区，以分区元素为界，小于分区元素的所有元素都在左区，大于分区元素的所有元素都在右区。最后，递归地将快速排序策略应用于两个分区。

> **重要概念**
> 快速排序算法通过将列表分区，再递归地对两部分排序来完成对整个列表的排序。

如果数据的顺序是真正随机的，那么我们可以任意选择分区元素。一般会使用中点元素作为分区元素。出于效率的考虑，如果分区元素恰好能对半分割列表，这是最好情况。但无论选择哪个元素作为分区元素，快速排序算法都能很好地完成排序任务。

以下面的列表为例，分析如何创建分区：

```
305 65 7 90 120 110 8
```

我们选择 90 作为分区元素。然后重新排列列表，将小于 90 的元素交换到分区元素的左侧，将大于 90 的元素交换到分区元素的右侧，结果为：

```
8 65 7 90 120 110 305
```

之后，再在两个分区分别应用快速排序算法。上述分区过程一直继续，直到分区只包含一个元素为止。因为一个元素本身是有序的。整个排序过程递归地进行，以完成对整个列表的排序。一旦确定并定位了分区元素，就不要再移动它。

下面的方法实现了快速排序算法。方法接收要排序的对象数组，调用方法所需的最小索引值和最大索引值。注意，**public** 方法对数组进行排序，然后调用数组提供的私有方法

min 和 max。

```
/**
 * Sorts the specified array of objects using the quick sort algorithm.
 *
 * @param data the array to be sorted
 */
public static <T extends Comparable<T>>
   void quickSort(T[] data)
{
   quickSort(data, 0, data.length - 1);
}
/**
 * Recursively sorts a range of objects in the specified array using the
 * quick sort algorithm.
 *
 * @param data the array to be sorted
 * @param min  the minimum index in the range to be sorted
 * @param max  the maximum index in the range to be sorted
 */
private static <T extends Comparable<T>>
   void quickSort(T[] data, int min, int max)
{
   if (min < max)
   {
      // create partitions
      int indexofpartition = partition(data, min, max);

      // sort the left partition (lower values)
      quickSort(data, min, indexofpartition - 1);

      // sort the right partition (higher values)
      quickSort(data, indexofpartition + 1, max);
   }
}
```

quickSort 方法在很大程度上依赖于 partition 方法。quickSort 方法最初调用 partition 方法将待排序区分为两个分区。partition 方法返回分区值的索引。然后调用 quickSort 方法两次（递归地），分别对两个分区进行排序。递归的基本情况由 quickSort 方法的 if 语句表示，即列表只有一个或更少的元素，一个元素本质上是有序的。下面是 partition 方法的示例。

```
/**
 * Used by the quick sort algorithm to find the partition.
 *
 * @param data the array to be sorted
 * @param min  the minimum index in the range to be sorted
 * @param max  the maximum index in the range to be sorted
```

```
       */
       private static <T extends Comparable<T>>
          int partition(T[] data, int min, int max)
       {
          T partitionelement;
          int left, right;
          int middle = (min + max) / 2;

          // use the middle data value as the partition element
          partitionelement = data[middle];
          // move it out of the way for now
          swap(data, middle, min);

          left = min;
          right = max;
          while (left < right)
          {
             // search for an element that is > the partition element
             while (left < right && data[left].compareTo(partitionelement)
                   <= 0)
                left++;

             // search for an element that is < the partition element
             while (data[right].compareTo(partitionelement) > 0)
                right--;

             // swap the elements
             if (left < right)
                swap(data, left, right);
          }

          // move the partition element into place
          swap(data, min, right);

          return right;
       }
```

　　partition 方法的两个内部的 while 循环用于查找交换的元素，这些要交换的元素在错误的分区。第一个循环从左向右扫描，查找大于分区元素的元素。第二个循环从右向左扫描，查找小于分区元素的元素。当找到这样两个元素后，交换它们。这个过程一直持续，直到右侧和左侧索引在列表的"中点"相遇。它们相遇的位置就是分区元素的位置，从排序开始到结束，分区元素的初始位置从未改变。

　　如果所选的分区元素很糟糕，会发生什么呢？如果分区元素接近列表中的最小元素或最大元素，那么实际上就浪费了多趟的数据排序。一种确保更好的分区元素的方法是选择三个元素的中间值。例如，算法可以分析列表中的第一个元素、中间元素和最后一个元素，选择中间值作为分区元素。这个三元素取中值的方法留作程序设计项目。

18.2.5　合并排序

合并排序算法是另一种递归排序算法，其递归地将列表分成两部分，直至每个子列表都只有一个元素时，再按顺序重新组合这些子列表以完成对整个列表的排序。

合并排序算法的策略如下：首先将列表分成两个大致相等的部分，然后对每个列表递归地调用自身。继续上述的列表的递归分解，直到达到递归的基本情况，也就是按定义分成长度为 1 的子列表。然后，控制传回给递归调用结构，算法将两个递归调用产生的两个子列表合并为一个有序列表。

> **重要概念**
>
> 合并排序算法递归地将列表分成两部分，直至每个子列表都只有一个元素时，再将这些子列表合并成有序列表，以此完成对整个列表的排序。

例如，如果仍使用 18.2.4 节的列表，算法的递归分解部分如图 18.5 所示。

算法的合并部分将重新组合列表，如图 18.6 所示。

合并排序算法的实现如下所示。注意，与快速排序算法一样，我们使用公共方法接收要排序的数组，私有方法接收待排序数组的最小和最大索引值。算法还利用私有 merge 方法重新组合数组的有序部分。

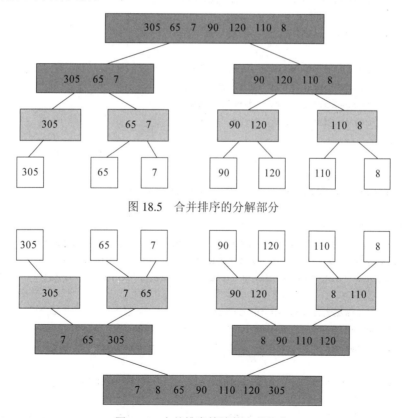

图 18.5　合并排序的分解部分

图 18.6　合并排序算法的合并部分

```java
/**
 * Sorts the specified array of objects using the merge sort
 * algorithm.
 *
 * @param data the array to be sorted
 */
public static <T extends Comparable<T>>
    void mergeSort(T[] data)
{
    mergeSort(data, 0, data.length - 1);
}

/**
 * Recursively sorts a range of objects in the specified array using the
 * merge sort algorithm.
 *
 * @param data the array to be sorted
 * @param min  the index of the first element
 * @param max  the index of the last element
 */
private static <T extends Comparable<T>>
    void mergeSort(T[] data, int min, int max)
{
    if (min < max)
    {
        int mid = (min + max) / 2;
        mergeSort(data, min, mid);
        mergeSort(data, mid+1, max);
        merge(data, min, mid, max);
    }
}
/**
 * Merges two sorted subarrays of the specified array.
 *
 * @param data the array to be sorted
 * @param first the beginning index of the first subarray
 * @param mid the ending index fo the first subarray
 * @param last the ending index of the second subarray
 */
@SuppressWarnings("unchecked")
private static <T extends Comparable<T>>
    void merge(T[] data, int first, int mid, int last)
{
    T[] temp = (T[]) (new Comparable[data.length]);

    int first1 = first, last1 = mid;  // endpoints of first subarray
    int first2 = mid+1, last2 = last;  // endpoints of second subarray
```

```
int index = first1; // next index open in temp array

// Copy smaller item from each subarray into temp until one
// of the subarrays is exhausted
while (first1 <= last1 && first2 <= last2)
{
    if (data[first1].compareTo(data[first2]) < 0)
    {
        temp[index] = data[first1];
        first1++;
    }
    else
    {
        temp[index] = data[first2];
        first2++;
    }
    index++;
}

// Copy remaining elements from first subarray, if any
while (first1 <= last1)
{
    temp[index] = data[first1];
    first1++;
    index++;
}

// Copy remaining elements from second subarray, if any
while (first2 <= last2)
{
    temp[index] = data[first2];
    first2++;
    index++;
}

// Copy merged data into original array
for (index = first; index <= last; index++)
    data[index] = temp[index];
}
```

18.3　基　数　排　序

　　到目前为止，我们讨论过的所有排序技术都涉及将列表中的元素互相比较，比较排序的最佳时间复杂度为 O（nlogn）。如果有一种方法可以对元素排序但不用进行元素之间的直接比较，会不会更好呢？答案就是这样的方法能构建更高效的排序算法。通过重温第 5

章的队列讨论，我们找到了这样的技术。

排序基于某些特定值，我们将这类值称为排序键值。例如，我们可以按人员姓氏对人员集合排序。基数排序是使用排序键值对元素进行排序，而不是直接比较元素。基数排序分别为排序键值的每个可能的数字或字符创建单独的队列。队列的个数或可能值的数量称为基数。例如，如果我们要对由小写字母字符组成的字符串进行排序，则基数为 26，我们需要创建 26 个单独队列分别对应于每个可能的字符。如果我们要对十进制数进行排序，则基数为 10，要创建 10 个单独队列分别对应于 0 到 9 的每个数字。

下面分析一个基数排序的例子，对 10 个 3 位数进行排序。这 10 个数是：

442 503 312 145 250 341 325 102 420 143

为了确保可管理性，我们将这 10 个数的每位数严格限制为 0 到 5，也就是说我们只需要创建 6 个队列。

待排序的每个三位数都由个位、十位和百位组成。基数排序要分别对三位数的每位数进行排序，所以要执行三趟排序。在第一趟排序时，将 10 个数的个位放入对应的队列。在第二趟排序时，将 10 个数的十位放入对应的队列中。在第三趟排序时，将 10 个数的百位放入对应的队列中。

第一趟排序，先将这些数从原列表加载到对应的队列。第二趟排序，按特定顺序从各位的队列集中取数。先从位数为 0 的队列开始取数，然后再从位数为 1 的队列取数，依此类推。对于每个队列，按数离开队列的顺序进行处理。这种处理顺序对于基数排序操作至关重要。同样，在第三趟时，再次以相同的方式从队列中取数。当第三趟后，从队列中所取的数已完全有序。

图 18.7 给出了 10 个三位数的基数排序处理。先从原列表将数 442 放入对应的位数为 2 的队列，然后将 503 放入对应的位数为 3 的队列。然后将 312 放入对应的位数为 2 的队列 312 位于 442 之后。以此类推，将 10 个数按个位数依次放入对应的位数队列，形成个位的

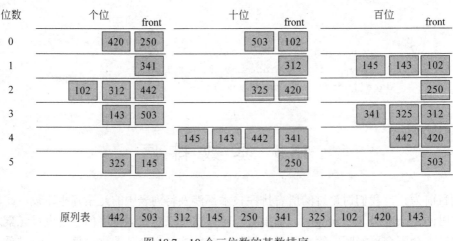

图 18.7　10 个三位数的基数排序

队列集。

当然当我们开始第二趟时,我们可以假设使用全新的 6 个空位数队列。但实际情况是,如果细心处理,我们能再次使用第一趟形成的 6 个队列。在第二趟时,首先从 0 位队列中取数。即将数 250 放入位数为 5 的队列,然后将 420 放入位数为 2 的队列。然后移动到下位数为 1 的队列,取 341 并将其放入位数为 4 的队列,这个过程一直持续,直到从各位数队列集中取出所有数为止,结果得到了十位数的队列集。

对于第三趟,重复上述过程。首先,将 102 放入位数为 1 的队列,然后将 503 放入位数为 5 的队列,然后将 312 放入位数为 3 的队列。这个过程一直继续,直到形成百位的队列集。如果依次从每个队列取数,所取的数就是有序的。

下面分析一个实现基数排序的程序,其对四位数排序,对每位数的具体数字不加限制,即可以是 0 到 9 中的任何一个数字。程序 18.3 给出了 RadixSort 类,其只包含一个 main 方法。因为每个队列对应一位 0 到 9 的数字,所以要使用 10 个队列对象,这个方法执行基数排序的处理步骤。图 18.8 给出了 RadixSort 类的 UML 描述。

```java
import java.util.*;
/**
 * RadixSort driver demonstrates the use of queues in the execution of
 * a radix sort.
 * @author Java Foundations
 * @version 4.0
 */
public class RadixSort
{
    /**
     * Performs a radix sort on a set of numeric values.
     */
    public static void main(String[] args)
    {
        int[] list = {7843, 4568, 8765, 6543, 7865, 4532, 9987, 3241,
                      6589, 6622, 1211};
        String temp;
        Integer numObj;
        int digit, num;
        Queue<Integer>[] digitQueues =
                (LinkedList<Integer>[])(new LinkedList[10]);
        for (int digitVal = 0; digitVal <= 9; digitVal++)
            digitQueues[digitVal] =
                (Queue<Integer>)(new LinkedList<Integer>());
        // sort the list
        for (int position=0; position <= 3; position++)
        {
            for (int scan=0; scan < list.length; scan++)
            {
                temp = String.valueOf(list[scan]);
```

```
                digit = Character.digit(temp.charAt(3-position), 10);
                digitQueues[digit].add(new Integer(list[scan]));
            }
            // gather numbers back into list
            num = 0;
            for (int digitVal = 0; digitVal <= 9; digitVal++)
            {
                while (!(digitQueues[digitVal].isEmpty()))
                {
                    numObj = digitQueues[digitVal].remove();
                    list[num] = numObj.intValue();
                    num++;
                }
            }
        }
        // output the sorted list
        for (int scan=0; scan < list.length; scan++)
            System.out.println(list[scan]);
    }
}
```

在 RadixSort 程序中，用名为 list 的数组存储数。每趟之后，从队列中取出数并按正确顺序存回 list 数组。因此，对于每趟排序，程序都可以重用 10 个队列的原数组。

基数排序的概念可以应用于任何类型的数据，只要排序键值可以被分解为明确定义的位。注意，与本章前面讨论过的各类排序不同，为任何对象创建通用基数排序是不合理的，因为解析键值是处理不可分割的一部分。

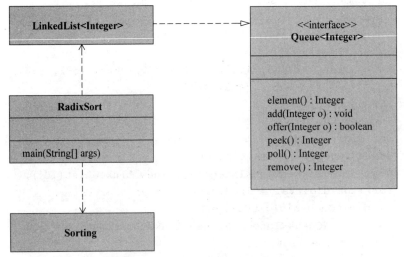

图 18.8　RadixSort 程序的 UML 描述

基数排序的时间复杂度是多少呢？在这个示例中，没有元素间的任何比较，也没有元素的交换。只是每趟排序时，有元素的入队和出队。对于任何给定的基数，排序的趟数是个常量，该常量基于键值中的字符数，我们将其记作 c。算法的时间复杂度为 c*n。回忆一下第 11 章的讨论，我们知道算法时间复杂度的计算会忽略常量。因此，基数排序算法的时间复杂度为 O（n）。那么为什么不在所有的排序中使用基数排序呢？原因如下：首先，每个基数排序算法必须专门针对给定问题的键值而设计。其次，对于键值（c）的位数和列表中元素个数（n）非常接近的键值，基数排序的实际时间复杂度算法近似 n^2 而不再是 n。另外，我们还需要记住，还有另一个常量会影响空间复杂度。这个常量就是基数，也就是键值中的位数或可能的字符数。举个例子，想象一下，尝试对使用 Unicode 字符集中的任何字符的键值实现基数排序。因为 Unicode 字符集有超过 10 万个字符，所以需要大量队列！

18.4　排序效率和线程

为了更直观地理解各类排序的效率差异，我们将以图形的方式展现这种差异。在本节的示例中，每类排序都使用了 ProgressBar，通过这种方式，我们可以看到每类排序的实时进度。为了理解本节的例子，需要先理解在 Java 中线程处理的基础知识，所以我们先介绍线程。

使用 Java API，程序开发人员得以使用线程。虽然对线程、并发和多线程的详细介绍超出了本文的范围，但为了理解本节的排序示例，我们也提供了足够的相关知识。

18.4.1　线程

在 Java 中，线程对象是指的是执行的线程。任何给定的 Java 程序都可能与多个线程相关联，且每个线程都有自己的执行权。在并发时，这些线程都处于活动状态，尤其是线程共享需要同步的资源时，这种并发性会使系统处理变得相当复杂。

在多处理器计算机中，可以在单独的处理器上对线程进行调度，也可以以时间片对线程进行调度。在单处理器计算机中，以时间片对线程进行调度。时间片意味着系统会为每个线程分配一小段时间，在一个线程被暂停后，才允许另一个线程执行。在没有同步的情况下，这些线程的执行顺序和相关的时间片是不确定的，这也意味着系统执行时，在每个线程内，执行各种任务的顺序每次都是不同的。

> **重要概念**
> 在单处理器计算机中，使用时间片来对线程进行调度。

在我们的示例中，不同的排序算法运行在同一数据集的不同副本之上，且使用 ProgressBar 对象观察其进度。为了便于比较，我们还要能同时查看各种排序的进度。Java 提供了一个抽象类：Swingworker，就是专为此目的而设计的。

实际上，SwingWorker 类是专为下面的情况而设计的：任务需要在后台线程中执行，且运行时间很长，且该任务要向用户界面提供自己的更新进度。更具体地说，SwingWorker 类包含名为 progress 的属性。我们将 PropertyChangeListener 附加到 SwingWorker 对象，然后就能跟踪进度的变化，并相应地更新我们的 ProgressBar。

18.4.2　排序比较的演示

图 18.9 给出了排序比较的演示界面。用户输入从 1000 到 1000 000 之间的整数，然后单击 go 按钮。程序会随机生成给定长度的整数数组。之后，程序创建数组的两个副本，一个副本用于 Insertion Sort，另一个副本用于 Quick Sort。程序 18.3 给出了演示的 Driver 类。

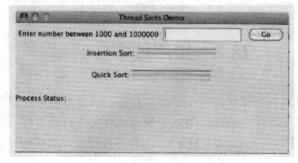

图 18.9　排序比较的演示

程序 18.3

```
/**
 * Driver of the Sort Comparison Demo.
 * @author Java Foundations
 * @version 4.0
*/
public class Driver
  /**
   * Presents the view for the Sort Comparison Demo.
   * param args command-line arguments (unused)
   */
  public static void main (String[] args)
  {
    View view = new View();
  }
}
```

之前在设计 SortingAndSearching 类的演示排序代码时，我们并未使用 StringWorker，因此在此需要进行一些修改。所设计的类必须扩展了 SwingWorker 类，使其具有属性，使我们能附加 PropertyChangeListener，以此来获得我们需要的结果。因此，我们需要编写新类来演示每种类型的排序。程序 18.4 给出了 InsertSortDemo 类。注意，InsertSortDemo 类扩展了 SwingWorker 类。

程序 18.4

```
import javax.swing.*;

/**
```

```
 * The InsertionSortDemo class serves as an example of using
 * Threads by extending the SwingWorker class.
 * @author Java Foundations
 * @version 4.0
 */
public class InsertionSortDemo extends SwingWorker
{
    private Integer[] data;

    /**
     * Constructor for the InsertionSortDemo class
     * @param data the array of Integers to be sorted
     */
    public InsertionSortDemo(Integer[] data)
    {
        super();
        this.data = data;
    }

    /**
     * Overriding the SwingWorker doInBackGround method to
     * call the insertionSort method
     * @return null - method requires a return
     */
    @Override
    public Void doInBackground()
    {
        insertionSort();
        return null;
    }

    /**
     * Overriding the SwingWorker done method to wrap up
     * this thread. The get method is used to retrieve exceptions
     * that occur while the thread is running.
     */
    @Override
    public void done()
    {
        try
        {
            setProgress(100);
            get();
        }
        catch (Exception e)
        {
            System.out.println("An exception occurred while this " +
```

```
                        "thread was running in the background");
            e.printStackTrace();
        }
    }


    /**
     * Sorts the specified array of objects using an insertion
     * sort algorithm.
     *
     * @param data the array to be sorted
     */
    private void insertionSort()
    {
        for (int index = 1; index < data.length; index++)
        {
            int key = data[index];
            int position = index;
            updateProgress(index);

            while (position > 0 && data[position-1].compareTo(key) > 0)
            {
                data[position] = data[position - 1];
                position--;
            }

            data[position] = key;
        }
    }


    /**
     * Calculates the current progress of the sort and updates the
     * progress attribute of the SwingWorker class. SwingWorker is
     * the parent of this class and provides the ability to add a
     * change listener.
     */
    private void updateProgress(int numberOfPasses)
    {
        int result;
        double progressCount = 1 - (((double)data.length -
                (double)numberOfPasses) / (double)data.length);
        result = (int) (progressCount * 100);
        setProgress(result);
    }
}
```

　　SwingWorker 类是抽象的，也就是说它有必须由扩展类重写的抽象方法。具体来说，
要重写的抽象方法是 doInBackground 方法和 done 方法。doInBackground 方法包含要执行

线程的部分代码。在本示例中，我们调用私有方法 insertSort。

当线程完成时，会执行 done 方法。在本示例中，done 方法将进度设置为 100，以确定
ProgressBar 显示了已完成的排序。之后再调用 get 方法。get 方法的目的是重新检索
doInBackground 方法的结果，在本例中，结果为 Void。调用 get 方法时，有时会抛出异常，
原因在于正在执行此进程。记住， SwingWorker 类是专门在后台运行的，除非调用 get 方
法，否则不会报告异常。

注意，方法 updateProgress 是私有的。这个辅助方法用于计算相对于数组长度的进度，
调用 SwingWorker 类的 setProgress 方法来更新 progress 属性。根据 PropertyChangeListener
将监听 progress 属性的更改，我们再更新 ProgressBar。

程序 18.5 给出了 QuickSortDemo 类。与 InsertionSortDemo 类相似，其扩展了
SwingWorker，并为 doInBackground 方法和 done 方法提供了重写方法。

程序 18.5

```java
import javax.swing.*;

/**
 * The QuickSortDemo class serves as an example of using
 * Threads by extending the SwingWorker class.
 * @author Java Foundations
 * @version 4.0
 */
public class QuickSortDemo extends SwingWorker
{
    private Integer[] data;
    private int numberOfPasses;

    /**
     * Constructor for the QuickSortDemo class
     * @param data the array of Integers to be sorted
     */
    public QuickSortDemo(Integer[] data)
    {
        super();
        this.data = data;
    }

    /**
```

```
 * Overriding the SwingWorker doInBackGround method to
 * call the quickSort method
 * @return null - method requires a return
 */
@Override
public Void doInBackground()
{
    quickSort(data, 0, data.length - 1);
    return null;
}

/**
 * Overriding the SwingWorker done method to wrap up
 * this thread. The get method is used to retrieve exceptions
 * that occur while the thread is running.
 */
@Override
public void done()
{
    try
    {
        setProgress(100);
        get();
    }
    catch (Exception e)
    {
        System.out.println("An exception occurred while this " +
                "thread was running in the background");
        e.printStackTrace();
    }
}

/**
 * Recursively sorts a range of objects in the specified array using the
 * quick sort algorithm.
 *
 * @param data the array to be sorted
 * @param min  the minimum index in the range to be sorted
 * @param max  the maximum index in the range to be sorted
 */
private void quickSort(Integer[] data, int min, int max)
{
    if (min < max)
    {
        int indexofpartition = partition(data, min, max);
        quickSort(data, min, indexofpartition - 1);
        quickSort(data, indexofpartition + 1, max);
```

```
        }
        numberOfPasses++;
        updateProgress();
    }

    /**
     * Used by the quick sort algorithm to find the partition.
     *
     * @param data the array to be sorted
     * @param min  the minimum index in the range to be sorted
     * @param max  the maximum index in the range to be sorted
     */
    private int partition(Integer[] data, int min, int max)
    {
        Integer partitionelement;
        int left, right;
        int middle = (min + max) / 2;

        partitionelement = data[middle];

        swap(data, middle, min);

        left = min;
        right = max;

        try
        {
            while(left < right)
            {
                while (left < right && data[left].compareTo
(partitionelement) <= 0)
                    left++;
                while (data[right].compareTo(partitionelement) > 0)
                    right--;
                if (left < right)
                    swap(data, left, right);
            }
        }
        catch (Exception e) { e.printStackTrace(); }
        swap(data, min, right);
        return right;
    }
    /**
     * Swaps to elements in an array. Used by various sorting algorithms.
     *
     * @param data   the array in which the elements are swapped
     * @param index1 the index of the first element to be swapped
```

```
    * @param index2 the index of the second element to be swapped
    */
    private void swap(Integer[] data, int index1, int index2)
    {
        Integer temp = data[index1];
        data[index1] = data[index2];
        data[index2] = temp;
    }


    /**
     * Calculates the current progress of the sort and updates the
     * progress attribute of the SwingWorker class. SwingWorker is
     * the parent of this class and provides the ability to add a
     * change listener.
     *
     * Because of the possible unbalanced nature of a quicksort, it
     * is possible for the calculation to yield a result larger than
     * 100.  If that happens, the result is set to 100.
     */
    private void updateProgress()
    {
        int result;
        double progressCount = 1 - (((double)data.length -
                (double)numberOfPasses) / (double)data.length);
        result = (int) (progressCount * 100);
        if (result > 100)
            result = 100;
        setProgress(result);
    }
}
```

　　最后，程序 18.6 给出了 View 类。程序中的许多 Swing 组件我们都很熟悉，因为在之前讨论图形用户界面时都介绍过。注意，除了实现 ActionListener 接口之外，View 类还实现了 PropertyChangeListener 接口。PropertyChangeListener 接口有一个方法 propertyChange，当接口附加的对象属性发生变化时，就会调用 propertyChange 方法。在监听器中，我们要确定哪个对象生成了事件，哪个属性发生了变化以及事件发生时对象的属性值。所有这一切都有助于我们管理排序结果。

程序 18.6

```
import javax.swing.*;
import java.beans.*;
import java.awt.*;
import java.awt.event.ActionEvent;
import java.awt.event.ActionListener;
import java.util.Random;
```

```
/**
 * Provides a graphical user interface for the thread sorts demo.
 * @author Java Foundations
 * @version 4.0
 *
 */
public class View implements ActionListener, PropertyChangeListener
{
    private JFrame frame = new JFrame("Thread Sorts Demo");
    private JPanel pane = new JPanel(new GridLayout(6, 1));

    private JLabel inputLabel = new JLabel("Enter number between 1000
                                and 1000000");
    private JButton go = new JButton("Go");
    private JLabel finished = new JLabel("Process Status:");
    private JTextField input = new JTextField();
    private JPanel inputPanel = new JPanel(new FlowLayout());
    private JPanel insertionPanel = new JPanel(new FlowLayout());
    private JProgressBar insertionBar = new JProgressBar();
    private JPanel quickPanel = new JPanel(new FlowLayout());
    private JProgressBar quickBar = new JProgressBar();
    private int userInput;
    private InsertionSortDemo insertionSort;
    private QuickSortDemo quickSort;
    private Integer[] data;
    private Integer[] insertionData;
    private Integer[] quickData;

    private JLabel insertionLabel = new JLabel("Insertion Sort:");
    private JLabel quickLabel = new JLabel("Quick Sort:");

    /**
     * Constructor: Sets up and displays the GUI.
     */
    public View()
    {
        frame.setDefaultCloseOperation(JFrame.EXIT_ON_CLOSE);
        frame.setLocationRelativeTo(null);
        input.setPreferredSize(new Dimension(150, 25));
        inputPanel.add(inputLabel);
        inputPanel.add(input);
        inputPanel.add(go);
        insertionPanel.add(insertionLabel);
        insertionPanel.add(insertionBar);
        quickPanel.add(quickLabel);
        quickPanel.add(quickBar);
```

```java
        pane.add(inputPanel);
        pane.add(insertionPanel);
        pane.add(quickPanel);
        pane.add(finished);

        go.addActionListener(this);

        frame.add(pane);
        frame.pack();
        frame.setVisible(true);
        frame.setResizable(false);
    }

    /**
     * Called when an object to which it is attached
     * receives an action event.
     * @param event the event to be handled
     */
    @Override
    public void actionPerformed(ActionEvent event)
    {
        if(event.getSource() == go)
        {
            try
            {
                if (Integer.parseInt(input.getText()) > 1000000 ||
                        Integer.parseInt(input.getText()) < 1000)
                    JOptionPane.showMessageDialog(null,
                            "Enter an integer between 1000 and 1000000");
                else
                {
                    userInput = Integer.parseInt(input.getText());
                    createArray();
                    runThreads();
                }
            }
            catch (java.lang.NumberFormatException e)
            {
                JOptionPane.showMessageDialog(null, "Input must be an
                                integer between 1000 and 1000000");
            }
        }
    }

    /**
     * Creates an array of randomly generated integers
     * and then copies it as needed.
```

```
    */
    private void createArray()
    {
        //creates array
        data = new Integer[userInput];

        Random generator = new Random();

        //loads array with random ints
        for(int x = 0; x < data.length; x++)
        {
            data[x] = generator.nextInt(1000000);
        }
        //creates deep copies of array
        insertionData = data.clone();
        quickData = data.clone();
    }


    /**
     * Executes the SwingWorker threads.
     */
    private void runThreads()
    {
        //passes these copies into runnable classes
        insertionSort = new InsertionSortDemo(insertionData);
        quickSort = new QuickSortDemo(quickData);

        //add change listeners for each of the demos
        insertionSort.addPropertyChangeListener(this);
        quickSort.addPropertyChangeListener(this);

        //starting threads
        insertionSort.execute();
        quickSort.execute();
    }


    /**
     * Called when an object to which it is attached
     * issues a property change event.
     * @param evt the event to be handeled
     */
    public void propertyChange(PropertyChangeEvent evt)
    {
        if (evt.getSource().equals(insertionSort))
        {
```

```
            if ("progress" == evt.getPropertyName())
            {
                int progress = (Integer) evt.getNewValue();
                if (progress == 100)
                {
                    insertionBar.setValue(progress);
                    finished.setText("Process Status: complete");
                }
                else
                {
                    finished.setText("Process Status: running");
                    insertionBar.setValue(progress);
                }
            }
        }
        else if (evt.getSource().equals(quickSort))
        {
            if ("progress" == evt.getPropertyName())
            {
                int progress = (Integer) evt.getNewValue();
                if (progress == 100)
                {
                    quickBar.setValue(progress);
                    finished.setText("Process Status: complete");
                }
                else
                {
                    finished.setText("Process Status: running");
                    quickBar.setValue(progress);
                }
            }
        }
    }
}
```

重要概念

对 SwingWorker 对象的 execute 方法调用会调度线程执行但不等待线程完成。

注意，辅助方法名为 runThreads。runThreads 方法创建了 InsertionSortDemo 类和 QuickSortDemo 类的实例，向两个类添加了 PropertyChangeListener，并调用关联的执行方法。重点需要注意的是，对 execution 的调用会引发对相关联 SwingWorker 对象的调度，之后控制权再返回给下一行代码。换句话说，对 execute 方法的调用会调度 SwingWorker 对象的执行，但不会等待 SwingWorker 对象完成执行，因此两个线程并发运行。

18.5　排序比较器的不同方式

本章专注于介绍和比较各种排序算法。所有排序算法有一个共同点就是根据自然顺序对 Comparable 对象数组进行排序。换句话说，算法基于 compareTo 方法排序。我们知道，这些排序算法都能很好地完成任务。

如果我们需要以多种方式排序同一个对象集，那该怎么办呢？例如，如果我们想根据学生的考试成绩、平时成绩和综合成绩分别对学生进行排序，那该怎么办呢？当然，使用 compareTo 方法是不可能的，因为只有一种正确的自然顺序。

解决方法就是利用 Java 提供的另一种比较对象方法：Comparator<T>接口。实现 Comparator 的对象创建了类型为泛型 T 的两个对象进行比较的特定方法，这种方法独立于对象本身。其不是要向比较的对象添加 compareTo 方法，Comparator 是完全是独立的对象。在某个环境中，我们可以使用某个 Comparator；在另一种情况下，我们可以使用其他不同的 Comparator。

Comparator 接口有一个关键的抽象方法：compare（T o1，T o2）。compare 方法的操作类似于 compareTo 方法，如果 o1 小于 o2 则返回负整数；如果 o1 等于 o2 则返回 0；如果 o1 大于 o2，则返回正整数。

使用 Comparator 接口，我们只需传入 Comparator 对象来定义所需的顺序而不仅仅依赖自然顺序。

下面分析一个使用 Comparator 对象的例子，以各种方式对 Student 对象进行排序。我们的 Student 对象将跟踪学生的身份、平均考试成绩、平均平时成绩和总平均成绩。程序18.7 给出了 Student 类。

程序 18.7

```
/**
 * Represents a student in the Comparator example.
 * @author Java Foundations
 * @version 4.0
 */
public class Student
{
    private String id;
    private Integer examAverage;
    private Integer assignmentAverage;
    private Integer overallAverage;

    /**
     * Constructor for Student object.
     * @param id
     * @param examAverage
     * @param assignmentAverage
```

```java
    */
    public Student(String id, Integer examAverage,
            Integer assignmentAverage)
    {
        this.id = id;
        this.examAverage = examAverage;
        this.assignmentAverage = assignmentAverage;
        this.overallAverage = (examAverage + assignmentAverage) / 2;
    }

    /**
     * Getter for examAverage
     * @return examAverage
     */
    public Integer getExamAverage()
    {
        return examAverage;
    }

    /**
     * Getter for assignmentAverage
     * @return assignmentAverage
     */
    public Integer getAssignmentAverage()
    {
        return assignmentAverage;
    }

    /**
     * Getter for overallAverage
     * @return overallAverage
     */
    public Integer getOverallAverage()
    {
        return overallAverage;
    }

    /**
     * Provides a String representation of a Student object.
     * @return String representation of this Student object
     */
    public String toString()
    {
        return (id + " examAverage: " + examAverage +
                " assignmentAverage: " + assignmentAverage +
                " overallAverage: " + overallAverage );
    }
```

```
}
```

注意，Student 类不实现 Comparable 接口，也没有 compareTo 方法。因此，Student 对象没有所谓的自然顺序。

我们使用单独定义的 Comparator 对象来对 Student 对象集进行排序，而不是只用一种方法来比较学生，我们可以定义尽可能多的自己喜欢的比较方式，并正确地使用所定义的方式，这样可为用户提供极大的灵活性。

> **重要概念**
> 使用 Comparator 对象可以灵活地确定集合的排序方式。

程序 18.8 给出的 ExamComparator 类，实现了按平均考试成绩对 Student 对象进行排序。注意类头中使用了泛型。Comparator 之后的引用类型必须与 compare 方法参数中的参数类型相匹配。

程序 18.8

```java
import java.util.Comparator;
/**
 * This Comparator sorts students by their exam average.
 * @author Java Foundations
 * @version 4.0
 */
public class ExamComparator implements Comparator<Student>
{
    /**
     * Compares two Student objects by their exam average.
     */
    @Override
    public int compare(Student o1, Student o2)
    {
        Integer average1 = o1.getExamAverage();
        Integer average2 = o2.getExamAverage();
        return average1.compareTo(average2);
    }
}
```

程序 18.9 和程序 18.10 给出了相似的类，分别用于按平均平时成绩和总平均成绩对 Student 对象排序。

程序 18.9

```java
import java.util.Comparator;
/**
 * This Comparator sorts students by their assignment average.
 * @author Java Foundations
 * @version 4.0
 */
```

```java
public class AssignmentComparator implements Comparator<Student>
{
    /**
     * Compares two Student objects by their assignment average.
     */
    @Override
    public int compare(Student o1, Student o2)
    {
        Integer average1 = o1.getAssignmentAverage();
        Integer average2 = o2.getAssignmentAverage();
        return average1.compareTo(average2);
    }
}
```

程序 18.10

```java
import java.util.Comparator;

/**
 * This Comparator sorts students by their overall average.
 * @author Java Foundations
 * @version 4.0
 */
public class OverallComparator implements Comparator<Student>
{
    /**
     * Compares two Student objects by their overall average.
     */
    @Override
    public int compare(Student o1, Student o2)
    {
        Integer average1 = o1.getOverallAverage();
        Integer average2 = o2.getOverallAverage();

        return average1.compareTo(average2);
    }
}
```

比较器可用于任何设置使用它的排序代码，会重载 Java API 中 Array 类的 sort 静态方法，以备在用户需要时提供 Comparator。

程序 18.11 给出了 Comparator 类，其创建 Student 对象数组，之后调用 Comparator 对象的 Arrays.sort 来展示各种排序。

程序 18.11

```java
import java.util.Arrays;
/**
 * Demonstrates sorting using a Comparator.
```

```
 * @author Java Foundations
 * @version 4.0
 */
public class ComparatorDemo
{
    /**
     * Creates several Student objects, then sorts them using three
     * different Comparator objects.
     * @param args command-line arguments (unused)
     */
    public static void main(String[] args)
    {
        Student[] students = new Student[5];
        students[0] = new Student("Mary", 97, 75);
        students[1] = new Student("James", 80, 80);
        students[2] = new Student("Mark", 75, 94);
        students[3] = new Student("Jolene", 95, 85);
        students[4] = new Student("Cassandra", 85, 75);
        // output students before sort
        for (int i = 0; i < students.length; i++)
            System.out.println(students[i]);
        Arrays.sort(students, new ExamComparator());
        // output students after sorting by exam average
        System.out.println();
        System.out.println("After sorting by exam average:");
        for (int i = 0; i < students.length; i++)
            System.out.println(students[i]);
        Arrays.sort(students, new AssignmentComparator());
        // output students after sorting by assignment average
        System.out.println();
        System.out.println("After sorting by assignment average:");
        for (int i = 0; i < students.length; i++)
            System.out.println(students[i]);
        Arrays.sort(students, new OverallComparator());
        // output students after sorting by overall average
        System.out.println();
        System.out.println("After sorting by overall average:");
        for (int i = 0; i < students.length; i++)
            System.out.println(students[i]);
    }
}
```

输出

```
Mary examAverage: 97 assignmentAverage: 75 overallAverage: 86
James examAverage: 80 assignmentAverage: 80 overallAverage: 80
Mark examAverage: 75 assignmentAverage: 94 overallAverage: 84
```

```
Jolene examAverage: 95 assignmentAverage: 85 overallAverage: 90
Cassandra examAverage: 85 assignmentAverage: 75 overallAverage: 80

After sorting by exam average:
Mark examAverage: 75 assignmentAverage: 94 overallAverage: 84
James examAverage: 80 assignmentAverage: 80 overallAverage: 80
Cassandra examAverage: 85 assignmentAverage: 75 overallAverage: 80
Jolene examAverage: 95 assignmentAverage: 85 overallAverage: 90
Mary examAverage: 97 assignmentAverage: 75 overallAverage: 86

After sorting by assignment average:
Cassandra examAverage: 85 assignmentAverage: 75 overallAverage: 80
Mary examAverage: 97 assignmentAverage: 75 overallAverage: 86
James examAverage: 80 assignmentAverage: 80 overallAverage: 80
Jolene examAverage: 95 assignmentAverage: 85 overallAverage: 90
Mark examAverage: 75 assignmentAverage: 94 overallAverage: 84

After sorting by overall average:
Cassandra examAverage: 85 assignmentAverage: 75 overallAverage: 80
James examAverage: 80 assignmentAverage: 80 overallAverage: 80
Mark examAverage: 75 assignmentAverage: 94 overallAverage: 84
Mary examAverage: 97 assignmentAverage: 75 overallAverage: 86
Jolene examAverage: 95 assignmentAverage: 85 overallAverage: 90
```

重要概念总结

- 搜索是在项目集中查找指定目标或确定指定目标是否在集合中的过程。
- 有效的搜索可以最大限度地减少比较次数。
- 在方法声明中使用 static 修饰符将方法声明为静态。
- 二分搜索利用搜索池有序这一事实。
- 二分搜索通过每次比较将去除一半的可行候选元素。
- 二分搜索具有对数时间复杂度，这使其成为一种非常高效的分析大型搜索池的方法。
- 排序是基于某种标准将元素列表排列为所定义顺序的过程。
- 选择排序算法通过重复地将特定值放入其最终排序位置来对列表进行排序。
- 插入排序算法通过重复地将特定值插入到有序子列表来对列表进行排序。
- 冒泡排序算法通过重复比较相邻元素并在必要时交换它们来排序列表。
- 快速排序算法通过将列表分区，再递归地对两部分排序来完成对整个列表的排序。
- 合并排序算法递归地将列表分成两部分，直至每个子列表都只有一个元素时，再将这些子列表合并成有序列表，以此完成对整个列表的排序。
- 基数排序本质上是基于队列的处理。
- 在单处理器计算机中，使用时间片来对线程进行调度。

- 因为 SwingWorker 类是抽象的，且具有必须由扩展类定义的抽象方法。
- 除非使用 get 方法显式检索，否则 SwingWorker 对象不会报告异常。
- 对 SwingWorker 对象的 execute 方法调用会调度线程执行但不等待线程完成。
- 使用 Comparator 对象可以灵活地确定集合的排序方式。

术 语 总 结

二分搜索是在有序列表中发生的搜索，它的每次比较都会使剩余的可行候选元素减半。

冒泡排序是一种算法，重复比较列表中的相邻元素，如果相邻元素顺序相反，则交换它们。

类方法也称静态方法。

泛型方法是在方法头中包含参数类型定义的方法。

插入排序算法通过将特定值重复插入到有序子列表中来完成对整个列表的排序。

线性搜索从元素列表一端开始搜索，并以线性方式继续，直到找到元素或到达列表尾为止。

对数算法是指时间复杂度为 O（$\log_2 n$）的算法，如二分搜索。

对数排序是一种排序算法，为了对 n 个元素进行排序，需要近似 $n\log_2 n$ 次比较。

合并排序是一种排序算法，其递归地将列表分成两部分，直至每个子列表都只有一个元素时，再按顺序重新组合这些子列表以完成对整个列表的排序。

分区是快速排序算法使用的未排序元素集，分区要么小于所选的分区元素，要么大于所选的分区元素。

分区元素是指快速排序算法所使用的将未排序元素分成两个不同分区的元素。

快速排序通过使用任意选择的分区元素将列表分区，然后递归地对分区元素两侧的子列表进行排序来对列表进行排序。

基数排序是使用排序键值对元素进行排序，而不是直接比较元素。

搜索是在元素集中查找指定目标元素或确定目标元素不在集合的过程。

搜索池是要搜索元素的集合。

选择排序算法通过重复地将特定值放入其最终排序位置来对列表进行排序。

顺序排序算法通常使用嵌套循环，排序 n 个元素需要大约 n^2 次比较。

排序是根据某种标准将集合中的元素按升序或降序排列的过程。

静态方法是通过类名调用但不能引用实例数据的方法，也称为类方法。

目标元素是搜索操作期间要搜索的元素。

可行的候选元素是指搜索池中的元素，在其中可能找到目标元素。

自 测 题

18.1　线性搜索何时优于对数搜索？

18.2　哪种搜索方法需要列表有序？

18.3   何时顺序排序要优于递归排序？

18.4   插入排序算法使用什么技术进行排序？

18.5   冒泡排序算法使用什么技术进行排序？

18.6   选择排序算法使用什么技术排序？

18.7   快速排序算法使用什么技术进行排序？

18.8   合并排序算法使用什么技术排序？

18.9   使用基数对用小写字母保存的名字进行排序需要多少个队列？

18.10   扩展 SwingWorker 类，必须重写哪些方法？这些方法都有什么用途？

18.11   使用 Comparator 对象而不使用对象的自然排序有哪些优势？

练 习 题

18.1   通过在下面的列表中搜索数 45 和 54，比较和对比 linearSearch 算法和 binarySearch 算法，要用到的列表为：

3,8,12,34,54,84,91,110。

18.2   使用练习 18.1 的列表，构建表格，用于显示每种算法对列表排序所需的比较次数。这些排序算法包括选择排序、插入排序、冒泡排序、快速排序和合并排序。

18.3   分析与练习 18.1 一样的列表。如果列表已经有序，每种排序算法的比较次数会发生什么变化呢？

18.4   分析下面的列表：

90 8 7 56 123 235 9 1 653

跟踪下列算法的执行：

a. 选择排序

b. 插入排序

c. 冒泡排序

d. 快速排序

e. 合并排序

18.5   根据练习 18.4 所生成的有序列表，跟踪二分搜索查找数字 235 的过程。

18.6   画出 SortPhoneList 示例的 UML 图。

18.7   手动跟踪下面 5 位数的学生 ID 号：

13224

32131

54355

12123

22331

21212

33333

54312

18.8　基数排序的时间复杂度是多少？

程序设计项目

18.1　本章给出的冒泡排序算法效率较低。如果第一趟对列表进行排序而没有任何元素交换，就说明列表已有序，没有任何理由继续排序。修改本章的冒泡排序算法，一旦识别出列表已有序后，立即停止排序。注意不要使用 break 语句。

18.2　冒泡排序算法的变种称为间隙排序算法。间隙排序算法不是每次比较列表的相邻元素，而是比较隔开 i 个位置的元素，其中，i 是小于 n 的整数。例如，第一个元素与第（i + 1）个元素进行比较；第二个元素与第（i + 2）个元素进行比较；第 n 个元素将与第（n-i）的元素进行比较，以此类推。因此完成一次迭代，就已经比较了所有可比较的元素。在下次迭代时，i 递减了大于 1 的某个数，该过程继续，直到 i 小于 1 为止。请实现间隙排序。

18.3　修改本章给出的选择排序、插入排序、冒泡排序、快速排序和合并排序。向每种排序代码中添加代码，以计算每种算法的比较总数和总执行时间。执行各种排序算法要使用相同的列表，以记录比较总数和总执行时间。列表可以选用不同的列表，但至少要有一个有序的顺序列表。

18.4　修改快速排序算法，使用本章描述的三个中间技术来选择分区元素，仍在原版的数据集上运行新版本，以比较总执行时间。

18.5　扩展 18.4 节给出的解决方案，使其包括本章介绍的所有排序类型。

自测题答案

18.1　当列表相对较小，未排序且语言不支持递归时，线性搜索要优于对数搜索。

18.2　二分搜索。

18.3　在针对小型数据集、语言不支持递归时，顺序排序要优于递归排序。

18.4　插入排序算法通过重复地将特定值插入到有序子列表来对列表进行排序

18.5　冒泡排序通过重复比较列表中的相邻元素，如果相邻元素顺序相反，则交换它们，以对列表进行排序。

18.6　选择排序算法是一种 O（n^2）排序算法，通过重复地将特定值放入其最终排序位置来对列表进行排序。

18.7　快速排序算法通过使用任意选择的分区元素将列表分区，然后递归地对分区元素两侧的子列表进行排序来对列表进行排序。

18.8　合并算法递归地将列表分成两部分，直至每个子列表都只有一个元素时，再将这些子列表合并成有序列表，以此完成对整个列表的排序。

18.9　使用基数对用小写字母保存的名字进行排序时，需要 27 个队列，其中一个队列用于存储排序之前、期间和之后的整个列表，其余用于 26 个小写字母。

18.10　扩展 SwingWorker 类时，必须重写的 Swingworker 方法。要重写的是 doInBackground 方法和 done 方法。doInBackground 方法包含执行线程的部分代码。done 方法是线程完成时要执行的代码。

18.11　使用 Comparator 对象更具灵活性，它能提供多种方法来对对象集进行排序。每个 Comparator 都为排序定义了唯一的标准集。

第 19 章　树

学习目标

- 将树定义为数据结构。
- 定义树的术语。
- 讨论树的可能实现。
- 分析集合的树实现。
- 讨论遍历树的方法。
- 分析二叉树示例

本章开始探讨非线性集合与数据结构。我们讨论树的使用与实现，定义树的术语，分析可能的树实现，并分析实现和使用树的示例。

19.1　树 的 定 义

在此之前，本书所介绍的集合如栈、队列和列表都是线性数据结构。线性结构意味着集合的元素按顺序排列。树是一种非线性结构，分层组织其元素。本小节从广义上介绍树及树的术语。

重要概念
树是一种非线性结构，分层组织其元素。

从概念上讲，树由节点集组成，节点存储着元素，用边将一个节点连接到另一个节点。在树的层次结构中，每个节点都有指定的位置。树的根是顶层中的唯一节点。树只有一个根节点。图 19.1 给出了树的术语，通过图形化的方式，读者更容易理解树的术语。

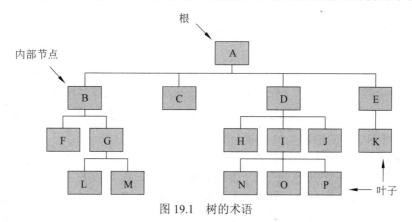

图 19.1　树的术语

在树中，较低层的节点是上一层节点的孩子，也称为子节点。在图 19.1 中，标记为 B、C、D 和 E 的节点都是 A 的子节点。节点 F 和 G 都是 B 的子节点。节点只能有一个父节点，但节点可能有多个子节点。具有相同父节点的节点称为兄弟节点。因此，节点 H、I 和 J 是兄弟节点，因为它们都是节点 D 的子节点。

> **重要概念**
> 树由一大堆相关的术语描述。

根节点是树中唯一没有父节点的节点。没有任何子节点的节点被称为叶子。非根节点且至少有一个子节点的节点被称为内部节点。注意，数据结构中的树是一棵倒挂的树，也就是说它是根朝上，而叶朝下。

根是进入树结构的入口。我们要遵循从父到子的树的路径。例如，在图 19.1 中，从节点 A 到节点 N 的路径是 A，D，I，N。在从根开始的路径上，如果某节点位于其他节点前面，则该节点是后继其他节点的祖先。因此，根是树中所有节点的终极祖先。当然，我们也能从指定节点的后代到达需要到达的节点。

节点的层也是从根到节点的路径长度。路径长度是通过计算从根到节点必须遵循的边数来确定的。根是 0 层，根的孩子为 1 层，根的孙子为 2 层，依此类推。路径长度和层如图 19.2 所示。

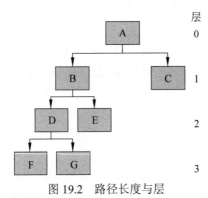

图 19.2　路径长度与层

树的高度是从根到叶的最长路径长度。因此，图 19.2 中树的高度为 3，因为从根到叶 F 和 G 的路径长度是 3。从根到叶 C 的路径长度是 1。

19.1.1　树分类

我们可以按多种方式对树进行分类。一种最重要的分类标准是按树中节点可能具有的最多子节点数进行分类。树的阶数是指树的最多子节点数。通用树是对节点的子节点数没有限制的树。n 叉树是节点的子节点数不能超过 n 的树。

在 n-叉树中，有一种树特别重要，那就是二叉树。二叉树是节点最多只能有两个子节点的树。二叉树应用非常广泛，因此，我们对树的探讨主要集中于二叉树。

另一种分类方式是根据树是否平衡来对树进行分类。根据实现树所用的算法，有许多平衡的定义。在第 20 章，我们将专门探讨这些算法。概括地说，如果树的所有叶子都处于同一层或者子树的高度差的绝对值不超过 1，则可以说此树是平衡的。因此，图 19.3 左侧所示的树是平衡的，而右侧的树是不平衡的。因为具有 m 个元素的平衡 n-叉树的高度是 $\log_n m$，所以具有 n 个节点的平衡二叉树的高度是 $\log_2 n$。

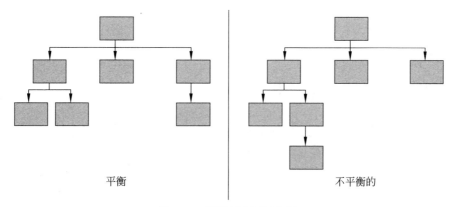

平衡　　　　　　　　　　　　　　　　　　不平衡的

图 19.3　平衡树和不平衡树

完全树的概念与树的平衡有关。如果树是平衡的，且所有位于底层的树叶都在树的左侧，则此树为完全树。尽管定义看似随意，但对实现树的存储方式有一定影响。完全树的另一种表达方式是：除了最后的叶子节点外，在每层 k，完全二叉树都有 2^k 个节点，且节点都在最左边。

另一个相关的概念是完满树的概念。如果树的所有叶子都在同一层，且每个节点要么是叶子，要么具有 n 个子节点，那么此树是完满 n-叉树。图 19.3 所示的平衡树不是完全树。在图 19.4 给出的 3-叉树中，虽然图 19.4（a）和图 19.4（c）都是完全树，但只有图 19.4（c）是完满树。

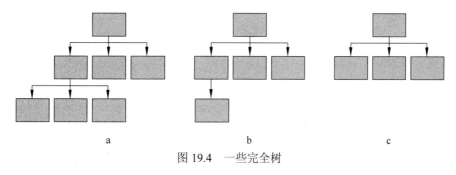

a　　　　　　　　　　　　b　　　　　　　　　　　　c

图 19.4　一些完全树

19.2　实现树的策略

下面分析一下实现树的通用策略。最明显策略是使用链式结构实现树。我们将每个节点定义为 TreeNode 类，类似于前面为链表定义的 LinearNode 类。每个节点既包含指向要存储元素的指针，也包含指向每个可能子节点的指针。根据不同的实现，每个节点还可能存储指向其父节点的指针。以这种方式使用指针与双向链表的指针类似，每个节点的指针不仅要指向列表中的下一个节点，还要指向前一个节点。

　　另一种策略是递归地使用链表实现树。在此策略中，为树的每个节点所定义的属性，其节点的子节点也都拥有。因此，每个节点及其所有后代自身都是树。这个策略的实现留作程序设计项目。

　　因为树是非线性结构，所以实现树的底层使用线性结构（如数组）似乎不合理。但有时数组实现非常实用。数组实现树的策略并非显而易见，它主要利用两种策略：计算策略和模拟链式策略。

19.2.1　树的数组实现的计算策略

　　对于某种类型的树，特别是二叉树，计算策略能用于使用数组存储的树。一种可用的策略如下：对于存储于数组位置 n 的任何元素，将该元素的左子节点存储于位置 $(2*n+1)$，将该元素的右子节点将存储于位置 $(2*(n+1))$。这一策略非常有效，其容量管理与列表、队列和栈的数组实现的容量管理大致相同。但是，虽然这一解决方案概念上优雅，但仍有瑕疵。例如，如果要保存的树是不完全的或者只是相对完全的，那么为了保存不包含数据的树的位置，数组会浪费大量内存，这一计算策略如图 19.5 所示。

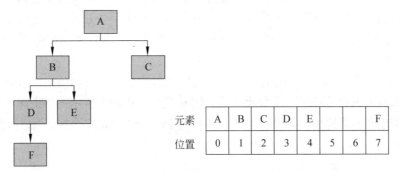

图 19.5　树的数组实现的计算策略

> **重要概念**
> 　　一种可用的计算策略是将元素 n 的左子节点存储于位置 $(2*n+1)$，将右子节点存储于位置 $(2*(n+1))$。

19.2.2　树的数组实现的模拟链式策略

　　树的数组实现的第二种可用策略是模拟操作系统管理内存的方法。这种策略不是给树元素分配固定的数组位置，而是按先到先得的原则连续分配数组的位置。数组的每个元素都是节点类，与前面讨论过的 TreeNode 类相似。但是，这种策略不是将对象引用变量作为指向子节点（或父节点）的指针，而是在每个节点存储其子节点（或父节点）的数组索引。这种方法能将元素连续地存储于数组之中，且不会浪费空间。但是，这种方法增加了删除树中元素的开销，因为它要么为了维护连续性对元素移位，要么要维护 freelist。图 19.6 给出了这一策略。数组元素的顺序由元素进入树的顺序决定。在这个示例中，假设元素的进入顺序为 A、C、B、E、D、F。

当需要使用 I/O 方法将树结构直接存储在磁盘时，也能使用上述的策略。在这种情况下，不再使用数组索引作为指针，而是在每个节点存储子节点文件的相对位置，以便在给定文件基址的情况下能计算出偏移量。

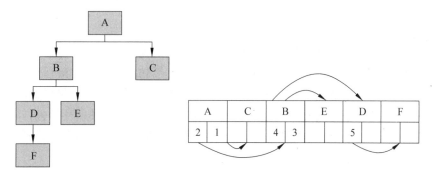

图 19.6　树的数组实现的模拟链式策略

19.2.3　树的分析

正如前面所述，树是实现其他集合的有用且有效的方法。下面分析一个有序列表的示例。在第 15 章的列表实现的分析中，我们知道 find 操作的效率为 n/2 或 O(n)。但如果我们使用一种特殊的二叉树—平衡二叉搜索树来实现有序列表，则改进后的 find 操作的效率为 O（log n）。平衡二叉搜索树是增加了属性的二叉树，其左子节点总是小于父节点，父节点总是小于或等于右子节点，我们将在第 20 章中更详细地讨论二叉搜索树。

之所以能提高效率，原因在于此树的高度总为 $\log_2 n$，其中 n 是树中元素的数量。它与第 18 章所讨论的二分搜索非常相似。事实上，对于具有 m 个元素的任何平衡 n-叉树而言，树的高度将是 $\log_n m$。对于二叉搜索树而言，能保证在最坏情况下搜索从根到叶子的某条路径，并且该路径的长度不超过 $\log_n m$。

和问题规模之间要有折衷。对于相对较小的问题 n 而言，在分析树的实现与线性结构实现的差异时，讨论开销意义不大。随着问题 n 的增加，树的效率会更具吸引力。

19.3 树 的 遍 历

因为树是非线性结构，所以树的遍历概念通常比遍历线性结构的概念更加有趣。树的遍历有四种基本方法：
- 前序遍历是从根节点看起，先访问根节点，然后遍历左子树，最后遍历右子树。
- 中序遍历是从根节点看起，先遍历左子树，然后访问根节点，最后遍历右子树。
- 后序遍历是从根节点看起，先遍历左子树，然后遍历右子树，最后访问根结点。
- 层序遍历是从根结点开始，按层访问每层的所有节点，且每一层只访问一次。

树的遍历定义适用于任何类型的树，但我们只以二叉树为例分析各种遍历。二叉树就是指每个节点最多有两个子节点的树。

重要概念
树的遍历有四种基本方法：前序遍历、中序遍历、后序遍历和层序遍历。

19.3.1 前序遍历

给定的树如图 19.7 所示，前序遍历所生成的序列为 A、B、D、E、C。根据前面给出

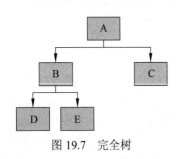

图 19.7 完全树

的定义，前序遍历是从根节点看起，先访问根节点，然后遍历左子树，最后遍历右子树。在图 19.7 中，树的根节点为 A，因为前序遍历要先访问根节点，所以先记录 A，之后遍历 A 的左子树。A 的左子树存在，此时，以 B 节点为根节点，所以记录 B，再遍历 B 的左子树。同样，B 的左子树存在，是 D，但 D 是叶子节点，所以记录 D，返回 B。根据前序遍历定义可知，遍历完左子树后，要遍历右子树。以 B 为根的右子树存在，是 E，因为 E 是叶子节点，记录 E，返回 B。以 B 为根的树的前序遍历完毕，返回 A。A 的右子树存在，是 C，因为 C 是叶子节点，记录 C，返回 A。此时，以 A 为根的树的前序遍历完毕。得到前序遍历的顺序为 A、B、D、E、C。

重要概念
前序遍历意味着先访问根节点，然后遍历左子树，最后遍历右子树。

下面是以伪代码表示的二叉树的前序遍历算法：

```
Visit node
Traverse (left child)
Traverse (right child)
```

19.3.2　中序遍历

给定的树如图 19.7 所示，中序遍历生成的序列为 D、B、E、A、C。根据前面给出的定义，中序遍历是从根节点看起，先遍历左子树，然后访问根节点，最后遍历右子树。因此，我们从根节点 A 看起。此时，A 是根节点，先遍历 A 的左子树；A 的左子树存在，是 B。此时，将 B 看作根节点，遍历 B 的左子树；B 的左子树存在，是 D，是叶子节点，无任何子树，则记录 D，返回 B，记录 B；然后遍历 B 的右子树，B 的右子树存在，是 E，是叶子节点，无任何子树，记录 E，返回 B。以 B 为根的 A 的左子树中序遍历完毕，返回 A，记录 A。然后遍历 A 的右子树，其右子树存在，是 C，是叶子节点，无任何子树，记录 C，再返回 A。此时，以 A 为根的树的中序遍历完毕，中序遍历的顺序为 D、B、E、A、C。

重要概念
中序遍历是先遍历左子树，然后访问根节点，最后遍历右子树。

下面是以伪代码表示的二叉树的中序遍历算法：

```
Traverse (left child)
Visit node
Traverse (right child)
```

19.3.3　后序遍历

给定的树如图 19.7 所示。后序遍历生成的序列为 D、E、B、C、A。如前面给出的定义，后序遍历是从根节点看起，先遍历左子树，然后遍历右子树，最后访问根节点。我们从根节点看起。此时，A 是根节点，先遍历 A 的左子树；A 的左子树存在，是 B。此时，将 B 看作根节点，遍历 B 的左子树；B 的左子树存在，是 D，是叶子节点，无任何子树，则记录 D，返回 B。根据后序遍历原则，先遍历左子树，再遍历右子树，最后访问根节点。B 的右子树存在，是 E，是叶子节点，无任何子树，则记录 E。返回 B，记录 B。以 B 为根的树的后序遍历完毕，返回 A。因为 A 的右子树存在，是 C，是叶子节点，无任何子树，记录 C，返回 A，记录 A。此时，以 A 为根的树的后序遍历完毕，后序遍历的顺序为 D、E、B、C、A。

重要概念
后序遍历先遍历左子树，再遍历右子树，最后访问根节点。

在二叉树的伪代码中，后序遍历的算法为：

```
Traverse (left child)
Traverse (right child)
Visit node
```

19.3.4　层序遍历

给定的树如图 19.7 所示，层序遍历生成的序列为 A、B、C、D、E。如前面给出的定义，层序遍历从根节点开始，按层来访问每一层的每个节点，且每层只访问一次。根据定义，我们先访问根，记录 A。然后访问根的左子树，记录 B，然后访问根的右子树，记录 C，然后访问 B 的左子树，记录 D，然后访问 B 的右子树，记录 E。.

下面是以伪代码表示的二叉树的层序遍历算法：

```
Create a queue called nodes
Create an unordered list called results
Enqueue the root onto the nodes queue
While the nodes queue is not empty
{
    Dequeue the first element from the queue
    If that element is not null
        Add that element to the rear of the results list
        Enqueue the children of the element on the nodes queue
    Else
        Add null on the result list
}
Return an iterator for the result list
```

上述算法只是层序遍历的多种可能解决方案中的一种。但此算法确实有独特之处。第一，注意我们是使用集合（即队列和列表）来解决另一个集合（即二叉树）的问题。其次，回忆一下之前关于迭代器的讨论。我们集中讨论了如果在使用迭代器时修改集合，集合做出的反应。在这个示例中，使用列表以正确的顺序存储元素，然后返回列表迭代器，此迭代器的行为类似于二叉树，不受任何并发修改的影响。这一属性利弊各半，具体取决于迭代器的使用方式。

> **重要概念**
> 层序遍历从根节点开始，依次访问每一层的每个节点，且每一层只访问一次。

19.4　二叉树 ADT

下面分析使用链表的简单二叉树实现。在 19.5 节和 19.6 节中，我们将给出链表式二叉树实现的示例。正如前面所述，为所有树抽象出一个接口是非常困难的，但如果只将注意力集中于二叉树，则抽象出接口的任务就不再困难。图 19.8 给出了处理二叉树 ADT 的可能操作集。记住，集合的定义不是通用的。在本书的上下文中，我们看到都专门为特定集合定义的特定的操作。本书非常谨慎地定义每个集合的操作，以使操作与集合的目标一致。

注意，在列出的所有操作中，没有向树中添加元素或删除元素的操作。原因在于在指定二叉树的目标和组织之后，我们才能知道在哪添加元素，或者更具体地说，我们不知道在树中添加元素的位置。同样，从树中删除一个或多个元素的操作也可能违反树的目标或结构。与添加元素一样，我们还没有足够的信息来了解如何删除元素。在第 12 章和第 13 章讨论栈时，我们给出了从栈中删除元素的概念，并且在栈中删除元素后，我们能轻松地将栈状态概念化。队列也是如此，因为我们只能从线性结构的一端删除元素。使用列表也是如此，我们可以从线性结构的中间删除元素，并能很轻松地将结果列表概念化。

操作	描述
getRoot	返回对二叉树根的引用
isEmpty	确定树是否为空
size	返回树中元素的个数
contains	确定指定的目标是否在树中
find	如果找到，则返回对指定目标元素的引用
toString	返回树的字符串表示
iteratorInOrder	返回树的中序遍历的迭代器
iteratorPreOrder	返回树的前序遍历的迭代器
iteratorPosOrder	返回树的后序遍历的迭代器
iteratorLevelOrder	返回树的层序遍历的迭代器

图 19.8　二叉树的操作

但对于树，要删除元素时，我们需要处理的许多问题都会影响树的状态。例如，删除树的元素时，该元素的子节点和后代会如何？删除树的元素时，子节点指向该元素的指针现在要指向哪里？如果要删除的元素是根节点呢？为了解决这些问题，我们需要本章后面介绍的表达式树。表达式树是树的应用程序，没有删除树元素的概念。一旦用户给出了所用树的具体详细信息，就可以确定 removeElement 方法是否适用。第 20 章的二叉搜索树就是表达式树的极好例证。

程序 19.1 给出了 BinaryTreeADT 接口。图 19.9 给出了 BinaryTreeADT 接口的 UML 描述。

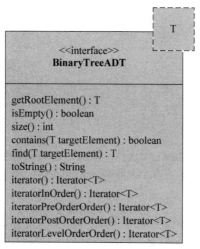

图 19.9　BinaryTreeADT 接口的 UML 描述

程序 19.1

```java
package jsjf;
import java.util.Iterator;
/**
 * BinaryTreeADT defines the interface to a binary tree data structure.
 *
 * @author Java Foundations
 * @version 4.0
 */
public interface BinaryTreeADT<T>
{
    /**
     * Returns a reference to the root element
     *
     * @return a reference to the root
     */
    public T getRootElement();
    /**
     * Returns true if this binary tree is empty and false otherwise.
     *
     * @return true if this binary tree is empty, false otherwise
     */
    public boolean isEmpty();
/**
     * Returns the number of elements in this binary tree.
     *
     * @return the number of elements in the tree
     */
    public int size();
    /**
     * Returns true if the binary tree contains an element that matches
     * the specified element and false otherwise.
     *
     * @param targetElement the element being sought in the tree
     * @return true if the tree contains the target element
     */
    public boolean contains(T targetElement);
    /**
     * Returns a reference to the specified element if it is found in
     * this binary tree.  Throws an exception if the specified element
     * is not found.
     *
     * @param targetElement the element being sought in the tree
     * @return a reference to the specified element
     */
    public T find(T targetElement);
```

```
    /**
     * Returns the string representation of this binary tree.
     *
     * @return a string representation of the binary tree
     */
    public String toString();
    /**
     * Returns an iterator over the elements of this tree.
     *
     * @return an iterator over the elements of this binary tree
     */
    public Iterator<T> iterator();


    /**
     * Returns an iterator that represents an inorder traversal on this
     * binary tree.
     * @return an iterator over the elements of this binary tree
     */
    public Iterator<T> iteratorInOrder();


    /**
     * Returns an iterator that represents a preorder traversal on
     * this binary tree.
     * @return an iterator over the elements of this binary tree
     */
    public Iterator<T> iteratorPreOrder();
    /**
     * Returns an iterator that represents a postorder traversal on
     * this binary tree.
     * @return an iterator over the elements of this binary tree
     */
    public Iterator<T> iteratorPostOrder();
    /**
     * Returns an iterator that represents a levelorder traversal on
     * the binary tree.
     * @return an iterator over the elements of this binary tree
     */
    public Iterator<T> iteratorLevelOrder();
}
```

19.5   使用二叉树：表达式树

在第 12 章中，我们使用栈算法来计算后缀表达式。在本小节，我们修改了该算法，使用 ExpressionTree 类来构造表达式树，ExpressionTree 类扩展了我们对二叉树的定义。

图 19.10 说明了表达式树的概念。注意，表达式树的根和内部节点包含操作，所有叶子包含操作数。我们从下往上对表达式树进行计算。在这个示例中，我们先计算 5-3，得到 2；然后将结果 2 乘以 4，得到 8；最后，结果 8 与 9 相加，得到 17。

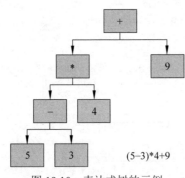

(5–3)*4+9

图 19.10　表达式树的示例

程序 19.2 给出了 ExpressionTree 类。Java Collections API 不提供树集合的实现。API 中的树仅限于用作集合和映射的实现策略。因此，在这个示例中，我们使用自己的链式二叉树实现。在第 19.7 节将详细介绍 LinkedBinaryTree。

ExpressionTree 类扩展了 LinkedBinaryTree 类，提供了新的构造函数，它组合表达式树创建了新树，并提供 evaluate 方法，以便对构造的表达式树进行递归计算。

程序 19.2

```java
import jsjf.*;
/**
 * ExpressionTree represents an expression tree of operators and operands.
 *
 * @author Java Foundations
 * @version 4.0
 */
public class ExpressionTree extends LinkedBinaryTree<ExpressionTreeOp>
{
    /**
     * Creates an empty expression tree.
     */
    public ExpressionTree()
    {
        super();
    }
/**
    * Constructs a expression tree from the two specified expression
    * trees.
    *
    * @param element     the expression tree for the center
    * @param leftSubtree the expression tree for the left subtree
    * @param rightSubtree the expression tree for the right subtree
    */
    public ExpressionTree(ExpressionTreeOp element,
                ExpressionTree leftSubtree, ExpressionTree rightSubtree)
    {
        root = new BinaryTreeNode<ExpressionTreeOp>(element,
                leftSubtree, rightSubtree);
    }
```

```
    /**
     * Evaluates the expression tree by calling the recursive
     * evaluateNode method.
     *
     * @return the integer evaluation of the tree
     */
    public int evaluateTree()
    {
        return evaluateNode(root);
    }
/**
     * Recursively evaluates each node of the tree.
     *
     * @param root the root of the tree to be evaluated
     * @return the integer evaluation of the tree
     */
    public int evaluateNode(BinaryTreeNode root)
    {
        int result, operand1, operand2;
        ExpressionTreeOp temp;

        if (root==null)
            result = 0;
        else
        {
            temp = (ExpressionTreeOp)root.getElement();

            if (temp.isOperator())
            {
                operand1 = evaluateNode(root.getLeft());
                operand2 = evaluateNode(root.getRight());
                result = computeTerm(temp.getOperator(), operand1, operand2);
            }
            else
                result = temp.getValue();
        }

        return result;
    }
    /**
     * Evaluates a term consisting of an operator and two operands.
     *
     * @param operator  the operator for the expression
     * @param operand1  the first operand for the expression
     * @param operand2  the second operand for the expression
     */
    private static int computeTerm(char operator, int operand1, int operand2)
```

```
{
    int result=0;

    if (operator == '+')
        result = operand1 + operand2;

    else if (operator == '-')
        result = operand1 - operand2;
    else if (operator == '*')
        result = operand1 * operand2;
    else
        result = operand1 / operand2;
    return result;
}
/**
 * Generates a structured string version of the tree by performing
 * a levelorder traversal.
 *
 * @return a string representation of this binary tree
 */
public String printTree()
{
    UnorderedListADT<BinaryTreeNode<ExpressionTreeOp>> nodes =
        new ArrayUnorderedList<BinaryTreeNode<ExpressionTreeOp>>();
    UnorderedListADT<Integer> levelList =
        new ArrayUnorderedList<Integer>();
    BinaryTreeNode<ExpressionTreeOp> current;
    String result = "";
    int printDepth = this.getHeight();
    int possibleNodes = (int)Math.pow(2, printDepth + 1);
    int countNodes = 0;

    nodes.addToRear(root);
    Integer currentLevel = 0;
    Integer previousLevel = -1;
    levelList.addToRear(currentLevel);

    while (countNodes < possibleNodes)
    {
        countNodes = countNodes + 1;
        current = nodes.removeFirst();
        currentLevel = levelList.removeFirst();
        if (currentLevel > previousLevel)
        {
            result = result + "\n\n";
            previousLevel = currentLevel;
            for (int j = 0; j < ((Math.pow(2,
```

```
                          (printDepth - currentLevel))) - 1); j++)
                result = result + " ";
            }
            else
            {
                for (int i=0; i < ((Math.pow(2,
                        (printDepth-currentLevel+1)) - 1)) ; i++)
                {
                    result = result + " ";
                }
            }
            if (current != null)
            {
                result = result + (current.getElement()).toString();
                nodes.addToRear(current.getLeft());
                levelList.addToRear(currentLevel + 1);
                nodes.addToRear(current.getRight());
                levelList.addToRear(currentLevel + 1);
            }
            else
            {
                nodes.addToRear(null);
                levelList.addToRear(currentLevel + 1);
                nodes.addToRear(null);
                levelList.addToRear(currentLevel + 1);
                result = result + " ";
            }
        }

        return result;
    }
}
```

evaluateTree 方法调用递归 evaluateNode 方法。如果节点包含数，则 evaluateNode 方法返回值；如果节点包含操作，则返回左右子树使用该运算符的计算值。ExpressionTree 类使用 ExpressionTreeOp 类作为元素，以存储树的每个节点。ExpressionTreeOp 类使我们能跟踪元素是数还是运算符，存储的是什么运算符或什么值。ExpressionTreeOp 类如程序 19.3 所示。

程序 19.3

```
import jsjf.*;
/**
 * ExpressionTreeOp represents an element in an expression tree.
 *
 * @author Java Foundations
 * @version 4.0
```

```java
 */
public class ExpressionTreeOp
{
    private int termType;
    private char operator;
    private int value;
    /**
     * Creates a new expression tree object with the specified data.
     *
     * @param type the integer type of the expression
     * @param op   the operand for the expression
     * @param val  the value for the expression
     */
    public ExpressionTreeOp(int type, char op, int val)
    {
        termType = type;
        operator = op;
        value = val;
    }
/**
     * Returns true if this object is an operator and false otherwise.
     *
     * @return true if this object is an operator, false otherwise
     */
    public boolean isOperator()
    {
        return (termType == 1);
    }

    /**
     *Returns the operator of this expression tree object.
     *
     * @return the character representation of the operator
     */
    public char getOperator()
    {
        return operator;
    }
    /**
     * Returns the value of this expression tree object.
     *
     * @return the value of this expression tree object
     */
    public int getValue()
    {
        return value;
    }
```

```
public String toString()
{
    if (termType == 1)
        return operator + "";
    else
        return value + "";
}
}
```

PostfixTester 和 PostfixEvaluator 类是第 12 章解决方案的修改版。解决方案使用 ExpressionTree 类来构建、打印和计算表达式树。图 19.11 说明了图 19.10 中表达式树的处理过程，注意表达式树栈顶在右边。

输入表达式 5 3 -4 * 9 +

获取	处理步骤	表达式树的栈，栈顶在右
5	push(new ExpressionTree(5, null, null))	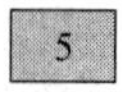
3	push(new ExpressionTree(3, null, null))	
–	op2 = pop op1 = pop push(new ExpressionTree(–, op1, op2))	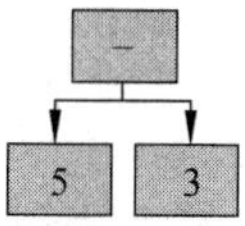
4	push(new ExpressionTree(4, null, null))	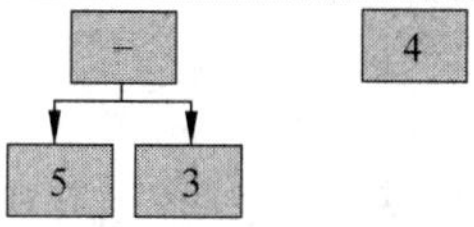
*	op2 = pop op1 = pop push(new ExpressionTree(*, op1, op2))	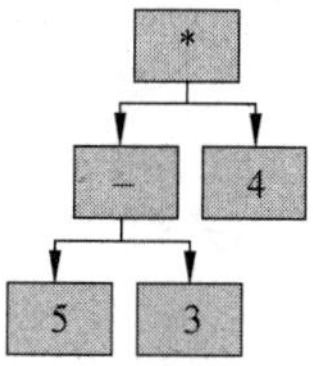
9	push(new ExpressionTree(9, null, null))	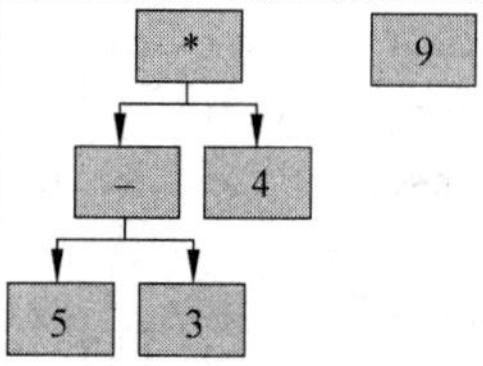
+	op2 = pop op1 = pop push(new ExpressionTree(+, op1, op2))	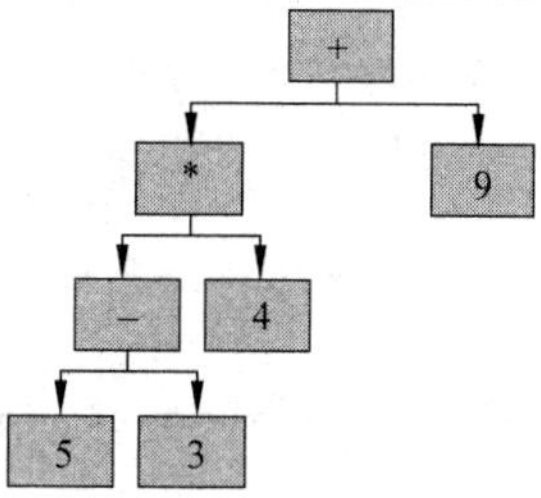

图 19.11　从后缀表达式构建表达式树

    PostfixTester 类如程序 19.4 所示，PostfixEvaluator 类如程序 19.5 所示。Postfix 类的 UML 描述如图 19.12 所示。

程序 19.4

```java
import java.util.Scanner;
/**
 * Demonstrates the use of an expression tree to evaluate postfix expressions.
 *
 * @author Java Foundations
 * @version 4.0
 */
public class PostfixTester
{
    /**
     * Reads and evaluates multiple postfix expressions.
     */
    public static void main(String[] args)
    {
        String expression, again;
        int result;

        Scanner in = new Scanner(System.in);

        do
        {
            PostfixEvaluator evaluator = new PostfixEvaluator();
            System.out.println("Enter a valid post-fix expression one
                    token " + "at a time with a space between each token
                    (e.g. 5 4 + 3 2 1 - + *)");
            System.out.println("Each token must be an integer or
                    an operator (+,-,*,/)");
            expression = in.nextLine();
            result = evaluator.evaluate(expression);
            System.out.println();
            System.out.println("That expression equals " + result);

            System.out.println("The Expression Tree for that
                            expression is: ");
            System.out.println(evaluator.getTree());
            System.out.print("Evaluate another expression [Y/N]? ");
            again = in.nextLine();
            System.out.println();
        }
        while (again.equalsIgnoreCase("y"));
    }
}
```

程序 19.5

```java
import jsjf.*;
import jsjf.exceptions.*;
import java.util.*;
import java.io.*;
/**
 * PostfixEvaluator this modification of our stack example uses a
 * stack to create an expression tree from a VALID integer postfix expression
 * and then uses a recursive method from the ExpressionTree class to
 * evaluate the tree.
 *
 * @author Java Foundations
 * @version 4.0
 */
public class PostfixEvaluator
{
    private String expression;
    private Stack<ExpressionTree> treeStack;

    /**
     * Sets up this evalutor by creating a new stack.
     */
    public PostfixEvaluator()
    {
        treeStack = new Stack<ExpressionTree>();
    }
    /**
     * Retrieves and returns the next operand off of this tree stack.
     *
     * @param treeStack  the tree stack from which the operand will be returned
     * @return the next operand off of this tree stack
     */
    private ExpressionTree getOperand(Stack<ExpressionTree> treeStack)
    {
        ExpressionTree temp;
        temp = treeStack.pop();

        return temp;
    }

    /**
     * Evaluates the specified postfix expression by building and evaluating
     * an expression tree.
     *
```

```java
     * @param expression string representation of a postfix expression
     * @return value of the given expression
     */
    public int evaluate(String expression)
    {
        ExpressionTree operand1, operand2;
        char operator;
        String tempToken;
        Scanner parser = new Scanner(expression);
        while (parser.hasNext())
        {
            tempToken = parser.next();
            operator = tempToken.charAt(0);

            if ((operator == '+') || (operator == '-') || (operator == '*')
                || (operator == '/'))
            {
                operand1 = getOperand(treeStack);
                operand2 = getOperand(treeStack);
                treeStack.push(new ExpressionTree
                            (new ExpressionTreeOp(1,operator,0),
                            operand2, operand1));
            }
            else
            {
                treeStack.push(new ExpressionTree(new ExpressionTreeOp
                        (2,' ',Integer.parseInt(tempToken)), null, null));
            }


        }
        return (treeStack.peek()).evaluateTree();
    }


    /**
     * Returns the expression tree associated with this postfix evaluator.
     *
     * @return string representing the expression tree
     */
    public String getTree()
    {
        return (treeStack.peek()).printTree();
    }
}
```

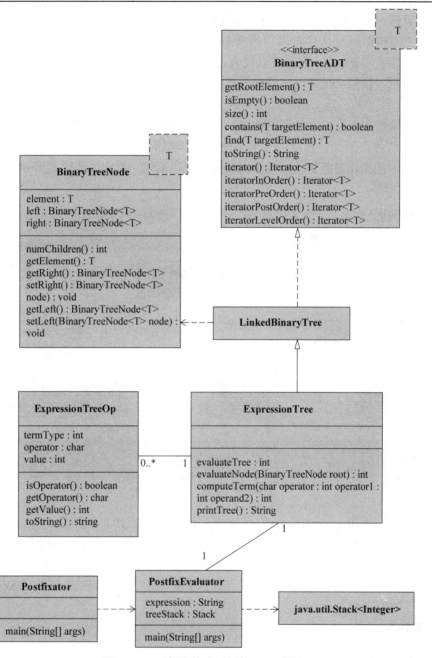

图 19.12　后缀表达式示例的 UML 描述

19.6　背痛分析仪

注意，ExpressionTree 类扩展了 LinkedBinaryTree 类。记住，当一个类派生自另一个类时，创建的是继承关系，所以很自然，创建的 ExpressionTree 类的表达式树就是二叉树。

下面分析另一个例子，我们的解决方案使用 LinkedBinaryTree 类，但没有扩展 LinkedBinaryTree。决策树是这样一棵树，其节点代表决策点，其子节点代表决策时可用的选项。决策树的叶子代表根据答案得出的结论。

　　使用二叉树可以对具有是/否问题的简单决策树进行建模。图 19.13 给出诊断背痛原因的决策树。对于每个问题，左子节点代表否定答案 "No"，右子节点代表肯定答案 "Yes"。为了进行诊断，我们从根节点处的问题开始，并根据答案选择相应的路径，直到到达叶子节点为止。

　　有时决策树能作为专家系统的基础，专家系统是一种具有丰富的某领域专家水平的知识与经验的软件。例如，特定的专家系统可以模拟医生、汽车机械师或会计师。显然，图 19.13 所示的简化决策树并不能给出背痛的真正原因，但它能让读者感知明白，专家系统是如何工作的。

重要概念
决策树可以作为专家系统的基础。

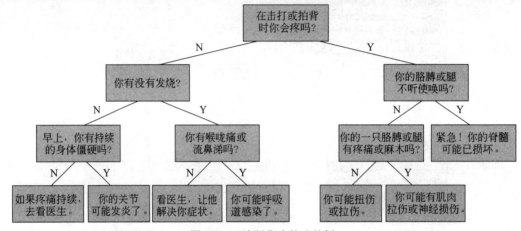

图 19.13　诊断背痛的决策树

　　下面，我们使用 LinkedBinaryTree 实现决策树。程序 19.6 使用图 19.13 给出的树与用户对话，并得出结论。图 19.14 给出了背痛分析仪问题的解决方案的 UML 描述。

　　程序 19.7 给出了 DecisionTree 类对树的构造和使用。唯一的实例数据是变量 tree，它表示整个决策树，其定义将 String 对象存储为元素。注意，没有这一版的 DecisionTree 类并非专用于背痛分析仪，它可以用于任何二叉决策树。

程序 19.6

```java
import java.io.*;
/**
 * BackPainAnaylyzer demonstrates the use of a binary decision tree to
 * diagnose back pain.
 */
public class BackPainAnalyzer
{
    /**
     * Asks questions of the user to diagnose a medical problem.
     */
```

```
public static void main (String[] args) throws FileNotFoundException
{
    System.out.println ("So, you're having back pain.");
    DecisionTree expert = new DecisionTree("input.txt");
    expert.evaluate();
}
}

import jsjf.*;
```

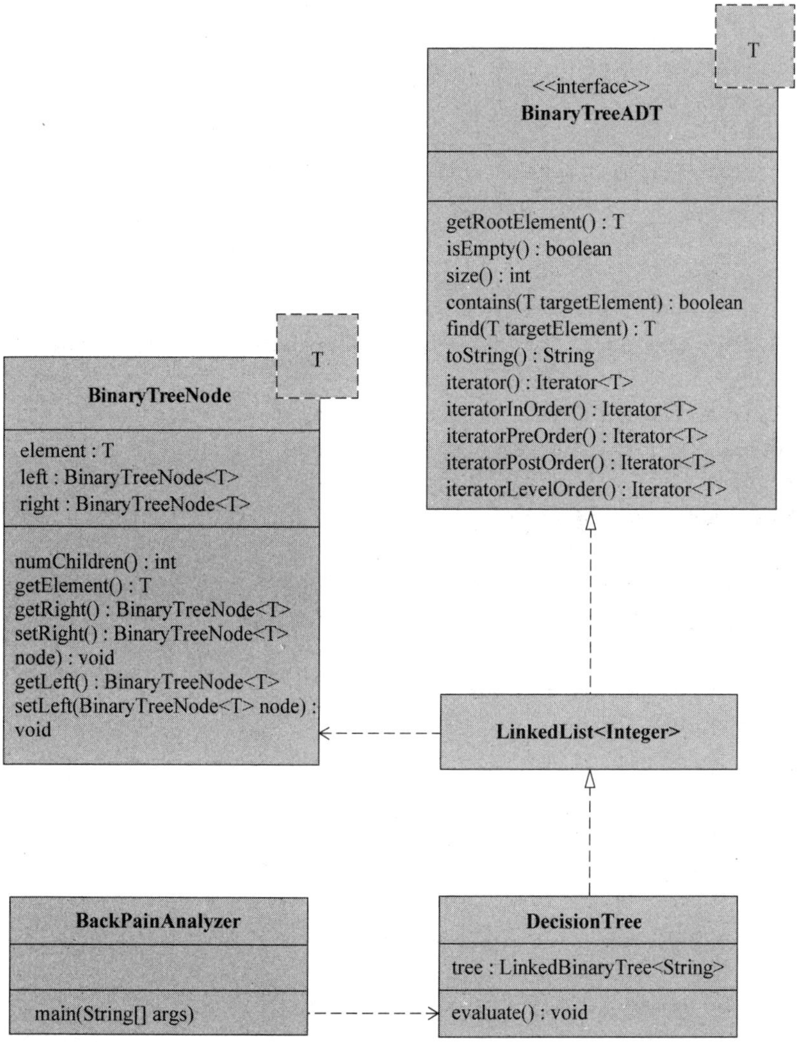

图 19.14　背痛分析仪的 UML 描述

　　DecisionTree 的构造函数从给定文件中读取要存储在树节点中的各种字符串元素。然后创建节点本身，叶子节点没有子节点，并且先前定义的节点（或子树）作为内部节点的子节点，从下往上创建树。用于背痛分析仪示例的输入文件如图 19.15 所示。

程序 19.7

```java
import jsjf.*;
import java.util.*;
import java.io.*;
/**
 * The DecisionTree class uses the LinkedBinaryTree class to implement
 * a binary decision tree. Tree elements are read from a given file and
 * then the decision tree can be evaluated based on user input using the
 * evaluate method.
 *
 * @author Java Foundations
 * @version 4.0
 */
public class DecisionTree
{
    private LinkedBinaryTree<String> tree;

    /**
     * Builds the decision tree based on the contents of the given file
     *
     * @param filename the name of the input file
     * @throws FileNotFoundException if the input file is not found
     */
    public DecisionTree(String filename) throws FileNotFoundException
    {
        File inputFile = new File(filename);
        Scanner scan = new Scanner(inputFile);

        int numberNodes = scan.nextInt();
        scan.nextLine();
        int root = 0, left, right;

        List<LinkedBinaryTree<String>> nodes = new
            java.util.ArrayList<LinkedBinaryTree<String>>();
        for (int i = 0; i < numberNodes; i++)
            nodes.add(i,new LinkedBinaryTree<String>(scan.nextLine()));

        while (scan.hasNext())
        {
            root = scan.nextInt();
            left = scan.nextInt();
            right = scan.nextInt();
            scan.nextLine();

            nodes.set(root, new LinkedBinaryTree<String>
                    ((nodes.get(root)).getRootElement(),
```

```
                 nodes.get(left), nodes.get(right)));
        }
        tree = nodes.get(root);
    }
/**
     * Follows the decision tree based on user responses.
     */
    public void evaluate()
    {
        LinkedBinaryTree<String> current = tree;
        Scanner scan = new Scanner(System.in);
        while (current.size() > 1)
        {
            System.out.println (current.getRootElement());
            if (scan.nextLine().equalsIgnoreCase("N"))
                current = current.getLeft();
            else
                current = current.getRight();
        }
        System.out.println (current.getRootElement());
    }
}
```

```
13
在击打或拍背时你会疼吗？
你有没有发烧？
你的胳膊或腿不听使唤吗？
早上，你有持续的身体僵硬吗？
你有喉咙痛或流鼻涕吗？
你的一只胳膊或腿有疼痛或麻木吗？
紧急！你的脊髓可能已损坏。
如果疼痛持续，去看医生。
你的关节可能发炎了。
看医生，让他解决你的症状。
你可能呼吸道感染了。
你可能扭伤或拉伤。
你可能有肌肉拉伤或神经损伤。
3 7 8
4 9 10
5 11 12
1 3 4
2 5 6
0 1 2
```

图 19.15 BackPainAnalyzer 程序的输入文件

evaluate 方法从根开始，使用变量 current 来指出树中要处理的当前节点。while 循环继续，直到找到叶子节点为止。打印当前的问题，并从用户处读取答案。如果答案为 No，则更新 current，使其指向左子节点。否则，更新 current，使其指向右子节点。 在跳出循环之后，打印存储在叶子中的元素，即打印结论。

19.7　使用链表实现二叉树

下面，我们分析使用链表来实现一些方法，其余的方法留作练习。RinbonBinaryTree类实现了 BinaryTreeADT 接口，其需要跟踪树的根节点和元素个数。LinkedBinaryTree 的头和实例数据可以声明为：

```java
package jsjf;
import java.util.*;
import jsjf.exceptions.*;
/**
 * LinkedBinaryTree implements the BinaryTreeADT interface
 *
 * @author Java Foundations
 * @version 4.0
 */
public class LinkedBinaryTree<T> implements BinaryTreeADT<T>, Iterable<T>
{
    protected BinaryTreeNode<T> root;
    protected int modCount;
```

LinkedBinaryTree 类的构造函数要处理三种情况：我们需要创建一棵没有任何元素的二叉树；我们需要创建只有一个元素但没有子节点的二叉树；我们需要创建有指定元素作为根，且有左右子树的二叉树。考虑到上述需求，LinkedBinarytree 类需要下面的构造函数。注意，每个构造函数都必须同时考虑 root 和 count 属性。

```java
    /**
     * Creates an empty binary tree.
     */
    public LinkedBinaryTree()
    {
        root = null;
    }
/**
     * Creates a binary tree with the specified element as its root.
     *
     * @param element the element that will become the root of the
     */ binary tree
    public LinkedBinaryTree(T element)
    {
        root = new BinaryTreeNode<T>(element);
    }
```

```
    /**
     * Creates a binary tree with the specified element as its root and the
     * given trees as its left child and right child
     *
     * @param element the element that will become the root of
     * the binary tree
     * @param left the left subtree of this tree
     * @param right the right subtree of this tree
     */
    public LinkedBinaryTree(T element, LinkedBinaryTree<T> left,
                            LinkedBinaryTree<T> right)
    {
        root = new BinaryTreeNode<T>(element);
        root.setLeft(left.root);
        root.setRight(right.root);
    }
```

注意，实例数据和构造函数都使用另一个名为 BinaryTreeNode 的类。如前所述，该类跟踪存储在每个位置的元素以及指向左右子树或每个节点子节点的指针。在这个特定的实现中，我们不包含指向每个节点父节点的指针。程序 19.8 给出了 BinaryTreeNode 类。BinaryTreeNode 类还包含递归方法，用于返回给定节点的子节点数。

程序 19.8

```
package jsjf;
/**
 * BinaryTreeNode represents a node in a binary tree with a left and
 * right child.
 *
 * @author Java Foundations
 * @version 4.0
 */
public class BinaryTreeNode<T>
{
    protected T element;
    protected BinaryTreeNode<T> left, right;
    /**
     * Creates a new tree node with the specified data.
     *
     * @param obj the element that will become a part of the new tree node
     */
    public BinaryTreeNode(T obj)
    {
        element = obj;
        left = null;
        right = null;
    }
```

```java
    /**
     * Creates a new tree node with the specified data.
     *
     * @param obj the element that will become a part of the new tree node
     * @param left the tree that will be the left subtree of this node
     * @param right the tree that will be the right subtree of this node
     */
    public BinaryTreeNode(T obj, LinkedBinaryTree<T> left,
                          LinkedBinaryTree<T> right)
    {
        element = obj;
        if (left == null)
            this.left = null;
        else
            this.left = left.getRootNode();

         if (right == null)
            this.right = null;
        else
            this.right = right.getRootNode();
    }
    /**
     * Returns the number of non-null children of this node.
     *
     * @return the integer number of non-null children of this node
     */
    public int numChildren()
    {
        int children = 0;
        if (left != null)
            children = 1 + left.numChildren();
        if (right != null)
            children = children + 1 + right.numChildren();
        return children;
    }

    /**
     * Return the element at this node.
     *
     * @return the element stored at this node
     */
    public T getElement()
    {
        return element;
    }
    /**
     * Return the right child of this node.
```

```
    *
    * @return the right child of this node
    */
   public BinaryTreeNode<T> getRight()
   {
       return right;
   }

   /**
    * Sets the right child of this node.
    *
    * @param node the right child of this node
    */
   public void setRight(BinaryTreeNode<T> node)
   {
       right = node;
   }
   /**
    * Return the left child of this node.
    *
    * @return the left child of the node
    */
   public BinaryTreeNode<T> getLeft()
   {
       return left;
   }

   /**
    * Sets the left child of this node.
    *
    * @param node the left child of this node
    */
   public void setLeft(BinaryTreeNode<T> node)
   {
       left = node;
   }
}
```

树节点或二叉树节点类有多种实现。例如，方法要能测试节点是否是叶子节点，即其没有任何子节点；也能测试节点是否是内部节点，即其至少有一个子节点；也能测试从根节点到该节点的深度或能计算左右子树的高度。

另一种是选择使用多态，这样就能创建各种实现，例如创建 emptyTreeNode、innerTreeNode 和 leafTreeNode，而不是测试节点以查看其是否包含数据或有子节点。

19.7.1　find 方法

与我们之前学习的集合一样，我们的 find 方法使用树中所存储类的 equals 方法遍历树以确定元素是否相等，也就是说由存储在树中的类来控制相等的定义。如果找不到目标元素，则 find 方法会抛出异常。

在编写树的方法时，我们既可以使用递归，也可以使用迭代。通常，在使用递归时，方法要使用私有的支持方法，因为第一次调用和每次后继调用的签名和行为可能不一样。在我们简单实现中的 find 方法就是该策略的一个很好示例。

我们选择使用递归的 findAgain 方法。我们知道，当第一次调用 find 时，将从树根开始，如果 find 方法的实例完成，但没有找到目标元素，则会抛出异常。私有的 findAgain 方法使我们能区分 find 方法的第一个实例和每次相继调用。

```java
/**
 * Returns a reference to the specified target element if it is
 * found in this binary tree.  Throws a ElementNotFoundException if
 * the specified target element is not found in the binary tree.
 *
 * @param targetElement the element being sought in this tree
 * @return a reference to the specified target
 * @throws ElementNotFoundException if the element is not in the tree
 */
public T find(T targetElement) throws ElementNotFoundException
{
    BinaryTreeNode<T> current = findNode(targetElement, root);

    if (current == null)
        throw new ElementNotFoundException("LinkedBinaryTree");

    return (current.getElement());
}

/**
 * Returns a reference to the specified target element if it is
 * found in this binary tree.
 *
 * @param targetElement the element being sought in this tree
 * @param next the element to begin searching from
 */
private BinaryTreeNode<T> findNode(T targetElement,
                                BinaryTreeNode<T> next)
{
    if (next == null)
        return null;
```

```
        if (next.getElement().equals(targetElement))
            return next;

        BinaryTreeNode<T> temp = findNode(targetElement, next.getLeft());

        if (temp == null)
            temp = findNode(targetElement, next.getRight());

        return temp;
    }
```

如前面的示例所示，contains 方法可以使用 find 方法。对此的实现留作程序设计项目。

19.7.2 iteratorInOrder 方法

另一个有趣的操作是 iteratorInOrder 方法。我们的任务是创建 Iterator 对象，该对象允许用户类在中序遍历中逐步遍历树的元素，该问题的解决方案提供了另一个使用一个集合构建另一个集合的例子。我们使用早期伪代码的"visit"定义来遍历树，该伪代码先将节点的内容添加到无序列表中，然后使用列表迭代器创建新的 TreeIterator。因为无序列表的线性本质以及实现列表迭代器的方法，所以这种方法是可行的。列表迭代器方法会返回 Iterator，而 Iterator 从列表头元素开始，以线性方式遍历整个列表。你要知道，迭代器的这种行为并不需要列表与迭代器相关联。如果我们没有创建 TreeIterator 而只是返回列表迭代器会发生什么呢？该解决方案的问题就是 Iterator 不再是快速失败的。也就是说，如果在使用迭代器时修改了底层树，则迭代器不再抛出并发修改异常。

与 find 操作一样，我们在递归中使用私有帮助方法。

```
/**
    * Performs an inorder traversal on this binary tree by calling an
    * overloaded, recursive inorder method that starts with
    * the root.
    *
    * @return an in order iterator over this binary tree
    */
public Iterator<T> iteratorInOrder()
{
    ArrayUnorderedList<T> tempList = new ArrayUnorderedList<T>();
    inOrder(root, tempList);

    return new TreeIterator(tempList.iterator());
}
/**
    * Performs a recursive inorder traversal.
    *
    * @param node the node to be used as the root for this traversal
    * @param tempList the temporary list for use in this traversal
```

```
    */
    protected void inOrder(BinaryTreeNode<T> node,
                    ArrayUnorderedList<T> tempList)
    {
        if (node != null)
        {
            inOrder(node.getLeft(), tempList);
            tempList.addToRear(node.getElement());
            inOrder(node.getRight(), tempList);
        }
    }
```

　　其他迭代器的操作与此类似，我们将它们留作练习。同样，二叉树的数组实现也留作练习，我们还将在第 21 章再次讨论二叉树的数组实现。

重要概念总结

- 树是一种非线性结构，分层组织其元素。
- 树由一大堆相关的术语描述。
- 不管树的完全性如何，模拟链式策略都允许连续分配数组的位置。
- 通常，具有 m 个元素的平衡 n-叉树的高度为 $\log_n m$。
- 树的遍历有四种基本方法：前序遍历、中序遍历、后序遍历和层序遍历。
- 前序遍历意味着先访问根节点，然后遍历左子树，最后遍历右子树。
- 中序遍历是先遍历左子树，然后访问根节点，最后遍历右子树。
- 后序遍历先遍历左子树，再遍历右子树，最后访问根节点。
- 层序遍历从根节点开始，依次访问每一层的每个节点，且每一层只访问一次。
- 决策树可以作为专家系统的基础。

术 语 总 结

　　祖先是指从根开始的路径上，在当前节点之前的节点。

　　平衡树：粗略地说，如果树的所有叶子都处于同一层或者子树的高度差的绝对值不超过 1，则可以说此树是平衡的。

　　二叉树是其节点最多有两个子节点的树。

　　二叉树搜索树是添加了属性的二叉树，其左子节点总是小于父节点，而父节点总是小于或等于右子节点。

　　子节点是树中位于当前节点之下的节点，通过边直接与节点相连。

　　完全树：如果树是平衡的，且最底层的所有叶子都位于树的左侧，则树是完全树。

　　后代是树中位于当前节点下方的节点，在从当前节点到叶子的路径上。

　　边用于连接树的两个节点。

满树：如果树的所有叶子都在同一层，且每个节点要么是叶子，要么正好有 n 个子节点，则这个 n-叉树是满的。

freelist 是树的数组实现中可用的位置列表。

通用树是一棵对节点所拥有子节点数没有限制的树。

中序遍历是从根节点看起，先遍历左子树，然后访问根节点，最后遍历右子树。

内部节点是指树中不是根节点，且至少有一个子节点的节点。

层是指在树中，节点相对于根的位置。

叶子是指树中没有任何子节点的节点。

层序遍历是从根结点开始，按层访问每层的所有节点，且每一层只访问一次。

节点是指在树中的位置。

n-叉树是指限制每个节点不超过 n 个子节点的树。

路径是树中节点直接连接另一个节点的边集。

路径长度是指将一个节点连接到另一个节点必须走过的边数。

后序遍历是从根节点看起，先遍历左子树，然后遍历右子树，最后访问根结点。

前序遍历是从根节点看起，先访问根节点，然后遍历左子树，最后遍历右子树。

根是位于树顶的节点，也是树中没有父节点的节点。

兄弟节点是同一个节点的子节点。

树是一种非线性结构，按层组织其元素。

树的高度是从根到叶子的最长路径长度。

树的阶数是树中节点具有的最多子节点。

自　测　题

19.1　什么是树？

19.2　什么是节点？

19.3　树的根是什么？

19.4　什么是叶子？

19.5　什么是内部节点？

19.6　定义树的高度。

19.7　定义节点的层。

19.8　计算策略有哪些优缺点？

19.9　模拟链式策略有哪些优点和缺点

19.10　TreeNode 类中应存储哪些属性？

19.11　对于二叉搜索树而言，哪种遍历树的方法会产生有序列表？

19.12　我们使用列表实现二叉树的迭代器方法。要成功应用该策略，必须要怎么做？

练 习 题

19.1　为二叉树的层序遍历编写伪代码算法。
19.2　绘制一个几代人的母系族谱或父系族谱。编写伪代码算法，将族人插入到树中的合适位置。
19.3　编写伪代码算法构建前缀表达的表达式树。
19.4　编写伪代码算法构建中缀表达式的表达式树。
19.5　计算 find 方法的时间复杂度。
19.6　计算 iteratorInorder 方法的时间复杂度。
19.7　假设没有 count 变量，编写 size 方法的伪代码算法。
19.8　假设没有 count 变量，编写 isEmpty 操作的伪代码算法。
19.9　画出表达式（9＋4）*5＋（4－（6–3））的表达式树。

程序设计项目

19.1　实现二叉树的 getRoot 和 toString 操作。
19.2　实现二叉树的 size 和 isEmpty 操作，假设没有 cout 变量。
19.3　为 BinaryTreeNode 类创建布尔型方法，以确定节点是叶子节点还是内部节点。
19.4　创建名为 depth 的方法，depth 方法将返回 int，int 表示从根到给定节点的层数或深度。
19.5　实现二叉树的 contains 方法。
19.6　在不使用 find 操作的情况下实现二叉树的 contains 方法。
19.7　实现二叉树的迭代器方法。
19.8　不使用列表实现二叉树的迭代器方法。
19.9　修改 ExpressionTree 类，创建名为 draw 的方法，draw 方法将以图形方式表示表达式树。
19.10　在本章示例中，我们使用了后缀表示法，因为其不需要通过优先规则和括号来解析中缀表达式。同时一些中缀表达式也不需要括号来修改优先级。实现 ExpressionTree 类的方法，该方法用于确定：如果整数表达式是中缀表示法，则该表达式是否需要括号。
19.11　使用计算策略实现基于数组的二叉树。
19.12　使用模拟链接策略实现基于数组的二叉树。
19.13　使用本章介绍的递归方法实现二叉树。在递归方法中，每个节点都是一棵二叉树。因此，二叉树既包含对其根存储元素的引用，也包含对其左右子树的引用。用户可能还希望包含对其父节点的引用。

自测题答案

19.1　树是非线性结构，其定义是树中的每个节点，除了根节点之外，都只有一个父节点。

19.2　节点是树中存储元素的位置。

19.3　树的根是树底部的节点，也是树中没有父节点的节点。

19.4　叶子是没有任何子节点的节点。

19.5　内部节点是非根节点且至少有一个子节点的节点。

19.6　树的高度是从根到叶子的最长路径长度。

19.7　节点的层是从根到达该节点必须走过的链接数确定的。

19.8　计算策略不用存储从父节点到子节点的链接，因为父子之间的关系是由位置确定的。但是，对于不平衡树或不完全树而言，这种策略会浪费大量空间。

19.9　模拟链接策略将数组索引值存储为父与子之间的指针，并允许数据连续存储，无论树是否平衡或是否是完全树。但这种策略会增加维护空闲列表或数组中移位元素的开销。

19.10　TreeNode 类必须存储指向存储在该位置的元素的指针，也必须存储指向该节点的每个子节点的指针。TreeNode 类还可能包含指向父节点的指针。

19.11　二叉搜索树的中序遍历会生成按升序排列的列表。

19.12　为了使策略成功，列表的迭代器必须按照元素添加的顺序返回元素。对于列表的这一特定实现，我们知道确实必须这样做。

第 20 章 二叉搜索树

学习目标
- 定义二叉搜索树的抽象数据结构。
- 演示二叉搜索树如何解决问题。
- 分析二叉搜索树的实现。
- 讨论平衡二叉搜索树的策略。

本章专注于探讨二叉搜索树的概念及其实现。我们先分析向二叉搜索树添加和删除元素的算法,再学习维护平衡二叉搜索树的算法,最后分析探讨二叉搜索树的实现及各种应用。

20.1 二叉搜索树概述

二叉搜索树是一种以便于查找特定元素的方式组织的树。也就是说,搜索树以特定方式存储相关元素,因此在查找元素时,我们不用搜索整棵树。

二叉搜索树是二叉树。对于节点 n,n 的左子树所存储的元素小于存储在 n 中的元素,而 n 的右子树存储的元素大于或等于存储在 n 中的元素。

图 20.1 给出了存储整数值的二叉搜索树。请仔细分析这棵树,注意节点之间的关系。根据该图,我们知道,根的左子树中的每个元素都小于 45,根的右子树中的每个元素都大于 45。对于树中的每个节点,元素间的关系都是如此。

> **重要概念**
> 二叉树搜索树是一种二叉树,对于每个节点,左子树中的元素都小于其父元素,右子树中的元素都大于或等于其父元素。

与父元素等值的元素要存储于右子树,如图 20.1 中的整数 42 就存储于右子树。但这一决策是可变的。只要管理树的所有操作都与该决策一致,我们也可以将等值元素存储于左子树。

为了确定指定目标元素是否在树中,我们需要遵循从根开始的正确路径,根据当前元素是大于还是小于节点元素,来决定是向左移动还是向右移动。最终,要么找到目标元素,要么到了路径终点,也就是说树中没有目标元素。

上述过程是否让你想起了第 18 章所讨论的二叉树搜索算法呢?实际上,两者的逻辑相同。在第 18 章中,我们搜索有序数组,并跳转到相应的索引。在使用二叉搜索树时,其自身的结构就提供了搜索路径。

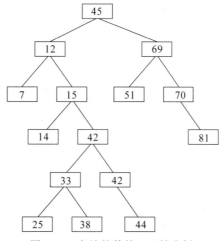

图 20.1　存储整数的二叉搜索树

在图 20.1 的二叉搜索树中，构造树时只使用了一个相同的元素。二叉搜索树的树形取决于向其添加元素的顺序以及用于重塑树形的相应处理。最高效的二叉搜索树是平衡的，因为每次比较都会去除大约一半的可行候选元素。

当然，只要有办法确定数据之间的相对顺序，二叉搜索树可以包含任何类型的数据或对象。例如，实现 Comparable 接口的对象可以放入二叉搜索树，因为我们可以使用 compareTo 方法确定哪个对象在前，哪个对象在后。为简单起见，本章的示例使用整数。

> **重要概念**
> 最高效的二叉搜索树是平衡的，因此每次比较都会去除一半可行的候选元素。

注意，如果在二叉搜索树中执行中序遍历，则如 19 章所述按升序访问元素。

20.1.1　向二叉搜索树添加元素

向二叉搜索树添加新元素的过程与搜索树的过程类似，新添加的元素作为树的叶节点。添加的过程是从根开始，沿着每个节点元素所指出的路径，到达相应方向上无子节点的节点处。也就是说，添加新元素作为树的叶子节点。

举个例子，我们按如下顺序将元素添加到新的二叉搜索树中：

```
77 24 58 82 17 40 97
```

第一个值 77 成为新树的根。接下来，因为 24 小于 77，所以将 24 作为根的左子节点。下一个值 58 小于 77，因此，也要将它作为根的左子树，但 58 大于 24，因此，58 作为 24 的右子节点。下一个值 82 大于根值 77，因此，它作为根的右子节点。下一个值 17 小于 77 且小于 24，则它作为 24 的左子节点。图 20.2 给出了上述的处理过程，也给出了将后继元素继续添加到树中的过程。

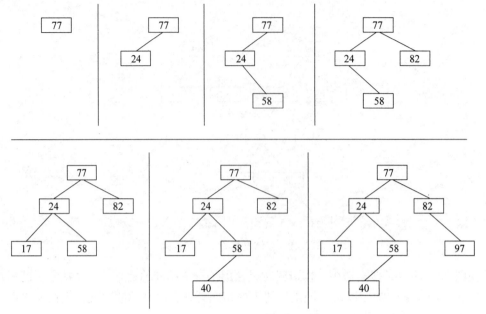

图 20.2　向二叉搜索树添加元素

在没有任何额外的处理来改变树形的情况下，添加元素的顺序决定了树形。如果添加顺序特别偏向于某种方式，则生成树可能无用。例如，按下面的顺序生成的树就没什么用。

```
20 24 37 28 44 47 69
```

重要概念
在没有任何额外处理的情况下，二叉搜索树的形状由添加元素的顺序决定。

20.1.2　删除二叉搜索树中的元素

从二叉搜索树中删除元素并不像删除线性数据结构中的元素那样简单，因为每个节点都可能有两个子节点。记住，在删除元素之后，生成树必须仍是有效的二叉搜索树，且元素之间具有正确的关系。

通过分析图 20.3 给出的二叉搜索树可知，要删除二叉搜索树的元素必须要考虑以下三种情况：

- 情况 1：如果要删除的节点是叶子节点，无子节点，则可以直接删除。
- 情况 2：如果要删除的节点有一个子节点，则要用其子节点替换要删除的节点。
- 情况 3：如果要删除的节点有两个子节点，则要从子树中找到正确的节点，用来替换要删除的节点，要删除节点的子节点成为替代节点的子节点。

第一种情况最简单。如果我们要删除像 88 或 67 这样的叶子节点，则可以直接删除。所得到的树仍然是有效的二叉搜索树。

第二种情况也相对简单。如果我们要删除像 51 或 62 这样的只有一个子节点的节点，则只需用其子节点替换要删除的父节点。也就是说，用 57 替换 51，用 67 替换 62。子节点与树的其余部分的关系保持不变。即使子节点还有自己的子树，这种解决方案依然有效。例如，我们用 81 替换 70，即使 81 有自己的子节点。整个子树与新父节点（86）依然保持正确的关系。

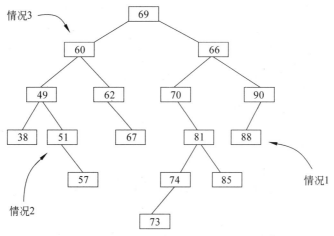

图 20.3　删除 BST 元素时要考虑的三种情况

重要概念
从二叉搜索树中删除元素时，需要考虑三种情况。

第三种情况最有趣。假设要删除的节点有两个子节点，例如节点 60。为了不重建树，这两个子节点都不能直接替换要删除的节点。最好的选择是用中序后继节点替换要删除的节点。中序后继节点是中序遍历中跟随要删除元素的下一个最大值。例如，在如图 20.3 的树中，60 的中序后继节点 62，70 的中序后继节点是 73，69 的中序后继节点是 70。

重要概念
从 BST 中删除有两个子节点的节点时，中序后继节点是替换该节点的最好选择。

因此，为了删除有两个子节点的节点，我们先从树中删除要删除节点的中序后继节点，然后，再用中序后继节点替换实际要删除的节点，要删除节点的现有子节点成为中序后继节点的子节点。

那中序后继节点现有的子节点怎么办呢？回答是要确保节点的后继节点没有左子节点。如果节点确实没有左子节点，则该节点是后继节点。因此，我们知道，中序后继节点要么是叶子节点，要么只有右子节点。删除中序后继节点就是前两种简单情况中的一种。

例如，要从图 20.3 的树中删除 86，我们先找到 86 的中序后继节点 88，再将 88 从树中删除。删除 88 非常简单，因为 88 是叶子节点。之后再用 88 替换 86。节点 70 成为节点 88 的左子节点，节点 90 成为 88 的右子节点。

下面再分析一个删除有两个子节点的节点示例。树如图 20.3 所示，这次要删除的是根节点 69。首先，我们要找到 69 的中序后继节点 70，再将 70 从树中删除，之后用根为 81 的子树替换 70，最后用 70 替换 69，得到的树如图 20.4 所示。

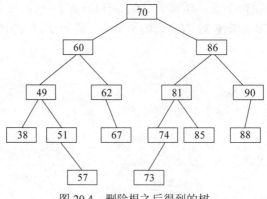

图 20.4　删除根之后得到的树

20.2　实现二叉搜索树

正如第 19 章所探讨的，如果不知道树的类型及树的预期目标，我们很难为树抽象出具体的操作集。我们通过维护有序添加这一属性，对前面的定义进行了扩展，以包括图 20.5 列出的二叉搜索树的操作。

操作	描述
addElement	向树中添加元素。
removeElement	从树中删除元素。
removeAllOccurrences	从树中删除所有出现的元素。
removeMin	删除树中的最小元素
removeMax	删除树中的最大元素
findMin	返回对树中最小元素的引用
findMax	返回对树中最大元素的引用

图 20.5　二叉搜索树的操作

与第 19 章所讨论的一样，Java Collections API 不提供通用树的实现，而只是将树用于集合和映射的实现策略。我们将在第 22 章讨论树的 API 处理，同时也会实现自己的链式树。

我们必须牢记，二叉搜索树的定义是上一章所讨论二叉树定义的扩展。因此，二叉搜索树的操作是对二叉树所定义操作的补充。到此为止，我们只讨论过二叉搜索树，但平衡二叉搜索树的接口与二叉搜索树的接口一样。程序 20.1 和图 20.6 给出了 BinarySearchTreeADT。

重要概念
二叉搜索树的定义是对二叉树定义的扩展。

程序 20.1

```
package jsjf;
```

```
/**
 * BinarySearchTreeADT defines the interface to a binary search tree.
 *
 * @author Java Foundations
 * @version 4.0
 */
public interface BinarySearchTreeADT<T> extends BinaryTreeADT<T>
{
    /**
     * Adds the specified element to the proper location in this tree.
     *
     * @param element the element to be added to this tree
     */
    public void addElement(T element);
    /**
     * Removes and returns the specified element from this tree.
     *
     * @param targetElement the element to be removed from the tree
     * @return the element to be removed from the tree
     */
    public T removeElement(T targetElement);

    /**
     * Removes all occurences of the specified element from this tree.
     *
     * @param targetElement the element to be removed from the tree
     */
    public void removeAllOccurrences(T targetElement);

    /**
     * Removes and returns the smallest element from this tree.
     *
     * @return the smallest element from the tree.
     */
    public T removeMin();
    /**
     * Removes and returns the largest element from this tree.
     *
     * @return the largest element from the tree
     */
    public T removeMax();

    /**
     * Returns the smallest element in this tree without removing it.
     *
     * @return the smallest element in the tree
     */
```

```
    public T findMin();
    /**
     * Returns the largest element in this tree without removing it.
     *
     * @return the largest element in the tree
     */
    public T findMax();
}
```

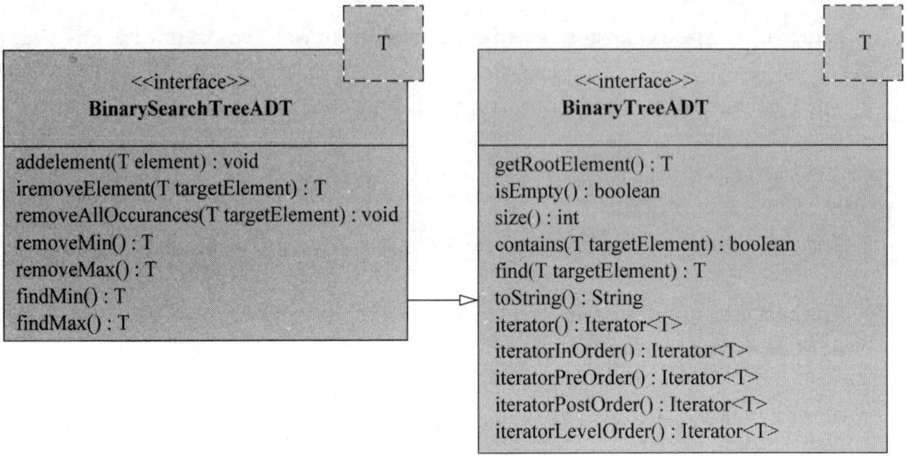

図 20.6　BinarySearchTreeADT 的 UML 描述

20.3　用链表实现二叉搜索树

在第 19 章中，我们介绍了 LinkedBinaryTree 类的简单实现，其使用 BinaryTreeNode 类表示树中的每个节点。每个 BinaryTreeNode 对象不仅维护对每个节点所存储元素的引用，还维护对每个节点子节点的引用。我们可以用 LinkedBinarySearchTree 类实现的 BinarySearchTreeADT 接口对该定义进行扩展。在第 19 章，我们扩展了 LinkedBinaryTree 类，以支持在这里所讨论的 11 种方法，当然也支持各种遍历。

我们的 LinkedBinarySearchTree 类提供了两个构造函数：一个构造函数用于创建空的 LinkedBinarySearchTree，另一个构造函数用于创建一个在根位置有指定元素的 LinkedBinarySearchTree。这两个构造函数都直接引用超类即 LinkedBinaryTree 类的等效构造函数。

重要概念
每个 BinaryTreeNode 对象不仅维护对每个节点所存储元素的引用，还维护对每个节点子节点的引用。

```
    /**
     * Creates an empty binary search tree.
     */
    public LinkedBinarySearchTree()
```

```
{
    super();
}
/**
 * Creates a binary search with the specified element as its root.
 *
 * @param element the element that will be the root of the new binary
 *        search tree
 */
public LinkedBinarySearchTree(T element)
{
    super(element);

    if (!(element instanceof Comparable))
        throw new
            NonComparableElementException("LinkedBinarySearchTree");
}
```

20.3.1　addElement 操作

addElement(element)方法使用私有的递归方法 addElement(element,tree)，将给定元素添加到树中的适当位置。如果元素不是 Comparable，则该方法抛出 NonComparableElement-Exception。如果树为空，则新元素为根。如果树不为空，则将新元素与根元素进行比较，如果其小于根元素且根的左子节点为空，则新元素将成为根的左子节点。如果新元素小于根元素且根节点的左子节点不为空，则需要递归地将该元素添加到根节点的子树中。如果新元素大于或等于根元素且根的右子节点为空，则新元素成为根的右子节点。如果新元素大于或等于根元素且根的右子节点不为空，则需要递归地将元素添加到根的右子树中。与任何递归算法一样，我们也可以选择迭代实现添加操作。添加操作的迭代版本留作程序设计项目。

> **设计焦点**
> 　　一旦定义了我们希望构建的树的类型以及如何使用树，我们就能定义接口和实现。在第 19 章中，我们定义了二叉树，就能定义非常基本的操作集。现在我们将下定义范围限制于二叉搜索树，我们可以加入更多的接口和实现细节。确定构建接口描述的级别以及确定父类和子类之间边界的设计选择等，这些内容是很艰难的设计选择。

```
/**
 * Adds the specified object to the binary search tree in the
 * appropriate position according to its natural order. Note that
 * equal elements are added to the right.
 *
 * @param element the element to be added to the binary search tree
 */
public void addElement(T element)
```

```
{
    if (!(element instanceof Comparable))
        throw new
        NonComparableElementException("LinkedBinarySearchTree");
    Comparable<T> comparableElement = (Comparable<T>)element;
    if (isEmpty())
        root = new BinaryTreeNode<T>(element);
    else
    {
        if (comparableElement.compareTo(root.getElement()) < 0)
        {
            if (root.getLeft() == null)
                this.getRootNode().setLeft(
                            new BinaryTreeNode<T>(element));
            else
                addElement(element, root.getLeft());
        }
        else
        {
            if (root.getRight() == null)
                this.getRootNode().setRight(
                        new BinaryTreeNode<T>(element));
            else
                addElement(element, root.getRight());
        }
    }
    modCount++;
}
/**
 * Adds the specified object to the binary search tree in the
 * appropriate position according to its natural order.  Note that
 * equal elements are added to the right.
 *
 * @param element the element to be added to the binary search tree
 */
private void addElement(T element, BinaryTreeNode<T> node)
{
    Comparable<T> comparableElement = (Comparable<T>)element;

    if (comparableElement.compareTo(node.getElement()) < 0)
    {
        if (node.getLeft() == null)
            node.setLeft(new BinaryTreeNode<T>(element));
        else
            addElement(element, node.getLeft());
    }
    else
```

```
    {
        if (node.getRight() == null)
            node.setRight(new BinaryTreeNode<T>(element));
        else
            addElement(element, node.getRight());
    }
}
```

20.3.2　removeElement 操作

　　removeElement 方法从二叉搜索树中删除指定的 Comparable 元素，或者如果在树中找不到指定的目标，则抛出 ElementNotFoundException。正如本章第 1 节所述，我们不能简单地删除节点的引用来删除节点，而必须提升另一个节点来替换要删除的节点。受保护的方法 replacement 返回替换节点的引用。选择替换节点有如下三种情况：

- 如果节点没有子节点，则 replacement 返回空。
- 如果节点只有一个子节点，则 replacement 返回其子节点。
- 如果要删除的节点有两个子节点，则 replacement 返回要删除节点的中序后继节点，因为相等的元素放在右侧。

> **重要概念**
> 在从二叉搜索树中删除元素时，必须提升另一个节点以替换要删除的节点。

　　像递归的 addElement 方法一样，removeElement（targetElement）方法是递归的，并使用私有的 removeElement(targetElement, node，parent）方法。这样，删除根元素的特殊情况可以单独处理。

```
/**
 * Removes the first element that matches the specified target
 * element from the binary search tree and returns a reference to
 * it.  Throws a ElementNotFoundException if the specified target
 * element is not found in the binary search tree.
 *
 * @param targetElement the element being sought in the
 *  binary search tree
 * @throws ElementNotFoundException if the target element is not found
 */
public T removeElement(T targetElement)
                    throws ElementNotFoundException
{
    T result = null;
    if (isEmpty())
        throw new ElementNotFoundException("LinkedBinarySearchTree");
    else
    {
```

```
BinaryTreeNode<T> parent = null;
if (((Comparable<T>)targetElement).equals(root.element))
{
    result = root.element;
    BinaryTreeNode<T> temp = replacement(root);
    if (temp == null)
        root = null;
    else
    {
        root.element = temp.element;
        root.setRight(temp.right);
        root.setLeft(temp.left);
    }
    modCount--;
}
else
{
    parent = root;
    if (((Comparable)targetElement).compareTo(root.element) < 0)
        result = removeElement(targetElement,
                            root.getLeft(), parent);
    else
        result = removeElement(targetElement,
                            root.getRight(), parent);
}
}

return result;
}
```

以下代码说明了 replacement 方法。图 20.7 进一步说明了从二叉搜索树中删除元素的过程。

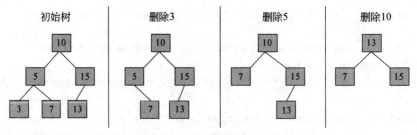

图 20.7　从二叉树中删除元素

```
/**
 * Returns a reference to a node that will replace the one
 * specified for removal.  In the case where the removed node has
 * two children, the inorder successor is used as its replacement.
 *
```

```
 * @param node the node to be removed
 * @return a reference to the replacing node
 */
private BinaryTreeNode<T> replacement(BinaryTreeNode<T> node)
{
    BinaryTreeNode<T> result = null;

    if ((node.left == null) && (node.right == null))
        result = null;

    else if ((node.left != null) && (node.right == null))
        result = node.left;

    else if ((node.left == null) && (node.right != null))
        result = node.right;

    else
    {
        BinaryTreeNode<T> current = node.right;
        BinaryTreeNode<T> parent = node;
        while (current.left != null)
        {
            parent = current;
            current = current.left;
        }

        current.left = node.left;
        if (node.right != current)
        {
            parent.left = current.right;
            current.right = node.right;
        }

        result = current;
    }

    return result;
}
```

20.3.3　removeAllOccurrences 操作

removeAllOccurrences 方法从二叉搜索树中删除指定元素的所有存在,如果在树中找不到指定元素, 则会抛出 ElementNotFoundException。如果指定元素是 Comparable, 则会抛出 ClassCastException。该方法每次会调用 removeElement 方法, 这样就能保证, 如果树中没有指定元素时, 能抛出异常。只要树中包含指定元素, 就会再次调用 removeElement 方法。注意，removeALLOccurrences 方法使用 LinkedBinaryTree 类的 contains 方法。此外，还要注意，为了利用二叉搜索树的有序属性，已重写了 LinkedBinarySearchTree 类的 find 方法。

```
/**
   * Removes elements that match the specified target element from
   * the binary search tree. Throws a ElementNotFoundException if
   * the sepcified target element is not found in this tree.
   *
   * @param targetElement the element being sought in the
   * binary search tree
   * @throws ElementNotFoundException if the target element is not found
   */
public void removeAllOccurrences(T targetElement)
              throws ElementNotFoundException
{
    removeElement(targetElement);

    try
    {
        while (contains((T)targetElement))
            removeElement(targetElement);
    }

    catch (Exception ElementNotFoundException)
    {
    }
}
```

20.3.4　removeMin 操作

在二叉搜索树中，最小元素的位置可能有如下三种情况：
- 如果树根没有左子节点，则根是最小元素且其右子节点会变成新根。
- 如果树的最左边的节点是叶子节点，则它是最小元素，我们只需将其父对象的左子节点引用设置为空。
- 如果树的最左边的节点是内部节点，则将其父节点的左子节点引用设置为指向要删除的节点的右子节点。

重要概念
二叉树的最左边节点包含最小元素，相应地，最右边节点包含最大元素。

根据上述三种情况，removeMin 操作的代码相对简单。

```
/**
   * Removes the node with the least value from the binary search
```

```
   * tree and returns a reference to its element.  Throws an
   * EmptyCollectionException if this tree is empty.
   *
   * @return a reference to the node with the least value
   * @throws EmptyCollectionException if the tree is empty
   */
public T removeMin() throws EmptyCollectionException
{
    T result = null;
    if (isEmpty())
        throw new EmptyCollectionException("LinkedBinarySearchTree");
    else
    {
        if (root.left == null)
        {
            result = root.element;
            root = root.right;
        }
        else
        {
            BinaryTreeNode<T> parent = root;
            BinaryTreeNode<T> current = root.left;
            while (current.left != null)
            {
                parent = current;
                current = current.left;
            }
            result =  current.element;
            parent.left = current.right;
        }
        modCount--;
    }
    return result;
}
```

removeMax、findMin 和 findMax 操作留作练习。

20.3.5　用数组实现二叉搜索树

在第 19 章中，我们讨论了树的两种数组实现策略：计算策略和模拟链式策略。这两种实现都留作了程序设计项目。我们将在第 21 章重温用数组实现树。

20.4　使用二叉搜索树实现有序列表

正如第 19 章所探讨的，树的一种用途就是为其他集合提供高效实现。第 15 章实现的 OrderedList 集合就是树为集合提供服务的最好示例。图 20.8 给出了列表的常见操作，

图 20.9 给出了有序列表的指定操作。

操作	描述
removeFirst	删除列表的第一个元素。
removeLast	删除列表的最后一个元素。
remove	删除列表的指定元素。
first	检查列表的第一个元素。
last	检查列表最后一个元素。
contains	确定列表是否包含指定元素。
isEmpty	确定列表是否为空。
size	确定列表中的元素个数。

图 20.8　列表中的常见操作

操作	描述
add	向列表中添加元素

图 20.9　有序列表的指定操作

使用二叉搜索树，我们可以创建名为 BinarySearchTreeList 的实现，与第 6 章讨论的实现相比，该实现更加高效。

> **重要概念**
> 树的一个用途是提供其他集合的高效实现。

为了简单起见，如程序 20.2 所示，我们使用 BinarySearchTreeList 类实现了 ListADT 接口和 OrderedListADT 接口。对于某些方法而言，LinkedBinaryTree 或 LinkedBinarySearchTree 类就够用了。同理，一些方法只需使用 contains、isEmpty 和 size 操作。至于其他操作，LinkedBinaryTree 类（或 LinkedBinarySearchTree 类）的方法与有序列表所需的方法之间存在一一对应关系。因此，通过调用 LinkedBinarySearchTree 的关联方法就能实现每个方法。add、removeFirst、removeLast、remove、first、last 和 iterator 方法的实现也是如此。

程序 20.2

```
package jsjf;
import jsjf.exceptions.*;
import java.util.Iterator;
/**
 * BinarySearchTreeList represents an ordered list implemented using a binary
 * search tree.
 *
 * @author Java Foundations
 * @version 4.0
 */
```

```java
public class BinarySearchTreeList<T> extends LinkedBinarySearchTree<T>
                implements ListADT<T>, OrderedListADT<T>, Iterable<T>
{
    /**
     * Creates an empty BinarySearchTreeList.
     */
    public BinarySearchTreeList()
    {
        super();
    }
    /**
     * Adds the given element to this list.
     *
     * @param element the element to be added to the list
     */
    public void add(T element)
    {
        addElement(element);
    }
    /**
     * Removes and returns the first element from this list.
     *
     * @return the first element in the list
     */
    public T removeFirst()
    {
        return removeMin();
    }

    /**
     * Removes and returns the last element from this list.
     *
     * @return the last element from the list
     */
    public T removeLast()
    {
        return removeMax();
    }
    /**
     * Removes and returns the specified element from this list.
     *
     * @param element the element being sought in the list
     * @return the element from the list that matches the target
     */
    public T remove(T element)
```

```
    {
        return removeElement(element);
    }

    /**
     * Returns a reference to the first element on this list.
     *
     * @return a reference to the first element in the list
     */
    public T first()
    {
        return findMin();
    }
    /**
     * Returns a reference to the last element on this list.
     *
     * @return a reference to the last element in the list
     */
    public T last()
    {
        return findMax();
    }
    /**
     * Returns an iterator for the list.
     *
     * @return an iterator over the elements in the list
     */
    public Iterator<T> iterator()
    {
        return iteratorInOrder();
    }
}
```

20.4.1　BinarySearchTreeList 实现分析

为了我们的分析，假设在 BinarySearchTreeList 实现中，LinkedBinarySearchTree 实现的是一棵平衡二叉搜索树，该树的任何节点的最大深度均为 $\log_2$（n），其中 n 是存储于树中元素的个数。这个假设非常重要，根据此假设，图 20.10 给出了有序列表的单链表实现和 BinarySearchTreeList 实现的每种操作的阶数比较。

注意，假设的树是一棵平衡二叉搜索树，所以任何 add 和 remove 操作都可能导致树的失衡。我们需要重新平衡失衡的树，平衡树所用的算法可能会影响我们的分析。值得注意的是，某些操作如 removeLast、last 和 contains 在树的实现中更高效，但某些操作如 removeFirst 和 first 在树的实现中却很低效。

操作	LinkedList	BinarySearchTreeList
removeFirst	O(1)	O(logn)
removeLast	O(n)	O(logn)
remove	O(n)	O(logn)*
first	O(1)	O(logn)
last	O(n)	O(logn)
contains	O(n)	O(logn)
isEmpty	O(1)	O(1)
size	O(1)	O(1)
add	O(n)	O(logn)*
*add 和 remove 操作都可能导致树的失衡		

图 20.10　有序列表的链表实现与二叉搜索树实现的分析对比

20.5　平衡二叉搜索树

为什么我们的平衡假设非常重要呢？下面我们具体分析。想一想，如果树是不平衡的，会是什么情况呢？举个例子，假设我们先从文件中读取下列的整数列表，然后再将这些整数添加到二叉搜索树中，整数列表如下所示：

3 5 9 12 18 20

其生成的二叉搜索树如图 20.11 所示。这棵树是一棵退化的二叉树，看起来更像链表。实际上，由于该树的每个节点都有额外的开销，其效率要低于链表的效率。

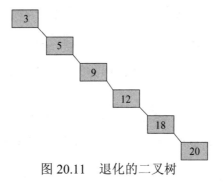

图 20.11　退化的二叉树

重要概念
如果二叉搜索树是不平衡的，则其效率可能会低于线性结构的效率。

如果上述的不平衡二叉树是我们要处理的树，那么对此树进行分析，所得结果更加糟糕。例如，如果我们没有树是平衡的这种假设，则 addElement 操作的最差时间复杂度将是 O(n)而不是 O(log n)。为何会如此呢？因为存在根是树中的最小元素，而要插入的元素是最大元素的可能性。

我们的目标是树的最长路径约为 $\log_2 n$。目前维护树的平衡有多种算法。在这些算法中，蛮力算法既不简洁也不高效，但也能完成任务。例如，我们可以将树的中序遍历写入数组，然后使用递归方法将数组的中间元素作为根来插入，以此构建平衡的左右子树。虽然这种方法可行，但不是最简洁的解决方案。简洁的解决方案有 AVL 树和红/黑树，我们将在后续内容中讲解这两种树。

在继续学习更多技术之前，我们需要深入理解一些常用的平衡技术术语。本书所介绍的方法适用于二叉搜索树的任何子树。对于任何子树，我们只需用对子树根的引用替换对树根的引用。

20.5.1　右旋

图 20.12 给出了一棵不平衡的二叉搜索树以及重新平衡它所需的处理步骤。此树的最长路径为 3，最短路径为 1。树中只有 6 个元素，所以最长路径为 $\log_2 6$，即为 2。为了使该树达到平衡，所需的处理步骤如下：
- 使根的左子节点成为新的根。
- 使原根成为新根的右子节点。
- 使新根的原右子节点成为原根的左子节点。

右旋通常是指左子节点绕父节点右旋。图 20.12 的最后一步给出了右旋后的树。在树的任何层都可以进行相同类型的旋转。如果不平衡是由根的左子树的路径过长引起的，则单右旋能解决该树的不平衡问题。

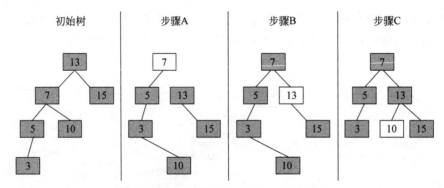

图 20.12　不平衡树和右旋所生成的平衡树

20.5.2　左旋

图 20.13 给出了另一棵不平衡的二叉搜索树。同样，该树的最长路径为 3，最短路径为 1。但该树的较长路径位于根的右子树。为了使这棵树达到平衡，所需的处理步骤如下：
- 使根的右子节点成为新根。
- 使原根成为新根的左子节点。
- 使新根的原左节点成为原根的右子节点。

左旋是指右子节点绕父节点左旋。图 20.13 给出了树左旋的处理步骤。在树的任何层都可以进行相同类型的旋转。如果不平衡是由根的右子树的长路径引起的，则左旋能解决树的不平衡问题。

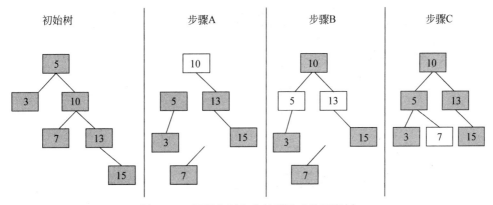

图 20.13　不平衡树和左旋所生成的平衡树

20.5.3　右左旋

不是所有树的不平衡都能通过单旋来解决。例如，如果树的不平衡是由根的右子节点的左子树的长路径引起的，则根的右子节点的左子节点必须先绕根节点的右子节点右旋，然后所生成树的根右子节点再绕根左旋。图 20.14 给出了右左旋转的过程。

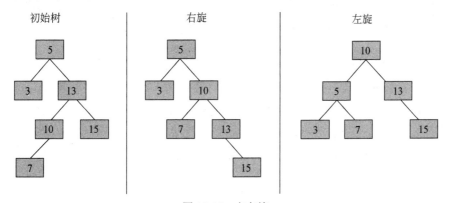

图 20.14　右左旋

20.5.4　左右旋

与右左旋类似，如果树的不平衡是由根的左子节点的右子树中的长路径引起的，则我们根的左子节点的右子节点必须先绕根的左子节点左旋，然后所生成树的根左子节点绕根右旋。图 20.15 给出了左右旋的过程。

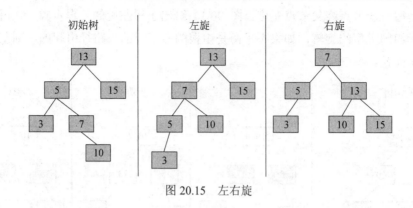

图 20.15　左右旋

20.6　实现二叉搜索树：AVL 树

我们一直在讨论平衡树的通用方法，该树从根开始的最长路径不得超过 $\log_2 n$，从根开始的最短路径必须不小于 $\log_2 n-1$。Adel'son-Vel'sk1i 和 Landis 开发了一种名为 AVL 树的方法，其是上述通用方法的变种。对于树中的每个节点，我们记录其左右子树的高度。对于树中的任何节点，如果平衡因子或其子树的高度差（右子树的高度减去左子树的高度）大于 1 或小于 -1，则需要重新平衡以该节点为根的子树。

> **重要概念**
> 右子树的高度减去左子树的高度称为节点的平衡因子。

有两种方式可以改变树或树的任何子树的平衡：插入节点或删除节点。因此，每当执行插入或删除操作时，必须更新平衡因子，且必须以插入或删除节点为起点，向上一直检查到树的根，以确定树的平衡。因为需要对树进行备份，所以在实现 AVL 时，每个节点都包含父引用。在下面的图中，所有的边都表示单条双向线。

上一小节所讨论的树的旋转也适用于 AVL 树，通过树的旋转，我们可以轻松得到平衡 AVL 树。

> **重要概念**
> 有两种方式可以改变树或树的任何子树的平衡：插入节点或删除节点。

20.6.1　AVL 树的右旋

如果节点的平衡因子是 -2，则意味着节点的左子树具有长路径。之后，我们检查该节点的左子节点的平衡因子。如果其左子节点的平衡因子为 -1，则表示长路径位于左子节点的左子树，因此只需将该节点的左子节点绕该节点右旋，就会重新平衡该树，图 20.16 给出了插入节点如何导致树的失衡，右旋又如何使树重新达到平衡。注意，图中每个节点上有两个数，前一个数表示存储在节点中的值，括号中的数表示平衡因子。同样，如果左子节点的平衡因子为 0，则简单的右旋就能解决树的不平衡问题。

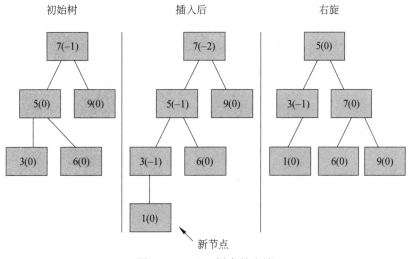

图 20.16 AVL 树中的右旋

20.6.2 AVL 树中的左旋

如果节点的平衡因子是+ 2，则意味着节点的右子树具有长路径。之后我们检查该节点的右子节点的平衡因子。如果其右子节点的平衡因子是+ 1，则意味着长路径在右子节点的右子树中。因此只需将该节点的右子节点绕该节点左旋，就会重新平衡该树。同样，如果右子节点的平衡因子为 0，则简单的左旋就能解决树的不平衡问题。

20.6.3 AVL 树中的右左旋

如果节点的平衡因子是+2，则意味着节点的右子树具有长路径。之后，我们检查该节点的右子节点的平衡因子。如果右子节点的平衡因子是-1，则意味着长路径在右子节点的左子树中，因此右左的双旋能使树重新达到平衡。首先该节点的右子节点的左子节点绕该节点右旋，然后该节点的右子节点绕该节点左旋，就实现了树的重新平衡。图 20.17 给出了从树中删除元素如何导致树的失衡，右左旋又如何使树重新达到平衡。注意，图中的每个节点有两个数，第一个数表示存储在节点的值，括号中的数表示平衡因子。

20.6.4 AVL 树中的左右旋

如果节点的平衡因子是-2，则意味着节点的左子树具有太长的路径。之后，我们检查该节点的左子节点的平衡因子。如果其左子节点的平衡因子是+ 1，则意味着长路径在左子节点的右子树中，因此左右双旋将重新使树达到平衡。首先该节点的左子节点的右子节点绕该节点的左子节点左旋，然后该节点左子节点绕该节点右旋，就实现了树的重新平衡。

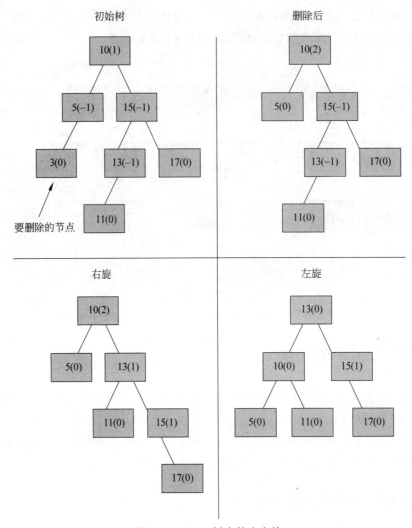

图 20.17　AVL 树中的右左旋

20.7　实现二叉搜索树：红/黑树

实现二叉搜索树的另一种替代方案是使用红/黑树。红黑树是由 Guibas 和 Sedgewick 开发并扩展。红/黑树是平衡二叉搜索树，该树的每个节点都存储着颜色值：红色或黑色，用 boolean 值表示，false 等同于红色。控制节点颜色的规则如下：

- 根是黑色的。
- 红色节点的所有子节点都是黑色的。
- 从根到叶子的每条路径所包含的黑色节点数相同。

图 20.18 给出了三棵有效的红/黑树，其较浅的节点代表"红色"。注意，与 AVL 树或前面的理论讨论相比，红/黑树的平衡限制要严格得多。但在两种实现中，查找某个元素的时间复杂度都为 O（log n）。因为红色节点没有红色子节点，所以路径中最多有一半节点是

红色节点，另一半节点是黑色节点。据此可知，红/黑树的最大高度约为 2*logn，因此，最长路径的遍历的时间复杂度仍为 log n。

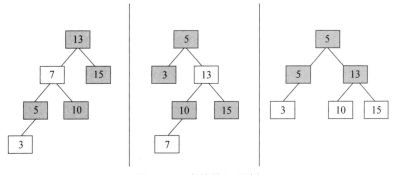

图 20.18　有效的红/黑树

与 AVL 树一样，在树中插入或删除元素之后，唯一需要关注的就是平衡。与 AVL 树的处理不同，红/黑树的插入和删除处理是完全分开的。

20.7.1　红/黑树中的插入元素

在红/黑树中，插入元素的操作过程与之前学习的 addElement 方法基本相同。不同之处在于要先将新元素的颜色设置为红色。在插入新元素后，会根据需要重新平衡树，并根据需要更改新元素的颜色，以维护红/黑树的属性。在最后一步，我们始终会将树的根颜色设置为黑色。为了讨论方便，我们将颜色节点简写为 node.color，但在实际应用中，我们会采取更优的实现，如创建返回节点颜色的方法。

插入后的重新平衡的过程是一个迭代（或递归）的过程，该过程从插入点开始，一直到树根处结束。因此，与 AVL 树一样，红/黑树的最佳实现也是在每个节点都包含了父引用。重新平衡过程的终止条件是（current == root），其中 current 是当前正在处理的节点；中止条件还可以是（current.parent.color == black），也就是说，当前节点的父节点的颜色是黑色。第一个条件能终止重新平衡的过程，因为我们一直将根的颜色设置为黑色，且所有路径都包括根，因此不违反每条路径具有相同数量黑色元素的规则。第二个条件也能终止重新平衡的过程，因为 current 指向的节点一直是红色节点。也就是说，如果当前节点的父节点是黑色的，就会满足所有规则，因为红色节点不会影响路径中黑色节点的数量，同时我们从插入点开始重新平衡，所以已平衡了当前节点的所有子树。

在重新平衡过程的每次迭代中，我们将专注于当前节点的父节点的兄弟节点的颜色。记住，当前节点的父节点 current.parent 可能是左子节点，也可能是右子节点。假设 current 的父节点是右子节点，我们使用 current.parent.parent.left.color 获取颜色信息，但为了便于讨论，我们将使用术语 parentsleftsibling.color 和 parentsrightsibling.color。还要注意，空元素的颜色默认为黑色。

在 current 父节点是右节点时，也存在两种情况：（parentsleftsibling.color == red），或

者（parentsleftsibling.color== black）。要记住，在任何一种情况下，我们在循环中描述重新平衡处理步骤时，都要在循环之前给出终止条件。

图 20.19 给出了在红/黑树中插入第一种情况（parentsleftsibling.color == red）的过程，具体的处理步骤如下：

- 将 current 的父节点的颜色设置为黑色。
- 将 parentsleftsibling 的颜色设置为黑色。
- 将 current 祖父节点的颜色设置为红色。
- 设置 current 指向 current 的祖父节点。

在图 20.19 中，我们将 8 插入到树中。记住，current 指向插入的新节点，且 current.color 设置为红色。根据处理步骤，我们将 current 的父节点设置为 black，并将 current 的父节点的左兄弟节点设置为 black，并将 current 的祖父节点设置为 red。然后设置 current 指向祖父节点。因为祖父节点是根，所以循环终止。最后，我们将树根的颜色设置为黑色。

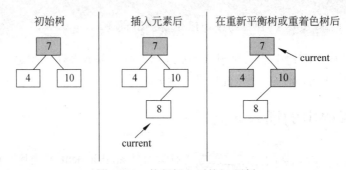

图 20.19　执行插入后的红/黑树

但是，如果（parentsleftsibling.color == black），那么，我们需要先检查 current 是左子节点还是右子节点。如果 current 是左子节点，那么必须将 current 设置为等于其父节点，然后在继续处理之前，绕 current 将 current.left 旋转到右边。一旦旋转操作完成，其余的处理步骤与 current 是右子节点的步骤就相同了，具体的处理步骤如下：

- 将 current 的父节点的颜色设置为黑色。
- 将 current 祖父节点的颜色设置为红色。
- 如果 current 的祖父节点不为空，则绕 current 的祖父节点左旋 current 的父节点。

在 current 的父节点是左子节点时，存在两种情况：（parentsrightsibling.color == red），或者（parentsrightsibling.color == black）。记住，在任何情况下，我们在循环中描述重新平衡处理步骤时，都要在循环之前给出终止条件。图 20.20 给出了在红/黑树中插入（parentsrightsibing.color == red）的过程，具体步骤如下：

- 将 current 的父节点的颜色设置为黑色。
- 将 parentsrightsibling 的颜色设置为黑色。
- 将 current 祖父节点的颜色设置为红色。
- 将 current 设置为指向 current 的祖父节点。

在图 20.20 中，我们将 5 插入到树中，将 current 设置为指向新节点，并将 current.color 设置为红色。按照处理步骤，我们将 current 的父节点设置为黑色，将 current 父节点的右兄弟节点设置为黑色，并将 current 的祖父节点设置为红色。然后我们设置 current 指向其祖父节点。因为新 current 的父节点是黑色，循环终止。最后，我们将根的颜色设置为黑色。

　　如果（parentsrightsibling.color==black），那么我们先要检查 current 是左子节点还是右子节点。如果 current 是右子节点，则必须将 current 设置为等于 current.parent，然后在继续处理之前绕 current 左旋 current.right。一旦完成旋转操作，其余的处理步骤与 current 是左子节点的处理步骤就完全相同了，具体的处理步骤如下：

- 将 current 的父节点的颜色设置为黑色。
- 将 current 祖父节点的颜色设置为红色。
- 如果 current 的祖父节点不为空，则绕 current 的祖父节点右旋 current 的父节点。

　　如上所述，插入 current 后是否对称，取决于 current 的父节点是左子节点还是右子节点。

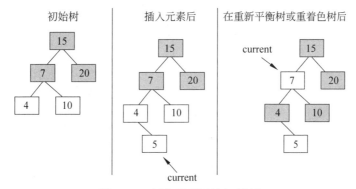

图 20.20　插入元素后的红/黑树

20.7.2　从红/黑树中删除元素

　　与向红/黑树中插入元素相似，从红/黑树中删除元素与 removeElement 操作基本相同，只是增加了重新平衡树这一附加步骤。在删除元素后，树的重新平衡过程是一个迭代过程，其从删除点开始，一直到树根才结束。因此，红/黑树的最佳实现通常在每个节点都包括父引用。重新平衡过程的终止条件是（current == root）或（current.color == red），其中 current 是当前正在处理的节点。

　　与插入的情况一样，删除 current 后树是否对称，取决于 current 是左子节点还是右子节点。在本小节只分析 current 是右子节点的情况。读者可以根据右子节点的处理，推演出其他情况的处理。

　　在插入元素时，我们最关心的是当前节点父节点的兄弟节点颜色。为了完成删除，我们还要关注 current 兄弟节点的颜色。我们使用 current.parent.left.color 来引用该颜色，并将其简写为 sibling.color。我们还要分析兄弟节点子节点的颜色。注意，空节点的默认颜色为黑色。因此，如果在任何时候尝试获取空对象的颜色，结果都将是黑色。图 20.21 给出了删除元素后的红/黑树。

　　如果兄弟节点的颜色是红色，那么在继续处理之前，必须完成以下步骤：

- 将兄弟节点的颜色设置为黑色。

- 将 current 的父节点颜色设置为红色。
- 绕 current 的父节点右旋兄弟节点。
- 设置兄弟节点等于 current 父节点的左子节点。

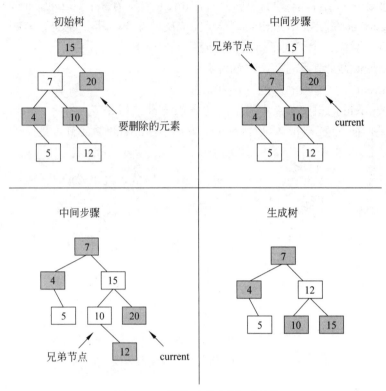

图 20.21　删除元素后的红/黑树

接下来，不管原来的兄弟节点是红色还是黑色，处理都会继续。现在我们要根据兄弟节点子节点的颜色进行不同处理。如果兄弟节点的两个子节点颜色都是黑色（或为空），则进行如下处理：

- 将兄弟节点颜色设置为红色。
- 设置 current 等于 current 的父节点。

如果兄弟节点的子节点颜色都不是黑色，那么我们再检查兄弟节点的左子节点是否是黑色。如果是黑色，则在继续处理之前，必须执行以下步骤：

- 将兄弟节点的右子节点颜色设置为黑色。
- 将兄弟节点的颜色设置为红色。
- 绕兄弟节点左旋兄弟节点的右子节点。
- 将兄弟节点设置为等于 current 父节点的左子节点。

然后，当兄弟节点的两个子节点颜色都不是黑色时，必须执行如下处理：

- 将兄弟节点的颜色设置为 current 父节点的颜色。
- 将 current 父节点的颜色设置为黑色。
- 将兄弟节点的左子节点的颜色设置为黑色。

- 绕 current 父节点右旋兄弟节点。
- 设置 current 等于根。

一旦循环终止，我们必须删除该节点，并将其父节点的子节点引用设置为空。

重要概念总结

- 二叉树搜索树是一种二叉树，对于每个节点，左子树中的元素都小于其父元素，右子树中的元素都大于或等于其父元素。
- 最高效的二叉搜索树是平衡的，因此每次比较都会去除一半可行的候选元素。
- 在没有任何额外处理的情况下，二叉搜索树的形状由添加元素的顺序决定。
- 从二叉搜索树中删除元素时，需要考虑三种情况。
- 从 BST 中删除有两个子节点的节点时，中序后继节点是替换该节点的最好选择。
- 二叉搜索树的定义是对二叉树定义的扩展。
- 每个 BinaryTreeNode 对象不仅维护对每个节点所存储元素的引用，还维护对每个节点子节点的引用。
- 在从二叉搜索树中删除元素时，必须提升另一个节点以替换要删除的节点。
- 二叉树的最左边节点包含最小元素，相应地，最右边节点包含最大元素。
- 树的一个用途是提供其他集合的高效实现。
- 如果二叉搜索树是不平衡的，则其效率可能会低于线性结构的效率。
- 右子树的高度减去左子树的高度称为节点的平衡因子。
- 有两种方式可以改变树或树的任何子树的平衡：插入节点或删除节点。
- 红/黑树的平衡限制比 AVL 树的平衡限制要严格得多。

术 语 总 结

二叉搜索树是一棵具有附加属性的二叉树，对于节点 n，n 的左子树所存储的元素小于存储在 n 中的元素，而 n 的右子树存储的元素大于或等于存储在 n 中的元素。

升级是用于描述树中节点替换父节点或从树中删除其他祖先节点的概念。

退化树是没有分支的树。

右旋是当长路径位于根的左子节点的左子树中时，用于重新平衡树的一种单旋策略。

左旋是当长路径位于根的右子节点的右子树中时，用于重新平衡树的一种单旋策略。

右左旋是当长路径位于根的右子节点的左子树中时，用于重新平衡树的一种双旋策略。

左右旋是当长路径位于根的左子节点的右子树中时，用于重新平衡树的一种双旋策略。

AVL 树是利用每个节点的平衡因子来维护二叉搜索树平衡的一种策略。

平衡因子是一种节点的属性，其值是右子树的高度减去左子树的高度。如果计算结果大于 1 或小于 -1，则表明树是不平衡的。

红/黑树是使用与每个节点相关联的颜色（红色或黑色）来维护二叉搜索树平衡的一种策略。

自 测 题

20.1 二叉树和二叉搜索树之间有何区别？

20.2 为什么我们能够为二叉搜索树指定 addElement 操作和 removeElement 操作，但不能为二叉树指定这两种操作呢？

20.3 假设树是平衡的，则 addElement 操作的时间复杂度是多少？

20.4 如果没有树是平衡的假设，则 addElement 操作的时间复杂度又是多少？

20.5 在实际中，为什么退化树的效率要低于链表的效率？

20.6 我们的 removeElement 操作用中序后继节点替代有两个子节点的节点，其是否是最佳替代选择呢？请给出理由。

20.7 removeAllOccurrences 操作既使用 contains 操作，又使用 removeElement 操作。removeAllOccurrences 操作的时间复杂度是多少？

20.8 在之前实现的有序列表中，RemoveFirst 操作和 firs 操作的时间复杂度都是 O（1）。但为什么在 BinarySearchTreeOrderedList 中，这两个操作效率会变低呢？

20.9 为什么 BinarySearchTreeOrderedList 类必须定义 iterator 方法？为什么不能像 size 和 isEmpty 一样，只依赖其父类的 iterator 方法呢？

20.10 在修改 AVL 树的实现后，addElement 操作的时间复杂度是多少呢？

20.11 通过单右旋能修复什么样的不平衡呢？

20.12 通过左右旋能修复什么样的不平衡呢？

20.13 什么是 AVL 树节点的平衡因子？

20.14 在讨论重新平衡 AVL 树的过程中，我们从未讨论过节点的平衡因子是+2 或-2 且其子节点之一的平衡因子是+ 2 或-2 的可能性。为什么未讨论这种情况呢？

20.15 我们注意到红/黑树的平衡限制不如 AVL 树严格，但为何声明遍历红/黑树中最长的路径的时间复杂度仍为 O（log n）。为什么呢？

练 习 题

20.1 画出由添加以下整数产生的二叉搜索树（34 45 3 87 65 32 1 12 17）。假设我们的简单实现没有平衡机制。

20.2 根据练习 20.1 的生成树，画出删除（45 12 1）后的树，我们的简单实现没有平衡机制。

20.3 重复练习 20.1，这次假设是画 AVL 树。画出的树中要包含平衡因子。

20.4 重复练习 20.2，这次假设是画 AVL 树并以练习 20.3 的结果为起点。画出的树中要包含平衡因子。

20.5 重复练习 20.1，这次假设是画红/黑树，用颜色标记每个节点。

20.6 重复练习 20.2，这次假设是画红/黑树并以练习 20.5 的结果为起点，用颜色标记每个节点。

20.7 从空的红/黑色树开始，执行以下一系列插入和删除操作，画出插入元素后重新平衡之前的树以及平衡之后的树。

addElement (40);

addElement (25);

addElement (10);

addElement (5);

addElement (1);

addElement (4 5);

addElement (5 0);

removeElement (4 0);

removeElement (2 5);

20.8 重复练习 20.7，这次要画 AVL 树。

程序设计项目

20.1 使用第 19 章介绍的计算策略开发二叉搜索树的数组实现。

20.2 LinkedBinarySearchTree 类当前正在使用 LinkedBinaryTree 类的 find 方法和 contains 方法。为 LinkedBinarySearchTree 类实现这些方法，以便利用二叉搜索树的有序性来提高这些方法的效率。

20.3 为我们的链式二叉搜索树的实现实现 removeMax、findMin 和 findMax 操作。

20.4 修改二叉树的链接实现，使其不再有重复项。

20.5 使用 20.4 节所介绍蛮力方法为链式实现实现平衡树方法。

20.6 为程序设计项目 20.1 的数组实现，使用 20.4 节介绍的蛮力方法实现平衡树的方法。

20.7 使用模拟链接策略，基于二叉树的数组实现开发构建二叉搜索树的数组实现。数组中的每个元素既要维护所存储数据元素的引用，也要维护对左子节点和右子节点位置的引用。此外，还需要维护已删除元素的可用数组位置列表，以便重用这些位置。

20.8 修改链式二叉搜索树实现，使其成为 AVL 树。

20.9 修改链式二叉搜索树实现，使其成为红/黑树。

20.10 修改二叉搜索树的链式实现的添加操作，以使用迭代算法。

自测题答案

20.1 二叉搜索树具有有序性，即任何节点的左子节点小于该节点，且该节点小于或等于其右子节点。

20.2 因为二叉搜索树的有序性，现在我们可以定义 add 或 remove 后树的状态，但我们无法定义二叉树的相应状态。

20.3 如果树是平衡的，找到新元素插入点最多需要 1ogn 步，且因为插入元素只是设置一个引用值，所以操作的时间复杂度为 O（log n）。

20.4 如果没有平衡假设，最坏的情况就是退化树，退化树实际上是一个链表。因此，addElerment 操作的时间复杂度为 O（n）。

20.5 退化树因有未使用的引用，会浪费空间。同时许多算法在遍历退化路径之前都会检查空引用，但链表实现不用检查空引用，因此退化树的效率要低于链表的效率。

20.6 最佳选择是中序后继节点，因为我们放置的值与右节点的值相同。

20.7 使用我们的平衡假设，contains 操作使用 find 操作，在 BinarySearchTree 类中将重写 find 操作以利用有序性，contains 的时间复杂度为 O（log n）。removeElement 操作的时间复杂度为 O（log n）。while 循环将迭代常量（k）次，具体的迭代次数取决于给定元素在树中出现的次数。最差情况是要删除树的所有的 n 个元素，这将使树发生退化，并且在这种情况下，时间复杂度为 n* 2* n 或 O（n^2）。但是，预期的情况是一些小常数（0 <= k <n）会出现在平衡树中，这会使时间复杂度变为 k*2*logn 或 O（log n）。

20.8 在之前链式有序列表的实现中，我们有跟踪列表中第一个元素的引用，这使得删除第一个元素或返回第一个元素变得非常简单。在使用二叉搜索树时，我们必须遍历才能到达最左边的元素，然后才能知道有序列表中的第一个元素。

20.9 记住二叉树的迭代器后都要后跟所用的遍历顺序。这就是 BinarySearchTreeOrderedList 类的 iterator 方法要调用 BinaryTree 类的 iteratorInorder 方法的原因。

20.10 记住 addElement 方法仅影响树中的一条路径，在平衡 AVL 树中，这条路径的最长长度为 log n。正如之前所讨论的，找到插入位置并设置引用的时间复杂度为 O（log n）。之后，我们必须按原路返回，更新每个节点的平衡因子，并在必要时旋转。更新平衡因子是 α（1）步，旋转也是 α（1）步。至多执行 logn 次。因此，addElement 的时间复杂度为 2* log n 或 O（logn）。

20.11 如果长路径位于根的左子节点的左子树中，则单右旋能修复该树的不平衡。

20.12 如果长路径位于根的左子节点的右子树中，则左右旋能修复该树的不平衡。

20.13 AVL 树节点的平衡因子是右子树高度减去左子树高度的差。

20.14 在插入或删除后，就开始重新平衡 AVL 树了，平衡过程从当前节点开始，并沿着单条路径到根结束。在重新平衡过程中，要根据需要更新平衡因子并进行必要的旋转。我们永远也不会遇到子节点和父节点的平衡因子都是+/-2 的情况，因为在到达父节点之前，我们已经使子节点达到了平衡。

20.15 因为红色节点不可能有红色的子节点，所以路径中最多有一半节点是红色节点，且路径中至少有一半节点为黑色节点。因此，红/黑树的最大高度约为 2*logn。因此遍历最长路径的时间复杂度为 O（log n）。

第 21 章　堆与优先队列

学习目标

- 定义堆的抽象数据结构。
- 演示如何用堆来解决问题。
- 分析各种堆的实现。
- 比较各种堆的实现。

在本章中，我们将介绍二叉树的另一种有序扩展。我们将分析堆、堆的链表实现和堆的数组实现、向堆中添加和删除元素的算法。此外，我们还分析一些堆的应用，如优先队列的实现。

21.1　堆

堆是具有两种附加性质的二叉树，这两种性质为：

- 堆是一棵完全二叉树，如第 19 章所述。
- 对于每个节点，该节点总是小于等于其左子节点和右子节点。

上述定义描述了最小堆（minheap）。当然，也可以将堆描述为最大堆（maxheap）。在最大堆中，每个节点总是大于等于其子节点。本章重点讨论最小堆。对于最大堆，读者可以根据最小堆反转推演，最小堆的所有处理过程同样适用于最大堆的处理。

> **重要概念**
> 最小堆是一棵完全二叉树，其每个节点总是小于或等于其两个子节点。

图 21.1 给出了堆的操作。堆被定义为二叉树的扩展，因此堆继承了二叉树的所有操作。但要注意，二叉树的实现没有任何添加或删除树中元素的操作，所以堆继承的任何操作都没有违反堆的性质。程序 21.1 给出了堆的接口定义。图 21.2 给出了 HeapADT 的 UML 描述。

操作	描述
addElement	向堆中添加指定元素
removeMin	删除堆中最小的元素
findMin	返回堆中对最小元素的引用

图 21.1　堆的操作

程序 21.1

```
package jsjf;
```

```
/**
 * HeapADT defines the interface to a Heap.
 *
 * @author Java Foundations
 * @version 4.0
 */
public interface HeapADT<T> extends BinaryTreeADT<T>
{
    /**
     * Adds the specified object to this heap.
     *
     * @param obj the element to be added to the heap
     */
    public void addElement(T obj);

    /**
     * Removes element with the lowest value from this heap.
     *
     * @return the element with the lowest value from the heap
     */
    public T removeMin();

    /**
     * Returns a reference to the element with the lowest value in
     * this heap.
     *
     * @return a reference to the element with the lowest value in the heap
     */
    public T findMin();
}
```

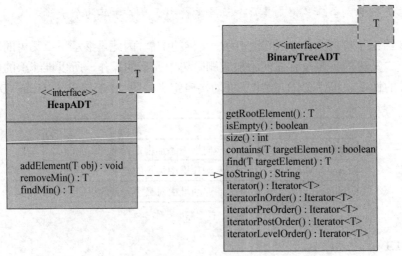

图 21.2　HeapADT 的 UML 描述

简而言之，最小堆是将其最小元素存储在二叉树的根处，且最小堆根的两个子节点也是最小堆。图 21.3 给出了两个具有相同数据的有效最小堆。下面让我们分析堆的基本操作和每种操作的通用算法。

> **重要概念**
> 最小堆将其最小元素存储于二叉树的根处，且最小堆根的两个子节点也是最小堆。

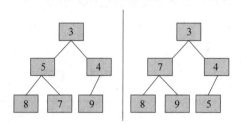

图 21.3　包含相同数据的两个最小堆

21.1.1　addElement 操作

addElement 方法将给定元素添加到堆中的适当位置，同时保持堆的完全性和有序性。如果给定元素是不 Comparable，则该方法会抛出 ClassCastException。如果二叉树是平衡的，则认为其是完的。也就是说，所有叶子都在 h 层或 h−1 层，其中 h 为 $\log_2 n$，n 是树中元素的个数，且在 h 层的所有叶子都在树的左侧。因为堆是一棵完全树，所以对于插入的新节点而言，正确位置只有一个。如果 h 层未满，则正确位置是 h 层中下一个开放的位置；如果 h 层已满，则正确位置是 h+1 层左边的第一个位置。这两种可能的位置如图 21.4 所示。

> **重要概念**
> addElement 方法将给定的 Comparable 元素添加到堆中的适当位置，同时保持堆的完整性和有序性。

> **重要概念**
> 因为堆是一棵完全树，所以只有一个正确的插入新节点的位置。如果 h 层未满，则正确位置是 h 层的下一个开放位置；如果 h 层已满，则正确位置是 h+1 层左边的第一个位置。

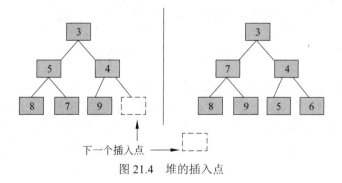

图 21.4　堆的插入点

　　一旦确定了新节点的正确位置，接下来就要考虑插入元素后，仍要保持堆的有序性。为此，我们要将新节点值与其父节点值进行比较，如果新节点值小于其父节点值，则两者互换。在树中，这个过程沿树向上，一直继续，直到新节点值大于其父节点值，或者新节点值成为堆的根节点为止。图 21.5 说明了将新元素插入堆的过程。通常，在堆的实现中，我们会记录最后一个节点的位置。更准确地说，是记录树中最后一片叶子的位置。在 addElement 操作之后，将最后一个节点设置为已插入节点。

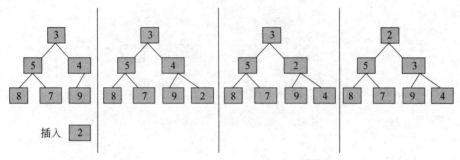

图 21.5　向堆中插入元素和堆的重新排序

21.1.2　removeMin 操作

　　removeMin 方法从最小堆中删除最小元素并返回最小元素。因为最小元素存储于最小堆的根中，所以我们需要返回存储在根的元素，并用堆中的另一个元素替换它。与 addElement 操作一样，为了保持树的完全性，替换根的只有一个有效元素。这个有效元素是存储在树中最后一片叶子中的元素。最后一片叶子是在树的 h 层中最右边的叶子。图 21.6 说明了在不同情况下最后一片叶子的概念。

> **重要概念**
> 通常，在堆的实现中，我们会记录最后一个节点的位置，或者更准确地说，是记录树中最后一片叶子的位置。

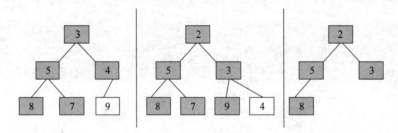

图 21.6　堆中最后一片叶子的示例

　　一旦将存储在最后一片叶子中的元素移动到根处，为了保持堆的有序性，则必须重新对堆中元素进行排序。排序的过程是将新的根元素与它的较小子节点元素进行比较，如果它的子节点元素较小，则两者互换。在树中，这个过程向下一直继续，直到新元素成为叶子，或者新元素小于它的两个子节点为止。图 21.7 说明了从堆中删除最小元素和堆的重新排序过程。

重要概念

为了保持树的完全性，替换根的只有一个有效元素，有效元素就是存储在树中最后一片叶子中的元素。

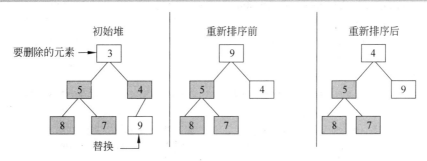

图 21.7　从堆中删除元素和堆的重新排序

21.1.3　findMin 操作

findMin 方法返回对最小堆中最小元素的引用。因为最小元素始终存储于树的根中，所以只需返回存储在根中的元素就实现了 findMin 方法。

21.2　堆的应用：优先级队列

优先级队列是一种集合，其遵循两条序规则。第一条规则：具有较高优先级的元素优先。第二条规则：对优先级相同的元素，按先进先出原则排序。优先级队列有许多应用，如操作系统中的任务调度、网络中的流量调度、本地汽车修理工的作业调度等。

优先级队列可以使用队列列表实现，每个队列代表具有指定优先级的元素。另一种实现优先级队列解决方案是最小堆。按优先级对堆进行排序，就能实现第一条规则。但要实现第二条规则，则必须进行操纵。我们实现第二条规则的解决方案是先创建 PrioritizedObject 对象，用以存储要放于队列中的元素、元素的优先级以及元素在队列中的放置顺序。之后，我们为 PrioritizedObject 类定义 compareTo 方法，用于优先级的比较；如果元素的优先级相同，则再比较放置顺序。程序 21.2 给出了 PrioritizedObject 类。程序 21.3 给出了 PriorityQueue 类。PriorityQueue 类的 UML 描述留作练习。

重要概念

尽管最小堆根本不是队列，但最小堆提供了优先级队列的高效实现。

程序 21.2

```
/**
 * PrioritizedObject represents a node in a priority queue containing a
 * comparable object, arrival order, and a priority value.
 *
 * @author Java Foundations
```

```java
 * @version 4.0
 */
public class PrioritizedObject<T> implements Comparable<PrioritizedObject>
{
    private static int nextOrder = 0;
    private int priority;
    private int arrivalOrder;
    private T element;
    /**
     * Creates a new PrioritizedObject with the specified data.
     *
     * @param element the element of the new priority queue node
     * @param priority the priority of the new queue node
     */
    public PrioritizedObject(T element, int priority)
    {
        this.element = element;
        this.priority = priority;
        arrivalOrder = nextOrder;
        nextOrder++;
    }
    /**
     * Returns the element in this node.
     *
     * @return the element contained within the node
     */
    public T getElement()
    {
        return element;
    }

    /**
     * Returns the priority value for this node.
     *
     * @return the integer priority for this node
     */
    public int getPriority()
    {
        return priority;
    }
    /**
     * Returns the arrival order for this node.
     *
     * @return the integer arrival order for this node
     */
    public int getArrivalOrder()
    {
```

```
            return arrivalOrder;
        }
/**
        * Returns a string representation for this node.
        *
        */
        public String toString()
        {
            return (element + "  " + priority + "  " + arrivalOrder);
        }

        /**
        * Returns 1 if the this object has higher priority than
        * the given object and -1 otherwise.
        *
        * @param obj the object to compare to this node
        * @return the result of the comparison of the given object and
        *         this one
        */
        public int compareTo(PrioritizedObject obj)
        {
          int result;

          if (priority > obj.getPriority())
              result = 1;
          else if (priority < obj.getPriority())
              result = -1;
          else if (arrivalOrder > obj.getArrivalOrder())
              result = 1;
          else
              result = -1;

          return result;
        }
}
```

程序 21.3

```
import jsjf.*;
/**
 * PriorityQueue implements a priority queue using a heap.
 *
 * @author Java Foundations
 * @version 4.0
 */
public class PriorityQueue<T> extends ArrayHeap<PrioritizedObject<T>>
{
```

```java
/**
 * Creates an empty priority queue.
 */
public PriorityQueue()
{
    super();
}


/**
 * Adds the given element to this PriorityQueue.
 *
 * @param object the element to be added to the priority queue
 * @param priority the integer priority of the element to be added
 */
public void addElement(T object, int priority)
{
    PrioritizedObject<T> obj = new PrioritizedObject<T>
                            (object, priority);
    super.addElement(obj);
}
/**
 * Removes the next highest priority element from this priority
 * queue and returns a reference to it.
 *
 * @return a reference to the next highest priority element in this queue
 */
public T removeNext()
{
    PrioritizedObject<T> obj = (PrioritizedObject<T>)super.removeMin();
    return obj.getElement();
}
}
```

21.3　用链表实现堆

　　到目前为止，树的所有实现都使用了链表。因此，用链表实现堆也是很自然的事，因为堆是具有附加性质的树。由于我们需要在插入元素后遍历树，所以堆中的每个节点都必须存储指向其父节点的指针。但我们的 BinaryTreeNode 类没有父指针，所以要对 BinaryTreeNode 类进行扩展添加父指针。我们创建 HeapNode 类来完成堆的链表实现。程序 21.4 给出了 HeapNode 类。

> **重要概念**
> 由于我们需要在插入元素后遍历树，所以堆中的每个节点都必须存储指向其父节点的指针。

链表实现的附加实例数据将包含对 HeapNode 的单独引用，我们称此单独引用为
lastNode。通过该引用，我们可以跟踪堆中的最后一片叶子。

```java
public HeapNode lastNode;
```

21.3.1 addElement 操作

addElement 方法必须完成三项任务：①将新节点添加到适当的位置；②对堆进行重新
排序，以维护堆的有序性；③重置 lastNode 指针，使其指向新的最后节点。

程序 21.4

```java
package jsjf;
/**
 * HeapNode represents a binary tree node with a parent pointer for use
 * in heaps.
 *
 * @author Java Foundations
 * @version 4.0
 */
public class HeapNode<T> extends BinaryTreeNode<T>
{
    protected HeapNode<T> parent;
    /**
     * Creates a new heap node with the specified data.
     *
     * @param obj the data to be contained within the new heap node
     */
    public HeapNode(T obj)
    {
        super(obj);
        parent = null;
    }
    /**
     * Return the parent of this node.
     *
     * @return the parent of the node
     */
    public HeapNode<T> getParent()
    {
        return parent;
    }

    /**
     * Sets the element stored at this node.
     *
     * @param the element to be stored
```

```
        */
    public void setElement(T obj)
    {
        element = obj;
    }

    /**
     * Sets the parent of this node.
     *
     * @param node the parent of the node
     */
    public void setParent(HeapNode<T> node)
    {
        parent = node;
    }
}


/**
    * Adds the specified element to this heap in the appropriate
    * position according to its key value.
    *
    * @param obj the element to be added to the heap
    */
    public void addElement(T obj)
    {
        HeapNode<T> node = new HeapNode<T>(obj);
        if (root == null)
            root=node;
        else
        {
            HeapNode<T> nextParent = getNextParentAdd();
            if (nextParent.getLeft() == null)
                nextParent.setLeft(node);
            else
                nextParent.setRight(node);

            node.setParent(nextParent);
        }
        lastNode = node;
        modCount++;

        if (size() > 1)
            heapifyAdd();
    }
```

该方法还使用两个私有方法：getNextParentAdd 和 heapifyAdd。getNextParentAdd 返回对要插入节点的父节点的引用；heapifyAdd 从新的叶子开始，在树中，一直向上，实现任何必要的堆的重新排序，直到根为止。下面给出了这两种方法。

```java
/**
 * Returns the node that will be the parent of the new node
 *
 * @return the node that will be the parent of the new node
 */
private HeapNode<T> getNextParentAdd()
{
    HeapNode<T> result = lastNode;
    while ((result != root) && (result.getParent().getLeft() != result))
        result = result.getParent();
    if (result != root)
        if (result.getParent().getRight() == null)
            result = result.getParent();
        else
        {
            result = (HeapNode<T>)result.getParent().getRight();
            while (result.getLeft() != null)
                result = (HeapNode<T>)result.getLeft();
        }
    else
        while (result.getLeft() != null)
            result = (HeapNode<T>)result.getLeft();

    return result;
}
/**
 * Reorders this heap after adding a node.
 */
private void heapifyAdd()
{
    T temp;
    HeapNode<T> next = lastNode;

    temp = next.getElement();

    while ((next != root) && (((Comparable)temp).compareTo
                (next.getParent().getElement()) < 0))
    {
        next.setElement(next.getParent().getElement());
        next = next.parent;
    }
    next.setElement(temp);
}
```

在上述链表实现中，添加元素过程的第一步是确定要插入节点的父节点。因为，在最坏情况下，遍历会从堆的右下角节点开始，再到根节点，再到堆的左下角节点结束。这一步的时间复杂度为 2*log n。第二步是插入新节点。因为插入新节点只涉及赋值语句，所以这一步的时间复杂度为 O(1)，是常量。最后一步是根据需要，对从已插入叶子到根的路径进行重新排序。因为路径的长度为 long n，所以这一步涉及的比较次数最多为 log n 次。综上所述，链表实现的 addElement 操作的时间复杂度为 2*log n + 1 + log n，或者 O(log n)。

　　注意，当在堆中向上移动时，heapifyAdd 方法并没有执行父节点和子节点的完全交换。而只是向下移动父元素，直到找到正确的插入点，才为正确位置分配新值。这样做实际并没有改善算法的时间复杂度，原因在于即使执行了完全交换，算法的时间复杂度仍为 O(log n)。但是，这样做确实提高了效率，因为它减少了堆中每一层执行赋值的次数。

21.3.2　removeMin 操作

　　removeMin 方法必须完成三项任务：①用存储在最后一个节点中的元素替换存储在根中的元素；②必要时，对堆进行重新排序；③返回原来的根元素。与 addElement 方法类似，removeMin 方法也使用另外两种方法：getNewLastNode 和 heapifyRemove。getNewLastNode 返回对新的最后一个节点的引用；heapifyRemove 完成从树根向下的任何必要的重新排序。下面给出了这三种方法。

```
/**
 * Remove the element with the lowest value in this heap and
 * returns a reference to it. Throws an EmptyCollectionException
 * if the heap is empty.
 *
 * @return the element with the lowest value in this heap
 * @throws EmptyCollectionException if the heap is empty
 */
public T removeMin() throws EmptyCollectionException
{
    if (isEmpty())
        throw new EmptyCollectionException("LinkedHeap");
    T minElement = root.getElement();
    if (size() == 1)
    {
        root = null;
        lastNode = null;
    }
    else
    {
        HeapNode<T> nextLast = getNewLastNode();
        if (lastNode.getParent().getLeft() == lastNode)
            lastNode.getParent().setLeft(null);
        else
            lastNode.getParent().setRight(null);
        ((HeapNode<T>)root).setElement(lastNode.getElement());
```

```
            lastNode = nextLast;
            heapifyRemove();
        }
        modCount++;

        return minElement;
    }
/**
    * Returns the node that will be the new last node after a remove.
    *
    * @return the node that willbe the new last node after a remove
    */
    private HeapNode<T> getNewLastNode()
    {
        HeapNode<T> result = lastNode;
        while ((result != root) && (result.getParent().getLeft() == result))
            result = result.getParent();

        if (result != root)
            result = (HeapNode<T>)result.getParent().getLeft();
        while (result.getRight() != null)
            result = (HeapNode<T>)result.getRight();
        return result;
    }
/**
    * Reorders this heap after removing the root element.
    */
    private void heapifyRemove()
    {
        T temp;
        HeapNode<T> node = (HeapNode<T>)root;
        HeapNode<T> left = (HeapNode<T>)node.getLeft();
        HeapNode<T> right = (HeapNode<T>)node.getRight();
        HeapNode<T> next;

        if ((left == null) && (right == null))
            next = null;
        else if (right == null)
            next = left;
        else if (((Comparable)left.getElement()).compareTo
                    (right.getElement()) < 0)
            next = left;
        else
            next = right;
        temp = node.getElement();
        while ((next != null) &&
            (((Comparable)next.getElement()).compareTo(temp) < 0))
```

```
                {
                    node.setElement(next.getElement());
                    node = next;
                    left = (HeapNode<T>)node.getLeft();
                    right = (HeapNode<T>)node.getRight();

                    if ((left == null) && (right == null))
                        next = null;
                    else if (right == null)
                        next = left;
                    else if (((Comparable)left.getElement()).compareTo
                            (right.getElement()) < 0)
                        next = left;
                    else
                        next = right;
                }
                node.setElement(temp);
        }
```

　　链表实现的 removeMin 方法必须删除根元素，并用最后的一个节点元素替换根元素。因为这只是赋值语句，所以这一步的时间复杂度为 1。接下来，如果需要，removeMin 方法必须从根向下直到叶子，对堆进行重新排序。因为从根到叶子的最长路径为 log n，所以这一步的时间复杂度为 1og n。最后，我们必须确定新的最后节点。与 addElement 方法确定下一个父节点的过程一样，最坏情况是必须从叶子遍历到根，再从根遍历到另一片叶子。因此，这一步的时间复杂度为 2* log n。removeMin 操作的时间复杂度为 2*log n + log n + 1，或者 O(log n)。

21.3.3　findMin 操作

　　findMin 方法只是返回对存储在堆的根元素的引用，因此它的时间复杂度为 O(1)。

21.4　用数组实现堆

　　到目前为止，我们的讨论都集中在树的链式结构实现。如果读者有心，会记得在第 19 章中，我们讨论了两种树的数组实现策略：计算策略和模拟链式策略。堆的数组实现是堆的链表实现的替代方法，堆的数组实现更简单。堆的链表实现之所以复杂，原因在于其我们要遍历树，来确定树的最后一片叶子，也就是说确定要插入的下一个节点的父元素。在数组实现中就不存在这个问题，因为通过分析存储于数组中的最后一个元素就能确定树中的最后一个节点。

　　正如我们在第 10 章中讨论的那样，可以使用数组创建二叉树。树的根与数组的位置 0 对应，对于树中的每个节点 n，n 的左子节点与数组的 2n+1 的位置对应，n 的右子节点与数组的位置 2（n + 1）对应。当然，反之亦然。对于任何非根节点 n，n 的父节点都位于

（n–1）/2 的位置。由于我们可以计算出父节点和子节点的位置，因此，与链表实现不同，数组实现不需要创建 HeapNode 类。堆的数组实现的 UML 描述留作练习。

> **重要概念**
> 在二叉树的数组实现中，树的根与位置 0 对应，对于树中的每个节点 n，n 的左子节点与位置 2n+1 对应，n 的右子节点与位置 2（n+1）对应。

正如 LinkedHeap 类扩展了 LinkedBinaryTree 类一样，ArrayHeap 类也扩展 ArrayBinaryTree 类。下面给出了 LinkedHeap 类和 ArrayHeap 类的头、属性和构造函数。

```java
package jsjf;
import java.util.*;
import jsjf.exceptions.*;
/**
 * ArrayBinaryTree implements the BinaryTreeADT interface using an array
 *
 * @author Java Foundations
 * @version 4.0
 */
public class ArrayBinaryTree<T> implements BinaryTreeADT<T>, Iterable<T>
{
    private static final int DEFAULT_CAPACITY = 50;

    protected int count;
    protected T[] tree;
     protected int modCount;
    /**
     * Creates an empty binary tree.
     */
    public ArrayBinaryTree()
    {
        count = 0;
        tree = (T[]) new Object[DEFAULT_CAPACITY];
    }
    /**
     * Creates a binary tree with the specified element as its root.
     *
     * @param element the element which will become the root of the new tree
     */
    public ArrayBinaryTree(T element)
    {
        count = 1;
        tree = (T[]) new Object[DEFAULT_CAPACITY];
        tree[0] = element;
    }
package jsjf;
import jsjf.exceptions.*;
```

```
/**
 * ArrayHeap provides an array implementation of a minheap.
 *
 * @author Java Foundations
 * @version 4.0
 */
public class ArrayHeap<T> extends ArrayBinaryTree<T> implements HeapADT<T>
{
    /**
     * Creates an empty heap.
     */
    public ArrayHeap()
    {
        super();
    }
```

21.4.1　addElement 操作

数组实现的 addElement 方法必须完成三项任务：①将新节点添加到适当的位置；②将堆重新排序，以维护堆的有序性；③将计数加 1。当然，与我们的所有数组实现一样，addElement 方法必须先检查可用空间，并在必要时扩展数组容量。与链表实现一样，数组实现的 addElement 操作使用名为 heapifyAdd 的私有方法，在必要时对堆进行重新排序。

```
    /**
     * Adds the specified element to this heap in the appropriate
     * position according to its key value.
     *
     * @param obj the element to be added to the heap
     */
    public void addElement(T obj)
    {
        if (count == tree.length)
            expandCapacity();
        tree[count] = obj;
        count++;
        modCount++;
        if (count > 1)
            heapifyAdd();
    }
/**
     * Reorders this heap to maintain the ordering property after
     * adding a node.
     */
    private void heapifyAdd()
```

```
{
    T temp;
    int next = count - 1;

    temp = tree[next];

    while ((next != 0) &&
        (((Comparable)temp).compareTo(tree[(next-1)/2]) < 0))
    {
        tree[next] = tree[(next-1)/2];
        next = (next-1)/2;
    }
    tree[next] = temp;
}
```

重要概念

addElement 操作的链表实现和数组实现的时间复杂度都为 O(log n)。

与链表实现不同，数组实现不需要确定新节点的父节点，就是不用第一步，但数组实现的其他两步与链表实现相同。因此，数组实现的 addElement 操作的时间复杂度为 1+log n 或者 O(log n)。当然，链表实现和数组实现具有相同的 Order()，但数组实现更高效，更简洁。

21.4.2　removeMin 操作

removeMin 方法必须完成三项任务：①用存储在最后节点的元素替换存储在根中的元素；②必要时对堆进行重新排序；③返回原来的根元素。在数组实现中，我们知道堆的最后一个元素存储在数组的位置 count1。根据需要，我们再使用私有方法 heapifyRemove 对堆进行重新排序。

```
/**
 * Remove the element with the lowest value in this heap and
 * returns a reference to it. Throws an EmptyCollectionException if
 * the heap is empty.
 *
 * @return a reference to the element with the lowest value in this heap
 * @throws EmptyCollectionException if the heap is empty
 */
public T removeMin() throws EmptyCollectionException
{
    if (isEmpty())
        throw new EmptyCollectionException("ArrayHeap");
    T minElement = tree[0];
    tree[0] = tree[count-1];
    heapifyRemove();
```

```
        count--;
        modCount--;

        return minElement;
    }
    /**
     * Reorders this heap to maintain the ordering property
     * after the minimum element has been removed.
     */
    private void heapifyRemove()
    {
        T temp;
        int node = 0;
        int left = 1;
        int right = 2;
        int next;

        if ((tree[left] == null) && (tree[right] == null))
            next = count;
        else if (tree[right] == null)
            next = left;
        else if (((Comparable)tree[left]).compareTo(tree[right]) < 0)
            next = left;
        else
            next = right;
        temp = tree[node];
        while ((next < count) &&
               (((Comparable)tree[next]).compareTo(temp) < 0))
        {
            tree[node] = tree[next];
            node = next;
            left = 2 * node + 1;
            right = 2 * (node + 1);
            if ((tree[left] == null) && (tree[right] == null))
                next = count;
            else if (tree[right] == null)
                next = left;
            else if (((Comparable)tree[left]).compareTo(tree[right]) < 0)
                next = left;
            else
                next = right;
        }
        tree[node] = temp;
    }
```

与 addElement 方法一样，在数组实现中，removeMin 操作与链表实现类似，唯一不同的只是其不必确定新的最后节点。因此，removeMin 操作的时间复杂度为 log n + 1 或者

O(log n)。

> **重要概念**
> removeMin 操作的链表实现和数组实现的时间复杂度都为 O(log n)。

21.4.3　findMin 操作

与链表实现类似, findMin 方法只是返回对存储在堆的根元素或数组位置 0 的元素的引用, 因此, findMin 方法的时间复杂度为 O(1)。

21.5　堆的应用：堆排序

21.4 节, 我们已经学习了堆的数组实现。现在我们分析堆的另一种应用：堆排序。在第 18 章, 我们介绍了各种不同的排序技术, 一些是顺序排序如冒泡排序、选择排序和插入排序; 一些是对数排序, 如合并排序和快速排序。此外, 第 18 章还介绍了基于队列的基数排序。因为堆的有序性, 我们能很自然地想到, 用堆来对数字列表进行排序。最蛮力的堆排序是先将列表的每个元素添加到堆中, 然后再依次删除每一个根元素。在最小堆的情况下, 得到的结果是按升序排列的列表。在最大堆的情况下, 得到的结果将按降序排列的列表。因为 add 操作和 remove 操作的时间复杂度都是 O(log n), 所以可以得出结论, 堆排序的时间复杂度也为 O(log n)。但要记住, 列表有 n 个元素, add 操作或 remove 操作就要执行 n 次, 所以对于任何给定节点, 单次插入堆的时间复杂度为 O(log n), 插入 n 个节点的时间复杂度为 O(n log n)。对于单个节点, 删除的时间复杂度为 O(log n), 删除 n 个节点的时间复杂度为 O(n log n)。在使用堆排序算法时, 我们对列表中的每个元素都要执行 addElement 和 removeMin, 因为列表有 n 个元素, 所以, 执行添加和删除的总次数是 2*n 次。因此, 堆排序算法的时间复杂度为 2*n log n, 或者 O(n log n)。

> **重要概念**
> heapSort 方法是先将列表中的每个元素添加到堆中, 然后再依次删除每一个根元素。

我们也可以使用要排序的数组构建堆。因为我们知道堆中每个父节点和子节点的相对位置, 所以可以从数组的第一个非叶节点开始, 将其与其子节点比较, 如果需要, 将两者进行交换。在数组中反向处理, 直到到达根节点为止。因为, 对每个非叶子节点我们最多进行两次比较, 所以, 这种构建堆的方法的时间复杂度为 O(n)。但是在这种方法中, 删除每个元素和维拉堆的性质的时间复杂度仍为 O(n log n)。因此, 即使这种方法效率稍高, 大约为 2*n + n log n, 但时间复杂度仍为 O(n log n)。我们将这种方法的实现留作练习。第 18 章介绍的 heapSort 方法可以添加到上述排序方法的类中。程序 21.5 给出了如何创建这个独立的类。

> **重要概念**
> 堆排序的时间复杂度为 O(n log n)。

程序 21.5

```java
package jsjf;
/**
 * HeapSort sorts a given array of Comparable objects using a heap.
 *
 * @author Java Foundations
 * @version 4.0
 */
public class HeapSort<T>
{
    /**
     * Sorts the specified array using a Heap
     *
     * @param data the data to be added to the heapsort
     */
    public void HeapSort(T[] data)
    {
        ArrayHeap<T> temp = new ArrayHeap<T>();
        // copy the array into a heap
        for (int i = 0; i < data.length; i++)
            temp.addElement(data[i]);
        // place the sorted elements back into the array
        int count = 0;
        while (!(temp.isEmpty()))
        {
            data[count] = temp.removeMin();
            count++;
        }
    }
}
```

重要概念总结

- 最小堆是一棵完全二叉树，其每个节点总是小于等于其两个子节点。
- 最小堆将其最小元素存储于二叉树的根处，且最小堆根的两个子节点也是最小堆。
- addElement 方法将给定的 Comparable 元素添加到堆中的适当位置，同时保持堆的完整性和有序性。
- 因为堆是一棵完全树，所以只有一个正确的插入新节点的位置。如果 h 层未满，则正确位置是 h 层的下一个开放位置；如果 h 层已满，则正确位置是 h+1 层左边的第一个位置。
- 通常，在堆的实现中，我们会记录最后一个节点的位置，或者更准确地说，是记录树中最后一片叶子的位置。
- 为了保持树的完整性，替换根的只有一个有效元素，有效元素就是存储在树中最后一片叶子中的元素。

- 尽管最小堆根本不是队列，但最小堆提供了优先级队列的高效实现。
- 由于我们需要在插入元素后遍历树，所以堆中的每个节点都必须存储指向其父节点的指针。
- 在二叉树的数组实现中，树的根与位置 0 对应，对于树中的每个节点 n，n 的左子节点与位置 2n + 1 对应，n 的右子节点与位置 2(n + 1)对应。
- addElement 操作的链表实现和数组实现的时间复杂度都为 O(log n)。
- removeMin 操作的链表实现和数组实现的时间复杂度都为 O(log n)。
- heapSort 方法是先将列表中的每个元素添加到堆中，然后再依次删除每一个根元素。
- 堆排序的时间复杂度为 O(n log n)。

术 语 总 结

完全树是一棵平衡树，其最低层 h 的所有叶子都在树的左侧。

堆是一棵完全的二叉树，堆要么是最小堆，要么是最大堆。

最大堆是具有两个附加性质的二叉树：最大堆是一棵完全树；对于每个节点，其都大于或等于其左子节点和右子节点。

最小堆是具有两个附加性质的二叉树：最小堆是一棵完全的树；对于每个节点，其都小于或等于其左子节点和右子节点。

优先级队列是一个集合，遵循两条排序规则。第一条规则：具有较高优先级的元素优先；第二条规则，具有相同优先级的元素按照先进先出原则排序。

自 测 题

21.1 最小堆与二叉搜索树有何区别？

21.2 最小堆和最大堆有什么区别？

21.3 二叉树是完全的意味着什么？

21.4 堆是否必须重新平衡？

21.5 为什么链表实现的 addElement 操作必须要确定插入的下一个节点的父节点？

21.6 为什么数组实现的 addElement 操作不必确定要插入的下一个节点的父节点？

21.7 堆的链表实现和堆的数组实现的 removeMin 操作都用根的最后一个叶子元素替换根元素。为什么这是正确的替换呢？

21.8 addElement 操作的时间复杂度是多少？

21.9 removeMin 操作的时间复杂度是多少？

21.10 堆排序的时间复杂度是多少？

练 习 题

21.1 画出添加以下整数产生的堆。

（34 45 3 87 65 32 1 12 17）

21.2 根据练习 21.1 所生成的树，画出执行 removeMin 操作所生成的堆。

21.3 从空的最小堆开始，画出执行以下每个操作之后的堆。

addElement (40);

addElement(25);

removeMin();

addElement (10);

removeMin ();

addElement(5);

addElement(1);

removeMin();

addElement (45);

addElement(50);

21.4 使用最大堆重复练习 21.3。

21.5 画出本章介绍的 PriorityQueue 类的 UML 描述。

21.6 画出本章介绍的堆的数组实现的 UML 描述。

程序设计项目

21.1 使用堆实现队列。要记住，队列的结构是先进先出。因此，堆中的比较必须根据进队的顺序。

21.2 使用堆实现栈。要记住，栈的结构是后进先出。因此，堆中的比较必须根据入队顺序。

21.3 使用数组实现最大堆。

21.4 使用链表实现最大堆。

21.5 如 21.5 节所述，编写一个方法，用要排序的数组构建堆，可以使堆排序算法更加高效。实现这一方法，重写堆排序算法来使用该方法。

21.6 使用堆为进程调度系统实现模拟器。在系统中，从文件中读取作业，作业内容包括 jobid（6 个字符的字符串）、作业长度（用 int 表示的秒数）和作业的优先级（用 int 表示，int 值越大，优先级越高）。每个作业都有到达号（用 int 表示，代表作业到达的顺序）。模拟要输出作业的 ID、优先级、作业长度和相对于模拟开始时间 0 的完成时间。

21.7 使用最小堆创建生日提醒系统，以便每天根据个人生日的剩余天数实现堆的排序。

要记住，当生日过后，必须对堆进行重新排序。

21.8　实现 ArrayHeap 类，其包括 ArrayHeap 扩展的 ArrayBinaryTree 类。

21.9　实现 LinkedHeap 类。

自测题答案

21.1　二叉搜索树是有序的，其任何节点的左子节点都小于该节点，该节点都小于或等于其右子节点。最小堆是完全的且有序，且每个节点都小于其子节点。

21.2　最小堆是有序的，它的每个节点都小于其子节点。最大堆是有序的，它的每个节点都大于其两个子节点。

21.3　如果二叉树是平衡的，则认为它是完全的。也就是说，所有的叶子都在树的 h 层或 h-1 层，其中 h 是 log2n，n 是树中元素的个数，在 h 层的所有叶子都在树的左侧。

21.4　不用。根据定义，完全堆是平衡的，add 和 remove 的算法会维护堆的这种平衡。

21.5　addElement 操作必须确定要插入节点的父节点，以便可以将该节点的子节点指针设置为指向新节点。

21.6　数组实现的 addElement 操作不必确定新节点的父节点，因为新元素要插入数组的位置 count，数组中的位置能确定其父节点。

21.7　为了保持树的完全性，根元素的唯一有效替换元素是最后一个叶子元素。为了维护堆的有序性，则要根据需要，对堆进行重新排序。

21.8　对于堆的数组实现和堆的链表实现而言，addElement 操作的时间复杂度都为 O(log n)，但是尽管两种实现的阶数相同，但堆的数组实现更高效，因为它不必确定要插入的节点的父节点。

21.9　对于堆的数组实现和堆的链表实现而言，removeMin 操作的时间复杂度都为 O(log n)。但是，尽管两种实现的阶数相同，但堆的数组实现更高效，因为它不必确定新的最后一片叶子。

21.10　堆排序算法的时间复杂度为 O(n log n)。

第 22 章　集　与　映　射

学习目标

- 介绍 Java 集与映射集。
- 探讨使用集和映射来解决问题。
- 介绍散列概念。
- 讨论 Java API 如何实现集和映射。

本章主要介绍 Java 集和映射的概念。我们将探讨这些集合，并将它们的实现与之前的实现进行比较和对比。最后，我们介绍散列的概念。

22.1　集与映射集合

集（Set）是一种没有重复元素的集合，并且你不能假设，集的元素之间存在任何特定的位置关系，也就是说集是无序的。

对于大多数人来说，Java 的 Set 集合就是数学意义上的集合。Set 表示元素的唯一集合，可用于确定元素与集合之间的关系。也就是说，Set 的主要目的是确定特定元素是否是集合的成员。

> **重要概念**
>
> Set 是对象的唯一集合，通常用于确定指定元素是否是集合的成员。

当然，其他集合（如列表）也有能力测试这种包容性。但是，如果包容性测试是程序的重要部分，则要考虑使用集，因为集的实现专门用于提供高效的元素查找。

映射（Map）是一种集合，它建立了键与值之间的关系，提供了一种有效的方法来检索给定键的值。映射的键必须是唯一的，每个键只能映射到一个值。例如，用户可以使用唯一的成员身份 ID（String）来检索该俱乐部有关成员（Member 对象）的信息。

映射不必是一对一的映射。多个键可以映射到同一个对象。例如，在查找关于某"Topic"的信息时，多个关键字可以映射到同一个 Topic 对象。举个例子，键"园艺"、键"苗圃"和键"鲜花"都可以映射到描述园艺的"Topic"对象。

> **重要概念**
>
> 映射是可以使用唯一键进行检索的对象集合。

尽管映射的键经常是字符串，但不一定非要是字符串。键和值可以是任何类型的对象。

与集一样，Map 的实现专门用于提供高效的查找。实际上，正如本章后面所述，Java

API 中定义的集合类和映射类都是使用类似的底层技术实现的。

22.2　Java API 中的集与映射

Java API 定义了名为 Set 和 Map 的接口，用于定义公共接口以供这类集合使用。在本章后面的内容中，我们将探讨分析这些类的接口，使用这些接口解决问题，并进一步讨论其底层的实现策略。

Set 接口的操作如图 22.1 所示。与其他集合一样，Set 的操作允许用户添加元素、删除

方法摘要	
boolean	add (E e) 如果指定的元素尚不存在，则将其添加到此集合（可选操作）。
boolean	addAll (Collection <? Extends E > c) 如果指定集合的所有元素尚不存在，则将它们添加到此集合中（可选操作）。
void	clear () 从该集中删除所有元素（可选操作）。
boolean	contains (Object o) 如果此集合包含指定的元素，则返回 true。
boolean	containsAll (Collection <?> c) 如果此集合包含指定集合的所有元素，则返回 true。
boolean	equals(Object o) 将指定对象与此集合进行比较，看是否相等。
int	hashCode() 返回该集合的散列码值。
boolean	isEmpty () 如果此集合不包含任何元素，则返回 true。
Iterator	iterator () 返回此集合元素的迭代器。
boolean	remove (Object o) 如果指定元素存在，则从该集合中删除指定元素（可选操作）。
boolean	removeAll (Collection <?> c) 从此集合中删除指定集合所包含的所有元素（可选操作）。
boolean	retainAll (Collection <?> c) 在此集合中，仅保留指定集合中的元素（可选操作）。
int	size () 返回此集合的元素个数。
Object[]	toArray () 返回此集合中的数组包含的所有元素。
<T> T[]	toArray （T [] a) 返回此集合中的数组包含的所有元素；返回的数组运行时类型是指定数组的运行时类型。

图 22.1　Set 接口的操作

元素以及查找指定元素是否在集合中。Set 还有如 isEmpty 和 size 这样所有集合都有的操作。Set 的 contains 和 containsAll 方法是用于确定集合是否包含指定元素的重要操作。

与大多数集合一样，Set 所定义的元素使用泛型参数。当实例化集合对象时，与泛型兼容的对象类型才是我们唯一能添加到集合中的对象。

图 22.2 给出了 Map 接口的操作。put 操作将元素添加到映射中，put 操作接收的参数是键对象和其对应值。get 操作从映射中检索指定元素，get 操作接收键对象作为参数。

方法摘要	
void	clear () 删除此映射中的所有映射（可选操作）
boolean	containsKey (Object key) 如果此映射包含指定键的映射，则返回 true
boolean	containsValue (Object value) 如果此映射将一个或多个键映射到指定值，则返回 true
Set Map.Entry<K,V>>	entrySet () 返回此映射中包含的映射的 Set 视图
boolean	equals(Object o) 将指定对象与此映射进行比较，看是否相等
V	get (Object key) 返回指定键的映射值；如果此映射不包含键的映射，则返回 null
int	hashCode () 返回此映射的散列码值
boolean	isEmpty () 如果此映射不包含任何键-值映射，则返回 true
Set <K>	keySet() 返回此映射所包含键的 Set 视图
V	put (K key, V value) 在此映射中，将指定值与指定键相关联（可选操作）
void	putAll (map <? Extends K, ? extends V> m) 将指定映射中的所有映射复制到此映射（可选操作）
V	remove (Object key) 如果此映射存在该键，则从该映射中删除该键的映射（可选操作）
int	size() 返回此映射的键-值映射个数
Collection <V>	values () 返回此视图中包含值的 Collection 视图

图 22.2　Map 接口的操作

Map 接口有两个泛型参数，一个是 key（K），另一个是 value（V）。当实例化实现 Map 的类时，会为该映射创建这两种类型，所有后续的操作都按照这些类型工作。

Java API 为每个接口提供了两个实现类。Set 接口提供了 TreeSet 类和 HashSet 类；Map 接口提供了 TreeMap 类和 HashMap 类。顾名思义，即通过这些类名可知，接口实现使用两种不同的底层实现技术：即树和散列。

下面，我们先给出使这些类解决问题的示例，之后再详细地讨论每个类的实现策略。

22.3 Set 的应用：域拦截器

集合的主要用途之一是测试集合中的成员资格。下面让我们分析一个用被阻止域列表来测试网站域的示例。我们使用简单的被阻止域列表，但当我们使用 TreeSet 时，对每个指定域的检查都需要 log n 步而不是 n 步。

假设下面的被阻止域列表保存在名为 blockedDomains .txt 的文本输入文件中：

dontgothere.com

ohno.org

badstuff.com

badstuff .org

badstuff.net

whatintheworld.com

notinthislifetime.org

letsnot.com

eeewwwwww.com

程序 22.1 给出了 DomainBlocker 类，它记录被阻止域并根据需要检查候选域。该类的构造函数读取文件并设置 TreeSet 包含所有被阻止的域。isBlocked 方法用于确定给定域是否在集合之中。

在这个示例中，被阻止域集由 TreeSet 对象表示。域的本身只是字符串。

程序 22.2 给出了 DomainChecker 类。 作为这个示例的驱动程序，该类先创建 DomainBlocker 类的实例，然后与用户交互，要求用户输入域名，再检查用户所输入域名是否是被阻止的域。

程序 22.1

```java
import java.io.File;
import java.io.FileNotFoundException;
import java.util.Scanner;
import java.util.TreeSet;
/**
 * A URL domain blocker.
 *
 * @author Java Foundations
 * @version 4.0
 */
public class DomainBlocker
{
    private TreeSet<String> blockedSet;
```

```java
    /**
     * Sets up the domain blocker by reading in the blocked domain names from
     * a file and storing them in a TreeSet.
     * @throws FileNotFoundException
     */
    public DomainBlocker() throws FileNotFoundException
    {
        blockedSet = new TreeSet<String>();

        File inputFile = new File("blockedDomains.txt");
        Scanner scan = new Scanner(inputFile);

        while (scan.hasNextLine())
        {
            blockedSet.add(scan.nextLine());
        }
    }
    /**
     * Checks to see if the specified domain has been blocked.
     *
     * @param domain the domain to be checked
     * @return true if the domain is blocked and false otherwise
     */
    public boolean domainIsBlocked(String domain)
    {
        return blockedSet.contains(domain);
    }
}
```

程序 22.2

```java
import java.io.FileNotFoundException;
import java.util.Scanner;
/**
 * Domain checking driver.
 *
 * @author Java Foundations
 * @version 4.0
 */
public class DomainChecker
{
    /**
     * Repeatedly reads a domain interactively from the user and checks to
     * see if that domain has been blocked.
     */
    public static void main(String[] args) throws FileNotFoundException
    {
```

```
DomainBlocker blocker = new DomainBlocker();
Scanner scan = new Scanner(System.in);
String domain;
do
{
    System.out.print("Enter a domain (DONE to quit): ");
    domain = scan.nextLine();
    if (!domain.equalsIgnoreCase("DONE"))
    {
        if (blocker.domainIsBlocked(domain))
            System.out.println("That domain is blocked.");
        else
            System.out.println("That domain is fine.");
    }
} while (!domain.equalsIgnoreCase("DONE"));
    }
}
```

22.4　Map 的应用：产品销售

下面分析使用 TreeMap 类的示例。如果我们想要跟踪产品销售情况，应如何做呢？假设每次只要销售产品，该产品代码都会输入到销售文件之中。下面给出销售文件所存储信息的示例。注意列表中有重复项存在。

OB311

HR58 8

DX555

EW231

TT232

TJ991

HR588

TT232

GB637

BV693

CB329

NP466

CB329

EW231

BV693

DX555

GB637

VA838

　　我们的系统需要读取销售文件，更新每一项的产品信息。我们按产品代码组织产品集合，但将其与实际产品信息分开。程序 22.3 给出了 **Product** 类，程序 22.4 给出了 ProductSales 类。

程序 22.3

```java
/**
 * Represents a product for sale.
 *
 * @author Java Foundations
 * @version 4.0
 */
public class Product implements Comparable<Product>
{
    private String productCode;
    private int sales;

    /**
     * Creates the product with the specified code.
     *
     * @param productCode a unique code for this product
     */
    public Product(String productCode)
    {
        this.productCode = productCode;
        this.sales = 0;
    }
    /**
     * Returns the product code for this product.
     *
     * @return the product code
     */
    public String getProductCode()
    {
        return productCode;
    }

    /**
     * Increments the sales of this product.
     */
    public void incrementSales()
    {
        sales++;
    }
    /**
     * Compares this product to the specified product based on the product
     * code.
```

```
     *
     * @param other the other product
     * @return an integer code result
     */
    public int compareTo(Product obj)
    {
        return productCode.compareTo(obj.getProductCode());
    }


    /**
     * Returns a string representation of this product.
     *
     * @return a string representation of the product
     */
    public String toString()
    {
        return productCode + "\t(" + sales + ")";
    }
}
```

程序 22.4

```
import java.io.File;
import java.io.IOException;
import java.util.Scanner;
import java.util.TreeMap;
/**
 * Demonstrates the use of a TreeMap to store a sorted group of Product
 * objects.
 *
 * @author Java Foundations
 * @version 4.0
 */
public class ProductSales
{
    /**
     * Processes product sales data and prints a summary sorted by
     * product code.
     */
    public static void main(String[] args) throws IOException
    {
        TreeMap<String, Product> sales = new TreeMap<String, Product>();

        Scanner scan = new Scanner(new File("salesData.txt"));

        String code;
        Product product;
```

```
        while (scan.hasNext())
        {
            code = scan.nextLine();
            product = sales.get(code);
            if (product == null)
                sales.put(code, new Product(code));
            else
                product.incrementSales();
        }

        System.out.println("Products sold this period:");
        for (Product prod : sales.values())
            System.out.println(prod);
    }
}
```

输出

```
Products sold this period:
BR742 (67)
BV693 (69)
CB329 (67)
DX555 (67)
DX699 (72)
EW231 (66)
GB637 (56)
HR588 (66)
LF845 (69)
LH933 (59)
NP466 (67)
OB311 (50)
TJ991 (79)
TT232 (74)
UI294 (75)
VA838 (60)
WL023 (76)
WL310 (81)
WL812 (65)
YG904 (78)
```

在我们之前的集合中，当我们需要在集合中检索或查找对象时，我们不得不实例化相同类型的对象且要有相同的重要信息，以便找到对象。而使用 Map，我们不用这样做，这也是 Map 的优势。在这个示例中，我们的键是 String。因此，我们能使用 String 在 Map 中进行搜索，而不必创建虚的 Product 对象。

在 main 方法中，用 while 循环读取输入文件的所有值。对于每个产品代码，我们都以

产品代码作为键从映射中获取相应的产品对象。如果搜索结果为空，则表示还没有销售该
产品的记录，方法创建新的 Product 对象，并将其添加到映射中。如果从映射中成功检索
到了产品对象，则调用 incrementSales 方法。

　　程序的输出列出输入文件中找到的唯一产品代码，括号中的数字是销售数量。注意，
程序 22.4 的输出是根据比示例输入文件更大的输入文件。

　　main 方法的 for-each 循环完成了输出。main 方法调用 values 方法检索存储在映射中的
所有 Product 对象列表。因为 Product 对象使用 Product 的 compareTo 方法对自己排名，所
以会按产品代码的顺序返回这些值。

22.5　Map 的应用：用户管理

　　假设，我们需要创建用户管理系统。该管理系统要维护用户映射，允许根据用户 ID 搜
索指定用户。程序 22.5 给出了我们的 User 类，用于表示个人用户。程序 22.6 给出了 Users
类，用于表示用户的集合。

程序 22.5

```
/**
 * Represents a user with a userid.
 *
 * @author Java Foundations
 * @version 4.0
 */
public class User
{
    private String userId;
    private String firstName;
    private String lastName;

    /**
     * Sets up this user with the specified information.
     *
     * @param userId a user identification string
     * @param firstName the user's first name
     * @param lastName the user's last name
     */
    public User(String userId, String firstName, String lastName)
    {
        this.userId = userId;
        this.firstName = firstName;
        this.lastName = lastName;
    }
    /**
     * Returns the user id of this user.
```

```
     *
     * @return the user id of the user
     */
    public String getUserId()
    {
        return userId;
    }

    /**
     * Returns a string representation of this user.
     *
     * @return a string representation of the user
     */
    public String toString()
    {
        return userId + ":\t" + lastName + ", " + firstName;
    }
}
```

程序 22.6

```
import java.util.HashMap;
import java.util.Set;
/**
 * Stores and manages a map of users.
 *
 * @author Java Foundations
 * @version 4.0
 */
public class Users
{
    private HashMap<String, User> userMap;

    /**
     * Creates a user map to track users.
     */
    public Users()
    {
        userMap = new HashMap<String, User>();
    }

    /**
     * Adds a new user to the user map.
     *
     * @param user the user to add
     */
    public void addUser(User user)
```

```
    {
        userMap.put(user.getUserId(), user);
    }
/**
    * Retrieves and returns the specified user.
    *
    * @param userId the user id of the target user
    * @return the target user, or null if not found
    */
    public User getUser(String userId)
    {
        return userMap.get(userId);
    }


    /**
    * Returns a set of all user ids.
    *
    * @return a set of all user ids in the map
    */
    public Set<String> getUserIds()
    {
        return userMap.keySet();
    }
}
```

在 Users 类中，以用户 id（字符串）作为键，将个人 User 对象存储于 HashMap 对象中。addUser 和 getUser 方法只是根据需要存储和检索 User 对象。getUserIds 方法调用映射的keySet 方法返回用户 id 的 Set。

程序 22.7 给出了我们程序的 UserManagement 类，其包含 main 方法。该类创建并添加多个用户，允许用户交互地搜索这些用户，最后打印集合中的所有用户。

程序 22.7

```
import java.io.IOException;
import java.util.Scanner;
/**
 * Demonstrates the use of a map to manage a set of objects.
 *
 * @author Java Foundations
 * @version 4.0
 */
public class UserManagement
{
    /**
    * Creates and populates a group of users. Then prompts for interactive
    * searches, and finally prints all users.
    */
```

```java
public static void main(String[] args) throws IOException
{
    Users users = new Users();

    users.addUser(new User("fziffle", "Fred", "Ziffle"));
    users.addUser(new User("geoman57", "Marco", "Kane"));
    users.addUser(new User("rover322", "Kathy", "Shear"));
    users.addUser(new User("appleseed", "Sam", "Geary"));
    users.addUser(new User("mon2016", "Monica", "Blankenship"));

    Scanner scan = new Scanner(System.in);
    String uid;
    User user;
    do
    {
        System.out.print("Enter User Id (DONE to quit): ");
        uid = scan.nextLine();
        if (!uid.equalsIgnoreCase("DONE"))
        {
            user = users.getUser(uid);
            if (user == null)
                System.out.println("User not found.");
            else
                System.out.println(user);
        }
    } while (!uid.equalsIgnoreCase("DONE"));
    // print all users
    System.out.println("\nAll Users:\n");
    for (String userId : users.getUserIds())
        System.out.println(users.getUser(userId));
}
}
```

输出

```
Enter User Id (DONE to quit): DONE
All Users:
geoman57: Kane, Marco
appleseed: Geary; Sam
rover322 : Shear, Kathy
fziffle: Ziffle, Fred
mon2016: Blankenship, Monica
```

22.6 使用树实现 Set 和 Map

顾名思义,TreeSet 和 TreeMap 类使用底层树结构来保存集合或映射的元素。在前几章,我们将树作为集合进行了分析探讨。先在第 19 章中学习了通用树,然后在第 20 章中学习了二叉搜索树。但在这几章的讨论中,Java API 并未将树视为集合,而只是将树作为实现其他集合的方法。

> **重要概念**
> Java API 将树视为实现的数据结构而非集合。

实现 TreeSet 和 TreeMap 的树是红/黑的平衡二叉搜索树。回忆一下第 20 章中对红/黑树的讨论。红/黑树能保证搜索树在添加和删除元素时保持平衡。反过来,这也使几乎所有的基本操作的时间复杂度都为 O(log n)。除非提供显式的 Comparator 对象,否则红/黑树将使用基于 Comparable 接口元素的自然顺序。

> **重要概念**
> TreeSet 和 TreeMap 都使用红/黑的平衡二叉搜索树。

此外,事实证明,API 中的 TreeSet 和 TreeMap 类没有自己独有的底层树的实现。TreeSet 类构建在 TreeMap 的后台实例上。

> **重要概念**
> 在 Java API 中,TreeSet 是使用底层 TreeMap 构建的。

22.7 使用散列实现 Set 和 Map

HashSet 和 HashMap 类是由名为散列的底层技术实现的,其用散列作为存储和检索元素的方法。我们先讨论通用意义上的散列;然后再讨论如何使用散列实现集合和映射。

在关于集合的所有实现讨论中,我们对集合元素的顺序进行了如下两个假设:

- 在栈、队列、无序列表和索引列表中,元素的顺序是由向集合添加、删除元素的顺序决定的。
- 在有序列表和二叉搜索树中,元素的顺序是由元素的比较值或元素的某个键值决定的。

但对于散列而言,顺序,更具体地说是集合中元素的位置是由元素要存储的值的函数决定的或者由元素要存储的键值的某个函数决定的。在散列中,元素存储于散列表中,而元素在散列表中的位置由散列函数决定。散列表中的每个位置被称为单元或桶。

附录 I 给出了有关散列函数的完整内容,在本节,我们只讨论基础知识。

下面分析一个简单的例子。我们创建一个包含 26 个元素的数组。我们需要在数组中存储名字。我们创建一个散列函数，将等同于每个名字的数组位置与名字的首字母相关联。例如，首字母为 A 的名字将映射到数组的位置 0，首字母为 D 的名字将映射到数组的第 3 个位置，依此类推。图 22.3 给出了添加多个名字后的数组。

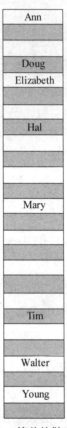

图 22.3　简单的散列示例

注意，与之前我们的集合实现不同，使用散列方法使对指定元素的访问时间与表中元素的数量无关。也就是说，对散列表中元素的所有操作时间复杂度都为 O(1)。因为找到指定元素不再需要进行元素比较或找到指定元素的正确位置。使用散列，我们只需计算指定元素的位置。

但是，只有当每个元素都映射到表中的唯一位置时，才能完美实现上述效率。分析图 22.3 所给的示例。如果我们即要存储名字"Ann"，也要存储名字"Andrew"时，会出现什么情况呢？答案是会产生冲突。两个元素或键映射到散列表中相同位置的情况，我们称之为冲突。

　　将每个元素映射到散列表中唯一位置的散列函数就称为完美散列函数。尽管我们可以开发出完美散列函数，散列函数可以完美地为元素分配表格位置，使用户能以常量时间 O(1) 访问散列表中元素。对前面章节所介绍的效率为 O(n) 的线性方法以及效率为 O(log n) 的搜索树而言，散列算法是不错的改进。

　　附录 I 包含了对散列的全面讨论。下面，让我们分析一下 Java API 如何使用散列来创建集合的实现。

> **重要概念**
> 将每个元素映射到散列表中的唯一位置的散列函数是完美散列函数。

　　正如 TreeSet 类是构建于 TreeMap 实例之上，HashSet 类也是构建于 HashMap 类的实例之上。只要散列函数合理地将元素分配在散列表中，则 HashSet 类的基本操作就以常量时间 O(1) 访问散列表中的元素。影响散列函数效率的构造函数的两个参数是初始容量和加载因子。

　　初始容量决定散列表的初始大小。加载因子决定了在扩充表的大小之前允许表的填充程度。默认初始容量为 16，加载因子的默认值为 0.75。使用这些默认值，一旦添加了 12 个元素，表的大小将加倍。

　　当将元素添加到 HashSet 时，会调用对象的 hashCode 方法以生成对象的整数散列码。如果没有重写 hashCode 方法，则使用 java.lang.Object 类的 hashCode 方法。无论是使用上述的哪种方法，对 Java API 中声明的 hashCode 方法的要求是相同的：

- 只要在执行 Java 应用程序时，在同一对象上多次调用它时，hashCode 方法必须始终返回相同的整数，前提是不修改对象进行等于比较时所用的信息。从应用程序的一次执行到该应用程序的再次执行，该整数无须保持一致。
- 如果根据 equals（Object）方法，两个对象相等，则在这两个对象中的每一个对象上调用 hashCode 方法时，所生成的整数必须相同。
- 如果根据 equals（Object）方法，两个对象不相等，则在两个对象中的每一个对象上调用 hashCode 方法时，则必须生成不同的整数。但程序员应该知道，不等的对象产生不同的整数结果能提高散列表的性能。

重要概念总结

- Set 是对象的唯一集合，通常用于确定指定元素是否是集合的成员。
- 映射是可以使用唯一键进行检索的对象集合。
- Java API 将树视为实现的数据结构而非集合。
- TreeSet 和 TreeMap 都使用红/黑平衡二叉搜索树。
- 在 Java API 中，TreeSet 是使用底层 TreeMap 构建的。
- 在散列中，元素存储在散列表中，元素在表中的位置由散列函数决定。
- 两个元素或键映射到散列表中相同位置的情况称为冲突。
- 将每个元素映射到散列表中的唯一位置的散列函数是完美散列函数。

术 语 总 结

桶是散列表中的位置。

单元是散列表中的位置。

冲突是指两个元素或键映射到散列表中相同位置的情况。

散列是一种技术，能将元素存储在散列表中，也能从散列表中检索元素。元素在表中的位置由散列函数决定。

散列表是用散列技术存储元素的表。

散列函数是散列技术中，用于决定元素在散列表中存储位置的函数。

初始容量是决定散列表初始大小的参数。

加载因子是用于确定在扩充散列表大小之前允许散列表的填充程度的参数。

映射是可以使用唯一键进行检索的对象集合。

完美散列函数是将每个元素映射到散列表中唯一位置的散列函数。

Set 是对象的唯一集合，通常用于确定指定元素是否是集合的成员。

自 测 题

22.1　什么是集？

22.2　什么是映射？

22.3　Java API 如何实现集和映射？

22.4　TreeSet 和 TreeMap 之间有什么关系？

22.5　HashSet 和 HashMap 之间有什么关系？

22.6　散列表与我们之前讨论的其他实现策略有何不同？

22.7　相对于其他实现策略，散列表的潜在优势是什么？

22.8　定义术语冲突和完美散列函数。

练 习 题

22.1　定义集的概念。列出你能想到的集合的其他操作。

22.2　TreeSet 类构建在 TreeMap 类的实例之上。讨论复用这一策略的优缺点。

22.3　根据集合的性质，我们可以使用各种其他集合或数据结构实现 Set 接口。描述如何使用 LinkedList 实现 Set 接口，讨论这种方法的优缺点。

22.4　除了包允许重复元素之外，包是与集非常相似的数据结构。必须对 TreeSet 进行什么扩展才能实现包？

22.5　画出 UML 图来表明本章"产品销售"示例中各类之间的关系。

22.6　画出 UML 图来表明本章"用户管理"示例中各类之间的关系。

22.7 描述两个适用于按名字（如姓氏、名字、中间名）组织数据集的散列函数。

22.8 解释何时使用映射代替集合是更可取的。

程序设计项目

22.1 创建集合的数组实现，该实现名为 ArraySet，且实现了 Set 接口。

22.2 创建集合的链式实现，该实现名为 LinkedSetKT，且实现了 Set 接口。

22.3 创建 TreeBag <T>类的树的实现。记住，区别在于包允许有重复元素。

22.4 根据 HashBagKD 类的实现创建散列表。记住，区别在于包允许有重复元素。

22.5 扩展 TreeSet 类，创建名为 AlgebraicTreeSet 类。除了 Set 接口的方法之外，该类还要提供集合的基本代数运算，如并集、交集和差集。

22.6 通过扩展 HashSet 类，创建程序设计项目 22.5 的 AlgebraicTreeSet 类。

22.7 在程序设计项目 22.1 的基础上，创建映射的数组实现。

22.8 以程序设计项目 22.2 为基础，创建映射的链表实现。

22.9 使用 TreeMap 开发名片盒应用程序，以记录第 9 章介绍的 Contact 对象。

22.10 使用 HashMap 开发第 6 章所讲的 ProgramofStudy 应用程序的新实现。

自测题答案

22.1 集是对象的唯一集合，通常用于确定指定元素是否是集合的成员。

22.2 映射是可以使用唯一键进行检索的对象集合。

22.3 Java API 所实现的 Set 和 Map 都使用了红/黑二叉树（Treeset 和 TreeMap）和散列表 <HashSet 和 HashMap)。

22.4 TreeSet 的实现是构建于 TreeMap 的实例之上。

22.5 HashSet 的实现是构建于 HashMap 的实例之上。

22.6 使用散列表，使用散列函数能确定表中元素的位置。通过这种方式，能以相同的 O(1) 时间内访问散列表中的每个元素。

22.7 给定散列表中每个元素的访问时间是 O(1)，假设散列函数很完美的，那么散列表可能比我们的其他策略更高效。例如，二叉搜索树可能需要 O (log n）的时间来访问给定元素，而散列表的访问时间是 O(1)。

22.8 在散列表中，当两个或多个不同的元素分配到表中的相同位置时，就产生了冲突。完美散列函数是不会产生任何冲突的散列函数。

第23章　多路搜索树

学习目标

- 分析 2-3 和 2-4 树。
- 介绍 B-树的通用概念。
- 分析 B-树的一些专用实现。

在我们首次介绍算法效率的概念时，感兴趣的是处理时间和内存等问题。在本章中，我们学习多路树，专注于空间的使用以及空间的使用对算法总处理时间产生的影响。

23.1　组合树的概念

在第 19 章中，我们知道通用树与二叉树的区别：通用树的每个节点有不同个数的子节点；二叉树的每个节点最多有两个子节点。在第 20 章中，我们讨论了搜索树的概念。在搜索树中，节点元素之间具有特定的排序关系，能高效地搜索指定的目标元素。在搜索树中，我们重点学习了二叉搜索树。现在，我们组合树的相关概念，对其进行扩展，学习多路搜索树。

在多路搜索树中，每个节点可以具有两个以上的子节点，且节点的元素之间存在特定的排序关系。此外，在多路搜索树中，每个节点可以存储多个元素。

重要概念

多路搜索树的每个节点有两个以上的子节点，且每个节点可以存储多个元素。

本章学习下面几种多路搜索树：

- 2-3 树。
- 2-4 树。
- B-树。

23.2　2-3 树

2-3 树是一棵多路搜索树，其每个节点有两个子节点或三个子节点。树中有两个子节点的节点称为 2-节点；有三个子节点的称为 3-节点。2-节点包含一个元素且该元素大于左子树的元素，小于等于右子树的元素。2-节点与二叉搜索树不同，2-节点要么没有子节点，要么有两个子节点，但不能只有一个子节点。

3-节点包含两个元素，一个指定为较小元素，另一个指定为较大元素。3-节点要么没有子节点，要么有 3 个子节点。如果 3-节点有子节点，则左子树包含的元素小于较小元素，右子树包含的元素大于或等于较大元素。中间的子树包含大于或等于较小元素且小于较大元素的元素。

重要概念
2-3 树的每个节点包含一个或两个元素，且有零个、两个或 3 个子节点。

2-3 树的所有叶子都在同一层。图 23.1 给出了一棵有效的 2-3 树。

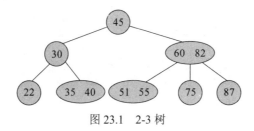

图 23.1　2-3 树

23.2.1　将元素插入 2-3 树

与二叉搜索树的元素插入类似，2-3 树的元素插入永远是在叶子层完成。也就是说，我们先在树中进行搜索，确定新元素要插入的位置；然后再插入新元素。但 2-3 树的元素插入过程与二叉搜索树也略有不同，元素插入会对使 2-3 树的部分结构产生波纹效应。

将元素插入 2-3 树会有三种情况。第一种情况是树为空，这是最简单的情况。在这种情况下，创建包含新元素的新节点，并将该节点指定为树的根。

当我们要插入新元素的叶子是 2-节点时，就出现了第二种情况。也就是说，我们遍历树，找到正确的叶子（其也可能是根），发现要插入的叶子是 2-节点（其只包含一个元素）。在这种情况下，将元素插入 2-节点，其成为了 3-节点。注意，新插入的元素可以比现有元素小，也可以比现有元素大。通过将元素 27 插入图 23.1 所示的 2-3 树，我们来说明 2-节点的元素插入过程。最终，我们得到图 23.2 所示的 2-3 树。包含元素 22 的叶子节点是 2-节点，将元素 27 插入该节点，其成为了 3-节点。注意，这种插入，并没有改变树的节点数和树的高度。

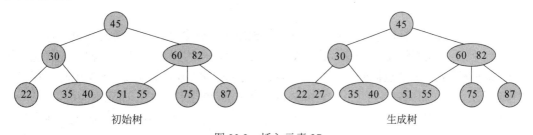

图 23.2　插入元素 27

当我们要插入新元素的叶子是 3-节点（其包含两个元素），就出现了第三种情况。在这种情况下，因为 3-节点不能再容纳任何元素，所以必须将其拆分，并将中间元素向上移动一层至其父节点。要向上移动的中间元素可能是 3-节点中已有元素，也可能是新插入元素，具体是哪个元素向上移动，是由这三个元素之间的关系决定的。

　　图 23.3 给出了将元素 32 插入图 23.2 生成树后的结果。在树中搜索树时，我们找到包含元素 35 和元素 40 的 3-节点。将此节点拆分，中间元素（35）向上移动一层，加入其父节点。因此，包含元素 30 的内部节点变为 3-节点（包含元素 30 和元素 35）。注意，拆分 3-节点将在叶子层产生两个 2-节点。在这个例子中，生成的两个 2-节点分别是：包含元素 32 的 2-节点和另一个包含元素 40 的 2-节点。

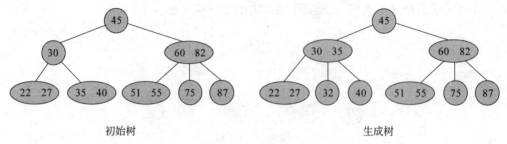

图 23.3　插入元素 32

　　下面分析我们要拆分的 3-节点的父节点也是 3-节点的情况。在这种情况下，中间元素的上移会导致其父节点的拆分。图 23.4 给出了将元素 57 插入到图 23.3 生成树后的结果。在树中搜索时，我们找到包含元素 51 和元素 55 的 3-节点叶子。拆分该节点，将中间元素 55 向上移动一层。因要拆分节点的父节点早已是 3-节点（包含元素 60 和元素 82）。因此，我们也要拆分此节点，将中间元素 60 向上移动一层，加入包含一个元素 45 的 2-节点根。综上所述，将元素插入到 2-3 树中会产生波纹效应，会波及树中多个节点的更改。

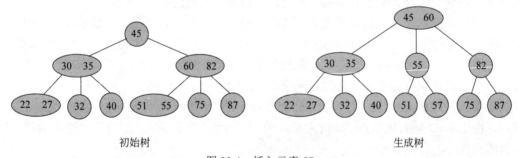

图 23.4　插入元素 57

　　如果波纹效应在整棵树中传播，直到树的根结束，就会创建一个新的双节点根。下面分析一个例子。我们将元素 25 插入图 23.4 生成树后，得到图 23.5 所示的树。先将包含元素 22 和元素 27 的 3-节点拆分，将中间元素 25 向上移动一层；而元素 25 的上移一层又导致将包含元素 30 和元素 35 的 3-节点拆分，中间元素 30 上移一层；而元素 30 的上移一层又导致包含元素 45 和元素 60 的 3-节点的拆分，而该节点恰好是根节点。因此，我们创建了一个新的包含元素 45 的 2-节点的根。

　　注意，当拆分树的根时，树的高度会加 1。2-3 树的插入策略是使所有的叶子都在同一层。

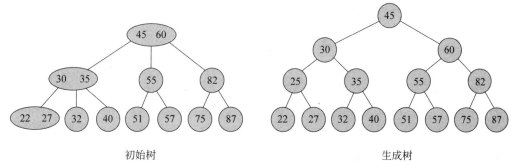

图 23.5　插入元素 25

重要概念

如果 2-3 树插入的波纹传播效果导致根的拆分，则会增加树的高度。

23.2.2　从 2-3 树中删除元素

从 2-3 树中删除元素也有三种情况。第一种情况是要删除的元素位于 3-节点的叶子之中。在这种情况下，删除只是从节点中删除元素的问题。删除图 23.1 所示树中元素 51 的过程就属于这种情况，具体删除过各如图 23.6 所示。注意，删除过程要保持 2-3 树的性质。

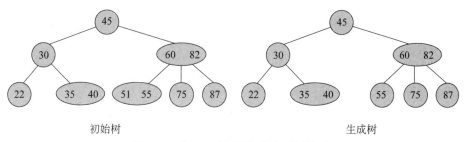

图 23.6　从 2.3 树中删除元素（情况 1）

第二种情况是要删除的元素位于 2-节点的叶子之中，我们将这种情况称为下溢。我们必须通过旋转树来减小树的高度，以保持 2-3 树的性质。下溢这种情况还可以分为 4 种子情况：情况 2.1、情况 2.2、情况 2.3 和情况 2.4。如图 23.7 是情况 2.1，其要从初始树中删除元素 22。在情况 2.1 中，因为要删除节点的父节点有一个 3-节点的右子节点，我们需要将该 3-节点的较小元素绕其父节点旋转，才能保持 2-3 树的性质。同理，如果要删除节点位于右侧的 2-节点叶子之中，其父节点有一个 3-节点的左子节点，则也需要将该 3-节点的

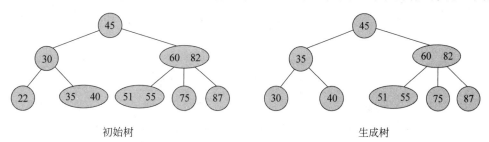

图 23.7　从 2-3 树中删除元素（情况 2.1）

较小元素绕其父节点旋转，才能保持 2-3 树的性质。

如果我们要从图 23.7 的生成树中删除元素 30，会出现什么情况呢？我们知道，不能再通过局部旋转来保持 2-3 树的性质了。因为 2-3 树的节点不能只有一个子节点。再进一步分析。因为根的右子节点的最左边的子节点是 3-节点，所以将该 3-节点的最小元素绕根旋转，才能保持 2-3 树的性质。这个过程是情况 2.2，如图 23.8 所示。注意，我们要将元素 51 移动到根，将元素 45 变成 3-节点叶子中的较大元素，因此，我们将 3-节点的较小元素绕其父节点旋转。一旦元素 51 移动到了根且元素 45 移动到了 3-节点叶子，这时情况就变成情况 2.1 了。

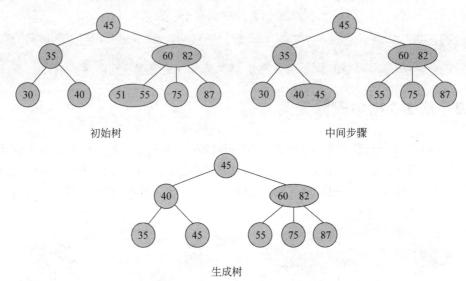

图 23.8   从 2-3 树中删除元素（情况 2.2）

给定图 23.8 的生成树，如果现在要删除元素 55，会出现什么情况呢？现在，这棵树的所有叶子都不是 3-节点。因此，现在叶子的旋转都解决不了保持 2-3 树性质的问题。但当叶子节点的父节点是 3-节点时，为了保持 2-3 树的性质，要将该 3-节点转换成 2-节点，具体实现就是旋转该 3-节点的较小元素 60，使其成为该节点的左子节点。情况 2.3 如图 23.9 所示。

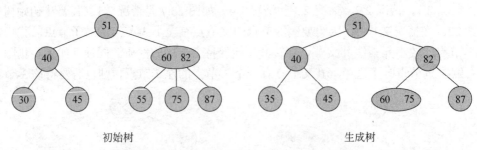

图 23.9   从 2-3 树中删除元素（情况 2.3）

如果我们接下来删除元素 60（使用情况 1），生成树只包含 2-节点。现在，如果我们要删除另一个元素 45，旋转不再是可选项。为了保持 2-3 树的性质，我们必须降低树的高度，这是情况 2.4。为了降低树的高度，我们只需有序地将每片叶子与其父与兄弟进行组合。如果任何一个组合包含两个以上的元素，则我们将其分成两个 2-节点，并向上移动中间元素或传播中间元素。情况 2.4 如图 23.10 所示，其也是降低树高的过程。

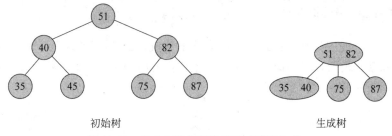

图 23.10　从 2-3 树中删除元素（情况 2.4）

第三种情况是要删除的元素位于内部节点之中。与二叉搜索树删除元素那样，我们可以用要删除的元素的中序后继节点替换要删除的元素。在 2-3 树中，内部元素的中序后继节点将永远是叶子。如果要删除元素位于 2-节点之中，则会变成情况 1；如果要删除元素是 3-节点，则不需要任何进一步的操作。先删除图 23.1 的元素 30，再删除生成树中的元素 60，就说明了第三种情况，具体过程如图 23.11 所示。

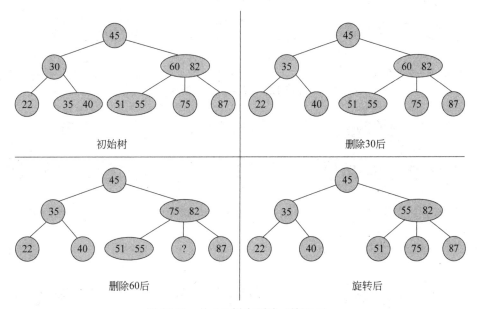

图 23.11　从 2-3 树中删除（情况 3）

23.3　2-4 树

2-4 树与 2-3 树类似，增加的性质是节点可以包含 3 个元素。对 2-3 树的原则进行扩展，4-节点包含 3 个元素，且 4-节点要么没有子节点，要么有 4 个子节点。有序性也与 2-3 树相同：即左子节点要小于节点的最左边元素；要小于或等于节点的第二个子节点，要小于节点的第二个元素；要小于或等于第三个子节点，要小于节点的第三个元素；要小于或等于节点的第四个子节点。

在 2-4 树中，应用相同的插入和删除元素的情况。2-节点和 3-节点的插入表现相似，3-节点和 4-节点的删除表现相似。图 23.12 给出了 2-4 树的一系列元素插入过程。图 23.13 给出了从 2-4 树中删除一系列元素的过程。

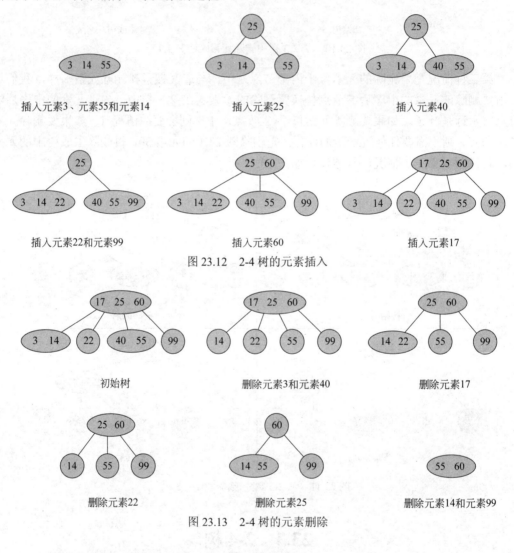

图 23.12　2-4 树的元素插入

图 23.13　2-4 树的元素删除

23.4　B-树

2-3 树和 2-4 树都是多向搜索树（B 树）的例子。我们将 B 树中每个节点的最多子节点数称为阶。因此，2-3 树是 3 阶的 B 树，2-4 树是 4 阶的 B 树。

m 阶的 B 树具有以下性质：

- 根至少有两个子树，除非根是叶子。
- 每个非根的内部节点 n 都包含 k-1 个元素和 k 个子节点，其中 $\lceil m/2 \rceil \leqslant k \leqslant m$。
- 每片叶子 n 包含 k-1 个元素，其中 $\lceil m/2 \rceil \leqslant k \leqslant m$。
- 所有叶子都在同一层中。

重要概念

B-树扩展了 2-3 和 2-4 树的概念，使节点所包含的元素个数任意多。

图 23.14 给出了 6 阶 B 树。

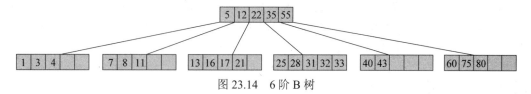

图 23.14　6 阶 B 树

之所以创建和使用 B-树，是因为人们对算法和数据结构设计影响的研究。为了理解该项研究，我们必须先了解讨论过的集合背景。我们一直假设：是在主存储器中处理集合。如果对主存器而言，要处理的数据集太大，该如何处理呢？在数据集太大的情况下，数据结构会将磁盘或其他辅助存储设备中的数据调入内存或将内存中的数据调出到外设。一旦涉及辅助存储设备，访问时间会发生很大的变化。在这种情况下，访问集合元素的时间不仅仅是查找元素所需的比较次数了，还必须考虑辅助存储设备的访问时间以及单独访问这些设备的次数。

重要概念

相对于访问主存储器而言，访问辅助存储器的速度是非常慢的。这也是使用 B-树结构的动机和原因。

在辅助存储器是磁盘的情况下，访问时间包括寻道时间（将读写磁头定位在磁盘上的适当磁道上所花费的时间）、旋转延迟（将磁盘旋转到正确扇区所需的时间）和传输时间（从磁盘将内存块传输到主存储器所需的时间）。将此访问时间添加到集合的访问时间的代价是非常大的。因为与访问主存储器相比，访问辅助存储设备的速度是非常慢的。

鉴于这种增加了的访问时间，开发一种结构，使访问辅助存储设备的次数最小化是非常有意义的。B-树就是这样的结构。通常调整 B-树，使其节点的大小与辅助存储器中的块大小相同。通过这种方式，我们可以访问每个磁盘的最大数据量。因为 B 树的每个节点可以包含多个元素，所以它们比二叉树更扁平。这也减少了必须访问的节点或总块数，从而提高了算法性能。

我们已经学习了 2-3 树和 2-4 树的元素插入与删除过程，B-树的插入删除也一样。任何 m 阶 B-树的处理过程都是类似的。下面我们简要地分析一下 B-树的一些有趣变种，利用这些变种来解决具体问题。

23.4.1　B*-树

　　B 树的一个潜在问题是：即使我们最小化了访问辅助存储的访问时间，但实际上，所创建的数据结构仍有一半为空。为了最大限度地解决这个问题，我们开发了 B*-树。 B-树每个节点有 k 个子节点，其中 $\lceil m/2 \rceil \leq k \leq m$，而 B*-树的每个节点有 k 个子节点，其中 $\lceil (2m-1)/3 \rceil \leq k \leq m$，除此之外，B*-树的其他性质与 B-树相同，也就是说 B*-树的每个非根节点都至少是三分之二满的节点。

　　B*-树是通过在兄弟节点之间重新平衡来延迟节点拆分来实现的。一旦兄弟节点满了，我们不是将一个节点分成两个节点，而是创建两个半满节点；我们将两个节点拆分成三个节点，创建的三个节点都是三分之二满的节点。

23.4.2　B⁺-树

　　B 树的另一个潜在问题是顺序访问。与任何树一样，我们可以使用中序遍历顺序查看树中的元素。但这也意味着我们不再利用辅助存储的块结构。实际上，这样做会使情况更糟，因为在遍历期间，我们将多次访问包含内部节点的每个块。

　　B⁺-树为上述问题提供了解决方案。在 B-树中，无论元素是出现在内部节点还是叶子中，都只出现一次。而在 B⁺-树中，每个元素，无论是否出现在内部节点中，都会出现在叶子中。出现在内部节点上的元素将再次列为其在内部节点位置的中序后继节点（它是一片叶子）。另外，每个叶子节点将维护指向后面叶子节点的指针。通过这种方式，B⁺-在 B-树结构上提供索引访问，且通过叶子链表完成顺序访问。图 23.15 说明了这一策略。

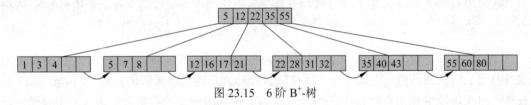

图 23.15　6 阶 B⁺-树

23.4.3　B-树分析

　　使用平衡二叉搜索树，我们可以说，在树中搜索元素的时间是 $O(\log_2 n)$。之所以这样说是因为，在最坏情况下，我们必须搜索从树根到叶子的单条路径；在最坏情况，该路径的长度为 $\log_2 n$。B 树的分析与二叉搜索树的分析相似。在最坏情况下，搜索 B 树，我们不得不搜索从根到叶子的单条路径，最坏情况是，路径长度是 $\log_m n$，其中 m 是 B 树的阶，n 是树中的元素个数。但是，找到正确节点只是搜索的一部分任务。搜索的另一部分任务是找到每个节点到指定节点的正确路径，然后找到目标元素。因为每个节点最多有 m-1 个元素，所以每个节点可能需要进行 m-1 次比较才能找到正确的路径，并找到正确的元素。因此，对 B-树的搜索的分析的时间复杂度为 $O((m-1)\log_m n)$。因为 m 是任何给定实现的常量，我们可以说搜索 B-树的时间复杂度为 $O(\log n)$。

B 树的插入和删除分析是类似的，将它们留作练习。

23.5　B-树的实现策略

我们已经讨论了将元素插入-B 树、从 B-树中删除元素以及保持 B-树性质所需的平衡机制。接下来我们要讨论 B-树的存储策略。记住，B-树结构是专门处理从辅助存储器将集合数据移入、移出主存储器问题而开发的。如果我们使用对象引用变量来创建链表实现，实际上是存储对象的主存储器地址。如果将对象移回到辅助存储器后，该地址将不再有效。因此，如果与辅助存储器交互是你使用 B-树的动机，那么数组实现是更好的解决方案。

> **重要概念**
>
> 数组能为 B-树节点和 B-树节点集合提供更好的解决方案，因为在主存储器和辅助存储器中，数组都是有效的。

解决方案是将每个节点视为一对数组。第一个数组是 m−1 个元素的数组，第二个数组是 m 个子元素的数组。接下来，如果我们将树视为一个节点的大数组，那么存储在每个节点中的子节点数组元素只是该节点数组的整数索引。

在主内存中，这种策略是有效的，因为当我们使用数组时，对我们而言，只需知道数组中元素的索引位置，主存储器中加载数组的位置并不重要。对于辅助存储器，这样的策略也是有效的。因为，假定每个节点都具有固定长度，则任何给定节点的存储器中的地址的计算公式为：

$$文件的基址+（节点的索引-1）×节点的长度$$

2-3 树、2-4 树和更大 B-树的数组实现留作编程项目。

重要概念总结

- 多路搜索树的每个节点有两个以上的子节点，且每个节点可以存储多个元素。
- 2-3 树的每个节点包含一个或两个元素，且有零个、两个或 3 个子节点。
- 向 2-3 树插入元素可能引发波纹效应。
- 如果 2-3 树插入的波纹传播效果导致根的拆分，则会增加树的高度。
- 2-4 树扩展 2-3 树的概念以包括 4-节点的使用。
- B-树扩展了 2-3 和 2-4 树的概念，使节点所包含的元素个数任意多。
- 相对于访问主存储器而言，访问辅助存储器的速度是非常慢的。这也是使用 B-树结构的动机和原因。
- 数组能为 B-树节点和 B-树节点集合提供更好的解决方案，因为在主存储器和辅助存储器中，数组都是有效的。

术 语 总 结

2-节点包含一个元素且其左子树包含的元素小于该元素，右子树包含的元素大于或等于该元素。

2-3 树是一棵多路搜索树，其每个节点都有两个子节点（称为 2-节点）或 3 个子节点（称为 3-节点）

2-4 树类似于 2-3 树，增加的性质是每个节点可以包含 3 个元素。

3-节点包含两个元素，一个指定为较小元素，另一个指定为较大元素。3-节点要么无子节点，要么有 3 个子节点。如果 3-节点有子节点，则左子树包含的元素小于较小元素，右子树包含的元素大于或等于较大元素。中间子树包含的元素大于或等于较小元素且小于较大元素。

4-节点包含 3 个元素且要么无子节点，要么有 4 个子节点。

B-树扩展了 2-3 树和 2-4 树的概念，使节点能包含的元素数任意多。

B*-树的每个节点有 k 个子节点，其中 $\lceil (2m-1)/3 \rceil \leq k \leq m$，而 B-树每个节点有 k 个子节点，其中 $\lceil m/2 \rceil \leq k \leq m$，而除此之外，B*-树的其他性质与 B-树相同。

B$^+$-树中的每个元素都会出现在叶子中，无论该元素是否出现在内部节点中。出现在内部节点中的元素将再次列为其在内部节点位置的中序后继节点（它是一个叶子）。另外，每个叶子节点将维护指向后面叶子节点的指针。通过这种方式：B$^+$-在 B-树结构上提供索引访问，且通过叶子链表完成顺序访问。

多路搜索树是一种搜索树，其中每个节点可能有两个以上的子节点，并且元素之间存在特定的排序关系。

下溢是这样一种情况，我们必须旋转树和/或减少树的高度，以保持 2-3 树的属性。

自 测 题

23.1　描述 2-3 树的节点。

23.2　何时拆分 2-3 树中的节点？

23.3　2-3 树中节点拆分节是如何影响树的？

23.4　描述从 2-3 树中删除元素的过程。

23.5　描述 2-4 树的节点。

23.6　比较 2-4 树中的插入和删除与 2-3 树中的插入和删除。

23.7　在删除元素后，何时旋转不再是重新平衡 2-3 树的选项？

练 习 题

23.1 初始 2-3 树为空，画出插入以下元素后的生成树。

34 45 3 87 65 32 1 12 17

23.2 使用练习 23.1 的生成树，画出删除以下每个元素后的生成：

3 87 12 17 45

23.3 使用 2-4 树重复练习 23.1。

23.4 使用练习 23.3 的生成的 2-4 树重复练习 23.2。

23.5 初始 8 阶 B 树为空，画出插入以下元素后的生成树。

34 45 3 87 65 32 1 12 17 33 55 23 67 15 39 11 19 47

23.6 从练习 23.5 的生成树中删除以下元素，画出生成的 B 树：

1 12 17 33 55 23 19 47

23.7 描述向 B 树插入元素的复杂度（阶数）。

23.8 描述从 B 树中删除元素的复杂度（阶数）。

程序设计项目

23.1 使用 23.5 节讨论的数组策略创建 2-3 树的实现。

23.2 使用链式策略创建 2-3 树的实现。

23.3 使用 23.5 节讨论的数组策略创建 2-4 树的实现。

23.4 使用链式策略创建 2-4 树的实现。

23.5 使用 23.5 节讨论的数组策略创建 7 阶 B 树的实现。

23.6 使用 23.5 节讨论的数组策略创建 9 阶的 B^+-树的实现。

23.7 使用 23.5 节讨论的数组策略创建 11 阶的 B^*-树实现。

23.8 实现图形化系统使用员工 ID、员工姓名和服务年限来管理员工。系统使用 7 阶 B 树存储员工信息，还要提供添加和删除员工的功能。在每次操作之后，系统必须更新按照姓名排序的员工有序列表并在屏幕上显示。

自测题答案

23.1 2-3 树的节点有一个或两个元素，且要么没有子节点，要么有两个子节点或 3 个子节点。如果它有一个元素，则它是一个 2-节点，2-节点要么没有子节点，要么有两个子节点。如果它有两个元素，那么它是一个 3-节点，3-节点要么没有子节点，要么有 3 个子节点。

23.2 当 2-3 树的节点有 3 个元素时，要进行拆分。最小元素变为 2-节点，最大元素变为 2-节点，中间元素被提升或传播到父节点。

23.3　如果拆分和生成的传播强制拆分根节点，则节点的拆分节点会增加树的高度。

23.4　2-3 树的删除有三种情况。情况 1：从 3-节点叶子中删除元素。这意味着只是删除元素，对树的其余部分没有任何影响。情况 2：从 2-节点叶子中删除元素。情况 2 可细分为 4 种情况。情况 2.1：从有 3-节点兄弟的 2-节点中删除元素。根据 3-节点是左子节点还是右子节点，来将中序前继节点或中序后继节点绕父节点旋转，以保持 2-3 树的性质。情况 2.2：当树中其他位置有 3-节点叶，要从 2-节点删除元素时，通过将该元素旋转出该 3-节点，并传播该旋转直到被删除节点的兄弟节点变为 3-节点为止。之后，情况 2.2 就变成了情况 2.1。情况 2.3：删除 2-节点，树中有 3-节点的内部节点。我们也可以通过旋转来解决保持树的性质问题。情况 2.4：当树中没有 3-节点时，要删除 2-节点，要通过减小树的高度来解决保持 2-3 树的性质问题。

23.5　2-4 树中有 4-节点，且 4-节点包含 3 个元素，且 4-节点要么没有子节点，要么有 4 个子节点。除了上述内容之外，2-4 树中的节点与 2-3 树中的节点完全相同。

23.6　除了 2-4 树的拆分是有 4 个元素时而 2-3 树的拆分是有 3 个元素时，2-4 树中的元素插入和元素删除与 2-3 树中的元素插入和元素删除完全相同。

23.7　在删除元素后，如果 2-3 树的所有节点是 2-节点，则旋转不再是重新平衡的选项。

第 24 章 图

学习目标

- 定义无向图。
- 定义有向图。
- 定义加权图或网络。
- 探讨常用的图算法

在第 19 章中，我们介绍了树的概念。树是一种非线性结构，除根节点之外，树中的每个节点都只有一个父节点。如果我们违反这一前提，允许树中的每个节点连接到其他各种节点且没有父节点或子节点的概念，那么这些连接的节点就形成了图。图和图论是数学和计算机科学的主要分支学科，本章将介绍图的基本概念和图的实现。

24.1 无 向 图

与树一样，图由节点和连接节点的边组成。在图的术语中，我们将节点称为顶点，将节点之间的连接称为边。顶点由名称或标签标识。例如，我们将顶点记作顶点 A、顶点 B、顶点 C 和顶点 D。边是用于连接一对顶点的连线。例如，我们将边记作边（A，B），其含义就是说从顶点 A 到顶点 B 有一条边。

无向图是指边没有方向的图，也就是说边是无序的顶点对。边（A，B）意味着 A 与 B 之间有没有方向的边。在无向图中，边（A，B）与边（B，A）完全相同。我们将图 24.1 所示的无向图表示为：

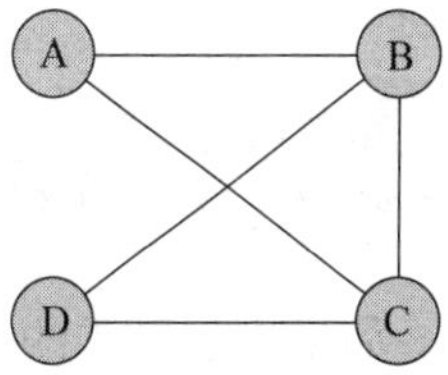

图 24.1 无向图的示例

顶点：A，B，C，D。

边：（A，B），（A，C），（B，C），（B，D），（C，D）。

重要概念

无向图是指边没有方向的图，也就是说边是无序的顶点对。

在图中，如果两个顶点之间有边相连，则这两个顶点是相邻的。例如，在图 24.1 中，顶点 A 和顶点 B 是相邻的，而顶点 A 和顶点 D 是不相邻的。有时我们也将相邻顶点称为邻接。图的边将顶点又连接回自己的称为自循环或悬挂，自循环用两个顶点表示。例如，边（A，A）意味着顶点 A 是自循环。

重要概念

在图中，如果两个顶点之间有边相连，则这两个顶点是相邻的。

如果无向图含有连接顶点的最多条边,则该无向图是完全的。对于图中的第一个顶点,它需要（n-1）条边将它连接到其他顶点。对于第二个顶点,由于其已与第一个顶点相连,所以,要与其他顶点相连,它只需要（n-2）条边。第三个顶点要与其他顶点相连,因它已与第一个顶点和第二个顶点相连,所以它只需要（n-3）条边。以此类推,这个过程一直持续,直到最后一个顶点不再需要相连的边为止,因为最后一个顶点已与所有其他顶点都相连了。

重要概念

如果无向图含有连接顶点的最多条边，则认为该无向图是完全的。

回忆一下，第 11 章所用到的从 1 到 n 的求和公式:

$$\sum_{1}^{n} i = n(n+1)/2$$

因此，求无向图最多条边数，即求 1 到 n–1 的和的公式为:

$$\sum_{1}^{n-1} i = n(n-1)/2$$

也就是说，对于任何有 n 个顶点的无向图而言，要成为完全图，则必须有 n(n-1)/ 2 条边。当然，我们的前提是要假设这些边都不是自循环的。

路径是连接图中两个顶点的边的序列。例如，在图 24.1 所示的图中，A，B，D 表示从 A 到 D 的路径。注意，路径中的每个序列对（A，B）或（B，D）都是边。无向图中的路径是双向的。例如，A，B，D 是从 A 到 D 的路径，但由于边是无向的，因此反过来 D，B，A 也是从 D 到 A 的路径。路径长度是路径中边的条数（或顶点数–1）。因此，路径 A，B，D 的长度为 2。注意，路径长度定义与讨论树时所用的定义一样。实际上，树是图的特例。

重要概念

路径是连接图中两个顶点的边的序列。

如果对于图中的任何两个顶点，它们之间都存在路径，则该无向图是连通的。图 24.1 所示的图是连通的，而对图 24.1 略微修改的图 24.2 所示的图就不是连通的。

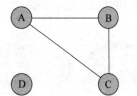

图 24.2　无向图的示例

顶点：A，B，C，D。

边：（A，B），（A，C），（B，C）。

环是第一个顶点与最后一个顶点相同且没有重复边的路径。在图 24.2 中，我们可以说路径 A，B，C，A 是一个环。没有环的图称为无环图。前面我们提到了图与树之间的关系，在此我们又介绍了图的相关定义，因此，我们可以正式化图与树的关系为：无向树是一个连通的、无环的无向图，其中一个元素被指定为根。

重要概念

环是第一个顶点与最后一个顶点相同且没有重复边的路径。

24.2 有 向 图

有向图是指边有方向的图，也就是说边是有序的顶点对。在有向图中，边（A，B）和边（B，A）是不同的。在 24.1 节无向图的例子中，我们将无向图表示为：

顶点：A，B，C，D。

边：（A，B），（A，C），（B，C），（B，D），（C，D）。

根据此表示，现在我们将图 24.1 变成有向图，得到的图如图 24.3 所示。在图中，边是有方向的，有序的顶点对指定了遍历的方向。例如，边（A，B）允许从 A 到 B 方向上的遍历，但不允许从 B 到 A 方向上的遍历。

对于有向图而言，之前根据无向图对图进行的定义会略有变化。例如，在有向图中，路径是它连接图中两个顶点的有向边序列。在无向图中，A、B、D 是从 A 到 D 的路径，但由于边是无向的，因此反过来 D、B、A 也是从 D 到 A 的路径。但是，在有向图中，因为路径是有方向的，路径不再默认是双向的了，所以反过来的路径不再为真。除非我们添加了有向边（D，B）和有向边（B，A），否则，D、B、A 就不是从 D 到 A 的有效路径。

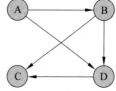

图 24.3 有向图的示例

在有向图中，连通的定义与无向图的连通定义相同。在有向图中，如果对于图中的任何两个顶点，它们之间都存在路径，则该有向图是连通的。但是，要知道，有向图和无向图的路径定义不同。分析图 24.4 给出两个有向图。我们知道，第一个有向图是连通的，而第二个有向图是不连通的，因为该图中没有任何一条路径到达顶点 1。

如果有向图无环，则可以排列有向图的顶点。如果存在从 A 到 B 的边，则顶点 A 是顶点 B 的前驱，这种排列所产生的顶点顺序就称为拓扑顺序。

我们知道树是图的特例。实际上，前面章节学习的树大部分都是有向树。有向树是有向图，其有一个指定为根的元素，性质如下：

● 任何顶点到根都没有连接。

● 到达每个非根元素的连接都只有一个。

● 从根到每个顶点都有路径。

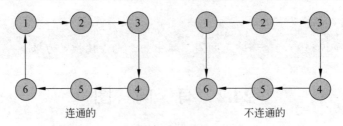

图 24.4　连通的有向图和不连通有向图的示例

24.3　网　　　络

网络（或加权图）是每条边都有相关联的权重或成本的图。图 24.5 是表示城市之间的航线和机票的无向网络。根据该加权图（或网络），可确定从一个城市到另一个城市的最便宜的路径。加权图中路径的权重是路径中全部边的权重之和。

> **重要概念**
> 网络（或加权图）是每条边都有相关联权重或成本的图。

根据需要，网络可以是无向的，也可以是有定向的。以图 24.5 中的机票为例，如果从纽约飞往波士顿的机票价格是一个价格，而从波士顿飞往纽约的机票价格是另一个价格，那该怎么办呢？答案是用有向网。这是有向网络的典型应用，图 24.6 给出了有向网络的示例。

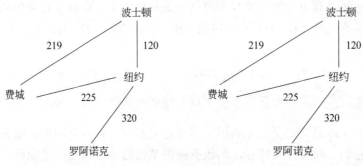

图 24.5　无向网络

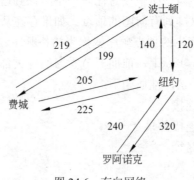

图 24.6　有向网络

对于网络，我们用三元组表示网络的每条边，这三元组包括起始顶点、结束顶点和权重。记住，对于无向网络，起始顶点和结束顶点可以交换而没有影响。但对于有向网络，每个方向的连接都必须包含三元组。例如，我们将图 24.6 的有向网络表示如下：

顶点：波士顿，纽约，费城，罗阿诺克。

边：（波士顿，纽约，120），（波士顿，费城，199），

（纽约，波士顿，140），（纽约，费城，225），

（纽约，罗阿诺克，320），（费城，波士顿，219），

（费城，纽约，205），（罗阿诺克，纽约，240）。

24.4 常用的图算法

无向图、有向图或网络的算法有多种，有与树的搜索算法类似的各种遍历算法；有用于查找最短路径的算法；有用于查找网络最低成本路径的算法；有回答有关图的简单问题的算法，如回答图是连通的吗？两个顶点之间的最短路径是多少？这类问题。

24.4.1 遍历

第 19 章讨论树时，我们定义了 4 种类型的遍历：前序遍历、中序遍历、后序遍历和层序遍历。之后实现了这 4 种遍历的迭代器。我们知道树是图的特例，所以对于某些类型的图而言，树的遍历依然适用。但一般而言，我们将图的遍历分为两类：广度优先遍历和深度优先遍历。广度优先遍历类似于树的层序遍历；深度优先遍历类似于树的前序遍历。图与树的区别在于，图没有根节点，所以图的遍历可以从图中的任何顶点开始。

我们使用队列和无序列表来创建图的广度优先遍历。广度优先遍历使用队列（traversal-queue）来管理遍历，使用无序列表（result-list）来保存结果。第一步是将起始顶点添加到 traversal-queue 队列，并将起始顶点标记为已访问。之后进入循环，该循环在 traversal-queue 队列为空之前，一直持续。在循环中，我们将当前顶点从 traversal-queue 队列中移除，并将当前顶点添加到 result-list 列表尾。然后，我们将与当前顶点邻接且尚未标记为已访问的顶点添加到 traversal-queue 队列，并将每个入队顶点标记为已访问。之后再重复循环。我们只是对每个已访问顶点重复上述过程，直到 traversal-queue 队列为空，这也意味着我们不再到达任何新顶点。最后，result-list 列表给出从给定顶点开始的广度优先的顶点序列。构造广度优先迭代器的逻辑与上述逻辑相同。iteratorBFS 给出了广度优先遍历的迭代算法，其是图的数组实现。确定与当前顶点相邻的顶点是由图实现边的表示决定的。我们的算法假设使用邻接矩阵实现图。我们将在 24.5 节进一步讨论图的邻接矩阵实现。

用 traversal-stack 替换 traversal-queue，然后使用几乎相同的逻辑就能创建图的深度优先遍历。深度优先算法与广度优先算法还略有不同：在将顶点添加到 result-list 列表之前，其无需将顶点标记为已访问。iteratorDFS 方法给出了深度优先算法，其是图的数组实现。

重要概念

图的深度优先遍历与广度优先遍历唯一的区别是其使栈而非队列来管理遍历。

```java
/**
 * Returns an iterator that performs a breadth first
 * traversal starting at the given index.
 *
 * @param startIndex the index from which to begin the traversal
 * @return an iterator that performs a breadth first traversal
 */
public Iterator<T> iteratorBFS(int startIndex)
{
    Integer x;
    QueueADT<Integer> traversalQueue = new LinkedQueue<Integer>();
    UnorderedListADT<T> resultList = new ArrayUnorderedList<T>();
    if (!indexIsValid(startIndex))
        return resultList.iterator();
    boolean[] visited = new boolean[numVertices];
    for (int i = 0; i < numVertices; i++)
        visited[i] = false;

    traversalQueue.enqueue(new Integer(startIndex));
    visited[startIndex] = true;
    while (!traversalQueue.isEmpty())
    {
        x = traversalQueue.dequeue();
        resultList.addToRear(vertices[x.intValue()]);
        // Find all vertices adjacent to x that have not been visited
        //  and queue them up

        for (int i = 0; i < numVertices; i++)
        {
            if (adjMatrix[x.intValue()][i] && !visited[i])
            {
                traversalQueue.enqueue(new Integer(i));
                visited[i] = true;
            }
        }
    }
    return new GraphIterator(resultList.iterator());
}
/**
 * Returns an iterator that performs a depth first traversal
 * starting at the given index.
 *
 * @param startIndex the index from which to begin the traversal
 * @return an iterator that performs a depth first traversal
 */
public Iterator<T> iteratorDFS(int startIndex)
{
```

```
        Integer x;
        boolean found;
        StackADT<Integer> traversalStack = new LinkedStack<Integer>();
        UnorderedListADT<T> resultList = new ArrayUnorderedList<T>();
        boolean[] visited = new boolean[numVertices];
        if (!indexIsValid(startIndex))
            return resultList.iterator();
        for (int i = 0; i < numVertices; i++)
            visited[i] = false;

        traversalStack.push(new Integer(startIndex));
        resultList.addToRear(vertices[startIndex]);
        visited[startIndex] = true;
        while (!traversalStack.isEmpty())
        {
            x = traversalStack.peek();
            found = false;
            // Find a vertex adjacent to x that has not been visited
            //  and push it on the stack
            for (int i = 0; (i < numVertices) && !found; i++)
            {
                if (adjMatrix[x.intValue()][i] && !visited[i])
                {
                    traversalStack.push(new Integer(i));
                    resultList.addToRear(vertices[i]);
                    visited[i] = true;
                    found = true;
                }
            }
            if (!found && !traversalStack.isEmpty())
                traversalStack.pop();
        }
        return new GraphIterator(resultList.iterator());
    }
```

　　下面分析一个广度优先遍历的例子。图 24.7 给出了一个无向图，其用整数标记每个顶点。我们从顶点 9 开始执行广度优先遍历，具体操作步骤如下：

　　（1）将 9 添加到遍历队列并将其标记为已访问。

　　（2）将 9 从遍历队列中移除。

　　（3）将 9 添加到结果列表尾。

　　（4）将 6、7 和 8 添加到遍历队列，并将每个顶点标记为已访问。

　　（5）从遍历队列中移除 6。

　　（6）将 6 添加到结果列表。

　　（7）将 3 和 4 添加到遍历队列，并将它们标记为已访问。

　　（8）从遍历队列中移除 7，并将其添加到结果列表。

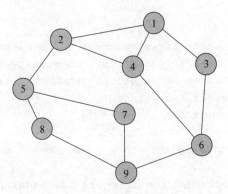

图 24.7　遍历的示例

（9）将 5 添加到遍历队列，并将其标记为已访问。

（10）从遍历队列中移除 8，并将其添加到结果列表中（我们不会向遍历队列添加任何新顶点，因为 8 没有尚未访问的邻接顶点）。

（11）从遍历队列中移除 3，并将其添加到结果列表中。

（12）将 1 添加到遍历队列，并将其标记为已访问。

（13）从遍历队列中移除 4，并将其添加到结果列表。

（14）将 2 添加到遍历队列，并将其标记为已访问。

（15）从遍历队列中移除 5，并将其添加到结果列表中（因为没有 5 没有未访问的邻接顶点，所以我们不向遍历队列添加任何顶点）。

（16）从遍历队列中移除 1，并将其添加到结果列表中（因为 1 没有未访问的邻接顶点，所以我们不向遍历队列添加任何顶点）。

（17）从遍历队列中移除 2，并将其添加到结果列表中。

广度优先遍历所生成的从顶点 9 开始的结果列表为：9, 6, 7, 8, 3, 4, 5, 1, 2。根据图 24.7，给出进行深度优先遍历生成的从顶点 9 开始的结果列表。

当然，用递归能简洁地表达这两种算法。例如，以下的算法递归地定义了深度优先遍历：

```
DepthFirstSearch (node x)
{
    visit (x)
    result-list.addToRear (x)
    for each node y adjacent to x
        if y not visited
            DepthFirstSearch(y)
}
```

24.4.2　测试连通性

我们知道，如果图中的任何两个顶点之间都存在路径，则该图是连通的。连通的定义既适用于无向图，也适用于有向图。根据我们刚刚讨论过的算法，对图是不是连通的问题而言，有这样一个简单的解决方案：对具有 n 个顶点图的每个顶点 v 而言，当且仅当从 v 开始的广度优先遍历的顶点数是 n 时，图才是连通的。

> **重要概念**
> 无论从图中的哪个顶点开始，当且仅当广度优先遍历的顶点数与图的顶点数相同时，图才是连通的。

下面分析图 24.8 所示的无向图。我们知道左边的图是连通的，而右边的图是不连通的。下面通过我们的算法来确认这两图的连通性。图 24.9 给出了以左边图的每个顶点为起点的广度优先遍历。如读者所见，以任何顶点为起点的所有遍历都是 n = 4 个顶点，因此图是连通的。图 24.10 给出了以右边图的每个顶点作为起点的广度优先遍历。从图中可知，不但没有包含 n = 4 个顶点的遍历，而且从顶点 D 开始的遍历只有一个顶点。因此图是不连通的。

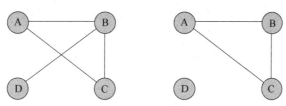

图 24.8 无向图的连通性

起始顶点	广度优先遍历
A	A,B,C,D
B	B,A,D,C
C	C,B,A,D
D	D,B,A,C

图 24.9 连通无向图的广度优先遍历

起始顶点	广度优先遍历
A	A, B, C
B	B, A, C
C	C, B, A
D	D

图 24.10 不连通无向图的广度优先遍历

24.4.3 最小生成树

生成树是包含图的所有顶点和部分（或全部）边的树。树也是图，而某些图自身就是生成树，对这类图而言，其唯一的生成树将包括所有的边。图 24.11 给出了图 24.7 所示图的生成树。

> **重要概念**
> 生成树是包含图的所有顶点以及部分（全部）边的树。

　　生成树的一个有趣应用是找到加权图的最小生成树。最小生成树是一棵生成树，其边的权重之和小于等于同一个图的任何其他生成树的权重之和。

　　最小生成树算法由 Prim 于 1957 年开发，该算法非常简洁。如前所述，图中的每条边由一个三元组表示：起始顶点、结束顶点和权重。我们任意选择一个顶点作为起始顶点，并将起始顶点添加到我们的最小生成树（MST）。之后，我们将从起始顶点开始的所有的边都添加到按权重排序的最小堆。记住，如果我们正在处理有向网络，则只需添加从给定顶点开始的边。

　　接下来，我们从最小堆中删除最小边，并将最小边和该边的另一个顶点添加到 MST 中。之后我们再以此新顶点为起点，重复上述过程，直到我们的 MST 包含原图中的所有顶点或最小堆为空。图 24.12 给出了加权网络及其关联的最小生成树。getMST 方法实现了最小生成树算法。

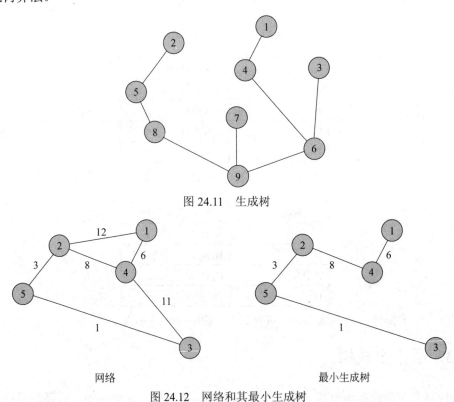

图 24.11　生成树

网络　　　　　　　　　　　　最小生成树
图 24.12　网络和其最小生成树

```
/**
 * Returns a minimum spanning tree of the network.
 *
 * @return a minimum spanning tree of the network.
 */
```

```
public Network mstNetwork()
{
    int x, y;
    int index;
    double weight;
    int[] edge = new int[2];
    HeadADT<Double> minHeap = new LinkedHeap<Double>();
    Network<T> resultGraph = new Network<T>();
    if (isEmpty() || lisConnected())
        return resultGraph;
    resultGraph.adjMatrix = new double[numVertices][numVertices];
    for (int i = 0, i < numVertices; i++)
        for (int j = 0; j < numVertices; j++)
            resultGraph.adjMatrix[i][j] = Double.POSITION_INFINITY;
    resultGraph.vertices = (T[])(new Object[numVertices]);
    boolean[] visited = new boolean[numVertices];
    for (int i = 0; i < numVertices; i++)
        visited[i] = false;
    edge[0] = 0;
    resultGraph.vertices[0] = this.vertices[0];
    resultGraph.numVertices++;
    visited[0] = true

    // Add all edges, which are adjacent to the starting vertex,
    // to the heap
    for (int i = 0; i < numVertices; i++)
        minHeap.addElement(new Double(adjMatrix[0][i]));
    while((resultGraph.size() < this.size()) && !minHeap.isEmpty())
    {
        //Get the edge with the smallest weight that has exactly
        //on vertex already in the resultGraph
        do
        {
            weight = (minHeap.removeMix()).doubleValue();
            edge = getEdgeWithWeightOf(weight,visited);
        } while (!indexIsValid(edge[0]) || !indexIsValid(edge[1]));
        x = edge[0];
        y = edge[1];
        if (!visited[x])
            index = x;
        else
            index = y;
        //Add the new edge and vertex to the resultGraph
        resultGraph.vertices[index] = this.vertices[index];
        visited[index] = true;
        resultGraph.numVertices++;
        resultGraph.adjMatrix[x][y] = this.adjMatrix[x][y];
```

```
        resultGraph.adjMatrix[y][x] = this.adjMatrix[x][x];

        //Add all edge, that are adjacent to the newly add vertex,
        // to the heap
        for (int i = 0; i < numVertices; i++)
        {
            if (!visited[i] && (this.adjMatrix[i][index] <
                                Double.POSITIVE_INFINITY))
            {
                edge[0] = index;
                edge[1] = i;
                minHeap.addElement(new Double(adjMatrix[index][i]));
            }
        }
    }
    return resultGraph;
}
```

24.4.4　确定最短路径

确定图的最短路径有两种可能的方法。第一种方法可能最简单直接，那就是确定起始顶点和目标顶点之间边数最少的路径，该路径就是最短路径。这种方法是早期广度优先遍历算法的简单变种。

为了将广度优先遍历算法转换成查找最短路径的算法，我们需要在遍历期间先为每个顶点存储两种额外的信息：其一是从起始顶点到该顶点的路径长度；其二是路径中该顶点的前驱顶点。然后，我们修改循环，使循环在到达目标顶点时终止。最短路径的长度是目标顶点前驱的路径长度+1；我们可以沿前驱链回溯得到需要输出的最短路径的所有顶点。

确定最短路径的第二种可能的方法是在加权图中查找最便宜的路径。Dijkstra 于 1959 年开发了这种算法，该算法与之前的算法类似，之前的算法使用顶点队列，在图中按照既定的顶点顺序进行查找。但 Dijkstra 算法使用最小堆或优先队列存储顶点，根据起始顶点到该顶点的权重之和来存储权重对，所以我们总能沿着最便宜的路径遍历图。对于每个顶点而言，我们必须存储顶点的标签，从起始顶点到该顶点最便宜路径的权重以及沿该路径该顶点的前驱。在最小堆中，我们将存储要遇到但尚未遍历的每条可能路径的顶点和权重对。当我们从最小堆中删除（vertex，weight）对时，如果遇到顶点的权重小于该顶点已存储的权重，那么要更新路径权重。

24.5　实现图的策略

在本节，通过分析图所需的操作，我们开始讨论图的实现策略。首先，我们需要将顶点和边添加到图中，也需要从图中删除顶点和边。我们也需要从指定顶点开始执行广度优先遍历或深度优先遍历，并将遍历实现为迭代器，像二叉树的遍历一样。当然我们还需要像 size、isEmpty、toString 和 find 等操作，这些操作也非常有用。除了上述操作之外，我们还需要确定从指定顶点到指定目标顶点的最短路径，确定两个顶点的邻接，构建生成树以及测试图的连通性。

我们所用任何存储顶点的机制必须允许在执行遍历和其他算法期间，将顶点标记为已访问，这一功能通过向表示顶点的类添加布尔变量来实现。

24.5.1 邻接表

因为树是图，所以根据所学的关于树实现的讨论和示例，我们受到启发。某人可能会立即想到使用节点集。节点集的每个节点包含元素以及到其他节点的 n-1 条边。当对树应用节点集策略时，树的阶数限制了节点的边数。例如，在二叉树中，任何指定节点最多有两条有向边。由此限制，我们可以指定二叉节点的左指针和右指针。即使二叉节点是叶子，其指针仍然存在，只是设置为空。

对于图的节点，因为每个节点最多可以有 n-1 条边连接到其他节点，所以最好使用动态结构（如链表）来存储每个节点的边，我们将此链表称为邻接表。在网络或加权图中，每条边将存储三元组：起始顶点、结束顶点和权重。在无向图中，边（A，B）既出现在顶点 A 的邻接表中，也出现在顶点 B 的邻接列表中。

24.5.2 邻接矩阵

在存储顶点和边时，我们要从空间和访问时间考虑，提高算法的效率。因为顶点只是元素，所以可以使用任何集合来存储顶点。实际上，我们经常说顶点集，顾名思义就知道了顶点的实现策略。同时，树的数组实现又给了我们启示，我们可以用数组存储边，但图的边的存储，要使用二维数组，而非一维数组，我们将此二维数组称为邻接矩阵。在邻接矩阵中，二维数组的每个位置表示图中的两个顶点是否有边相连，用布尔值表示。如果布尔值为真，则表示两个顶点有边相连，是连通的，否则是不连通的。图 24.13 给出本章最早的无向图，图 24.14 给出了该无向图的邻接矩阵。

对于矩阵中的任何位置（行，列），当且仅当在图中有边（V_{row}, V_{column}）时，该位置才为真。因为无向图中的边是双向的，如果（A，B）是图中的边，则（B，A）也是图中的边。

注意这个矩阵是对称的，即对角线的每一边都是另一边的镜像，原因是该图是无向图。要表示无向图，不用整个矩阵，只要对角线一侧就够用了。

	A	B	C	D
A	F	T	T	F
B	T	F	T	T
C	T	T	F	F
D	F	T	F	F

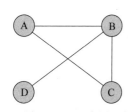

图 24.13 无向图

图 24.14 无向图的邻接矩阵

但对于有向图，由于所有边都有方向性，所以结果可能完全不同。图 24.15 给出了一个有向图，图 24.16 给出了该有向图的邻接矩阵。

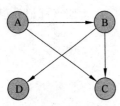

	A	B	C	D
A	F	T	T	F
B	F	F	T	T
C	F	F	F	F
D	F	F	F	F

图 24.15　有向图　　　　图 24.16　图 24.15 有向图的邻接矩阵

网络或加权图使用邻接矩阵时，矩阵的每个位置存储的对象是表示边的权重。如果边不存在，则矩阵中的相应位置设置为空。

24.6　用邻接矩阵实现无向图

与其他集合的实现一样，实现图的第一步也是确定图的接口。程序 24.1 给出了 GraphADT 接口。程序 24.2 给出了扩展 GraphADT 接口的 NetworkADT 接口。注意，我们的接口包括添加和删除顶点的方法，添加和删除边的方法，广度优先遍历和深度优先遍历的迭代器，确定两个顶点之间的最短路径以及确定图连通性的方法。此外，我们的接口还包括常用的方法集来确定集合大小、确定集合是否为空以及返回集合的字符串表示。

程序 24.1

```java
package jsjf;
import java.util.Iterator;
/**
 * GraphADT defines the interface to a graph data structure.
 *
 * @author Java Foundations
 * @version 4.0
 */
public interface GraphADT<T>
{
    /**
     * Adds a vertex to this graph, associating object with vertex.
     *
     * @param vertex the vertex to be added to this graph
     */
    public void addVertex(T vertex);
    /**
     * Removes a single vertex with the given value from this graph.
     *
     * @param vertex the vertex to be removed from this graph
     */
```

```java
    public void removeVertex(T vertex);
/**
    * Inserts an edge between two vertices of this graph.
    *
    * @param vertex1 the first vertex
    * @param vertex2 the second vertex
    */
    public void addEdge(T vertex1, T vertex2);
    /**
    * Removes an edge between two vertices of this graph.
    *
    * @param vertex1 the first vertex
    * @param vertex2 the second vertex
    */
    public void removeEdge(T vertex1, T vertex2);
    /**
    * Returns a breadth first iterator starting with the given vertex.
    *
    * @param startVertex the starting vertex
    * @return a breadth first iterator beginning at the given vertex
    */
    public Iterator iteratorBFS(T startVertex);    /**
    * Returns a depth first iterator starting with the given vertex.
    *
    * @param startVertex the starting vertex
    * @return a depth first iterator starting at the given vertex
    */
    public Iterator iteratorDFS(T startVertex);
    /**
    * Returns an iterator that contains the shortest path between
    * the two vertices.
    *
    * @param startVertex the starting vertex
    * @param targetVertex the ending vertex
    * @return an iterator that contains the shortest path
    *         between the two vertices
    */
    public Iterator iteratorShortestPath(T startVertex, T targetVertex);
    /**
    * Returns true if this graph is empty, false otherwise.
    *
    * @return true if this graph is empty
    */
    public boolean isEmpty();
/**
    * Returns true if this graph is connected, false otherwise.
    *
```

```
     * @return true if this graph is connected
     */
    public boolean isConnected();
    /**
     * Returns the number of vertices in this graph.
     *
     * @return the integer number of vertices in this graph
     */
    public int size();
    /**
     * Returns a string representation of the adjacency matrix.
     *
     * @return a string representation of the adjacency matrix
     */
    public String toString();
}
```

程序 24.2

```
package jsjf;
import java.util.Iterator;
/**
 * NetworkADT defines the interface to a network.
 *
 * @author Java Foundations
 * @version 4.0
 */
public interface NetworkADT<T> extends GraphADT<T>
{
    /**
     * Inserts an edge between two vertices of this graph.
     *
     * @param vertex1 the first vertex
     * @param vertex2 the second vertex
     * @param weight the weight
     */
    public void addEdge(T vertex1, T vertex2, double weight);

    /**
     * Returns the weight of the shortest path in this network.
     *
     * @param vertex1 the first vertex
     * @param vertex2 the second vertex
     * @return the weight of the shortest path in this network
     */
    public double shortestPathWeight(T vertex1, T vertex2);
}
```

当然，这个接口可以用多种方式实现，但我们重点讨论接口的邻接矩阵实现。无向图和网络的其他实现以及有向图和网络的邻接矩阵实现，都留作程序设计项目。我们实现的头和实例数据在上下文中给出。注意，邻接矩阵由二维布尔数组表示。

```java
package jsjf;
import jsjf.exceptions.*;
import java.util.*;
/**
 * Graph represents an adjacency matrix implementation of a graph.
 *
 * @author Java Foundations
 * @version 4.0
 */
public class Graph<T> implements GraphADT<T>
{
    protected final int DEFAULT_CAPACITY = 5;
    protected int numVertices;    // number of vertices in the graph
    protected boolean[][] adjMatrix;    // adjacency matrix
    protected T[] vertices;    // values of vertices
    protected int modCount;
```

这里的构造函数只是将顶点个数初始化为零，构造邻接矩阵，并设置泛型 object（T[]）的数组来表示顶点。

```java
/**
 * Creates an empty graph.
 */
public Graph()
{
    numVertices = 0;
    this.adjMatrix = new boolean[DEFAULT_CAPACITY][DEFAULT_CAPACITY];
    this.vertices = (T[])(new Object[DEFAULT_CAPACITY]);
}
```

24.6.1 addEdge 方法

一旦建立了顶点列表和邻接矩阵，添加边是很简单的操作，就是将邻接矩阵中的相应位置设置为真。我们的 addEdge 方法使用 getIndex 方法来定位相应的索引，并调用不同版本的 addEdge 方法来对有效的索引进行分配。

```java
/**
 * Inserts an edge between two vertices of the graph.
 *
 * @param vertex1  the first vertex
 * @param vertex2  the second vertex
 */
```

```java
public void addEdge(T vertex1, T vertex2)
{
    addEdge(getIndex(vertex1), getIndex(vertex2));
}
/**
 * Inserts an edge between two vertices of the graph.
 *
 * @param index1  the first index
 * @param index2  the second index
 */
public void addEdge(int index1, int index2)
{
    if (indexIsValid(index1) && indexIsValid(index2))
    {
        adjMatrix[index1][index2] = true;
        adjMatrix[index2][index1] = true;
        modCount++;
    }
}
```

24.6.2　addVertex 方法

将顶点添加到图中涉及在数组的下一个可用位置添加顶点，并将邻接矩阵中的所有相应位置设置为假。

```java
/**
 * Adds a vertex to the graph, expanding the capacity of the graph
 * if necessary.  It also associates an object with the vertex.
 *
 * @param vertex  the vertex to add to the graph
 */
public void addVertex(T vertex)
{
    if ((numVertices + 1) == adjMatrix.length)
        expandCapacity();
    vertices[numVertices] = vertex;
    for (int i = 0; i < numVertices; i++)
    {
        adjMatrix[numVertices][i] = false;
        adjMatrix[i][numVertices] = false;
    }
    numVertices++;
    modCount++;
}
```

24.6.3 expandCapacity 方法

在图的邻接矩阵实现中，expandCapacity 方法比其他数组实现更有趣。它不再只是扩展数组和复制数组内容。注意，对于图，我们不仅要扩展顶点数组，还要将现有的顶点复制到新数组中；同时，我们还必须扩展邻接表的容量并将原内容复制到新列表中。

```
/**
 * Creates new arrays to store the contents of the graph with
 * twice the capacity.
 */
protected void expandCapacity()
{
   T[] largerVertices = (T[])(new Object[vertices.length*2]);
   boolean[][] largerAdjMatrix =
         new boolean[vertices.length*2][vertices.length*2];
   for (int i = 0; i < numVertices; i++)
   {
      for (int j = 0; j < numVertices; j++)
      {
         largerAdjMatrix[i][j] = adjMatrix[i][j];
      }
      largerVertices[i] = vertices[i];
   }
   vertices = largerVertices;
   adjMatrix = largerAdjMatrix;
}
```

24.6.4 其他方法

其他的图实现方法留作程序设计项目，网络的实现也留作程序设计项目。

重要概念总结

- 无向图是指边没有方向的图，也就是说边是无序的顶点对。
- 在图中，如果两个顶点之间有边相连，则这两个顶点是相邻的。
- 如果无向图含有连接顶点的最多条边，则认为该无向图是完全的。
- 路径是连接图中两个顶点的边的序列。
- 环是第一个顶点与最后一个顶点相同且没有重复边的路径。
- 无向树是一个连通的、无环的无向图，其中一个元素被指定为根。
- 有向图是指边有方向的图，也就是说边是有序的顶点对。
- 在有向图中，路径是它连接图中两个顶点的有向边序列。

- 网络（或加权图）是每条边都有相关联权重或成本的图。
- 图的深度优先遍历与广度优先遍历唯一的区别是其使栈而非队列来管理遍历。
- 无论从图中的哪个顶点开始，当且仅当广度优先遍历的顶点数与图的顶点数相同时，图才是连通的。
- 生成树是包含图的所有顶点以及部分（全部）边的树。
- 最小生成树是生成树，其边的权重之和小于或等于同一个图的任何其他生成树的权重之和。

术 语 总 结

无环图是没有环的图。

邻接表：对于图中任何给定的节点，邻接表是将该顶点连接到其他节点的边的列表。在网络中，邻接表中的每一项还包括边的权重或成本。

邻接矩阵是一个二维数组，它的每个位置表示图中两个顶点之间是否有相连的边。在无向图中，数组的每个位置都只是一个布尔值。在加权图中，数组中存储的是边的权重。

邻接：如果两个顶点之间存在连接它们的边，则这两个顶点是邻接的。

广度优先遍历：图的广度优先遍历类似于树的层序遍历。

完全的：如果无向图具有连接顶点的最大边数，则该无向图是完全的。

连通的：如果对于图中的任何两个顶点，它们之间都存在路径，则该无向图是连通的。

环是第一个顶点和最后一个顶点相同且没有任何重复边的路径。

有向图是一种图，其边是有序的顶点对。

深度优先遍历：图的深度优先遍历类似于树的前序遍历。

边：在图中，边是节点之间的连接。

图是由节点和连接这些节点的边组成。

最小生成树：网络的最小生成树是指边的权重之和小于等于任何其他生成树的权重之和的生成树。

网络（加权图）是每条边都关联权重或成本的图。

路径是图中连接两个顶点的边序列。

路径长度是路径中的边数或顶点数-1。

自循环是图的边将顶点又连接回自身。

生成树是包含图的所有顶点和部分（或全部）边的树。

拓扑顺序：非循环有向图的顶点顺序是如果存在从 A 到 B 的边，则 A 是 B 的前驱。

无向图是指边没有方向的图，也就是说边是无序的顶点对。

顶点是图中的节点。

自 测 题

24.1 图和树之间有什么区别？

24.2 什么是无向图？

24.3 什么是有向图？

24.4 图是完全的是什么含义？

24.5 无向图的最大边数是多少？有向图的最大边数是多少？

24.6 给出路径的定义和环的定义。

24.7 网络和图之间有什么区别？

24.8 什么是生成树？ 什么是最小生成树？

练 习 题

24.1 画出下面所描述的无向图：

顶点：1 2 3 4 5 6 7。

边：(1,2) (1,4) (2,3) (2,4) (3,7) (4,7) (4,6) (5,6) (5,7) (6,7)。

24.2 练习 24.1 的图是连通的吗？是完全的吗？

24.3 列出练习 24.1 所示图中的所有环。

24.4 画出练习 24.1 所示图的生成树。

24.5 使用练习 24.1 的数据画出有向图。

24.6 练习 24.5 的有向图是连通的吗？是完全的吗？

24.7 列出练习 24.5 所示图的所有环。

24.8 画出练习 24.5 所示图形生成树。

24.9 考虑图 24.10 所示的加权图。列出从顶点 2 到顶点 3 的所有可能路径以及每条路径的总权重。

程序设计项目

24.1 使用邻接表实现无向图。记住，必须存储顶点和边，你的实现必须实现 GraphADT 接口。

24.2 对有向图重复程序设计项目 24.1。

24.3 使用本章介绍的邻接矩阵实现图。

24.4 扩展本章所介绍的邻接矩阵实现，创建加权图或网络的实现。

24.5 扩展本章所介绍的邻接矩阵实现，创建有向图的邻接矩阵实现。

24.6 根据程序设计项目 24.1 扩展你的实现，创建加权无向图的邻接表实现。

24.7 创建有限航空公司的调度系统，其允许用户输入城市之间的航线及价格。然后，该系统应该允许用户进入两个城市，并能返回两个城市之间的最短路径和最便宜路径。如果两个城市之间没有航线，则系统应该报告消息。假设使用的是无向网络。

24.8 假设用有向网络，重复程序设计项目 24.7。

24.9 创建一个简单的图应用程序，它将生成网络中两个顶点之间最短路径和最便宜路径的文本表示。

24.10 创建一个网络路由系统，其给定网络中的点对点的连接和使用每个连接的成本，其将产生网络中点对点的最便宜路径连接，并报告任何断开的位置。

自测题答案

24.1 图是更通用的概念，没有限制每个非根节点有且只有一个父节点，根节点没有父节点。在图中，没有根，并且每个顶点都可以连接到最多 n–1 个其他顶点。

24.2 无向图是边没有方向的图，也就是说边是无序的顶点对。

24.3 有向图是边有方向的图，也就是说边是有序的顶点对。

24.4 如果图具有连接顶点的最大边数，则认为图是完全的。

24.5 无向图的最大边数为 n（n–1）/2，对于有向图，最大边数是 n（n–1）。

24.6 路径是连接图中两个顶点边的序列。环是第一个顶点和最后一个顶点相同且没有任何重复边的路径。

24.7 网络是有向图或无向图，具有与每条边相关联的权重或成本。

24.8 生成树是一棵树，它包含图的所有顶点和部分（或全部）边。最小生成树是一棵生成树，其边的权重之和小于等于同一图的任何其他生成树的权重之和。

第 25 章　数　据　库

学习目标

- 理解数据库的基本概念及其与数据存储的关系。
- 学习关系数据库的概念。
- 分析 Java 程序如何连接到数据库来创建、读取、更新和删除数据。
- 简要介绍几种不同类型的 SQL 语句的语法。

本章主要内容是数据库简介及使用 Java 与数据库进行交互。数据库是为了有效存储和搜索而组织的大型数据存储库。我们所讨论的数据库以及 Java 程序与数据库的交互方式是集合概念讨论的自然延伸，因为集合的讨论一直是本书的主题。

25.1　数据库简介

数据库是一种大型的数据存储库，用户能以各种方式快速地存储、搜索和组织数据库的数据。数据库管理系统是一种软件应用程序。在数据库管理系统中，用户能快速地搜索或查询数据库的数据，并对数据执行 4 种常用的主要操作：增加、读取、更新和删除，我们将这 4 种操作简称为 CRUD。大学的排课系统和航空公司的预订系统都使用数据库对海量数据进行组织和管理。

> **重要概念**
> 数据库是一种软件应用程序，用于给其他程序提供数据。

目前有多种不同类型的数据库，如面向对象数据库、平面文件数据库和关系数据库。每种数据库都有自身的优点，也有各自的缺点。对各类数据库的全面讨论超出了本书的范围，我们只重点介绍常用的一种数据库：关系数据库。关系数据库将基本信息组织到一个或多个表中，更重要的是表中也存储各种数据元素之间的关系。

下面的表 Person 和 Location 是关系数据库的简单示例。下面我们仔细分析一下这两个表。Person 表包含多个行。表中的行被称为记录。在数据库中，表的每条记录包含一个人的信息。每条记录包含 4 个字段：firstName、lastName、personID 和 locationID。personID 是用于标识指定记录的唯一整数值，也就是说在 Person 表中 personID 的标识是唯一的。例如，Peter 的 personID 是 1，而 John 的 personID 是 2。每条记录还包含一个 locationID 字段，用户根据该字段值在 Location 表中查找指定的匹配记录，字段名 locationID 中包含表名 loaction。

Person			
personID	firstName	lastName	locationID
0	Matthew	Williamson	0
1	Peter	DePasquale	0
2	John	Lewis	1
3	Jason	Smithson	2

Location		
locationID	city	state
0	Portsmouth	RI
1	Blacksburg	VA
2	Maple Glen	PA
3	San Jose	CA

通过使用 Person 表中 Peter 记录的 locationID 字段值，且在 Location 表中查找该 locationID 字段值，我们能确定 Peter 和 Williamson 都住在 Portsmouth，RI。这些表真正能让我们得到什么呢？该问题有几种答案。第一种答案，根据这两个表，我们知道 Matthew 和 Peter 生活在同一个州的同一个镇。如果 Person 表包含了 city 字段和 state 字段，并没有使用 Location 表，那么对相同值的不断复制会占用更多的数据库空间。通过使用 Location 表，我们避免了数据的不断复制，从而节省了数据库的空间。

第二种答案，以这种方式使用表还有另外的优点：我们可以轻松地查询数据库以确定哪些人居住在 Portsmouth，RI。根据 Location 表和 Person 表，我们知道居住在 Portsmouth，RI 的人，其 locationID 字段值为 0。实际上，上述查询需要以更复杂的方式关联两个表，因为表的关联超出了本书的范围，感兴趣的读者可以自行学习。

第三种答案，我们的查询得以快速执行。因为我们正在发挥关系数据库模型的优势。在 Person 表的一些记录中，如果我们不断地复制数据（"Portsmouth，RI"）来搜索住在 Portsmouth，RI 的所有居民，则会使查询变得非常耗时且低效，因为我们要搜索每条记录的两个字段值。

重要概念
关系数据库通过使用唯一标识符在不同表的记录之间创建关系。

在数据库中，Person 表和 Location 表可以通过 locationID 字段建立关联。locationID 值使 Person 表的指定人员记录与 Location 表的指定记录相关联。此外，读者可能已经注意到，Location 表的每条记录也有自己的唯一标识符：locationID。这些标识符的使用以及我们在表之间使用标识符的方式，使我们能够建立表的记录之间的关系。

为了便于讨论，我们使用开源数据库 MySQL。访问网址：http://www.mysql.com 能获取 MySQL 的副本。我们也可以选择其他数据库，如 Oracle、SQLServer、Access 和 PostgreSQL。在上述数据库中，一些数据库是开源的，可免费获得；而另一些数据是要付费购买的。

为了使 Java 程序能与数据库进行交互，我们必须先建立 Java 程序与数据库的连接，也就是说，我们需要使用 Java 数据库连接（JDBC）API。JDBC API 为用户管理 Java 程序数据提供了类和方法。因自 JDK 1.1 以来，JDBC API 一直是 Java 开发环境（JDK）的组件，所以我们不必下载任何其他软件来获取 API 的功能。但是，为了将 Java 程序连接到数据库，我们需要专用的数据库驱动程序，25.2 节将专门进行介绍。

重要概念
JDBC API 用于建立与数据库的连接。

25.2　建立与数据库的连接

为了与数据库建立通信，我们需要专用软件将用户的数据库请求传送到数据库服务器。这种专用软件就是驱动程序。同样，来自数据库服务器的响应也要通过驱动程序传回给用户程序。

25.2.1　获取数据库驱动程序

目前各种数据库能用的 JDBC 驱动程序超过了 200 种。为了找到适合你系统的驱动程序，请查看 developers.sun.com/product/jdbc/drivers 网页上的 Java 的 JDBC Data Access API。我们将使用 MYSQL 连接器驱动程序（www.mysql.com/products/connector/）与另一台计算机上的托管数据库进行连接。从 MYSQL 网站下载 jar 文件格式的连接器，定位命名为connector。

安装完成后，在编译和执行期间，我们只需通过 CLAS SPATH 环境变量引用其位置。根据你的配置，你可以将这些值保存在 shell 配置中，也可以在命令行中提供这些值。我们演示了创建和发布查询、从服务器获取和处理响应的编码步骤，还向读者展示了如何在CLASSPATH 中包含驱动程序。

程序 25.1 是一个简单的程序，包括了几个专用 JDBC 类的使用。代码演示了 JDBC 驱动程序的加载，建立与数据库服务器连接的尝试。一旦确认连接已打开，就关闭连接。

程序先从已下载的 jar 文件中加载 JDBC 驱动程序（com.mysql.jdbc.driver）。当加载驱动程序时，程序将创建自身的实例，并将自己注册为 DriverManager（java.sql.DriverManager）类。

接下来，我们尝试通过 DriverManager 类建立与我们数据库的连接。DriverManager 将从所管理的注册驱动程序集中选择合适的驱动程序。在我们的例子中，选择非常简单。因为我们的程序只用一个驱动程序，且只有一个可选的驱动程序。调用 DriverManager 的getConnection 方法，接收定义我们数据库实例的 URL。URL 包含了如下组件：主机名（数据库服务器所在计算机的名称）、数据库名以及我们访问所选数据库需要的用户名和密码。

程序 25.1

```
import java.sql.*;
/**
 * Demonstrates the establishment of a JDBC connector.
 *
 * @author Java Foundations
 * @version 4.0
 */
public class DatabaseConnector
{
    /**
```

```
 * Establishes the connection to the database and prints an
 * appropriate confirmation message.
 */
public static void main(String args[])
{
    try
    {
        Connection conn = null;
        // Loads the class object for the mysql driver
        // into the DriverManager.
        Class.forName("com.mysql.jdbc.Driver");
        // Attempt to establish a connection to the specified database
        // via the DriverManager
        conn = DriverManager.getConnection("jdbc:mysql://comtor.org/" +
            "javafoundations?user=jf2e&password=hirsch");
        if (conn != null)
        {
            System.out.println("We have connected to our database!");
            conn.close();
        }

    } catch (SQLException ex) {
      System.out.println("SQLException: " + ex.getMessage());
      ex.printStackTrace();
    } catch (Exception ex) {
      System.out.println("Exception: " + ex.getMessage());
      ex.printStackTrace();
    }
  }
}
```

  如果一切顺利没有问题（问题如：数据库服务器没有运行或者正在执行 Java 程序的计算机与执行数据库服务器的主机之间存在通信问题），则会返回 Connection（java.sql.Connection）对象。Connection 对象表示与数据库的单连接，且将成为对数据库查询和响应的管道。最后，程序进行检查，以确定确实接收了非空的 Connection 对象。如果确实是，则给用户反馈，输出连接成功的消息，之后关闭与数据库的连接。

  为了执行名为 Example1 的程序，CLASSPATH 需要给出驱动程序的位置。当我们编译 Example1 程序时，则不必如此。因为在运行时，当程序试图加载并注册 Driver 对象时，只需要来自 JDBC jar 文件的 Driver 类。在成功编译程序之后，在 UNIX 命令行，我们可以使用以下命令执行程序：

```
$ java cp . : ../connector / mysql-connector-java-5.1.7-bin.jar
Example1
```

在 Windows 中，命令将是

```
java cp . ; .. /connector / mysql-connector-java-5.1.7-bin.jar.
Example1
```

输出的结果是：

```
We have connected to our database!
```

假设我们 JDBC jar 文件的下载位置是当前目录的相邻连接器目录。我们将 Jar 文件与源代码放在同一个目录，但我们不希望源代码和 Jar 文件发生混淆，因此将 Jar 文件放在连接器目录。

我们将在 25.3 节中学习在数据库中如何创建表和更改表。

25.3　创建与更改数据库表

在 25.2 节中，我们介绍了如何建立与数据库的连接、检查连接是否成功以及断开连接。在本节，我们将进一步学习在数据库中创建表。

25.3.1　创建表

创建数据库表的 SQL 语句是以 CREATE TABLE <tablename>开始的。此外，我们还需要指定表名以及创建表时需要的所有字段。例如，我们要创建新的学生表，此表需要包含 ID 值（称为键）、学生名和姓。为此，创建表的命令为如下字符串：

```
CREATE TABLE Student (student_ID INT UNSIGNED NOT NULL
AUTO_INCREMENT, PRIMARY KEY (student_ID), firstName
varchar(255), lastName varchar(255))
```

> **重要概念**
> CREATE TABLE SQL 语句用于创建新的数据库表。

在表名（如 Student）后面括号的列表中指定表的每个字段，各字段用逗号分隔。最初的表包括以下字段：

- student_ID：无符号整数值，不能为空，每次向 Student 表中添加新学生时，其值都会自动递增。
- firstName：长度不超过 255 个字符的变长字符串。
- lastName：长度不超过 255 个字符的变长字符串。

读者可能会问，你跳过的没介绍的 PRIMARY KEY 字段是什么字段呢？实际上，其不是一个字段，而是表的自身设置，通过这个（或这些）PRIMARY KEY 字段，能在所有记录中唯一指定某条记录。因为每个学生的 ID 都是唯一的，所以 student-ID 字段是学生表的 PRIMARY KEY。在数据库课程中，这是学生必学的重要数据库主题，因此我们不再赘述。

为了在已有的程序 25.1 中创建表，我们要在成功连接消息之后，添加以下的代码行。

```
Statement stmt = conn.createStatement();
```

```
Boolean result = stmt.execute("CREATE TABLE Student " +
"(student_ID INT UNSIGNED NOT NULL AUTO_TNCREMENT," +
" PRIMARY KEY (student_ID), firstName varchar(255)," +
" lastName varchar(255)) ");
System.out.print("tTab1e creation result: "+ result + "\t);
System.out.print("(false is the expected result)");
```

Statement 类（java.sql.Statement）是接口类，用于准备和执行 SQL 语句。我们可以要求 Connection 对象创建我们的 Statement 对象。一旦我们拥有了自己的 Statement 对象，就可以调用它的 execute 方法，并将它传递给 SQL 查询字符串（我们的 CREATE TABLE 字符串）来执行数据库操作。如果有 ResultSet 对象，则 execute 方法返回 TRUE 值，否则返回 FALSE 值。

当我们执行自己的代码时，希望返回 FALSE 值，并创建表。实际上，代码的执行结果也是如此（参见下面程序的输出）。但你要注意，如果再次尝试执行同一个程序，则程序会抛出异常，因为该表已经存在。在 25.6 节，我们将讨论表的删除。

```
We have connected to our database!
Table creation result: false (false is the expected result)
```

25.3.2　更改表

非常好！现在我们有了数据库的新表 Student。现在，我们需要向新表添加几个字段。在一般情况下，在创建表时，会建立表的结构。表结构一般不会频繁更改，但有时候，也会出现更改已有表结构的需求。当然，我们可以删除已有表，再创建新表来避免更改表结构。但重建新表，会丢失当前已有表的数据，所以，最好是向已有表中添加新字段，或从已有表中删除字段和数据。

我们现在向学生表中添加 age 和 gpa 字段。对于 age 字段，为了节省空间，我们使用最小的无符号整数字段。MySQL 的最小无符号整数是 tinyint，所以用户一定要检查自己数据库的数据类型列表，确定是不是 MySQL。tinyint 的范围是 0 到 255，足以满足 age 字段的需求。为了添加 gpa 字段，我们还要添加一列。gpa 字段使用三位无符号的 float，其中 1 位表示整数，两位表示小数。

> **重要概念**
> ALTER TABLE SQL 语句可用于修改已有的数据库表。

为了修改表并添加缺少的字段，我们需要创建新的 Statement 对象，并使用 ALTER TABLE <tablename> ADD COLUMN SQL 语句。在命令字符串的 ADD COLUMN 后的括号列表中指定新字段，并用逗号分隔。一旦构造完命令字符串，就可以调用 Statement 对象的 execute 方法来执行查询。当然，我们仍期望返回 FALSE 值，以表示没有给用户返回结果集。

```
Statement stmt2 =conn.createStatement ();
result = stmt2.execute("ALTER TABLE Student ADD COLUMN " +
```

```
                        "(age tinyint UNSIGNED, gpa FLOAT (3,2)unsigned)" );

System.out.print("\tTable modification result: " +result + "\t");
System.out.println("(false is the expected result)");
```

我们的输出如下，一点不出预料：

```
We have connected to our database!
Table creation result : false (false is the expected result)
Table modification result: false (false is the expected result)
```

25.3.3　删除列

当然，除了向表中添加列更改表之外，通过删除列也能更改表。我们使用 ALTER TABLE ＜tablename＞ SQL 语句，后跟 DROP COLUMN 命令和需要删除的一个或多个列名，并用逗号隔开。例如，如果我们要删除 Student 表的 firstName 列，需要的 SQL 语句如下：

```
Statement stmt3 = Conn.createStatement();
result = stmt3.execute<"ALTER TABLE Student DROP COLUMN firstName");
System.out.print ("\tTable modification result: " + result + "\t");
System.out.println (" (false is the expected result)");
```

同样，我们的输出相当简单：

```
We have connected to our database!
Table creation result :  false (false is the expected result)
Table modification result: false (false is the expected result)
Table modification result: false (false is the expected result)
```

我们怎么知道是否真的重新修改了表的结构呢？我们真心希望数据库能随时告诉我们表的结构。在 25.4 节我们将讨论这个问题。

25.4　查询数据库

到此时，我们的数据库中只有一个没有数据的学生表。而在此刻，我们需要查询数据库中学生表的结构。为此，我们需要构建另一个 Statement，并将其发送给数据库服务器进行处理。但与之前的示例不同，在此我们希望返回 ResultSet 对象。ResultSet 对象是管理包含结果记录集的对象。

为了从数据库中获取信息，我们一定要掌握如何获取和使用 ResultSet 的知识。ResultSet 的功能与 Scanner 对象的功能大致相同；ResultSet 提供了一种访问和遍历数据集的方法。在这里要访问遍历的是从数据库中获取的数据。默认的 ResultSet 对象允许将集合的数据从第一个对象移动到最后一个对象，且无法更新。ResultSet 对象的其他变种可以允许双向移动且具备更新能力。

25.4.1　显示列

我们能给出的使用 ResultSet 的最简单示例就是查询数据库的表结构信息。在 25.6 节中，我们将以更复杂的方式使用 ResultSet。在下面的代码中，我们构造要用的查询并提交给服务器。除了 SHOW COLUMNS（tablename）语句的语法之外，其余的代码部分非常简单，且与前面的示例类似。注意，我们期望执行的查询返回 ResultSet 对象。

```
Statement stmt5 = coon.createStatement ( );
ResultSet rSet = stmt5.executeQuery (" SHOW COLUMNS FROM Student");
```

重要概念
SHOW COLUMNS SQL 语句列出表列的信息和配置设置。

一旦查询返回结果，则我们就能从 ResultSet 的 ResultSetMetaData 对象中获取一些信息，ResultSetMetaData 对象包含返回结果的"元"信息。例如，如下的两行代码，使用 ResultSetMetaData 对象的信息，为用户生成输出，输出包括表名和表的列数。

```
ResultSetMetaData rsmd = rSet.getMetaData ();
Int numColumns = rsmd.getColumnCount ( );
```

ResultSet 本质上是一个二维表，包含列（字段）和数据行（结果中的记录）。使用 ResultSet 中列数的元数据，我们可以打印出 Student 表结构的基本信息。

```
String resultstring = null;
if (numColumns> 0)
{
  resultString ="Table: Student\n" +
  "==============================================================="+
  "===============================================================\n\t";
  for(int colNum = 1; colNum <= numColumns;l colNum++)
    resultString += rsmd.getColumnLabel(colNum) + \t;
}

System.out.println (resultString);
System.out.printIn (
   "==============================================================="+
   "==============================================================\n\t";)
```

程序将打印出 ResultSet 中的表的列标题。列标题实际上是表中每个字段属性名的列表。

```
We have connected to Our database !
Table creation result : false ( false is the expected result)
Table modification result : false (false is the expected result)
Table modification result : false (false is the expected result)
Table: Student
===============================================================
```

```
Field Type Null Key Default Extra
========================================================
```

现在，我们从 ResultSet 中获取数据行，以便能看到表的完整结构。为此，我们需要在程序中添加语句，所添加的语句会遍历 ResultSet 行，并以字符串形式获取每列的值。

```
We have connected to our database!
Table creation result : false (false is the expected result)
Table modification result: false (false is the expected result)
Table modification result: false (false is the expected result)
Table: Student
========================================================
Field Type Null Key Default Extra
========================================================
student ID  int (10) unsigned NO PRI auto_increment
--------------------------------------------------------
lastName varchar (255) YES
--------------------------------------------------------
age tinyint (3) unsigned YES
--------------------------------------------------------
gpa float (3，2) unsigned YES
--------------------------------------------------------
```

虽然上面打印的表不是很漂亮，但能看到表中每个字段的基本配置信息。来自 ResultSet 中的每条记录包含了字段名、字段（数据）类型、字段是否可以保存空值、字段是否是主键的一部分、字段的默认值以及其他任何额外的信息。

我们将上述打印表格转换一下，使其更易阅读。通过努力，我们可以用类似下表的格式输出表的结构。输出格式取决于字符串的格式化，我们将其作为练习。

字段	类型	能否为空	主键	默认值	其他
student_ID	int(10) unsigned	NO	PRI	auto_increment	
lastName	varchar(255)	YES			
age	tinyint(3) unsigned	YES			
gpa	float(3,2) unsigned	YES			

我们使用 Statement 对象作为从数据库中获取信息的工具。在上述示例中，我们查询的是学生表的结构信息。当然，我们可以更改 Statement 字符串，轻松完成对数据库的各种查询。

在输出结果时，我们同样可以使用 ResultSet 的迭代。但问题来了，因为我们的学生表中还没有录入任何数据。数据录入问题以及表的查询都将在 25.5 节解决。

25.5 数据的插入、浏览与更新

没有数据的表就像没有阳光的一天，因此，是时候将真实数据存入 Student 表了。由于 student_ID 字段是一个 auto_increment 字段，也就是说每次将数据存入表时，该字段值都会

自动加 1。实际上，我们只需要插入学生的 lastName、age 和 gpa 字段的数据。下面我们要将以下的数据添加到数据库的 student 表中。

lastName	age	gpa
Campbell	19	3.79
Garcia	28	2.37
Fuller	19	3.18
Cooper	26	2.13
Walker	27	2.14
Griego	31	2.10

25.5.1　插入

为了向表中插入数据，我们需要创建一个新的 Statement，并使用 insert <tablename> SQL 语句。 INSERT 语句的格式为：

```
INSERT <tablename> (column name, ) values (expression, )
```

在 tablename 之后，按名字指定一个列或多个列；之后按照所指定列的顺序，将值分别存入指定的字段。例如，我们要将 Campbell 行插入数据库，所使用的 SQL 语句为：

```
INSERT Student (lastName, age, gpa) VALUES ("Campbell", 19,3.79)
```

> **重要概念**
> INSERT SQL 语句用于将新数据添加到数据库表中。

我们也可以使用以下的两行源代码将数据插入表中。

```
Statement stmt2 = conn.createStatement (ResuitSet.TYPE_FORWARD_ONLY,
ResultSet.CONCUR_UPDATABLE);
int rowCount stmt2.executeUpdate 〈"INSERT Student " +
"(lastName,age,gpa)" VALUES (\"Campbell\",19,3.79);
```

为了更新表的数据值，我们需要进行两次不同于以往的方法调用。首先，当我们使用 createStatement 方法构造 Statement 对象时，就指定生成的 ResultSet 的指针只能向前移动，并将对 ResultSet 的更改传递给数据库。

其次，我们调用 executeUpdate 方法，而不是之前使用的 execute 方法或 executeQuery 方法。 executeUpdate 方法返回受更新查询影响的行数。在本示例中，我们只修改了一行记录。与 executeQuery 语句类似，我们能将上面表中的每一行数据都插入 Student 表中。当然，我们还可以从输入文件中读取数据，使用循环将数据从输入文件存入数据库的 Student 表中。

早在程序 25.1，我们已给出了程序的代码。但在学习数据库的过程中，我们对代码进行了一些补充和更改。程序 25.2 是更新了程序 25.1 的数据库连接源代码。

25.5.2　SELECT-FROM

在数据库中，最频繁执行的操作就是发布查看检索数据的查询。SELECT-FROM SQL 语句允许用户根据多条件构造数据请求。SELECT-FROM 语句的基本语法如下：

```
SELECT <columns,> FROM <tablename>  WHERE <condition,>
```

重要概念
SELECT SQL 语句用于从数据库表中检索数据。

程序 25.2

```java
import java.sql.*;
/**
 * Demonstrates interaction between a Java program and a database.
 *
 * @author Java Foundations
 * @version 4.0
 */
public class DatabaseModification
{
    /**
     * Carries out various CRUD operations after establishing the
     * database connection.
     */
    public static void main(String args[])
    {
        Connection conn = null;
        try
        {
            // Loads the class object for the mysql driver
            // into the DriverManager.
            Class.forName("com.mysql.jdbc.Driver");

            // Attempt to establish a connection to the specified database
            // via the DriverManager
            conn = DriverManager.getConnection("jdbc:mysql://comtor.org/" +
                "javafoundations?user=jf2e&password=hirsch");
            // Check the connection
            if (conn != null)
            {
                System.out.println("We have connected to our database!");

                // Create the table and show the table structure
                Statement stmt = conn.createStatement();
                boolean result = stmt.execute("CREATE TABLE Student " +
                    " (student_ID INT UNSIGNED NOT NULL AUTO_INCREMENT, " +
```

```
                " PRIMARY KEY (student_ID), lastName varchar(255), " +
                " age tinyint UNSIGNED, gpa FLOAT (3,2) unsigned)");

            System.out.println("\tTable creation result: " + result);
            DatabaseModification.showColumns(conn);

            // Insert the data into the database and show the values
            // in the table
            Statement stmt2 = conn.createStatement
                            (ResultSet.TYPE_FORWARD_ONLY,
                ResultSet.CONCUR_UPDATABLE);
            int rowCount = stmt2.executeUpdate("INSERT Student " +
                "(lastName, age, gpa) VALUES (\"Campbell\", 19, 3.79)");
            DatabaseModification.showValues(conn);

            // Close the database
            conn.close();
          }
      } catch (SQLException ex) {
        System.out.println("SQLException: " + ex.getMessage());
        ex.printStackTrace();
      } catch (Exception ex) {
        System.out.println("Exception: " + ex.getMessage());
        ex.printStackTrace();
      }
  }


  /**
   * Obtains and displays a ResultSet from the Student table.
   */
  public static void showValues(Connection conn)
  {
      try
      {
          Statement stmt = conn.createStatement();
          ResultSet rset = stmt.executeQuery("SELECT * FROM Student");
          DatabaseModification.showResults("Student", rset);
      } catch (SQLException ex) {
        System.out.println("SQLException: " + ex.getMessage());
        ex.printStackTrace();
      }
  }
  /**
     * Displays the structure of the Student table.
     */
  public static void showColumns(Connection conn)
  {
```

```
     try
     {
         Statement stmt = conn.createStatement();
         ResultSet rset = stmt.executeQuery("SHOW COLUMNS FROM Student");
         DatabaseModification.showResults("Student", rset);
     } catch (SQLException ex) {
         System.out.println("SQLException: " + ex.getMessage());
         ex.printStackTrace();
     }
 }


/**
 * Displays the contents of the specified ResultSet.
 */
public static void showResults(String tableName, ResultSet rSet)
{
    try
    {
        ResultSetMetaData rsmd = rSet.getMetaData();
        int numColumns = rsmd.getColumnCount();
        String resultString = null;
        if (numColumns > 0)
        {
            resultString = "\nTable: " + tableName + "\n" +
                "=================================================\n";
            for (int colNum = 1; colNum <= numColumns; colNum++)
                resultString += rsmd.getColumnLabel(colNum) + "     ";
        }
        System.out.println(resultString);
        System.out.println(
            "=================================================");
        while (rSet.next())
        {
            resultString = "";
            for (int colNum = 1; colNum <= numColumns; colNum++)
            {
                String column = rSet.getString(colNum);
                if (column != null)
                    resultString += column + "     ";
            }
            System.out.println(resultString + '\n' +
                "---------------------------------------------");
        }
    } catch (SQLException ex) {
        System.out.println("SQLException: " + ex.getMessage());
        ex.printStackTrace();
    }
}
```

```
    }
}
```

SELECT 语句由多部分组成，但详细讲解该语句的所有部分超出了本文的范围，我们只讨论一些必须理解的语句部分。

SELECT 语句允许用户只查询某些列。例如，如果我们只想查询 Student 表中学生的 lastNames 和 gpa 的列表，则构造的查询为：

```
SELECT lastName,gpa FROM Student
```

如果我们需要更具体的查询：只查询 Student 表中 age 大于或等于 21 岁学生的 lastNames 和 gpa，则构造的查询为：

```
SELECT lastName,gpa FROM Student WHERE age> = 21
```

WHERE 条件子句是可选的，如果未提供该子句，则将选择指定表中的所有行。条件是一个表达式，其值为 **TRUE**。条件可以包含函数和运算符如&&（与）、ll（或）等等。例如，我们可以进一步优化查询，将条件限制为 age 大于或等于 21 岁且 gpa 小于或等于 3.0 的学生，则构造的查询为：

```
SELECT lastName, gpa FROM Student WHERE age> = 21 && gpa <= 3.0
```

要返回的选定项是由 **SELECT** 子句指定，在上面的示例中，返回项是 lastName 和 gpa，各项用逗号隔开。如果用户希望返回表中所有列，则可以用星号（*）代替列的列表：

```
SELECT * FROM Student WHERE age > = 21&& gpa <= 3.0
```

与 **INSERT** 语句一样，**SELECT** 语句将是 executeQuery 方法调用的参数。一般而言，执行 **SELECT** 语句的输出如下：

```
Table: Student
========================================================================
student_ID lastName age gpa
2  Jones 22 2.40
========================================================================
```

SELECT SQL 语句还提供了许多其他功能，如两个或多个表的连接、限制输出的行数以及将查询结果分组为一列或多列。在通常情况下，最有用的附加项是 **ORDER BY** <columnname> <direction>。

在 where 子句之后的 **ORDER BY** 子句是将按升序（或降序）对查询结果进行排序。为了进行升序排序，则要将字符串 **ASC** 放在方向部分；为了进行降序排序，则要使用 **DESC**。例如，下面的查询：

```
SELECT * FROM Student ORDER BY gpa DESC
```

产生如下的结果：

```
Table : Student
```

```
==============================================================================
lastName age gpa
==============================================================================
Hampton 31 3.88
==============================================================================
Campbel 19 3.79
==============================================================================
Smith   21 3.69
==============================================================================
Jones 22 2.40
==============================================================================
```

25.5.3 更新

数据库的数据更新是另一种常用技能，更新的过程相当简单，我们可以将其分解为三步。第一步，获取 ResultSet 并导航到要更新的行。第二步，更新要改变的 ResultSet 值。第三步，使用 ResultSet 中的记录更新数据库。

接下来，我们要更详细地分析这些步骤。首先，我们需要获得要操作的 ResultSet。用户可能希望更新数据库的一行，还可能更新数据库多行，这会使用户获得不同的 ResultSet 数据。一般来说，最好将 ResultSet 限制为要修改数据库的行。因此，如果用户只想更新一行的值，那么 ResultSet 应该只包要修改的这一行。

> **重要概念**
> 通过更改 ResultSet 来执行对数据库的更新。

一旦有了自己的 ResultSet，我们需要导航 ResultSet 光标（光标是指向集合的指针）。在程序 25.2 中，读者可能已经注意到，我们通过重复调用 ResultSet 对象上的 next 方法来遍历 ResultSet。实际上，我们可以通过 first、last、next、previous 等方法来导航。因为光标放在 ResultSet 的第一行之前，所以可以使用 next 方法向前移动以读取一行数据。

如果我们只修改一行数据，且 ResultSet 只包含一行，则可以通过调用集合的 first 方法跳转到第一行。之后，在集合上使用 updateXXX 方法（如 updateString 或 updateFloat 等）来修改数据。我们通过调用 updateRow 方法对数据库进行永久更改。下面给出一个例子：

```
ResultSet rst = stmt2.executeQuery ("SELECT * FROM Student
WHERE " +"lastName=\"JonesX\"");
rst.first();
rst.updateFloat("gpa",3.14f);
rst.updateRow();
```

显然，如果我们要更新 ResultSet 的多行记录，那么用到导航和更新语句的次数会更多，很显然要使用循环。此外，在插入之前，我们可以任意更新 ResultSet 中某行或多行的值。一旦 ResultSet 包含了所有必要的更改，updateRow 调用就会将所有更改传回数据库。

25.6　删除数据和数据库表

我们介绍的 JDBC 知识的最后一部分是删除数据库中的表和数据，下面先分析数据的删除。

25.6.1　删除数据

从表中删除数据的 SQL 语句是 DELETE FROM 语句，该语句的格式为：

```
DELETE FROM <tablename> WHERE condition
```

WHERE 条件子句是可选的，如果未提供该子句，则删除指定表中的所有行。条件是表达式，其值一定为 TRUE。条件可以包含函数和运算符的表达式，如&&（与）、||（或）等。例如，如果我们需要删除所有 age 大于或等于 30 的学生，则使用的 SQL 语句如下：

```
DELETE FROM Student WHERE age> = 30
```

> **重要概念**
> DELETE FROM SQL 语句用于从数据库表中删除数据。

如果我们需要删除所有 age 大于或等于 30 且 gpa 小于 3.5 的所有学生，则使用的 SQL 语句为：

```
DELETE FROM Student WHERE age> = 30 && gpa < 3.5
```

与前面的 INSERT 语句一样，我们需要使用 Statement 来生成仅向前移动的 RecordSet 对象（ResultSet.TYPE-FORWARD_ONLY），并更新数据库（ResultSet.CONCUR_ UPDATABLE）。

25.6.2　删除数据库表

从数据库中删除表非常简单。我们使用 Statement 对象的 executeUpdate 方法，并将 DROP TABLE <tablename> SQL 语句传递给它。

> **重要概念**
> DROP TABLE SQL 语句用于从数据库表中删除数据。

例如，如果我们需要删除 Student 表，则在程序中使用以下的 Java 语句来执行此操作。

```
Int  rowCount = stmt.executeUpdate("DROP TABLE Student");
```

记住，删除表时，也会删除表中存储的所有数据。

重要概念总结

- 数据库是一种软件应用程序，用于给其他程序提供数据。
- 关系数据库通过使用唯一一标识符在不同表的记录之间创建关系。
- JDBC API 用于建立与数据库的连接。
- CREATE TABLE SQL 语句用于创建新的数据库表。
- ALTER TABLE SQL 语句可用于修改已有的数据库表。
- SHOW COLUMNS SQL 语句列出表列的信息和配置设置。
- INSERT SQL 语句用于将新数据添加到数据库表中。
- SELECT SQL 语句用于从数据库表中检索数据。
- DELETE FROM SQL 语句用于从数据库表中删除数据。
- DROP TABLE SQL 语句用于从数据库表中删除数据。
- 通过更改 ResultSet 来执行对数据库的更新。

自　测　题

25.1　对数据库数据执行的 4 种主要操作是什么？

25.2　在关系数据库中，关系存储在哪里？又如何存储关系呢？

25.3　列出当今市场上两种流行的数据库产品。

25.4　在哪里可以获得 JDBC？

25.5　数据库驱动程序起什么作用？

25.6　java.sql.DriverManager 类能提供什么帮助？

25.7　我们使用哪个类来准备和执行 SQL 语句？

25.8　用哪个 JDBC 类管理数据库查询结果的记录集？

25.9　用哪个 SQL 语句将新数据添加到数据库表中？

25.10　用哪个 SQL 语句从数据库中删除数据库表？

练　习　题

25.1　设计一个表，用于存储最亲密朋友和家人的姓名和联系信息（如地址、电话号码、电子邮件地址）。你会用到哪些字段？

25.2　设计一个或多个表，用于管理你的大学开设的课程表。你需要几张表？每张表有哪些字段？请务必提供教师姓名、已修课程的学分、开课的部门以及课程当前课程注册等数据。

25.3　研究在 Oracle 数据库、Access 数据库和 PostgreSQL 数据库上执行 CRUD 操作所需的 SQL 语句，这些语句与本章所介绍 SQL 语句有何不同？

25.4　使用 MySQL 文档（http://dev.mysql.com/doc），确定如何创建临时表，并知晓为何使用临时表。

25.5　你如何修改表并在现有表前添加新列呢？

25.6　将名为 employeeNumber 的新列添加到 Employees 表中所需的 SQL 语句是什么？假设 employeeNumber 的数据类型是 7 位整数值。

25.7　从表 Products 中删除 ProductCode 列所需的 SQL 语句是什么？

25.8　给出本章开头提供的 Person 和 Location 表，指出返回任何人所居住州的查询需要什么 SQL 语句。

25.9　将存储每个学生累积的学分总数作为新字段插入本章讨论的 Student 表中，需要什么 SQL 语句？该字段应该使用什么数据类型，为什么要使用这种数据类型？

25.10　从本章前面讨论的 Student 表中删除 age 列，需要什么 SQL 语句？

程序设计项目

使用 MySQL 世界数据库（http://dev.mysql.com/doc/world-setup/en/world-setup.html）填充数据库并完成程序设计项目 25.1～25.5。

25.1　编写一个程序来查询世界数据库，以获得世界上超过 500 万人口的所有城市列表。

25.2　编写一个查询世界数据库的 Java 程序，确定美国新泽西州所有城市的总人口。

25.3　编写一个查询世界数据库的程序，确定在哪个国家的居民寿命最长。

25.4　研究如何 JOIN 两个表（参见 http://en.wikipedia.org/wiki/Join-(SQL)）。之后编写一个查询世界数据库的程序，列出亚洲任何一个国家的首都城市的人口数。

25.5　编写一个程序，其使用图形用户界面连接到数据库，创建 CD 表（如果其尚不存在），用户能管理音乐专辑数据库。数据库应包括专辑名、艺术家姓名、曲目数量和价格字段。用户应该能输入新的专辑信息、删除现有的专辑以及获得数据库中的专辑列表。

25.6　使用 http://www.fakenamegenerator.com 上的免费工具，创建 1000 个假身份证并存入文本文件。之后编写一个 Java 程序，使用文本文件中的假姓名填充数据库表。最后，打印数据库中名为 John 且住在田纳西州的个人信息。

25.7　编写一个连接数据库的程序，创建 Movies 表（如果它尚不存在），用户能管理电影列表数据库。数据库应包括电影名、上映时间、评级代码、发布日期和两个主角。用户应该能访问新电影的信息、删除现有的电影以及获取电影数据库列表。

25.8　编写一个程序，其使用图形用户界面提示用户输入数据库主机名、用户名、密码和数据库名。连接之后，程序应该允许用户选择表，以浏览数据库，之后要么显示表的结构（SHOW COLUMNS），要么显示所选表的数据。

25.9　编写一个连接数据库的程序，创建两个表 Teams 和 Games（如果它们尚未存在），允许用户管理不同对手之间的游戏系列。Games 包括每个站队的得分、每个游戏的唯一标识符。Teams 包括战队的标识符、名字和总体输赢记录。无论用不用连接表的 SQL 语句，我们都可以解决表的连接问题。用户应该能输入新的游戏结果、添加新的战队、浏览每个表或读取数据。

25.10　编写连接到数据库的程序，创建并填充 Student 表，打印 Student 表包含的数据，之后删除 Student 表和数据。

自测题答案

25.1　数据库的 4 个主要操作是创建、读取、更新和删除。

25.2　关系数据库将关系存储于数据表中，存储关系就是存储用于连接数据库表的唯一标识符。

25.3　目前流行的一些数据库产品有 MySQL、PostgreSQL、SQLServer、Oracle 和 Access。

25.4　从 JDK 1.1 开始，JDBC API 一直是 JDK 的组成部分。

25.5　数据库驱动程序用于建立从 JDBC 语句到指定数据库的通信。

25.6　java.sq1.DriverManager 类注册并管理运行时加载的每个数据库驱动程序。

25.7　java.sql.Statement 用于准备和执行 SQL 语句。

25.8　ResultSet 对象是 JDBC 类，用于管理数据库查询结果记录集。

25.9　INSERT SQL 语句用于将新数据添加到数据库表中。

25.10　DROP TABLE SQL 语句用于删除数据库表和数据。

第 26 章　JavaFX

学习目标

- 探讨 JavaFX 在 Java 的未来中发挥的作用。
- 将 JavaFX 与 Swing 和抽象窗口工具包（AWT）进行比较。
- 理解 JavaFX 应用程序的结构。
- 使用 JavaFX Scene Builder 创建图形用户界面（GUI）。
- 分析生成的 JavaFX FXML 文件。
- 使用各种 JavaFX 组件和容器。

本章学习 JavaFX，其是一种最新的开发方法，用于开发具有图形用户界面（GUI）的 Java 应用程序。我们先将 JavaFX 与早期的 GUI 开发方法（如 Swing）进行比较。然后，在探讨了一些重要的 JavaFX 术语后，使用基本的 JavaFX 基础结构开发了第一个程序 Hello World。 第二个程序示例使用 JavaFX Scene Builder 创建 GUI，并生成 FXML 输出。最后，第三个程序示例添加了用户交互和 JavaFX 控制器来处理事件。

26.1　JavaFX 简介

在第 6 章，我们使用 Swing API 开发了 GUI，也建立了图形化的基本概念，理解了 GUI 组件和用户事件，本章将继续讨论学习开发 GUI。

随着时间的推移，Java GUI 的开发也在不断发展。最初，我们使用抽象窗口工具包（AWT）开发 GUI。之后，很快对 AWT 进行改进，推出了 Swing API。Swing 开发仍然很受欢迎，在一段时期内，还要为已有代码提供支持，但 Swing 已处于"维护模式"，也就是说，Oracle 将不再开发新的 Swing API。

现在，JavaFX API 是管理 Java 程序的 GUI、图形和多媒体的首选基础结构。JavaFX 于 2008 年首次发布，截至撰写本书时，其版本为 2.2。从 Java SE 7、Update 6 开始，JavaFX API 成为 Java 标准版实现的组成部分。

重要概念

现在，JavaFX 是开发 Java GUI 的首选方法。

JavaFX 对以前的 GUI 开发方法进行了改进。首先，Swing 只进行 GUI 开发，而 JavaFX 为 GUI、图形和多媒体提供了独立的 API。其次，JavaFX 还允许使用完全自定义的 GUI 组件来提供独特的"外观和视觉"。第三，因为使用独立程序 JavaFX Scene Builder 进行 GUI 设计，所以用户可以自由地拖放 GUI 组件，并轻松地自定义组件。

JavaFX 的最后一个优势最为抢眼。在使用 Swing 时，程序员已经多次尝试拖放式 GUI

生成器的开发，但不同开发环境，得到的结果不一致且效率低下。但 JavaFX Scene Builder 是用类似于 XML 风格的语言 FXML 表示 GUI。因此，无论使用何种开发环境，都会产生相同的 GUI 结果。

本章开发了 3 个 JavaFX 程序。第一个是另一版的 Hello World 程序，它没有使用 JavaFX Scene Builder，只是为了显示最基本的基础结构。第二个程序使用 Scene Builder，但没有用户交互。第三个程序既使用了 Scene Builder，也使用了用户交互。

26.2　JavaFX 的 Hello World 程序

本节分析 JavaFX 版的 Hello World 程序，此程序只显示一个标签；没有交互式控件。在执行时，程序显示的窗口类似于图 26.1 所示的窗口。

图 26.1　JavaFX 版的 Hello World 程序

程序 26.1 给出了生成图 26.1 窗口的程序。几个 import 语句允许我们使用 JavaFX API 中的类。每个 JavaFX 程序都在类中定义，该类扩展了 javafx.application.Application 类。

HelloWorld 类定义了两种方法：main 和 start。main 方法只是调用静态 Application.launch 方法，用于启动独立的 JavaFX 程序。JavaFX 程序也能在网页中运行。

程序 26.1

```
import javafx.application.Application;
import javafx.scene.Scene;
import javafx.scene.control.Label;
import javafx.scene.layout.StackPane;
import javafx.stage.Stage;
/**
 * Demonstrates a simple Hello, World program using JavaFX
 * infrastructure. FXML is not used in this example.
 *
 * @author Java Foundations
 */
public class HelloWorld extends Application
{
    /**
     * Sets up a label and displays it in pane, scene, and stage.
```

```
    * @param primayStage the primary stage for this application
    */
   @Override
   public void start(Stage primaryStage)
   {
       Label label = new Label("Hello, World!");
       StackPane pane = new StackPane();
       pane.getChildren().add(label);
       Scene scene = new Scene(pane, 400, 200);
       primaryStage.setTitle("Hello World using JavaFX");
       primaryStage.setScene(scene);
       primaryStage.show();
   }
   /**
    * Launches the application. This method is not needed in some IDEs
    * with strong JavaFX support.
    * @param args the command line arguments
    */
   public static void main(String[] args)
   {
       launch(args);
   }
}
```

我们也可以不用 main 方法。在强力支持 JavaFX 的开发环境中，如果没有 main 方法，Java 虚拟机（JVM）会自动调用 launch 方法。

重要概念

如果开发环境强力支持 JavaFX，则可不需要 main 方法。

start 方法是 JavaFX 应用程序的入口点。在启动 JavaFX 程序后，JVM 创建类实例并调用其 start 方法。我们的 HelloWorId 类重写继承自 Application 的 start 方法，并使用它创建程序的 GUI。

在 HelloWorId 的 start 方法中，创建标签，将标签放入窗格，再将窗格添加到场景之中，最后将场景放在舞台。这样说起来，好像显示一个标签需要付出很多努力似的。但事实并非如此，JavaFX 基础结构旨在使大量组件能轻松组合，并以特定方式进行可视化布局。此外，在下面的程序示例中，我们将使用 JavaFX Scene Builder，并涉及大量基础结构细节的处理。

StackPane 类是布局容器的示例，它包含如控件或其他布局容器等元素，并以特定的方式显示这些元素。在 HelloWord 程序中，布局窗格只包含一个标签，该标签是添加到窗格中的唯一子项。

Scene 类定义程序中的单个场景，Scene 可以由多场景组成。Stage 对象是显示场景的窗口。因此，我们可以说舞台是展示场景的平台。场景中包含的节点是演出的演员。

在启动应用程序时，JVM 会自动创建一个名为 primary stage 的 Stage 对象，并将其作为参数传递给 start 方法。

> **重要概念**
> 在 Java FX 中, 控件是在舞台场景中演出的演员。

26.3 使用 JavaFX Scene Builder

在 26.2 节, 因为 HelloWorld 程序的控件和布局容器都是在代码中显式调用创建的, 所以 GUI 是手动开发的。而 JavaFX 的重要优势是可以使用独立程序 JavaFX Scene Builder 轻松高效地定义 GUI。

JavaFX Scene Builder 使用户能轻松地将组件拖放到中央设计区域来创建 GUI。之后再根据用户需求, 修改和设置组件的样式。当创建完 GUI 之后, 会将其保存在 FXML 文件中, FXML 基于 XML 的表示。使用 FXML 表示的开发环境, 如 NetBeans 或 Eclipse, 都会自动生成 GUI。

在手动开发 GUI 时, 我们很难让布局和样式均恰到好处。而使用 JavaFX Scene Builder, 用户根本不需要编写 GUI 代码, 因此, 省去了开发程序最麻烦的部分。

我们使用 JavaFX Scene Builder 开发的第一个示例是 Hello Moon, 它是 Hello World 入门程序的变种。与其前身 Hello World 程序一样, Hello Moon 程序显示标签, 但没有用户交互。与 Hello World 有所不同, Hello Moon 能显示图像。最重要的是, 它演示了拖放式构建 GUI 的重要方法。

> **重要概念**
> JavaFX Scene Builder 是一个独立程序, 用于设计 GUI, 并用 FXML 表示 GUI。

当程序运行时, 其显示的窗口类似于图 26.2 所示的窗口。

图 26.2 用 JavaFX Scene Builder 生成 GUI 的 JavaFX 程序

JavaFX Scene Builder 是一个独立的应用程序。为了使用该程序, 用户所用的集成开发环境（IDE）必须支持 FXML 表示的 GUI 代码。例如, Eclipse 和 NetBeans IDE 都支持 FXML。 我们的示例使用 NetBeans。

26.3.1 创建应用程序项目

当我们打开 NetBeans 时，会显示一个如图 26.3 所示的起始页面。该起始页面包含指向最近打开项目的链接以及指向 NetBeans 文档的链接。

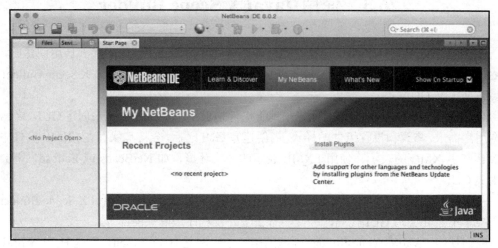

图 26.3　NetBeans 起始页面

NetBeans 将应用程序定义为项目。项目是与该项目相关的所有文件的集合。项目包括源代码文件、图像和表示 GUI 的 FXML 文件。

为了创建新项目，请在 File 菜单中选择 File→New Project，或单击工具栏上的 New Project 按钮；之后将显示如图 26.4 所示的 New Project 窗口；选择 Categories 下的 JavaFX，再选择 Projects 下的 JavaFX FXML Application；然后单击 Next 按钮。

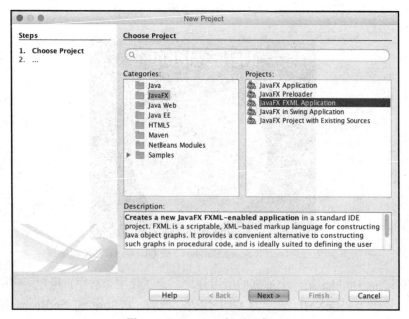

图 26.4　NetBeans 新项目窗口

接下来，在如图 26.5 所示的 New JavaFX Application 窗口中，指定项目名（HelloMoon）、项目位置、FXML 文件名（不必与项目名称相同，但也可以相同）和应用程序类名。如果选中了 Create Application Class 复选框，NetBeans 将创建一个具有指定名称的类，该类包含程序的 main 方法。在设置此信息之后，单击 Finish 按钮创建项目。

	New JavaFX Application	

Steps

1. Choose Project
2. **Name and Location**

Name and Location

Project Name:　HelloMoon

Project Location:　/Users/lewis/Documents/JavaFX examples　　Browse...

Project Folder:　/Users/lewis/Documents/JavaFX examples/HelloMoon

JavaFX Platform:　JDK 1.7 (Default)　　Manage Platforms...

☐ Create Custom Preloader

　　Project Name:　HelloMoon-Preloader

FXML name:　HelloMoon

☐ Use Dedicated Folder for Storing Libraries

Libraries Folder:　　Browse...

　　Different users and projects can share the same compilation libraries (see Help for details).

☑ Create Application Class　　HelloMoon

Help　　< Back　　Next >　　**Finish**　　Cancel

图 26.5　NetBeans 新 JavaFX 应用程序窗口

26.3.2　浏览项目文件

当 NetBeans 创建 JavaFX 项目时，也会为用户创建一些初始文件。在 NetBeans 窗口的左上角，用户可以看到 Projects 选项卡，在此，用户可以访问项目的所有文件。单击 HelloMoon 项，然后单击 Source Packages，最后单击<default package>来展开节点。Projects 选项卡与图 26.6 所示的选项卡类似。

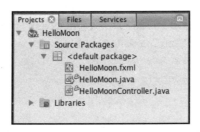

图 26.6　NetBeans 窗口中的 Projects 选项卡

当创建项目时，我们没有指定包名，因此我们的源文件位于默认包中。如果指定了包名，则源文件将位于指定的包下。

NetBeans 为项目创建了如下的 3 个文件：

- HelloMoon.fxml：GUI 的 FXML 表示。
- HelloMoon. java：显示 GUI 的类。
- HelloMoonController.java：处理用户事件的类。

双击文件名将在 NetBeans 窗口中心的编辑选项卡中打开该文件。请打开每个选项卡，仔细浏览每一项。

要记住，FXML 文件不是 Java 代码：它是 GUI 的 XML 表示。默认的 GUI 包含标签和按钮。虽然我们可以通过编辑 FXML 文本来更改文件，但这样做起不到学习 JavaFX Scene Builder 的目的，所以我们使用 JavaFX Scene Builder 应用程序来更改 FXML 文件。

HelloMoon.java 文件如程序 26.2 所示。它有更新文档，包含的类与 HelloWorld 程序创建的类相似。该类包含 start 方法和启动应用程序的 main 方法。但与 HelloWorld 不同，HelloMoon 类中的 start 方法不会显式地创建 GUI 元素，而是将 GUI 作为父对象从其 FXML 表示中加载，然后再设置场景和舞台。

程序 26.2

```java
import javafx.application.Application;
import javafx.fxml.FXMLLoader;
import javafx.scene.Parent;
import javafx.scene.Scene;
import javafx.stage.Stage;
/**
 * Demonstrates a JavaFX application that relies on FXML.
 * @author Java Foundations
 */
public class HelloMoon extends Application
{
    /**
     * Loads the GUI from the FXML, sets the scene, and displays the
     * primary stage.
     * @param stage the primary stage for this application
     */
    @Override
    public void start(Stage stage) throws Exception
    {
        Parent root = FXMLLoader.load(getClass().getResource
                    ("HelloMoon.fxml"));
        Scene scene = new Scene(root);
        stage.setScene(scene);
        stage.show();
    }
/**
     * Launches the application.
     * @param args the command line arguments
     */
    public static void main(String[] args)
```

```
    {
        launch(args);
    }
}
```

除了更新文档外，我们根本不必更改 HelloMoon 类。实际上，创建 HelloMoon 应用程序时，我们不必显式编写任何 Java 代码。只需通过 JavaFX Scene Builder，就能完成对 GUI 的所有更改。

当用户与 GUI 交互时，我们用 HelloMoonController 类处理用户事件。在 HelloMoon 程序中，没有与用户的交互，因此，HelloMoon 根本不需要 HelloMoonController.java 文件。用户可以右击 Projects 选项卡中的相应文件名，然后选择"删除"按钮来删除该文件。在第三个程序示例中，我们会分析用户事件的处理。

在修改 GUI 之前，我们要将图像文件（moon.jpg）拖到 Projects 选项卡的默认包中，从而将月球图像添加到项目之中。当然，用户也可以将图像复制到存储项目的 src 文件夹，这样也能将图像添加到包中。

26.3.3　使用 JavaFX Scene Builder 修改 GUI

现在回到我们核心问题：使用独立的应用程序 JavaFX Scene Builder 更新 GUI。为了直接从 NetBeans 启动 Scene Builder，请右击 HelloMoon.fxml 文件，选择 Open。

JavaFX Scene Builder 窗口如图 26.7 所示。中间显示 GUI 的可视化表示。左上角的 Library 部分包含用户需要的各种 GUI 元素。左下角的 Document 部分列出了当前 GUI 包含的元素。NetBeans 创建的默认 GUI 文件在 AnchorPane 中包含了 Button 和 Label。右侧的 Inspector 部分允许用户定制所选元素的特征。

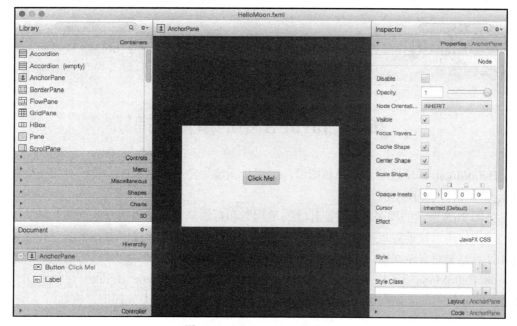

图 26.7　JavaFX Scene Builder

为了创建 HelloMoon 的 GUI，我们先删除默认文件所提供的控件。在 Document 部分的 Hierarchy 选项卡中，单击 Button 元素，将其选中。然后，按 Delete 或 Backspace 键将其删除。系统会要求确认是否要删除它。要删除 Label 元素，重复上述过程。

我们不使用默认提供的 AnchorPane，而是使用 VBox 布局容器。VBox 将 GUI 元素放在垂直列中。为了实现布局容器的更改，我们将 VBox 从 Library 的 Containers 选项卡拖到中央面板上。之后，使用 Select→Trim Document to Selection 菜单选项，以删除 AnchorPane。

在向 VBox 添加元素之前，让我们修改它的一些属性。首先，在 Document Hierarchy 选择 VBox。然后，在 Inspector Properties 选项卡中，将其 Alignment 设置为 CENTER，这将使其内容水平居中。在 Style 中，将-fx-background-color 属性设置为＃000，这将使整个 VBox 的背景变为黑色。最后，在 Inspector Layout 选项卡中，分别将 VBox 的首选宽度和高度设置为 400 和 325。

现在，为了将 Label 添加到 VBox，我们需要将 Label 从 Library Controls 选项卡拖到中央面板。在 Inspector Preferences 选项卡中，将文本设置为 "Hello，Moon！"，将颜色（Text Fill）更改为白色，将字体更改为粗体和 36 磅。

最后，我们添加月亮图像。将 Library Controls 标签中的 ImageView 拖到标签下方的中央面板上。在 Inspector Properties 选项卡中，单击 ellipse() 按钮，来选择要显示的图像文件。用户还可以将 Inspector Properties 中的适合宽度和适合高度值设置为 0，使图像以原始大小显示。

这样，我们完成了 GUI 的设置。在 JavaFX Scene Builder 中保存所有更改，这将更新 NetBeans 项目中的 FXML 文件。现在，可以在 NetBeans 中运行该程序。

注意，所有 GUI 配置都可以使用 Java 代码中的常规方法调用来完成。但大多数开发人员认为，使用 JavaFX Scene Builder 工具可以更轻松更迅速地获得可视化表示。通过在标准 XML 文件中表示 GUI，从 FXML 到 Java 的自动转换高效且准确。

> **重要概念**
> 所有 JavaFX GUI 配置都可以使用方法调用来完成，但像 Scene Builder 这样的工具可以简化这个过程。

26.4　JavaFX 中的事件处理

HelloMoon 程序显示了标签和图像，但用户无法与之交互。下面，我们分析一个用户可以操作控件的程序示例。

如图 26.8 所示的程序，其根据行驶的里程数和耗油量来计算每加仑汽油能行驶的英里数。用户使用滑块设置里程数，并将耗油量输入文本框。当用户按下 Calculate MPG 按钮时，计算结果将显示在窗口底部的标签中。

与 HelloMoon 示例一样，我们使用 JavaFX 和 JavaFX Scene Builder 开发 GUI。与 HelloMoon 的不同之处在于：MilesPerGallon 程序会使用控制器类处理用户事件。

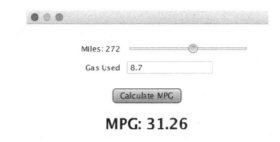

图 26.8　JavaFX 程序：用于计算每加仑能行驶的英里数

与创建 HelloMoon 示例一样，我们在 NetBeans 中创建一个新项目。MilesPerGallon.java 文件（包含 main 类）将用于显示 GUI。JavaFX Scene Builder 完成 GUI 的所有更改。

在 Scene Builder 中，右击 File，选择 Open，就打开了 FXML 文件。删除默认的控件。与 HelloMoon 一样，添加 VBox 作为 GUI 的根元素。

在 VBox 中，顶部元素是另一个布局容器——GridPane 对象，以允许元素在网格中布局。我们将使用 2×2 的 GridPane 来显示 GUI 中的前两行元素。左列将显示行驶的里程数和耗油量的标签，右列将显示滑块和文本框。

将 GridPane 从 Library Containers 选项卡拖到中央设计区域。如图 26.9 所示，GridPane 的默认值为 2×3 的网格。为了删除不需要的行，我们选中第三行，按 Backspace 或 Delete 来删除该行。现在，我们将 Library Controls 中的两个标签分别拖到左列的单元格中（第 0 列），然后将水平 Slider 拖动到右列的顶部单元格，再将 TextFieId 拖动到右列的底部单元格。

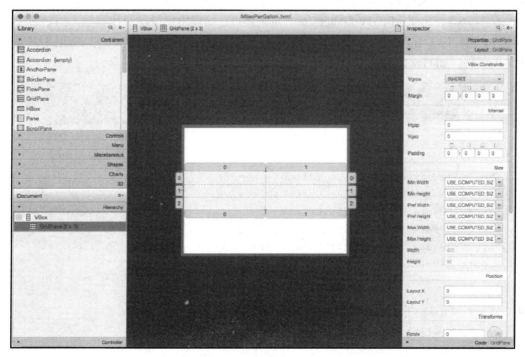

图 26.9　JavaFX Scene Builder 中的 GridPane

在设置这些元素的外观之前，我们还需要将其余的元素也添加到 GUI 之中。我们将 Button 拖到 VBox 中，注意 Button 不在 GridPane 中。然后我们在 Button 下面添加另一个标签以显示结果。

到此时，所有的控件已到位，但其外观与我们的要求还不一样。为了满足用户的需求，我们需要依次选中组件，使用 Inspector 定制其属性。例如，设置标签和按钮的文本，将 GridPane 的左列设置为右对齐，设置滑块和文本框的大小。

在 Slider 的 Inspector Properties 中，将其 min 和 max 值分别设置为 0 和 500，并将其默认值设置为 100。因为没有输入耗油量，所以将结果标签的初始值设置为"---"。当程序运行时，显示的初始 GUI 与图 26.10 类似。

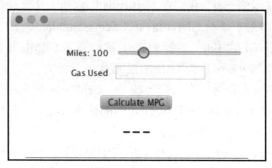

图 26.10　MilesPerGallon 程序的初始 GUI

在完成 GUI 的初始设计之后，我们将注意力转向用户交互的处理。我们在代码中引用组件时，必须使用 Scene Builder 给出 fx:id。例如，选中 Slider，然后在 Inspector Code 选项卡中将其 fx:id 设置为 milesSlider，这与 Java 代码中引用此滑块的变量名相对应。

程序 26.3 给出了 MilesPerGallonController 类，它处理用户滑动滑块和按下按钮时生成的事件。用 @FXL 注释的标记变量对应于重要组件的 fx:id 属性。在代码中，如果不需要引用某些组件，如 Gas Used 标签，则不需要 fx: id。

重要概念
JavaFX 控制器类处理用户交互生成的事件。

程序 26.3

```
import javafx.beans.value.ChangeListener;
import javafx.beans.value.ObservableValue;
import javafx.event.ActionEvent;
import javafx.fxml.FXML;
import javafx.scene.control.Button;
import javafx.scene.control.Label;
import javafx.scene.control.Slider;
import javafx.scene.control.TextField;
/**
 * The controller for the Miles Per Gallon program.
 * @author Java Foundations
 */
```

```java
public class MilesPerGallonController
{
    private int milesTraveled = 100;
    // Controls defined in the FXML file
    @FXML
    private Label milesLabel;
    @FXML
    private Slider milesSlider;
    @FXML
    private TextField gasTextField;
    @FXML
    private Button calculateButton;
    @FXML
    private Label resultLabel;
    @FXML
    private void calculateMPG(ActionEvent event)
    {
        double gasUsed = Double.parseDouble(gasTextField.getText());
        double mpg = milesTraveled / gasUsed;
        resultLabel.setText(String.format("MPG: %.2f", mpg));
    }

    public void initialize()
    {
        milesSlider.valueProperty().addListener(new SliderListener());
    }
    /**
     * An inner class that serves as the listener for the slider.
     */
    private class SliderListener implements ChangeListener<Number>
    {
        @Override
        public void changed(ObservableValue<? extends Number> ov,
                Number oldValue, Number newValue)
        {
            milesTraveled = newValue.intValue();
            milesLabel.setText("Miles: " + milesTraveled);
        }
    }
}
```

calculateMPG 方法计算每加仑汽油能行驶的英里数并更新结果标签。只要在 GUI 中按下按钮，就执行 calculateMPG 方法。在 JavaFX Scene Builder 中，选择按钮并打开 Inspector Code 选项卡。在 On Action 事件的下拉菜单中，选择 calculateMPG 方法。

当加载 GUI 时，会调用 initialize 方法，其用于设置控制器。在本示例中，将创建 SliderListener 对象并将其添加到滑块。SliderListener 类被定义为内部类，用于在滑块更改时更新并显示行驶的里程数。

这个示例说明了 JavaFX Scene Builder 的设置与处理用户交互的 Java 代码之间的关系。通过让 Scene Builder 处理大部分 GUI 设计，我们可以专注于程序自身的底层计算。

重要概念总结

- 现在，JavaFX 是开发 Java GUI 的首选方法。
- 如果开发环境强力支持 JavaFX，则能不需要 main 方法。
- 在 Java FX 中，控件是在舞台场景中演出的演员。
- JavaFX Scene Builder 是一个独立程序，用于设计 GUI，并用 FXML 表示 GUI。
- 所有 JavaFX GUI 配置都可以使用方法调用来完成，但像 Scene Builder 这样的工具可以简化这个过程。
- JavaFX 控制器类处理用户交互生成的事件。

自　测　题

26.1　什么是 JavaFX？

26.2　什么是 JavaFX Scene Builder？

26.3　JavaFX 与 Swing API 有什么关系？

26.4　什么是布局容器？　请给出例子。

26.5　JavaFX 应用程序是否必须使用 FXML？

26.6　什么是 ImageView 对象？

26.7　什么是 fx: id？

26.8　@FXML 注释的含义是什么？

程序设计项目

26.1　编写一个显示按钮和标签的 JavaFX 程序。每次按下按钮，标签应显示 1 到 100 之间的随机数（包括 1 和 100）。

26.2　编写一个显示两个按钮和标签的 JavaFX 程序。两个按钮的名称分别为 Increment 和 Decrement。使用标签显示数值（初值为 50）。每次按下 Increment 按钮时，标签值递增。同样，每按下 Decrement 按钮，标签值递减。

26.3　编写一个将华氏温度转换为摄氏温度的 JavaFX 程序。程序使用滑块表示华氏度。

26.4　编写一个 JavaFX 程序，模拟第 6 章程序 SlideColor（程序 6.11）的功能。也就是说，使用 3 个滑块设置颜色的 RGB 值，并在小窗格中显示相应的颜色。

26.5　编写一个 JavaFX 程序，使用单选按钮显示选项列表，例如动物列表或超级英雄列表。在选择指定单选按钮后，显示该选项的图像。

自测题答案

26.1　JavaFX 是用于在 Java 中创建 GUI 和图形的基础结构和 API。

26.2　JavaFX Scene Builder 是一个独立的应用程序，用于设计 GUI 并以基于 XML 语言的 FXML 语言表示 GUI。

26.3　JavaFX 最终会取代 Swing，它是在 Java 中构建 GUI 的最新 API，而软件公司不会再开发 Swing。

26.4　布局容器是一种 JavaFX 组件，它以特定的方式组织其他组件。例如，VBox 是一个布局容器，用于以垂直布局组织组件。GridPane 在网格中放置元素。

26.5　不一定用。JavaFX 应用程序不一定使用 FXML。但是，JavaFX 的一个优势是能够用 JavaFX Scene Builder 进行拖放式 GUI 设计，从而生成 FXML 输出。即使用户正在使用 FXML，也不必手动编辑它。

26.6　ImageView 对象是显示图像的 JavaFX 组件。与其他组件一样，它可以根据需要放置在布局 Container 中。

26.7　fx:id 是一个 JavaFX 标识符，用于建立 JavaFX Scene Builder 所用组件与代码中表示该组件的变量之间的关系。

26.8　@FXML 注释用于 JavaFX 场景生成器（以及相应的 FXML 标记）引用的 Java 源代码中的变量和方法。

附录 A 词 汇 表

abstract：Java 的保留字，用作类、接口和方法的修饰符。**abstract** 类不能实例化，只用于指定由派生类提供定义的无形的抽象方法。接口本质上是抽象的。

abstract 类：参见 **abstract**。

抽象数据类型（ADT）：是数据以及定义在这些数据上的操作的集合。抽象数据类型的实现有多种方式，但接口操作是一致的。

抽象方法：参见 **abstract**。

Abstract Windowing Toolkit（AWT）：是 Java API（java.awt）中的包，其包含与图形及 GUI 相关的类。参见 Swing。

抽象：是指隐藏细节的概念。如果在正确的时间隐藏了正确的细节，则抽象有助于控制复杂性并将注意力集中适当的问题上。

访问：是指引用变量或从声明它的类之外调用方法的能力。由声明变量或方法的可见性修饰符控制，也称为封装级别。参见可见性修饰符。

访问修饰符：参见可见性修饰符。

实参：是指作为参数传递给方法的值。参见形参。

适配器类：参见侦听器适配器类。

address：（1）唯一标识计算机内存中特定内存位置的数值。（2）能在所有网络中唯一标识计算机。

邻接列表：按每条边所连接顶点对图中边进行分组的列表。参见边、图和顶点。

邻接矩阵：是一个二维数组，用于存储图的边的列表。数组中的每个位置表示图中两个顶点是否有边相连。参见数组、边、图和顶点。

ADT：参见抽象数据类型（ADT）。

聚合对象：是一个对象，其包含引用其他对象的变量。参见 has:a 关系。

聚合：至少部分由其他事物组成。参见**聚合对象**。

算法：是逐步解决问题的过程，程序基于一种或多种算法。

别名：对对象的引用，而被引用对象正在被另一个对象引用，所以每个引用都是另一个引用的别名。

模拟：与信息源成正比的表示。参见数字。

动画：是指一系列的图像或绘图以特定速度按顺序动态显示。

ANT：是一种构造工具，通常用于 Java 程序开发。参见构造工具。

API：参见应用程序编程接口（API）。

Applet：是链接到 HTML 文档的 Java 程序，使用 Web 浏览器检索与执行，不是独立的 Java 应用程序。

Appletviewer：是一种可以通过 HTML 文档中的链接，解释和显示 Java 应用程序的软件工具，是 Java Development Kit 的一部分。

应用程序：（1）是通用术语，泛指任何程序，（2）可以在不使用 Web 浏览器的情况下运行的 Java 程序，不是 Java applet。

应用程序编程接口（API）：是为程序员定义的服务类集合。它不是语言的一部分，依赖于所执行的基本任务。参见类库。

弧角度：是指在定义弧中，所定义弧长度的径向距离。参见开始角度。

架构设计：是一种高级设计，可识别软件系统的大部分和关键数据结构，参见详细设计。

架构：参见计算机架构。

架构中立：不专用于任何指定硬件平台。Java 代码被认为是体系结构中立的，因为它被编译成字节码，然后在具有 Java 解释器的任何机器上进行解释。参见字节码。

算术运算符：是执行基本算术运算的运算符，例如加法或乘法。

算术提升：提升数字操作数的类型与其他操作数一致的行为。

数组：一种编程语言结构，用于存储原始值或对象的有序列表。使用从 0 到 N：1 的数字索引引用数组中的每个元素，其中 N 是数组的大小。

数组元素：存储在数组中的值或对象。

数组元素类型：存储在数组中值或对象的类型。

ASCII：许多编程语言使用的流行字符集。ASCII 是美国信息交换标准代码，是 Java 使用的 Unicode 字符集的子集。

汇编语言：使用助记符表示程序命令的低级语言。

assert：一个 Java 保留字，用于表示满足条件的断言。参见断言。

断言：用于声明编程假设的编程语言结构（通常为真）。JUnit 使用断言进行单元测试。参见 JUnit，单元测试。

赋值转换：在赋值语句中，某些数据类型可以转换为另一种数据类型。参见扩大转换。

赋值运算符：是赋值给变量的运算符。=运算符执行基本赋值。许多其他赋值运算符，如 ＊=运算符是在赋值之前执行其他操作。

关联：是指两个类之间的关系，其中一个类使用其他类或以某种方式与其他类相关。参见运算符关联，使用关系。

渐近复杂度：增长函数的阶数或主项。参见主项、增长函数。

AWT：参见 Abstract Windowing Toolkit。

背景颜色：（1）GUI 组件背景的颜色。（2）HTML 页面背景的颜色。参见前景颜色。

bag：一个集合，用于从组中选择随机元素。参见集合。

平衡树：是一棵树，其叶子都在同层或左右两个子树的高度差的绝对值不超过 1。参见叶子和树。

基：是数值，是指定数系的基，它确定该数系中可用的位数以及数中每个数的位值。参见"二进制、十进制、十六进制、八进制和位值。

基 2：参见二进制。

base 8：参见八进制。

base 10：参见十进制。

base 16：参见十六进制。

基线条件：终止递归处理的条件，允许活动递归方法开始返回其调用点。

基类：参见超类。

行为：由其方法定义的对象的功能特征。参见身份、状态。

二进制：以 2 为基的数系。现代计算机系统将信息存储为二进制数字（位）串。

二元运算符：使用两个操作数的运算符。

二叉搜索：需要对列表进行排序的搜索算法。它将列表中的"中间"元素与目标值进行比较，每次缩小搜索范围。参见线性搜索。

二叉搜索树：是具有附加属性的二叉树，对于每个节点，其左子节点小于父节点，右子节点大于或等于父节点。参见节点、树。

二进制字符串：一系列二进制数字（位）。

二叉树：是一种树的数据结构，其每个节点的子节点不超过两个。

绑定：将标识符与其所表示的结构相关联的过程。例如，将方法名称绑定到它调用的指定定义的过程。

位：二进制数字，0 或 1。

位移：是将数据值的位向左或向右移动，在一端丢失位，在另一端插入位的操作。

每秒位数（bps）：数据传输设备的测量速率。

按位运算符：通过计算或移位来操作值的各个位的运算符。

黑盒测试：根据软件组件的输入和预期输出生成和评估测试用例。测试用例侧重于覆盖输入的等价类别和边界值。参见白盒测试。

块：一组编程语句和声明用大括号（{}）分隔。

boolean：表示逻辑原语数据类型的 Java 保留字，只能使用值 true 或 false。

布尔表达式：计算结果为 true 或 false 的表达式；此类表达式主要用作选择和循环语句中的条件。

布尔运算符：是应用于 boolean 操作数的任何按位的运算符，如运算符 AND（＆）、OR（｜）和 XOR。除了布尔运算符不短路之外，结果与逻辑结果相同。

边框：GUI 组件周围的图形边缘，用于增强其外观或以可视方式对组件进行分组。空边框会在组件周围创建空间缓冲区。

边界值：对应于等价类边缘的输入值。用于黑盒测试。

边界矩形：是一个矩形，用于描述定义椭圆或圆弧的区域。

边界检查：给定数组的大小，确定数组索引是否在边界内的过程。Java 自动执行边界检查。

bps：参见每秒位数。

广度优先遍历：从给定顶点开始进行图的遍历，然后访问从起始顶点开始的一条边的所有相邻顶点，然后访问从起始顶点开始的两条边的所有顶点，依此类推。参见深度优先遍历、图和顶点。

break：是 Java 保留字，通过中断当前循环或 switch 语句来中断控制流。

断点：调试器中的一个特殊标志或标记，用于在执行到达断点时暂停正在调试的程序的执行。

浏览器：是一种软件，通过跨网连接检索 HTML 文档，并将其格式化以供浏览。浏览器是访问万维网的主要工具。

冒泡排序：是一种排序算法，它重复地访问要排序的元素列表，依次比较两个相邻的元素，如果它们的顺序错误，则进行交换。参见堆排序、插入排序、合并排序、快速排序、基数排序和选择排序。

bug：是俚语，指计算机程序中缺陷或错误。

构建和修复方法：一种软件开发方法，其中程序是在没有任何重要规划或设计的情况下创建的，然后进行修改，直到达到某种可接受程度，这是一种普遍但不明智的方法。

构建工具：是一种软件应用程序，用于自动化、定义和执行构建一致过程的软件应用程序。

总线：计算机中的一组线路，用于在 CPU 和主存储器等组件之间传输数据。

按钮：一个 GUI 组件，允许用户通过鼠标单击操作，设置条件或选择选项。GUI 有几种按钮。参见复选框、按钮和单选按钮。

字节：（1）二进制存储单元，等于 8 位。（2）Java 保留字，表示基本整数类型，使用 2 位补码格式的 8 位存储。

字节流：管理 8 位字节的原始二进制数据的 I/O 流。参见字符流。

字节码：Java 编译器转换 Java 源代码的低级格式。字节码由 Java 解释器解释和执行，可以在互联网上传输。

容量：参见存储容量。

case：（1）Java 保留字，用于标识 switch 语句中的每个唯一选项。（2）字母字符的大写或小写。

区分大小写：区分字母的大写和小写。Java 区分大小写；因此，标识符 total 和标识符 Total 被视为不同的标识符。

cast：Java 操作表示，在括号中使用类型或类名进行显式转换，并将一种数据类型的值返回成另一种数据类型。

catch：Java 保留字，用于指定在 try 块之后定义的异常处理程序。

CD-Recordable（CD-R）：一种光盘，使用带有适当驱动器的家用计算机可以存储一次信息。参见 CD-Rewritable 和 CD-ROM。

CD-Rewritable（CD-RW）：一种光盘，可以使用带有适当驱动器的家用计算机多次存储和重写信息。参见 CD-Recordable 和 CD-ROM。

CD-ROM：以类似于音乐光盘的方式存储二进制信息的光学辅助存储介质。

中央处理器（CPU）：控制计算机主要活动的硬件组件，包括信息流和命令的执行。

char：Java 保留字，表示原始字符类型。所有的 Java 字符是 Unicode 字符集的成员，使用 16 位存储。

字符字体：在打印或绘制字符时，定义字符独特外观的规范。

字符集：有序的字符列表，例如 ASCII 和 Unicode 字符集。每个字符对应于给定字符集中的指定的、唯一的数值。编程语言采用指定字符集来表示和管理字符。

字符流：管理 16 位 Unicode 字符的 I/O 流。参见字节流。

字符串：一系列有序字符。在 Java 中使用 String 类和字符串字面值表示，如 "hello"。

复选框：是一个 GUI 组件，允许用户使用鼠标单击设置布尔条件。复选框可以单独使用，也可以在其他复选框中独立使用。参见单选按钮。

已检查异常：必须捕获或显式抛出到调用方法的 Java 异常。参见未经检查的异常。

子类：参见子类。

循环数组：在概念上，是最后一个索引后跟第一个索引的数组。

class：（1）用于定义类的 Java 保留字。（2）对象的蓝图：定义实例化时对象将包含的变量和方法的模型。

类图：显示类之间关系的图，包括继承和使用关系。参见统一建模语言。

类层次结构：当通过继承从其他类派生类时会创建的树状结构。参见接口层次结构。

类库：为程序员定义的有用服务的类集合。参见应用程序编程接口（API）。

类方法：只能使用类名调用的方法。不用实例化对象，就像它是实例方法。在 Java 程序中，使用 static 保留字定义。

类变量：在类的所有对象之间共享的变量。通过类名引用类变量，而不用实例化该类的任何对象。在 Java 程序中使用 static 保留字定义。

CLASSPATH：是一种操作系统设置，用于确定 Java 解释器搜索类文件的位置。

客户端：服务器模型：基于对象（客户端）使用其他对象（服务器）所提供服务来构建软件设计的方式。

编码指南：描述应如何构建程序的一系列约定。它使程序更易于阅读、交换和集成；有时也称为编码标准，尤其是在强制执行时。

编码标准：参见编码指南。

内聚：软件组件中各部分之间关系的强度。参见耦合。

集合：是一个对象，用于存储其他对象的库。

冲突：两个散列值生成相同散列码的过程。参见散列码和散列。

颜色选择器：GUI 组件，通常显示为允许用户选择或指定颜色的对话框。

组合框：GUI 组件，允许用户从多个选项中选择一个。组合框显示最近的选择。参见列表。

命令行参数：命令行上程序名称后面的值。在 Java 程序内通过 String 数组参数访问 main 方法。

命令 shell：基于文本的用户界面，用于向计算机操作系统发出命令。

注释：一种编程语言结构，允许程序员将人类可读的注释嵌入到源代码中。参见文档。

编译时错误：编译过程中发生的错误，通常表示程序不符合语言语法或在不适当的数据类型上尝试操作。参见逻辑错误、运行时错误和语法错误。

编译器：将代码从一种语言转换为另一种语言的等效代码的程序。Java 编译器将 Java 源代码转换为 Java 字节码。参见编译。

完全树：是一棵平衡树，底层的所有树叶都在树的左侧。参见平衡树和叶子。

组件：执行特定任务的软件系统部分，其将输入转换为输出。参见 GUI 组件。

计算机体系结构：计算机硬件组件的结构和交互。

连接：参见字符串连接。

条件：是布尔表达式，用于确定是否应该执行选择或循环语句的主体。

条件覆盖：白盒测试中使用的策略，其执行程序中的所有条件，产生真假结果。参见语句覆盖。

条件运算符：是 Java 的三元运算符，它根据条件计算两个表达式中的一个。

条件语句：参见选择语句。

连通图：是任意两个顶点之间都存在路径的图。参见图、路径和顶点。

const：当前未使用的 Java 保留字。

constant：包含无法修改值的标识符，用于使代码更具可读性并便于更改，在 Java 中使用 final 修饰符定义。

常量复杂度：算法的增长函数，无论问题的规模如何，都会执行定量的时间。参见增长函数。

构造函数：在实例化类对象时所调用的类的特殊方法，用于初始化对象。

容器：可以容纳其他组件的 Java GUI 组件。参见容器层次结构。

容器层次结构：用户界面的图形组件之间的关系。参见容器。

内容窗格：添加组件的顶级容器的一部分。

控制字符：参见非打印字符。

控制器：控制计算机系统和特定类型外围设备之间交互的硬件设备。

耦合：两个软件组件之间关系的强度。参见聚合。

CPU：参见中央处理单元。

循环：是图形中的路径，其第一个顶点和最后一个顶点相同，并且没有重复边。参见图。

数据流：表示数据（如文件）的特定源（目标）的 I / O 流。参见处理流。

数据结构：由语言或程序员定义的任何编程结构，用于将数据组织成便于访问和处理的结构。数组、链表和栈都是数据结构。

数据传输设备：是一种硬件组件，例如，可以在计算机之间发送信息的调制解调器。

数据类型：指定的值集合（可以是无限）的名称。例如，每个变量都有数据类型，用于指定可以存储值的种类。

调试器：一种允许程序员逐步执行程序的软件工具，在任何时刻都能检查变量值。参见 jdb。

调试：定位和更正程序中的运行时和逻辑错误的行为。

十进制：人类在日常生活中使用的以 10 为基的数系。参见二进制。

default：Java 保留字，用于指示 switch 语句的默认情况。如果没有其他情况匹配则使用它。

默认可见性：未使用显式可见性修饰符声明类、接口、方法或变量时，所指定的访问级别，有时也称为包可见性。使用默认可见性声明的类和接口可以在其包中使用。使用默认可见性声明的方法或变量可继承，并可由同一包中的所有子类访问。

缺陷测试：测试旨在发现程序中未发现的错误。

defined：在派生类中使用，只能对其进行间接访问。参见继承。

退化树：是一棵节点主要位于一侧的树。参见树。

分隔符：用于设置编程语言构造边界的任何符号或单词，例如用于定义 Java 块的大括号（{}）。

不推荐使用的：某些事物，例如被视为已经过时且不应使用特殊方法。

深度优先遍历：在给定顶点处开始，沿着边序列尽可能地遍历的图，然后回溯并遍历可选择的跳过的边。参见广度优先遍历、图、顶点。

派生类：参见子类。

design：（1）实现程序的计划，包括使用的类的规范以及重要程序算法的表达。（2）创建程序设计的过程。

桌面检查：是一种审查类型，开发人员仔细检查设计或程序以查找错误。

详细设计：（1）方法的低级算法步骤。（2）确定低级算法步骤的开发阶段。

开发阶段：软件生命周期首次创建软件系统的阶段。此阶段先于使用、维护和最终退役。

对话框：图形化窗口，弹出简短、特定的用户交互。

数字：一种将信息分解成碎片的表示，而这些碎片又表示为数字。所有现代计算机系统都
　　　是数字的。

数字化：将模拟表示转换为数字表示的行为，也是将其分解为碎片的过程。

有向图：参见有向图。

维度：特定数组的索引级数。

直接递归：方法调用自身的过程。参见间接递归。

有向图：是一种图形数据结构，其每条边都具有特定的方向。参见边。

禁用：使 GUI 组件处于非活动状态，以便不能使用它。禁用的组件显示为灰色，表示其已
　　　禁用状态。参见启用。

DNS：参见域名系统。

do：Java 保留字，表示循环构造。do 语句执行一次或多次。参见 for 和 while。

文档：有关程序的补充信息，包括在程序源代码中的注释和打印的报告（如用户指南）。

域名：指定计算机所属组织的 Internet 地址部分。

域名系统（DNS）：使用域服务器将 Internet 地址转换为 IP 地址的软件。

域服务器：维护 Internet 地址列表及其相应 IP 地址的文件服务器。

主项：增长函数的项，随着问题规模（n）增加而增长最多的项。主项是确定算法阶数的基
　　　础。参见增长函数、阶数。

double：Java 保留字，表示基本浮点数字类型，使用 IEEE 754 格式的 64 位存储。

双链表：每个节点中有两个引用的链表：一个引用列表中的下一个节点，另一个引用列表
　　　中的上一个节点。

动态绑定：在运行时将标识符与其定义相关联的过程。参见绑定。

动态结构：使用引用链接对象集，可以在程序执行期间根据需要进行修改。

边：在树或图中的两个节点之间的连接器。参见图、节点和树。

编辑器：一种软件工具，允许用户在计算机上输入和存储字符文件。程序员经常使用它来
　　　输入程序的源代码。

效率：指定为完成任务所需指定操作数量的算法特征。例如，我们可以根据排序列表所需
　　　的比较次数来测定排序的效率。参见阶数。

元素：存储在另一个对象（如数组）中的值或对象。

元素类型：参见数组元素类型。

else：是 Java 保留字，用于指定 if 语句中的代码部分，如果条件为 false，将执行该部分。

启用：使 GUI 组件处于活动状态，以便能使用它。参见禁用。

封装：限制对其所包含变量和方法进行访问的对象特征。所有与对象的交互通过支持模块
　　　化设计的已明确定义的接口发生。

环境变量：位于系统设置或命令 shell 中的变量，可以存储值（通常是文件或目录的路径）。
　　　环境变量可用在命令 Shell 或程序的配置中。参见命令 shell。

等于运算符：根据两个值是否相等而返回布尔结果相等地（==）或不相等（!=）的 Java 运算符。

等价类别：一系列功能等效的输入值，由软件组件的要求指定。用于开发黑盒测试用例。

错误：（1）设计或程序中的任何缺陷。（2）可以由特殊 catch 块抛出和处理的对象，虽然通常不会捕获错误。参见编译时错误、异常、逻辑错误、运行时错误和语法错误。

转义序列：在 Java 中，一个以反斜杠字符（\）开头的字符序列，用于指示打印值时的特殊情况。例如，转义序列\t 指定应打印水平制表符。

异常：（1）在程序执行期间出现的错误或异常的情况。（2）可以通过特殊 catch 块抛出和处理的对象。参见错误。

异常处理程序：try 语句的 catch 子句中的代码，在抛出特定类型的异常时执行。

异常传播：抛出异常时发生的过程：控制返回栈跟踪中的每个调用方法，直到捕获并处理异常，或者直到从终止程序的 main 方法抛出异常为止。

指数：浮点值的内部表示的一部分，其指定小数点移位的距离。参见尾数。

指数复杂度：指定算法效率的方程式，其主项包含问题规模作为指数（例如，Y）。参见增长函数。

表达式：生成结果的运算符和操作数的组合。

extends：Java 保留字，用于在子类定义中指定父类。

事件：（1）用户操作，例如鼠标单击或按键。（2）表示程序可以响应的用户操作的对象。参见事件驱动编程。

事件驱动编程：一种软件开发方法，其程序旨在承认事件已发生并相应地采取行动。参见事件。

阶乘：1 到任何正整数 N 之间所有整数的乘积，写作 N!。

false：Java 保留字，是两个布尔文面值（true 和 false）之一。

获取：解码：执行：CPU 不断循环地从内存中获取指令并执行它们。

FIFO：参见先进先出（FIFO）。

文件：存储在辅助存储设备（如磁盘）上的命名数据集合。参见文本文件。

文件选择器：GUI 组件，通常显示为对话框，允许用户从存储设备中选择文件。

文件服务器：网络中的计算机，通常具有较大的辅助存储容量，专用于存储许多网络用户所需的软件。

过滤流：参见处理流。

final：Java 保留字，用作类、方法和变量的修饰符。final 类不能用于派生新类；final 方法无法覆盖；final 变量是常数。

finalize：在 Object 类中定义的 Java 方法，可以在任何其他类中重写。在对象成为垃圾收集的候选者，但还没被销毁之前调用它，会执行清理活动，但不是垃圾收集器自动执行的清理活动。

finalizer 方法：是名为 finalize 的 Java 方法，在销毁对象之前调用。参见 finalize。

finally：Java 保留字，指定在处理任何 catch 处理程序之后，抛出异常要执行的代码块。

先进先出（FIFO）：一种数据管理技术，在数据结构中第一个存入的值也是第一个换出的值。参见后进先出（LIFO）队列。

float：Java 保留字，表示基本浮点数字类型，使用 IEEE 754 格式的 32 位存储。

flushing：强制输出缓冲区内容显示在输出设备上的过程。

字体：参见字符字体。

for：Java 保留字，表示循环结构。for 语句执行零次或多次，通常在已知精确迭代次数时使用。

前景颜色：将呈现任何当前图形的颜色。参见背景颜色。

形参：在方法中用作参数名称的标识符。它从传递给它的实际参数中接收其初值。参见实参。

第四代语言：是一种高级语言，提供内置功能，如自动报告生成或数据库管理，超越了传统的高级语言。

完全树：一棵叉树，其叶子都在同一层，每个节点都是一片叶子或者有 n 个孩子。参见叶子、层、节点和树。

函数：在需要时能调用（执行）的已命名的声明和编程语句组。作为类的一部分的函数称为方法。Java 没有函数，因为所有代码都是类的一部分。

垃圾：（1）内存位置中未指定或未初始化的值。（2）由于所有对对象的引用已丢失而无法再访问的对象。

垃圾收集：回收不需要的、动态分配内存的过程。Java 对不再有任何有效引用的对象执行自动垃圾回收。

通用树：是一棵树，对节点可能包含或引用的子节点数没有限制。参见节点和树。

泛型：设计的一种类，用于存储、操作和管理实例化类之前未指定类型的对象。

千兆字节（CB）：二进制存储单元，等于 2^{30}（约 10 亿）字节。

玻璃盒测试：参见白盒测试。

goto：（1）当前未使用的 Java 保留字。（2）无条件分支。

语法：语言语法的表示，指定如何将修改后的单词、符号和标识符组合成有效的程序。

图：由顶点和连接顶点的边所组成的非线性数据结构。参见有向图、无向图、顶点和边。

图形用户界面（GUI）：通过使用图形图像和点击式按钮和文本框等机制，提供与程序或操作系统交互方法的软件。

图形上下文：绘制图形和相关的坐标系统，在该系统上绘制图形或放置 GUI 组件。

增长函数：一种根据于问题规模（n）显示算法复杂性的函数。增长函数可以表示算法的时间复杂度或空间复杂度。参见阶数。

GUI：参见图形用户界面（GUI）。

GUI 组件：用于组成 GUI 的可视元素，例如按钮或文本框。

硬件：计算机系统的有形组件，例如键盘、显示器和电路板。

has-a 关系：两个对象之间的关系，其中一个对象至少包含另一个对象的部分或全部。参见聚合对象 is-a 关系。

散列码：从任意给定数据值或对象计算的整数值，用于确定值应存储在散列表中的何处，也称为哈希值。参见散列。

散列方法：从数据值或对象计算散列码的方法。相同的数据值或对象将始终生成相同的散列码，也称为哈希函数。参见散列。

散列表：是一种数据结构，以便于检索的方式存储值。参见散列。

散列：是一种存储技术，可以有效地找到数据项。数据项存储在散列表中的位置是由计算的散列码指定的。参见散列方法。

堆：是一棵完全二叉树，其每个元素大于或等于其两个子元素。参见二叉树和最小堆。

堆排序：是一种排序算法，其通过将每个元素添加到堆中然后一次删除一个元素来对元素进行排序。参见冒泡排序、合并排序、快速排序、基数排序和选择排序。

十六进制：以 16 为基的数系，通常用作二进制字符串的缩写表示。

层次结构：一种组织技术，其对项进行分层或分组以降低复杂性。

高级语言：一种编程语言，每条语句代表多条机器级指令。

HTML：参见超文本标记语言。

混合面向对象语言：一种由程序员自行决定是以程序方式还是以面向对象方式实现程序的编程语言。参见纯面向对象语言。

超媒体：超文本的概念扩展到包括其他媒体类型，如图形、音频、视频和程序。

hypertext（超文本）：是一种文档表示，与线性方式相比，超文本方式使用户的导航更轻松。指向文档其他部分的链接能嵌入在适当位置，允许用户从文档的一部分跳转到另一部分。参见超媒体。

超文本标记语言（**HTML**）：用于定义网页的符号。参见浏览器和万维网。

图标：一种固定大小的小图片，通常用于装饰 GUI。参见图像。

IDE：参见集成开发环境。

标识符：程序员使用程序编写的名称，例如类名或变量名。

实体：是指对象，在 Java 中是指对象的引用名。参见状态和行为。

IEEE 754：用于表示浮点值的标准。在 Java 中，用于表示 float 和 double 的数据类型。

if：Java 保留字，指定简单的条件结构。参见 else。

图像：图像，通常用 GIF 或 JPEG 格式表示。参见图标。

IMAP：参见 Internet 消息访问协议。

不可改变的：不变的。例如，一旦定义了 Java 字符串，则其 String 的内容是不可变的。

实现：（1）将设计转换为源代码的过程。（2）定义方法、类、抽象数据类型或其他编程实体的源代码。

implements：Java 保留字，在类声明中用于指定该类实现特定接口规定的方法。

import：Java 保留字，用于指定特定 Java 源代码文件中使用的包和类。

索引：用于指定数组中指定元素的整数值。

索引运算符：在方括号（[]）中指定数组的索引。

间接递归：在方法调用另一个方法的过程中，最终再次调用了原始方法。参见直接递归。

无限循环：一个不终止的循环，因为控制循环的条件永远不会变为假。

无限递归：无法终止的递归调用系列，因为永远不会到达基本条件。参见基本条件。

中缀表达式：运算符位于其操作数之间的表达式。参见后缀表达式。

继承：从现有类派生新类的能力。新（子）类能提供继承自原始（父）类的变量和方法，就像变量或方法是本地声明的一样。

初始化：为变量提供初始值。

初始化列表：由大括号（{}）分隔，以逗号分隔值列表，用于初始化和指定数组的大小。

内联文档：包含在程序源代码中的注释。

内部类：非静态的嵌套类。

中序遍历：是一种树的遍历，先访问节点的左子节点，然后访问节点，最后访问剩余的节点。参见层序遍历、前序遍历。

输入/输出缓冲区：从用户到计算机（输入缓冲区）或从计算机到用户（输出缓冲区）的数据存储位置。

输入/输出设备：允许人类用户与计算机交互的硬件组件，例如键盘、鼠标和监视器。

输入/输出流：表示数据源（输入流）或数据目的地（输出流）的字节序列。

插入排序：一种排序算法，每次将一个值插入到整个列表的有序子集之中。参见冒泡排序、堆排序、合并排序、快速排序、基数排序和选择排序。

检查：参见演练。

实例：根据类创建的对象，可以从单个类中实例化多个对象。

实例方法：必须通过类的指定实例才能调用的方法，其不是类方法。

实例变量：必须通过类的指定实例才能引用的变量，其不是类变量。

instanceof：Java 保留字，也是一个运算符，用于确定变量的类或类型。

实例化：从类创建对象的行为。

int：Java 保留字，表示原始整数类型，使用 32 位补码格式存储。

集成开发环境（IDE）：软件开发人员用于创建和调试程序的软件应用程序。

集成测试：测试由其他交互组件组成的软件组件的过程，其侧重组件之间的通信，而不是单个组件的功能。

interface：（1）Java 保留字，用于定义一组将由特定类实现的抽象方法。（2）一个对象响应的消息集，由可以从外部调用的方法定义。（3）人类用户通常以图形方式与程序交互的技术。参见图形用户界面。

接口层次结构：通过继承从其他接口派生接口时所创建的树状结构。参见类层次结构。

内部节点：不是根节点且至少有一个子节点的树节点。参见节点、根和树。

互联网：世界上最普遍的广域网;它已成为计算机到计算机通信的主要工具。参见广域网。

Internet 地址：能唯一标识 Internet 上特定计算机或设备。

Internet 消息访问协议（IMAP）：为了阅读电子邮件开发的协议，其定义了与另一台计算机通信所需的通信命令。

互联网命名机构：批准所有互联网地址的管理机构。

解释器：在特定机器上转换和执行代码的程序。 Java 解释器转换并执行 Java 字节码。参见编译器。

不可见组件：可以添加到容器中以在其他组件之间提供缓冲空间的 GUI 组件。

调用：参见方法调用。

I/O 设备：参见输入输出设备。

IP 地址：一系列由句点（.）分隔的几个整数值，用于唯一标识 Internet 上的特定计算机或设备。每个 Internet 地址都有一个相应的 IP 地址。

is-a 关系：通过继承产生派生类时所创建的关系。子类是一个更多指定版本的超类。参见

has:a 关系。

ISO-Latin-1：128 字符集，是国际标准化组织（ISO）定义的 ASCII 字符集的扩展版。字符对应于 ASCII 和 Unicode 中的数值 128 到 255。

迭代：（1）一次执行循环语句的主体。（2）一次通过循环过程，例如迭代开发过程。

迭代语句：参见循环语句。

迭代开发过程：创建软件的逐步方法，其包含一系列重复执行的阶段。

jar：Java 用于打包和压缩一组文件和目录的文件格式，适用于与另一台计算机交换。 jar 文件格式基于 zip 文件格式。参见 zip。

java：Java 命令行解释器，用于转换和执行 Java 字节码，是 Java Development Kit（JDK）的一部分。

Java：本书所用的编程语言，用于演示软件开发的概念。开发人员将 Java 的特征描述为面向对象、强大、安全、体系结构中立、可移植、高性能、可解释、线程和动态。

Java API：参见应用程序编程接口（API）。

Java 开发工具包（JDK）：可从 SUN 公司免费获得的软件工具集合，SUN 公司是 Java 编程语言的创建者。参见软件开发工具包。

Java 虚拟机（JVM）：是概念设备，在软件中实现，在其上执行的 Java 字节码 Bytecode 是体系结构中立的，不在特定的硬件平台上运行，而是在 JVM 上运行。

Javac：Java 命令行编译器，它将 Java 源代码转换为 Java 字节码，是 Java Development Kit 的一部分。

Javadoc：软件工具，以 HTML 格式创建有关 Java 软件系统内容和结构的外部文档，是 Java 开发工具包的一部分。

javah：是一种软件工具，生成 C 头文件和源文件，用于实现 native 方法，是 Java Development Kit 的一部分。

Javap：是一种软件工具，它将包含不可读字节码的 Java 类文件反汇编为人类可读版本，是 Java Development Kit 的一部分。

jdb：Java 命令行调试器，是 Java Development Kit 的一部分。

JDK：参见 Java Development Kit。

JUnit：Java 应用程序的单元测试框架。另在见单元测试。

JVM：参见 Java 虚拟机。

kilobit（Kb）：二进制存储单位，等于 2^{10} 或 1024 位。

千字节（KB）：二进制存储单位，等于 2^{10} 或 1024 字节。

label：（1）显示文本、图像的 GUI 组件。（2）Java 中用于指定特定代码行的标识符。break 和 continue 语句可以跳转到程序中特定的标记行。

LAN：参见局域网。

后进先出（LIFO）：一种数据管理技术，存储在数据结构中的最后一个值是最先进入的第一个值。参见先进先出（FIFO）和栈。

布局管理器：指定 GUI 组件表示的对象。每个容器由特定的布局管理器管理。

叶子：没有子节点的树节点。参见节点和树。

层：树的概念水平线，其中所有元素与根节点的距离相同。

层序遍历：是一种树的遍历方式，通过访问一个节点的所有节点，一次一层来完成树的遍历。参见中序遍历、后序遍历和前序遍历。

词典排序：基于特定字符集（如 Unicode）的字符和字符串的排序。

生命周期：开发和使用软件产品的阶段。

LIFO：参见后进先出（LIFO）。

线性搜索：一种搜索算法，其将列表中的每个项目与目标值进行比较，直到找到目标或者到达列表尾。参见二分搜索。

link：（1）超文本文档中的一个名称，在单击时"跳转"到新文档（或同一文档的新部分）。（2）用于连接动态链接结构中两项的对象引用。

链表：一种结构，其中一个对象引用下一个对象，在列表中创建对象的线性排序。参见链式结构。

链式结构：使用引用连接对象的动态数据结构。

Linux：类似于 UNIX 的计算机操作系统，由业余爱好者开发，通常免费提供。参见操作系统和 UNIX。

list：（1）一个 GUI 组件，显示用户可以选择的项目列表。当前选项在列表中突出显示。参见组合框。（2）以线性方式排列的对象集合。参见链表。

监听器：设置为响应事件的对象。

监听适配器类：使用与方法相对应的 null 方法所定义的类，在特定事件发生时调用。侦听器对象可以从适配器类派生。参见监听器接口。

监听器接口：一个 Java 接口，用于定义发生特定事件时调用的方法。我们可以通过实现侦听器接口来创建侦听器对象。参见侦听器适配器类。

字面值：在程序中显式使用的原始值，例如数字字面值 147 或字符串字面值 "hello。

局域网（LAN）：一种旨在跨越短距离并连接相对少量计算机的计算机网络。参见广域网。

局部变量：在方法中定义的变量，只存在于方法执行期间。

对数复杂度：指定算法效率的方程式，其主项包含问题规模作为对数的基数（例如，$\log_2 n$）。参见增长函数。

逻辑错误：代码中处理不当产生的问题。它不会导致程序异常终止，但会产生错误的结果。参见编译时错误、运行时错误和语法错误。

代码的逻辑行：程序源代码中的逻辑程序语句，可以扩展到多行。参见实际代码行。

逻辑运算符：一个执行逻辑 NOT（!）、AND（&&）或 OR（||）的运算符，返回一个布尔结果。loglcal 运算符被短路意味着如果它们的左操作数足以确定结果，就不再计算操作数。

long：Java 保留字，表示原始整数类型，使用 64 位补码格式存储。

循环：参见循环语句。

循环控制变量：一个变量，其值专用于确定循环体的执行次数。

低级语言：机器语言或汇编语言被认为是低级的，因为在概念上，它们更接近于计算机的基本处理，与高级语言不同。

机器语言：特定 CPU 的本机语言，必须将在特定 CPU 上运行的软件翻译为其机器语言。

主存储器：易失性硬件存储设备，当 CPU 需要程序和数据时，会保存的程序和数据。参见辅助内存。

维护:（1）修复已发布软件产品中的错误或对其进行增强的过程。（2）软件使用中的软件生命周期阶段，根据需要对其进行更改。

make: 内置工具，常用于 C 和 C++程序开发。参见构建工具。

尾数: 浮点值内部表示的一部分，用于指定数字的大小。参见指数。

最大堆: 是一棵完全二叉树，其每个元素大于或等于其两个子元素。参见二叉树和最小堆。

兆字节（MB）: 二进制存储单元，等于 2^{20}（大约 100 万）字节。

成员: 对象或类中的变量或方法。

内存: 存储程序和数据的硬件设备。参见主存储器和辅助存储器。

内存位置: 主内存中可以存储数据的单个可寻址单元。

内存管理: 控制主内存的动态分配部分的过程，尤其是在不再需要时返回已分配内存的行为。参见垃圾收集。

归并排序: 一种排序算法，其将列表递归地分成两半，直到每个子列表只有一个元素。然后再按顺序重新组合子列表。参见冒泡排序、堆排序、插入排序、快速排序、基数排序和选择排序。

方法: 一组命名的声明和编程语句，可在需要时调用（执行）。方法是类的一部分。

方法调用转换: 将一种类型的值传递给另一种类型的形式参数时可能发生的自动扩展转换。

方法定义: 调用方法时所执行的代码规范。该定义包括局部变量和形参声明。

方法调用: 导致方法执行的代码行，它指定传递给方法的任何参数值。

方法重载: 参见重载。

最小堆: 是一棵完全二叉树，其每个元素都小于或等于它的两个子元素。参见二叉树和最大堆。

最小生成树: 是一棵生成树，其边的权重之和小于或等于同一图的任何其他生成树边权重之和。参见边和生成树。

mnemonic:（1）用汇编语言指定命令或数据值的字或标识符。（2）用作激活 GUI 组件（如按钮）的替代方法的键盘字符。

模态: 具有多种模式（例如对话框）。

调制解调器: 是数据传输设备，允许信息沿电话线发送。

修饰符: Java 声明中使用的名称，用于指定要所声明构造的特定特征。

监视器: 计算机系统中用作输出设备的屏幕。

多维数组: 使用多个索引指定所存储值的数组。

多重继承: 类派生自多个父类，其方法和变量继承自每个父类，Java 不支持多重继承。

多态: 两个对象之间的数字关系，通常在类图中显示。

n 叉树: 一棵树，它限制节点可以包含或引用的子节点数为 n。

NaN: 一个缩写，代表"非数字"，它表示不适当或未定义的数值。

缩小转换: 要转换的两个值不同但数据类型兼容。缩小转换可能会丢失信息，因为转换后的类型的内部表示通常小于原始存储空间。参见扩大转换。

native: Java 保留字，用作方法的修饰符。native 方法以另一种编程语言实现。

自然语言: 人类用来交流的语言，如英语或法语。

负无穷大：表示最小可能值的特殊浮点值。参见正无穷大。

嵌套类：在另一个类中声明的类，能实现和限制访问。

嵌套 if 语句：一个 if 语句主体包含另一个 if 语句。

网络：两台或多台计算机连接在一起，以便它们可以交换数据和共享资源。参见加权图。

网络地址：参见地址。

new：Java 保留字，也是一个运算符，用于从类中实例化对象。

换行符：表示行尾的非打印字符。

节点：集合中的对象，通常管理集合的结构。节点可以在图、链式结构和树的链式实现中
　　找到。参见图、链式结构和树。

非打印字符：不能在监视器上显示或由打印机打印的任何字符，如转义字符或换行符。参
　　见可打印字符。

非易失性：即使在电源关闭后仍保留其存储信息的存储设备的特性。辅助存储器设备是非
　　易失性的。参见易失性。

null：作为引用字面值的 Java 保留字，用于表示引用当前不引用任何对象。

数系：由特定基值定义的一组值和操作，用于确定可用数的位数和每个数字的位置值。

对象：（1）在面向对象的范例中的主要软件构造。（2）数据变量和方法的封装集合。
　　（3）类的实例。

对象图：在给定时间点时，程序对象的可视化表示，通常显示实例数据的状态。

面向对象编程：一种围绕对象和类的软件设计和实现方法。参见过程编程。

八进制：以 8 为基的数系，有时用于缩写二进制字符串。参见二进制和十六进制。

大小差 1 错误：由计算或条件大小差 1 引起的错误，例如当将循环设置为多访问一次数组
　　元素时所产生的错误。

操作数：运算符要执行运算的值。例如，在表达式 5 + 2 中，值 5 和 2 是操作数。

操作系统：为计算机提供主要用户界面并管理其资源的程序集合，例如内存和 CPU。

运算符：表示编程语言中特定操作的符号，例如加法运算符（+）。

运算符关联：在相同优先级内，从右到左或从右到左运算符的计算顺序。参见运算符优
　　先级。

运算符重载：给运算符重赋含义。Java 中不支持运算符重载，但支持方法重载。

运算符优先级：在明确定义的层次结构中，指定计算表达式的运算符顺序。

阶数：指定算法效率的等式中的主项。例如，选择排序是 n 阶。

树的阶数：树节点可以包含或引用的最大子节点数。参见节点和树。

溢出：对于其存储大小而言，当数据值太大而引发的问题，这会产生不准确的算术运算。
　　参见下溢。

重载：为编程语言结构赋予其他含义，例如方法或运算符。Java 支持方法重载，但不支持
　　运算符重载。

重写：修改继承方法的定义以适应子类的过程。参见影子变量。

package：Java 保留字，用于指定一组相关的类。

包可见性：参见默认可见性。

面板：一个 GUI 容器，用于保存和组织其他 GUI 组件。

参数：（1）从方法调用传递给其定义的值。（2）方法定义中的标识符，它接收调用方法时传递给它的值。参见实参和形参。

参数列表：方法的实际或形式参数列表。

参数化类型：参见泛型类型。

父类：参见超类。

分区元素：在执行快速排序算法时，在列表中任意选择的元素，用于对列表进行分区以进行递归处理的值。参见快速排序。

按引用传递：将对值的引用作为参数传递给方法的过程。在 Java 中，所有对象都使用引用进行管理，因此是对象的形参是原始对象的别名。参见按值传递。

按值传递：复制值的副本并将副本传递给方法的过程。因此，对方法内部值所做的任何更改都不会影响原始值，所有的 Java 原始类型都按值传递。

路径：在树或图中，连接两个节点的边序列。参见边、图、节点和树。

PDL：参见程序设计语言。

外围设备：除 CPU 或内存之外的任何硬件设备。

持久性：在创建它的执行程序终止后，对象保持存在的能力。参见序列化。

实际代码行：源代码文件中的一行，以换行符或类似字符结尾。参见逻辑代码行。

像素：图像的元素。数字化图像由许多像素组成。

位值：数字中每个数字位置的值，它确定该数字对该值的总体贡献。参见数系。

点对点连接：通过电线直接连接两个联网设备之间的链路。

指针：可以保存内存地址的变量。Java 不使用指针而是使用引用，引用提供的基本功能与指针相同，但不具备复杂性。

折线：由一系列连接的线段组成的形状。折线类似于多边形，但折线的形状未封闭。

多态：一种面向对象的技术，通过该技术，用于调用方法的引用可以在不同时间调用不同的方法。所有 Java 方法调用可能都是多态的，因为它们调用对象类型的方法，而不是引用类型。

多项式复杂度：指定算法效率的方程式，其主项包含问题规模提升到幂（例如 n^2）。参见增长函数。

POP：参见邮局协议。

可移植性：程序从一个硬件平台移动到另一个硬件平台而不必更改的能力。由于 Java 字节码与任何特定的硬件环境无关，因此 Java 程序被认为是可移植的。参见结构中立。

正无穷大：表示最大可能值的特殊浮点值。参见负无穷大。

邮局协议：是阅读电子邮件的协议，定义了与另一台机器通信所需的通信命令。

后缀表达式：运算符是位于其操作数之后的表达式。参见中缀表达式。

后缀运算符：在 Java 中，后缀运算符是位于单个操作数后面的运算符，其对其前的值进行运算求值。增量运算符（++）和减量运算符（:）都可以是后缀运算符。参见前缀运算符。

后序遍历：是一种树的遍历，先访问子节点，然后再访问节点。参见中序遍历、层序遍历和前序遍历。

优先级：参见运算符优先级。

前缀运算符：在 Java 中，前缀运算符是位于单个操作数之前的运算符，在执行其后的操作数后生成值。增量运算符（++）和减量运算符（:）都可以是前缀运算符。参见后缀运算符。

后序遍历：是一种树的遍历，先访问每个节点，然后再访问其子节点。参见中序遍历、层序遍历和后序遍历。

原始数据类型：在编程语言中预定义的数据类型。

可打印字符：可以在监视器上显示或由打印机打印的任何字符。参见非打印字符。

private：Java 保留字，用作方法和变量的可见性修饰符。私有方法和变量不是由子类继承的，只能在声明它们的类中访问它们。

程序编程：一种围绕程序（或函数）及其交互的软件设计和实现方法。参见面向对象编程。

处理流：对流中的数据执行某种类型操作的 I / O 流，有时也称为过滤流。参见数据流。

程序：由硬件一个接一个执行的指令系列。

程序设计语言（PDL）：表示程序的设计和算法的语言。参见伪代码。

编程语言：用于创建程序语句的语法和语义规范。

编程语言语句：它是给定编程语言中的单独指令。

提示符：用于向用户请求信息的消息或符号。

传播：参见异常传播。

protected：Java 保留字，用作方法和变量的可见性修饰符。受保护的方法和变量由所有子类继承，可从同一包中的所有类访问。

原型：用于探索思想或证明特定方法的可行性的程序。

伪代码：用于表示程序算法步骤的结构化和缩写的自然语言。参见程序设计语言。

伪随机数：是由软件生成的值，该值根据初始种子值执行大量计算，其结果并不是真正的随机数，因为它是基于计算的。但对于大多数用途来说，这种随机就足够了。

public：Java 保留字，用作类、接口、方法和变量的可见性修饰符。公共类或接口可以在任何地方使用。公共方法或变量由所有子类继承，可在任何位置访问。

纯面向对象语言：是一种编程语言，在某种程度上使用面向对象的方法强制执行软件开发。参见混合面向对象语言。

按钮：一个 GUI 组件，允许用户通过鼠标单击启动操作。参见复选框和单选按钮。

队列：一种抽象数据类型，以先进先出的方式管理信息。

快速排序：一种排序算法，其将要排序的列表基于任意选择的元素进行分区，然后递归地对分区元素两侧的子列表进行排序。参见冒泡排序、堆排序、插入排序、合并排序、基数排序和选择排序。

单选按钮：GUI 组件，允许用户通过鼠标单击在一组选项中选择之一。单选按钮只是其他一组单选按钮的一部分，参见复选框。

基数：数系的基数或唯一的位数。

基数排序：利用队列序列的排序算法。参见冒泡排序、堆排序、插入排序、合并排序、选择排序和快速排序。

RAM：参见随机存取存储器（RAM）。

随机访问设备：可以直接访问其信息的存储设备。参见随机存取存储器和顺序存取设备。

随机存取存储器（RAM）：一个基本上可与主存储器互换的术语，应该称为读写内存，以区别于只读内存。

随机数生成器：生成伪随机数的软件，通过基于种子值的计算生成。

只读存储器（ROM）：任何存储器设备，其存储信息在创建设备时永久存储，它可以从中读取但不能写入。

递归：方法直接或间接调用自身的过程。递归算法有时会为问题提供优雅但效率低下的解决方案。

重构：在开发过程中引入其他源代码，修改现有源代码以清理冗余部分的过程。

引用：保存对象地址的变量。在 Java 中，可以使用引用与对象进行交互，但不能直接访问、设置或操作引用的地址。

细化：演化开发周期的一次迭代，以解决系统的特定方面，例如用户界面或特定算法。

细化范围：在演化软件开发过程中特定细化中要解决的特定问题。

注册器：计算机 CPU 中的一小块存储区。

回归测试：在添加新功能或更正现有错误后重新执行测试用例的过程，以确保代码修改不会引入任何新问题。

关系运算符：确定两个值之间的排序关系的一些运算符：小于（<）、小于或等于（<=）；大于（>），大于或等于（>=），参见相等运算符。

发行版：为客户提供的软件产品版本。

循环语句：一种编程结构，只要特定条件为真，就允许循环执行一组语句。循环语句的主体最终应该使条件为假。它也称为迭代语句或循环语句。参见 do、for 和 while。

需求：（1）程序必须做什么和不能做什么的说明。（2）软件开发过程的早期阶段，建立了程序需求。

保留字：具有编程语言特殊含义的字，不能用于任何其他目的。

退休：程序生命周期的阶段，程序退出使用。

返回：Java 保留字，其使程序执行流从方法返回到调用点。

返回类型：方法返回值的类型，在方法声明中的方法名之前指定，也可以为 void，表示不返回任何值。

重用：使用现有的软件组件创建新的组件。

审查：批判性地检查设计或程序以发现错误的过程。有很多类型的审查。参见桌面检查和演练。

RGB 值：定义颜色的三个值的集合。每个值分别代表红色、绿色和蓝色。

ROM：参见只读存储器（ROM）。

旋转：树中的一种操作，它试图重新定位节点，以实现树的平衡。参见平衡树和节点。

运行时错误：程序执行期间发生的问题，导致程序异常终止。参见编译时错误、逻辑错误和语法错误。

范围：程序中可以引用标识符（如变量）的区域。参见访问。

滚动窗格：GUI 容器，提供有限的组件视图，并提供水平和/或垂直滚动条以更改该视图。

SDK：参见软件开发工具包（SDK）。

搜索池：执行搜索的项目组。

搜索树：一棵树，是以便于查找特定元素的方式组织的树结构。参见树。

搜索：在列表中确定目标值的存在或值位置的过程。参见二叉搜索和线性搜索。

辅助存储器：以相对永久的方式存储信息的硬件存储设备，例如磁盘或磁带。参见主存储器。

种子值：随机数生成器计算伪随机数的基础值。

选择排序：一种排序算法，每次将一个值放置在其最终的排序位置。参见冒泡排序、堆排序、插入排序、合并排序、快速排序和基数排序。

选择语句：一种编程结构，允许在特定条件为真时执行的语句集。参见 if 和 switch。

自循环：图中将顶点连接到自身的边。

自指向对象：是一个对象，包含对同一类型的第二个对象的引用。

语义：对程序或编程结构的解释。

标记值：用于指示特殊条件的特定值，例如输入结束。

序列化：将对象转换为线性字节序列的过程，以便能将其保存到文件或通过网络发送。参见持久性。

服务方法：在对象中，使用公共可见性声明的方法，并定义对象的客户端可以调用的服务。

影子变量：在子类中定义的可取代继承版本变量的过程。

shell：参见命令 shell。

short：Java 保留字，表示原始整数类型，以 16 位二进制补码格式存储。

兄弟：在树或层次结构中（如类的继承层次结构），两个具有相同父类的元素。

符号位：在数值中，表示该值符号（正或负）的位。

有符号数值：是存储符号（正或负）值，所有 Java 数值都是有符号的。Java 字符被存储为无符号值。

签名：方法的参数数量、类型和顺序。重载方法必须各自具有唯一的签名。

简单邮件传输协议：是定义发送电子邮件协议所需通信命令的协议。

滑块：GUI 组件，允许用户通过将旋钮移动到范围内的适当位置来指定有界范围内的数值。

悬挂：参见自循环。

SMTP：参见简单邮件传输协议。

软件：（1）程序和数据。（2）计算机系统的无形组件。

软件组件：参见组件。

软件开发工具包（SDK）：是可帮助开发软件的软件工具集。Java 软件开发工具包是 Java Development Kit 的别名。

软件工程：计算机科学中的一门学科，在实际的约束内，学习开发高质量软件的过程。

排序键：在对象集合的每个成员中存在的特定值，以此值进行排序。

排序：将值列表按已定义顺序排列的过程。参见冒泡排序、堆排序、插入排序、合并排序、基数排序、选择排序和快速排序。

生成树：包含图的所有顶点及部分（或全部）边的树。参见边和顶点。

拆分窗格：GUI 容器，它显示两个组件，可以是并排的，也可以是层叠的，由可移动的分隔条分隔。

栈：是一种抽象数据类型，以后进先出的方式管理数据。

栈跟踪：调用一系列方法以到达程序中的某个点。当抛出异常时，程序员可以分析栈跟踪以解决异常问题。

标准 I/O 流：是三种常见的 I/O 流：标准输入（通常是键盘）、标准输出（通常是监视器屏幕）和标准错误（通常也是监视器）之一。参见流。

起始角：在弧的定义中，弧开始的角。参见弧角。

状态：对象的状态由其数据的值定义。参见行为和实体。

语句：参见编程语言语句。

语句覆盖率：白盒测试中使用的策略，其执行程序中的所有语句。参见条件覆盖率。

static：Java 保留字，用作方法和变量的修饰符。静态方法也称为类方法，可以在没有类实例的情况下引用。静态变量也称为类变量，对类的所有实例而言，类变量是通用的。

静态数据结构：具有固定大小且无法根据需要扩大和缩小的数据结构。参见动态数据结构。

step：在调试器中执行单个程序语句。参见调试器。

存储容量：可以存储在特定存储设备中的字节总数。

流：输入源或输出目标。

strictfp：Java 保留字，用于控制浮点运算。

字符串：参见字符字符串。

字符串连接：将一个字符串的开头附加到另一个字符串的结尾，从而产生一个较长字符串的过程。

强类型语言：一种编程语言，其每个变量在其存在的持续时间内与特定数据类型相关联，不允许变量取值或在与其类型不一致的操作中使用。

结构化编程：一种程序开发方法，其每个软件组件都有一个入口和出口点，并且控制流不会产生不必要地交叉。

桩件：一种模拟特定软件组件功能的方法。通常在单元测试期间使用。参见单元测试。

子类：通过继承从另一个类派生的类，也称为派生类。参见超类。

下标：参见索引。

super：Java 保留字，它引用对象的父类，常用于调用父类级的构造函数。

超级引用：参见 super。

超类：继承自另一个类的派生类，也称为基类，或父类。参见子类。

支持方法：不打算在类外部使用的对象方法，它们为服务方法提供支持。因此，通常不会声明为公共可见性。

交换：交换两个变量值的过程。

Swing：Java API 中的包（javax.swing），包含与 GUI 相关的类。Swing 为 Abstract Windowing Toolkit 包的组件提供了替代方案，但并不替换 Abstract Windowing Toolkit 包。

switch：Java 保留字，用于指定复合条件结构。

同步：确保多个线程之间共享的数据一次只能被一个线程访问的过程。参见 synchronized。

synchronized：Java 保留字，用作方法的修饰符。除非方法是同步的，否则进程的单独线程可以在方法中并发执行，使其成为互斥资源。应同步访问共享数据的方法。

语法错误：编译器产生的错误，因为程序不符合编程语言的语法。语法错误是编译时错误的子集。参见编译错误、逻辑错误、运行时错误和语法规则。

语法规则：如何将编程语言的元素组合在一起以形成有效语句的规范集。

系统测试：测试整个软件系统的过程。Alpha 和 Beta 测试（也称为软件应用程序的 Alpha 和 Beta 版本）都是系统测试。

选项卡式窗格：GUI 容器，显示用户可以选择的选项卡。每张选项卡都包含自己的 GUI 组件。

目标元素：参见目标值。

目标值：在对数据集合执行搜索时要搜索的值。

目标：在 ANT 构建文件中用户定义的操作集。

TCP/IP：控制 Internet 上消息移动的软件，是传输控制协议/互联网协议的缩写。

太字节（TB）：二进制存储单元，等于 2^{40}（约 1 万亿）字节。

终止：程序停止执行的点。

三元运算符：使用 3 个操作数的运算符。

测试用例：输入值集、用户操作以及预期输出的规范，用于查找系统的错误。

测试驱动开发：是一种软件开发风格，鼓励开发人员首先编写测试用例，然后开发足够的源代码以查看测试用例是否通过。

测试夹具：在测试期间用于实例化对象的方法。

测试套件：涵盖系统各方面的测试集。

测试：（1）运行具有各种测试用例的程序以发现问题的过程。（2）批判性地评估设计或程序的过程。

文本区域：显示或允许用户输入多行数据的 GUI 组件。

文本框：显示或允许用户输入单行数据的 GUI 组件。

文本文件：包含格式为 ASCII 或 Unicode 字符的数据的文件。

this：Java 保留字，是对执行引用代码对象的引用。

线程：在程序中独立执行的进程。在执行的 Java 程序中可以同时运行多个线程。

throw：Java 保留字，用于启动异常传播。

throws：Java 保留字，指定方法可能抛出特定类型的异常。

定时器：定期生成事件的对象。

token：由分隔符集定义的字符串部分。

工具提示：允许鼠标指针停留在特定组件顶部时显示的一小段文本。通常，使用工具提示来告知用户组件的用途。

顶级域名：网络域名的最后一部分，例如 edu 或 com。

transient：Java 保留字，用作变量的修饰符。瞬态变量不会影响对象的持久状态，因此不需要保存。参见序列化。

树：一种非线性数据结构，形成单根节点的层次结构。

true：Java 保留字，两个布尔字面值（true 和 false）之一。

真值表：布尔表达式中涉及的所有排列值和计算结果的完整枚举。

try：Java 保留字，用于定义在抛出某些异常时将处理的上下文。

二维数组：使用两个索引指定元素位置的数组。这两个维度通常被认为是表格的行和列。参见多维数组。

二进制补码：一种表示数字二进制数据的技术。所有 Java 整数原始类型（byte、short、int、long）都使用二进制补码。

类型：参见数据类型。

UML：参见统一建模语言（UML）。

一元运算符：仅使用一个操作数的运算符。

未经检查的异常：如果程序员选择的话，不需要捕获或处理的 Java 异常。

下溢：对于存储大小而言，浮点值太小所引发的问题，可能产生不准确的算术处理。参见溢出。

无向图：一种图的数据结构，无向图的每条边都可以在任一方向上遍历。参见边。

Unicode：用于定义有效 Java 字符的国际字符集。每个字符使用 16 位无符号数值表示。

统一建模语言（UML）：用于可视化类和对象之间关系的图形表示法。目前有多种类型的 UML 图。参见类图。

统一资源定位符（URL）：可以通过 Web 浏览器能定位的资源。

单元测试：测试单个软件组件的过程，可能需要创建桩模块来模拟其他系统组件。

UNIX：AT&T 贝尔实验室开发的计算机操作系统。参见 Linux 操作系统。

无符号数值：不存储符号的值（正数或负数），通常将用于表示符号的位包含在值中，使可存储的数字的大小加倍。Java 字符存储为无符号数字值，但没有无符号的原始数字类型。

URL：参见统一资源定位符（URL）。

使用关系：两个类之间的关系，经常在类图中显示，它确定一个类以某种方式使用另一个类，例如依赖另一个类的服务。参见关联。

用户界面：用户与软件系统交互的方式，通常是图形化的。参见图形用户界面（GUI）。

变量：程序中的标识符，表示存储数据值的内存位置。

顶点：图中的节点。参见图。

可见性修饰符：定义范围的Java修饰符，在其中构造访问范围。Java可见性修饰符是public、protected、private 和默认（不使用修饰符）。

void：Java 保留字，可用作方法的返回值，表示不返回任何值。

volatile：（1）Java 保留字，用作变量的修饰符。易失变量可以异步更改，因此表明编译器不应该尝试对它进行优化。（2）当停电时，内存设备丢失所存储信息的特性。主存储器是易失性存储设备。参见非易失性存储器。

冯·诺依曼体系结构：以冯·诺依曼命名的计算机体系结构，程序和数据存储在相同的存储设备中。

演练：是一种评审形式，一组开发人员、经理和质检人员检查设计或程序以发现错误，有时也称检查。参见桌面检查。

WAN：参见广域网。

瀑布模型：最早的一种软件开发过程模型。它定义了需求、设计、实现和测试阶段间的基本线性交互。

网络：参见万维网。

加权图：图中每条边都有关联的权重或成本。加权图有时也称为网络。

while：表示循环结构的 Java 保留字。while 语句执行零次或多次。参见 do。

白盒测试：基于软件组件的内部逻辑生成和评估测试用例。测试用例侧重于强调决策点和确保覆盖范围。参见黑盒测试、条件覆盖率和语句范围。

空白符：是指空格、制表符和空行，设置于源代码部分以增强程序的可读性。

广域网（WAN）：连接两个或多个局域网的计算机网络，通常跨越很长的地理距离。参见局域网。

扩展转换：类型兼容但不同的两个值之间的转换。扩展转换能使数据值保持不变，因为转换后的类型的内部表示大于或等于原始存储空间。参见缩小转换。

字：是二进制的存储单元。字的大小因计算机而异，但通常为 2、4 或 8 个字节。字的大小表示一次可以通过计算机移动的信息量。

万维网（WWW 或 Web）：通过为多种类型的信息提供通用的 GUI，使网络上的信息交换更容易的软件。Web 浏览器用于检索和格式化 HTML 文档。

包装类：用于在对象中存储原始类型的类。通常在需要对象引用时使用，但不仅用于原始类型。

WWW：参见万维网。

zip：是一种文件格式，为了便于与其他计算机进行文件交换，将一个或多个文件和目录压缩存储成单个文件。

附录 B 数　　系

本附录包含对数系及其基本特征的详细介绍，重点介绍了计算机所用的二进制数系，二进制数系与其他数系有相似之处。此外，本附录还介绍了基之间的转换。

在日常生活中，我们使用十进制数系来表示值、进行计数和执行计算。十进制数系也称为基数为 10 的数系，其使用 10 个数字（0 到 9）表示十进制数系的值。

计算机使用二进制数系来存储和管理信息。二进制数系也称为基数为 2 的数系，它只有 2 个数字：0 和 1。每个 0 和 1 被称为位（bit），bit 是二进制数字（binary digit）的缩写。位的序列被称为二进制字符串。

二进制数系或十进制数系都没有什么特别之处。在很久以前，人类就采用了十进制数系，究其原因可能是人类有 10 根手指。如果人类有 12 根手指，则可能会使用基数为 12 的数系，使用该数系也会像使用十进制数系一样得心应手。当你探讨和使用二进制数系时，你对二进制数系也能用得自然且得心应手。

二进制用于计算机处理。如果用两个可能值来表示信息，则管理和存储信息的设备会更便宜且更可靠。我们制造了十进制数系的计算机，但使用起来非常不方便。

虽然数系中的数是无限的，但它们都遵循相同的基本规则。你可能不用做什么就非常熟悉二进制数系的工作原理，究其原因可能是你熟悉算术的基本规则。

B.1 位　　值

在十进制数系中，我们只使用一个数字表示 0 到 9 的值。为了表示大于 9 的值，我们必须使用多个数字。每个数字的位置都有位值，表示它对总值的贡献量。在十进制数系中，我们永远使用个位、十位、百位等等表示位值。

每个位值由基数本身确定，从右向左移动，位值升幂。在十进制数系中，最右边数字的位值是 10^0（或 1）；右边第二个数字的位值是 10^1（或 10）；右边第三个数字的位值是 10^2（或 100），以此类推。图 B.1 给出了十进制数中的每个数字对该值的贡献。

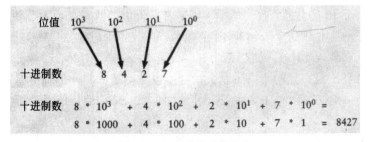

图 B.1　十进制数系的位值

二进制数系以相同的方式工作，只是会更快地用完可用的数字。我们可以用单个位来表示 0 和 1，但是为了表示大于 1 的值，我们必须使用多个位。

　　与十进制数系一样，当从右向左移动，二进制数的位值由基数的升幂确定。因为二进制的基数为 2，所以最右边位的位值是 2^0（或 1）；右边第二位的位值是 2^1（或 2）；右边第 3 位的位值是 2^2（或 4），以此类推。图 B.2 给出了二进制数及其位值。

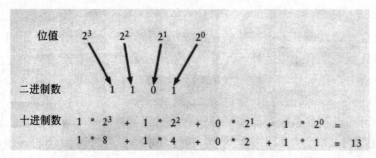

图 B.2　二进制数系的位值

　　数 1101 是有效的二进制数，但它也是有效的十进制数。有时，为了弄清楚到底在使用哪个数系，我们将基数值作为下标附加到数后，如 1101_2 和 1101_{10}。这样，就可以清楚地知道 1101_2 是二进制数系，其值相当于十进制的 13；1101_{10}（一千一百零一）是十进制数系，其二进制表示为 10001001101_2。

　　基数为 N 的数系有 N 个数字（0～N-1）。正如我们所看到的，十进制系统有 10 个数字（0～9）；二进制数系有 2 个数字（0 和 1），所有数系数都以相同的方式工作。例如，基数为 5 的数系有 5 个数字（0～4）。

　　注意，在任何数系中，最右边的数字的位值都是 1，因为任何基数的零次幂都是 1。同样注意，值 10 在十进制数系是十，在任何数系中，10 总代表基数。在基数 10 中，10 是一个 10 和 1 个零；在基数 2 中，10 是 1 个 2 和 1 个 0；在基数 5 中，10 是一个 5 和 1 个零。

　　你可能在 T 恤上看到过这个极客笑话：世界上有 10 种人，懂二进制的人和不懂的人。

B.2　基数大于 10

　　因为基数为 N 的数系有 N 个数字，所以基数 16 有 16 个数字，但这 N 个数字都是什么呢？我们已经习惯使用数字 0 到 9，但当基数大于 10 时，我们要用单个数字和符号来表示十进制值。在基数 16（也称为十六进制）中，我们需要表示十进制值 10 到 15 的数字。

　　对于基数大于 10 的数系，我们使用字母字符作为单个数字表示大于 9 的值。十六进制的数字是 0 到 F，其中 0 到 9 表示前 10 个数字，A 代表十进制值 10；B 代表 11；C 代表 12；D 代表 13；E 代表 14；F 代表 15。

　　因此，数 2A8E 是有效的十六进制数，位值也是由基数的升幂确定的。因此，在十六进制中，位值是 16 的幂。图 B.3 给出了十六进制数 2a8e 的位值以及每个值对整体值的贡献。

　　所有基数大于 10 的数系会使用字母表示数字。例如，基数 12 的数字是 0 到 B；基数 19 的数字是 0 到 I。除了基数不同之外，数系的管理规则是相同的。

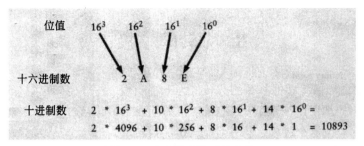

图 B.3 十六进制数系的位值

要记住，当我们更改数系时，只是改变表示值的方式，而并不改变值本身。如果你有 18_{10} 支铅笔，你可以写作二进制的 10010 或十六进制的 12，但它们都表示 18 只铅笔。

图 B.4 给出了十进制值 0 到 20 的不同基数的表示。这些不同基数包括基数 8（也称八进制）。注意，基数越大，单个数字能表示的值就越大。

二进制 （基数 2）	八进制 （基数 8）	十进制 （基数 10）	十六进制 （基数 16）
0	0	0	0
1	1	1	1
10	2	2	2
11	3	3	3
100	4	4	4
101	5	5	5
110	6	6	6
111	7	7	7
1000	10	8	8
1001	11	9	9
1010	12	10	A
1011	13	11	B
1100	14	12	C
1101	15	13	D
1110	16	14	E
1111	17	15	F
10000	20	16	10
10001	21	17	11
10010	22	18	12
10011	23	19	13
10100	24	20	14

图 B.4 数在不同数系的表示

B.3　转　　换

我们已经知道如何将其他基数的数转换为十进制数，即如何确定每个数字的位值并计算结果，这个过程适用于将任何基数的数转换为基数为 10 的数。

现在，我们颠倒这个过程，将基数为 10 的数转换为另一个基数的数。首先，在新的数系中找到小于或等于初始值的最高位值。然后将初始值除以最高位值，确定该位置的数字。余数是在剩余数字位置要表示的值。继续上述过程，一位一位地表示下去，直到表示完初始值为止。

举个例子，图 B.5 给出了将十进制值 180 转换为二进制数的过程。二进制中小于或等于 180 的最高位值是 128（或 2^7），这是从右边开始的第八位位置。将 180 除以 128 得到 1，余数为 52。因此，第一位是 1。十进制值 52 要用剩余的 7 位表示。将 52 除以 64（即下一个位值 2^6），得到 0，余数 52。因此，第二位是 0。将 52 除以 32 得到 1，余数为 20。因此，第三位为 1，其余五位必须表示值 20。将 20 除以 16 得到 1，余数为 4。将 4 除以 8 得到 0，余数 4。将 4 除以 4 得到 1，余数 0。

位值	数	数字
128	180	1
64	52	0
32	52	1
16	20	1
8	4	0
4	4	1
2	0	0
1	0	0

$$180_{10} = 10110100_2$$

图 B.5　将十进制值转换成二进制

由于数已完全表示，所以其余位为零。因此，180_{10} 的二进制表示为 10110100。通过将新的二进制数再转换回十进制，得到初始值，以确认我们的转换正确。

上述过程适用于将任何十进制值转换为任何目标基数。对于每个目标基数，位值和数字会有所变化。如果你从正确的位值开始，则每次除法运算都将在新基数中生成有效的数字。

在图 B.5 的示例中，每次除法运算产生的唯一数字是 1 和 0，因为我们将其转换为二进制。当我们转换到其他基数时，会产生新基数中和有效数字。例如，图 B.6 给出了将十进制值 1967 转换为十六进制的过程。

位值 256（即 16^2）是小于或等于初始值的最高位值，因为其下一个最高位值是 16^3（或 4096）。所以，将 1967 除以 256 得到 7，余数为 175。将 175 除以 16 得到 10，余数 15。记住，在十六进制中，十进制中的 10 可以表示为单个数字 A。余数 15 个可以表示为数字

F。因此，1967_{10} 的十六进制表示的 $7AF_{16}$。

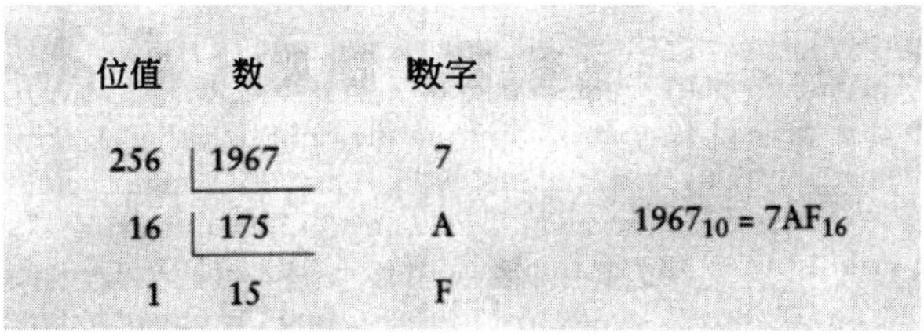

图 B.6 将十进制值转换成十六进制

B.4 快 捷 转 换

我们不但能将任何基数的任何值转换为基数 10 的等价表示，而且也能将基数 10 的数转换为任何其他基数的数。因此，借助基数 10，你可以将任何基数的任何值转换为其他的基数表示。但 2 的幂的基数（如二进制、八进制和十六进制）之间存在着非常有趣的关系，可以实现快捷转换。

例如，为了将二进制转换为十六进制，你可以简单地将初始值的位分组为 4 组，从右侧开始，然后将每个组转换为单个的十六进制数字。图 B.7 的示例演示了此转换过程。

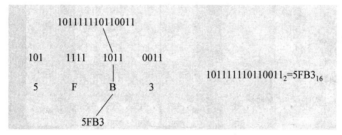

图 B.7 从二进制到十六进制的快捷转换

为了从十六进制转换为二进制，我们反转这个过程，将每个十六进制数字扩展为 4 个二进制数字。注意，你必须将前导零添加到每个扩展十六进制数字的二进制版本之中，以生成四个二进制数字。图 B.8 给出了十六进制值 40C6 转换成二进制的过程。

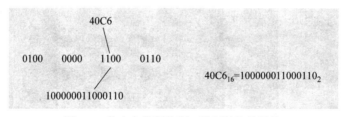

图 B.8 从十六进制值到二进制的快捷转换

在二进制和十六进制之间转换时，我们为什么要使用四位一组？答案是因为基数 2 和基数 16 之间的关系。因为 $2^4 = 16$，所以我们使用四位一组。二进制和任何 2 的幂的基数之间的快捷转换工作，我们都按幂对位进行分组。

因为 $2^3 = 8$，所以除了这些位被分成三位一组之外，二进制到八进制的转换过程与二进制和十六进制的转换过程相同。同样，当八进制转换为二进制时，我们将每个八进制数字扩展为三个数字。

　　例如，十六进制和八进制之间的转换要进行两次快捷转换。首先将十六进制转换为二进制；然后再将结果从二进制转换为八进制。

　　顺便说一下，这些类型的快捷转换可以在任何基数 B 和任何以 B 的幂为基数的数之间进行转换。例如，基数 3 和基数 9 之间的转换可以使用快捷分组技术，因为 $3^2 = 9$，所以按 2 个数字一组对数位进行分割或扩展。

练　习　题

B.1　二进制和十进制数系有什么区别？

B.2　为什么现代计算机使用二进制数系来表示信息？

B.3　基数为 6 的数系中使用多少个数字？ 这些数字都是什么？

B.4　基数为 12 的数系中使用多少个数字？ 这些数字都是什么？

B.5　将以下的二进制数转换为十进制数。

　　a. 10

　　b. 10110

　　c. 11100

　　d. 10101010

　　e. 11001011

　　f. 10000000001

B.6　将以下八进制数转换为十进制数。

　　a. 10

　　b. 125

　　c. 5401

　　d. 7777

　　e. 46034

　　f. 65520

B.7　将以下十六进制数转换为十进制数。

　　a. 10

　　b. 904

　　c. 6C3

　　d. ABC

　　e. 5D0BF

　　f. FFF

B.8　将以下十进制数转换为二进制数。

　　a. 2

　　b. 10

c. 64

d. 80

e. 145

f. 256

B.9　将以下十进制数转换为八进制数。

a. 8

b. 10

c. 512

d. 406

e. 349

f. 888

B.10　将以下十进制数转换为十六进制。

a. 16

b. 10

c. 175

d. 256

e. 422

f. 4199

B.11　将以下二进制数转换为十六进制数。

a. 101000110110

b. 1110101111

c. 1100110000010111

d. 1000000000011011

e. 1010111100010

f. 11000111000010001111110000

B.12　将以下二进制数转换为八进制数。

a. 101011111011

b. 1001101011

c. 111111000101110

d. 11010000110111110001

e. 111110101100011010001

f. 1100010001110101111011100111

B.13　将以下十六进制数转换为二进制数。

a. 555

b. B74

c. 47A9

d. FDCB

e. 10101010

f. 5B60F9D

B.14 将以下八进制数转换为二进制数。

    a. 555

    b. 760

    c. 152

    d. 3032

    e. 76543

    f. 6351732

附录 C Unicode 字符集

Java 编程语言使用 Unicode 字符集来管理文本。字符集只是一个有序的字符列表，其每个字符对应一个特定的数值。Unicode 是一种国际字符集，包含世界各地语言的字母、符号和表意文字。每个字符都表示为 16 位无符号数值。因此，Unicode 可以包含超过 65 000 个独一无二的字符。事实上，在使用超过两个字节的技术时，Unicode 可以代表更多字符。

许多编程语言仍然使用 ASCII 字符集。ASCII 是美国信息交换标准代码。8 位扩展的 ASCII 字符集非常小，因此 Java 开发人员选择使用 Unicode 以支持国际用户。但本质上，ASCII 是 Unicode 的子集，Unicode 包括了 ASCII 的相应数值，因此习惯使用 ASCII 的程序员使用 Unicode 应该没有任何问题。

图 C.1 给出了常用字符和它们的 Unicode 数值列表，这些字符恰好也是 ASCII 字符。图 C.1 中的所有字符被称为可打印字符，因为它们是能在监视器上显示或由打印机打印的符号表示。没有符号表示的字符称为非打印字符。注意，空格字符（数值 32）是可打印字符，即使在显示时没有打印任何符号。有时将不可打印字符称为控制字符，因为它们多数是通过按住控制键和键盘上另一个键生成的字符。

值	字符	值	字符	值	字符	值	字符	值	字符
32	space	51	3	70	F	89	Y	108	l
33	!	52	4	71	G	90	Z	109	m
34	"	53	5	72	H	91	[	110	n
35	#	54	6	73	I	92	\	111	o
36	$	55	7	74	J	93	]	112	p
37	%	56	8	75	K	94	^	113	q
38	&	57	9	76	L	95	−	114	r
39	'	58	:	77	M	96	'	115	s
40	(	59	;	78	N	97	a	116	t
41	)	60	<	79	O	98	b	117	u
42	*	61	=	80	P	99	c	118	v
43	+	62	>	81	Q	100	d	119	w
44	'	63	?	82	R	101	e	120	x
45	−	64	@	83	S	102	f	121	y
46	.	65	A	84	T	103	g	122	z
47	/	66	B	85	U	104	h	123	{
48	0	67	C	86	V	105	i	124		
49	1	68	D	87	W	106	j	125	}
50	2	69	E	88	X	107	k	126	~

图 C.1 Unicode 字符集的可打印 ASCII 子集

数字值 0～31 的 Unicode 字符是不可打印字符。此外，删除字符（数值为 127）是不可打印字符，所有这些字符也是 ASCII 字符。许多非打印字符非常常见，也有明确的用途。图 C.2 列出了一小部分非打印字符。

值	字符
0	null
7	bell
8	backspace
9	tab
10	line feed
12	form feed
13	carriage return
27	escape
127	delete

图 C.2　Unicode 字符集中的一些非打印字符

在许多情况下会使用非打印字符表示特殊条件。例如，我们将某些不可打印字符存储在文本文档中，以指示新行的开头。编辑器将通过在新行上启动它后面的文本来处理这些字符，而不是在屏幕上打印符号。不同类型的计算机系统使用不同的非打印字符来表示特定条件。

除了没有可见的表示之外，非打印字符基本上等同于可打印字符。它们可以存储在 Java 字符变量中，也可以是字符串的一部分。它们使用 16 位存储，可以转换为对应的数值，也可以使用关系运算符进行比较。

Unicode 字符集的前 128 个字符对应于常用的 ASCII 字符集。前 256 个字符对应于 ISO-Latin-l 扩展的 ASCII 字符集。许多操作系统和 Web 浏览器都能处理这些字符，但可能无法打印一些 Unicode 字符。

Unicode 字符集包含目前使用的大多数字母表，包括希腊语、希伯来语、西里尔语和各种亚洲表意文字。它还包括盲文和一些用于数学和音乐的符号集。图 C.3 给出了非西方字母表中的一些字符。

值	字符	来源
1071	Я	俄语（西里尔文）
3593	ฦ	泰语
5098	Ꮒ	切罗基语
8478	℞	字母式符号
8652	⇌	箭头
10287	⠏	盲文
13407	侟	中文/日文/韩文（常用）

图 C.3　Unicode 字符集中的一些非西方字符

附录 D　Java 运算符

Java 运算符根据图 D.1 所示的优先级顺序执行计算。如图 D.1 所示，Java 优先级分为 15 级，1 级最高，15 级最低，高优先级的运算符比低优先级的运算符先执行。同一级优先级内的运算符根据结合性从右到左或从左到右执行。在图 D.1 中，具有相同优先级的运算符的优先级相同，与列出的顺序无关。

使用括号可以强制改变运算符的执行顺序。有时，即使在不需要括号时使用括号也是一个好主意，读者能一眼知道如何计算表达式。

优先级	运算符	运算	结合性
1	[] . (参数) ++ --	数组索引 对象成员引用 参数计算和方法调用 后缀增量 后缀减量	从左到右
2	++ -- + - ~ !	前缀增量 前缀减量 一元加法 一元减法 按位非 逻辑 NOT	从右到左
3	new (类型)	对象实例化 转换	从右到左
4	* / %	乘法 除法 余数	从左到右
5	+ + -	加法 字符串连接 减法	从左到右
6	<< >> >>>	左移 带符号右移 带填充位零右移	从左到右
7	< <= > >= instanceof	小于 小于或等于 大于 大于或等于 类型比较	从左到右

图 D.1　Java 运算符的优先级

优先级	运算符	运算	结合性
8	== !=	等于 不相等	从左到右
9	& &	按位与 布尔与	从左到右
10	- -	按位异或 布尔异或	从左到右
11	
	按位或 布尔或	从左到右
12	&&	逻辑与	从左到右
13	||	逻辑或	从左到右
14	?:	条件运算符	从右到左
15	= += += -+ *= /= %= <<= >>= >>>= &= &= ^= ^= |= |=	赋值 加法赋值 字符串连接赋值 减法赋值 乘法赋值 除法赋值 余数赋值 左移赋值 带符号右移赋值 右移零填充赋值 按位与赋值 布尔与赋值 按位异或赋值 布尔异或赋值 按位或赋值 布尔或赋值	从右到左

图 D.1（续）

　　对于某些运算符，操作数类型确定执行哪种操作。举个例子，如果对两个字符串使用+运算符，则执行字符串连接；但如果将+运算符应用于两个数，则会执行算术意义上的加法。如果两个操作数中只有一个是字符串，则应用+运算符则将另一个操作数转换为字符串，再执行字符串的连接。同样，运算符&、^和|对数值操作数会执行按位运算，对布尔操作数会执行布尔运算。

　　布尔运算符&和|不同于逻辑运算符&&和||。逻辑运算符是短路的，即如果左操作数就能确定表达式结果，则不再计算右操作数。布尔版运算符在什么情况下都会计算左右两个操作数，而逻辑 XOR 运算符不存在。

Java 按位运算符

Java 按位运算符对原始值的每一位进行操作。因为本书的正文没有详细介绍按位运算符，所以在附录中，我们进一步学习按位运算符。按位运算符仅用于整数和字符。在所有的 Java 运算符中，按位运算符是独一无二的，因为我们要使用它们进行最低级别的二进制存储运算。图 D.2 给出了 Java 的按位运算符。

运算符	描述
~	按位取反
&	按位与
|	按位或
^	按位异或
<<	左移
>>	带符号右移
>>>	右移零填充

图 D.2　Java 的按位运算符

除了按位运算符是处理数值的各个位之外，3 个按位运算符~、&和|与逻辑运算符!、&&和||类似，工作方式相同，基本规则相同。按位运算符计算两个数位的所有组合值如图 D.3 所示。读者可将图 D.3 与第 4 章的逻辑运算符真值表进行比较，分析相似之处。

a	b	~a	a&b	a|b	a^b
0	0	1	0	0	0
0	1	1	0	1	1
1	0	0	0	1	1
1	1	0	1	1	0

图 D.3　各个位的按位运算

按位运算符还包括 XOR 运算符，它代表异或操作。逻辑||运算符是或运算，也就是说，如果||运算符的两个操作数都为 true，则返回 true。按位运算符 | 也是或运算，如果按位运算符 | 的两个操作数位都为 1，则结果为 1。但对于异或运算符（^），如果两个操作数都为 1，则结果为 0，在 Java 中没有逻辑异或运算符。

当按位运算符应用于整数值时，将对数值的各个位单独执行操作。例如，假设我们将整数变量 number 声明为字节类型，当前值为 45，存储在 8 位字节中，则其二进制表示为 00101101。将按位补码运算符（~）应用于 number，其值中的每一位都将反转，结果为 11010 010。因为整数的存储是用二的补码表示，所以其表示值为负数-46。

类似地，对于所有按位运算符，操作都是逐位进行的，这也是叫"按位"的缘由。对于二元运算符（有两个操作数），运算应用于每个操作数的每一位。例如，假设 num1 和 num2 是字节整数，num1 的值为 45，num2 的值为 14。图 D.4 给出了一些按位运算的结果。

num1 & num2	num1 | num2	num1 ^ num2
00101101	00101101	00101101
& 00001110	| 00001110	^ 00001110
= 00001100	= 0010111	= 00100011

图 D.4　对单独字节进行按位运算

运算符&、| 和^也能应用于布尔值，与对应的逻辑运算符大致相同。当使用布尔值时，我们称之为布尔运算符。布尔运算符与逻辑运算符&&和||的短路不同，布尔运算符从不短路。每次，布尔运算符都会对表达式的两个操作数进行计算。

与其他按位运算符一样，3 个移位运算符<<、>>和>>>操纵整数值的各个位。移位运算符都使用两个操作数，左操作数是要移位的值；右操作数指定要移动的位数。在执行移位之前，所有移位运算符都会将 byte 和 short 值提升为 int。此外，如果任意一个操作数是 long 型，则也将另一个操作数提升为 long 型。为了可读性，本附录的示例仅使用 16 位，但概念同样适应于 32 位或 64 位字符串。

当移位时，在一端会丢失某些位，而在另一端会填充其他位。左移运算符（<<）向左移位，用零填充右位。例如，如果整数 number 当前的值为 13，则下面的语句

```
number = number << 2
```

最终会将 52 存储到 number 中。最初，number 的位的字符串为 0000000000001101。当向左移动 2 位时，该值变为 0000000000110100（52）注意，每向左移动一位，得到的值是原始值乘以 2。

数字的符号位与所有其他符号一起移位。因此，如果移动足够的位改变了符号位，就改变了值的符号。例如，值-8 以二进制的 2 的补码存储的格式为 1111111111111000。当向左移动 2 个位置时，它变为 1111111111100000，即-32。如果移动了足够多的位置，则负数可以变为正数，反之亦然。

右移运算符有两种形式：一种保留原始值的符号(>>)，另一种用零填充最左边位(>>>)。

下面分析两个带符号右移运算符的例子。如果 int 变量 number 当前值为 39，则表达式（number >> 2）的结果为 9。存储在 number 中初始的位字符串是 0000000000100111，右移 2 个位置的结果是 0000000000001001。在这种情况下，最左边的符号位是零，用于左边的填充。

如果 number 的初值是-16，表示为 1111111111110000，则带符号右移（>>>）的表达式（number >>> 3）将产生二进制字符串 1111111111111110（-2）。在这种情况下，最左边的符号位为 1，且用于填写新的左位，但保持符号不变。

如果不希望维护符号，则可以使用右移零填充运算符（>>>）。它的操作类似于>>运算符，但无论初始值的符号是什么，它都会填零。

附录 E　Java 修饰符

本附录总结了为 Java 类、接口、方法和变量赋予指定特性的修饰符。为了便于讨论，我们将所有的 Java 修饰符集合分为两组：可见性修饰符和其余的修饰符。

1. Java 的可见性修饰符

图 E.1 描述了 Java 可见性修饰符对各种结构的影响。有些修饰符不能与某些结构一起使用，所以列为不适用（N/A）。例如，我们不能将类声明为受保护的可见性。注意，在类和接口中，每个可见性修饰符的操作方式相同；在方法和变量中，每个可见性修饰符的操作方式也相同。

默认可见性表示未明确使用任何可见性修饰符。默认可见性有时也称为包可见性，但不能用 package 作为修饰符。类和接口可以具有默认可见性或公共可见性；这种可见性用于确定包之外是否能引用类或接口。只有内部类才可以具有私有可见性。在这种情况下，只有封闭类可以访问内部类。

修饰符	类和接口	方法和变量
默认（无修饰符）	在其包中可见	对同一个包内的所有类可见
public	随处可见	随处可见
protected	N/A	对同一个包内的所有类可见
private	只对封装类可见	对其他类不可见

图 E.1　Java 的可见性修饰符

2. 可见性示例

考虑图 E.2 所描述的情况。P 类是父类，用于派生子 C1 类和 C2 类。C1 类与 P 类在同一个包中，但 C2 类与 P 类不在一个包中。P 类包含 4 种方法，每种方法都有不同的可见性修饰符。对于每个类，我们都实例化了它的一个对象。

C1 和 C2 继承了公共方法 a()，任何可访问对象 x 的代码都可以调用 x.a()。私有方法 d() 对 C1 或 C2 是不可见的，因此，对象 y 和对象 z 不能调用 d() 方法。此外，d() 方法是完全封装的，只能在对象 x 内调用。

在 C1 和 C2 中，受保护方法 b() 是可见的。Y 中的方法可以调用 x.b()，但 z 中的方法不能调用方法 b()。此外，在包 One 中的任何类的对象都可以调用 x.b()，甚至那些与 P 类无关，由继承创建的类如 Another1 类所生成的对象也可以调用 x.b()。

方法 c() 具有默认的可见性，因为没有使用可见性修饰符来声明它。因此，对象 y 可以引用方法 c()，就好像方法 c() 是在本地声明的一样，但对象 z 不能引用方法 c()。对象 y 可以调用 x.c()，也可以实例化包 One 中的任何类的对象，如实例化 Another1 类的对象。对象 z 不能调用 x.c()。

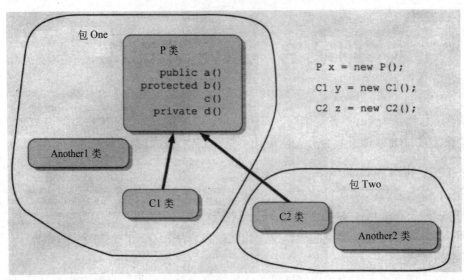

图 E.2   Java 可见性修饰符的情况演示

这些规则同样适用于规则。最初，可见性看似非常复杂，但我们只需一点努力就能掌握可见性修饰符的使用。

3. 其余的 Java 修饰符

图 E.3 总结了其他的 Java 修饰符，用于解决各种问题。这些修饰符对类、接口、方法和变量有不同的影响。某些修饰符不能与某些结构一起使用，因此列为不适用（N/A）。

修饰符	类	接口	方法	变量
abstract	类可以包含抽象方法，不能被实例化。	所有接口本质上都是抽象的，该修饰符是可选项。	没有定义方法体，方法需要由继承来实现。	N/A
final	类不能用于派生新类。	N/A	方法不能重写。	变量是常量，一旦设计变量初值，就不能改变
native	N/A	N/A	无方法体是必然的，因为它是由其他语言实现的。	N/A
static	N/A	N/A	定义类方法。它不用调用实例化对象。它不能引用非静态方法或变量。它是隐含的最终结果。	定义类变量。它不用引用实例化对象。它在类的所有实例中共享，如共享内存。
synchronized	N/A	N/A	在所有线程中，互斥地执行该方法。	N/A
transient	N/A	N/A	N/A	变量不能被序列化。
volatile	N/A	N/A	N/A	该变量是异步的。编译器不应对其执行优化。

图 E.3   其余的 Java 修饰符

transient 修饰符用于指示数据不需要存储在持久（序列化）对象中。也就是说，当对象被写入序列化流时，对象表示将包括未指定为瞬态的所有数据。

附录 F Java 图形

第 6 章介绍了在 Java 程序中开发图形化用户界面（GUI）的相关问题，但没有讨论绘图和管理颜色的机制。为了补充，本附录介绍了 Java 图形的概念和管理技术。

为了表示图像，计算机将图像分解为像素，并通过存储每个单独像素的颜色来存储整幅图像。用于表示图像的像素越多，生成的图像就越逼真。我们将表示图像的像素数量称为图像分辨率，将显示器能显示的像素数量称为显示器分辨率。

F.1 坐 标 系

绘图时，计算机会将每个像素都映射为监视器屏幕上的像素。计算机系统和编程语言都会定义自己的坐标系，以便能引用指定的像素。

传统的二维笛卡儿坐标系有两个轴，相交在原点。其轴上坐标值可以是负数，也可以是正数。Java 编程语言的坐标系相对简单，其所有可见的坐标值都是正数。图 F.1 将传统坐标系与 Java 坐标系进行比较。

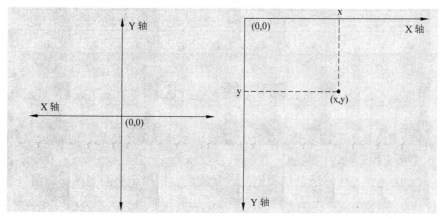

图 F.1 传统坐标系和 Java 坐标系

Java 坐标系中的每个点都用值对（x,y）表示。Java 程序中的每个图形组件（如面板）都有自己的坐标系，原点在左上角的坐标（0,0）处。当向右移动时 x 轴的坐标值变大，向下移动时 y 轴的坐标值变大。

F.2 表 示 颜 色

目前有各种方法表示像素的颜色。在 Java 编程语言中，每种颜色都由三原色（红色、绿色和蓝色）混合生成，指定三原色的数字称为 RGB 值。RGB 表示红绿蓝，其数值代表了对原色的相对贡献。

RGB 值的每个分量都用 1 个字节（8 位）存储，其值的范围为从 0 到 255。三原色共同确定生成的颜色。例如，高值的红色和绿色与低值的蓝色结合会生成黄色阴影。

在 Java 中，程序员使用 java.awt 包中的 Color 类来定义和管理颜色。Color 类的每个对象表示单色，该类包含一些实例以提供基本的预定义颜色集。图 F.2 列出了 Color 类的预定义颜色。Color 类还包含用于定义和管理许多其他颜色的方法。

类	对象	RGB 值
黑色	Color.black	0.0.0
蓝色	Color.blue	0.0.255
青色	Color.cyan	0.255.255
灰色	Color.gray	128.128.128
深灰色	Color.darkGray	64.64.64
浅灰色	Color.lightGray	192.192.192
绿色	Color.green	0.255.0
洋红色	Color.magenta	255.0.255
橙色	Color.orange	255.200.0
粉红色	Color.pink	255.175.175
红色	Color.read	255.0.0
白色	Color.white	255.255.255
黄色	Color.yellow	255.255.0

图 F.2　Color 类中的预定义颜色

F.3　绘　　图

Java 标准类库提供了许多类，使用户能展现和操作图形信息。java.awt 包中定义的 Graphics 类是所有图形处理的基础。

Graphics 类包含各种方法，使我们能绘制线段、矩形和椭圆等图形。图 F.3 列出了 Graphics 类的一些基本绘图方法。使用这些方法也能绘制圆和正方形，因为圆和正方形是椭圆和矩形的特例。

Graphics 类的方法允许我们指定是否需要填充图形或不填充图形。不填充图形将只显示图形轮廓，图形可能是透明的，能看到任何的底层图形。在边界内的填充图形是实心的，覆盖了任何的底层图形。

这些方法大多接收要绘制图形的坐标参数。在可见区域外的坐标处绘制的图形是不可见的。

许多 Graphics 绘图方法都是不言自明的，但有些需要进一步讨论。例如，注意，drawOval 方法绘制的椭圆由左上角的坐标和指定边界矩形的宽度和高度定义。曲线形状（例如椭圆形）通常由包含其周长的矩形定义。图 F.4 画出了椭圆的边界矩形。

```
void drawLine (int x1,int y1,int x2, int y2)
    绘制从点（x1,yl）到点（x2,y2）的线段。
void drawRect (int x,int Y, int width, int height)
    绘制矩形。参数 x 和 y 指定左上角的位置，参数 width 和 height 是矩形的宽和高。
void drawOval (int x,int Y, int width, int height)
    绘制椭圆形。其中参数 x 和参数 y 指定椭圆左上角的位置，参数 width 和 height 是横轴和纵轴。
void drawString <String str, int x, int y)
    从位置(x, y)开始，向右绘制字符字符串 str。
void drawArc (int x, int y, int width, int height , int startAngle, int arcAngle)
    绘制椭圆一部分的圆弧线。椭圆的中心是它的外接矩形的中心，其中参数是外接矩形的左上角坐
标(x,y)，宽是 width，高是 heigh。参数 startAngle 是起始角度，参数 arcAngle 是指从
StartAngle 角度开始，逆时针方向画 arcAngle 度的弧。
void fillRect (int x, int Y, int width, int height)
    是用当前前景色填充矩形，得到着色的矩形。
void fillOval (int x, int y, int width, int height)
    是用预定颜色填充椭圆，得到着色的椭圆。
void fillArc< int x, int y, int width, int height , int startAngle, int arcAngle)
    用当前前景色设定颜色，画着色椭圆的一部分。
Color getColor ()
    返回图形上下文的前景色。
void setColor <Color color)
    将图形上下文的前景色设置为指定颜色。
```

图 F.3　Graphics 类的一些方法

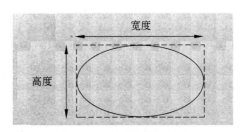

图 F.4　椭圆及其边界矩形

　　弧是椭圆的一部分。为了画圆弧，我们指定弧是我们感兴趣椭圆的一部分。弧的起点由起始角定义，弧的终点由弧角定义。弧角不表示弧的终点，而是指出弧的范围。起始角和弧角以度为测量单位。起始角的原点是穿过椭圆中心的假想水平线，称为 0 度，如图 F.5 所示。

　　每个图形上下文都有当前前景色，无论何时绘制图形和画字符串时，我们都需要前景色。每个绘图表面也都有背景色。我们使用 Graphics 类的 setColor 方法设置前景色，使用被绘图组件（如面板）的 setBackground 方法设置背景色。

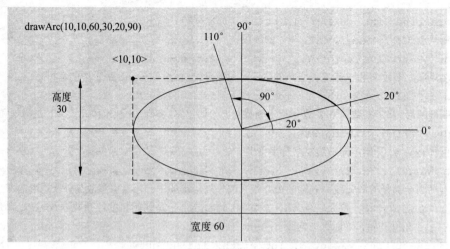

图 F.5   由椭圆、起始角和弧角定义的圆弧

    程序 F.1 使用各种绘图方法和颜色绘制了以雪人为特色的冬季场景。绘图在由 SnowmanPane1 类定义的 JPanel 上完成，F.2 给出了 SnowmanPane1 类。

    在屏幕上显示图形组件时，会自动调用图形组件的 paintComponent 方法。注意，paintComponent 方法接收 Graphics 对象作为参数。Graphics 对象定义了我们可以与之交互的图形上下文。传递给面板的 paintComponent 方法的图形上下文表示要画在面板上图形的上下文。

程序 F.1

```
//***********************************************************************
//   Snowman.java        Java Foundations
//
//   Demonstrates the use of basic drawing methods.
//***********************************************************************

import javax.swing.JFrame;
public class Snowman
{
   //-------------------------------------------------------------------
   // Displays a winter scene featuring a snowman.
   //-------------------------------------------------------------------
   public static void main (String[] args)
   {
      JFrame frame = new JFrame ("Snowman");
      frame.setDefaultCloseOperation (JFrame.EXIT_ON_CLOSE);

      frame.getContentPane().add(new SnowmanPanel());

      frame.pack();
      frame.setVisible(true);
   }
}
```

显示

程序 **F.2**

```
//***********************************************************
//  SnowmanPanel.java        Java Foundations
//
//  Represents the primary drawing panel for the Snowman application.
//***********************************************************

import java.awt.*;
import javax.swing.*;

public class SnowmanPanel extends JPanel
{
   private final int MID = 150;
   private final int TOP = 50;

   //---------------------------------------------------------
   //  Sets up the snowman panel.
   //---------------------------------------------------------
   public SnowmanPanel ()
   {
      setPreferredSize (new Dimension(300, 225));
      setBackground (Color.cyan);
   }

   //---------------------------------------------------------
   //  Draws a snowman.
   //---------------------------------------------------------
   public void paintComponent (Graphics page)
   {
      super.paintComponent (page);
      page.setColor (Color.blue);
      page.fillRect (0, 175, 300, 50); // ground

      page.setColor (Color.yellow);
      page.fillOval (-40, -40, 80, 80); // sun

      page.setColor (Color.white);
      page.fillOval (MID-20, TOP, 40, 40);       // head
      page.fillOval (MID-35, TOP+35, 70, 50);    // upper torso
      page.fillOval (MID-50, TOP+80, 100, 60);   // lower torso
```

```
        page.setColor (Color.black);
        page.fillOval (MID-10, TOP+10, 5, 5); // left eye
        page.fillOval (MID+5, TOP+10, 5, 5);  // right eye

        page.drawArc (MID-10, TOP+20, 20, 10, 190, 160); // smile

        page.drawLine (MID-25, TOP+60, MID-50, TOP+40); // left arm
        page.drawLine (MID+25, TOP+60, MID+55, TOP+60); // right arm

        page.drawLine (MID-20, TOP+5, MID+20, TOP+5);  // brim of hat
        page.fillRect (MID-15, TOP-20, 30, 25);        // top of hat
    }
}
```

雪人图的绘制基于两个常数值 MID 和 TOP，它们定义了雪人的中点（从左到右）和雪人的头顶，根据这些相关值能画出整个雪人。通过使用这样的常数，我们既能画雪人，也能在以后修改雪人图。例如，为了将雪人移动到图片的右侧或左侧，我们只需要更改一个常量声明。

paintComponent 方法中的第一行调用 super.paintComponent 方法，以确保绘制背景颜色。JPanel 类所定义的 paintComponent 能处理面板背景的显示。在第 6 章的示例中，是将按钮等图形组件添加到面板中，因此不需要此调用。如果面板包含图形组件，则会自动调用其父类的 paintComponent 方法，这是在组件上画图和向容器中添加组件的主要区别。

下面分析另一个例子。程序 F.3 给出的 Splat 类绘制了几个实心圆。这个程序的有趣之处不在于它能画什么，而在于它如何做到的：程序所画的每个圆都由它自己的对象表示。

程序 F.3

```
//*************************************************************
//  Splat.java        Java Foundations
//
//  Demonstrates the use of graphical objects.
//*************************************************************

import javax.swing.JFrame;

public class Splat
{
    //-----------------------------------------------------------
    //  Presents a set of circles.
    //-----------------------------------------------------------
    public static void main (String[] args)
    {
        JFrame frame = new JFrame ("Splat");
        frame.setDefaultCloseOperation (JFrame.EXIT_ON_CLOSE);
        frame.getContentPane().add(new SplatPanel());

        frame.pack();
        frame.setVisible(true);
    }
}
```

显示

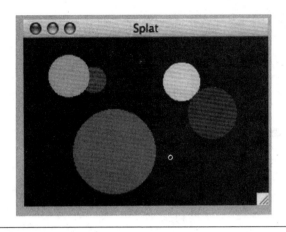

main 方法实例化 SplatPanel 对象并将其添加到框架中。SplatPanel 类如程序 F.4 所示。它派生自 JPanel，并将实例数据保存为 5 个 Circle 对象，这些对象在面板的构造函数中实例化。SplatPanel 类中的 paintComponent 方法通过调用每个圆的 draw 方法来绘制面板。

Circle 类如程序 F.5 所示。它定义实例数据来存储圆的大小、位置(x,y)和颜色。Circle 类的 draw 方法只根据实例数据的值来画圆。

Splat 程序的设计体现了基本的面向对象思想。每个圆都会自行管理，并在用户传递的任何图形上下文中绘制自己。Circle 类的定义方式可以用于在其他情境和程序之中。在要绘制的对象与被绘制组件之间有清晰的分离。

程序 F.4

```
//***********************************************************************
//   SplatPanel.java          Java Foundations
//
//   Demonstrates the use of graphical objects.
//***********************************************************************

import javax.swing.*;
import java.awt.*;

public class SplatPanel extends JPanel
{
    private Circle circle1, circle2, circle3, circle4, circle5;

    //----------------------------------------------------------------
    //  Creates five Circle objects.
    //----------------------------------------------------------------
    public SplatPanel()
    {
        circle1 = new Circle (30, Color.red, 70, 35);
        circle2 = new Circle (50, Color.green, 30, 20);
        circle3 = new Circle (100, Color.cyan, 60, 85);
        circle4 = new Circle (45, Color.yellow, 170, 30);
        circle5 = new Circle (60, Color.blue, 200, 60);
        setPreferredSize (new Dimension(300, 200));
```

```
        setBackground (Color.black);
    }

    //-----------------------------------------------------------------
    //  Draws this panel by requesting that each circle draw itself.
    //-----------------------------------------------------------------
    public void paintComponent (Graphics page)
    {
        super.paintComponent(page);
        circle1.draw(page);
        circle2.draw(page);
        circle3.draw(page);
        circle4.draw(page);
        circle5.draw(page);
    }
}
```

程序 F.5

```
//*********************************************************************
//  Circle.java          Java Foundations
//
//  Represents a circle with a particular position, size, and color.
//*********************************************************************

import java.awt.*;

public class Circle
{
    private int diameter, x, y;
    private Color color;

    //-----------------------------------------------------------------
    //  Sets up this circle with the specified values.
    //-----------------------------------------------------------------
    public Circle (int size, Color shade, int upperX, int upperY)
    {
        diameter = size;
        color = shade;
        x = upperX;
        y = upperY;
    }

    //-----------------------------------------------------------------
    //  Draws this circle in the specified graphics context.
    //-----------------------------------------------------------------
    public void draw (Graphics page)
    {
        page.setColor (color);
        page.fillOval (x, y, diameter, diameter);
    }
}
```

F.4　多边形和折线

在 Java 中，多边形是一种使用一系列表示多边形顶点的（x, y）的点定义的多边图形。通常用数组存储坐标的列表。

我们使用 Graphics 类的方法绘制多边形，绘制方式类似于绘制矩形和椭圆的方式。与其他图形一样，多边形也可以是填充的或不填充的。用于绘制多边形的方法称为 drawPolygon 和 fillPolygon，这两种方法都是重载的。定义多边形有两个版本，一个版本是使用整数数组定义多边形；另一个版本是使用 Polygon 类的对象定义多边形。稍后，我们会讨论 Polygon 类。

在使用数组定义多边形的版本中，drawPolygon 方法和 fillPolygon 方法采用了三个参数。第一个参数是表示多边形点的 x 坐标的整数数组；第二个参数是表示这些点的相应 y 坐标的整数数组；第三个参数是表示两个数组各使用了多少个点的整数。总之，前两个参数表示多边形的顶点坐标（x, y）。

多边形始终是闭合的。线段的绘制是从列表的最后一个点到列表的第一个点。

与多边形非常相似，折线包含一系列由线段连接的点。折线与多边形的不同之处在于，绘制拆线时，第一个坐标和最后一个坐标不会自动连接。由于折线未闭合，因此无法填充。因此，用于绘制折线只有一种方法 drawPloyline。 drawPolyline 方法的参数与 drawPolygon 方法的参数类似。

程序 F.6 使用多边形绘制火箭。在程序 F.7 所示的 RocketPanel 类中，名为 xRocket 和 yRocket 的数组定义了构成火箭主体多边形的点。数组中的第一个点是火箭尖，点从这里顺时针演进。xWindow 和 YWindow 数组指定构成火箭窗口的多边形的点。程序将火箭和窗口都绘制为填充多边形。

程序 F.6

```
//************************************************************
//  Rocket.java          Java Foundations
//
//  Demonstrates the use of polygons and polylines.
//************************************************************

import javax.swing.JFrame;

public class Rocket
{
    //--------------------------------------------------------
    //  Displays a rocket in flight.
    //--------------------------------------------------------
    public static void main (String[] args)
    {
        JFrame frame = new JFrame ("Rocket");
        frame.setDefaultCloseOperation (JFrame.EXIT_ON_CLOSE);
```

```
        frame.getContentPane().add(new RocketPanel());

        frame.pack();
        frame.setVisible(true);
    }
}
```

显示

程序 F.7

```
//*******************************************************************
//   RocketPanel.java          Java Foundations
//
//   Demonstrates the use of polygons and polylines.
//*******************************************************************

import javax.swing.JPanel;
import java.awt.*;

public class RocketPanel extends JPanel
{
    private int[] xRocket = {100, 120, 120, 130, 130, 70, 70, 80, 80};
    private int[] yRocket = {15, 40, 115, 125, 150, 150, 125, 115, 40};

    private int[] xWindow = {95, 105, 110, 90};
    private int[] yWindow = {45, 45, 70, 70};

    private int[] xFlame = {70, 70, 75, 80, 90, 100, 110, 115, 120,
                            130, 130};
    private int[] yFlame = {155, 170, 165, 190, 170, 175, 160, 185,
                            160, 175, 155};

    //-----------------------------------------------------------------
    //   Sets up the basic characteristics of this panel.
    //-----------------------------------------------------------------
    public RocketPanel()
    {
        setBackground (Color.black);
        setPreferredSize (new Dimension(200, 200));
```

```
    }

    //------------------------------------------------------------
    //  Draws a rocket using polygons and polylines.
    //------------------------------------------------------------
    public void paintComponent (Graphics page)
    {
        super.paintComponent (page);

        page.setColor (Color.cyan);
        page.fillPolygon (xRocket, yRocket, xRocket.length);

        page.setColor (Color.gray);
        page.fillPolygon (xWindow, yWindow, xWindow.length);
        page.setColor (Color.red);
        page.drawPolyline (xFlame, yFlame, xFlame.length);
    }
}
```

xFlame 和 yFlame 数组定义折线的点，用于创建从火箭尾部射出的火焰图像。因为是将它绘制为折线而不是多边形，所以火焰不会闭合也不会被填充。

F.5   Polygon 类

我们也可以使用 Polygon 类的对象显式定义多边形，在 Java 标准类库的 java. awt 包中定义了 Polygon 类。重载的 drawPolygon 和 fillPolygon 方法的两个版本都将单个 Polygon 对象作为参数。

Polygon 对象封装了多边形边的坐标。Polygon 类的构造函数允许创建最初为空的多边形或由表示点坐标的整数数组定义的多边形。Polygon 类包含向多边形添加点并确定给定点是否包含在多边形内的方法。Polygon 类包含获取多边形边界矩形表示的方法，包含将多边形的所有点转换为另一个位置的方法。图 F.6 列出了这些方法。

```
Polygon()
    构造函数：创建空的多边形。
Polygon(int [] xpoints, int [ ] ypoints, int inpoints)
    构造函数：在 xpoints 和 ypoints 的相应项中，使用（x，y）坐标对创建多边形。
void addPoint(int x,int y)
    将指定点追加到此多边形。
boolean contains(int x,int y)
    如果此多边形包含指定的点，则返回 true。
boolean contains(Point p)
    如果此多边形包含指定的点，则返回 true。
Rectangle getBounds()
    获取此多边形的边界矩形。
void translate(int deltaX,int delta Y)
    通过沿 x 轴的 deltax 和沿着 y 轴的 deltay，转换此多边形的顶点。
```

图 F .6   Polygon 类的一些方法

练　习

F.1　比较和对比传统坐标系与 Java 图形组件使用的坐标系。

F.2　要存储宽为 400 像素，高为 250 像素的彩色图像需要多少位？假设使用本附录所描述的 RGB 技术表示颜色，并未进行任何特殊的压缩。

F.3　假设你有名为 page 的 Graphics 对象，请编写语句画出从点（20,30）到点（50,60）的线段。

F.4　假设你有名为 page 的 Graphics 对象，请编写语句绘制一个高为 70 宽为 35 的矩形，其左上角位于点（10,15）。

F.5　假设你有名为 page 的 Graphics 对象，请编写语句以点（50,50）为中心绘制一个半径为 20 像素的圆。

F.6　下面的几行代码画出了 Snowman 程序中雪人的眼睛。绘制时，眼睛在脸的中心，但每次调用的第一个参数并不等于从中点的偏移。请说明原因。

```
page.fillOval(MID-10, TOP + 10,5,5)
page.fillOval(MID+5, TOP + 10,5,5)
```

F.7　编写名为 randomColor 的方法，该方法创建并返回表示随机颜色的 Color 对象。

F.8　编写名为 drawCircle 的方法，其根据方法的参数绘制圆：通过 Graphics 对象绘制圆，两个整数值表示圆中心（x, y）的坐标，另一个整数表示圆的半径，Color 对象定义圆的颜色。该方法不返回任何内容。

程序设计项目

F.1　使用下面的修改创建 Snowman 程序的修订版：
- 在雪人上半身添加两个红色按钮。
- 让雪人皱眉而不是微笑。
- 将太阳移动到图片的右上角。
- 在图片的左上角显示你的姓名。
- 将整个雪人向右移 20 个像素。

F.2　编写程序，使用 drawString 方法画出你的名字。

F.3　编写程序，绘制北斗七星，在夜空中还要添加一些额外的星星。

F.4　编写程序，绘制一些带字符的气球，气球是各种颜色的。

F.5　编写程序，绘制奥林匹克标志。徽标中的圆圈应该是彩色的，从左到右分别是蓝色、黄色、黑色、绿色和红色。

F.6　编写程序，显示你自己设计的名片，名片包括图形和文本。

F.7　编写程序，显示饼图，其有八个相等的切片，每个切片的颜色不同。

F.8　编写程序，绘制一个有门、门把手、窗户和烟囱的房子，从烟囱里冒出缕缕烟，天空中点缀着一些白云。

F.9　修改程序设计项目 F.8，使其再包括一个简易栅栏，其由垂直且等间距的板条围成，栅栏中横着两条支撑板，同时要确保栅栏在板条间的缝隙可以看到房屋。

F.10　编写程序，绘制 20 条水平、间隔均匀且长度随机的平行线。

F.11　编写程序，绘制从下到右上楼梯台阶的侧视图。

F.12　编写程序，在随机位置绘制 100 个具有随机颜色、随机直径的圆。程序要确保在每种情况下，所有圆都出现在小程序的可见区域之中。

F.13　编写程序，绘制 10 个随机半径的同心圆。

F.14　编写绘制砖墙图案的程序，其中每一排砖都偏离其上面的行和下面的行。

F.15　设计并实现绘制彩虹的程序。使用紧密间隔的同心弧，并以指定颜色绘制彩虹的每个组成部分。

F.16　设计并实现程序，在可见区域内的随机位置绘制 20,000 个点。使面板左半部分的点显示为红色，面板右半部分的点显示为绿色。通过绘制长度仅为一个像素的线段来绘制每个点。

F.17　设计并实现程序，在随机位置绘制 10 个随机半径圆，并用红色填充最大的圆。

F.18　编写绘制被子的程序，其简单图案在正方形网格中重复。

F.19　修改程序设计项目 F.18，使其使用一个名为 Pattern 的单独类来绘制被子，该类表示指定的模式。我们允许 Pattern 类的构造函数改变模式的某些特征，例如颜色方案。实例化两个单独的 Pattern 对象，并将它们合并到被子的棋盘格式中。

F.20　设计和实现名为 Building 的类，表示建筑物的图形描述。构造函数的参数用于指定建筑物的宽度和高度。每栋建筑都是黑色，且应该包含一些黄色的随机窗口。创建程序随机画出以天空为背景的建筑轮廓线。

F.21　编写程序，显示晚宴的图形座位表。创建名为 Diner 的类，该类保存餐桌上用餐人的姓名、性别和位置。用餐者用圆形图表示，按性别进行颜色编码并在圆圈中打印人名。

F.22　创建名为 Crayon 的类，它表示指定颜色和长度（高度）的蜡笔。设计并实现绘制一盒蜡笔的程序。

F.23　创建名为 Star 的类，表示星星图形。Star 类的构造函数接收星星（4,5 或 6）的点数、星星的半径和中心点位置。编写程序，绘制有各种类型恒星的天空。

F.24　设计并实现程序，其显示水平线段在屏幕上移动的动画，最终通过水平线段垂直线。当通过垂直线时，水平线应改变颜色。同时，当水平线穿过垂直线时，垂直线也应发生颜色变化。因此，当水平线和垂直线相交时，水平线会有两种不同的颜色。

F.25　创建表示宇宙飞船的类，可以在任何指定位置绘制（侧视图）。使用宇宙飞船创建一个显示太空船的程序，鼠标按钮能操控太空船。当按下鼠标按钮时，激光束从太空船的前面射出（一个连续光束，而不是一个移动的射弹）直到释放鼠标按钮，激光束消失。

附录 G　Java 小程序

Java 程序有两种：Java 应用程序和 Java 小程序。Java 应用程序是可以使用 Java 解释器执行的独立程序。本书正文所介绍的程序都是 Java 应用程序。Java 小程序是指嵌入到 HTML 文档，通过网络传输并使用网页浏览器执行的 Java 程序。下面我们将探讨 Java 小程序。

Web 使用户能轻松地使用点击式界面发送和接收各类媒体，如文本、图形和声音。Java 小程序则是可以通过 Web 交换的另一种媒体类型。

当我们在网上冲浪时，喜欢访问各类网站。现实中，我们经常将网页下载到本地计算机上查看它们。因此，Java 小程序存在安全隐患。当用户浏览网页，下载了包含小程序的页面时，用户计算机会突然执行未知的程序。因为这个过程存在着危险，所以小程序能执行的操作是受限的。例如，小程序无法将数据写入本地磁盘。

尽管在一般情况下，Java 小程序要通过网络进行传输，但也并非必须如此。我们也可以用 Web 浏览器在本地查看它们。也就是说，我们甚至不必通过 Web 浏览器执行 Java 小程序。SUN 公司的 Java 软件开发工具包中小程序 viewer 工具可用于解释和执行小程序。在本附录中，我们使用 appletsviewer 显示小程序。但是，使用 Java 小程序的关键是在网页上提供指向它的链接以及世界各地 Web 用户检索和执行它的链接。

将 Java 字节码（不是 Java 源代码）链接到 HTML 文档并通过 Web 发送。在小程序到达目的地时，嵌入在 Web 浏览器的某一版本的 Java 解释器会执行它。为了将小程序与 Web 一起使用，必须先将 Java 小程序编译成字节码格式。

Java 小程序的结构与 Java 应用程序的结构之间有很大的不同。因为执行小程序的 Web 浏览器已经运行，所以要将小程序视为大程序的一部分。因此开始执行时，小程序没有 main 方法。当执行小程序时，会自动调用小程序的 paint 方法。分析程序 G.1，paint 方法用于绘制一些图形，并在屏幕上显示 Albert Einstein 的名言。

定义的 Applet 类扩展了 JApplet 类，如 Einstein 类声明的头所示，我们必须将 Applet 类声明为公用的。

程序 G.1

```
//**********************************************************************
//   Einstein.java        Java Foundations
//
//   Demonstrates a basic applet.
//**********************************************************************

import javax.swing.JApplet;
import java.awt.*;

public class Einstein extends JApplet
{
```

```
//----------------------------------------------------------
//  Draws a quotation by Albert Einstein among some shapes.
//----------------------------------------------------------
public void paint (Graphics page)
{
    page.drawRect (50, 50, 40, 40);     // square
    page.drawRect (60, 80, 225, 30);    // rectangle
    page.drawOval (75, 65, 20, 20);     // circle
    page.drawLine (35, 60, 100, 120);   // line

    page.drawString ("Out of clutter, find simplicity.", 110, 70);
    page.drawString ("-- Albert Einstein", 130, 100);
}
}
```

显示

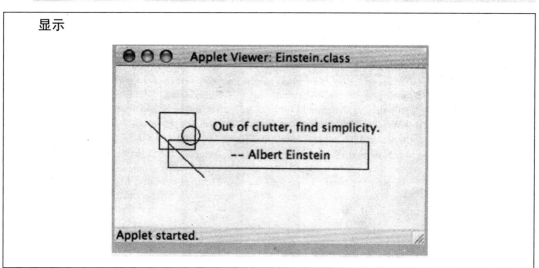

paint 方法是一种具有特殊意义的小程序方法。只要用户需要将小程序的图形元素绘制到屏幕上，例如第一次运行小程序或移动覆盖小程序的另一个窗口时，就会自动调用 paint 方法。

注意，paint 方法接收 Graphics 对象作为参数。如附录 F 所讨论的，Graphics 对象定义了组件的图形上下文，并提供了在组件上绘制图形的各种方法。传递给小程序 paint 方法的图形上下文表示小程序窗口。

G.1　在 HTML 中嵌入 Applet

为了通过 appletsviewer 执行小程序或者通过 Web 传输并由浏览器来执行小程序，我们都必须在超文本标记语言（HTML）文档中引用它。HTML 文档包含标签，用于指定格式说明和标识要包含在文档中的特殊媒体类型。

HTML 标签是封闭的尖括号，以下是小程序标签的示例：

```
<applet code= ''Einstein.class '' width=''350''  height=''175''>
</applet>
```

这个标签规定存储在文件 Einstein.class 中的字节码应通过网络传输，并在想查看此指定 HTML 文档的计算机上执行。小程序标签还规定了小程序的宽度和高度。

还有其他标签可用于引用 HTML 文件中的小程序，如<object>标签和<embed>标签。根据万维网联盟（W3C）规定，实际上应使用<object>标签。但浏览器对<object>标签的支持不一致，所以目前，最可靠的解决方案还是使用<小程序>标签。

注意，小程序标签引用的是 Einstein 小程序的字节码文件，而不是源代码文件。在使用 Web 传输小程序之前，我们必须将小程序编译为字节码格式。然后，如图 G.1 所示，使用 Web 浏览器加载文档，之后 Web 浏览器再自动解释并执行小程序。

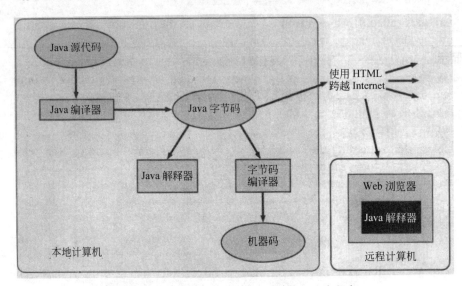

图 G.1　Java 的翻译与执行过程（包括 Java 小程序）

G.2　更多的 Applet 方法

小程序还有其他的执行指定任务的方法。因为小程序设计用于处理 Web 页面，所以一些小程序方法是专门为这个概念设计的，图 G.2 列出了一些小程序方法。

第一次加载小程序时会执行一次 init 方法。例如当浏览器或 appletsviewer 第一次查看小程序时，会调用 init 方法。因此，init 方法用于初始化小程序的环境和永久数据。

当小程序变为活动或非活动状态时，会调用小程序的 start 方法或 stop 方法。例如，在用户使用浏览器第一次加载应用程序后，会调用小程序的 start 方法。之后用户离开该网页，访问另一个网页时，小程序变为非活动状态时，会调用 stop 方法。如果用户再返回到小程序页面，则小程序会再次处于活动状态，就再次调用 start 方法。

注意，在加载小程序时会调用一次 init 方法，在之后不断重新访问页面时，也会多次调用 start 方法。小程序的 start 方法和 stop 方法的最佳实现是主动使用 CPU 时间（例如显示动画时），这样就不会在不可见的小程序上浪费 CPU 时间。

注意，在浏览器中重新加载网页时，不一定会重新加载小程序。为了强制重新加载小程序，大多数浏览器会提供一些组合键。例如，在 Netscape Navigator 中，按住 Shift 键同

```
public void init()
    初始化小程序。在小程序加载后调用。
public void start()
    启动小程序。在小程序处于活动状态后调用。
public void stop()
    停止小程序。在小程序处于非活动状态后调用。
public void destroy()
    销毁小程序。退出浏览器时调用。
Public URL getCodeBase()
    返回此小程序字节码所在的 URL。
Public URL getDocumentBase()
    返回包含此小程序 HTML 文档所在的 URL。
public AudioClip getAudioClip(URL url, String name)
    从指定的 URL 中检索音频剪辑。
public Image get Image(URL url, String name)
    从指定的 URL 中检索图像。
```

图 G.2　JApplet 类的一些方法

时用鼠标单击 Reload 按钮，就会在重新加载网页的同时，重新加载（并重新初始化）链接到该页面的所有小程序。

getCodeBase 和 getDocumentBase 方法用于确定小程序的字节码或 HTML 文档所在的位置。小程序使用适当的 URL 来检索其他资源，如使用方法 getImage 或方法 getAudioClip 来检索图像或音频剪辑。

下面分析另一个小程序的例子。仔细分析程序 G.2 所显示的 TiledPictures applet，我们知道实际上共有 3 幅独特的图片。整个区域分为 4 个相等的象限。在右下象限中显示了世界地图图片（带有指示喜马拉雅山区的圆圈）；左下象限包含珠穆朗玛峰的图片；在右上象限是山羊图片。

图片的有趣部分是左上象限，它包含整个拼贴画的副本，也包括其自身。在此较小的版本中，用户可以在 3 个象限中看到 3 幅简单的图片。在左上角的象限中看到所有图片的重复，这种重复持续了几个层次，它创建的效果类似于在另一个镜像的反射中查看镜像。

创建此视觉效果时使用了递归。最初小程序的 init 方法加载了 3 幅图片。然后，paint 方法调用 drawPictures 方法，接收定义显示图片区域大小的参数。paint 方法使用 drawImage 方法绘制 3 幅图片，并使用参数将图片缩放到正确的大小和位置，再递归地调用 drawPictures 方法在左上象限绘制图片。

在每次调用时，如果绘图区域足够大，则再次调用 drawPictures 方法，在较小的绘图区域再次绘图。最终，绘图区域变得如此之小，不能再执行递归调用。注意，drawPicture 假定原点（0,0）坐标在相对新图像的位置，无论其大小是多少。

程序 G.2

```java
//*********************************************************************
//  TiledPictures.java          Java Foundations
//
//  Demonstrates an applet.
//*********************************************************************

import java.awt.*;
import javax.swing.JApplet;

public class TiledPictures extends JApplet
{
    private final int APPLET_WIDTH = 320;
    private final int APPLET_HEIGHT = 320;
    private final int MIN = 20;  // smallest picture size

    private Image world, everest, goat;

    //-----------------------------------------------------------------
    //  Loads the images.
    //-----------------------------------------------------------------
    public void init()
    {
        world = getImage (getDocumentBase(), "world.gif");
        everest = getImage (getDocumentBase(), "everest.gif");
        goat = getImage (getDocumentBase(), "goat.gif");
        setSize (APPLET_WIDTH, APPLET_HEIGHT);
    }

    //-----------------------------------------------------------------
    //  Draws the three images, then calls itself recursively.
    //-----------------------------------------------------------------
    public void drawPictures (int size, Graphics page)
    {
        page.drawImage (everest, 0, size/2, size/2, size/2, this);
        page.drawImage (goat, size/2, 0, size/2, size/2, this);
        page.drawImage (world, size/2, size/2, size/2, size/2, this);
        if (size > MIN)
            drawPictures (size/2, page);
    }
    //-----------------------------------------------------------------
    //  Performs the initial call to the drawPictures method.
    //-----------------------------------------------------------------
    public void paint (Graphics page)
    {
        drawPictures (APPLET_WIDTH, page);
    }
}
```

显示

在此问题中，递归的基准情况是指定绘图区域的最小值。因为区域大小每次都在缩减，所以最终到达基准情况时，递归停止，这就是为什么拼贴最小版本的左上角为空的原因。

G.3　小程序中的 GUI

在第 6 章中，我们探讨了有关开发图形用户界面（GUI）程序的问题，所有示例均以 Java 应用程序的形式呈现，其使用 JFrame 组件作为主要的重量级容器。小程序也可以用于呈现基于 GUI 的应用程序，JApplet 与 JFrame 一样，也是重量级容器。

下面分析包含交互式组件的小程序，此示例包含用于确定显示分形层次的按钮。分形是由在不同尺度和方向上重复相同图案生成的几何形状。分形的本质是递归的定义。近年来，人们对分形的兴趣剧增，这主要得益于 1924 年出生的波兰数学家 Benoit Mandelbrot，他证明分形在数学和自然界中多次出现。使用计算机，我们能轻松地生成和分析研究分形。在过去的四分之一世纪中，分形所创造的明亮、有趣的图像既是一种数学现象，也是一种艺术形式。

分形的一个特例是 Koch 雪花，其以瑞典数学家 Helge von Koch 的名字命名。Koch 雪花以等边三角开始，是 1 阶 Koch 分形。Koch 分形通过重复修改形状中的所有线段来构造更高阶的 Koch 分形。

为了创建下一个更高阶的 Koch 分形，要修改形状中的每条线段。也就是说，将每条线段三等分，再将每条线段的中间三分之一替换为等边三角形的两边。相对于整个形状，线段的突起总是向外突出的。图 G.3 给出了不同阶数的 Koch 分形。据图所知，随着阶数的增长，图形的形状越来越像雪花了。

图 G.3　不同阶数的 Koch 雪花

G.3 的小程序绘制了不同阶数的 Koch 雪花。用户能通过小程序顶部的按钮控制阶数的增大或减小。每次按下按钮，程序都会重新绘制分形图像，小程序是按钮的监听器。

程序 G.3

```java
//*********************************************************************
//  KochSnowflake.java          Java Foundations
//
//  Demonstrates the use of recursion in graphics.
//*********************************************************************

import java.awt.*;
import java.awt.event.*;
import javax.swing.*;

public class KochSnowflake extends JApplet implements ActionListener
{
   private final int APPLET_WIDTH = 400;
   private final int APPLET_HEIGHT = 440;

   private final int MIN = 1, MAX = 9;

   private JButton increase, decrease;
   private JLabel titleLabel, orderLabel;
   private KochPanel drawing;
   private JPanel appletPanel, tools;

   //------------------------------------------------------------------
   //  Sets up the components for the applet.
   //------------------------------------------------------------------
   public void init()
   {
      tools = new JPanel ();
      tools.setLayout (new BoxLayout(tools, BoxLayout.X_AXIS));
      tools.setPreferredSize (new Dimension (APPLET_WIDTH, 40));
      tools.setBackground (Color.yellow);
```

```
      tools.setOpaque (true);
      titleLabel = new JLabel ("The Koch Snowflake");
      titleLabel.setForeground (Color.black);
   increase = new JButton (new ImageIcon ("increase.gif"));
   increase.setPressedIcon (new ImageIcon ("increasePressed.gif"));
   increase.setMargin (new Insets (0, 0, 0, 0));
   increase.addActionListener (this);

   decrease = new JButton (new ImageIcon ("decrease.gif"));
   decrease.setPressedIcon (new ImageIcon ("decreasePressed.gif"));
   decrease.setMargin (new Insets (0, 0, 0, 0));
   decrease.addActionListener (this);

   orderLabel = new JLabel ("Order: 1");
   orderLabel.setForeground (Color.black);

   tools.add (titleLabel);
   tools.add (Box.createHorizontalStrut (40));
   tools.add (decrease);
   tools.add (increase);
   tools.add (Box.createHorizontalStrut (20));
   tools.add (orderLabel);

   drawing = new KochPanel (1);

   appletPanel = new JPanel();
   appletPanel.add (tools);
   appletPanel.add (drawing);

   getContentPane().add (appletPanel);

   setSize (APPLET_WIDTH, APPLET_HEIGHT);
   }

   //------------------------------------------------------------
   //  Determines which button was pushed, and sets the new order
   //  if it is in range.
   //------------------------------------------------------------
   public void actionPerformed (ActionEvent event)
   {
      int order = drawing.getOrder();
      if (event.getSource() == increase)
         order++;
      else
         order--;
      if (order >= MIN && order <= MAX)
      {
         orderLabel.setText ("Order: " + order);
         drawing.setOrder (order);
         repaint();
      }
   }
}
```

显示

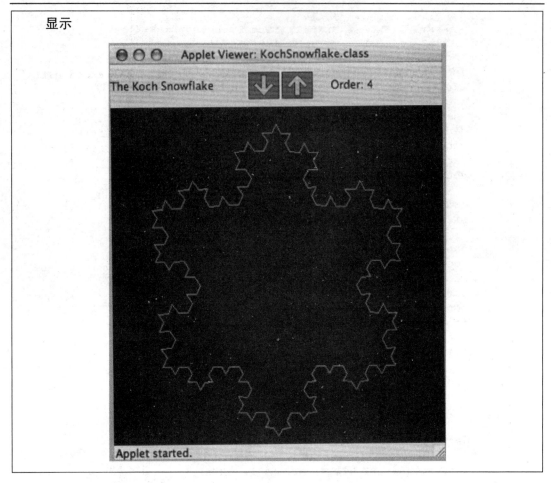

　　KochPanel 类定义的在面板上绘制的分形图像如程序 G.4 所示。paint 方法初次调用递归方法 drawFractal。在 paint 方法中，3 次调用 drawFractal 是用于生成构成 1 阶 Koch 分形等边三角形的三条原始边。

程序 G.4

```java
//********************************************************************
//   KochPanel.java        Java Foundations
//
//   Represents a drawing surface on which to paint a Koch Snowflake.
//********************************************************************

import java.awt.*;
import javax.swing.JPanel;

public class KochPanel extends JPanel
{
    private final int PANEL_WIDTH = 400;
    private final int PANEL_HEIGHT = 400;

    private final double SQ = Math.sqrt(3.0) / 6;
```

```
private final int TOPX = 200, TOPY = 20;
private final int LEFTX = 60, LEFTY = 300;
private final int RIGHTX = 340, RIGHTY = 300;

private int current; // current order

//----------------------------------------------------------------
//  Sets the initial fractal order to the value specified.
//----------------------------------------------------------------
public KochPanel (int currentOrder)
{
   current = currentOrder;
   setBackground (Color.black);
   setPreferredSize (new Dimension(PANEL_WIDTH, PANEL_HEIGHT));
}

//----------------------------------------------------------------
// Draws the fractal recursively. The base case is order 1 for
// which a simple straight line is drawn. Otherwise three
// intermediate points are computed, and each line segment is
// drawn as a fractal.
//----------------------------------------------------------------
public void drawFractal (int order, int x1, int y1, int x5, int y5,
                  Graphics page)
{
   int deltaX, deltaY, x2, y2, x3, y3, x4, y4;

   if (order == 1)
     page.drawLine (x1, y1, x5, y5);
   else
   {
     deltaX = x5 - x1; // distance between end points
     deltaY = y5 - y1;

     x2 = x1 + deltaX / 3; // one third
     y2 = y1 + deltaY / 3;

     x3 = (int) ((x1+x5)/2 + SQ * (y1-y5)); // tip of projection
     y3 = (int) ((y1+y5)/2 + SQ * (x5-x1));

     x4 = x1 + deltaX * 2/3; // two thirds
     y4 = y1 + deltaY * 2/3;

     drawFractal (order-1, x1, y1, x2, y2, page);
     drawFractal (order-1, x2, y2, x3, y3, page);
     drawFractal (order-1, x3, y3, x4, y4, page);
     drawFractal (order-1, x4, y4, x5, y5, page);
   }
}

//----------------------------------------------------------------
// Performs the initial calls to the drawFractal method.
//----------------------------------------------------------------
public void paintComponent (Graphics page)
{
   super.paintComponent (page);
```

```
    page.setColor (Color.green);

    drawFractal (current, TOPX, TOPY, LEFTX, LEFTY, page);
    drawFractal (current, LEFTX, LEFTY, RIGHTX, RIGHTY, page);
    drawFractal (current, RIGHTX, RIGHTY, TOPX, TOPY, page);
}

//--------------------------------------------------------------
//  Sets the fractal order to the value specified.
//--------------------------------------------------------------
public void setOrder (int order)
{
    current = order;
}

//--------------------------------------------------------------
//  Returns the current order.
//--------------------------------------------------------------
public int getOrder ()
{
    return current;
}
}
```

变量 current 表示要绘制分形的阶数。对 drawFractal 的每次递归调用都会使阶数减 1。当分形的阶数为 1 时，就到了递归的基准情况，生成参数指定坐标之间的简单线段。

如果分形的阶数大于 1，则会计算 3 个点。结合参数，这 3 个点形成修改分形的 4 条线段。图 G.4 给出了这种变换。

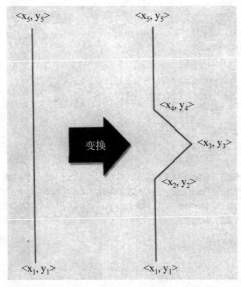

图 G.4　Koch 雪花的每条线段的变换

根据原始线段的两个端点位置，将线段 3 等分。计算线段的三分之一处的点位置和三分之二处的点位置。突出的尖端位置$<x_3, y_3>$的计算要经过回旋且使用包含多个几何关系的简化常数。确定 3 个新点的计算实际上与用于绘制分形的递归技术无关，因此在这里，我们不再赘述。

　　Koch 雪花的有趣数学特征是它具有无限周长、有限面积。随着分形阶数增长，周长呈指数级增长，其数学极限为无穷大。围绕 Koch 雪花的二阶分形的矩形已足够大，足以包含所有的高阶分形。分形的面积永远受限，但周长无限。

程序设计项目

G.1　将附录 F Java 图形的程序设计项目应用程序转换为小程序。

G.2　将第 7 章 GUI 程序设计项目的应用程序转换为小程序，但不转换那些需要将数据写入文件的应用程序。

附录 H 正则表达式

在本书中，我们使用 Scanner 类交互地从用户读取输入，并将字符串解析为单个标记（如单词）。在第 4 章，我们还使用 Scanner 类从数据文件中读取输入。通常，在扫描仪输入中，我们使用默认的空白分隔符作为标记。

Scanner 类还能根据正则表达式解析输入。正则表达式是表示模式的字符串。正则表达式能用于设置提取标记所用的分隔符，也可用于在 findInLine 等方法中查找匹配的指定字符串。

下面是构造正则表达式的一些常用规则。

● 点（.）字符匹配任何单个字符。
● 名为 Kleene 星的星号（*）字符匹配零个或多个字符。
● 在括号（[]）中的字符串匹配字符串中的任何单个字符。
● \字符后跟的特殊字符（如下面列表中的字符）与字符本身匹配。
● \字符后跟的字符与图 H.1 中字符指定的模式匹配。

正则表达式	匹配
x	字符 x
.	任何字符
[abc]	a、b 或 c
[^ abc]	除 a、b 或 c 之外的任何字符（否定）
[a-z][A-Z]	a 到 z 或 A 到 Z，包括（范围）
[a-O [M-P]]	a 到 d 或 m 到 P（并）
[a-z&&[def]]	d，e 或 f（交）
[a-z&&[^bc]]	a 到 z，b 和 c 除外（减法）
[a-z&&[^m-p]]	a 到 z，m 到 p 除外（减法）
\d	数字:[0-9]
\D	非数字:[^ 0-9]
\s	空白字符
\S	非空格字符
^	行的开头
$	行的末尾

图 H.1　能与 Java 正则表达式匹配的一些模式

例如，正则表达式 B . b*与 Bob、Bubba 和 Baby 匹配。正则表达式 T[aei] *ing 与 Taking、Tickling 和 Telling 匹配。

图 H.1 给出了能与 Java 正则表达式匹配的一些模式。这个列表并不完整，请参阅 Pattern 类的联机文档，以找到完整的列表。

附录Ⅰ　散　　列

在第 11 章，我们讨论了这样的思想：二叉搜索树实际上是集合或映射的有效实现。在本附录中，我们将分析另一种实现集合或映射的方法：散列。散列的效率甚至比二叉搜索树还要高。

Ⅰ.1　散　列　概　述

在对集合实现的所有讨论中，我们假设集合中的元素按如下的某种顺序：
- 向集合中添加或删除元素的顺序决定了集合元素的顺序。这样的集合有栈、队列、无序列表和索引列表。
- 要比较要存储在集合中的元素值来确定集合元素的顺序。这样的集合有有序列表和二叉搜索树。

在本附录中，我们将探讨散列的概念。散列意味着顺序（具体地说是元素在集合中的位置）是由要存储元素值（或要存储元素键值）的某些函数决定的。在散列中，元素存储于散列表中，表中每个元素的位置都是由散列函数决定的。散列表中的每个位置被称为单元或桶。我们将在 Ⅰ.2 节中进一步讨论散列函数、散列的实现策略和算法，并将散列实现作为程序设计项目。

> **重要概念**
> 在散列中，元素存储于散列表中，表中每个元素的位置都是由散列函数决定的。

分析一个简单的例子。我们创建一个包含 26 个元素的数组，用于存储姓名。我们创建一个散列函数，将每个姓名与等同于姓名的首字母的数组位置相关联。例如，首字线为 A 的姓名将映射到数组的位置 0，首字母为 D 的姓名将映射到数组的第 3 个位置，依此类推。图 Ⅰ.1 说明了数组添加一些姓名之后的情况。

注意，与我们之前的集合实现不同，散列实现对指定元素的访问时间与表元素的数量无关，也就是说，对散列表元素所有操作的访问时间都是 O(1)。为了找到指定元素，我们不再需要进行比较，我们也不再需要为指定元素定位合适的位置。使用散列，我们只需计算指定元素的位置。

但要注意，只有当每个元素都映射到表中的唯一位置时，才能完全实现散列的高效率。分析图 Ⅰ.1 中的示例，如果我们试图存储姓名“Ann”和姓名“Andrew”会出现什么情况呢？当然是两个元素或键映射到表中的相同位置，会产生冲突。我们将在 Ⅰ.3 节讨论如何解决冲突。

重要概念
两个元素或键映射到表中的相同位置的情况称为冲突。

图 I.1　简单的散列示例

将每个元素都映射到表中唯一位置的散列函数被称为完美散列函数。尽管在某些情况下，我们可以开发出完美散列函数，但也不要求一定要用完美散列函数。只要散列函数能很好地将元素分配到表中的不同位置，其对表中元素的访问时间仍是常量时间 O(1)。散列改进了早期的线性算法和搜索算法，早期线性方法的访问时间是 O(n)；搜索树的访问时间是 O(log n)。

重要概念
将每个元素映射到表中唯一位置的散列函数被称为完美散列函数。

散列还存在另一个问题，那就是散列表应该多大最好。第一种情况是，如果已知数据集的大小且可以使用完美散列函数，则散列表大小只需与数据集相同。第二种情况是，如果完美散列函数不实用，但已知数据集的大小，那么经验法则是使表的大小是数据集的 150%。第三种情况非常普遍且非常有趣。如果我们不知道数据集的大小该怎么办？在这种情况下，我们要动态调整表的大小。动态调整表的大小包括：先创建新的散列表，新的散列表大于原始表，甚至可能是原始表的两倍；之后将原始表的所有元素插入到新表中；最后删除原始表。同样，何时调整散列表大小也是一个非常有趣的问题。一种方法是在表满时简单地扩展表，这与实现数组的早期方法相同。因为散列表有这样的性质，即当散列表变满时，其性能会急剧下降，所以更好的方法是使用加载因子。散列表的加载因子是元素占用表的百分比。例如，如果加载因子为 0.50，那么每当散列表达到 50％ 的容量时，就会自动调整散列表的大小。

I.2　散　列　函　数

　　虽然如果数据集是已知的，且可以使用完美散列函数，但我们不一定需要用完美散列函获取散列表的完美性能。我们的目标只是开发能很好地在表中分配元素且能避免冲突的散列函数。好的散列函数对数据集的访问时间仍是常量 O(1)。

　　针对特定的数据集，开发散列函数的方法有多种。I.1 节示例所用的方法是提取法。提取法只使用元素或键的部分值来计算存储元素的位置。在 I.1 节的示例中，我们只是提取了姓名字符串的首字母，计算了相应首字母与字母 A 的相对值。

> **重要概念**
> 提取只使用元素或键的部分值来计算存储元素的位置。

　　提取法的其他示例还有：根据最后 4 位数存储电话号码；根据牌照的前 3 个字符存储汽车的相关信息等。

I.2.1　除留余数法

　　通过除法创建散列函数意味着使用键值除以某个正整数 P，用所得的余数作为指定元素的索引。该散列函数的定义如下：

```
Hashcode(key) = Math.abs(key)% p
```

　　这个函数的结果在 0 到 p-1 范围之内。如果我们将表的大小记作 p，那么就有了能直接映射到表中某个位置的索引。

　　使用素数 p 作为表的大小，这类除数能更好地为键值分配表中的位置。

　　例如，如果我们的键值为 79，表的大小为 43，则除留余数法得到的索引值为 36。当处理未知的键值集合时，除留余数法非常有效。

I.2.2　折叠法

　　在折叠法中，我们先将键值分成多个部分，然后再将这些部分叠加在一起，创建表的索引。首先，我们将键值分成等长的多个部分（除最后一部分可能不等长外），各部分的长度与期望的索引长度相同。在移位折叠法中，我们将各部分叠加，创建索引。例如，我们的键值是社会安全码 987-65-4321。我们将其分为 3 部分：987、654 和 321。将这 3 部分叠加，得到 1962。假设我们正在寻找 3 位数的键值，则可以使用除留余数法或提取法来得到索引。

　　第二种可能的折叠法是边界折叠法。边界折叠法有多个变种。通常，边界折叠法在叠加之前先反转部分键值的顺序。例如，某一变种先将键值的各个部分并排地写在一张纸上；然后沿着各个部分边界将纸折叠。例如，我们仍从相同的键值（987-65-4321）开始，先将其分成 3 部分：987、654 和 321；然后反转部分键值，得到 987、456 和 321；之后，将各部分进行叠加，得到 1764；最后，再一次使用除留余数法或提取法来得到索引。其他边界折叠法变种会使用不同算法确定要反转哪部分键值。

　　对于字符串键值，折叠法是构建散列函数的好用方法。在针对字符键值时，折叠法先将字符串分成等长子字符串，子字符串长度与所需的索引长度相同；之后使用异或函数组合这些字符串。折叠法也是将字符串转换为数字的好方法，有了这种方法，就能将其他方法（例如除留余数法）应用于字符串。

I.2.3　平方取中法

　　在平方取中法中，键值自身相乘，然后使用提取法从平方结果的中间提取适当数量的数字作为索引。每一次都必须选择相同的"中间"数字，以保证一致性。例如，如果我们的键值是 4321，键值自身相乘，得到 18671041。假设我们需要 3 位数的键值，则可能提取 671 或 710，到底提取哪 3 位数取决于我们构造的算法。我们也可以先提取位而不是数字，之后再根据提取位构造索引。

　　平方取中法通过操纵字符串中字符的二进制表示，也可以有效地与字符串一起使用。

I.2.4　基数转换法

　　在基数转换法中，键值被转换为另一个数字基。例如，如果我们的键值在基数 10 中为 23，我们可以将它转换为基数 7 中的 32。最后我们使用除留余数法，将转换后的键值除以表的大小，并用所得余数作为索引。根据散列函数定义可知，如果表的大小为 17，我们的计算函数为：

```
Hashcode (2 3) = Math.abs (32) % 17 = 15
```

I.2.5　数字分析法

　　在数字分析方法中，我们先从键值中提取数字，再操纵指定数字来形成索引。例如，如果我们的键值是 1234567，我们可以选择位置 2 到 4 的数字，得到 234；然后操纵它们形成我们的索引。操纵可以采用多种形式，如简单地反转数字的顺序（得到 432）、向右执行循环移位（得到 423）、向左执行循环移位（得到 342）、交换每对数字（得到 324）或任何其他可能的形式以及前面讨论过的方法。我们的目标只是提供一个能合理工作的函数将键值分配到表中的位置。

I.2.6 长度依赖法

在依赖长度的方法中，键值和键长度以某种方式组合，形成索引或中间值。如果是中间值，则将中间值与其他方法一起形成索引。例如，我们的键值是 8765，我们可以将前两位乘以长度，然后除以最后一位数，得到 69。如果表的大小为 43，我们使用除留余数法，得到的索引为 26。

长度依赖法通过操纵字符串中字符的二进制表示，也可以有效地与字符串一起使用。

> **重要概念**
> 长度依赖法和中间方法通过操纵字符串中字符的二进制表示，也可以有效地与字符串一起使用。

I.2.7 Java 语言中的散列函数

java.lang.Object 类定义了名为 hashcode 的方法，该方法会根据对象的内存位置返回一个整数，但这个整数不是非常有用，因为 Object 的派生类会覆盖继承的 hashcode 定义，提供自己的 hashcode 版本。例如，String 类和 Integer 类定义了自己的 hashcode 方法，这些专用的 hashcode 函数对于散列更有效。在 Object 类中定义 hashcode 方法意味着可以对所有 Java 对象进行散列处理。但是，为打算存储在散列表中的任何类而言，定义自己的 hashcode 方法通常是更可取的。

> **重要概念**
> 尽管 Java 为所有对象提供了 hashcode 方法，但最好是为任何特定类定义专用的散列函数。

I.3 解 决 冲 突

如果我们能够为特定数据集开发出完美散列函数，那么就不用在意冲突。冲突是多个元素或键映射到表中相同位置的情况。在发生冲突时，如果完美散列函数不可行或不实用时，还有许多方法能处理冲突。如果我们能够为特定数据集开发出完美散列函数，那么就不用关心表的大小。在可以使用完美散列函数的情况下，我们只需使表的大小等于数据集的大小即可。否则，如果已知数据集的大小，最好是将表的初始大小设置为预期元素数 150%。如果数据集的大小未知，则表的动态调整仍是个问题。

I.3.1 链接法

用于处理冲突的链接法只是将散列表概念性地视为集合表而不是单个单元格表。因此，每个单元格是指向与表中该位置相关联集合的指针。通常，内部集合要么是无序列表，要么是有序列表。图 I.2 说明了这种概念方法。

> **重要概念**
> 处理冲突的链接法只是将散列表概念性地视为集合表而不是单个单元格表。

链接的实现有多种方式。一种方法是使存储表的数组大于表的单元数，并使用额外的空间作为溢出区存储与每个表的位置相关联的链表。在这种方法中，数组中的每个位置都可以存储元素（或键）和列表中下一个元素的数组索引。实际上是将映射到表中指定位置的第一个元素存储在该位置。映射到该位置的下一个元素会存储在溢出区中的空闲位置，且第二个元素的数组索引将与表中的第一个元素存储在一起。如果第 3 个元素也映射到同一位置，则第 3 个元素也将存储在溢出区中，第 3 个元素的索引将与第二个元素存储在一起。图 I.3 说明了这种策略。

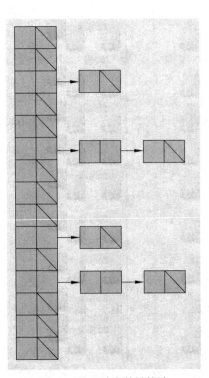

图 I.2　处理冲突的链接法

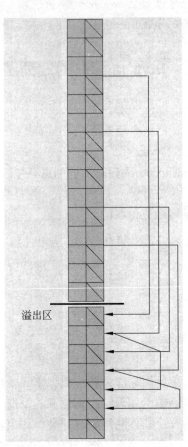

溢出区

图 I.3　使用溢出区的链接法

注意，当使用这种链接法时，表本身永远不会满。但是，如果用数组实现表，则数组可能会满，就需要决定是否抛出异常还是扩展容量。早期的集合会选择扩展数组容量。在这种情况下，扩展数组容量但使嵌入式表保持原始大小会对效率产生灾难性影响。最令人满意的解决方案是扩展数组并扩展数组中的嵌入式表。但这将要求使用新表的大小重新散列表中的所有元素。我们将在 I.5 节中进一步讨论散列表大小的动态调整。

使用这种方法，最坏情况是我们的散列函数不能很好地将元素分配到表中的位置，因此我们最终得到一个有 n 个元素的链表，或有大约 n/k 个元素的链表，其中 k 是相对较小的常数。在这种情况下，散列表的插入和搜索的访问时间都变为 O(n)。因此，开发好的散列函数是非常重要的。

实现链接法的第二种方法是使用链表。在这种方法中，散列表中的每个单元格（或桶）都类似于正文构造链表的 LinearNode 类。这样，当第二个元素映射到指定的桶时，我们只需创建一个新的 LinearNode，并将现有节点的 next 引用设置为指向新节点，将新节点的 elemnet 引用设置为要插入的元素，并将新节点的 next 引用设置为 null。所得的实现模型与图 1.2 所示的概念模型完全相同。

实现链接法的第三种方法是逐个地使表中的每个位置成为集合指针。通过这种方式，我们可以使用列表或更有效的集合（如平衡二叉搜索树）来表示表中的每个位置，以改进最坏情况。但要记住，如果散列函数能很好地将元素分配到表中的位置，这种方法开销很大，但改进甚微。

I.3.2　开放寻址法

用于处理冲突的开放寻址法在表中搜索开放位置而不是元素最初被散列到的位置。在表中找到另一个可用位置有多种方法。我们将分析其中的三种方法：线性探测、二次探测和双重散列。

在这些方法中，最简单的是线性探测。在线性探测中，如果元素散列到位置 p，且位置 p 已被占用，则我们只需尝试位置（p + 1）%s，其中 s 是表的大小。如果位置（p + 1）%s 已被占用，则尝试位置（p + 2）%s，依此类推，直到我们找到一个开放位置或发现自己回到原位置。如果我们找到一个开放的位置，则插入新元素。如果我们找不到开放位置该怎么办呢？这是在设计创建散列表时决定的。正如前面讨论过的，如果表已满，有两种可能。一种是抛出异常，另一种是扩展表容量并重新散列所有元素。

> **重要概念**
> 用于处理冲突的开放寻址法在表中查找除了元素最初被散列位置之外的开放位置。

线性探测的问题在于它倾向于在表中创建填充位置的簇，簇能影响插入和搜索的性能。图 I.4 说明了线性探测方法和使用我们之前提取字符串首字符的散列函数创建的簇。

在这个例子中，Ann 进入，之后是 Andrew。因为 Ann 已经占据数组的第 0 位，Andrew 被置于第 1 位。之后 Bob 进入，因为 Andrew 已经占据了位置 1，所以 Bob 被置于下一个开放位置 2。当 Betty 到达时，Doug 和 Elizabeth 已经在表中，所以 Betty 不能被置于 1、2、3 和 4 这些位置，只能被置于下一个开放位置 5。在添加 Barbara、Hal 和 Bill 之后，我们发现表前面出现了 9 个位置的簇，随着添加更多的姓名，簇会继续增长。因此，线性探测可能不是最好的方法。

开放寻址法的第二种形式是二次探测。如果我们使用二次探测而不是线性探测，那么一旦发生冲突，要遵循的公式如下：

```
newhashcode (x) = hashcode (x) + (-1) i-1 ((i + 1) / 2) 2
```

　　i 的范围是 1 到 s-1，其中 s 是表的大小。

　　这个公式所得的结果是搜索序列：p，p + 1，p-1，p + 4，p-4，p + 9，p-9…。当然，这个新散列码要用除法使其在表的范围之内。与线性探测一样，存在相同的可能性，我们最终会回到原始散列码，没有找到要插入的空位。这种"满"条件可以链接法和线性探测法处理。二次探测法的优势在于它没有像线性探测那样强烈的簇倾向。图 I.5 说明了二次探测，其用的键值集和散列函数与图 I.4 相同。注意，在输入相同数据后，在表前面仍然形成簇。但是，这个簇只占用了六个桶而不是线性探测所创建的九桶簇。

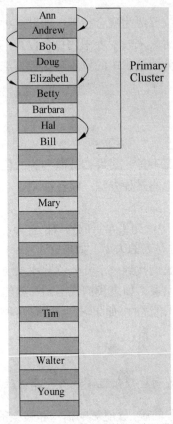

图 I.4　使用线性探测的开放寻址

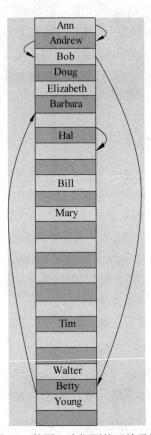

图 I.5　使用二次探测的开放寻址

　　开放寻址法的第三种形式是双重散列。使用双重散列法，是在主散列函数产生冲突时使用辅助散列函数来解决冲突。例如，如果键值 x 散列到的位置 p 已被占用，那么就要尝试下一个位置 p″是

```
p = p + secondaryhashcode(x)
```

如果这个新位置也被占了，那么要寻找的位置

```
p  = p + 2 * secondaryhashcode(x)
```

　　当然，我们以这种方式继续搜索，并使用除法来维护索引在表的范围之内，直到发现一个开放位置为止。这种方法有些昂贵，因为其引入了附加功能，旨在进一步减少簇，使

双重散列的簇小于二次探测的簇。图 I.6 说明了双重散列方法,其使用的键值集和散列函数与前面相同。对于这个示例,辅助散列函数是字符串长度。注意使用相同数据,表前不再出现两种探测法形成的群集,但形成了从 Doug 到 Barbara 的六桶簇。双重散列的优势在于即使创建了簇,它的增长速度也比线性探测和二次探测的增长速度要慢。

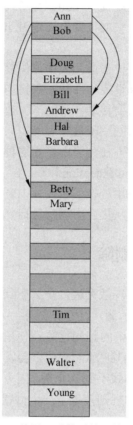

图 I.6 使用双重散列的开放寻址

I.4 删除散列表元素

到目前为止,我们的讨论集中在散列表中插入和搜索元素的效率。如果我们从散列表中删除元素会发生什么呢?答案取决于所选择的散列表实现方式。

I.4.1 从链接实现中删除元素

如果我们选择使用链接实现和带溢出区域的数组来实现散列表,那么删除元素将会是以下五种情况之一:

情况 1: 我们试图删除的元素是唯一的映射到表中实际位置的元素。在这种情况下,要删除元素,只需将表的位置设置为 null。

情况 2: 我们试图删除的元素存储在表中而不在溢出区中,但在表中的元素位置,也存储着溢出区中下一个元素的索引。在这种情况下，我们用溢出区中下一个元素及其存储的索引替换要删除的表元素及其存储的索引。之后必须将溢出区中的位置设置为 null，并使用维护机制，将其添加回空闲位置列表。

情况 3：我们试图删除的元素位于散列表中该位置所存储元素列表的末尾。在这种情况下，我们将它在溢出区中的位置设置为 null，且将列表中前一个元素的下一个索引值也设置为 null。之后，必须将溢出区中的位置也设置为 null，使用维护机制，将其添加回空闲位置列表。

情况 4：我们试图删除的元素位于散列表中该位置所存储元素列表的中间。在这种情况下，我们将其在溢出区中的位置设置为 null，且将列表中前一个元素的下一个索引值设置为要移动元素的下一个索引值。之后使用维护机制，将其添加回空闲位置列表。

情况 5：我们试图删除的元素不在列表中。在这种情况下，我们抛出异常 ElementNotFoundException。

如果我们散列表的实现选择使用链接实现，其中表中的每个元素都是集合，那么我们只是从集合中删除目标元素。

I.4.2　从开放寻址实现中删除

如果我们选择使用开放寻址实现散列表，那么删除会带来更多挑战。分析图 I.7 所给的示例。注意，元素"Ann""Andrew"和"Amy"都映射到表中的相同位置，使用线性探测解决冲突问题。如果现在要删除"Andrew"，会发生什么？之后，如果再搜索"Amy"，将找不到该元素，因为搜索先找到"Ann"，之后按照线性探测规则搜索下一个位置，发现为 null，会返回异常。

这个问题的解决方案是将删除元素标记为已删除，但实际上，并不真的将它们从表中删除，直到将来被删除元素要么被新插入元素覆盖，要么整个表被重新散列，要么因为它正在被扩展，要么因为我们已达到表中要删除记录百分比的预定阈值。这意味着我们需要为表中的每个节点添加布尔型标记，并修改所有算法来测试和操作该标志。

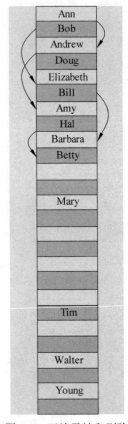

图 I.7　开放寻址和删除

I.5　Java Collections API 中的散列表

Java Collections API 提供了 7 种散列实现：Hashtable、HashMap、HashSet、IdentityHashMap、LinkedHashSet、LinkedHashMap 和 WeakHashMap。为了理解这些不同的解决方案，我们要知道 Java Collections API 中 set 和 map 的区别，也要知道与之相关的定义。

Set 是对象的集合，为了找到对象，我们必须有要查找对象的精确副本。而 Map 是存储键值对的集合，给定键，我们则可以找到其相关联的值。

在我们探索 Java Collections API 实现的散列时，还要理解加载因子的定义。如前所述，加载因子是在调整散列表的大小之前，允许元素占用散列表的最大百分比。在这里讨论的实现中，加载因子的默认值都为 0.75。因此，当某个散列表的加载因子变为 75% 时，就会创建一个新的散列表，新的散列表大小是当前散列表的两倍，之后我们将当前散列表中的所有元素插入到新的散列表中。创建散列表时，我们可以更改这些实现的加载因子。

> **重要概念**
> 加载因子是调整散列表的大小之前，允许元素占用表的最大百分。

所有的实现都会使用存储对象的 Hashcode 方法来返回整数，之后使用除法（使用表大小）处理返回的整数，生成表边界内的索引。如前所述，最佳做法是为散列表要存储的任何类定义自己的 Hashcode。

下面分析散列的各种实现。

I.5.1 Hashtable 类

散列的 Hashtable 实现是 Java Collections API 中最早的一种实现。事实上，它的出现比 Collections API 早。经过对 Hashtable 实现进行修改，使其实现了 Map 接口，形成了版本 1.2，成为了 Collections API 的一部分。与较新的 Java Collections 实现不同，Hashtable 是同步的。图 I.8 给出了 Hashtable 类的操作。

创建 Hashtable 需要两个参数：初始容量（默认值为 11）和加载因子（默认值为 0.75）。容量是初始表中的单元格或位置数。如前所述，加载因子是调整散列表大小之前允许表中元素占用表的最大百分比。Hashtable 使用链接法解决冲突。

Hashtable 类是一个遗留类，如果要连接到遗留代码或需要同步，Hashtable 将是最有用的，否则最好使用 HashMap 类。

返回值	方法	描述
	Hashtable()	构造新的空散列表，其默认初始容量为 1 1，加载因子为 0.75。
	Hashtable(int initialCapacity)	构造新的空散列表，具有指定的初始容量，加载因子为 0.75。
	Hashtable(int initialCapacity, Float loadFactor) Hashtable(Map t)	构造新的空散列表，具有指定的初始容量，指定的加载因子。 构造与给定 Map 具有相同映射的新的散列表。
Void	clear()	清空这个散列表，使其不包含任何键。
Object	clone()	创建这个散列表的影子副本。
boolean	contains(Object value)	测试散列表中的某些键是否映射到了指定的值。

图 I.8 Hashtable 类的操作

返回值	方法	描述
boolean	contains(Object key)	测试指定的对象是否是这个散列表中的键。
boolean	containsValue(Object key)	如果这个散列表将一个或多个键映射到此值，则返回 true。
Enumeration	elements()	返回这个散列表的枚举值。
Set	entrySet()	返回这个散列表包含元素的 Set 视图。
boolean	equals(Object o)	根据 Map 接口中的定义，将指定的 Object 与此 Map 比较，确定两者是否相等。
Object	get(Object key)	返回这个散列表中指定键的映射值。
int	hashcode()	根据 Map 接口中的定义，返回这个 Map 的散列码值。
boolean	isEmpty()	测试这个散列表没有将任何键映射到值。
Enumeration	key()	返回这个散列表中键的枚举。
Set	keysSet()	返回这个散列表所包含键的 Set 视图。
Object	put(Object key　　　Object value)	将这个散列表中的指定键映射到指定值。
void	putAll(Map t)	从指定 Map 中复制所有映射到这个散列表。这些映射将替代这个散列表中现有的任何键的映射。
Protected void	rehash()	增加散列表的容量并内部重新组织该散列表，以便更高效地存储和访问散列表元素。
Object	remove(Object key)	从这个散列表中删除键和其对应的值。
int	size()	返回在这个散列表中键的数量。
String	toString()	返回这个散列表对象的字符串表示形成元素集，用大括号将元素括起来，各元素用 ASCII 字符的逗号或空格分隔。
Collection	values()	返回这个散列表所包含值的 Collection 视图。

图 I.8（续）

I.5.2　HashSet 类

　　HashSet 类使用散列表实现 Set 接口。与大多数散列的 Java Collections API 实现一样，HashSet 类使用链接解决冲突，每个散列表中的位置实际上是链表。HashSet 实现不保证迭代集合中元素的顺序，也不保证元素顺序随时间保持不变，迭代器只是按顺序遍历表。因为散列函数会将元素随机地分布到表的位置，所以无法保证元素的顺序。此外，如果扩展散列表，则要根据新的散列表大小重新定义所有元素，顺序可能会发生改变。

　　与 Hashtable 类一样，HashSet 类需要两个参数：初始容量和加载因子。加载因子的默认值与 Hashtable 的默认值相同，都是 0.75。初始容量的默认值当前并未指定（最初值可为101）。图 I.9 给出了 HashSet 类的操作。HashSet 类不同步，允许空值。

返回值	方法	描述
	HashSet ()	构造一个新的空集;支持 HashMap 实例具有默认容量和加载因子（0.75）。
	HashSet (Collection c)	构造一个新集合，该集合包含指定集合的元素。
	HashSet (int initialCapacity)	构造一个新的空集;支持 HashMap 实例具有指定的初始容量和加载因子 0.75。
	HashSet (int initialCapacity, float loadFctor)	构造一个新的空集;支持 HashMap 实例具有指定的初始容量和指定的加载因子。
boolean	add (Object o)	如果指定的元素尚不存在，则将其添加到此集合中。
void	clear()	删除这个集合的所有元素。
object	clone()	返回这个 HashSet 实例的影子副本：未克隆元素本身。
boolean	contains(Object o)	如果这个集合包含指定的元素，则返回 true。
boolean	isEmpty()	如果这个集合不包含任何元素，则返回 true。
iterator()	iterator()	返回这个集合元素的迭代器。
boolean	remove(Object o)	如果存在，则从这个集合中删除指定元素。
int	size()	返回这个集合的元素数。

图 I.9   HashSet 类的操作

I.5.3   HashMap 类

HashMap 类使用散列表实现了 Map 接口。HashMap 类还使用链接方法解决冲突。与 HashSet 类一样，HashMap 类不同步，允许空值。也像前面的实现一样，其默认的加载因子是 0.75。与 HashSet 类一样，当前的默认初始容量并未指定，它的最初值可以是 101。

图 I.10 给出了 HashMap 的操作。

返回值	方法	描述
	HashMap()	构造一个新的空映射，具有默认容量，加载因子为 0.75。
	HashMap(int initial Capacity)	构造一个新的空映射，具有指定的初始容量和加载因子 0.75。
	HashMap(int initial Capacity, float loadFactor)	构造一个新的空映射,具有指定的初始容量和指定的加载因子。
	HashMap(Map t)	构造一个新映射，该映射与给定映射具有相同的映射。
void	clear()	从这个映射中删除所有映射。
Object	clone()	返回这个 HashMap 实例的影子副本：未克隆键和值。
boolean	containsKey(Object key)	如果这个映射包含指定键的映射，则返回 true。
boolean	containsValue(Object value)	如果这个映射将一个或多个键映射到指定值，则返回 true。
set	entrySet()	返回这个映射中所包含映射的集合视图。
Object	get(Object key)	返回在这个映射中指定键映射的值。
boolean	isEmpty	如果这个映射不包含键-值映射，则返回 true。

图 I.10   HashMap 类的操作

返回值	方法	描述
Set	keyset()	返回这个映射包含键的集合视图。
Object	put(Object key, Object, value)	将这个视图中指定的值与指定的键相关联。
void	putAll(Map t)	将指定映射中的所有映射复制到这个映射。
Object	remove(Object key)	如果映射存在，则从这个映射中删除此键的映射。
int	size()	返回这个映射中键-值映射数。
Collection	values()	返回这个映射所包含值的集合视图。

图 I.10（续）

I.5.4　IdentityHashMap 类

IdentityHashMap 类使用散列表实现了 Map 接口。它与 HashMap 类的区别在于：在比较键和值时，IdentityHashMap 类使用引用相等而不是对象相等，这就是使用 key1==key2 和使用 keyl.equals（key2）之间的区别。

IdentityHashMap 类有一个参数：预期表的大小的最大值，它是表预期保存的最大键值对数。如果表超过这个最大值，则会增加表的大小，表项将重新散列。

图 I.11 给出了 IdentityHashMap 类的操作。

返回值	方法	描　述
	IdentityHashMap()	构造一个新的空实体散列映射，具有默认的期望最大值 21。
	IdentityHashMap（int expectedMaxSize）	构造一个新的空映射，具有指定的期望最大值。
	IdentityHashMap（Map m）	构造一个新的空实体散列映射，包含指定映射中的键-值映射。
void	clear()	删除这个映射中的所有映射。
Object	clone()	返回这个实体散列映射的影子副本：不克隆键和值。
boolean	containsKey(Object Key)	测试指定的对象引用是否是这个实体散列映射的键。
boolean	containsValue(Object Value)	测试指定的对象引用是否是这个实体散列映射的值。
Set	entrySet()	返回这个映射所包含映射的集合视图。
boolean	equals(Object o)	将指定对象与这个映射比较，看是否相等。
Object	get(Object key)	返回这个实体散列映射中指定键的映射值；如果映射中没有指定键，则返回空。
int	hashCode()	返回这个映射的散列码。
boolean	isEmpty()	如果这个实体散列映射中不包含任何键-值映射，则返回 true。
Set	keyset()	返回这个映射中所包含键的基于实体集合的映射。
Object	put(Object key, Object value)	将这个实体散列映射中的指定值与指定键相关联。
void	putAll(Map t)	将指定映射中的所有映射复制到这个映射。指定的映射将替代这个映射中任何键的当前映射。

图 I.11　IdentityHashMap 类的操作

返回值	方法	描　　述
Object	remove(Object key)	如果键存在，则删除这个映射中该键的映射。
int	size()	返回这个实体散列映射中的键-值映射数。
Collection	values()	返回这个映射中所含值的集合视图。

图 I.11（续）

I.5.5　WeakHashMap 类

WeakHashMap 类使用散列表实现了 Map 接口。WeakHashMap 类是专为弱键设计的，当不再使用弱键时，会自动删除 WeakHashMap 中的该键。换句话说，如果在映射中使用的键是在 WeakHashMap 中的唯一使用的剩余键，垃圾收集器也会随时收集它。

WeakHashMap 类允许空值、空键，它的调整参数与 HashMap 类的调整参数相同：初始容量和加载因子。

图 I.12 给出了 WeakHashMap 类的操作。

返回值	方法	描　　述
	WeakHashMap()	构造一个新的空 WeakHashMap，具有默认的初始容量和默认的加载因子 0.75。
	WeakHashMap(int initial Capacity)	构造一个新的空 WeakHashMap，具有指定的初始容量和默认的加载因子 0.75。
	WeakHashMap(int initial Capacity, float loadFactor)	构造一个新的空 WeakHashMap，具有指定的初始容量和指定的加载因子。
	WeakHashMap(Map t)	构造一个新的 WeakHashMap，该映射与给定映射具有相同的映射。
void	clear()	从这个映射中删除所有映射。
boolean	containsKey(Object key)	如果这个映射包含指定键的映射，则返回 true。
set	entrySet()	返回这个映射中所包含映射的集合视图。
Object	get(Object key)	返回在这个映射中指定键映射的值。
boolean	isEmpty	如果这个映射不包含任何键-值映射，则返回 true。
Set	keyset()	返回这个映射包含键的集合视图。
Object	put(Object key, Object, value)	将这个视图中指定的值与指定的键相关联。
void	putAll(Map t)	将指定映射中的所有映射复制到这个映射。指定的映射将替代这个映射中任何键的当前映射。
Object	remove(Object key)	如果映射存在，则从这个映射中删除该键的映射。
int	size()	返回这个映射中的键-值映射数。
Collection	values()	返回这个映射所含值的集合视图。

图 I.12　WeakHashMap 类的操作

I.5.6　LinkedHashSet 和 LinkedHashMap

其余的两个散列实现是前面类的扩展。LinkedHashSet 类扩展了 HashSet 类；LinkedHashMap 类扩展了 HashMap 类。这两个类用于解决迭代器的顺序问题。这些实现维护所有元素的双向链表，以维护元素的插入顺序。因此，这些实现的迭代器顺序是元素的插入顺序。

图 I.13 给出了 LinkedHashSet 类增加的操作。图 I.14 给出了 LinkedHashMap 类增加的操作。

返回值	方法	描述
	LinkedHashSet()	构造一个新的空链式散列集合，具有默认容量 16 和加载因子 0.75。
	LinkedHashSet (Collection c)	构造一个新的空链式散列集合，其元素与指定集合相同。
	LinkedHashSet (int initialCapacity)	构造一个新的空链式散列集合，具有指定的初始容量和默认的加载因子 0.75。
	LinkedHashSet (int initialCapacity, float loadFactor)	构造一个新的空链式散列集合，具有指定的初始容量和指定的加载因子。

图 1.13　LinkedHashSet 类增加的操作

返回值	方法	描述
	LinkedHashMap()	构造空的有序插入 LinkedHashMap 实例，具有默认容量 16 和加载因子 0.75。
	LinkedHashMap(int initial Capacity)	构造空的有序插入 LinkedHashMap 实例，具有指定容量和默认加载因子 0.75。
	LinkedHashMap(int initial Capacity, float loadFactor)	构造空的有序插入 LinkedHashMap 实例，具有指定容量和加载因子。
	LinkedHashMap(int initial Capacity, float loadFactor, Boolean accessOrder)	构造空的 LinkedHashMap 实例，具有指定初始容量、加载因子和排序模式。
	LinkedHashMap(Map m)	构造空的有序插入 LinkedHashMap 实例，其映射与指定映射的映射相同。
void	clear()	删除这个映射中的所有映射。
boolean	containsValue(Object value)	如果在这个映射中有一个或多个键映射到指定值，则返回 true。
Object	get(Object key)	返回在这个映射中指定键映射的值。
Protected boolean	removeEldestEntry (Map.Entry eldest)	如果这个映射应删除其旧元素，则返回 true。

图 I.14　LinkedHashMap 类增加的操作

重 要 概 念

- 在散列中,元素存储于散列表中,表中每个元素的位置都是由散列函数决定的。
- 两个元素或键映射到表中的相同位置的情况称为冲突。
- 将每个元素映射到表中唯一位置的散列函数被称为完美散列函数。
- 提取只使用元素或键的部分值来计算存储元素的位置。
- 当处理一组未知的键值集合时,除留余数法非常有效。
- 在移位折叠方法中,叠加键的各部分来创建索引。
- 长度依赖法和中间方法通过操纵字符串中字符的二进制表示,也可以有效地与字符串一起使用。
- 尽管 Java 为所有对象提供了 hashcode 方法,但最好是为任何特定类定义专用的散列函数。
- 处理冲突的链接法只是将散列表概念性地视为集合表而不是单个单元格表。
- 用于处理冲突的开放寻址法在表中查找除了元素最初被散列位置之外的开放位置。
- 加载因子是调整散列表的大小之前,允许元素占用表的最大百分。

自 测 题

I.1 散列表和我们讨论过的其他集合有什么区别?

I.2 散列表中的冲突是什么?

I.3 什么是完美散列函数?

I.4 我们的散列函数的目标是什么?

I.5 没有好的散列函数会产生什么后果?

I.6 什么是提取法?

I.7 什么是除留余数法?

I.8 什么是移位折叠法?

I .9 什么是边界折叠法?

I.10 什么是平方取中法?

I.11 什么是基数转换法?

I.12 什么是数字分析法?

I.13 什么是长度依赖法?

I.14 什么是链接?

I.15 什么是开放寻址?

I.16 什么是线性探测、二次探测和双重散列?

I.17 为什么在开放寻址实现中,删除是个问题?

I.18 什么是加载因子?它如何影响散列表的大小?

练　　习

I.1　画出散列表，整数为（34 45 3 87 65 32 1 12 17）。请使用除留余数法和链式链接将上述
整数添加到大小为 11 的散列表中。

I.2　根据练习 I.1 画出散列表，其大小为 11，具有大小为 20 的数组链接。

I.3　根据练习 I.1 画出散列表，表的大小为 17，使用线性探测的开放寻址。

I.4　根据练习 I.1 画出散列表，表的大小为 17，使用二次探测的开放寻址。

I.5　根据练习 I.1 画出散列表，表的大小为 17，使用提取的第一位数的双重散列作为辅助
散列函数。

I.6　绘制散列表，整数为（1983，2312，6543，2134，3498，7654，1234，5678，6789）。
使用移位折叠法将这些整数添加到大小为 13 的散列表中。

I.7　根据练习 I.6，使用边界折叠画出散列表。

I.8　画出 UML 图，显示如何构造 Java Collections API 中的各种散列实现。

程序设计项目

I.1　使用链接的数组版本实现图 I.1 所示的散列表。

I.2　使用链接的链表版本实现图 I.1 所示的散列表。

I.3　使用带线性探测的开放寻址实现图 I.1 所示的散列表。

I.4　实现可动态调整大小的散列表，用于存储人员的姓名和社会安全号码。对于社会安全
码的后四位数使用提取法和除留余数法，表的初始大小为 31，加载因子为 0.80。对社
会安全码的前三位使用提取法并使用双重散列的开放式寻址法。

I.5　使用链式链接实现程序设计项目 I.4。

I.6　使用 Java Collections API 的 HashMap 类来实现程序设计项目 I.4。

I.7　使用散列表实现新的名为 HashtableBag 的包集合。

I.8　使用移位折叠实现程序设计项目 I.4，将社会安全码进行三等分，每部分是三位数。

I.9　创建图形系统，允许用户添加和删除员工。每位员工都有员工 ID（六位数）、姓名和
服务年限。使用 Integer 类的 hashcode 方法作为散列函数，并使用散列的一种 Java
Collections API 实现。

I.10　使用你自己的散列函数完成程序设计程项目 I.9。使用提取的员工 ID 的前三位数作为
散列函数，并使用散列的一种 Java Collections API 实现。

I.11　使用你自己的 hashcode 函数完成程序设计项目 I.9，实现自己的散列表。

I.12　创建一个系统，允许用户在库存系统中添加和删除车辆。车辆表示为 8 个字符的字符
串牌照、品牌、型号和颜色。使用链接的、基于数组的散列表实现该系统。

I.13　使用具有开放寻址和双重散列的链接实现完成程序设计项目 I.12。

自测题答案

I.1 散列表与其他集合的区别是：元素被置于散列表中，其索引由元素值或元素键的函数产生；其他集合中的元素位置是通过与集合中的其他值进行比较或按顺序在集合中添加或删除元素确定的。

I.2 当两个元素或键映射到表中同一个位置的情况称为冲突。

I.3 将每个元素映射到表中唯一位置的散列函数是完美散列函数。

I.4 我们需要这样的散列函数，其能很好地将元素分配到表中的位置。

I.5 如果我们没有好的散列函数，结果将太多元素映射到表中的同一位置，这会使性能不佳。

I.6 提取只使用元素或键的部分值来计算存储元素的位置。

I.7 除留余数法先使用键值除以某个正整数 P（P 代表散列表的大小且通常为素数），用所得的余数作为指定元素的索引

I.8 移位折叠先把键值分成多个部分（通常与所需索引的长度相同），然后再将各部分叠加在一起，之后使用提取法或除留余数法来获得表范围内的索引。

I.9 与移位折叠类似，边界折叠先把键值分成多个部分（通常与所需索引的长度相同）。但是，在将各部分相加之前，会反转部分键值的顺序。举个例子，想象一下，将键值的各个部分并排写在一张纸上，然后折叠各部分之间的边界。通过这种方式，反转其他每一部分元素的顺序。

I.10 平方取中法是键值自身相乘，然后使用提取法从平方结果的中间提取适当数量的数字或字节，之后对所取数字或字节使用除留余数法，所得余数作为索引，并将索引大小控制在表的范围之内。

I.11 基数转换方是除留余数法的变体，键值被转换为另一个数字基，之后除以表大小，用余数作为索引。

I.12 数字分析法先从键值中提取数字，再操纵指定数字来形成索引。

I.13 在长度依赖法中，键值和键长度以某种方式组合，形成索引或中间值。如果是中间值，则将中间值与其他方法一起形成索引。

I.14 只是将散列表概念性地视为集合表而不是单个单元格表。因此，每个单元格是指向与表中该位置相关联集合的指针。通常，内部集合要么是无序列表，要么是有序列表。

I.15 用于处理冲突的开放寻址法在表中查找开放的位置，而不是查找元素最初被散列到的位置。

I.16 线性探测、二次探测和双重散列是确定原始散列产生冲突时，要尝试的下一个散列表的位置的方法。

I.17 由于在开放寻址中形成路径的方式，如果从该路径的中间删除元素，则可能无法访问路径上超出该点的元素。

I.18 加载因子是散列表在调整大小之前允许的元素占用散列表的最大百分比。一旦达到加载因子，就会创建新的散列表，新的散列表的大小是当前散列表的两倍，之后将当前散列表中的所有元素插入到新的散列表中。

图书资源支持

感谢您一直以来对清华版图书的支持和爱护。为了配合本书的使用，本书提供配套的资源，有需求的读者请扫描下方的"书圈"微信公众号二维码，在图书专区下载，也可以拨打电话或发送电子邮件咨询。

如果您在使用本书的过程中遇到了什么问题，或者有相关图书出版计划，也请您发邮件告诉我们，以便我们更好地为您服务。

我们的联系方式：

地　　址：北京市海淀区双清路学研大厦 A 座 701

邮　　编：100084

电　　话：010－62770175－4608

资源下载：http://www.tup.com.cn

客服邮箱：tupjsj@vip.163.com

QQ：2301891038（请写明您的单位和姓名）

用微信扫一扫右边的二维码，即可关注清华大学出版社公众号"书圈"。

资源下载、样书申请

书圈

扫一扫，获取最新目录